Álgebra linear e suas aplicações

Tradução da 4ª edição norte-americana

Dados Internacionais de Catalogação na Publicação (CIP)
(Câmara Brasileira do Livro, SP, Brasil)

Strang, Gilbert
Álgebra linear e suas aplicações / Gilbert Strang; tradução All Tasks ; revisão técnica Germano Abud de Rezende. - São Paulo : Cengage Learning, 2023.

8. reimpr. da 1. ed. brasileira de 2009.
Título original: Linear algebra and its applications
4. ed. norte-americana
ISBN 978-85-221-0744-5

1. Álgebra linear 2. Álgebra linear - Problemas, exercícios etc. I. Título.

09-10686 CDD-512.5

Índice para catálogo sistemático:

1. Álgebra linear : Matemática 512.5

Álgebra linear e suas aplicações

Tradução da 4ª edição norte-americana

Gilbert Strang
Massachusetts Institute of Technology

Tradução
All Tasks

Revisão Técnica
Germano Abud de Rezende
Mestre em Matemática pelo IMECC/Unicamp.
Professor Assistente da UFU.

CENGAGE

Austrália • Brasil • México • Cingapura • Reino Unido • Estados Unidos

CENGAGE

Álgebra Linear e suas Aplicações – Tradução da 4ª edição norte-americana

Gilbert Strang

Gerente Editorial: Patricia La Rosa

Editor de Desenvolvimento: Fábio Gonçalves

Supervisora de Produção Editorial: Fabiana Alencar Albuquerque

Produtora Editorial: Gisela Carnicelli

Título Original: Linear Algebra and its Applications – 4th Edition (ISBN 13: 978-0-534-42200-4 ; ISBN 10: 0-534-42200-4)

Tradução: All Tasks

Revisão Técnica: Germano Abud de Rezende

Copidesque: Vivian Miwa Matsushita

Revisão: Bel Ribeiro, Iara A. Ramos e Luicy Caetano

Diagramação: PC Editorial Ltda.

Capa: Eduardo Bertolini

ISBN-13: 978-85-221-0744-5
ISBN-10: 85-221-0744-0

Cengage Learning
Condomínio E-Business Park
Rua Werner Siemens, 111 – Prédio 11 – Torre A – Conj. 12
Lapa de Baixo – CEP 05069-900 – São Paulo – SP
Tel.: (11) 3665-9900 – Fax: (11) 3665-9901
SAC: 0800 11 19 39

Para suas soluções de curso e aprendizado, visite **www.cengage.com.br**

Impresso no Brasil
Printed in Brazil
8. reimpressão – 2023

Sumário

Capítulo 1 MATRIZES E ELIMINAÇÃO DE GAUSS 1

1.1 Introdução 1
1.2 Geometria das equações lineares 3
1.3 Exemplo de eliminação de Gauss 11
1.4 Notação matricial e multiplicação de matrizes 19
1.5 Fatores triangulares e trocas de linhas 32
1.6 Inversas e transpostas 45
1.7 Matrizes especiais e aplicações 59
Exercícios de revisão 65

Capítulo 2 ESPAÇOS VETORIAIS 69

2.1 Espaços vetoriais e subespaços 69
2.2 Resolução de $Ax = 0$ e $Ax = b$ 77
2.3 Independência linear, base e dimensão 92
2.4 Os quatro subespaços fundamentais 103
2.5 Grafos e redes 114
2.6 Transformações lineares 125
Exercícios de revisão 137

Capítulo 3 ORTOGONALIDADE 141

3.1 Vetores e subespaços ortogonais 141
3.2 Cossenos e projeções em retas 152
3.3 Projeções e mínimos quadrados 160
3.4 Bases ortogonais e Gram-Schmidt 174
3.5 Transformada rápida de Fourier 188
Exercícios de revisão 198

Capítulo 4 DETERMINANTES 201

4.1 Introdução 201
4.2 Propriedades dos determinantes 203
4.3 Fórmulas para os determinantes 210
4.4 Aplicações dos determinantes 220
Exercícios de revisão 230

Capítulo 5 AUTOVALORES E AUTOVETORES 233

5.1 Introdução 233
5.2 Diagonalização de uma matriz 245
5.3 Equações das diferenças e potências A^k 254
5.4 Equações diferenciais e e^{At} 266
5.5 Matrizes complexas 280
5.6 Transformações de semelhança 293
Exercícios de revisão 307

Capítulo 6 MATRIZES DEFINIDAS POSITIVAS 311

6.1 Mínimos, máximos e pontos de sela 311
6.2 Testes para a definição positiva 318
6.3 Decomposição de valor singular 331
6.4 Princípios mínimos 339
6.5 Método dos elementos finitos 346

Capítulo 7 CÁLCULOS COM MATRIZES 351

7.1 Introdução 351
7.2 Norma da matriz e número de condição 352
7.3 Cálculo de autovalores 359
7.4 Métodos iterativos para $Ax = b$ 367

Capítulo 8 PROGRAMAÇÃO LINEAR E TEORIA DOS JOGOS 377

8.1 Desigualdades lineares 377
8.2 Método simplex 382
8.3 Problema dual 392
8.4 Modelos de rede 401
8.5 Teoria dos jogos 407

Apêndice A INTERSEÇÃO, SOMA E PRODUTO DOS ESPAÇOS 415

Apêndice B A FORMA DE JORDAN 423

Fatoração de matrizes 429
Glossário: um dicionário de álgebra linear 431
Códigos do MATLAB 437
Índice remissivo 439
Álgebra linear em poucas palavras 445

* As soluções para os exercícios selecionados estão disponíveis na página do livro no site da Editora Cengage Learning (www.cengage.com.br).

Prefácio

A revisão deste livro foi um desafio especial por um motivo muito agradável. Muitas pessoas leram esta obra, ensinaram com ela e até mesmo se apaixonaram por ela. O espírito do livro não poderia mudar nunca. Este texto foi escrito para ajudar o ensino de álgebra linear a se manter à altura da enorme importância da disciplina – que continua crescendo.

Um passo adiante certamente era possível e desejável – *adicionar novos problemas*. O ensino em todos esses anos exigiu centenas de novas questões de estudo (especialmente de desafios lançados na internet). Acredito que você aprovará a escolha dos problemas adicionados. As questões são uma mistura de *explicação* e *cálculo* – duas abordagens complementares no aprendizado desta bela disciplina.

Acredito, pessoalmente, que muitas pessoas precisem mais de álgebra linear do que de cálculo. Isaac Newton poderia não concordar! Mas ele não ensina matemática no século XXI (e talvez Newton não fosse um grande professor, mas lhe daremos o benefício da dúvida). Certamente, as leis da física são bem expressas por equações diferenciais. Newton precisava do cálculo – muito bem! Mas o escopo da Ciência, da Engenharia e da Administração (e da vida) é hoje muito mais amplo e a álgebra linear assumiu o lugar central.

Permita-me dizer um pouco mais, pois muitas universidades ainda não encontraram o equilíbrio em relação à álgebra linear. Ao trabalhar com linhas e superfícies curvas, o primeiro passo é sempre *linearizar*. Substitua a curva por sua reta tangente ou adapte a superfície com um plano, e o problema se torna linear. O poder desta disciplina aparece quando você tem dez ou mil variáveis em vez de duas.

Você pode estar pensando que eu exagero ao utilizar a palavra "bela" para um curso básico de matemática. De modo algum. Esta disciplina começa com dois vetores v e w apontando para direções diferentes. O passo fundamental é *obter suas combinações lineares*. Multiplicamos para obter $3v$ e $4w$ e somamos para obter a combinação particular $3v + 4w$. Esse novo vetor está no *mesmo plano* que v e w. Quando obtivermos todas as combinações, teremos preenchido todo o plano. Se você posicionar v e w sobre esta página, suas combinações $cv + dw$ a preencherão (e além), mas elas *não virão para cima* da página.

Na linguagem das equações lineares, podemos resolver $cv + dw = b$ quando o vetor b se localiza no mesmo plano que v e w.

Matrizes

Vou avançar um pouco mais para converter combinações de vetores tridimensionais em álgebra linear. Se os vetores são $v = (1, 2, 3)$ e $w = (1, 3, 4)$, posicione-os nas **colunas de uma matriz**.

$$\textbf{matriz} = \begin{bmatrix} 1 & 1 \\ 2 & 3 \\ 3 & 4 \end{bmatrix}.$$

Para encontrar as combinações dessas colunas, "**multiplique**" a matriz por um vetor (c, d):

$$\textbf{Combinações lineares } cv + dw \qquad \begin{bmatrix} 1 & 1 \\ 2 & 3 \\ 3 & 4 \end{bmatrix} \begin{bmatrix} c \\ d \end{bmatrix} = c \begin{bmatrix} 1 \\ 2 \\ 3 \end{bmatrix} + d \begin{bmatrix} 1 \\ 3 \\ 4 \end{bmatrix}.$$

Essas combinações preenchem um *espaço vetorial*. Chamamos este espaço de **espaço-coluna** da matriz (para essas duas colunas, o espaço é um plano). Para constatar se $b = (2, 5, 7)$ se encontra nesse plano, temos três componentes que precisam ser verificados. Assim, devemos resolver três equações:

$$\begin{bmatrix} 1 & 1 \\ 2 & 3 \\ 3 & 4 \end{bmatrix} \begin{bmatrix} c \\ d \end{bmatrix} = c \begin{bmatrix} 2 \\ 5 \\ 7 \end{bmatrix} \qquad \text{implica} \qquad \begin{aligned} c + d &= 2 \\ 2c + 3d &= 5 \\ 3c + 4d &= 7. \end{aligned}$$

Deixo a solução para você. O vetor $b = (2, 5, 7)$ realmente se localiza no plano de v e w. Se o 7 mudasse para qualquer outro número, então b não se localizaria nesse plano – ele *não* seria uma combinação de v e w e as três equações não teriam solução.

Agora posso descrever a primeira parte do livro, sobre equações lineares $Ax = b$. A matriz A possui n colunas e m linhas. *A álgebra linear aponta diretamente para* n *vetores em um espaço de* m *dimensões*. Nós ainda queremos combinações das colunas (no espaço-coluna). Ainda obtemos m equações para produzir b (uma para cada linha). Essas equações podem ou não ter uma solução. Todas sempre terão uma solução de mínimos quadrados.

A interação entre linhas e colunas é o coração da álgebra linear. Ela não é tão fácil, mas também não é muito difícil. A seguir estão quatro das ideias centrais:

1. O **espaço-coluna** (todas as combinações das colunas);
2. O **espaço-linha** (todas as combinações das linhas);
3. O **posto** (o número de colunas, ou linhas independentes);
4. **Eliminação** (um bom modo de encontrar o posto de uma matriz).

Vou parar por aqui para que você possa começar o curso.

Páginas da internet*

Talvez seja útil indicar as páginas da internet relacionadas a este livro. Recebo muitas mensagens com sugestões e incentivos, e espero que utilize livremente os recursos mencionados a seguir. Você pode acessar o *site* http://web.mit.edu/18.06, que é atualizado constantemente com informações sobre o curso que ministro todo semestre. A álgebra linear também está no *site* do OpenCourseWare do MIT, no endereço http://ocw.mit.edu, em que o curso 18.06 se tornou excepcional com a inclusão dos vídeos das aulas (os quais você definitivamente não precisa assistir...). A lista abaixo relaciona parte das informações disponíveis na internet:

1. Cronograma de aulas, tarefas e provas recentes com soluções.
2. Objetivos do curso e questões conceituais.
3. Demonstrações interativas em Java (foi incluído áudio para autovalores).
4. Códigos de ensino de álgebra linear e problemas de MATLAB.
5. Vídeos do curso completo (ministrado para uma classe real).

* Este material, em inglês, encontra-se nos endereços indicados, podendo ser retirado dos *sites* sem aviso-prévio; não sendo, portanto, responsabilidade da Cengage Learning Edições Ltda. (NE)

A página do curso se tornou uma ferramenta valiosa para as turmas e um recurso para os estudantes. Estou muito otimista em relação ao potencial dos recursos gráficos com som.

A banda necessária para transmissão de voz é baixa e o FlashPlayer está disponível para *download* gratuito. Esse recurso oferece uma *rápida revisão* (com experimentos ativos), e é possível fazer o *download* das aulas completas. Espero que professores e estudantes em todo o mundo achem proveitosas essas páginas. Meu objetivo é tornar este livro o mais útil possível, para isso incluirei nele todo o material de curso relevante.

Estrutura do curso

Os dois problemas fundamentais são $Ax = b$ e $Ax = \lambda x$ em matrizes quadradas A. O primeiro problema $Ax = b$ tem solução quando A possui *colunas independentes*. O segundo problema $Ax = \lambda x$ busca *autovetores independentes*. Uma parte crucial do curso é compreender o que significa "independência".

Acredito que a maioria de nós começa a aprender a partir de exemplos. Você pode ver que:

$$A = \begin{bmatrix} 1 & 1 & 2 \\ 1 & 2 & 3 \\ 1 & 3 & 4 \end{bmatrix} \qquad \textbf{\textit{não} possui colunas independentes.}$$

A soma da coluna 1 com a coluna 2 é igual à coluna 3. Um notável teorema da álgebra linear diz que as três linhas também não são independentes. A terceira linha localiza-se necessariamente no mesmo plano que as duas primeiras. Alguma combinação das linhas 1 e 2 produz a linha 3. Você provavelmente é capaz de encontrar essa combinação de forma rápida (eu não). Por fim, tive de utilizar eliminação para descobrir que a combinação certa utiliza duas vezes a coluna 2 menos a linha 1.

A eliminação é o modo simples e natural de compreender uma matriz, produzindo vários elementos nulos. Portanto, o curso começa aí. Mas não fica muito tempo neste ponto! Você tem de passar das combinações de linhas para a independência de linha, para a "dimensão do espaço-linha". Esse é o objetivo principal – ver todos os espaços de vetores: o **espaço-linha**, o **espaço-coluna** e o **espaço nulo**.

O próximo objetivo é compreender como a matriz se *comporta*. Quando A multiplica x, ela produz um novo vetor Ax. Todo o espaço de vetores se movimenta – ele é "transformado" por A. As transformações especiais partem de matrizes particulares, e estas são as pedras fundamentais da álgebra linear: matrizes diagonais, matrizes ortogonais, matrizes triangulares, matrizes simétricas.

Os autovalores dessas matrizes também são especiais. Acredito que matrizes 2 por 2 forneçam exemplos impressionantes de informações que os autovalores λ podem dar. Vale a pena ler com atenção as Seções 5.1 e 5.2 para ver como $Ax = \lambda x$ é útil. Trata-se de um caso em que pequenas matrizes permitem percepções extraordinárias.

Em geral, a beleza da álgebra linear é percebida de modos muito diferentes:

1. **Visualização.** Combinações de vetores. Espaços de vetores. Rotação, reflexão e projeção de vetores. Vetores perpendiculares. Quatro subespaços fundamentais.

2. **Abstração.** Independência de vetores. Base e dimensão de um espaço vetorial. Transformações lineares. Decomposição de valor singular e melhor base.

3. **Computação.** Eliminação para produzir elementos nulos. Processo de Gram-Schmidt para produzir vetores ortogonais. Autovalores para resolver equações das diferenças e diferenciais.

4. Aplicações. Solução de mínimos quadrados quando $Ax = b$ possui muitas equações. Equações das diferenças para aproximação de equações diferenciais. Matrizes de probabilidade de Markov (a base do Google!). Autovetores ortogonais como eixos principais (e mais...).

Para avançar nessas aplicações, permita-me mencionar os livros publicados pela Wellesley--Cambridge Press. São todos de álgebra linear disfarçada, aplicada ao processamento de sinais, equações diferenciais parciais e computação científica (até mesmo GPS). Se você der uma olhada no *site* http://www.wellesleycambridge.com, verá parte do motivo de a álgebra linear ser utilizada de modo tão amplo.

Após este prefácio, o livro falará por si. Você perceberá o espírito logo de cara. A ênfase é na compreensão – *eu tentei explicar mais do que deduzir*. Este é um livro sobre matemática real, não um aprofundamento sem fim. Em classe, trabalho constantemente com exemplos para ensinar o que os alunos precisam.

Agradecimentos

Tive prazer em escrever este livro e certamente espero que você tenha prazer em lê-lo. Boa parte da satisfação decorre de se trabalhar com amigos. Contei com a maravilhosa ajuda de Brett Coonley, Cordula Robinson e Erin Maneri. Foram os responsáveis pela criação dos arquivos LaTeX e também desenharam todas as figuras. Sem o apoio contínuo de Brett, eu nunca teria conseguido concluir esta nova edição.

Anteriormente, com os códigos de ensino, tive a ajuda de Steven Lee e Cleve Moler. Eles seguiram os passos descritos no livro; o MATLAB, o Maple e o Mathematica são mais rápidos para matrizes maiores. Todos podem ser (*opcionalmente*) utilizados neste curso. Poderia ter adicionado a "Fatoração" à esta lista como o principal caminho para a compreensão de matrizes:

[L,U, P] = lu(A)	para equações lineares
[Q, R] = qr(A)	para tornar as colunas ortogonais
[S, E] = eig(A)	para encontrar autovetores e autovalores

Nos agradecimentos, nunca me esqueço da primeira dedicatória deste livro, escrita anos atrás. Foi uma oportunidade especial para agradecer a meus pais por tantos anos de dedicação generosa. O exemplo deles é uma inspiração para minha vida.

E agradeço também ao leitor, esperando que goste deste livro.

Gilbert Strang

Capítulo

1 Matrizes e eliminação de Gauss

1.1 INTRODUÇÃO

Este livro começa com o problema central da álgebra linear: *resolver equações lineares*. O caso mais importante, e o mais simples, é aquele em que os números de incógnitas e de equações são iguais. Temos ***n equações de n incógnitas*** começando com $n = 2$:

$$\textbf{Duas equações} \quad 1x + 2y = 3$$
$$\textbf{Duas incógnitas} \quad 4x + 5y = 6. \qquad (1)$$

As incógnitas são x e y. Descrevemos aqui dois modos de resolver essas equações: por *substituição* e por *determinantes*. Certamente, x e y são determinados pelos números 1, 2, 3, 4, 5, 6. O problema é: como usar esses seis números para resolver o sistema.

1. Substituição Subtraia 4 vezes a primeira equação da segunda. Isso elimina x da segunda equação e deixa uma equação em y:

$$\textbf{(equação 2) – 4(equação 1)} \qquad -3y = -6. \qquad (2)$$

Sabemos, imediatamente, que $y = 2$. Então, obtemos x a partir da primeira equação $1x + 2y = 3$:

$$\textbf{Retrossubstituição} \qquad 1x + 2(2) = 3 \qquad \text{fornece} \qquad x = -1. \qquad (3)$$

Prosseguindo com cuidado, verificamos que x e y também resolvem a segunda equação. Isso deveria funcionar, e de fato funciona: 4 vezes ($x = -1$) mais 5 vezes ($y = 2$) é igual a 6.

2. Determinantes A solução $y = 2$ depende completamente daqueles seis números nas equações. Deve haver uma fórmula para obter y (e também x). É uma "razão de determinantes", vamos apresentá-la diretamente:

$$y = \frac{\begin{vmatrix} 1 & 3 \\ 4 & 6 \end{vmatrix}}{\begin{vmatrix} 1 & 2 \\ 4 & 5 \end{vmatrix}} = \frac{1 \cdot 6 - 3 \cdot 4}{1 \cdot 5 - 2 \cdot 4} = \frac{-6}{-3} = 2. \qquad (4)$$

Isso pode parecer um tanto obscuro, a menos que você já conheça os determinantes 2 por 2. Eles deram a mesma resposta, $y = 2$, a partir da mesma razão de –6 e –3. Se continuarmos nos determinantes (o que não planejamos fazer), haverá uma fórmula similar para calcular a outra incógnita x:

$$x = \frac{\begin{vmatrix} 3 & 2 \\ 6 & 5 \end{vmatrix}}{\begin{vmatrix} 1 & 2 \\ 4 & 5 \end{vmatrix}} = \frac{3 \cdot 5 - 2 \cdot 6}{1 \cdot 5 - 2 \cdot 4} = \frac{3}{-3} = -1. \tag{5}$$

Comparemos essas duas abordagens, considerando futuros problemas reais em que n é muito maior ($n = 1.000$ é um número bastante moderado em cálculo científico). A verdade é que o uso direto da fórmula de determinantes para 1.000 equações seria um desastre completo; utilizaria os milhões de números à esquerda de modo correto, mas ineficiente. Encontraremos essa fórmula (regra de Cramer) no Capítulo 4, mas queremos um bom método para resolver 1.000 equações já no Capítulo 1.

Este método é a ***Eliminação de Gauss***. Trata-se do algoritmo utilizado constantemente para resolver grandes sistemas de equações. Nos exemplos deste livro ($n = 3$ já estará bem próximo do limite da paciência do autor e do leitor), você não verá muitas diferenças. As equações (2) e (4) utilizaram basicamente os mesmos passos para encontrar $y = 2$. Certamente obtivemos x mais rapidamente pela retrossubstituição na equação (3) do que pela razão da equação (5). Para valores maiores de n, não há absolutamente dúvida alguma. A eliminação vence (este ainda é o melhor modo de calcular determinantes).

A ideia da eliminação é decididamente mais simples – você a dominará após alguns poucos exemplos. Ela será a base de metade deste livro, simplificando matrizes de modo que possamos compreendê-las. Com os mecanismos do algoritmo, explicaremos agora quatro aspectos fundamentais deste capítulo:

1. Equações lineares levam à ***geometria dos planos***. Não é fácil visualizar um plano de nove dimensões em um espaço de dez. É ainda mais difícil visualizar dez desses planos com interseção na solução de dez equações – às vezes, isso é quase possível. Nosso exemplo apresenta duas retas na Figura 1.1, encontrando-se no ponto $(x, y) = (-1, 2)$. A álgebra linear pode levar essa imagem para dez dimensões; caberá à intuição imaginar a geometria (e de modo correto).

2. Passemos para a ***notação matricial***, escrevendo as n incógnitas como um vetor x e as n equações como $Ax = b$. Multiplicamos A por "matrizes de eliminação" para obter uma matriz triangular superior U. Esses passos fatoram A em L *vezes* U, em que L é uma matriz triangular inferior. Escreveremos A e seus fatores para nosso exemplo e os explicaremos no momento oportuno:

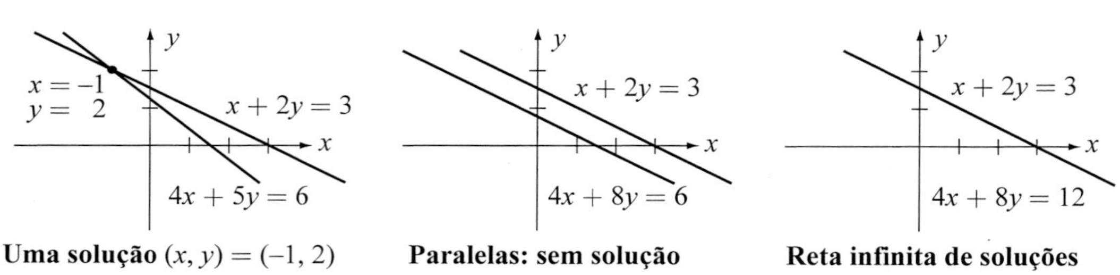

Figura 1.1 O exemplo apresenta uma solução. Casos singulares podem ter nenhuma ou infinitas soluções.

$$\textbf{Fatoração} \qquad A = \begin{bmatrix} 1 & 2 \\ 4 & 5 \end{bmatrix} = \begin{bmatrix} 1 & 0 \\ 4 & 1 \end{bmatrix} \begin{bmatrix} 1 & 2 \\ 0 & -3 \end{bmatrix} = \boldsymbol{L \text{ vezes } U}. \qquad (6)$$

Primeiro, temos de introduzir matrizes e vetores e as regras de multiplicação. Toda matriz possui uma ***transposta*** A^T. Essa matriz possui uma ***inversa*** A^{-1}.

3. Na maioria dos casos, a eliminação funciona sem dificuldades. A matriz possui uma inversa e o sistema $Ax = b$ possui uma solução. Em casos excepcionais, o método *falha* – ou as equações foram escritas na ordem incorreta (o que pode ser facilmente corrigido por meio de sua substituição) ou as equações não têm uma solução única.

Esse ***caso singular*** aparecerá se substituirmos 5 por 8 em nosso exemplo:

$$\begin{array}{ll} \textbf{Caso singular} & 1x + 2y = 3 \\ \textbf{Duas retas paralelas} & 4x + \mathbf{8}y = 6. \end{array} \qquad (7)$$

A eliminação ainda pode subtrair ingenuamente 4 vezes a primeira equação da segunda. Mas veja o resultado!

$$\textbf{(equação 2)} - \textbf{4(equação 1)} \qquad 0 = -6.$$

Esse caso singular ***não possui solução***. Outros casos possuem ***infinitas soluções***. (Troque 6 por 12 no exemplo e a eliminação levará a $0 = 0$. Nesse caso, y pode possuir *qualquer valor*.) Quando a eliminação falha, desejamos encontrar todas as soluções possíveis.

4. Precisamos de uma contagem básica do ***número de etapas de eliminação*** necessário para resolver um sistema de dimensão n. O custo de cálculo frequentemente determina a precisão do modelo. Uma centena de equações exige mais de trezentas mil etapas (multiplicações e subtrações). O computador pode executá-las rapidamente, mas não se forem vários trilhões. E acima de um milhão de etapas o erro de arredondamento pode ser significante. (Alguns problemas são sensíveis a isso; outros não.) Sem entrar em todos os detalhes, veremos grandes sistemas que surgem na prática e como eles são, de fato, resolvidos.

O resultado final deste capítulo será um algoritmo de eliminação que deve ser o mais eficiente possível. Trata-se, essencialmente, do algoritmo utilizado de maneira constante em uma gigantesca variedade de aplicações. E, ao mesmo tempo, sua compreensão em termos de *matrizes* – a matriz de coeficientes A, a matriz de eliminação E e a matriz de troca de linhas P, além dos fatores finais L e U – constitui um fundamento teórico essencial. Espero que você aproveite este livro e este curso.

1.2 GEOMETRIA DAS EQUAÇÕES LINEARES

O modo de compreender este assunto é por meio de exemplos. Vamos começar com duas equações extremamente simples, provando que você é capaz de resolvê-las sem um curso de álgebra linear, mas esperando que você dê uma chance a Gauss:

$$\begin{aligned} 2x - y &= 1 \\ x + y &= 5. \end{aligned}$$

Podemos considerar o sistema *por linhas ou por colunas*. Veremos ambos os modos.

A primeira abordagem foca as equações separadas (as ***linhas***). É a mais habitual e, em duas dimensões, podemos executá-la rapidamente. A equação $2x - y = 1$ é representada por uma *li-*

nha reta no plano xy. A linha passa pelos pontos $x = 1, y = 1$ e $x = \frac{1}{2}$, $y = 0$ (também por (2, 3) e todos os pontos intermediários). A segunda equação $x + y = 5$ produz a segunda reta (Figura 1.2a). Sua inclinação é $dy/dx = -1$ e ela intersecta a primeira reta da solução.

O ponto de interseção situa-se nas duas retas. É a única solução para ambas as equações. Esse ponto $x = 2$ e $y = 3$ logo será encontrado por "eliminação".

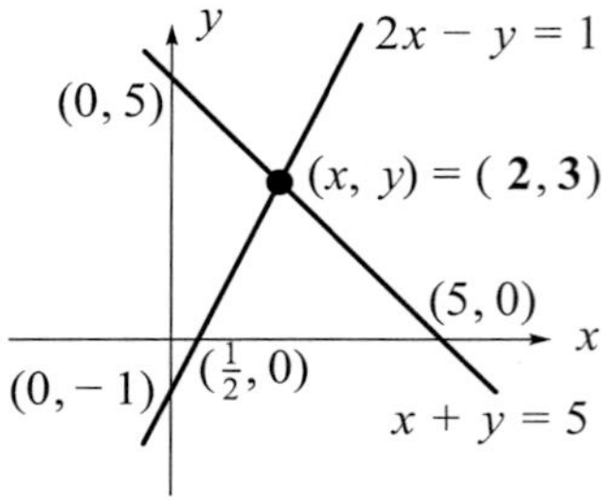

(a) **As retas se cruzam em $x = 2, y = 3$**

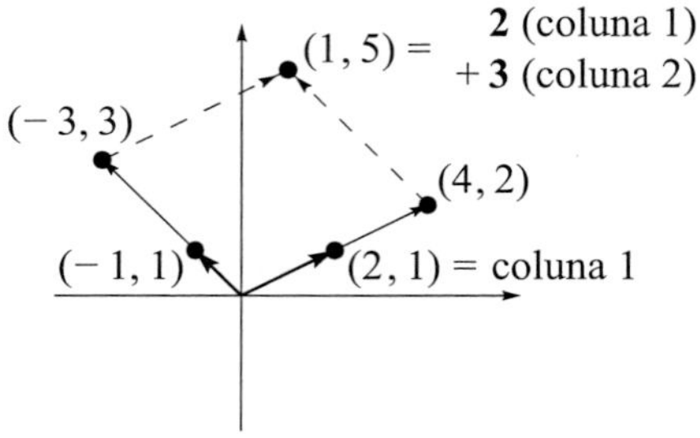

(b) **Combinação de vetores-coluna**

Figura 1.2 Interpretação por linhas (duas retas) e interpretação por colunas (combinação de colunas).

A segunda abordagem trata das ***colunas*** do sistema linear. As duas equações separadas são, na verdade, ***uma equação vetorial***:

$$\textbf{Forma de colunas} \qquad x\begin{bmatrix} 2 \\ 1 \end{bmatrix} + y\begin{bmatrix} -1 \\ 1 \end{bmatrix} = \begin{bmatrix} 1 \\ 5 \end{bmatrix}.$$

O problema é ***descobrir a combinação dos vetores-coluna do lado esquerdo que produz o vetor do lado direito***. Esses vetores (2, 1) e (–1, 1) são representados pelas retas em negrito na Figura 1.2b. As incógnitas são os números x e y que multiplicam os vetores-coluna. Toda a ideia pode ser visualizada nessa figura, em que 2 vezes a coluna 1 é somada a 3 vezes a coluna 2. Geometricamente, isso produz um famoso paralelogramo. Algebricamente, produz o vetor correto (1, 5) no lado direito de nossas equações. A interpretação por colunas confirma que $x = 2$ e $y = 3$.

Poderíamos passar mais tempo nesse exemplo, mas vamos avançar para $n = 3$. Três equações ainda são manipuláveis e possuem muito mais variedade:

$$\textbf{Três planos} \qquad \begin{aligned} 2u + v + w &= 5 \\ 4u - 6v &= -2 \\ -2u + 7v + 2w &= 9. \end{aligned} \qquad (1)$$

Novamente, podemos estudar as linhas ou as colunas; então, começaremos pelas linhas. Cada equação descreve um ***plano*** de três dimensões. O primeiro plano é $2u + v + w = 5$ e está esboçado na Figura 1.3. Ele contém os pontos $(\frac{5}{2}, 0, 0)$, (0, 5, 0) e (0, 0, 5). Esse plano é determinado por quaisquer de seus três pontos, contanto que eles não se localizem em uma mesma reta.

Mudando o 5 *para* 10, *o plano* $2u + v + w = 10$ *seria paralelo ao primeiro*. Ele conteria os pontos (5, 0, 0), (0, 10, 0) e (0, 0, 10), e estaria duas vezes mais distante da origem – que é o ponto central $u = 0$, $v = 0$, $w = 0$. Mudando-se o lado direito, o plano move-se para um plano paralelo, e o plano $2u + v + w = 0$ passa pela origem.

O segundo plano é $4u - 6v = -2$. Ele é desenhado verticalmente, pois w pode assumir qualquer valor. O coeficiente de w é zero, mas o plano continua no espaço tridimensional.

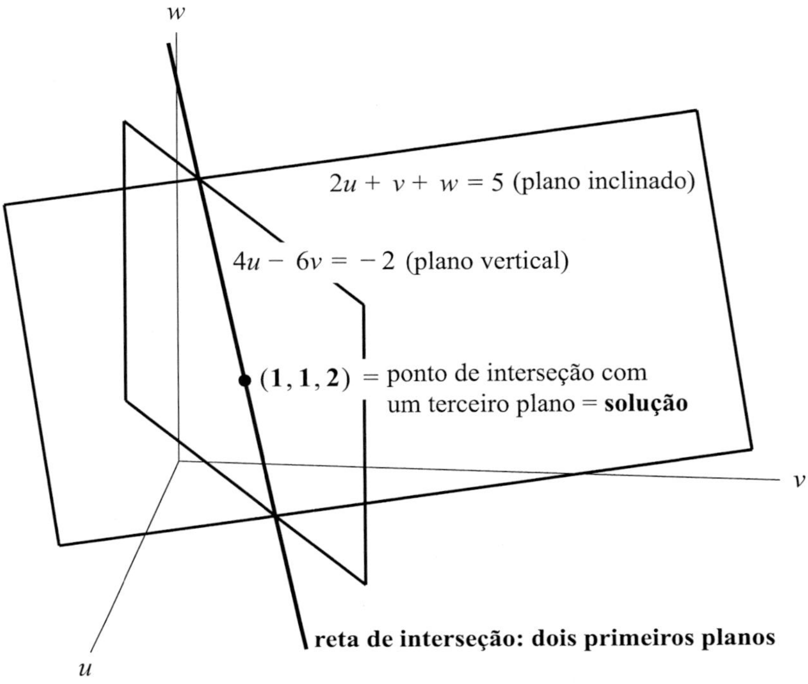

Figura 1.3 Interpretação por linhas: interseção de três planos a partir de três equações lineares.

(A equação $4u = 3$, ou mesmo o caso extremo $u = 0$, ainda descreveria um plano.) A figura mostra a interseção do segundo plano com o primeiro. Essa interseção é uma reta. *Em três dimensões, uma reta exige duas equações*; em n dimensões, ela exigirá $n - 1$.

Por fim, o terceiro plano intercepta essa linha em um ponto. Esse plano (não esboçado) representa a terceira equação $-2u + 7v + 2w = 9$ e intersecta a reta em $u = 1$, $v = 1$, $w = 2$. Esse ponto de interseção triplo (1; 1; 2) é a solução do sistema linear.

Como essa interpretação por linhas pode ser estendida para n dimensões? As n equações conterão n incógnitas. A primeira equação ainda determina um "plano". Não se trata mais de um plano bidimensional no espaço 3; de algum modo, ele possui "dimensão" $n - 1$. Ele deve ser plano e extremamente fino dentro de um espaço n-dimensional, mas parecerá sólido para nós.

Se o tempo é a quarta dimensão, o plano $t = 0$ corta o espaço quadridimensional e produz o universo tridimensional em que vivemos (ou melhor, o universo, já que ele estava em $t = 0$). Outro plano é $z = 0$, que também é tridimensional; trata-se do plano xy tomado em toda a extensão do tempo. Esses planos tridimensionais se interceptarão! Eles compartilham o plano xy em $t = 0$. Estamos duas dimensões abaixo e o plano seguinte deixa uma reta. Por fim, um quarto plano deixa um único ponto. É o ponto de interseção dos quatro planos em quatro dimensões, que resolve as quatro equações subjacentes.

Teríamos problemas em avançar nesse exemplo de relatividade. A questão é que a álgebra linear é capaz de operar com qualquer número de equações. A primeira equação produz um plano $(n - 1)$-dimensional, em n dimensões. O segundo plano intercepta o primeiro (assim esperamos) em um conjunto menor de "dimensão $n - 2$". Pressupondo-se que tudo corra bem, cada novo plano (cada nova equação) reduz a dimensão em uma unidade. No fim, quando todos os n planos tiverem sido contados, a interseção terá dimensão zero. É um *ponto* que se localiza em todos os planos e cujas coordenadas satisfazem todas as n equações. Trata-se da solução!

Vetores-coluna e combinações lineares

Voltemos às colunas. Desta vez, a equação vetorial (a mesma equação de (1)) é

$$\textbf{Forma de colunas} \qquad u\begin{bmatrix}2\\4\\-2\end{bmatrix}+v\begin{bmatrix}1\\-6\\7\end{bmatrix}+w\begin{bmatrix}1\\0\\2\end{bmatrix}=\begin{bmatrix}5\\-2\\9\end{bmatrix}=b. \qquad (2)$$

Trata-se de *vetores-coluna tridimensionais*. ***O vetor b é identificado com o ponto cujas coordenadas são 5, –2, 9***. Cada ponto no espaço tridimensional é identificado a um vetor e vice-versa. Essa foi a ideia de Descartes, que transformou a geometria em álgebra trabalhando com as coordenadas do ponto. Podemos escrever o vetor em uma coluna, listar suas componentes, como em $b = (5, -2, 9)$, ou representá-lo geometricamente por uma seta a partir da origem. Você pode escolher *a seta*, *o ponto* ou *os três números*. Em seis dimensões, provavelmente, será mais fácil escolher os seis números.

Utilizamos parênteses e vírgulas quando as componentes são relacionadas horizontalmente e colchetes (sem vírgulas) quando escrevemos um vetor-coluna. O que realmente importa é a ***adição de vetores*** e a ***multiplicação de vetores por um escalar*** (um número). Na Figura 1.4a você pode ver uma adição vetorial, componente por componente:

$$\textbf{Adição vetorial} \qquad \begin{bmatrix}5\\0\\0\end{bmatrix}+\begin{bmatrix}0\\-2\\0\end{bmatrix}+\begin{bmatrix}0\\0\\9\end{bmatrix}=\begin{bmatrix}5\\-2\\9\end{bmatrix}.$$

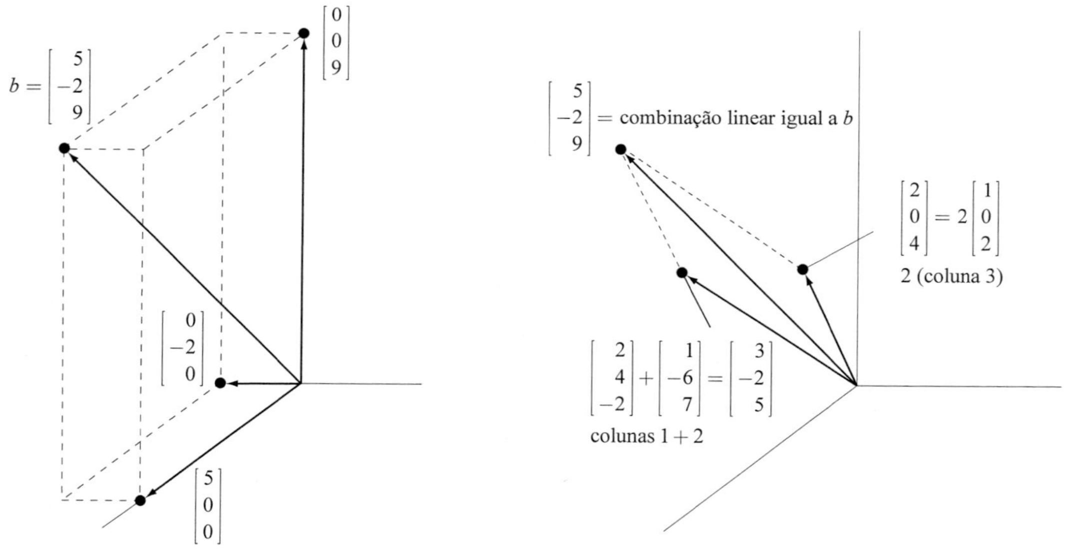

(a) **Adição de vetores ao longo dos eixos** (b) **Adição de colunas 1 + 2 + (3 + 3)**

Figura 1.4 Interpretação por colunas: combinação linear de colunas é igual a b.

Na figura da direita, há uma multiplicação por 2 (e, se fosse por –2, o vetor teria direção oposta):

$$\textbf{Multiplicação por escalares} \qquad 2\begin{bmatrix}1\\0\\2\end{bmatrix}=\begin{bmatrix}2\\0\\4\end{bmatrix}, \qquad -2\begin{bmatrix}1\\0\\2\end{bmatrix}=\begin{bmatrix}-2\\0\\-4\end{bmatrix}.$$

Também na figura da direita, encontra-se uma das ideias centrais da álgebra linear. Ela utiliza *ambas* as operações básicas; os vetores são *multiplicados por números e somados*. O resultado é chamado ***combinação linear***, e esta combinação resolve nossa equação:

$$\textbf{Combinação linear} \qquad \mathbf{1}\begin{bmatrix}2\\4\\-2\end{bmatrix}+\mathbf{1}\begin{bmatrix}1\\-6\\7\end{bmatrix}+\mathbf{2}\begin{bmatrix}1\\0\\2\end{bmatrix}=\begin{bmatrix}5\\-2\\9\end{bmatrix}.$$

A equação (2) procurava os multiplicadores u, v, w que produziam o lado direito b. Esses números são $u = \mathbf{1}$, $v = \mathbf{1}$, $w = \mathbf{2}$. Eles fornecem a combinação correta das colunas e também determinam o ponto $(1, 1, 2)$ da interpretação por linhas (em que os três planos se interceptam).

Nossa meta é olhar para além de duas ou três dimensões; para n dimensões. Com n equações de n incógnitas, há n planos na interpretação por linhas. Há n vetores na interpretação por colunas mais um vetor b no lado direito. As equações procuram uma ***combinação linear das n colunas que seja igual a b***. Para algumas equações, isso será impossível. Paradoxalmente, o modo para compreender o caso exemplar é estudar a exceção. Portanto, olhemos para a geometria exatamente onde ela falha, no **caso singular**.

> ***Interpretação por linhas***: interseção de planos
> ***Interpretação por colunas***: combinação de colunas

O caso singular

Suponha que estejamos de novo em três dimensões e que os três planos na interpretação por linhas *não se intersectam*. O que pode dar errado? Uma possibilidade é que dois planos sejam paralelos. As equações $2u + v + w = 5$ e $4u + 2v + 2w = 11$ são inconsistentes – e planos paralelos não determinam nenhuma solução (a Figura 1.5a mostra uma perspectiva de nível). Em duas dimensões, as retas paralelas são as únicas possibilidades de falha. Mas três planos em três dimensões podem ser problemáticos mesmo que não sejam paralelos.

A dificuldade mais comum é mostrada na Figura 1.5b. Na perspectiva de nível, os planos formam um triângulo. Cada par de planos se intersecta em uma reta e essas retas são paralelas. O terceiro plano não é paralelo aos outros planos, mas é paralelo em relação a suas retas de interseção. Isso corresponde a um sistema singular com $b = (2, 5, 6)$:

$$\textbf{Sem solução, como na Figura 1.5b} \qquad \begin{aligned} u + v + w &= 2 \\ 2u \qquad + 3w &= 5 \\ 3u + v + 4w &= 6. \end{aligned} \qquad (3)$$

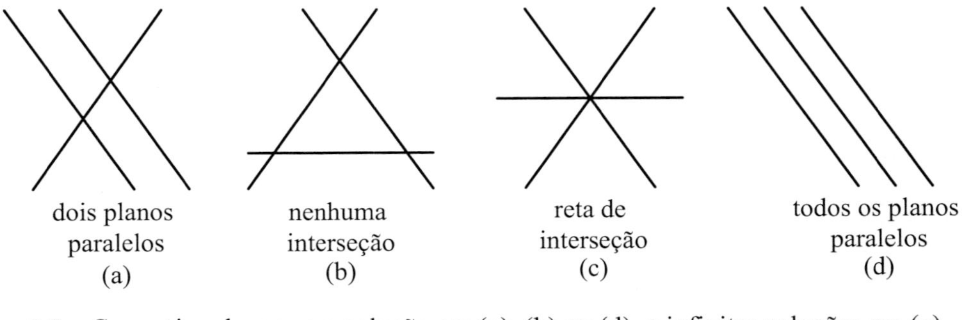

Figura 1.5 Casos singulares: sem solução em (a), (b) ou (d), e infinitas soluções em (c).

A soma dos lados esquerdos das duas primeiras equações é igual ao lado esquerdo da terceira. No lado direito, a soma falha: $2 + 5 \neq 6$. A equação 1 mais a equação 2 menos a equação 3 resulta na afirmação impossível $0 = 1$. Assim, as equações são ***inconsistentes***, conforme a eliminação de Gauss apontará de modo sistemático.

Outro sistema singular, parecido com esse, possui **infinitas soluções**. Quando o 6 da última equação torna-se 7, a combinação das três equações fornece $0 = 0$. Agora, a terceira equação é a soma das duas primeiras. Nesse caso, os três planos possuem uma *reta inteira em comum* (Figura 1.5c). A mudança nos lados direitos moverá os planos, paralelos entre si na Figura 1.5b, e, se $b = (2, 5, 7)$, a figura será radicalmente diferente. O plano mais baixo se eleva para encontrar os demais, e há uma reta de soluções. A questão da Figura 1.5c ainda é singular, mas agora o problema é haver ***soluções demais***, em vez de soluções de menos.

O caso extremo são os três planos paralelos. Para a maioria dos lados direitos, não há solução (Figura 1.5d). Para lados direitos especiais (como $b = (0, 0, 0)$!) há um plano inteiro de soluções – pois os três planos paralelos se movem de modo a se tornar o mesmo plano.

O que acontece com a ***interpretação por colunas*** quando o sistema é singular? Ele tem de dar errado; a questão é: como? Ainda há três colunas do lado esquerdo das equações e tentamos combiná-las para produzir b. Continuemos com a equação (3):

Caso singular: composição de colunas
Três colunas no mesmo plano
Passível de solução apenas para b nesse plano

$$u\begin{bmatrix}1\\2\\3\end{bmatrix} + v\begin{bmatrix}1\\0\\1\end{bmatrix} + w\begin{bmatrix}1\\3\\4\end{bmatrix} = b. \qquad (4)$$

Para $b = (2, 5, 7)$ isso era possível; para $b = (2, 5, 6)$ não era. O motivo é que ***essas três colunas se localizam em um plano***. Assim, cada combinação também está em um plano (que passa pela origem). Se o vetor b não estiver nesse plano, não haverá solução possível (Figura 1.6). Esse é, na maioria dos casos, o evento mais provável; um sistema singular geralmente não tem solução. Mas há uma chance de *b se localizar* no plano das colunas. Nesse caso, há soluções demais; as três colunas podem ser combinadas de *infinitos modos* para produzir b. Essa interpretação por colunas da Figura 1.6b corresponde à interpretação por linhas da Figura 1.5c.

Como sabemos se as três colunas se localizam no mesmo plano? Uma solução é encontrar uma combinação de colunas que some zero. Após alguns cálculos, obtemos $u = 3$, $v = -1$, $w = -2$.

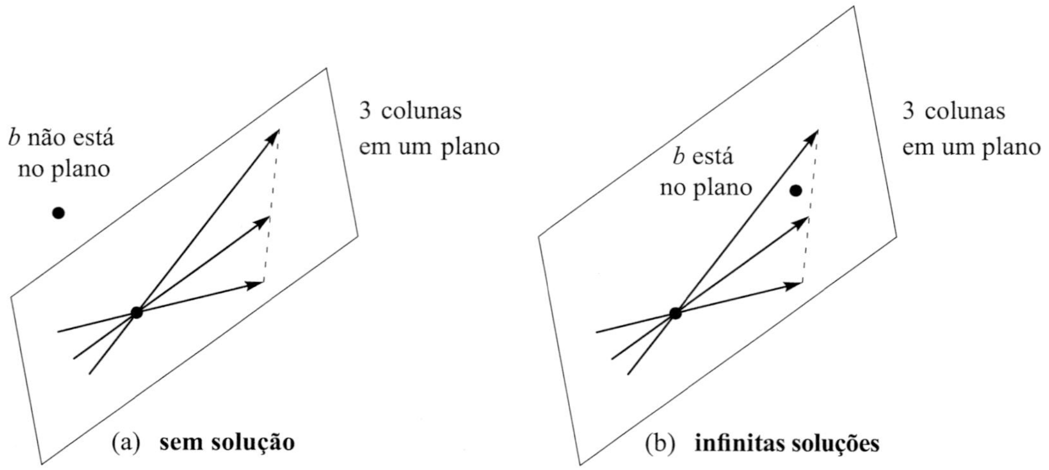

Figura 1.6 Casos singulares: b fora ou dentro do plano com todas as três colunas.

Três vezes a coluna 1 é igual à coluna 2, mais duas vezes a coluna 3. A coluna 1 está no plano das colunas 2 e 3. Apenas duas colunas são independentes.

O vetor $b = (2, 5, 7)$ está nesse plano das colunas – é a coluna 1 mais a coluna 3 –, então, $(1, 0, 1)$ é uma solução. *Podemos adicionar qualquer múltiplo da combinação* $(3, -1, -2)$ *para obter* $b = 0$. Assim, há uma reta inteira de soluções – conforme tomamos conhecimento a partir da interpretação por linhas.

A verdade é que *sabíamos* que a combinação das colunas daria zero, pois as linhas deram zero. Trata-se de um fato matemático, não de cálculo – e ele permanece verdadeiro em dimensão n. ***Se os n planos não possuem nenhum ponto em comum ou possuem infinitos pontos em comum, então os n vetores-coluna se localizam no mesmo plano.***

Se a interpretação por linhas falhar, a interpretação por colunas também falhará. Isso mostra a diferença entre os Capítulos 1 e 2. Este capítulo estuda o problema mais importante – o caso *não singular* – em que há uma única solução e ela precisa ser encontrada. O Capítulo 2 estuda o caso geral, em que pode haver muitas soluções ou nenhuma. Em ambos os casos, não podemos continuar sem uma notação conveniente (*notação matricial*) e um algoritmo conveniente (*eliminação*). Após os exercícios, começaremos com a eliminação.

Conjunto de problemas 1.2

1. Resolva as equações abaixo para encontrar a combinação de colunas que seja igual a b:

Sistema triangular
$$\begin{aligned} u - v - w &= b_1 \\ v + w &= b_2 \\ w &= b_3. \end{aligned}$$

2. Esboce as três retas abaixo. As equações podem ser resolvidas?

Sistema 3 por 2
$$\begin{aligned} x + 2y &= 2 \\ x - y &= 2 \\ y &= 1. \end{aligned}$$

O que acontece se todos os elementos do lado direito forem zero? Há alguma opção diferente de zero para o lado direito que permita que as três linhas se interceptem no mesmo ponto?

3. Para as equações $x + y = 4$, $2x - 2y = 4$, a interpretação por (duas retas que se interceptam) e o método de colunas (combinação de duas colunas igual ao vetor-coluna (4, 4) do lado direito).

4. Encontre dois pontos sobre a linha de interseção dos três planos $t = 0$, $z = 0$ e $x + y + z + t = 1$ em um espaço quadridimensional.

5. (Recomendado) Descreva a interseção dos três planos $u + v + w + z = 6$ e $u + w + z = 4$ e $u + w = 2$ (todos em espaço quadridimensional). É uma reta, um ponto ou um conjunto vazio? Como será a interseção se um quarto plano $u = -1$ for adicionado? Encontre uma quarta equação que deixe o sistema sem solução.

6. Essas equações certamente têm a solução $x = y = 0$. Para quais valores de a há uma reta inteira de soluções?

$$\begin{aligned} ax + 2y &= 0 \\ 2x + ay &= 0 \end{aligned}$$

7. Explique por que o sistema:

$$\begin{aligned} u + v + w &= 2 \\ u + 2v + 3w &= 1 \\ v + 2w &= 0 \end{aligned}$$

é singular, encontrando uma combinação das três equações que some $0 = 1$. Que valor deve substituir o último zero do lado direito para permitir que a equação tenha infinitas soluções – e qual é uma das soluções?

8. (Recomendado) Em que condições de y_1, y_2, y_3, os pontos $(0, y_1)$, $(1, y_2)$, $(2, y_3)$ se localizam em uma linha reta?

9. Se $b = (2, 5, 7)$, encontre uma solução (u, v, w) para a equação (4) diferente da solução (1, 0, 1) mencionada no texto.

10. Encontre mais duas opções de valores do lado direito, além de $b = (2, 5, 7)$ para os quais a equação (4) tenha solução. Encontre mais duas opções de valores do lado direito, além de $b = (2, 5, 6)$ para os quais a equação (4) não tenha solução.

11. A interpretação por colunas do problema 7 (sistema singular) é:

$$u\begin{bmatrix}1\\1\\0\end{bmatrix} + v\begin{bmatrix}1\\2\\1\end{bmatrix} + w\begin{bmatrix}1\\3\\2\end{bmatrix} = b.$$

Mostre que as três colunas do lado esquerdo se localizam no mesmo plano, expressando a terceira coluna como uma combinação das duas primeiras. Quais serão todas as soluções (u, v, w), se b for o vetor zero (0, 0, 0)?

12. Começando com $x + 4y = 7$, encontre a equação da reta paralela que passa por $x = 0, y = 0$. Encontre a equação de outra reta que cruze a primeira em $x = 3, y = 1$.

Os problemas 13 a 15 são uma revisão das interpretações de linhas e colunas.

13. Para duas equações lineares de três incógnitas x, y, z, a interpretação por linhas mostrará (2 ou 3) (linhas ou planos) em um espaço (bi ou tri) dimensional. A interpretação por colunas está em um espaço (bi ou tri) dimensional. As soluções normalmente localizam-se em um(a) _______.

14. Para quatro equações lineares de duas incógnitas x e y, a interpretação por linhas mostra quatro _______. A interpretação por colunas está em um espaço de _______ dimensões. As equações não têm solução, a menos que o vetor do lado direito seja uma combinação de _______.

15. Desenhe as duas figuras em dois planos para as equações $x - 2y = 0$, $x + y = 6$.

16. Encontre o ponto com $z = 2$ na reta de interseção dos planos $x + y + 3z = 6$ e $x - y + z = 4$. Encontre o ponto com $z = 0$ e um terceiro ponto na metade da distância entre eles.

17. No problema 22, as colunas são $(1, 1, 2)$, $(1, 2, 3)$ e $(1, 1, 2)$. Trata-se de um "caso singular", pois a terceira coluna é _______. Encontre as duas combinações de colunas que resultam em $b = (2, 3, 5)$. Isso só é possível para $b = (4, 6, c)$ se $c =$ _______.

18. Nessas equações, a terceira coluna (que multiplica w) é a *mesma* que a b do lado direito. A forma de colunas das equações fornece *imediatamente* a solução para (u, v, w)?

$$\begin{aligned} 6u + 7v + 8w &= 8 \\ 4u + 5v + 9w &= 9 \\ 2u + 2v + 7w &= 7. \end{aligned}$$

19. Mova o terceiro plano do problema 22 para um plano paralelo $2x + 3y + 2z = 9$. Assim, as três equações não têm solução – *por que não*? Os dois primeiros planos se encontram ao longo da reta **L**, mas o terceiro plano não _______ essa reta.

20. Quando a equação 1 é somada à equação 2, quais dos seguintes itens são alterados: os planos da interpretação por linhas, da interpretação por colunas, os coeficientes das matrizes ou a solução?

21. Se (a, b) é um múltiplo de (c, d) com $abcd \neq 0$, *mostre que* (a, c) *é um múltiplo de* (b, d). Isso é surpreendentemente importante, considere esta questão um desafio. Você pode, primeiro, utilizar os números para ver como a, b, c e d estão relacionados. A questão levará a:

Se $A = \begin{bmatrix} a & b \\ c & d \end{bmatrix}$ possui linhas dependentes, então ela terá colunas dependentes.

22. A primeira dessas equações mais a segunda é igual à terceira:

$$\begin{aligned} x + y + z &= 2 \\ x + 2y + z &= 3 \\ 2x + 3y + 2z &= 5. \end{aligned}$$

Os dois primeiros planos se cruzam ao longo de uma reta. O terceiro plano contém essa reta, pois, se x, y, z satisfazem as duas primeiras equações, então eles também _______. As equações possuem infinitas soluções (a linha inteira **L**). Encontre três soluções.

23. Normalmente, quatro "planos" em um espaço quadridimensional se encontram em um(a) _______. Normalmente, quatro vetores-coluna em um espaço quadridimensional podem ser combinados para produzir b. Que combinação de (1, 0, 0, 0), (1, 1, 0, 0), (1, 1, 1, 0), (1, 1, 1, 1) produz $b = (3, 3, 3, 2)$? Quais são as quatro equações de x, y, z, t que você está resolvendo?

1.3 EXEMPLO DE ELIMINAÇÃO DE GAUSS

É por meio de exemplos que se compreende a eliminação. Comecemos em três dimensões:

Sistema original
$$\begin{aligned} 2u + v + w &= 5 \\ 4u - 6v &= -2 \\ -2u + 7v + 2w &= 9. \end{aligned} \qquad (1)$$

O problema é encontrar os valores das incógnitas u, v, e w aplicando-se a eliminação de Gauss. (Gauss é reconhecido como o maior dos matemáticos, mas certamente não por causa dessa invenção, que provavelmente lhe tomou apenas dez minutos. Ironicamente, de todas as ideias que carregam seu nome, esta é a utilizada com mais frequência.) O método começa ***subtraindo múltiplos da primeira equação das demais equações***. O objetivo é *eliminar* u *das duas últimas equações*. Isso exige que:

(a) subtraiamos 2 vezes a primeira equação da segunda
(b) subtraiamos –1 vez a primeira equação da terceira

$$\textbf{Sistema equivalente} \qquad \begin{aligned} \mathbf{2}u + v + w &= 5 \\ -\mathbf{8}v - 2w &= -12 \\ 8v + 3w &= 14. \end{aligned} \qquad (2)$$

O coeficiente 2 é o ***primeiro pivô***. A eliminação consiste em dividir pelo pivô os números abaixo dele para encontrar os multiplicadores corretos.

O pivô do **segundo estágio de eliminação** é –8. Agora, ignoramos a primeira equação. Um múltiplo da segunda equação será subtraído das equações restantes (nesse caso, só há a terceira) de modo a eliminar u. Somamos a segunda equação com a terceira ou, em outras palavras:

(c) subtraímos –1 vez a segunda equação da terceira.

O processo de eliminação está concluído, pelo menos na etapa de triangularização:

$$\textbf{Sistema triangular} \qquad \begin{aligned} \mathbf{2}u + v + w &= 5 \\ -\mathbf{8}v - 2w &= -12 \\ \mathbf{1}w &= 2. \end{aligned} \qquad (3)$$

Esse sistema é resolvido no sentido inverso, de baixo para cima. A última equação resulta em $w = 2$. Substituindo na segunda equação, encontramos $v = 1$. Então, a primeira equação resulta em $u = 1$. Esse processo é chamado ***retrossubstituição***.

Repetindo: a eliminação por triangularização produziu os pivôs 2, –8, 1. Eles subtraíram múltiplos de cada linha da linha abaixo. Isso resultou no sistema "triangular" (3), que é resolvido na ordem inversa: substitua cada valor calculado nas equações que sobraram.

Comentário Um bom modo de escrever as etapas de eliminação por triangularização é incluir o lado direito como uma coluna adicional. Não é necessário copiar u, v, w e $=$ em cada etapa, de modo que só restará o mínimo necessário:

$$\begin{bmatrix} 2 & 1 & 1 & 5 \\ 4 & -6 & 0 & -2 \\ -2 & 7 & 2 & 9 \end{bmatrix} \rightarrow \begin{bmatrix} 2 & 1 & 1 & 5 \\ 0 & -8 & -2 & -12 \\ 0 & 8 & 3 & 14 \end{bmatrix} \rightarrow \begin{bmatrix} 2 & 1 & 1 & 5 \\ 0 & -8 & -2 & -12 \\ 0 & 0 & 1 & 2 \end{bmatrix}.$$

No final, temos o sistema triangular, pronto para a retrossubstituição. Talvez você prefira esse modo de organização, pois ele garante que as operações feitas no lado esquerdo das equações também sejam feitas no lado direito – já que *ambos os lados ficam juntos*.

Em problemas maiores, a eliminação por triangularização é a parte que exige mais esforço. Utilizamos múltiplos da primeira equação para produzir valores nulos abaixo do primeiro pivô. Então, a segunda coluna é eliminada abaixo do segundo pivô. A etapa da triangularização é concluída quando o sistema se torna triangular; a equação n contém apenas a última incógnita multiplicada pelo último pivô. A retrossubstituição permite obter a solução completa, na ordem inversa: começando com a última incógnita, resolvendo a penúltima e, finalmente, a primeira.

Por definição, os ***pivôs não podem ser iguais a zero***. Precisamos operar divisões com eles.

Falha da eliminação

Sob que condições o processo pode falhar? Algo *tem* de dar errado no caso singular, e algo *pode* dar errado no caso não singular. Isso pode parecer um pouco prematuro – afinal, acabamos de ver o funcionamento do algoritmo. Mas a possibilidade de falhas lança luz sobre o próprio método.

A resposta é: com um conjunto completo de n pivôs, há uma única solução. O sistema é não singular, e pode ser resolvido por triangularização e por retrossubstituição. Mas, ***se aparecer um zero*** em posição de pivô, a eliminação tem de parar – temporária ou permanentemente. O sistema pode ou não ser singular.

Se o primeiro coeficiente for zero, no canto superior esquerdo, a eliminação de u das outras equações será impossível. O mesmo é válido para cada estágio intermediário. Observe que pode aparecer um zero em posição de pivô, mesmo se o coeficiente original nessa posição não for zero. *De maneira geral*, ***não saberemos se um zero aparecerá até tentarmos***, aplicando efetivamente o processo de eliminação.

Em muitos casos, esse problema pode ser resolvido, e a eliminação pode prosseguir. Um sistema assim ainda é classificado como não singular; é apenas o algoritmo que precisa ser reparado. Em outros casos, uma falha é inevitável. Esses sistemas irreparáveis são singulares; eles não têm solução ou, ainda, têm infinitas soluções, sendo impossível encontrar um conjunto completo de pivôs.

Exemplo 1 Não singular (reparado trocando-se as equações 2 e 3)

$$\begin{aligned} u + v + w &= \_ \\ 2u + 2v + 5w &= \_ \\ 4u + 6v + 8w &= \_ \end{aligned} \quad \longrightarrow \quad \begin{aligned} u + v + w &= \_ \\ 3w &= \_ \\ 2v + 4w &= \_ \end{aligned} \quad \longrightarrow \quad \begin{aligned} u + v + w &= \_ \\ 2v + 4w &= \_ \\ 3w &= \_ \end{aligned}$$

O sistema agora é triangular e a retrossubstituição poderá resolvê-lo.

Exemplo 2 Singular (irreparável)

$$\begin{aligned} u + v + w &= \_ \\ 2u + 2v + 5w &= \_ \\ 4u + 4v + 8w &= \_ \end{aligned} \quad \longrightarrow \quad \begin{aligned} u + v + w &= \_ \\ 3w &= \_ \\ 4w &= \_ \end{aligned}$$

Não há troca de equações que possa evitar o zero na segunda posição de pivô. As equações em si podem ser solúveis ou não. Se as duas últimas equações são $3w = 6$ e $4w = 7$, não haverá solução. Se essas duas equações forem consistentes – como em $3w = 6$ e $4w = 8$, então esse caso singular possuirá infinitas soluções. Sabemos que $w = 2$, mas a primeira equação não pode resolver u e v.

A Seção 1.5 discutirá as trocas de linhas quando o sistema não for singular. Então, as trocas produzirão um conjunto completo de pivôs. O Capítulo 2 admitirá os casos singulares e prosseguirá com a eliminação. O $3w$ ainda pode eliminar o $4w$ e consideraremos 3 o segundo pivô. (Não haverá terceiro pivô.) No momento, seguiremos admitindo que todos os n elementos de pivôs são não nulos, sem alterar a ordem das equações. Esse é o caso mais simples, com o qual continuaremos.

O custo de eliminação

Nossa outra questão é bastante prática. *Quantas operações aritméticas distintas a eliminação exige para* n *equações de* n *incógnitas?* Se n for grande, um computador tomará nosso lugar na realização da eliminação. Desde que todas as etapas sejam conhecidas, devemos ser capazes de prever o número de operações.

No momento, ignore o lado direito das equações e considere apenas as operações do lado esquerdo. Essas operações são de dois tipos. Dividimos pelo pivô para descobrir por qual múltiplo (chamaremos de ℓ) da equação do pivô deve ser feita a subtração. Quando a fazemos, encontramos continuamente uma combinação "multiplicar-subtrair"; os termos na equação do pivô são multiplicados por ℓ e, então, subtraídos de outra equação.

Suponha que cada operação de multiplicação-subtração corresponda a uma única operação. Na coluna 1, *levam-se* n *operações para cada zero que obtemos* – uma para encontrar o múltiplo ℓ e outra para encontrar os novos elementos ao longo da linha. Há $n - 1$ linhas abaixo da primeira, de modo que o primeiro estágio de eliminação precisa de $n(n-1) = n^2 - n$ operações. (Outra abordagem para $n^2 - n$ é esta: *todos os* n^2 *elementos precisam ser alterados, exceto os* n *da primeira linha.*) Os próximos estágios são mais rápidos, pois as equações se tornam menores.

Quando a eliminação chegar a k equações, apenas as operações $k^2 - k$ são necessárias para limpar a coluna abaixo do pivô – pelo mesmo raciocínio aplicado ao primeiro estágio em que k era igual a n. Em conjunto, o número total de operações é a soma de $k^2 - k$ para todos os valores de k, de 1 até n:

$$\textbf{Lado esquerdo} \qquad (1^2 + \ldots + n^2) - (1 + \ldots + n) = \frac{n(n+1)(2n+1)}{6} - \frac{n(n+1)}{2} = \frac{n^3 - n}{3}.$$

Essas são as fórmulas padrão para as somas dos n primeiros números e dos n primeiros quadrados. Substituindo $n = 1$, $n = 2$ e $n = 100$ na fórmula $\frac{1}{3}(n^3 - n)$, a eliminação por triangularização pode não ter nenhuma etapa, ou duas etapas, ou mais de 300 mil etapas:

> Se n for muito grande, ***uma boa estimativa para o número de operações é*** $\frac{1}{3}n^3$.

Se o tamanho for dobrado, e poucos coeficientes forem nulos, o custo é multiplicado por 8.

A retrossubstituição é consideravelmente mais rápida. A última incógnita é descoberta em apenas uma operação (a divisão pelo último pivô). A penúltima incógnita exige duas operações, e assim por diante. Assim, o total de retrossubstituições é $1 + 2 + \ldots + n$.

A eliminação por triangularização também atua sobre o lado direito (subtraindo os mesmos múltiplos do lado esquerdo para manter as equações corretas). Isso começa com $n - 1$ subtrações da primeira equação. No total, ***o lado direito é responsável por*** n^2 ***operações***, muito menos do que as operações $n^3/3$ do lado esquerdo. O total para a triangularização e retrossubstituição é

$$\textbf{Lado direito} \qquad [(n-1) + (n-2) + \ldots + 1] + [1 + 2 + \ldots + n] = n^2.$$

Trinta anos atrás, quase todos os matemáticos teriam acreditado que um sistema geral de ordem n não poderia ser resolvido com menos de $n^3/3$ multiplicações. (Havia até teoremas para demonstrar isso, mas eles não admitiam todos os métodos possíveis.) Curiosamente, foi provado que essa crença estava errada. *Hoje, há um método que exige apenas* $Cn^{\log_2 7}$ *multiplicações*! Ele depende de um simples fato: duas combinações de dois vetores em um espaço bidimensional deveriam exigir 8 multiplicações, mas elas podem ser feitas em 7.

Isso baixou o expoente de $\log_2 8$, que é 3, para $\log_2 7 \approx 2{,}8$. Essa descoberta gerou uma gigantesca atividade para encontrar a menor potência possível de n. O expoente finalmente caiu (na IBM) abaixo de 2.376. Felizmente para a eliminação, a constante C é tão grande e o cálculo é tão ineficiente que o novo método é principalmente (ou totalmente) de interesse teórico. O problema mais recente é o custo com *muitos processadores em paralelo.*

Conjunto de problemas 1.3

Os problemas 1 a 9 abordam eliminação em sistemas 2 por 2.

1. Escolha um lado direito de modo que o sistema não tenha solução e outro para que tenha infinitas soluções. Quais são duas dessas soluções?

$$3x + 2y = 10$$
$$6x + 4y = \_\_.$$

2. Que múltiplo da equação 1 deve ser *subtraído* da equação 2?

$$2x - 4y = 6$$
$$-x + 5y = 0.$$

Após essa etapa de eliminação, resolva o sistema triangular. Se o lado direito mudar para (–6, 0), qual será a nova solução?

3. Escolha o coeficiente b que torna esse sistema singular. A seguir, escolha um lado direito g que o torne solúvel. Encontre duas soluções no caso singular.

$$2x + by = 16$$
$$4x + 8y = g.$$

4. Que múltiplo ℓ da equação 1 deve ser subtraído da equação 2?

$$2x + 3y = 1$$
$$10x + 9y = 11.$$

Após essa etapa da eliminação, escreva o sistema triangular superior e circule os dois pivôs. Os números 1 e 11 não influenciam esses pivôs.

5. Resolva o sistema triangular do problema 4 por retrossubstituição, y antes de x. Verifique que x vezes (2, 10) mais y vezes (3, 9) é igual a (1, 11). Se o lado direito mudar para (4, 44), qual será a nova solução?

6. Que múltiplo de ℓ da equação 1 deve ser subtraído da equação 2?

$$ax + by = f$$
$$cx + dy = g.$$

O primeiro pivô é a (pressuposto como não nulo). A eliminação produz que fórmula para o segundo pivô? Quanto é y? O segundo pivô não existe se $ad = bc$.

7. Que teste sobre b_1 e b_2 decide se essas duas equações admitem uma solução? Quantas soluções elas terão? Esboce a interpretação por colunas.

$$3x - 2y = b_1$$
$$6x - 4y = b_2.$$

8. Para quais números de a a eliminação falha (a) permanentemente e (b) temporariamente?

$$ax + 3y = -3$$
$$4x + 6y = 6.$$

Resolva para x e y após solucionar a segunda falha por troca de linhas.

9. Para quais três números k a eliminação falha? Qual deles pode ser reparado por uma troca de linhas? Em cada caso, o número de soluções é 0, 1 ou ∞?

$$\begin{aligned} kx + 3y &= 6 \\ 3x + ky &= -6. \end{aligned}$$

Os problemas 10 a 19 abordam a eliminação em sistemas 3 por 3 (e possíveis falhas).

10. Qual valor de b leva posteriormente a uma troca de linhas? Qual valor b leva à inexistência de um pivô? Nesse caso singular, encontre a solução não nula x, y, z.

$$\begin{aligned} x + by \quad &= 0 \\ x - 2y - z &= 0 \\ + z &= 0. \end{aligned}$$

11. Qual valor de d obriga a uma troca de linha e qual é o sistema triangular (não singular) para esse *valor*? Qual valor de d torna esse sistema singular (sem terceiro pivô)?

$$\begin{aligned} 2x + 5y + z &= 0 \\ 4x + dy + z &= 2 \\ y - z &= 3. \end{aligned}$$

12. Reduza esse sistema à forma triangular superior com duas operações de linha:

$$\begin{aligned} 2x + 5y + z &= 8 \\ 4x + 7y + 5z &= 20 \\ -2y + 2z &= 0. \end{aligned}$$

Circule os pivôs. Resolva por meio de retrossubstituição para z, y, x.

13. Aplique eliminação (circule os pivôs) e retrossubstituição para resolver

$$\begin{aligned} 2x - 3y \quad &= 3 \\ 4x - 5y + z &= 7 \\ 2x - y - 3z &= 5. \end{aligned}$$

Relacione as três operações de linhas: Subtrair ____ vezes a linha ____ da linha ____.

14. Qual valor de q torna esse sistema singular, e qual t do lado direito lhe dá infinitas soluções? Encontre a solução que possui $z = 1$.

$$\begin{aligned} x + 4y - 2z &= 1 \\ x + 7y - 6z &= 6 \\ 3y + qz &= t. \end{aligned}$$

15. (Recomendado) É possível que um sistema de equações lineares tenha exatamente duas soluções. *Explique por quê.*

(a) Se (x, y, z) e (X, Y, Z) são duas soluções, qual é a outra?

(b) Se 25 planos se cruzam em dois pontos, onde mais eles se cruzam?

16. Se as linhas 1 e 2 são as mesmas, até onde você consegue prosseguir com a eliminação (permitindo-se trocas de linha)? Se as colunas 1 e 2 são iguais, qual pivô está faltando?

$$\begin{aligned} 2x - y + z &= 0 \\ 2x - y + z &= 0 \\ 4x + y + z &= 2 \end{aligned} \qquad \begin{aligned} 2x + 2y + z &= 0 \\ 4x + 4y + z &= 0 \\ 6x + 6y + z &= 2. \end{aligned}$$

17. (a) Construa um sistema 3 por 3 que precise de duas trocas de linhas para chegar à forma triangular e a uma solução.
(b) Construa um sistema 3 por 3 que precise de uma troca de linha para que a eliminação prossiga, mas falhe adiante.

18. Três planos podem não ter um ponto de interseção quando nenhum de dois planos são paralelo. O sistema é singular se a linha 3 de A for uma _______ das duas primeiras linhas. Encontre uma terceira equação que não possa ser resolvida se $x + y + z = 0$ e $x - 2y - z = 1$.

19. Construa um exemplo 3 por 3 que possua 9 coeficientes diferentes no lado esquerdo, mas cujas linhas 2 e 3 se tornem nulas na eliminação. Quantas soluções terá seu sistema com $b = (1, 10, 100)$ e quantas com $b = (0, 0, 0)$?

Os problemas 20 a 22 abordam sistemas 4 por 4 e *n* por *n*.

20. Se você estender o problema 22 seguindo o padrão 1, 2, 1 ou –1, 2, –1, qual será o quinto pivô? Qual será o n-ésimo pivô?

21. Aplique eliminação e retrossubstituição para resolver:

$$\begin{aligned} 2u + 3v \phantom{{}+w} &= 0 \\ 4u + 5v + w &= 3 \\ 2u - v - 3w &= 5. \end{aligned}$$

Quais são os pivôs? Relacione as três operações nas quais um múltiplo de uma linha é subtraído de outra.

22. Encontre os pivôs e a solução destas quatro equações:

$$\begin{aligned} 2x + y \phantom{{}+2z+t} &= 0 \\ x + 2y + z \phantom{{}+t} &= 0 \\ y + 2z + t &= 0 \\ z + 2t &= 5. \end{aligned}$$

23. Resolva por eliminação o sistema de duas equações:

$$\begin{aligned} x - y &= 0 \\ 3x + 6y &= 18. \end{aligned}$$

Esboce um gráfico representando cada equação como uma linha reta no plano xy; as linhas se intersectam na solução. Além disso, adicione mais uma reta – o gráfico da nova segunda equação que surge após a eliminação.

24. Encontre três valores de a para os quais a eliminação falhe temporária ou permanentemente, em:

$$\begin{aligned} au + v &= 1 \\ 4u + av &= 2. \end{aligned}$$

A falha no primeiro estágio pode ser corrigida trocando-se as linhas, mas isso não pode ser feito no segundo estágio.

25. Resolva o sistema e encontre os pivôs em:

$$\begin{aligned} 2u - v \quad\quad\quad &= 0 \\ -u + 2v - w \quad\quad &= 0 \\ - v + 2w - z &= 0 \\ - w + 2z &= 5. \end{aligned}$$

Você pode utilizar o lado direito como uma quinta coluna (e omitir as letras u, v, w, z até a solução no final).

26. Verdadeiro ou falso:

(a) Se a terceira equação começa com um coeficiente nulo (com $0u$), então nenhum múltiplo da equação 1 será subtraído da equação 3.

(b) Se a terceira equação possui zero como seu segundo coeficiente (ela contém $0v$), então nenhum múltiplo da equação 2 será subtraído da equação 3.

(c) Se a terceira equação contém $0u$ e $0v$, então nenhum múltiplo da equação 1 ou da equação 2 será subtraído da equação 3.

27. Para

$$\begin{aligned} u + v + w &= 2 \\ u + 3v + 3w &= 0 \\ u + 3v + 5w &= 2. \end{aligned}$$

qual é o sistema triangular que resulta da eliminação por triangularização, e qual é a solução?

28. Aplique eliminação ao sistema

$$\begin{aligned} u + v + w &= -2 \\ 3u + 3v - w &= 6 \\ u - v + w &= -1. \end{aligned}$$

Quando surgir um zero em posição de pivô, troque essa equação pela debaixo e prossiga. Que coeficiente de v na terceira equação, em lugar do atual -1, tornaria impossível prosseguir – e causaria uma falha na eliminação?

29. Encontre, de modo experimental, o tamanho médio (valor absoluto) do primeiro, segundo e terceiro pivôs para a função lu(rand(3, 3)) do MATLAB. A média do primeiro pivô de abs(A(1, 1)) deve ser 0,5.

30. Para quais três valores de a a eliminação falhará em obter três pivôs?

$$\begin{aligned} ax + 2y + 3z &= b_1 \\ ax + ay + 4z &= b_2 \\ ax + ay + az &= b_3. \end{aligned}$$

31. (Opcional) Normalmente, a multiplicação de dois números complexos

$$(a + ib)\,(c + id) = (ac - bd) + i\,(bc + ad)$$

envolve as quatro multiplicações distintas ac, bd, bc e ad. Ignorando i, você é capaz de calcular $ac - bd$ e $bc + ad$ com apenas três multiplicações? (Você pode fazer somas para formar $a + b$ antes da multiplicação sem nenhum problema.)

32. Utilize eliminação para resolver:

$$\begin{aligned} u + v + w &= 6 \\ u + 2v + 2w &= 11 \\ 2u + 3v - 4w &= 3 \end{aligned} \quad \text{e} \quad \begin{aligned} u + v + w &= 7 \\ u + 2v + 2w &= 10 \\ 2u + 3v - 4w &= 3. \end{aligned}$$

1.4 NOTAÇÃO MATRICIAL E MULTIPLICAÇÃO DE MATRIZES

Com o nosso exemplo 3 por 3, somos capazes de apresentar o caso geral. Podemos relacionar as etapas de eliminação, que subtrai um múltiplo de uma equação das outras obtendo-se uma matriz triangular. Para um sistema maior, esse modo de registrar as etapas da eliminação seria trabalhoso; um registro muito mais conciso é necessário.

Apresentaremos agora a **notação matricial** para descrever o sistema original e a **multiplicação de matrizes** para descrever as operações que o tornam mais simples. Observe que três tipos diferentes de quantidades aparecem em nosso exemplo:

Nove coeficientes
Três incógnitas
Três lados direitos

$$\begin{aligned} 2u + v + w &= 5 \\ 4u - 6v \quad &= -2 \\ -2u + 7v + 2w &= 9 \end{aligned} \qquad (1)$$

Do lado direito, encontra-se o vetor-coluna b. Do lado esquerdo, estão as incógnitas u, v, w. Também deste lado localizam-se os nove coeficientes (um dos quais coincidiu ser zero). É natural representar as três incógnitas por um vetor:

$$\text{A incógnita é } x = \begin{bmatrix} u \\ v \\ w \end{bmatrix} \qquad \text{A solução é } x = \begin{bmatrix} 1 \\ 1 \\ 2 \end{bmatrix}.$$

Os nove coeficientes podem ser colocados em três linhas e três colunas, gerando uma ***matriz 3 por 3***:

Matriz de coeficientes $$A = \begin{bmatrix} 2 & 1 & 1 \\ 4 & -6 & 0 \\ -2 & 7 & 2 \end{bmatrix}.$$

A é uma matriz *quadrada*, pois o número de equações é igual ao número de incógnitas. Se houver n equações de n incógnitas, teremos uma matriz quadrada n por n. De modo mais geral, pode haver m equações e n incógnitas. Então A será *retangular*, com m linhas e n colunas. Trata-se de uma "matriz m por n".

As matrizes podem ser somadas umas às outras ou multiplicadas por constantes numéricas, exatamente como os vetores: um elemento por vez. De fato, podemos considerar os vetores casos especiais de matrizes; eles *são matrizes com apenas uma coluna*. Assim como os vetores, duas matrizes podem ser somadas apenas se elas tiverem o mesmo tamanho:

Adição $A + B$
Multiplicação 2A

$$\begin{bmatrix} 2 & 1 \\ 3 & 0 \\ 0 & 4 \end{bmatrix} + \begin{bmatrix} 1 & 2 \\ -3 & 1 \\ 1 & 2 \end{bmatrix} = \begin{bmatrix} 3 & 3 \\ 0 & 1 \\ 1 & 6 \end{bmatrix} \qquad 2\begin{bmatrix} 2 & 1 \\ 3 & 0 \\ 0 & 4 \end{bmatrix} = \begin{bmatrix} 4 & 2 \\ 6 & 0 \\ 0 & 8 \end{bmatrix}.$$

Multiplicação de uma matriz e um vetor

Queremos reescrever as três equações com as três incógnitas u, v, w na forma matricial simplificada $Ax = b$. Escrita de modo completo, uma matriz multiplicada por um vetor é igual a um vetor:

$$\textbf{Forma matricial } \boldsymbol{Ax = b} \qquad \begin{bmatrix} 2 & 1 & 1 \\ 4 & -6 & 0 \\ -2 & 7 & 2 \end{bmatrix} \cdot \begin{bmatrix} u \\ v \\ w \end{bmatrix} = \begin{bmatrix} 5 \\ -2 \\ 9 \end{bmatrix}. \tag{2}$$

O lado direito b é o vetor-coluna de "termos não homogêneos". **O lado esquerdo é A vezes x.** Essa multiplicação será definida *de modo a reproduzir exatamente o sistema original*. O primeiro componente de Ax surge da "multiplicação" da primeira linha de A pelo vetor-coluna x:

$$\textbf{Linha vezes coluna} \qquad [2 \quad 1 \quad 1] \cdot \begin{bmatrix} u \\ v \\ w \end{bmatrix} = [\,2u + v + w\,] = [\,5\,]. \tag{3}$$

O segundo componente do produto Ax é $4u - 6v + 0w$, a partir da segunda linha de A. A equação matricial $Ax = b$ é equivalente às três equações simultâneas da equação (1).

O procedimento ***linha vezes coluna*** é fundamental para todas as multiplicações de matrizes. A partir de dois vetores, ele produz um único número. Esse número é chamado *produto escalar* dos dois vetores. Em outras palavras, o produto de uma matriz $1 \times n$ (*vetor-linha*) por uma matriz nx1 (*vetor-coluna*) é uma matriz 1 por 1:

$$\textbf{Produto escalar} \qquad [2 \quad 1 \quad 1] \cdot \begin{bmatrix} 1 \\ 1 \\ 2 \end{bmatrix} = [\,2 \cdot 1 + 1 \cdot 1 + 1 \cdot 2\,] = [\,5\,].$$

Isso confirma que a solução proposta $x = (1, 1, 2)$ satisfaz a primeira equação.

Há dois modos de multiplicar uma matriz A por um vetor x. Um modo é fazer isto *uma linha por vez*. Cada linha de A é combinada a x para se obter uma componente de Ax. Há três produtos escalares quando A possui três linhas:

$$\boldsymbol{Ax} \textbf{ por linhas} \qquad \begin{bmatrix} 1 & 1 & 6 \\ 3 & 0 & 1 \\ 1 & 1 & 4 \end{bmatrix} \begin{bmatrix} 2 \\ 5 \\ 0 \end{bmatrix} = \begin{bmatrix} 1 \cdot 2 + 1 \cdot 5 + 6 \cdot 0 \\ 3 \cdot 2 + 0 \cdot 5 + 3 \cdot 0 \\ 1 \cdot 2 + 1 \cdot 5 + 4 \cdot 0 \end{bmatrix} = \begin{bmatrix} 7 \\ 6 \\ 7 \end{bmatrix}. \tag{4}$$

Ax normalmente é explicado assim, mas o segundo modo é igualmente importante. Na verdade, ele é mais importante! Ele faz a multiplicação de *uma coluna por vez*. O produto Ax é encontrado de uma só vez, como ***uma combinação das três colunas de*** A:

$$\boldsymbol{Ax} \textbf{ por colunas} \qquad 2\begin{bmatrix} 1 \\ 3 \\ 1 \end{bmatrix} + 5\begin{bmatrix} 1 \\ 0 \\ 1 \end{bmatrix} + 0\begin{bmatrix} 6 \\ 3 \\ 4 \end{bmatrix} = \begin{bmatrix} 7 \\ 6 \\ 7 \end{bmatrix}. \tag{5}$$

A resposta é 2 vezes a coluna 1 mais 5 vezes a coluna 2. Isso corresponde à "interpretação por colunas" das equações lineares. Se o lado direito b possui os componentes 7, 6, 7, então a solução possui os componentes 2, 5, 0. É claro que a interpretação por linhas corresponde a esse resultado (e eventualmente temos de fazer as mesmas multiplicações).

A regra da coluna será utilizada muitas e muitas vezes, por isso vamos repeti-la para enfatizar:

1A Todo produto Ax pode ser encontrado utilizando-se colunas inteiras, como na equação (5). Portanto, Ax é ***uma combinação das colunas de A***. Os coeficientes são as componentes de x.

Para multiplicar A por x em n dimensões, precisamos de uma notação para os elementos individuais de A. *O elemento na* i*-ésima linha e na* j*-ésima coluna é sempre denotada por* a_{ij}. O primeiro índice fornece o número da linha e o segundo indica a coluna (na equação (4), a_{21} é 3 e a_{13} é 6). Se A é uma matriz m por n, então o índice i vai de 1 a m (temos m linhas) e o índice j vai de 1 a n. No total, a matriz possui mn elementos e a_{mn} localiza-se no canto inferior direito.

Apenas um índice é suficiente para um vetor. O j-ésimo componente de x é denotado por x_j (a multiplicação acima tinha $x_1 = 2$, $x_2 = 5$ e $x_3 = 0$). Normalmente, x é escrito como um vetor-coluna – como em uma matriz n por 1. Mas, às vezes, ele é impresso em uma linha, como em $x = (2, 5, 0)$. Os parênteses e as vírgulas enfatizam que não se trata de uma matriz 1 por 3. Trata-se de um vetor-coluna que apenas está temporariamente disposto assim.

Para descrever o produto Ax, utilizamos o símbolo "sigma" Σ de somatório:

Notação com sigma O i-ésimo componente de Ax é $\sum_{j=1}^{n} a_{ij}x_j$.

Essa soma nos leva ao longo da i-ésima linha de A. O índice de coluna j leva cada valor de 1 a n e somamos os resultados – a soma é $a_{i1}x_1 + a_{i2}x_2 + \dots + a_{in}x_n$.

Vemos novamente que o comprimento das linhas (o número de colunas em A) deve coincidir com o comprimento de x. **Uma matriz *m* por *n* multiplica um vetor de *n*-dimensional** (e gera um vetor de m-dimensional). Os somatórios são mais simples do que escrever a apresentação completa, mas a notação matricial é melhor. (Einstein utilizava "notação tensorial" na qual um índice repetido significava automaticamente um somatório. Ele escrevia $a_{ij}x_j$ ou mesmo $a_i^j x_j$ sem o Σ. Como não somos Einstein, manteremos o Σ.)

A forma matricial de uma etapa de eliminação

Até agora, temos uma notação curta conveniente $Ax = b$ para o sistema original de equações. E quanto às operações realizadas durante a eliminação? Em nosso exemplo, a primeira etapa subtraiu duas vezes a primeira equação da segunda. Do lado direito, duas vezes a primeira componente de b foram subtraídas da segunda componente. *O mesmo resultado é obtido se multiplicarmos* b *por essa matriz elementar* (ou *matriz de eliminação*):

Matriz elementar $$E = \begin{bmatrix} 1 & 0 & 0 \\ \mathbf{-2} & 1 & 0 \\ 0 & 0 & 1 \end{bmatrix}.$$

Isso é verificado simplesmente observando a regra de multiplicação de uma matriz por um vetor:

$$Eb = \begin{bmatrix} 1 & 0 & 0 \\ \mathbf{-2} & 1 & 0 \\ 0 & 0 & 1 \end{bmatrix} \begin{bmatrix} 5 \\ -2 \\ 9 \end{bmatrix} = \begin{bmatrix} 5 \\ \mathbf{-12} \\ 9 \end{bmatrix}.$$

As componentes 5 e 9 permanecem as mesmas (por causa dos 1, 0, 0 e 0, 0, 1 nas linhas de E). A nova segunda componente –12 apareceu após a primeira etapa de eliminação.

É fácil descrever as matrizes similares a E, que trazem etapas distintas de eliminação. Também destacamos a "matriz identidade" que não provoca nenhuma alteração.

1B A ***matriz identidade I***, com números 1 na diagonal e 0's em todas as outras posições, deixa todos os vetores inalterados. A ***matriz elementar*** $\boldsymbol{E_{ij}}$ subtrai ℓ vezes a linha j da linha i. Essa matriz E_{ij} contém l na linha i, coluna j.

$$I = \begin{bmatrix} 1 & 0 & 0 \\ 0 & 1 & 0 \\ 0 & 0 & 1 \end{bmatrix} \text{ faz } Ib = b \qquad E_{31} = \begin{bmatrix} 1 & 0 & 0 \\ 0 & 1 & 0 \\ -\ell & 0 & 1 \end{bmatrix} \text{ faz } E_{31}b = \begin{bmatrix} b_1 \\ b_1 \\ b_3 - \ell b_1 \end{bmatrix}.$$

$Ib = b$ é o análogo matricial da multiplicação por 1. Uma típica etapa de eliminações multiplica E_{31}. A questão relevante é: o que acontece com A no lado esquerdo?

Para manter a igualdade, devemos aplicar a mesma operação nos dois lados de $Ax = b$. Em outras palavras, devemos multiplicar o vetor Ax pela matriz E. Nossa matriz original E subtrai duas vezes a primeira componente da segunda. Após essa etapa, o novo sistema, mais simples (mas equivalente ao anterior), é apenas $E(Ax) = Eb$. Ele é mais simples por causa do zero criado abaixo do primeiro pivô. Ele é equivalente, pois podemos recuperar o sistema original (adicionando-se duas vezes a primeira equação de volta à segunda). Assim, os dois sistemas possuem exatamente a mesma solução x.

Multiplicação de matrizes

Agora, chegamos à questão mais importante: *como multiplicamos duas matrizes*? Há uma pista parcial da eliminação de Gauss: sabemos a matriz original de coeficientes A, a matriz de eliminação E e o resultado EA após a etapa de eliminação. Esperamos que

$$E = \begin{bmatrix} 1 & 0 & 0 \\ -2 & 1 & 0 \\ 0 & 0 & 1 \end{bmatrix} \text{ vezes } A = \begin{bmatrix} 2 & 1 & 1 \\ 4 & -6 & 0 \\ -2 & 7 & 2 \end{bmatrix} \text{ forneça } EA = \begin{bmatrix} 2 & 1 & 1 \\ 0 & -8 & -2 \\ -2 & 7 & 2 \end{bmatrix}.$$

Duas vezes a primeira linha de A foram subtraídas da segunda linha. A multiplicação de matrizes é coerente com as operações entre linhas da eliminação. Podemos apresentar o resultado tanto como $E(Ax) = Eb$, aplicando E a ambos os lados de nossa equação, quanto como $(EA)x = Eb$. A matriz EA é construída para que essas equações correspondam exatamente entre si e não precisemos de parênteses:

Multiplicação de matrizes (EA vezes x) é igual a (E vezes Ax).
Escrevemos simplesmente EAx.

Isso cobre toda a questão da "associatividade", como em $2 \times (3 \times 4) = (2 \times 3) \times 4$. Tal propriedade nos parece tão óbvia que é difícil imaginar que possa ser falsa. O mesmo poderia ser dito da "comutatividade" $2 \times 3 = 3 \times 2$, mas para matrizes EA não corresponde a AE.

Há outro requisito para multiplicações de matrizes. Sabemos como multiplicar Ax, uma matriz e um vetor. A nova definição deve ser coerente com essa. Quando uma matriz B contém apenas uma única coluna x, o produto entre matrizes AB deve ser idêntico ao produto entre matriz e vetor Ax. *Mais do que isso*: quando B contém muitas colunas b_1, b_2, b_3, as colunas de AB devem ser Ab_1, Ab_2, Ab_3!

Multiplicação por colunas $$AB = A\begin{bmatrix} b_1 & b_2 & b_3 \end{bmatrix} = \begin{bmatrix} Ab_1 & Ab_2 & Ab_3 \end{bmatrix}.$$

Nosso primeiro requisito estava relacionado às linhas; este se refere às colunas. Uma terceira abordagem é descrever cada elemento individual de AB e esperar que funcione. De fato, há apenas uma regra possível, e não estou certo sobre quem a descobriu. Ela faz com que tudo funcione. Não permite que multipliquemos qualquer par de matrizes. Se elas forem quadradas, devem ter as mesmas dimensões. Se forem retangulares, elas *não* podem ter o mesmo formato; ***o número de colunas de A tem de ser igual ao número de linhas de B***. Assim, A pode ser multiplicado por cada coluna de B.

Se A for m por n e B for n por p, a multiplicação será possível. *O produto AB será m* por p. Encontremos, agora, o elemento na linha i e na coluna j de AB.

1C O elemento i, j de AB é o produto escalar da i-ésima linha de A com a j-ésima coluna de B. Na Figura 1.7, o elemento 3, 2 de AB surge a partir da linha três e da coluna dois:

$$(AB)_{32} = a_{31}b_{12} + a_{32}b_{22} + a_{33}b_{32} + a_{34}b_{42}. \qquad (6)$$

Linha vezes coluna

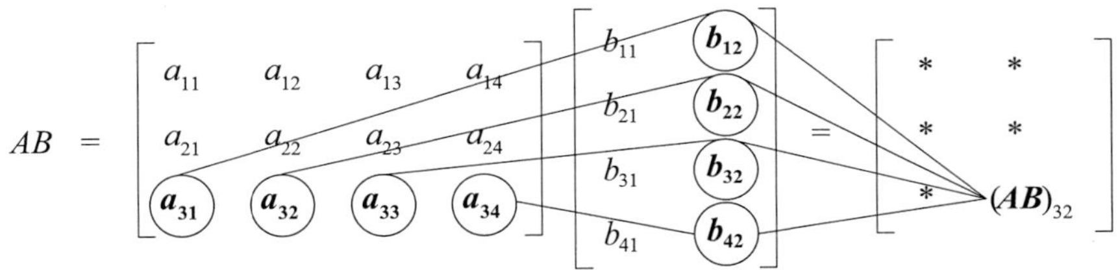

Figura 1.7 Uma matriz A 3 por 4 multiplicada por uma matriz B 4 por 2 é uma matriz AB 3 por 2.

Observação Escrevemos AB quando a matriz não tem nenhuma relação especial com a eliminação. Nosso exemplo anterior era EA por causa da matriz elementar E. Mais adiante, teremos PA, LU ou mesmo LDU. A regra para a multiplicação de matrizes permanece a mesma.

Exemplo 1 $$AB = \begin{bmatrix} 2 & 3 \\ 4 & 0 \end{bmatrix}\begin{bmatrix} 1 & 2 & 0 \\ 5 & -1 & 0 \end{bmatrix} = \begin{bmatrix} 17 & 1 & 0 \\ 4 & 8 & 0 \end{bmatrix}.$$

O elemento 17 corresponde a (2) (1) + (3) (5), ou seja, ao produto escalar da primeira linha de A com a primeira coluna de B. O elemento 8 é (4) (2) + (0) (–1), o produto escalar da segunda linha com a segunda coluna.

A terceira coluna é nula em B, por isso é nula em AB. B consiste de três colunas lado a lado e A multiplica cada coluna separadamente. ***Cada coluna de AB é uma combinação das colunas de A***. Assim como na multiplicação de matriz e vetor, as colunas de A são multiplicadas pelos elementos de B.

Exemplo 2 **Matriz de troca de linhas** $$\begin{bmatrix} 0 & 1 \\ 1 & 0 \end{bmatrix}\begin{bmatrix} 2 & 3 \\ 7 & 8 \end{bmatrix} = \begin{bmatrix} 7 & 8 \\ 2 & 3 \end{bmatrix}.$$

Exemplo 3 Os números 1 da matriz identidade I deixam qualquer matriz inalterada:

$$\textbf{Matriz identidade} \qquad IA = A \quad \text{e} \quad BI = B$$

Importante: a multiplicação AB também pode ser feita *uma linha por vez*. No Exemplo 1, a primeira linha de AB utiliza os números 2 e 3 da primeira linha de A. Esses números resultam em 2 [linha 1] + 3 [linha 2] = [17 1 0]. Exatamente como na eliminação, onde tudo começou, cada linha de AB é uma ***combinação das linhas de B***.

Resumimos abaixo os três diferentes modos de se considerar a multiplicação de matrizes.

1D (i) Cada elemento de AB é o produto de uma ***linha*** por uma ***coluna***:

$$(AB)_{ij} = (\text{linha } i \text{ de } A) \text{ vezes } (\text{coluna } j \text{ de } B)$$

(ii) Cada coluna de AB é o produto de uma ***matriz*** por uma ***coluna***:

$$\text{coluna } j \text{ de } AB = A \text{ vezes } (\text{coluna } j \text{ de } B)$$

(iii) Cada coluna de AB é o produto de uma ***linha*** por uma ***matriz***:

$$\text{linha } i \text{ de } AB = (\text{linha } i \text{ de } A) \text{ vezes } B$$

Isso nos leva de volta à propriedade fundamental da multiplicação de matrizes. Suponha que as formas de três matrizes A, B, C (possivelmente retangulares) permitam que elas sejam multiplicadas. As linhas de A e B multiplicam as colunas de B e C. Então a propriedade fundamental é esta:

1E A multiplicação de matrizes é associativa: $(AB)C = A(BC)$.
Escreva simplesmente ABC.

AB vezes C é igual a A vezes BC. Se ocorrer de C ser apenas um vetor (uma matriz com apenas uma coluna), trata-se do requisito $(EA)x = E(Ax)$ mencionado anteriormente. Esta é toda a base das propriedades de multiplicação de matrizes. E, se C tiver muitas colunas, tudo o que temos de fazer é dispô-las lado a lado e aplicar a mesma regra várias vezes. Não são necessários parênteses quando multiplicamos muitas matrizes.

Há duas outras propriedades que devemos mencionar; uma propriedade que a multiplicação de matriz possui e outra que ela *não possui*. A propriedade que ela possui é:

1F As operações de matrizes são distributivas:

$$A(B + C) = AB + AC \quad \text{e} \quad (B + C)D = BD + CD$$

É claro que os formatos dessas matrizes devem corresponder de modo adequado – B e C devem ter o mesmo formato, de modo que possam ser somados, e A e D devem ter a dimensão correta para a pré-multiplicação e a pós-multiplicação. A prova dessa lei é muito monótona para ser descrita.

A propriedade que a multiplicação de matriz não possui é um pouco mais interessante:

1G A multiplicação de matrizes não é comutativa: em geral, $FE \neq EF$.

Exemplo 4 Suponha que E subtraia duas vezes a primeira equação da segunda. Suponha que F seja a matriz para a próxima etapa que *soma a linha* 1 *à linha* 3:

$$E = \begin{bmatrix} 1 & 0 & 0 \\ \mathbf{-2} & 1 & 0 \\ 0 & 0 & 1 \end{bmatrix} \quad \text{e} \quad F = \begin{bmatrix} 1 & 0 & 0 \\ 0 & 1 & 0 \\ \mathbf{1} & 0 & 1 \end{bmatrix}.$$

A multiplicação dessas duas matrizes é comutativa e o produto executa as duas etapas de uma vez:

$$EF = \begin{bmatrix} 1 & 0 & 0 \\ \mathbf{-2} & 1 & 0 \\ \mathbf{1} & 0 & 1 \end{bmatrix} = FE.$$

Em ambas as ordens, EF ou FE, essa matriz altera as linhas 2 e 3 utilizando a linha 1.

Exemplo 5 Suponha que E continue igual, mas G *some a linha 2 à linha 3*. Agora, a ordem faz diferença. Quando aplicamos E e, em seguida, G, a segunda linha se altera *antes* que a terceira seja afetada. Se E vier *após* G, então a terceira equação não sofrerá nenhum efeito da primeira. Você verá um zero no elemento (3, 1) de EG, enquanto há –2 em GE:

$$GE = \begin{bmatrix} 1 & 0 & 0 \\ 0 & 1 & 0 \\ 0 & \mathbf{1} & 1 \end{bmatrix} \begin{bmatrix} 1 & 0 & 0 \\ \mathbf{-2} & 1 & 0 \\ 0 & 0 & 1 \end{bmatrix} = \begin{bmatrix} 1 & 0 & 0 \\ -2 & 1 & 0 \\ \mathbf{-2} & 1 & 1 \end{bmatrix} \quad \text{mas} \quad EG = \begin{bmatrix} 1 & 0 & 0 \\ -2 & 1 & 0 \\ \mathbf{0} & 1 & 1 \end{bmatrix}.$$

Assim, $EG \neq GE$. Um exemplo aleatório exibirá o mesmo resultado: a maioria das matrizes não observa a propriedade comutativa. Aqui, as matrizes têm um significado. Há um motivo para que $EF = FE$ e $EG \neq GE$. Vale a pena avançar um pouco para ver o que acontece com *três matrizes de eliminação de uma vez*:

$$GFE = \begin{bmatrix} 1 & 0 & 0 \\ -2 & 1 & 0 \\ \mathbf{-1} & 1 & 1 \end{bmatrix} \quad \text{e} \quad EFG = \begin{bmatrix} 1 & 0 & 0 \\ -2 & 1 & 0 \\ \mathbf{1} & 1 & 1 \end{bmatrix}.$$

O produto GFE é a verdadeira ordem de eliminação. *É a matriz que leva a original A à triangular superior U.* Veremos isto novamente na próxima seção.

A outra matriz EFG é mais interessante. Nessa ordem, os números –2 de E e 1 de F e G não são alterados. Eles aparecem diretamente no produto. Trata-se da ordem errada de eliminação.

Mas, felizmente, *esta é a ordem certa para reverter as etapas de eliminação* – que também aparecerão na próxima seção.

Observe que o produto de matrizes triangulares inferiores é novamente uma triangular inferior.

Conjunto de problemas 1.4

1. Escreva as matrizes A e B 2 por 2 que tenham elementos $a_{ij} = i + j$ e $b_{ij} = (-1)^{i+j}$. Multiplique-os para encontrar AB e BA.

2. Encontre dois produtos escalares e um produto matricial de:

$$\begin{bmatrix} 1 & -2 & 7 \end{bmatrix} \begin{bmatrix} 1 \\ -2 \\ 7 \end{bmatrix} \text{ e } \begin{bmatrix} 1 & -2 & 7 \end{bmatrix} \begin{bmatrix} 3 \\ 5 \\ 1 \end{bmatrix} \text{ e } \begin{bmatrix} 1 \\ -2 \\ 7 \end{bmatrix} \begin{bmatrix} 3 & 5 & 1 \end{bmatrix}.$$

O primeiro fornece o módulo do vetor (ao quadrado).

3. Se uma matriz A m por n multiplicar um vetor x de dimensão n, quantas multiplicações distintas estarão envolvidas? E, se A multiplicar uma matriz B, n por p?

4. Dê exemplos 3 por 3 (que não seja a matriz nula) de

(a) uma matriz diagonal: $a_{ij} = 0$ se $i \neq j$.

(b) uma matriz simétrica: $a_{ij} = a_{ji}$, quaisquer que sejam i e j.

(c) uma matriz triangular superior: $a_{ij} = 0$ se $i > j$.

(d) uma matriz antissimétrica: $a_{ij} = -a_{ji}$, quaisquer que sejam i e j.

5. Calcule os produtos

$$\begin{bmatrix} 4 & 0 & 1 \\ 0 & 1 & 0 \\ 4 & 0 & 1 \end{bmatrix} \begin{bmatrix} 3 \\ 4 \\ 5 \end{bmatrix} \text{ e } \begin{bmatrix} 1 & 0 & 0 \\ 0 & 1 & 0 \\ 0 & 0 & 1 \end{bmatrix} \begin{bmatrix} 5 \\ -2 \\ 3 \end{bmatrix} \text{ e } \begin{bmatrix} 2 & 0 \\ 1 & 3 \end{bmatrix} \begin{bmatrix} 1 \\ 1 \end{bmatrix}.$$

Para o terceiro, esboce os vetores-coluna (2, 1) e (0, 3). Multiplicando por (1, 1), faça a soma dos vetores (graficamente).

6. Multiplique Ax para encontrar um vetor solução x para o sistema $Ax =$ *vetor nulo*. Você consegue encontrar mais soluções para $Ax = 0$?

$$Ax = \begin{bmatrix} 3 & -6 & 0 \\ 0 & 2 & -2 \\ 1 & -1 & -1 \end{bmatrix} \begin{bmatrix} 2 \\ 1 \\ 1 \end{bmatrix}.$$

7. Operando uma coluna por vez, calcule os produtos

$$\begin{bmatrix} 4 & 1 \\ 5 & 1 \\ 6 & 1 \end{bmatrix} \begin{bmatrix} 1 \\ 3 \end{bmatrix} \text{ e } \begin{bmatrix} 1 & 2 & 3 \\ 4 & 5 & 6 \\ 7 & 8 & 9 \end{bmatrix} \begin{bmatrix} 0 \\ 1 \\ 0 \end{bmatrix} \text{ e } \begin{bmatrix} 4 & 3 \\ 6 & 6 \\ 8 & 9 \end{bmatrix} \begin{bmatrix} \frac{1}{2} \\ \frac{1}{3} \end{bmatrix}.$$

8. Estas sub-rotinas multiplicam Ax *por linhas ou por colunas*? Comece com $B(I) = 0$:

```
   DO 10 I = 1,N
   DO 10 J = 1,N
10 B(I) = B(I) + A(I,J) * X(J)
```

```
   DO 10 J = 1,N
   DO 10 I = 1,N
10 B(I) = B(I) + A(I,J) * X(J)
```

Os resultados $Bx = Ax$ são os mesmos. O segundo código é ligeiramente mais eficiente em FORTRAN e muito mais eficiente em máquinas de vetores (o primeiro altera os elementos simples $B(I)$, as segundas são capazes de atualizar vetores inteiros).

9. O produto de duas matrizes triangulares inferiores é também uma triangular inferior (todos os elementos acima da diagonal principal são nulos). Verifique isto com um exemplo 3 por 3 e explique como isso decorre das propriedades de multiplicação de matrizes.

10. Suponha que A comuta com qualquer matriz 2 por 2 ($AB = BA$), particularmente:

$$A = \begin{bmatrix} a & b \\ c & d \end{bmatrix} \quad \text{comuta com} \quad B_1 = \begin{bmatrix} 1 & 0 \\ 0 & 0 \end{bmatrix} \quad \text{e} \quad B_2 = \begin{bmatrix} 0 & 1 \\ 0 & 0 \end{bmatrix}.$$

Mostre que $a = d$ e $b = c = 0$. Se $AB = BA$ para todas as matrizes B, então A é um múltiplo da matriz identidade.

11. Verdadeiro ou falso? Se a resposta for falso, dê um contraexemplo específico.

(a) Se as colunas 1 e 3 de B são iguais, então as colunas 1 e 3 de AB também são.

(b) Se as linhas 1 e 3 de B são iguais, então as linhas 1 e 3 de AB também são.

(c) Se as linhas 1 e 3 de A são iguais, então as linhas 1 e 3 de AB também são.

(d) $(AB)^2 = A^2B^2$.

12. Seja x o vetor-coluna (1, 0, ..., 0), mostre que a regra $(AB)x = A(Bx)$ obriga a primeira coluna de AB ser igual a A vezes a primeira coluna de B.

13. Quais das seguintes matrizes são, com certeza, iguais a $(A + B)^2$?

$A^2 + 2AB + B^2$, $A(A + B) + B(A + B)$, $(A + B)(B + A)$, $A^2 + AB + BA + B^2$.

14. Se os elementos de A são a_{ij}, utilize a notação dos subscritos para escrever:

(a) o primeiro pivô.

(b) o multiplicador ℓ_{i1} da linha 1 a ser subtraído da linha i.

(c) o novo elemento que substitui a_{ij} após a subtração.

(d) o segundo pivô.

15. Por tentativa e erro, encontre exemplos de matrizes 2 por 2, de modo que:

(a) $A^2 = -I$, com A tendo apenas elementos reais.

(b) $B^2 = 0$, embora $B \neq 0$.

(c) $CD = -DC$, não sendo permitido o caso $CD = 0$.

(d) $EF = 0$, embora nenhum elemento de E ou F seja zero.

16. A primeira linha de AB é uma combinação linear de todas as linhas de B. Quais são os coeficientes nessa combinação e qual é a primeira linha de AB se:

$$A = \begin{bmatrix} 2 & 1 & 4 \\ 0 & -1 & 1 \end{bmatrix} \quad \text{e} \quad B = \begin{bmatrix} 1 & 1 \\ 0 & 1 \\ 1 & 0 \end{bmatrix}?$$

17. Descreva as linhas de EA e as *colunas* de AE se:

$$E = \begin{bmatrix} 1 & 7 \\ 0 & 1 \end{bmatrix}.$$

18. *Uma quarta maneira de multiplicar matrizes é* ***colunas de A vezes linhas de B***:

AB = (coluna 1)(linha 1) + ... + (coluna n)(linha n) = soma de matrizes simples.

Dê um exemplo 2 por 2 dessa importante regra da multiplicação de matrizes.

19. Encontre as potências A^2, A^3 (A^2 vezes A) e B^2, B^3, C^2, C^3. Quais são A^k, B^k e C^k?

$$A = \begin{bmatrix} \frac{1}{2} & \frac{1}{2} \\ \frac{1}{2} & \frac{1}{2} \end{bmatrix} \quad \text{e} \quad B = \begin{bmatrix} 1 & 0 \\ 0 & -1 \end{bmatrix} \quad \text{e} \quad C = AB = \begin{bmatrix} \frac{1}{2} & -\frac{1}{2} \\ \frac{1}{2} & -\frac{1}{2} \end{bmatrix}$$

20. Se A e B são matrizes n por n com todos os elementos iguais a 1, encontre $(AB)_{ij}$. A notação de somatório transforma o produto AB e a propriedade $(AB)C = A(BC)$ em:

$$(AB)_{ij} = \sum_k a_{ik} b_{kj} \qquad \sum_j \left(\sum_k a_{ik} b_{kj} \right) c_{jl} = \sum_k a_{ik} \left(\sum_j b_{kj} c_{jl} \right).$$

Calcule ambos os lados, se C também for n por n, com cada $c_{jl} = 2$.

21. A matriz que gira o plano xy pelo ângulo θ é

$$A(\theta) = \begin{bmatrix} \cos\theta & -\text{sen}\theta \\ \text{sen}\theta & \cos\theta \end{bmatrix}.$$

Verifique que $A(\theta_1)A(\theta_2) = A(\theta_1 + \theta_2)$ a partir das identidades para $\cos(\theta_1 + \theta_2)$ e $\text{sen}(\theta_1 + \theta_2)$. Quanto é $A(\theta)$ vezes $A(-\theta)$?

Os problemas 22 a 31 abordam matrizes de eliminação.

22. Suponha que $a_{33} = 7$ e que o terceiro pivô seja 5. Se você alterar a_{33} para 11, o terceiro pivô será ____. Se você alterar a_{33} para ____, haverá zero na posição de pivô.

23. Que matriz E_{31} subtrai 7 vezes a linha 1 da linha 3? Para reverter essa etapa, R_{31} deve _______ 7 vezes a linha ____ à linha ____. Multiplique E_{31} por R_{31}.

24. Se todas as colunas de A são um múltiplo de (1, 1, 1), então Ax sempre será um múltiplo de (1, 1, 1). Dê um exemplo 3 por 3. Quantos pivôs são gerados na eliminação?

25. No problema 26, aplicando-se E_{21} e, em seguida, E_{32} à coluna b = (1, 0, 0), obtemos $E_{32}E_{21}b$ = ____. Aplicando-se E_{32} antes de E_{21}, obtemos $E_{21}E_{32}b$ = ____. Quando E_{32} é aplicada primeiro, a linha ____ não sofre nenhum efeito da linha ____.

26. Apresente matrizes 3 por 3 que produzam estas etapas de eliminação:

(a) E_{21} subtrai 5 vezes a linha 1 da linha 2.

(b) E_{32} subtrai –7 vezes a linha 2 da linha 3.

(c) P troca as linhas 1 e 2 e, em seguida, as linhas 2 e 3.

27. Qual das três matrizes E_{21}, E_{31}, E_{32} colocam A na forma triangular U?

$$A = \begin{bmatrix} 1 & 1 & 0 \\ 4 & 6 & 1 \\ -2 & 2 & 0 \end{bmatrix} \quad \text{e} \quad E_{32}E_{31}E_{21}A = U.$$

Multiplique esses Es para obter uma matriz M que realize a eliminação: $MA = U$.

28. Essa matriz 4 por 4 precisa de quais das matrizes de eliminação E_{21}, E_{32} e E_{43}?

$$A = \begin{bmatrix} 2 & -1 & 0 & 0 \\ -1 & 2 & -1 & 0 \\ 0 & -1 & 2 & -1 \\ 0 & 0 & -1 & 2 \end{bmatrix}$$

29. Multiplique estas matrizes:

$$\begin{bmatrix} 0 & 0 & 1 \\ 0 & 1 & 0 \\ 1 & 0 & 0 \end{bmatrix} \begin{bmatrix} 1 & 2 & 3 \\ 4 & 5 & 6 \\ 7 & 8 & 9 \end{bmatrix} \begin{bmatrix} 0 & 0 & 1 \\ 0 & 1 & 0 \\ 1 & 0 & 0 \end{bmatrix} \quad \text{e} \quad \begin{bmatrix} 1 & 0 & 0 \\ -1 & 1 & 0 \\ -1 & 0 & 1 \end{bmatrix} \begin{bmatrix} 1 & 2 & 3 \\ 1 & 3 & 1 \\ 1 & 4 & 0 \end{bmatrix}.$$

30. (a) Que matriz E_{13} 3 por 3 soma a linha 3 à linha 1?
(b) Que matriz soma a linha 1 à linha 3 e, *ao mesmo tempo*, soma a linha 3 à linha 1?
(c) Que matriz soma a linha 1 à linha 3 e, *em seguida*, soma a linha 3 à linha 1?

31. (a) E_{21} subtrai a linha 1 da linha 2 e, em seguida, P_{23} troca as linhas 2 e 3. Que matriz $M = P_{23}E_{21}$ executa ambas as etapas de uma vez?
(b) P_{23} troca as linhas 2 e 3 e, em seguida, E_{31} subtrai a linha 1 da linha 3. Que matriz $M = E_{31}P_{23}$ executa ambas as etapas de uma vez? Explique por que as M's são iguais, mas as E's são diferentes.

Os problemas 32 a 44 abordam criação e multiplicação de matrizes.

32. A é 3 por 5, B é 5 por 3, C é 5 por 1 e D é 3 por 1. *Todos os elementos são* 1. Quais dessas operações de matrizes são possíveis e quais são os seus resultados?

$$BA \qquad AB \qquad ABD \qquad DBA \qquad A(B + C).$$

33. Se E soma a linha 1 à linha 2 e F soma a linha 2 à linha 1, EF é igual a FE?

34. A primeira componente de Ax é $\Sigma a_{1j}x_j = a_{11}x_1 + ... + a_{1n}x_n$. Escreva fórmulas para a terceira componente de Ax e o elemento (1, 1) de A^2.

35. A parábola $y = a + bx + cx^2$ passa pelos pontos $(x, y) = (1, 4)$, $(2, 8)$ e $(3, 14)$. Encontre e resolva uma equação matricial para as incógnitas (a, b, c).

36. Multiplique essas matrizes nas ordens EF, FE e E^2:

$$E = \begin{bmatrix} 1 & 0 & 0 \\ a & 1 & 0 \\ b & 0 & 1 \end{bmatrix} \qquad F = \begin{bmatrix} 1 & 0 & 0 \\ 0 & 1 & 0 \\ 0 & c & 1 \end{bmatrix}.$$

37. Escreva esses antigos problemas na forma matricial 2 por 2 $Ax = b$ e resolva-os:
(a) X é duas vezes tão velho quanto Y e suas idades somam 39.
(b) $(x, y) = (2, 5)$ e $(3, 7)$ localizam-se na reta $y = mx + c$. Encontre m e c.

38. (a) Suponha que todas as colunas de B sejam iguais. Então, todas as colunas de EB são iguais, pois cada uma corresponde a E vezes ____.
(b) Suponha que todas as linhas de B sejam [1 2 4]. Mostre, por meio de exemplo, que todas as linhas de EB *não* são [1 2 4]. É verdade que essas linhas são ____.

39. Se $AB = I$ e $BC = I$, utilize a associatividade para provar que $A = C$.

40. Verdadeiro ou falso?

(a) Se A^2 for definido, então A será necessariamente quadrada.

(b) Se AB e BA forem definidos, então A e B serão quadradas.

(c) Se AB e BA forem definidos, então AB e BA serão quadradas.

(d) Se $AB = B$, então $A = I$.

41. Se A for m por n, quantas multiplicações separadas estarão envolvidas se:

(a) A multiplicar um vetor x com n componentes?

(b) A multiplicar uma matriz B n por p? Então, AB será m por p.

(c) A multiplicar a si mesma para produzir A^2? Aqui $m = n$.

42. Para provar que $(AB)C = A(BC)$, utilize os vetores-coluna $b_1, ..., b_n$ de B. Em primeiro lugar, suponha que C possui apenas uma coluna c com elementos $c_1, ..., c_n$:

AB possui colunas $Ab_1, ..., Ab_n$ e Bc possuem uma coluna $c_1b_1 + ... + c_nb_n$.

Então, $(AB)c = c_1Ab_1 + ... + c_nAb_n$ é igual a $A(c_1b_1 + ... + c_nb_n) = A(Bc)$.

A *linearidade* resulta na igualdade dessas duas somas e $(AB)c = A(Bc)$. O mesmo é verdadeiro para todas as outras ____ de C. Portanto $(AB)C = A(BC)$.

43. Que linhas, colunas ou matrizes devem ser multiplicadas para encontrar:

(a) a terceira coluna de AB?

(b) a primeira linha de AB?

(c) o elemento da linha 3, coluna 4 de AB?

(d) o elemento da linha 1, coluna 1 de CDE?

44. (Matrizes 3 por 3.) Escolha a única matriz B de modo que para qualquer matriz A:

(a) $BA = 4A$.

(b) $BA = 4B$.

(c) BA possua as linhas 1 e 3 de A invertidas e a linha 2 inalterada.

(d) Todas as linhas de BA sejam iguais à linha 1 de A.

Os problemas a seguir utilizam multiplicação coluna-linha e multiplicação de blocos.

45. A ***multiplicação de blocos*** separa as matrizes em blocos (submatrizes). Se os seus formatos tornarem a multiplicação de blocos possível, então ela será permitida. Substitua esses x por números e confirme que a multiplicação de blocos funciona.

$$\begin{bmatrix} A & B \end{bmatrix}\begin{bmatrix} C \\ D \end{bmatrix} = \begin{bmatrix} AC + BD \end{bmatrix} \quad \text{e} \quad \left[\begin{array}{cc|c} x & x & x \\ x & x & x \\ \hline x & x & x \end{array}\right]\left[\begin{array}{cc|c} x & x & x \\ x & x & x \\ \hline x & x & x \end{array}\right].$$

46. Multiplique AB utilizando colunas vezes linhas:

$$AB = \begin{bmatrix} 1 & 0 \\ 2 & 4 \\ 2 & 1 \end{bmatrix}\begin{bmatrix} 3 & 3 & 0 \\ 1 & 2 & 1 \end{bmatrix} = \begin{bmatrix} 1 \\ 2 \\ 2 \end{bmatrix}\begin{bmatrix} 3 & 3 & 0 \end{bmatrix} + \underline{\qquad\quad} = \underline{\qquad\quad}.$$

47. Trace os cortes em A, B e AB para mostrar como cada uma das quatro regras de multiplicação é, na verdade, uma multiplicação de blocos para encontrar AB:

(a) Matriz A vezes colunas de B.
(b) Linhas de A vezes matriz B.
(c) Linhas de A vezes colunas de B.
(d) Colunas de A vezes linhas de B.

48. Se você multiplicar uma *matriz noroeste* A e uma *matriz sudeste* B, que tipo de matrizes serão AB e BA? "Nordeste" e "sudeste" significam zeros abaixo e acima da diagonal secundária, que vai de $(1, n)$ a $(n, 1)$.

49. Se as três soluções do problema 58 são $x_1 = (1, 1, 1)$, $x_2 = (0, 1, 1)$ e $x_3 = (0, 0, 1)$, resolva $Ax = b$ quando $b = (3, 5, 8)$. Questão desafio: qual é a matriz A?

50. Represente $2x + 3y + z + 5t = 8$ como uma matriz A (quantas linhas?) multiplicando o vetor-coluna (x, y, z, t) para produzir b. As soluções preenchem um plano no espaço quadridimensional. *O plano é tridimensional, sem volume* 4D.

51. Represente o produto escalar de $(1, 4, 5)$ e (x, y, z) como uma multiplicação de matrizes Ax. A possui uma linha. As soluções para $Ax = 0$ localizam-se em um _______ perpendicular ao vetor _______. As colunas de A estão no espaço de dimensão _______ .

52. *Eliminação para uma matriz de blocos 2 por 2*: se $A^{-1}A = I$, multiplique a primeira linha de blocos por CA^{-1} e subtraia da segunda linha para encontrar o "*complemento de Schur*" S:

$$\begin{bmatrix} I & 0 \\ -CA^{-1} & I \end{bmatrix} \begin{bmatrix} A & B \\ C & D \end{bmatrix} = \begin{bmatrix} A & B \\ 0 & S \end{bmatrix}.$$

53. Que matriz P_1 2 por 2 projeta o vetor (x, y) sobre o eixo x para gerar $(x, 0)$? Que matriz P_2 projeta sobre o eixo y para gerar $(0, y)$? Se você multiplicar $(5, 7)$ por P_1 e, em seguida, multiplicar por P_2, você obterá (_______) e (_______).

54. Em notação do MATLAB, apresente os comandos que definem a matriz A e os vetores-coluna x e b. Que comando testaria se $Ax = b$?

$$A = \begin{bmatrix} 1 & 2 \\ 3 & 4 \end{bmatrix} \qquad x = \begin{bmatrix} 5 \\ -2 \end{bmatrix} \qquad b = \begin{bmatrix} 1 \\ 7 \end{bmatrix}$$

55. A multiplicação de blocos diz que a eliminação na coluna 1 produz:

$$EA = \begin{bmatrix} 1 & \mathbf{0} \\ -\boldsymbol{c}/a & I \end{bmatrix} \begin{bmatrix} a & \boldsymbol{b} \\ \boldsymbol{c} & D \end{bmatrix} = \begin{bmatrix} a & \boldsymbol{b} \\ \mathbf{0} & \_\_ \end{bmatrix}.$$

56. Encontre todas as matrizes:

$$A = \begin{bmatrix} a & b \\ c & d \end{bmatrix} \quad \text{que satisfaçam} \quad A \begin{bmatrix} 1 & 1 \\ 1 & 1 \end{bmatrix} = \begin{bmatrix} 1 & 1 \\ 1 & 1 \end{bmatrix} A.$$

57. Com $i^2 = -1$, o produto $(A + iB)(x + iy)$ é $Ax + iBx + iAy - By$. Utilize blocos para separar a parte real da parte imaginária que multiplica i:

$$\begin{bmatrix} A & -B \\ ? & ? \end{bmatrix} \begin{bmatrix} x \\ y \end{bmatrix} = \begin{bmatrix} Ax - By \\ ? \end{bmatrix} \begin{matrix} \text{parte real} \\ \text{parte imaginária} \end{matrix}$$

58. Suponha que você resolva $Ax = b$ para três lados direitos b:

$$Ax_1 = \begin{bmatrix} 1 \\ 0 \\ 0 \end{bmatrix} \quad \text{e} \quad Ax_2 = \begin{bmatrix} 0 \\ 1 \\ 0 \end{bmatrix} \quad \text{e} \quad Ax_3 = \begin{bmatrix} 0 \\ 0 \\ 1 \end{bmatrix}.$$

Se as soluções x_1, x_2, x_3 são as colunas de uma matriz X, qual é a matriz AX?

59. Crie uma **matriz mágica M** 3 por 3 com elementos 1, 2, ..., 9. Todas as linhas, colunas e diagonais devem somar 15. A primeira linha pode ser 8, 3, 4. Quanto é M vezes (1, 1, 1)? Quanto é o vetor-linha $[1 \quad 1 \quad 1]$ vezes M?

60. Os comandos do MATLAB A = eye(3) e v = [3:5]' produzem a matriz identidade 3 por 3 e o vetor-coluna (3, 4, 5). Quais são os resultados de A * v e v' * v? (Não é necessário utilizar o computador!) Se você tentar calcular v * A, o que acontece?

61. Se você multiplicar a matriz 4 por 4 composta apenas por 1 A = ones(4,4) e a coluna v = ones(4,1), quanto será A * v? (Não é necessário utilizar o computador!) Se você multiplicar B = eye(4) + ones (4,4) vezes w = zeros(4,1) + 2 * ones(4,1), quanto será B * w?

1.5 FATORES TRIANGULARES E TROCAS DE LINHAS

Queremos abordar novamente a eliminação para ver o que ela implica em termos de matrizes. O ponto de partida era o sistema $Ax = b$:

$$Ax = \begin{bmatrix} 2 & 1 & 1 \\ 4 & -6 & 0 \\ -2 & 7 & 2 \end{bmatrix} \begin{bmatrix} u \\ v \\ w \end{bmatrix} = \begin{bmatrix} 5 \\ -2 \\ 9 \end{bmatrix} = b. \tag{1}$$

Então, havia três etapas de eliminação, com multiplicadores 2, –1, –1:

Etapa 1. Subtrair 2 vezes a primeira equação da segunda.
Etapa 2. Subtrair –1 vez a primeira equação da terceira.
Etapa 3. Subtrair –1 vez a segunda equação da terceira.

O resultado foi um sistema equivalente $Ux = c$, com uma nova matriz de coeficiente U:

$$\textbf{Triângular superior} \qquad Ux = \begin{bmatrix} 2 & 1 & 1 \\ 0 & -8 & -2 \\ 0 & 0 & 1 \end{bmatrix} \begin{bmatrix} u \\ v \\ w \end{bmatrix} = \begin{bmatrix} 5 \\ -12 \\ 2 \end{bmatrix} = c. \tag{2}$$

Essa matriz U é ***triangular superior***: todos os elementos abaixo da diagonal são nulos.

O novo lado direito c resultou do vetor original b, por meio das mesmas etapas que transformaram A em U. A *eliminação por triangularização* correspondeu a três operações de linha:

Comece com A e b;
Aplique as etapas 1, 2 e 3 nesta ordem;
Termine com U e c.

$Ux = c$ é resolvido por retrossubstituição. Até aqui, concentramo-nos em relacionar A a U.

As matrizes E para a etapa 1, F para a etapa 2 e G para a etapa 3 foram introduzidas na seção anterior. Elas são chamadas ***matrizes elementares*** e é fácil ver como elas funcionam.

Para subtrair da equação j um múltiplo l da equação i, *insira o número $-l$ na posição* (i, j). Nos outros casos, mantenha a matriz identidade, com 1 na diagonal e 0 nas outras posições. Então, a multiplicação de matrizes executa a operação nas linhas.

O resultado das três etapas é $GFEA = U$. Observe que E é o primeiro a multiplicar A, seguido de F e de G. Poderíamos multiplicar GFE juntos para encontrar a matriz única que leva A a U (e também, b a c). Ela é triangular inferior (os zeros estão omitidos):

$$\textbf{De } \boldsymbol{A} \textbf{ a } \boldsymbol{U} \qquad GFE = \begin{bmatrix} 1 & & \\ & 1 & \\ & 1 & 1 \end{bmatrix} \begin{bmatrix} 1 & & \\ & 1 & \\ 1 & & 1 \end{bmatrix} \begin{bmatrix} 1 & & \\ -2 & 1 & \\ & & 1 \end{bmatrix} = \begin{bmatrix} 1 & & \\ -2 & 1 & \\ -1 & 1 & 1 \end{bmatrix}. \qquad (3)$$

Isso é bom, no entanto a questão mais importante é exatamente a oposta: como podemos levar U de volta a A? **Como podemos desfazer as etapas da eliminação de Gauss?**

Não é difícil desfazer a etapa 1. Em vez de subtrair, *somamos* duas vezes a primeira linha na segunda (não duas vezes a segunda linha na primeira!). O resultado de fazer tanto a subtração como a soma é trazer de volta a matriz identidade:

$$\textbf{O inverso da subtração é a adição} \qquad \begin{bmatrix} 1 & 0 & 0 \\ 2 & 1 & 0 \\ 0 & 0 & 1 \end{bmatrix} \begin{bmatrix} 1 & 0 & 0 \\ -2 & 1 & 0 \\ 0 & 0 & 1 \end{bmatrix} = \begin{bmatrix} 1 & 0 & 0 \\ 0 & 1 & 0 \\ 0 & 0 & 1 \end{bmatrix}. \qquad (4)$$

Uma operação cancela a outra. Em termos de matriz, uma matriz é o ***inverso*** da outra. Se a matriz elementar E possui o número $-\ell$ na posição (i, j), então seu inverso E^{-1} possui $+\ell$ nessa posição. Assim, $E^{-1}E = I$, que é a equação (4).

Podemos inverter cada etapa da eliminação utilizando E^{-1}, F^{-1} e G^{-1}. Acredito que não seria mal ver essas matrizes inversas agora, antes da próxima seção. O problema final é desfazer todo o processo de uma vez e ver qual matriz leva U de volta a A.

Como a etapa 3 foi a última no processo de A a U, sua matriz G deve ser a primeira a ser invertida na direção contrária. As inversas surgem na ordem oposta! A segunda etapa de reversão é F^{-1} e a última é E^{-1}:

$$\textbf{De volta de } \boldsymbol{U} \textbf{ a } \boldsymbol{A} \qquad E^{-1}F^{-1}G^{-1}U = A \text{ corresponde a } LU = A. \qquad (5)$$

Você pode substituir $GFEA$ por U para ver como as inversas eliminam as etapas originais.

Agora, reconhecemos a matriz L que leva U de volta a A e é *triangular inferior*. Ela possui uma propriedade especial que pode ser vista simplesmente multiplicando-se as três matrizes inversas na ordem correta:

$$E^{-1}F^{-1}G^{-1} = \begin{bmatrix} 1 & & \\ \mathbf{2} & 1 & \\ & & 1 \end{bmatrix} \begin{bmatrix} 1 & & \\ & 1 & \\ \mathbf{-1} & & 1 \end{bmatrix} \begin{bmatrix} 1 & & \\ & 1 & \\ & \mathbf{-1} & 1 \end{bmatrix} = \begin{bmatrix} 1 & & \\ \mathbf{2} & 1 & \\ \mathbf{-1} & \mathbf{-1} & 1 \end{bmatrix} = L. \qquad (6)$$

O aspecto notável é que ***os elementos abaixo da diagonal são os multiplicadores*** $\ell = 2, -1$ e -1. Quando as matrizes são multiplicadas, não há, em geral, um modo direto de visualizar os resultados. Nesse caso, as matrizes aparecem exatamente na ordem correta, de modo que seu produto pode ser apresentado imediatamente. Se o computador armazenar cada multiplicador ℓ_{ij} – o número que multiplica a linha do pivô j quando ela é subtraída da linha i e produz um zero na posição i, j – então esses multiplicadores fornecerão um registro completo da eliminação.

Os números ℓ_{ij} se ajustam exatamente na matriz L que leva U de volta a A.

1H ***Fatoração triangular $A = LU$ sem trocas de linhas.*** L é triangular inferior, com 1 na diagonal. Os multiplicadores ℓ_{ij} (utilizados na eliminação) ficam abaixo da diagonal. U é a matriz triangular superior que aparece após a triangularização. Os elementos diagonais de U são os pivôs.

Exemplo 1

$$A = \begin{bmatrix} 1 & 2 \\ 3 & 8 \end{bmatrix} \text{ é levada até } U = \begin{bmatrix} 1 & 2 \\ 0 & 2 \end{bmatrix} \text{ com } L = \begin{bmatrix} 1 & 0 \\ 3 & 1 \end{bmatrix}. \text{ Então } LU = A.$$

Exemplo 2 (que precisa de uma troca de linhas)

$$A = \begin{bmatrix} 1 & 2 \\ 3 & 4 \end{bmatrix} \text{ não pode ser fatorada em } A = LU.$$

Exemplo 3 (com todos os pivôs e multiplicadores iguais a 1)

$$A = \begin{bmatrix} 1 & 1 & 1 \\ 1 & 2 & 2 \\ 1 & 2 & 3 \end{bmatrix} = \begin{bmatrix} 1 & 0 & 0 \\ 1 & 1 & 0 \\ 1 & 1 & 1 \end{bmatrix} \begin{bmatrix} 1 & 1 & 1 \\ 0 & 1 & 1 \\ 0 & 0 & 1 \end{bmatrix} = LU.$$

De A até U há subtrações de linhas. De U até A, há somas de linhas.

Exemplo 4 (se U é a identidade, então L é igual a A)

$$\textbf{Caso triangular inferior} \qquad A = \begin{bmatrix} 1 & 0 & 0 \\ \ell_{21} & 1 & 0 \\ \ell_{31} & \ell_{32} & 1 \end{bmatrix}.$$

As etapas de eliminação nessa matriz A são fáceis: (i) E subtrai ℓ_{21} vezes a linha 1 da linha 2, (ii) F subtrai ℓ_{31} vezes a linha 1 da linha 3, e (iii) G subtrai ℓ_{32} vezes a linha 2 da linha 3. O resultado é a matriz identidade $U = I$. As inversas de E, F e G trarão de volta a A:

E^{-1} aplicada a F^{-1} aplicada a G^{-1} aplicada a I produz A.

$$\begin{bmatrix} 1 & & \\ \ell_{21} & 1 & \\ & & 1 \end{bmatrix} \text{ vezes } \begin{bmatrix} 1 & & \\ & 1 & \\ \ell_{31} & & 1 \end{bmatrix} \text{ vezes } \begin{bmatrix} 1 & & \\ & 1 & \\ & \ell_{32} & 1 \end{bmatrix} \text{ é igual a } \begin{bmatrix} 1 & 0 & 0 \\ \ell_{21} & 1 & 0 \\ \ell_{31} & \ell_{32} & 1 \end{bmatrix}.$$

A ordem está certa para que os ℓs assumam a posição. Isso sempre acontece! Observe que não foram necessários parênteses em $E^{-1}F^{-1}G^{-1}$ por causa da associatividade.

A = LU: o caso *n* por *n*

A fatoração $A = LU$ é tão importante que temos de dizer mais algumas coisas a respeito. Ela costumava estar ausente dos cursos de álgebra linear quando eles se concentravam nos aspectos abstratos. Ou, talvez, ela fosse considerada muito difícil – mas você já a assimilou. Se o último

Exemplo 4 permitisse qualquer U em vez do particular $U = I$, poderíamos ver como a regra funciona em geral. ***A matriz L, aplicada a U, traz A de volta***:

$$\boldsymbol{A = LU} \quad \begin{bmatrix} 1 & 0 & 0 \\ \ell_{21} & 1 & 0 \\ \ell_{31} & \ell_{32} & 1 \end{bmatrix} \begin{bmatrix} \text{linha 1 de } U \\ \text{linha 2 de } U \\ \text{linha 3 de } U \end{bmatrix} = A \text{ original.} \tag{7}$$

A prova se dá pela *aplicação das etapas de eliminação*. Do lado direito, elas levam de A a U. Do lado esquerdo, reduzem L a I, como no Exemplo 4 (a primeira etapa subtrai ℓ_{21} vezes $(1, 0, 0)$ da segunda linha, o que remove ℓ_{21}). Ambos os lados de (7) resultam na mesma matriz U, e as etapas para chegar até ela são todas reversíveis. Portanto, (7) está correto e $A = LU$.

A igualdade $A = LU$ é tão crucial e tão bela que o Problema 8 no fim desta seção sugere uma segunda abordagem. Estamos apresentando matrizes 3 por 3, mas você poderá ver como o raciocínio se aplica a matrizes maiores. Aqui, daremos mais um exemplo e, em seguida, colocaremos $A = LU$ para funcionar.

Exemplo 5 ($A = LU$, com zeros nos lugares vazios)

$$A = \begin{bmatrix} 1 & -1 & & \\ -1 & 2 & -1 & \\ & -1 & 2 & -1 \\ & & -1 & 2 \end{bmatrix} = \begin{bmatrix} 1 & & & \\ -1 & 1 & & \\ & -1 & 1 & \\ & & -1 & 1 \end{bmatrix} \begin{bmatrix} 1 & -1 & & \\ & 1 & -1 & \\ & & 1 & -1 \\ & & & 1 \end{bmatrix}.$$

Isso mostra como uma matriz A com três diagonais possui fatores L e U com duas diagonais. Esse exemplo surge de um problema importante de equações diferenciais (Seção 1.7).

Um sistema linear = dois sistemas triangulares

Há uma séria questão prática em relação a $A = LU$. Ela é mais do que um registro das etapas de eliminação; L e U são as matrizes certas para a resolução de $Ax = b$. Na verdade, A poderia ser descartada! Vamos de b a c por triangularização (que utiliza L) e de c a x por retrossubstituição (que utiliza U). Nós podemos e faremos isto sem A:

$$\textbf{Separação de } \boldsymbol{Ax = b} \qquad \textit{Primeiro} \quad Lc = b \qquad \textit{e, em seguida,} \quad Ux = c. \tag{8}$$

Multiplique a segunda equação por L para obter $LUx = Lc$, que corresponde a $Ax = b$. Cada sistema triangular é rapidamente resolvido. Isto é exatamente o que um bom código de eliminação pode fazer:

1. ***Fatorar*** (a partir de A, encontre seus fatores L e U).
2. ***Resolver*** (a partir de L, U e b, encontre a solução x).

A separação em ***Fatorar*** e ***Resolver*** implica que uma série de valores de b pode ser processada. A sub-rotina ***Resolver*** segue da equação (8): dois sistemas triangulares em $n^2/2$ etapas cada. **A solução para qualquer novo lado direito *b* pode ser encontrada em apenas n^2 operações.** Isso está muito abaixo das $n^3/3$ etapas necessárias para fatorar A no lado esquerdo.

EXEMPLO 6 Esta é a matriz do exemplo anterior A, com o lado direito $b = (1, 1, 1, 1)$.

$$\boldsymbol{Ax = b} \quad \begin{aligned} x_1 - x_2 &= 1 \\ -x_1 + 2x_2 - x_3 &= 1 \\ - x_2 + 2x_3 - x_4 &= 1 \\ - x_3 + 2x_4 &= 1 \end{aligned} \quad \text{separa-se em } Lc = b \text{ e } Ux = c.$$

$$\boldsymbol{Lc = b} \quad \begin{aligned} c_1 &= 1 \\ -c_1 + c_2 &= 1 \\ - c_2 + c_3 &= 1 \\ - c_3 + c_4 &= 1 \end{aligned} \quad \text{fornece } \boldsymbol{c} = \begin{bmatrix} \mathbf{1} \\ \mathbf{2} \\ \mathbf{3} \\ \mathbf{4} \end{bmatrix}.$$

$$\boldsymbol{Ux = c} \quad \begin{aligned} x_1 - x_2 &= 1 \\ x_2 - x_3 &= 2 \\ x_3 - x_4 &= 3 \\ x_4 &= 4 \end{aligned} \quad \text{fornece } \boldsymbol{x} = \begin{bmatrix} \mathbf{10} \\ \mathbf{9} \\ \mathbf{7} \\ \mathbf{4} \end{bmatrix}.$$

Para essas três "matrizes tridiagonais" específicas, a contagem de operações cai de n^2 para $2n$. Você pode ver como $Lc = b$ é solucionado *por triangularização* (c_1 vem antes de c_2). Isso é exatamente o que acontece durante a eliminação por triangularização. Em seguida, $Ux = c$ é solucionada por retrossubstituição (x_4 antes de x_3).

Comentário 1 A forma de LU é "assimétrica" em relação à diagonal: L possui números 1 onde U possui os pivôs. Isso é fácil de corrigir. **Divida *U* por uma matriz diagonal de pivôs *D*:**

$$\textbf{Fatoração de } \boldsymbol{D} \qquad U = \begin{bmatrix} d_1 & & & \\ & d_2 & & \\ & & \cdot & \\ & & & d_n \end{bmatrix} \begin{bmatrix} 1 & u_{12}/d_1 & u_{13}/d_1 & \cdot \\ & 1 & u_{23}/d_2 & \cdot \\ & & \cdot & \cdot \\ & & & 1 \end{bmatrix}. \tag{9}$$

No exemplo anterior, todos os pivôs eram $d_i = 1$. Neste caso, $D = I$. Mas essa é uma situação muito específica e, normalmente, LU é diferente de LDU (também escrita LDV).

> ***A fatoração triangular pode ser escrita na forma* A = LDU, *em que* L *e* U *possuem números 1 na diagonal e* D *é a matriz diagonal de pivôs.***

Sempre que aparecer LDU ou LDV, fica subentendido que U ou V possui números 1's na diagonal – cada linha foi dividida pelo pivô de D. Assim, L e U são tratadas de modo equitativo. Um exemplo de LU se separando em LDU é:

$$A = \begin{bmatrix} 1 & 2 \\ 3 & 4 \end{bmatrix} = \begin{bmatrix} 1 & \\ 3 & 1 \end{bmatrix} \begin{bmatrix} 1 & 2 \\ & -2 \end{bmatrix} = \begin{bmatrix} 1 & \\ 3 & 1 \end{bmatrix} \begin{bmatrix} 1 & \\ & -2 \end{bmatrix} \begin{bmatrix} 1 & 2 \\ & 1 \end{bmatrix} = LDU.$$

Nesse caso, há apenas números 1's nas diagonais de L e U e os pivôs 1 e –2 em D.

Comentário 2 Ao descrevermos cada etapa de eliminação, podemos ter dado a impressão de que os cálculos precisam ser feitos naquela ordem. Isso não é verdade. Há *alguma* liberdade e, por exemplo, o "algoritmo de Crout" ordena os cálculos de um modo ligeiramente diferente. *Não há liberdade nas matrizes L, D e U finais*. Este é o ponto principal:

> **1I** Se $A = L_1D_1U_1$ e também $A = L_2D_2U_2$, em que L's são as triangulares inferiores com diagonal unitária, U são as triangulares superiores com diagonal unitária e D's são as matrizes diagonais sem zeros na diagonal, então $\boldsymbol{L_1 = L_2}$, $\boldsymbol{D_1 = D_2}$ **e** $\boldsymbol{U_1 = U_2}$. A fatoração LDU e a fatoração LU são unicamente determinadas por A.

A prova será um bom exercício de matrizes inversas para a próxima seção.

Trocas de linhas e matrizes de permutação

Agora, temos de enfrentar um problema que vem sendo evitado há algum tempo: o número que esperamos utilizar como um pivô pode ser zero. Isso pode ocorrer no meio de um cálculo. E acontecerá logo no início se $a_{11} = 0$. Um exemplo simples é:

$$\textbf{Zero na posição de pivô} \qquad \begin{bmatrix} \mathbf{0} & 2 \\ 3 & 4 \end{bmatrix} \begin{bmatrix} u \\ v \end{bmatrix} = \begin{bmatrix} b_1 \\ b_2 \end{bmatrix}.$$

A dificuldade é clara; nenhum múltiplo da primeira equação será removido do coeficiente 3.

A solução é igualmente clara. ***Troque as duas equações***, movendo o elemento 3 para cima na posição de pivô. Nesse exemplo, a matriz se tornaria triangular superior:

$$\textbf{Troca de colunas} \qquad \begin{aligned} 3u + 4v &= b_2 \\ 2v &= b_1 \end{aligned}$$

Para expressar isto em termos matriciais, precisamos de uma ***matriz de permutação*** P que gere a troca de linhas. Ela surge a partir da troca de linhas de I:

$$\textbf{Permutação} \qquad P = \begin{bmatrix} 0 & 1 \\ 1 & 0 \end{bmatrix} \text{ e } PA = \begin{bmatrix} 0 & 1 \\ 1 & 0 \end{bmatrix} \begin{bmatrix} 0 & 2 \\ 3 & 4 \end{bmatrix} = \begin{bmatrix} 3 & 4 \\ 0 & 2 \end{bmatrix}.$$

P tem o mesmo efeito sobre b, trocando b_1 e b_2. *O novo sistema é* PAx = Pb. As incógnitas u e v *não* são invertidas em uma troca de linhas.

Uma matriz de permutação P tem as mesmas linhas que a identidade (em alguma ordem). Há um único "1" em cada linha e coluna. A matriz de permutação mais comum é $P = I$ (que não altera nada). O produto de duas matrizes de permutação é outra permutação: as linhas de I são reordenadas duas vezes.

Depois de $P = I$, as permutações mais simples trocam duas linhas. Outras permutações trocam mais linhas. **Há $\boldsymbol{n! = (n)(n-1)\ldots(1)}$ permutações de dimensão $\boldsymbol{n}$.** A linha 1 possui n escolhas; em seguida, a linha 2 possui $n - 1$ escolhas; finalmente, a última linha possui apenas uma escolha. Podemos mostrar todas as permutações 3 por 3 (há $3! = (3)(2)(1) = 6$ matrizes):

$$I = \begin{bmatrix} 1 & & \\ & 1 & \\ & & 1 \end{bmatrix} \qquad \boldsymbol{P_{21}} = \begin{bmatrix} & 1 & \\ 1 & & \\ & & 1 \end{bmatrix} \qquad \boldsymbol{P_{32}P_{21}} = \begin{bmatrix} & 1 & \\ & & 1 \\ 1 & & \end{bmatrix}$$

$$\boldsymbol{P_{31}} = \begin{bmatrix} & & 1 \\ & 1 & \\ 1 & & \end{bmatrix} \qquad \boldsymbol{P_{32}} = \begin{bmatrix} 1 & & \\ & & 1 \\ & 1 & \end{bmatrix} \qquad \boldsymbol{P_{21}P_{32}} = \begin{bmatrix} & & 1 \\ 1 & & \\ & 1 & \end{bmatrix}.$$

Haverá 24 matrizes de permutação de ordem $n = 4$ e apenas duas de ordem 2, a saber:

$$\begin{bmatrix} 1 & 0 \\ 0 & 1 \end{bmatrix} \quad \text{e} \quad \begin{bmatrix} 0 & 1 \\ 1 & 0 \end{bmatrix}.$$

Quando conhecermos matrizes inversas e transpostas (a próxima seção define A^{-1} e A^{T}), descobriremos um fato importante: $\boldsymbol{P^{-1}}$ **é sempre igual a** $\boldsymbol{P^{T}}$.

Um zero na posição de pivô levanta duas possibilidades: ***o problema pode ser facilmente corrigido ou pode ser grave***. Isto pode ser decidido verificando-se *abaixo do zero*. Se houver um elemento não nulo abaixo da mesma coluna, então deve-se realizar a troca de linhas. O elemento não nulo se torna o pivô necessário e a eliminação pode prosseguir:

$$A = \begin{bmatrix} 0 & a & b \\ 0 & 0 & c \\ d & e & f \end{bmatrix} \qquad \begin{aligned} d &= 0 \quad \Rightarrow \quad \text{sem primeiro pivô} \\ a &= 0 \quad \Rightarrow \quad \text{sem segundo pivô} \\ c &= 0 \quad \Rightarrow \quad \text{sem terceiro pivô.} \end{aligned}$$

Se $d = 0$, o problema não tem solução e a matriz é ***singular***. Não há possibilidade de uma única solução para $Ax = b$. Se d *não* for nulo, uma matriz de troca P_{13} das linhas 1 e 3 moverá d para a posição de pivô. No entanto, a próxima posição de pivô também terá um zero. O número a agora está abaixo dela (o e acima dela é inútil). Se a não for nulo, então outra matriz de troca P_{23} pode ser acionada para:

$$P_{13} = \begin{bmatrix} 0 & 0 & 1 \\ 0 & 1 & 0 \\ 1 & 0 & 0 \end{bmatrix} \quad \text{e} \quad P_{23} = \begin{bmatrix} 1 & 0 & 0 \\ 0 & 0 & 1 \\ 0 & 1 & 0 \end{bmatrix} \quad \text{e} \quad P_{23}P_{13}A = \begin{bmatrix} \boldsymbol{d} & e & f \\ 0 & \boldsymbol{a} & b \\ 0 & 0 & \boldsymbol{c} \end{bmatrix}$$

Outro detalhe: a permutação $P_{23}P_{13}$ fará as duas trocas de linhas de uma vez:

$$\boldsymbol{P_{13}} \textbf{ atua primeiro} \qquad P_{23}P_{13}A = \begin{bmatrix} 1 & 0 & 0 \\ 0 & 0 & 1 \\ 0 & 1 & 0 \end{bmatrix} \begin{bmatrix} 0 & 0 & 1 \\ 0 & 1 & 0 \\ 1 & 0 & 0 \end{bmatrix} = \begin{bmatrix} 0 & 0 & 1 \\ 1 & 0 & 0 \\ 0 & 1 & 0 \end{bmatrix} = P.$$

Se soubéssemos, poderíamos ter multiplicado A por P em primeiro lugar. Com as linhas na ordem correta PA, qualquer matriz não singular está pronta para a eliminação.

Eliminação em poucas palavras: $PA = LU$

A questão principal é a seguinte: se a eliminação puder ser concluída com a ajuda de trocas de linhas, então podemos imaginar que essas trocas sejam feitas primeiro (por P). *A matriz* PA *não precisará de trocas de linhas*. Em outras palavras, PA permite a fatoração padrão em L vezes U. A teoria da eliminação de Gauss pode ser resumida em poucas linhas:

> **1J** No caso ***não singular***, há uma matriz de permutação P que reordena as linhas de A para evitar zeros em posições de pivô. Assim, $Ax = b$ possui uma *solução exclusiva*:
>
> **Com as linhas reordenadas antecipadamente, *PA* pode ser fatorada em *LU*.**
>
> No caso ***singular***, nenhuma matriz P pode gerar um conjunto completo de pivôs: a eliminação falha.

Na prática, também consideramos uma troca de linhas quando o pivô original é *próximo* de zero, mesmo que não seja exatamente zero. Escolher um pivô maior reduz o erro de arredondamento.

Você deve tomar cuidado com L. Suponha que a matriz de eliminação subtraia a linha 1 da linha 2, criando $\ell_{21} = 1$. Suponha, então, que ela troque as linhas 2 e 3. Se essa troca for feita antecipadamente, o multiplicador será alterado para $\ell_{31} = 1$ em $PA = LU$.

Exemplo 7

$$A = \begin{bmatrix} 1 & 1 & 1 \\ 1 & 1 & 3 \\ 2 & 5 & 8 \end{bmatrix} \rightarrow \begin{bmatrix} 1 & 1 & 1 \\ 0 & \mathbf{0} & 2 \\ 0 & 3 & 6 \end{bmatrix} \rightarrow \begin{bmatrix} 1 & 1 & 1 \\ 0 & 3 & 6 \\ 0 & 0 & 2 \end{bmatrix} = U. \tag{10}$$

Essa troca de linhas recupera LU, mas agora $\ell_{31} = 1$ e $\ell_{21} = 2$.

$$P = \begin{bmatrix} 1 & 0 & 0 \\ 0 & 0 & 1 \\ 0 & 1 & 0 \end{bmatrix} \quad \text{e} \quad L = \begin{bmatrix} 1 & 0 & 0 \\ 2 & 1 & 0 \\ 1 & 0 & 1 \end{bmatrix} \quad \text{e} \quad PA = LU. \tag{11}$$

No MATLAB, A([r k],:) troca a linha k e a linha r abaixo dela (em que o k-ésimo pivô for encontrado). Atualizamos as matrizes L e P do mesmo modo. No início, $P = I$ e sign $= +1$:

```
A([r k],:) = A([k r],:);
L([r k],1:k–1) = L([k r],1:k–1);
P([r k],:) = P([k r],:);
sign = –sign
```

O sinal ("**sign**") de P diz se o número de troca de linhas é par (sign $= +1$) ou ímpar (sign $= -1$). Uma troca de linhas inverte o sinal. O valor final do sinal é o **determinante de *P*** e não depende da ordem das trocas de linhas.

Resumindo: um bom código de eliminação poupa matrizes L, U e P. Essas matrizes trazem as informações que vieram originalmente de A – e o fazem de um modo mais útil. $Ax = b$ é reduzido a dois sistemas triangulares. Esse é o equivalente prático do cálculo que faremos a seguir – *para encontrar a matriz inversa* A^{-1} *e a solução* $x = A^{-1}b$.

Conjunto de problemas 1.5

1. Multiplique a matriz $L = E^{-1}F^{-1}G^{-1}$ da equação (6) por GFE da equação (3):

$$\begin{bmatrix} 1 & 0 & 0 \\ 2 & 1 & 0 \\ -1 & -1 & 1 \end{bmatrix} \quad \text{vezes} \quad \begin{bmatrix} 1 & 0 & 0 \\ -2 & 1 & 0 \\ -1 & 1 & 1 \end{bmatrix}.$$

Multiplique também na ordem contrária. *Por que as respostas são como são*?

2. Quando uma matriz triangular superior é não singular (possui um conjunto completo de pivôs)?

3. Que múltiplos de ℓ_{32} da linha 2 de A será subtraído pela eliminação da linha 3 de A? Utilize a forma fatorada:

$$A = \begin{bmatrix} 1 & 0 & 0 \\ 2 & 1 & 0 \\ 1 & 4 & 1 \end{bmatrix} \begin{bmatrix} 5 & 7 & 8 \\ 0 & 2 & 3 \\ 0 & 0 & 6 \end{bmatrix}.$$

Quais serão os pivôs? Será necessária uma troca de linhas?

4. Encontre os produtos FGH e HGF quando as matrizes (com zeros da triangular superior omitidos) forem:

$$F = \begin{bmatrix} 1 & & & \\ 2 & 1 & & \\ 0 & 0 & 1 & \\ 0 & 0 & 0 & 1 \end{bmatrix} \quad G = \begin{bmatrix} 1 & & & \\ 0 & 1 & & \\ 0 & 2 & 1 & \\ 0 & 0 & 0 & 1 \end{bmatrix} \quad H = \begin{bmatrix} 1 & & & \\ 0 & 1 & & \\ 0 & 0 & 1 & \\ 0 & 0 & 2 & 1 \end{bmatrix}.$$

5. (a) Sob que condições o seguinte produto é não singular?

$$A = \begin{bmatrix} 1 & 0 & 0 \\ -1 & 1 & 0 \\ 0 & -1 & 1 \end{bmatrix} \begin{bmatrix} d_1 & & \\ & d_2 & \\ & & d_3 \end{bmatrix} \begin{bmatrix} 1 & -1 & 0 \\ 0 & 1 & -1 \\ 0 & 0 & 1 \end{bmatrix}.$$

(b) Resolva o sistema $Ax = b$, começando com $Lc = b$:

$$\begin{bmatrix} 1 & 0 & 0 \\ -1 & 1 & 0 \\ 0 & -1 & 1 \end{bmatrix} \begin{bmatrix} c_1 \\ c_2 \\ c_3 \end{bmatrix} = \begin{bmatrix} 0 \\ 0 \\ 1 \end{bmatrix} = b.$$

6. (***Segunda prova de $A = LU$***) A terceira linha de U surge da terceira linha de A subtraindo-se os múltiplos das linhas 1 e 2 (de U!):

$$\text{linha 3 de } U = \text{linha 3 de } A - l_{31}(\text{linha 1 de } U) - l_{32}(\text{linha 2 de } U).$$

(a) Por que se subtraem as linhas de U e não as linhas de A? Resposta: porque, no momento em que uma linha de pivô é utilizada, ____.

(b) A equação acima é a mesma que:

$$\text{linha 3 de } A = \ell_{31}(\text{linha 1 de } U) + \ell_{32}(\text{linha 2 de } U) + 1(\text{linha 3 de } U).$$

Que regra da multiplicação de matrizes produz essa linha 3 de L vezes U?

As outras linhas de LU harmonizam-se da mesma maneira que as linhas de A.

7. Fatore A em LU e escreva o sistema triangular superior $Ux = c$ que aparece após a eliminação para:

$$Ax = \begin{bmatrix} 2 & 3 & 3 \\ 0 & 5 & 7 \\ 6 & 9 & 8 \end{bmatrix} \begin{bmatrix} u \\ v \\ w \end{bmatrix} = \begin{bmatrix} 2 \\ 2 \\ 5 \end{bmatrix}.$$

8. (a) Por que são necessárias aproximadamente $n^2/2$ etapas de multiplicação-subtração para resolver cada igualdade $Lc = b$ e $Ux = c$?

(b) Quantas etapas a eliminação utiliza para resolver dez sistemas com a mesma matriz de coeficientes A, 60 por 60?

9. Aplique a eliminação para produzir os fatores L e U de:

$$A = \begin{bmatrix} 2 & 1 \\ 8 & 7 \end{bmatrix} \quad \text{e} \quad A = \begin{bmatrix} 3 & 1 & 1 \\ 1 & 3 & 1 \\ 1 & 1 & 3 \end{bmatrix} \quad \text{e} \quad A = \begin{bmatrix} 1 & 1 & 1 \\ 1 & 4 & 4 \\ 1 & 4 & 8 \end{bmatrix}.$$

10. Encontre E^2, E^8 e E^{-1} se:

$$E = \begin{bmatrix} 1 & 0 \\ 6 & 1 \end{bmatrix}.$$

11. Determine se os seguintes sistemas são singulares ou não singulares e, se eles não têm solução, têm uma solução ou infinitas soluções:

$$\begin{aligned} v - w &= 2 \\ u - v \quad &= 2 \\ u \quad - w &= 2 \end{aligned} \quad \text{e} \quad \begin{aligned} v - w &= 0 \\ u - v \quad &= 0 \\ u \quad - w &= 0 \end{aligned} \quad \text{e} \quad \begin{aligned} v + w &= 1 \\ u + v \quad &= 1 \\ u \quad + w &= 1. \end{aligned}$$

12. Apresente todas as seis matrizes de permutação 3 por 3, incluindo $P = I$. Identifique suas inversas, que também são matrizes de permutação. As inversas satisfazem a propriedade $PP^{-1} = I$ e estão na mesma lista.

13. Encontre uma matriz de permutação 4 por 4 que exija trocas de linha para chegar ao final da eliminação (que é $U = I$).

14. A forma menos familiar $A = LPU$ troca linhas apenas no final:

$$A = \begin{bmatrix} 1 & 1 & 1 \\ 1 & 1 & 3 \\ 2 & 5 & 8 \end{bmatrix} \rightarrow L^{-1}A = \begin{bmatrix} 1 & 1 & 1 \\ 0 & 0 & 2 \\ 0 & 3 & 6 \end{bmatrix} = PU = \begin{bmatrix} 1 & 0 & 0 \\ 0 & 0 & 1 \\ 0 & 1 & 0 \end{bmatrix} \begin{bmatrix} 1 & 1 & 1 \\ 0 & 3 & 6 \\ 0 & 0 & 2 \end{bmatrix}.$$

Qual é a matriz L neste caso? Comparando com $PA = LU$, no box 1J, os multiplicadores agora ficam no lugar (ℓ_{21} é 1 e ℓ_{31} é 2, se $A = LPU$).

15. Como você pode fatorar A no produto UL de triangular superior vezes triangular inferior? Eles seriam os mesmos fatores de $A = LU$?

16. Que valores de a, b, c levam às trocas de linha? Quais tornam a matriz singular?

$$A = \begin{bmatrix} 1 & 2 & 0 \\ a & 8 & 3 \\ 0 & b & 5 \end{bmatrix} \quad \text{e} \quad A = \begin{bmatrix} c & 2 \\ 6 & 4 \end{bmatrix}.$$

17. Resolva por eliminação trocando linhas quando necessário:

$$\begin{aligned} u + 4v + 2w &= -2 \\ -2u - 8v + 3w &= 32 \\ v + w &= 1 \end{aligned} \quad \text{e} \quad \begin{aligned} v + w &= 0 \\ u + v \quad &= 0 \\ u + v + w &= 1 \end{aligned}$$

Que matrizes de permutação são necessárias?

18. Resolva como dois sistemas triangulares, sem multiplicar LU para encontrar A:

$$LUx = \begin{bmatrix} 1 & 0 & 0 \\ 1 & 1 & 0 \\ 1 & 0 & 1 \end{bmatrix} \begin{bmatrix} 2 & 4 & 4 \\ 0 & 1 & 2 \\ 0 & 0 & 1 \end{bmatrix} \begin{bmatrix} u \\ v \\ w \end{bmatrix} = \begin{bmatrix} 2 \\ 0 \\ 2 \end{bmatrix}.$$

19. Encontre as fatorações $PA = LDU$ (e verifique-as) para:

$$A = \begin{bmatrix} 0 & 1 & 1 \\ 1 & 0 & 1 \\ 2 & 3 & 4 \end{bmatrix} \quad \text{e} \quad A = \begin{bmatrix} 1 & 2 & 1 \\ 2 & 4 & 2 \\ 1 & 1 & 1 \end{bmatrix}.$$

Os problemas 20 a 31 calculam a fatoração $A = LU$ (e também $A = LDU$).

20. Quais são os sistemas triangulares 3 por 3 $Lc = b$ e $Ux = c$ do problema 24? Perceba que $c = (5, 2, 2)$ resolve a primeira equação. Que x resolve a segunda?

21. Quais são as três matrizes de eliminação E_{21}, E_{31}, E_{32} que transformam A na forma triangular superior $E_{32}E_{31}E_{21}A = U$? Multiplique por E_{32}^{-1}, E_{31}^{-1} e E_{21}^{-1} para fatorar A em LU com $L = E_{21}^{-1}E_{31}^{-1}E_{32}^{-1}$. Encontre L e U:

$$A = \begin{bmatrix} 1 & 0 & 1 \\ 2 & 2 & 2 \\ 3 & 4 & 5 \end{bmatrix}.$$

22. Quando zero aparece em posição de pivô, $A = LU$ *não é possível!* (Precisamos de pivôs d, f, i não nulos em U.) Mostre diretamente por que ambas as igualdades abaixo são impossíveis:

$$\begin{bmatrix} 0 & 1 \\ 2 & 3 \end{bmatrix} = \begin{bmatrix} 1 & 0 \\ \ell & 1 \end{bmatrix} \begin{bmatrix} d & e \\ 0 & f \end{bmatrix} \qquad \begin{bmatrix} 1 & 1 & 0 \\ 1 & 1 & 2 \\ 1 & 2 & 1 \end{bmatrix} = \begin{bmatrix} 1 & & \\ \ell & 1 & \\ m & n & 1 \end{bmatrix} \begin{bmatrix} d & e & g \\ & f & h \\ & & i \end{bmatrix}.$$

23. A triangularização altera $\begin{bmatrix} 1 & 1 \\ 1 & 2 \end{bmatrix} x = b$ para uma triangular $\begin{bmatrix} 1 & 1 \\ 0 & 1 \end{bmatrix} x = c$:

$$\begin{matrix} x + y = 5 \\ x + 2y = 7 \end{matrix} \;\rightarrow\; \begin{matrix} x + y = 5 \\ y = 2 \end{matrix} \qquad \begin{bmatrix} 1 & 1 & \mathbf{5} \\ 1 & 2 & \mathbf{7} \end{bmatrix} \rightarrow \begin{bmatrix} 1 & 1 & \mathbf{5} \\ 0 & 1 & \mathbf{2} \end{bmatrix}.$$

Essa etapa subtraiu $\ell_{21} =$ _______ vezes a linha 1 da linha 2. A etapa reversa *soma* ℓ_{21} vezes a linha 1 à linha 2. A matriz para essa etapa reversa é $L =$ _______. Multiplique essa matriz L por um sistema triangular $\begin{bmatrix} 1 & 1 \\ 0 & 1 \end{bmatrix} = x = \begin{bmatrix} 5 \\ 2 \end{bmatrix}$ para obter _______ = _______. Em notação por letras, L multiplica $Ux = c$ para obter _______.

24. (Alterar para 3 por 3) A triangularização altera $Ax = b$ para uma triangular $Ux = c$:

$$\begin{aligned} x + y + z &= 5 \\ x + 2y + 3z &= 7 \\ x + 3y + 6z &= 11 \end{aligned} \qquad \begin{aligned} x + y + z &= 5 \\ y + 2z &= 2 \\ 2y + 5z &= 6 \end{aligned} \qquad \begin{aligned} x + y + z &= 5 \\ y + 2z &= 2 \\ z &= 2 \end{aligned}$$

A equação $z = 2$ em $Ux = c$ surge a partir da original $x + 3y + 6z = 11$ em $Ax = b$, subtraindo-se $\ell_{31} =$ ____ vezes a equação 1 e $\ell_{32} =$ ____ vezes a equação *final* 2. Faça a reversão que recupere $[1\ 3\ 6\ 11]$ em $[A\ b]$ a partir das finais $[1\ 1\ 1\ 5]$, $[0\ 1\ 2\ 2]$ e $[0\ 0\ 1\ 2]$ em $[U\ c]$:

$$\text{Linha 3 de } [A\ b] = (\ell_{31} \text{ Linha 1} + \ell_{32} \text{ Linha 2} + 1 \text{ Linha 3}) \text{ de } [U\ c].$$

Em notação matricial, trata-se de uma multiplicação por L. Assim, $A = LU$ e $b = Lc$.

25. Quais são as duas matrizes de eliminação E_{21} e E_{32} que transformam A na forma triangular superior $E_{32}E_{21}A = U$? Multiplique por E_{32}^{-1} e E_{21}^{-1} para fatorar A em $LU = E_{21}^{-1}E_{32}^{-1}U$:

$$A = \begin{bmatrix} 1 & 1 & 1 \\ 2 & 4 & 5 \\ 0 & 4 & 0 \end{bmatrix}.$$

26. Que número c leva a um zero na segunda posição de pivô? Uma troca de linha é necessária e $A = LU$ não é possível. Que c gera zero na posição do terceiro pivô? Assim, uma troca de linha não poderá ajudar e a eliminação falhará:

$$A = \begin{bmatrix} 1 & c & 0 \\ 2 & 4 & 1 \\ 3 & 5 & 1 \end{bmatrix}.$$

27. (Recomendado) Calcule L e U para a matriz simétrica:

$$A = \begin{bmatrix} a & a & a & a \\ a & b & b & b \\ a & b & c & c \\ a & b & c & d \end{bmatrix}.$$

Encontre quatro condições em a, b, c, d para obter $A = LU$ com quatro pivôs.

28. *Matrizes tridiagonais* possuem apenas elementos nulos, exceto na diagonal principal e nas duas diagonais adjacentes. Fatore as matrizes abaixo em $A = LU$ e $A = LDV$:

$$A = \begin{bmatrix} 1 & 1 & 0 \\ 1 & 2 & 1 \\ 0 & 1 & 2 \end{bmatrix} \quad \text{e} \quad A = \begin{bmatrix} a & a & 0 \\ a & a+b & b \\ 0 & b & b+c \end{bmatrix}.$$

29. Resolva $Lc = b$ para encontrar c. Em seguida, resolva $Ux = c$ para encontrar x. Qual é a matriz A?

$$L = \begin{bmatrix} 1 & 0 & 0 \\ 1 & 1 & 0 \\ 1 & 1 & 1 \end{bmatrix} \quad \text{e} \quad U = \begin{bmatrix} 1 & 1 & 1 \\ 0 & 1 & 1 \\ 0 & 0 & 1 \end{bmatrix} \quad \text{e} \quad b = \begin{bmatrix} 4 \\ 5 \\ 6 \end{bmatrix}.$$

30. A e B são simétricas ao longo da diagonal (pois $4 = 4$). Encontre suas fatorações triplas LDU e diga como U está relacionado com L para essas matrizes simétricas:

$$A = \begin{bmatrix} 2 & 4 \\ 4 & 11 \end{bmatrix} \quad \text{e} \quad B = \begin{bmatrix} 1 & 4 & 0 \\ 4 & 12 & 4 \\ 0 & 4 & 0 \end{bmatrix}.$$

31. Resolva o sistema triangular $Lc = b$ para encontrar c. Em seguida, resolva $Ux = c$ para encontrar x:

$$L = \begin{bmatrix} 1 & 0 \\ 4 & 1 \end{bmatrix} \quad \text{e} \quad U = \begin{bmatrix} 2 & 4 \\ 0 & 1 \end{bmatrix} \quad \text{e} \quad b = \begin{bmatrix} 2 \\ 11 \end{bmatrix}.$$

Por garantia, encontre $A = LU$ e resolva $Ax = b$. Circule c quando você o vir.

32. Quais são as matrizes L e D para a matriz A abaixo? Qual é a U em $A = LU$ e qual é a nova U em $A = LDU$?

$$A = \begin{bmatrix} 2 & 4 & 8 \\ 0 & 3 & 9 \\ 0 & 0 & 7 \end{bmatrix}.$$

33. Encontre L e U para a matriz não simétrica:

$$A = \begin{bmatrix} a & r & r & r \\ a & b & s & s \\ a & b & c & t \\ a & b & c & d \end{bmatrix}.$$

Encontre as quatro condições de a, b, c, d, r, s, t para obter $A = LU$ com quatro pivôs.

34. (Revisão) Quais valores de c tornam $A = LU$ impossível – com três pivôs?

$$A = \begin{bmatrix} 1 & 2 & 0 \\ 3 & c & 1 \\ 0 & 1 & 1 \end{bmatrix}.$$

35. Estime a diferença de tempo para cada nova dimensão do lado direito b se $n = 800$. Crie $A =$ rand(800), $b =$ rand(800,1) e $B =$ rand(800,9). Compare os tempos de tic; $A\backslash b$; toc e tic; $A\backslash B$; toc (que resolva os 9 lados direitos).

36. Utilize chol(pascal(5)) para encontrar os fatores triangulares de pascal(5) do MATLAB. As trocas de linha em $[L, U] =$ lu(pascal(5)) corrompe o padrão de Pascal!

37. Se A e B têm elementos não nulos nas posições marcadas por x, que zeros continuam sendo nulos em seus fatores L e U?

$$A = \begin{bmatrix} x & x & x & x \\ x & x & x & 0 \\ 0 & x & x & x \\ 0 & 0 & x & x \end{bmatrix} \quad \text{e} \quad B = \begin{bmatrix} x & x & x & 0 \\ x & x & 0 & x \\ x & 0 & x & x \\ 0 & x & x & x \end{bmatrix}.$$

38. Começando a partir de uma matriz A 3 por 3 com pivôs 2, 7, 6, some uma quarta linha e coluna para gerar M. Quais são os primeiros três pivôs de M e por quê? Que quarta linha e coluna garantem a produção de 9 como quarto pivô?

39. (Importante) Se A possui pivôs 2, 7, 6 sem trocas de linhas, quais são os pivôs para a submatriz 2 por 2 superior esquerda de B (sem a linha 3 e a coluna 3)? Justifique.

Os problemas 40 a 48 abordam matrizes de permutação.

40. (Tente resolver esta questão) Que permutação torna PA triangular superior? Que permutação torna P_1AP_2 triangular inferior? ***A multiplicação à direita de* A *por* $\mathbf{P}_2$ *troca as* _______ *de* A.**

$$A = \begin{bmatrix} 0 & 0 & 6 \\ 1 & 2 & 3 \\ 0 & 4 & 5 \end{bmatrix}.$$

41. Se P_1 e P_2 são matrizes de permutação, P_1P_2 também será. Ela também terá as linhas de I em alguma ordem. Dê exemplos com $P_1P_2 \neq P_2P_1$ e $P_3P_4 = P_4P_3$.

42. Encontre uma matriz de permutação 3 por 3 com $P^3 = I$ (mas não $P = I$). Encontre uma permutação $\hat{P}$ 4 por 4 com $\hat{P}^4 \neq I$.

43. Há 12 permutações "*pares*" de (1, 2, 3, 4), com um *número par de trocas*. Duas delas são (1, 2, 3, 4) sem trocas, e (4, 3, 2, 1) com duas trocas. Relacione as outras dez. Em vez de escrever cada matriz 4 por 4, utilize os números 4, 3, 2, 1 para dar a posição do 1 em cada linha.

44. Quantas trocas permutarão (5, 4, 3, 2, 1) de volta para (1, 2, 3, 4, 5)? Quantas trocas alterarão (6, 5, 4, 3, 2, 1) para (1, 2, 3, 4, 5, 6)? Uma é par e outra é ímpar. Para (n, ..., 1) a (1, ..., n), mostre que $n = 100$ e 101 são pares, e $n = 102$ e 103 são ímpares.

45. A matriz P que multiplica (x, y, z) para obter (z, x, y) também é uma matriz de rotação. Encontre P e P^3. O eixo de rotação $a = (1, 1, 1)$ não se move; é igual a Pa. Qual é o ângulo de rotação de $v = (2, 3, -5)$ para $Pv = (-5, 2, 3)$?

46. Se P é qualquer matriz de permutação, encontre o vetor x não nulo de modo que $(I - P)x = 0$ (isso significa que $I - P$ não possui inversa e apresenta determinante zero).

47. Se P possui apenas números 1 em sua antidiagonal de (1, n) a (n, 1), descreva PAP.

48. Se você extrair potências de uma permutação, por que algumas matrizes P^k são eventualmente iguais a I? Encontre uma matriz de permutação P 5 por 5, cuja menor potência que a iguale a I seja P^6 (esta é uma questão de desafio. Combine um bloco 2 por 2 com um bloco 3 por 3).

1.6 INVERSAS E TRANSPOSTAS

A inversa de uma matriz n por n é outra matriz n por n. A inversa de A é denotada por A^{-1} (leia-se "inversa de A"). A propriedade fundamental é simples: *se você multiplicar por* A *e, em seguida, multiplicar por* A^{-1}, *voltará para o início*:

$$\textbf{Matriz inversa} \qquad \text{Se} \quad b = Ax, \qquad \text{então} \quad A^{-1}b = x.$$

Assim, $A^{-1}Ax = x$. A matriz A^{-1} vezes A é a matriz identidade. ***Nem todas as matrizes possuem inversas. Uma inversa é impossível quando Ax for nulo e x for não nulo.*** Nesse caso, A^{-1} teria de retornar $Ax = 0$ para x. Nenhuma matriz pode multiplicar o vetor nulo Ax e produzir um vetor não nulo x.

Nossas metas são definir a matriz inversa, calculá-la e utilizá-la, quando A^{-1} existir – e, então, compreender quais matrizes não possuem inversas.

1K A **inversa** de A é a matriz B, de modo que $BA = I$ e $AB = I$. Há, no máximo, uma matriz B e ela é denotada por A^{-1}:

$$A^{-1}A = I \quad \text{e} \quad AA^{-1} = I. \tag{1}$$

Observação 1 ***A inversa existe se, e somente se, a eliminação produzir* n *pivôs*** (trocas de linhas permitidas). A eliminação resolve $Ax = b$ sem encontrar explicitamente A^{-1}.

Observação 2 A matriz A não pode ter duas inversas diferentes. Suponha que $BA = I$ e também $AC = I$. Então, $B = C$, de acordo com essa "prova por parênteses":

$$B(AC) = (BA)C \qquad \text{fornece} \qquad BI = IC \qquad \text{que é} \qquad B = C. \tag{2}$$

Isso mostra que a matriz B *inversa à esquerda* (multiplicando o lado esquerdo) e a *inversa à direita* C (multiplicando A à direita para obter $AC = I$) devem ser a *mesma matriz*.

Observação 3 Se A é invertível, a única solução de $Ax = b$ é $x = A^{-1}b$:

Multiplique $\quad Ax = b \quad$ **por** A^{-1}. **Então,** $\quad x = A^{-1} Ax = A^{-1}b$.

Observação 4 (Importante) ***Suponha que exista um vetor* x *não nulo de modo que* Ax = 0.** *Então,* A *não pode ter uma inversa.* Repetindo: nenhuma matriz pode trazer 0 de volta para x.

Se A é invertível, então $Ax = 0$ só pode ter a solução nula $x = 0$.

Observação 5 Uma matriz 2 por 2 é invertível se, e somente se, $ad - bc$ não for nulo:

$$\textbf{inversa 2 por 2} \qquad \begin{bmatrix} a & b \\ c & d \end{bmatrix}^{-1} = \frac{1}{ad - bc}\begin{bmatrix} d & -b \\ -c & a \end{bmatrix}. \tag{3}$$

Esse número $ad - bc$ é o *determinante* de A. Uma matriz é invertível se o seu determinante não for nulo (Capítulo 4). No MATLAB, o teste de invertibilidade é *encontrar* n *pivôs não nulos*. A eliminação produz esses pivôs antes que o determinante apareça.

Observação 6 Uma matriz diagonal tem inversa desde que nenhum elemento da diagonal seja nulo:

$$\text{Se} \quad A = \begin{bmatrix} d_1 & & \\ & \ddots & \\ & & d_n \end{bmatrix}, \text{ então } \quad A^{-1} = \begin{bmatrix} 1/d_1 & & \\ & \ddots & \\ & & 1/d_n \end{bmatrix} \quad \text{e} \quad AA^{-1} = I.$$

Quando há duas matrizes envolvidas, não se pode saber muito sobre a inversa de $A + B$. A soma pode ou não ser invertível. Por outro lado, a inversa de seu *produto* AB é a fórmula fundamental para os nossos cálculos matriciais. O mesmo ocorre com os números comuns: $(a + b)^{-1}$ é difícil de ser simplificado, ao passo que $1/ab$ se separa em $1/a$ vezes $1/b$. Mas, para matrizes, *a ordem da multiplicação tem de ser correta* – se $ABx = y$, então $Bx = A^{-1}y$ e $x = B^{-1}A^{-1}y$. **A inversa surge na ordem contrária.**

1L Um produto AB de matrizes invertíveis é invertido por $B^{-1}A^{-1}$:

$$\textbf{Inversa de } \boldsymbol{AB} \qquad (AB)^{-1} = B^{-1}A^{-1}. \tag{4}$$

Prova Para mostrar que $B^{-1}A^{-1}$ é a inversa de AB, nós as multiplicamos e utilizamos a associatividade para remover os parênteses. Observe como B se comporta próximo a B^{-1}:

$$(AB)(B^{-1}A^{-1}) = ABB^{-1}A^{-1} = AIA^{-1} = AA^{-1} = I$$
$$(B^{-1}A^{-1})(AB) = B^{-1}A^{-1}AB = B^{-1}IB = B^{-1}B = I. \qquad \blacksquare$$

Uma regra similar se verifica com três ou mais matrizes:

$$\textbf{Inversa de } \boldsymbol{ABC} \qquad (ABC)^{-1} = C^{-1}B^{-1}A^{-1}.$$

Vimos essa mudança de ordem quando as matrizes de eliminação E, F, G foram invertidas para voltar de U a A. Na direção de triangularização, $GFEA$ era U. Na direção de retrossubstituição,

$L = E^{-1}F^{-1}G^{-1}$ era o produto das inversas. *Se G vier por último,* G^{-1} *virá primeiro.* Verifique que A^{-1} deve ser $U^{-1}GFE$.

Cálculo de A^{-1}: o método de Gauss-Jordan

Considere a equação $AA^{-1} = I$. Se for tomada ***uma coluna por vez***, essa equação determinará cada coluna de A^{-1}. A primeira coluna de A^{-1} é multiplicada por A para se obter a primeira coluna da matriz identidade: $Ax_1 = e_1$. De modo similar, $Ax_2 = e_2$ e $Ax_3 = e_3$; esses e são as colunas de I. Em um exemplo 3 por 3, A vezes A^{-1} é I:

$$\boldsymbol{Ax_i = e_i} \qquad \begin{bmatrix} 2 & 1 & 1 \\ 4 & -6 & 0 \\ -2 & 7 & 2 \end{bmatrix} \begin{bmatrix} x_1 & x_2 & x_3 \end{bmatrix} = \begin{bmatrix} e_1 & e_2 & e_3 \end{bmatrix} = \begin{bmatrix} 1 & 0 & 0 \\ 0 & 1 & 0 \\ 0 & 0 & 1 \end{bmatrix}. \tag{5}$$

Assim, temos três sistemas de equações (ou n sistemas). Todos eles possuem a mesma matriz de coeficientes A. Os lados direitos e_1, e_2, e_3 são diferentes, mas a eliminação é possível *em todos os sistemas, simultaneamente*. Trata-se do ***método de Gauss-Jordan***. Em vez de parar em U e mudar para retrossubstituição, ele continua subtraindo múltiplos de uma coluna *da coluna abaixo*. Isso gera zeros acima e abaixo da diagonal. Quando se chegar à matriz identidade, teremos encontrado A^{-1}.

O exemplo mantém as três colunas e_1, e_2, e e_3 e opera com as linhas de comprimento seis:

Exemplo 1 Utilizando o método de Gauss-Jordan para obter A^{-1}

$$\begin{bmatrix} A & e_1 & e_2 & e_3 \end{bmatrix} = \begin{bmatrix} \mathbf{2} & \mathbf{1} & \mathbf{1} & 1 & 0 & 0 \\ \mathbf{4} & \mathbf{-6} & \mathbf{0} & 0 & 1 & 0 \\ \mathbf{-2} & \mathbf{7} & \mathbf{2} & 0 & 0 & 1 \end{bmatrix}$$

$$\textbf{pivô} = \mathbf{2} \rightarrow \begin{bmatrix} \mathbf{2} & \mathbf{1} & \mathbf{1} & 1 & 0 & 0 \\ \mathbf{0} & \mathbf{-8} & \mathbf{-2} & -2 & 1 & 0 \\ \mathbf{0} & \mathbf{8} & \mathbf{3} & 1 & 0 & 1 \end{bmatrix}$$

$$\textbf{pivô} = \mathbf{-8} \rightarrow \begin{bmatrix} \mathbf{2} & \mathbf{1} & \mathbf{1} & 1 & 0 & 0 \\ \mathbf{0} & \mathbf{-8} & \mathbf{-2} & -2 & 1 & 0 \\ \mathbf{0} & \mathbf{0} & \mathbf{1} & -1 & 1 & 1 \end{bmatrix} = \begin{bmatrix} \boldsymbol{U} & L^{-1} \end{bmatrix}.$$

Isso conclui a primeira metade da triangularização. A triangular superior U aparece nas primeiras três colunas. As outras três colunas são iguais a L^{-1} (este é o efeito de se aplicar as operações elementares GFE à matriz identidade). Agora, a segunda metade irá de U a I (multiplicando-se por U^{-1}). Isso leva L^{-1} a $U^{-1}L^{-1}$, que corresponde a A^{-1}. **Ao criar zeros *acima* dos pivôs, atingimos A^{-1}:**

$$\textbf{segunda metade} \begin{bmatrix} \boldsymbol{U} & L^{-1} \end{bmatrix} \rightarrow \begin{bmatrix} 2 & 1 & \mathbf{0} & 2 & -1 & -1 \\ 0 & -8 & \mathbf{0} & -4 & 3 & 2 \\ 0 & 0 & 1 & -1 & 1 & 1 \end{bmatrix}$$

$$\textbf{zeros acima dos pivôs} \rightarrow \begin{bmatrix} 2 & \mathbf{0} & \mathbf{0} & \frac{12}{8} & -\frac{5}{8} & -\frac{6}{8} \\ 0 & -8 & \mathbf{0} & -4 & 3 & 2 \\ 0 & 0 & 1 & -1 & 1 & 1 \end{bmatrix}$$

$$\textbf{dividir pelos pivôs} \rightarrow \begin{bmatrix} 1 & 0 & 0 & \frac{12}{16} & -\frac{5}{16} & -\frac{6}{16} \\ 0 & 1 & 0 & \frac{4}{8} & -\frac{3}{8} & -\frac{2}{8} \\ 0 & 0 & 1 & \mathbf{-1} & \mathbf{1} & \mathbf{1} \end{bmatrix} = \begin{bmatrix} I & \boldsymbol{A^{-1}} \end{bmatrix}.$$

Na última etapa, dividimos as linhas por seus pivôs 2, −8 e 1. A matriz de coeficiente na metade à esquerda torna-se a identidade. Como A transformou-se em I, as mesmas operações na metade do lado direito devem transformar I em A^{-1}. Portanto, acabamos de calcular a inversa.

Uma observação a ser utilizada no futuro: você pode ver o determinante −16 aparecendo nos denominadores de A^{-1}. **O determinante é o produto dos pivôs (2)(−8)(1).** Ele aparece no final, quando as linhas são divididas pelos pivôs.

Comentário 1 Apesar desse sucesso no cálculo de A^{-1}, eu não o recomendo. Admito que A^{-1} resolve $Ax = b$ em uma etapa. Duas etapas triangulares são melhores:

$$x = A^{-1}b \qquad \text{separa-se em} \qquad Lc = b \qquad \text{e} \qquad Ux = c.$$

Poderíamos escrever $c = L^{-1}b$ e, portanto, $x = U^{-1}c = U^{-1}L^{-1}b$. Mas, observe, nós não formamos explicitamente, e, no cálculo efetivo, *não devemos formar*, essas matrizes L^{-1} e U^{-1}. Seria um desperdício de tempo, uma vez que nós apenas precisamos de retrossubstituição para x (e a triangularização produziu c).

Um comentário similar aplica-se a A^{-1}: a multiplicação $A^{-1}b$ ainda deve exigir n^2 etapas. ***O que queremos é a solução e não todos os elementos da inversa.***

Comentário 2 Apenas por pura curiosidade, poderíamos contar o número de operações necessárias para encontrar A^{-1}. A contagem normal para cada lado direito é n^2, metade na triangularização e metade na retrossubstituição. Com n lados direitos $e_1, ..., e_n$, temos n^3. Após incluir as $n^3/3$ operações da própria matriz A, o total parece ser $4n^3/3$.

Esse resultado é um pouco exagerado por causa dos zeros em e_j. A triangularização muda apenas os zeros abaixo de 1. Essa parte possui apenas $n - j$ componentes, de modo que a contagem para e_j é efetivamente alterada para $(n - j)^2/2$. Somando para todo j, o total da triangularização é $n^3/6$. Isso deve ser combinado com as operações usuais $n^3/3$ que se aplicam em A e as etapas de retrossubstituição $n(n^2/2)$ que produzem finalmente as colunas x_j de A^{-1}. *A contagem final de multiplicações para o cálculo de A^{-1} é n^3:*

$$\textbf{Contagem de operações} \qquad \frac{n^3}{6} + \frac{n^3}{3} + n\left(\frac{n^2}{2}\right) = n^3.$$

Essa contagem é claramente baixa. Como a multiplicação de matrizes já exige n^3 etapas, usa-se a mesma quantidade de operações para calcular A^2 que para calcular A^{-1}! O fato parece quase inacreditável (e calcular A^3 exige duas vezes mais, como podemos ver). No entanto, se A^{-1} não for necessária, ela não deverá ser calculada.

Comentário 3 No cálculo de Gauss-Jordan, seguimos todo o caminho até U antes de começar, na direção inversa, a produzir zeros sobre os pivôs. Esse processo é similar à eliminação de Gauss, mas outras ordens são possíveis. Poderíamos ter utilizado o segundo pivô, quando estávamos nele, para criar um zero não apenas abaixo, mas também acima dele. Isso não seria inteligente. Naquele momento, a segunda linha estaria virtualmente completa, ao passo que, próximo do final, ela teria zeros das operações de subida de linhas que já estariam no lugar.

Invertíveis = Não singular (n pivôs)

Em última análise, o que queremos saber é: quais matrizes são invertíveis e quais não o são. Essa questão é tão importante que possui muitas respostas. *Veja a última página do livro!*

Cada um dos cinco primeiros capítulos fornecerá um teste diferente (mas equivalente) de invertibilidade. Algumas vezes, os testes se estendem a matrizes retangulares e inversas de apenas um lado: o Capítulo 2 estuda linhas e colunas independentes, o Capítulo 3 inverte AA^T ou A^TA. Os outros capítulos abordam ***determinantes não nulos***, ***autovalores não nulos*** e ***pivôs não nulos***. O último teste é aquele que encontramos por meio da eliminação de Gauss. Queremos mostrar (em poucos parágrafos teóricos) que o teste de pivôs funciona.

Suponha que A possua um conjunto completo de n pivôs. $AA^{-1} = I$ resulta em n sistemas separados $Ax_i = e_i$ para as colunas de A^{-1}. Eles podem ser resolvidos por eliminação ou por Gauss--Jordan. Podem ser necessárias trocas de linhas, mas as colunas de A^{-1} serão determinadas.

Falando de modo rigoroso, temos de mostrar que a matriz A^{-1} com essas colunas é também uma inversa *à esquerda*. A resolução de $AA^{-1} = I$ resolve, ao mesmo tempo, $A^{-1}A = I$, mas por quê? **A inversa de um lado de uma matriz quadrada é automaticamente a inversa dos dois lados**. Para descobrir o motivo, observe que *cada etapa de Gauss-Jordan é uma multiplicação à esquerda por uma matriz elementar*. Estamos admitindo três tipos de matrizes elementares:

1. E_{ij} para subtrair da linha i um múltiplo ℓ da linha j
2. P_{ij} para trocar as linhas i e j
3. D (ou D^{-1}) para dividir todas as linhas por seus pivôs.

O processo de Gauss-Jordan é realmente uma enorme sequência de multiplicações de matrizes:

$$(D^{-1}\cdots E\cdots P\cdots E)\,A = I. \tag{6}$$

A matriz entre os parênteses à esquerda de A é evidentemente uma inversa à esquerda! Se ela existir será igual à inversa à direita, conforme a Observação 2, então ***toda matriz não singular é invertível***.

O inverso também é verdadeiro: ***Se A é invertível, ela possui n pivôs***. Em um caso extremo isto é evidente: A não pode ter uma coluna inteira de zeros. A inversa nunca poderia multiplicar uma coluna de zeros para produzir uma coluna de I. Em um caso menos extremo, suponha que a eliminação comece em uma matriz invertível A, mas se interrompa na coluna 3:

Interrupção
Nenhum pivô na coluna 3

$$A' = \begin{bmatrix} d_1 & x & x & x \\ 0 & d_2 & x & x \\ 0 & 0 & 0 & x \\ 0 & 0 & 0 & x \end{bmatrix}.$$

Essa matriz não pode ter uma inversa, não importa quanto for x. Uma prova é utilizar operações de colunas (pela primeira vez?) para tornar nula a terceira coluna inteira. Subtraindo-se múltiplos da coluna 2 e, em seguida, da coluna 1, chegamos a uma matriz que certamente não é invertível. Portanto, a original A não é invertível. A eliminação fornece um teste completo: *uma matriz* n *por* n *é invertível se, e somente se, ela possuir* n *pivôs.*

A matriz transposta

Precisamos de mais uma matriz e, felizmente, ela é muito mais simples do que a inversa. A *transposta* de A é denotada por A^T. Suas colunas são tomadas diretamente das linhas de A – *a* i-*ésima linha de* A *torna-se a* i-*ésima coluna de* A^T:

$$\textbf{Transporta} \qquad \text{Se } A = \begin{bmatrix} 2 & 1 & 4 \\ 0 & 0 & 3 \end{bmatrix} \text{ então } A^{\mathrm{T}} = \begin{bmatrix} 2 & 0 \\ 1 & 0 \\ 4 & 3 \end{bmatrix}.$$

Ao mesmo tempo, as colunas de A se tornam as linhas de A^{T}. Se A é uma matriz m por n, então A^{T} é n por m. O efeito final é rebater a matriz em relação a sua diagonal principal: o elemento da linha i, coluna j de A^{T} corresponde ao da linha j, coluna i de A:

$$\textbf{Elementos de } A^{\mathrm{T}} \qquad (A^{\mathrm{T}})_{ij} = A_{ij}. \tag{7}$$

A transposta de uma matriz triangular inferior é triangular superior. A transposta de A^{T} traz A de volta.

Se somarmos duas matrizes e, em seguida, transpusermos essa soma, o resultado será igual a se tivéssemos primeiro transposto e, em seguida, somado: $(A + B)^{\mathrm{T}}$ é igual a $A^{\mathrm{T}} + B^{\mathrm{T}}$. Mas qual é a transposta de um produto AB ou de uma inversa A^{-1}? Essas são as fórmulas essenciais desta seção:

1M (i) A transposta de AB é $(AB)^{\mathrm{T}} = B^{\mathrm{T}}A^{\mathrm{T}}$.
(ii) A transposta de A^{-1} é $(A^{-1})^{\mathrm{T}} = (A^{\mathrm{T}})^{-1}$.

Observe como a fórmula de $(AB)^{\mathrm{T}}$ é parecida com a de $(AB)^{-1}$. Em ambos os casos, invertemos a ordem do produto, obtendo $B^{\mathrm{T}}A^{\mathrm{T}}$ e $B^{-1}A^{-1}$. A prova para a inversa era fácil, mas esta exige uma paciência impressionante com multiplicações de matrizes. A primeira linha de $(AB)^{\mathrm{T}}$ é a primeira coluna de AB. Desse modo, as colunas de A são distribuídas pela primeira coluna de B. Isso resulta na distribuição das linhas de A^{T} pela primeira coluna de B^{T}. E corresponde exatamente à primeira linha de $B^{\mathrm{T}}A^{\mathrm{T}}$. As outras linhas de $(AB)^{\mathrm{T}}$ e $B^{\mathrm{T}}A^{\mathrm{T}}$ também se correspondem.

$$\textbf{Forma inicial} \qquad AB = \begin{bmatrix} 1 & 0 \\ 1 & 1 \end{bmatrix} \begin{bmatrix} 3 & 3 & 3 \\ 2 & 2 & 2 \end{bmatrix} = \begin{bmatrix} 3 & 3 & 3 \\ 5 & 5 & 5 \end{bmatrix}$$

$$\textbf{Transporta para} \quad B^{\mathrm{T}}A^{\mathrm{T}} = \begin{bmatrix} 3 & 2 \\ 3 & 2 \\ 3 & 2 \end{bmatrix} \begin{bmatrix} 1 & 1 \\ 0 & 1 \end{bmatrix} = \begin{bmatrix} 3 & 5 \\ 3 & 5 \\ 3 & 5 \end{bmatrix}.$$

Para estabelecer a fórmula de $(A^{-1})^{\mathrm{T}}$, comece com $AA^{-1} = I$ e $A^{-1}A = I$ e extraia as transpostas. De um lado, $I^{\mathrm{T}} = I$. Do outro, a partir da seção (i) sabemos a transposta de um produto. Você pode ver como $(A^{-1})^{\mathrm{T}}$ é a inversa de A^{T}, o que nos fornece (ii):

$$\textbf{Inversa de } A^{\mathrm{T}} = \textbf{Transposta de } A^{-1} \qquad (A^{-1})^{\mathrm{T}}A^{\mathrm{T}} = I. \tag{8}$$

Matrizes simétricas

Com essas regras estabelecidas, podemos introduzir uma classe especial de matrizes, provavelmente a mais importante de todas. ***Uma matriz simétrica é uma matriz que é igual a sua própria transposta*:** $\mathbf{A}^{\mathrm{T}} = \mathbf{A}$. Essa matriz é necessariamente quadrada. Cada elemento de um lado da diagonal é a "imagem em espelho" do elemento do outro lado: $a_{ij} = a_{ji}$. Dois exemplos simples são A e D (e também A^{-1}):

$$\textbf{Matrizes simétricas} \qquad A = \begin{bmatrix} 1 & 2 \\ 2 & 8 \end{bmatrix} \text{ e } D = \begin{bmatrix} 1 & 0 \\ 0 & 4 \end{bmatrix} \text{ e } A^{-1} = \frac{1}{4}\begin{bmatrix} 8 & -2 \\ -2 & 1 \end{bmatrix}.$$

Uma matriz simétrica não é necessariamente invertível; ela pode ser até mesmo uma matriz *nula. Mas, se* A^{-1} *existir, ela também será simétrica.* Conforme a fórmula (ii), a transposta de A^{-1} é sempre igual a $(A^{-1})^T$; para a matriz simétrica, isso se resume a A^{-1}. A^{-1} é igual a sua própria transposta; ela será simétrica sempre que A também o for. Agora, podemos mostrar que ***multiplicando-se qualquer matriz* R *por* R^T*, obtém-se uma matriz simétrica*.**

Produtos simétricos R^TR, RR^T e LDL^T

Escolha qualquer matriz R, provavelmente retangular. Multiplique R^T por R. Então, o produto R^TR será automaticamente uma matriz quadrada simétrica.

A transposta de $\boldsymbol{R^TR}$ ***é*** $\boldsymbol{R^T(R^T)^T}$, **que é** $\boldsymbol{R^TR}$. (9)

Isso é uma prova rápida da simetria de R^TR. Seu elemento i, j é o produto escalar da linha i de R^T (coluna i de R) com a coluna j de R. O elemento (j, i) é o mesmo produto escalar da coluna j com a coluna i. Portanto R^TR é simétrica.

RR^T também é simétrica, mas é diferente de R^TR.

Exemplo 2 $R = \begin{bmatrix} 1 & 2 \end{bmatrix}$ e $R^T = \begin{bmatrix} 1 \\ 2 \end{bmatrix}$ geram $R^TR = \begin{bmatrix} 1 & 2 \\ 2 & 4 \end{bmatrix}$ e $R^TR = [5]$.

O produto R^TR é uma matriz n por n. Na ordem oposta, RR^T é uma matriz m por m. Mesmo se $m = n$, não é muito provável que $R^TR = RR^T$. A igualdade pode ocorrer, mas não é comum.

As matrizes simétricas aparecem em toda teoria cujas leis tenham equilíbrio. "Cada ação corresponde a uma reação igual e oposta." O elemento a_{ij} que se refere à ação de i sobre j corresponde a a_{ji}. Na próxima seção, veremos essa simetria em relação a equações diferenciais. Aqui, LU não dispõe de simetria, mas LDL^T a captura perfeitamente.

1N Suponha que $A = A^T$ possa ser fatorada em $A = LDU$ sem trocas de linha. Então, U é a transposta de L. ***A fatoração simétrica torna-se*** $\boldsymbol{A = LDL^T}$.

A transposta de $A = LDU$ resulta em $A^T = U^TD^TL^T$. Como $A = A^T$, temos agora duas fatorações de A em triangular inferior vezes diagonal vezes triangular superior (L^T é triangular superior com apenas 1 na diagonal, exatamente como U). Contanto que a fatoração seja exclusiva (veja o problema 20), L^T deve ser idêntica a U.

$$\boldsymbol{L^T = U} \text{ e } \boldsymbol{A = LDL^T} \qquad \begin{bmatrix} 1 & 2 \\ 2 & 8 \end{bmatrix} = \begin{bmatrix} \mathbf{1} & \mathbf{0} \\ \mathbf{2} & \mathbf{1} \end{bmatrix} \begin{bmatrix} 1 & 0 \\ 0 & 4 \end{bmatrix} \begin{bmatrix} \mathbf{1} & \mathbf{2} \\ \mathbf{0} & \mathbf{1} \end{bmatrix} = LDL^T.$$

Quando se aplica eliminação a uma matriz simétrica, $A^T = A$ é uma vantagem. As matrizes menores permanecem simétricas conforme a eliminação é executada e podemos trabalhar com metade da matriz! O canto inferior direito permanece simétrico:

$$\begin{bmatrix} a & b & c \\ b & d & e \\ c & e & f \end{bmatrix} \to \begin{bmatrix} a & b & c \\ 0 & d-\frac{b^2}{a} & \boldsymbol{e}-\frac{\boldsymbol{bc}}{\boldsymbol{a}} \\ 0 & \boldsymbol{e}-\frac{\boldsymbol{bc}}{\boldsymbol{a}} & f-\frac{c^2}{a} \end{bmatrix}$$

O trabalho de eliminação é reduzido de $n^3/3$ para $n^3/6$. Não é necessário armazenar elementos para ambos os lados da diagonal ou L e U ao mesmo tempo.

Conjunto de problemas 1.6

1. Suponha que a eliminação falhe porque não há pivô na coluna 3:

$$\textbf{Falta de pivô} \qquad A = \begin{bmatrix} 2 & 1 & 4 & 6 \\ 0 & 3 & 8 & 5 \\ 0 & 0 & 0 & 7 \\ 0 & 0 & 0 & 9 \end{bmatrix}.$$

Mostre que A não pode ser invertível. A terceira linha de A^{-1}, multiplicando A, deveria resultar na terceira linha $[0 \;\; 0 \;\; 1 \;\; 0]$ de $A^{-1}A = I$. Por que isso é impossível?

2. Se a inversa de A^2 for B, mostre que a inversa de A é AB (assim, A é invertível sempre que A^2 for invertível).

3. Encontre três matrizes 2 por 2 diferentes de $A = I$ e $A = -I$ que sejam suas próprias inversas: $A^2 = I$.

4. Encontre (por qualquer modo válido) as inversas de:

$$A_1 = \begin{bmatrix} 0 & 0 & 0 & 1 \\ 0 & 0 & 2 & 0 \\ 0 & 3 & 0 & 0 \\ 4 & 0 & 0 & 0 \end{bmatrix}, \quad A_2 = \begin{bmatrix} 0 & 0 & 0 & 0 \\ -\frac{1}{2} & 1 & 0 & 0 \\ 0 & -\frac{2}{3} & 1 & 0 \\ 0 & 0 & -\frac{3}{4} & 1 \end{bmatrix}, \quad A_3 = \begin{bmatrix} a & b & 0 & 0 \\ c & d & 0 & 0 \\ 0 & 0 & a & b \\ 0 & 0 & c & d \end{bmatrix}.$$

5. Mostre que $A = \begin{bmatrix} 1 & 1 \\ 3 & 3 \end{bmatrix}$ não possui inversa, resolvendo $Ax = 0$ e mostrando que há falha na resolução:

$$\begin{bmatrix} 1 & 1 \\ 3 & 3 \end{bmatrix}\begin{bmatrix} a & b \\ c & d \end{bmatrix} = \begin{bmatrix} 1 & 0 \\ 0 & 1 \end{bmatrix}.$$

6. (a) Se A é invertível e $AB = AC$, prove de modo breve que $B = C$.

(b) Se $A = \begin{bmatrix} 1 & 0 \\ 0 & 0 \end{bmatrix}$, encontre um exemplo com $AB = AC$ e $B \neq C$.

7. (a) Encontre as inversas das matrizes de permutação:

$$P = \begin{bmatrix} 0 & 0 & 1 \\ 0 & 1 & 0 \\ 1 & 0 & 0 \end{bmatrix} \quad \text{e} \quad P = \begin{bmatrix} 0 & 0 & 1 \\ 1 & 0 & 0 \\ 0 & 1 & 0 \end{bmatrix}.$$

(b) Quanto às permutações, explique por que P^{-1} *é sempre igual a* P^{T}. Mostre que os números 1 ficam no lugar certo para se obter $PP^{\mathrm{T}} = I$.

8. A partir de $AB = C$, encontre uma fórmula para A^{-1}. Encontre também A^{-1} a partir de $PA = LU$.

9. Encontre as inversas (não é necessário nenhum sistema especial) de:

$$A_1 = \begin{bmatrix} 0 & 2 \\ 3 & 0 \end{bmatrix}, \quad A_2 = \begin{bmatrix} 2 & 0 \\ 4 & 2 \end{bmatrix}, \quad A_3 = \begin{bmatrix} \cos\theta & -\text{sen}\theta \\ \text{sen}\theta & \cos\theta \end{bmatrix}.$$

10. Utilize o método de Gauss-Jordan para inverter:

$$A_1 = \begin{bmatrix} 1 & 0 & 0 \\ 1 & 1 & 1 \\ 0 & 0 & 1 \end{bmatrix}, \quad A_2 = \begin{bmatrix} 2 & -1 & 0 \\ -1 & 2 & -1 \\ 0 & -1 & 2 \end{bmatrix}, \quad A_3 = \begin{bmatrix} 0 & 0 & 1 \\ 0 & 1 & 1 \\ 1 & 1 & 1 \end{bmatrix}.$$

11. Se B for quadrada, mostre que $A = B + B^{\mathrm{T}}$ é sempre simétrica e $K = B - B^{\mathrm{T}}$ é sempre *antissimétrica* – o que significa que $K^{\mathrm{T}} = -K$. Encontre essas matrizes A e K, se $B = \begin{bmatrix} 1 & 3 \\ 1 & 1 \end{bmatrix}$, e apresente B como a soma de uma matriz simétrica e uma matriz antissimétrica.

12. Calcule a fatoração simétrica LDL^{T} de

$$A = \begin{bmatrix} 1 & 3 & 5 \\ 3 & 12 & 18 \\ 5 & 18 & 30 \end{bmatrix} \quad \text{e} \quad A = \begin{bmatrix} a & b \\ b & d \end{bmatrix}.$$

13. (a) Se $A = LDU$, com apenas 1 nas diagonais de L e U, qual é a fatoração correspondente de A^{T}? Observe que A e A^{T} (matrizes quadradas sem trocas de linhas) compartilham alguns pivôs.

(b) Que sistemas triangulares fornecerão a solução para $A^{\mathrm{T}}y = b$?

14. Encontre a inversa de:

$$A = \begin{bmatrix} 1 & 0 & 0 & 0 \\ \frac{1}{4} & 1 & 0 & 0 \\ \frac{1}{3} & \frac{1}{3} & 1 & 0 \\ \frac{1}{2} & \frac{1}{2} & \frac{1}{2} & 1 \end{bmatrix}.$$

15. Sob quais condições em seus elementos A e B são invertíveis?

$$A = \begin{bmatrix} a & b & c \\ d & e & 0 \\ f & 0 & 0 \end{bmatrix} \quad B = \begin{bmatrix} a & b & 0 \\ c & d & 0 \\ 0 & 0 & e \end{bmatrix}.$$

16. Se $A = \begin{bmatrix} 3 \\ 1 \end{bmatrix}$ e $B = \begin{bmatrix} 2 \\ 2 \end{bmatrix}$, calcule $A^{\mathrm{T}}B$, $B^{\mathrm{T}}A$, AB^{T} e BA^{T}.

17. Dê exemplos de A e B de modo que:

(a) $A + B$ não seja invertível, embora A e B sejam invertíveis.

(b) $A + B$ seja invertível, embora A e B não sejam invertíveis.

(c) todas as matrizes A, B e $A + B$ sejam invertíveis.

Nesse último caso, utilize $A^{-1}(A + B)B^{-1} = B^{-1} + A^{-1}$ para mostrar que $C = B^{-1} + A^{-1}$ também é invertível. Encontre a fórmula de C^{-1}.

18. (a) Quantos elementos podem ser escolhidos de modo independente em uma matriz simétrica de ordem n?

(b) Quantos elementos podem ser escolhidos de modo independente em uma matriz antissimétrica ($K^T = -K$) de ordem n? A diagonal de K é zero!

19. Se A é invertível, quais propriedades de A permanecem verdadeiras para A^{-1}?
(a) A é triangular. (b) A é simétrica. (c) A é tridiagonal. (d) Todos os elementos são números inteiros. (e) Todos os elementos são frações (incluindo-se números como $\frac{3}{1}$).

20. Se $A = L_1D_1U_1$ e $A = L_2D_2U_2$, prove que $L_1 = L_2$, $D_1 = D_2$ e $U_1 = U_2$. Se A é invertível, a fatoração é única.

(a) Desenvolva a equação $L_1^{-1}L_2D_2 = D_1U_1U_2^{-1}$ e explique por que um lado é triangular inferior e o outro é triangular superior.

(b) Compare as diagonais principais e, em seguida, os elementos fora da diagonal.

21. (Importante) Se A possui linha 1 + linha 2 = linha 3, mostre que A não é invertível:

(a) Explique por que $Ax = (1, 0, 0)$ não possui uma solução.

(b) Que lados direitos (b_1, b_2, b_3) podem admitir uma solução para $Ax = b$?

(c) O que acontece com a linha 3 na eliminação?

22. Suponha que A seja invertível e que você troque suas primeiras duas linhas para obter B. A nova matriz B é invertível? Como você poderia encontrar B^{-1} a partir de A^{-1}?

23. (a) Que matriz E provoca o mesmo efeito que as três etapas a seguir: subtrair a linha 1 da linha 2, subtrair a linha 1 da linha 3 e, em seguida, subtrair a linha 2 da linha 3?

(b) Que matriz L provoca o mesmo efeito que as três etapas de reversão a seguir: somar a linha 2 à linha 3, somar a linha 1 à linha 3 e, em seguida, somar a linha 1 à linha 2?

24. (Notável) Se A e B são matrizes quadradas, mostre que $I - BA$ é invertível se $I - AB$ for invertível. Comece com $B(I - AB) = (I - BA)B$.

25. Se o produto $M = ABC$ de três matrizes quadradas for invertível, então A, B e C são invertíveis. Encontre uma fórmula para B^{-1} que envolva M^{-1}, A e C.

26. Encontre os números a e b que fornecem a inversa de 5*eye(4) – ones(4,4):

$$\begin{bmatrix} 4 & -1 & -1 & -1 \\ -1 & 4 & -1 & -1 \\ -1 & -1 & 4 & -1 \\ -1 & -1 & -1 & 4 \end{bmatrix}^{-1} = \begin{bmatrix} a & b & b & b \\ b & a & b & b \\ b & b & a & b \\ b & b & b & a \end{bmatrix}.$$

Que valores assumem a e b na inversa de 6*eye(5) – ones(5,5)?

27. Mostre que $\begin{bmatrix} 1 & 2 \\ 3 & 6 \end{bmatrix}$ não possui inversa tentando resolver a coluna (x, y):

$$\begin{bmatrix} 1 & 2 \\ 3 & 6 \end{bmatrix}\begin{bmatrix} x & t \\ y & z \end{bmatrix} = \begin{bmatrix} 1 & 0 \\ 0 & 1 \end{bmatrix} \quad \text{deve incluir} \quad \begin{bmatrix} 1 & 2 \\ 3 & 6 \end{bmatrix}\begin{bmatrix} x \\ y \end{bmatrix} = \begin{bmatrix} 1 \\ 0 \end{bmatrix}.$$

28. Multiplique $\begin{bmatrix} a & b \\ c & d \end{bmatrix}$ por $\begin{bmatrix} d & -b \\ -c & a \end{bmatrix}$. Qual é a inversa de cada matriz se $ad \neq bc$?

29. Resolva para as colunas de $A^{-1} = \begin{bmatrix} x & t \\ y & z \end{bmatrix}$:

$$\begin{bmatrix} 10 & 20 \\ 20 & 50 \end{bmatrix}\begin{bmatrix} x \\ y \end{bmatrix} = \begin{bmatrix} 1 \\ 0 \end{bmatrix} \quad \text{e} \quad \begin{bmatrix} 10 & 20 \\ 20 & 50 \end{bmatrix}\begin{bmatrix} t \\ z \end{bmatrix} = \begin{bmatrix} 0 \\ 1 \end{bmatrix}.$$

30. Se A possui coluna 1 + coluna 2 = coluna 3, mostre que A não é invertível:

(a) Encontre uma solução não nula x para $Ax = 0$. A matriz é 3 por 3.

(b) A eliminação mantém a coluna 1 + coluna 2 = coluna 3. Explique por que não há terceiro pivô.

31. Encontre as inversas (diretamente ou a partir da fórmula 2 por 2) de A, B e C:

$$A = \begin{bmatrix} 0 & 3 \\ 4 & 6 \end{bmatrix} \quad \text{e} \quad B = \begin{bmatrix} a & b \\ b & 0 \end{bmatrix} \quad \text{e} \quad C = \begin{bmatrix} 3 & 4 \\ 5 & 7 \end{bmatrix}.$$

32. Prove que uma matriz com uma coluna de zeros não pode ter uma inversa.

33. Há dezesseis matrizes 2 por 2 cujos elementos são apenas 1 e 0. Quantas delas são invertíveis?

34. Mostre que `A = 4*eye(4) – ones(4,4)` *não* é invertível: multiplique `A*ones(4,1)`.

Os problemas 35 a 39 abordam o método de Gauss-Jordan para cálculo de A^{-1}.

35. Utilize a eliminação de Gauss-Jordan em $[\,A \quad I\,]$ para resolver $AA^{-1} = I$:

$$\begin{bmatrix} 1 & a & b \\ 0 & 1 & c \\ 0 & 0 & 1 \end{bmatrix}\begin{bmatrix} \boldsymbol{x}_1 & \boldsymbol{x}_2 & \boldsymbol{x}_3 \end{bmatrix} = \begin{bmatrix} 1 & 0 & 0 \\ 0 & 1 & 0 \\ 0 & 0 & 1 \end{bmatrix}.$$

36. Troque as linhas e continue com o método de Gauss-Jordan para encontrar A^{-1}:

$$[\,A \quad I\,] = \begin{bmatrix} 0 & 2 & 1 & 0 \\ 2 & 2 & 0 & 1 \end{bmatrix}.$$

37. Siga o exemplo de matriz 3 por 3 do texto, mas com sinal positivo em A. Elimine os pivôs acima e abaixo para reduzir $[\,A \quad I\,]$ a $[\,I \quad A^{-1}]$:

$$[\,A \quad I\,] = \begin{bmatrix} \mathbf{2} & \mathbf{1} & \mathbf{0} & 1 & 0 & 0 \\ \mathbf{1} & \mathbf{2} & \mathbf{1} & 0 & 1 & 0 \\ \mathbf{0} & \mathbf{1} & \mathbf{2} & 0 & 0 & 1 \end{bmatrix}.$$

38. Transforme I em A^{-1} reduzindo A a I (por operações de linha):

$$[\,A \quad I\,] = \begin{bmatrix} 1 & 3 & 1 & 0 \\ 2 & 7 & 0 & 1 \end{bmatrix} \quad \text{e} \quad [\,A \quad I\,] = \begin{bmatrix} 1 & 4 & 1 & 0 \\ 3 & 9 & 0 & 1 \end{bmatrix}.$$

39. Inverta essas matrizes A pelo método de Gauss-Jordan começando com $[\,A \quad I\,]$:

$$A = \begin{bmatrix} 1 & 0 & 0 \\ 2 & 1 & 3 \\ 0 & 0 & 1 \end{bmatrix} \quad \text{e} \quad A = \begin{bmatrix} 1 & 1 & 1 \\ 1 & 2 & 2 \\ 1 & 2 & 3 \end{bmatrix}.$$

40. Prove que A é invertível se $a \neq 0$ e $a \neq b$ (encontre os pivôs e A^{-1}):

$$A = \begin{bmatrix} a & b & b \\ a & a & b \\ a & a & a \end{bmatrix}.$$

41. Verdadeiro ou falso. Se for falso, dê um contraexemplo; se for verdadeiro, justifique:

(a) Uma matriz 4 por 4 com uma linha de zeros não é invertível.

(b) Uma matriz com apenas números 1 abaixo da diagonal principal é invertível.

(c) Se A é invertível, então A^{-1} é invertível.

(d) Se A^{T} é invertível, então A é invertível.

42. Para quais três valores de c a matriz não é invertível? Por quê?

$$A = \begin{bmatrix} 2 & c & c \\ c & c & c \\ 8 & 7 & c \end{bmatrix}.$$

43. Utilize inv(S) para inverter a matriz simétrica 4 por 4 do MATLAB S = pascal(4). Crie uma triangular inferior de Pascal A = abs(pascal(4,1)) e teste inv(S) = inv(A')*inv(A).

44. A matriz abaixo tem uma inversa notável. Encontre A^{-1} por eliminação de $[\,A \quad I\,]$. Estenda para "matrizes alternantes" 5 por 5 e obtenha sua inversa:

$$A = \begin{bmatrix} 1 & -1 & 1 & -1 \\ 0 & 1 & -1 & 1 \\ 0 & 0 & 1 & -1 \\ 0 & 0 & 0 & 1 \end{bmatrix}.$$

45. M^{-1} mostra a alteração em A^{-1} (um conhecimento útil), se A for subtraída de uma matriz. Verifique o item 3 multiplicando cuidadosamente MM^{-1} para obter I:

1. $M = I - uv^{\mathrm{T}}$ e $M^{-1} = I + uv^{\mathrm{T}}/(1 - v^{\mathrm{T}}u)$.

2. $M = A - uv^{\mathrm{T}}$ e $M^{-1} = A^{-1} + A^{-1}uv^{\mathrm{T}}A^{-1}/(1 - v^{\mathrm{T}}A^{-1}u)$.

3. $M = I - UV$ e $M^{-1} = I_n + U(I_m - VU)^{-1}V$.

4. $M = A - UW^{-1}V$ e $M^{-1} = A^{-1} + A^{-1}U(W - VA^{-1}U)^{-1}VA^{-1}$.

As quatro identidades surgem a partir do bloco 1, 1 ao inverter as seguintes matrizes:

$$\begin{bmatrix} I & u \\ v^{\mathrm{T}} & 1 \end{bmatrix} \quad \begin{bmatrix} A & u \\ v^{\mathrm{T}} & 1 \end{bmatrix} \quad \begin{bmatrix} I_n & U \\ V & I_m \end{bmatrix} \quad \begin{bmatrix} A & U \\ V & W \end{bmatrix}.$$

46. Se A = ones(4,4) e b = rand(4,1), como o MATLAB lhe mostra que $Ax = b$ não possui solução? Se b = ones(4,1), que solução para $Ax = b$ é encontrada por $A\backslash b$?

47. Se B possui as colunas de A na ordem inversa, resolva $(A - B)x = 0$ para mostrar que $A - B$ não é invertível. Um exemplo o levará até x.

48. Encontre e verifique as inversas (assumindo que elas existam) dessas matrizes de blocos:

$$\begin{bmatrix} I & 0 \\ C & I \end{bmatrix} \quad \begin{bmatrix} A & 0 \\ C & D \end{bmatrix} \quad \begin{bmatrix} 0 & I \\ I & D \end{bmatrix}.$$

Os problemas 49 a 55 abordam as regras para matrizes transpostas.

49. (a) A matriz $((AB)^{-1})^{\mathrm{T}}$ surge a partir de $(A^{-1})^{\mathrm{T}}$ e $(B^{-1})^{\mathrm{T}}$. *Em que ordem*?

(b) Se U for triangular superior, então $(U^{-1})^{\mathrm{T}}$ é _______ triangular.

50. Encontre A^T, A^{-1}, $(A^{-1})^T$ e $(A^T)^{-1}$ para

$$A = \begin{bmatrix} 1 & 0 \\ 9 & 3 \end{bmatrix} \quad \text{e também para} \quad A = \begin{bmatrix} 1 & c \\ c & 0 \end{bmatrix}.$$

51. Mostre que $A^2 = 0$ é possível, mas $A^TA = 0$ não é possível (a menos que $A =$ matriz nula).

52. Verifique que $(AB)^T$ é igual a B^TA^T, mas ambas são diferentes de A^TB^T:

$$A = \begin{bmatrix} 1 & 0 \\ 2 & 1 \end{bmatrix} \quad B = \begin{bmatrix} 1 & 3 \\ 0 & 1 \end{bmatrix} \quad AB = \begin{bmatrix} 1 & 3 \\ 2 & 7 \end{bmatrix}.$$

Caso $AB = BA$ (geralmente falso!), como você pode provar que $B^TA^T = A^TB^T$?

53. Explique por que o produto escalar de x e y é igual ao produto escalar de Px e Py. Então, $(Px)^T(Py) = x^T$ diz que $P^TP = I$ para qualquer permutação. Com $x = (1, 2, 3)$ e $y = (1, 4, 2)$, escolha P para mostrar que $(Px)^Ty$ nem sempre é igual a $x^T(P^Ty)$.

54. (a) O vetor-linha x^T vezes A vezes a coluna y produz qual número?

$$x^T A y = \begin{bmatrix} 0 & 1 \end{bmatrix} \begin{bmatrix} 1 & 2 & 3 \\ 4 & 5 & 6 \end{bmatrix} \begin{bmatrix} 0 \\ 1 \\ 0 \end{bmatrix} = \_\_\_\_.$$

(b) Isso corresponde à linha $x^TA =$ ______ vezes a coluna $y = (0, 1, 0)$.

(c) Isso corresponde à linha $x^T = \begin{bmatrix} 0 & 1 \end{bmatrix}$ vezes a coluna $Ay =$ ______.

55. Quando você transpuser uma matriz de blocos $M = \begin{bmatrix} A & B \\ C & D \end{bmatrix}$, o resultado será $M^T =$ ______.

Teste isso. Em que condições de A, B, C e D a matriz de blocos é simétrica?

Os problemas 56 a 60 abordam matrizes simétricas e suas fatorações.

56. Fatore essas matrizes simétricas em $A = LDL^T$. A matriz D é diagonal:

$$A = \begin{bmatrix} 1 & 3 \\ 3 & 2 \end{bmatrix} \quad \text{e} \quad A = \begin{bmatrix} 1 & b \\ b & c \end{bmatrix} \quad \text{e} \quad A = \begin{bmatrix} 2 & -1 & 0 \\ -1 & 2 & -1 \\ 0 & -1 & 2 \end{bmatrix}.$$

57. (a) Quantos elementos de A podem ser escolhidos de modo independente, se $A = A^T$ for 5 por 5?

(b) Como L e D (5 por 5) fornecem o mesmo número de escolhas para LDL^T?

58. Se $A = A^T$ e $B = B^T$, quais dessas matrizes são realmente simétricas?

(a) $A^2 - B^2$ (b) $(A + B)(A - B)$ (c) ABA (d) $ABAB$.

59. Se $A = A^T$ precisa de uma troca de linhas, então também precisará de uma troca de colunas para permanecer simétrica. Em linguagem matricial, PA perde a simetria de A, mas ____ recupera a simetria.

60. Suponha que R seja retangular (m por n) e A seja simétrica (m por m).

(a) Transponha R^TAR para mostrar sua simetria. De que forma é a matriz?

(b) Mostre por que R^TR não possui números negativos em suas diagonais.

Os três problemas a seguir abordam aplicações de $(Ax)^{\mathrm{T}}y = x^{\mathrm{T}}(A^{\mathrm{T}}y)$.

61. A produção de x_1 caminhões e x_2 aviões exige $x_1 + 50x_2$ toneladas de aço, $40x_1 + 1.000x_2$ libras de borracha e $2x_1 + 50x_2$ meses de trabalho. Se os custos unitários y_1, y_2 e y_3 são de \$ 700 por tonelada, \$ 3 por libra e \$ 3.000 por mês, quais são os valores de um caminhão e um avião? Estes são os componentes de $A^{\mathrm{T}}y$.

62. Cabos conduzem energia entre Boston, Chicago e Seattle. Essas cidades possuem voltagens x_B, x_C e x_S. Com as resistências unitárias entre as cidades, as três correntes são em y:

$$y = Ax \quad \text{é} \quad \begin{bmatrix} y_{BC} \\ y_{CS} \\ y_{BS} \end{bmatrix} = \begin{bmatrix} 1 & -1 & 0 \\ 0 & 1 & -1 \\ 1 & 0 & -1 \end{bmatrix} \begin{bmatrix} x_B \\ x_C \\ x_S \end{bmatrix}.$$

(a) Encontre as correntes totais $A^{\mathrm{T}}y$ dessas três cidades.

(b) Verifique que $(Ax)^{\mathrm{T}}y$ corresponde a $x^{\mathrm{T}}(A^{\mathrm{T}}y)$ – seis termos de ambas.

63. Prove que nenhum reordenamento de linhas e de colunas é capaz de transpor uma matriz típica.

64. Compare tic; inv(A); toc para A = rand(500) e A = rand(1.000). A contagem n^3 diz que o cálculo de tempo (medido por tic; toc) deveria ser multiplicado por 8, se n for dobrado. Você espera que essa matriz aleatória A seja inversível?

65. Mostre que L^{-1} possui elementos j/i para $i \le j$ (a matriz $-1, 2, -1$ possui a seguinte L):

$$L = \begin{bmatrix} 1 & 0 & 0 & 0 \\ -\frac{1}{2} & 1 & 0 & 0 \\ 0 & -\frac{2}{3} & 1 & 0 \\ 0 & 0 & -\frac{3}{4} & 1 \end{bmatrix} \quad \text{e} \quad L^{-1} = \begin{bmatrix} 1 & 0 & 0 & 0 \\ \frac{1}{2} & 1 & 0 & 0 \\ \frac{1}{3} & \frac{2}{3} & 1 & 0 \\ \frac{1}{4} & \frac{2}{4} & \frac{3}{4} & 1 \end{bmatrix}.$$

Teste esse padrão para L = eye(5) – diag(1:5)\diag(1:4, –1) e inv(L).

66. Um *grupo* de matrizes inclui AB e A^{-1} se incluir A e B. "Produtos e inversas ficam no mesmo grupo." Quais das seguintes etapas são grupos? Matrizes triangulares inferiores L com apenas números 1 na diagonal, matrizes simétricas S, matrizes positivas M, matrizes inversíveis diagonais D, matrizes de permutação P. Crie mais dois grupos de matrizes.

67. I = eye(1.000); A = rand(1.000); B = triu(A); produz uma matriz *triangular* aleatória B. Compare os tempos de inv(B) e $B \backslash I$. A barra invertida é programada para utilizar os zeros em B, ao passo que inv utiliza os zeros em I ao reduzir $[B \;\; I]$ por Gauss-Jordan (compare também com inv(A) e $A \backslash I$ para a matriz completa A).

68. Abaixo, segue uma nova fatoração de A em *triangular vezes simétrica*:

Comece a partir de $A = LDU$. Assim, A é igual a $L(U^{\mathrm{T}})^{-1}$ vezes $U^{\mathrm{T}}DU$.

Por que $L(U^{\mathrm{T}})^{-1}$ é triangular? Sua diagonal possui apenas números 1. Por que $U^{\mathrm{T}}DU$ é simétrica?

69. Uma ***matriz noroeste*** quadrada B é nula no canto sudeste, abaixo da diagonal secundária que vai de $(1, n)$ a $(n, 1)$. B^{T} e B^2 serão matrizes noroestes? B^{-1} será noroeste ou sudeste? Qual é o formato de BC = ***noroeste vezes sudeste***? Você pode combinar permutações com as L e U usuais (sudoeste e nordeste).

70. Ax fornece as quantidades de ferro, borracha e mão de obra para produzir x no problema 61. Encontre A. Então, $(Ax)^T y$ será _______ de insumos, enquanto $x^T(A^T y)$ será o valor de _______.

71. Se cada linha de uma matriz 4 por 4 contiver os números 0, 1, 2, 3 em alguma ordem, a matriz pode ser simétrica? Pode ser invertível?

1.7 MATRIZES ESPECIAIS E APLICAÇÕES

Esta seção tem duas metas. A primeira é exemplificar um caso em que sistemas lineares grandes $Ax = b$ aparecem na prática. A verdade é que um problema grande e completamente realista em engenharia ou economia nos desviaria para muito longe de nossa trajetória. Mas há uma aplicação natural e importante que não exige muita preparação.

A outra meta é ilustrar, com esta mesma aplicação, as propriedades especiais que as matrizes de coeficientes apresentam com frequência. Grandes matrizes quase sempre possuem um padrão claro – muitas vezes, um padrão de simetria e *diversos elementos nulos*. Como uma matriz densa possui muito menos do que n^2 partes de informação, os cálculos devem ser rápidos. Estudemos as *matrizes de banda* para ver como a concentração perto da diagonal acelera a eliminação. De fato, estamos diante de uma matriz tridiagonal específica.

A própria matriz pode ser vista na equação (6). Ela surge da transformação de uma equação diferencial em uma equação matricial. O problema contínuo trata de $u(x)$ para cada valor de x e um computador não pode resolvê-lo com exatidão. Ele deve ser aproximado por um problema discreto: quanto mais incógnitas mantivermos, melhor será a precisão e maior o custo. Como exemplo simples, mas muito comum de problemas contínuos, nossa escolha foi a equação diferencial

$$-\frac{d^2u}{dx^2} = f(x), \quad 0 \leq x \leq 1. \tag{1}$$

Trata-se de uma equação linear para a função desconhecida $u(x)$. Qualquer combinação de $C + Dx$ pode ser adicionada a qualquer solução, pois a segunda derivada de $C + Dx$ não contribui em nada. A incerteza deixada por essas duas constantes arbitrárias C e D é removida por uma "*condição de contorno*" em cada extremidade do intervalo:

$$u(0) = 0, \qquad u(1) = 0. \tag{2}$$

O resultado é um *problema de valor de contorno entre dois pontos*, descrevendo não um fenômeno de transitoriedade, mas um estático – por exemplo, a distribuição de temperatura em uma haste com extremidades fixadas a 0° e com uma fonte de calor $f(x)$.

Lembre-se de que nossa meta é produzir um problema discreto; em outras palavras, um problema de álgebra linear. Por este motivo, só podemos aceitar uma quantidade finita de informações sobre $f(x)$, ou seja, dizer seus valores em n pontos igualmente espaçados $x = h, x = 2h, ..., x = nh$. Calculamos valores aproximados $u_1, ..., u_n$ para a verdadeira solução u nesses mesmos pontos. Nas extremidades, $x = 0$ e $x = 1 = (n + 1)h$, os valores limites são $u_0 = 0$ e $u_{n+1} = 0$.

A primeira questão é: como substituímos as derivadas d^2u/dx^2? A primeira derivada pode ser aproximada tornando-se $\Delta u/\Delta x$ em um passo finito e não *permitindo* que h (ou Δx) aproxime-se de zero. A diferença Δu pode ser *para a frente*, *para trás* ou *centralizada*:

$$\frac{\mathbf{\Delta u}}{\mathbf{\Delta x}} = \frac{u(x+h) - u(x)}{h} \quad \text{ou} \quad \frac{u(x) - u(x-h)}{h} \quad \text{ou} \quad \frac{u(x+h) - u(x-h)}{2h}. \tag{3}$$

A última é simétrica em relação a x e é a mais precisa. Para a segunda derivada, há apenas uma combinação que utiliza apenas valores em x e $x \pm h$:

Segunda diferença $$\frac{d^2u}{dx^2} \approx \frac{\mathbf{\Delta^2 u}}{\mathbf{\Delta x^2}} = \frac{u(x+h) - 2u(x) + u(x-h)}{h^2}. \tag{4}$$

Essa expressão também tem o mérito de ser simétrica em relação a x. Repetindo: o lado direito tende ao valor verdadeiro de d^2u/dx^2 conforme $h \longrightarrow 0$, mas temos que parar em algum h positivo.

Em cada ponto de malha $x = jh$, a equação $-d^2u/dx^2 = f(x)$ é substituída por sua análoga discreta (5). Multiplicamos por h^2 para obter n equações $Au = b$:

Equação das diferenças $$-u_{j+1} + 2u_j - u_{j-1} = h^2 f(jh) \quad \text{para} \quad j = 1, ..., n. \tag{5}$$

A primeira e a última equações ($j = 1$ e $j = n$) incluem $u_0 = 0$ e $u_{n+1} = 0$, que são conhecidas a partir das condições limite. Esses valores seriam transferidos para o lado direito da equação se eles não fossem nulos. A estrutura dessas n equações (5) pode ser melhor visualizada na forma matricial. Escolhemos $h = \frac{1}{6}$ para obter uma matriz A 5 por 5:

Equação matricial $$\begin{bmatrix} 2 & -1 & & & \\ -1 & 2 & -1 & & \\ & -1 & 2 & -1 & \\ & & -1 & 2 & -1 \\ & & & -1 & 2 \end{bmatrix} \begin{bmatrix} u_1 \\ u_2 \\ u_3 \\ u_4 \\ u_5 \end{bmatrix} = h^2 \begin{bmatrix} f(h) \\ f(2h) \\ f(3h) \\ f(4h) \\ f(5h) \end{bmatrix}. \tag{6}$$

De agora em diante, *trabalharemos com a equação* (6). Ela possui uma matriz de coeficientes muito regular, cuja ordem n pode ser muito grande. A matriz A apresenta muitas propriedades especiais, sendo três delas fundamentais:

1. ***A matriz A é tridiagonal.*** Todos os elementos não nulos localizam-se na diagonal principal e nas duas diagonais adjacentes. Fora dessa banda, os elementos são $a_{ij} = 0$. Esses zeros trarão uma simplificação gigantesca para a eliminação de Gauss.
2. ***A matriz é simétrica.*** Cada elemento de a_{ij} é igual a sua imagem refletida a_{ji}, de modo que $A^T = A$. A triangular superior U será a transposta da triangular inferior L e $A = LDL^T$. Essa simetria de A reflete a simetria de d^2u/dx^2. Uma derivada ímpar como du/dx ou d^3u/dx^3 acabaria com a simetria.
3. ***A matriz é definida positiva.*** Essa propriedade adicional diz que *os pivôs são positivos*. As trocas de linhas são desnecessárias na teoria e na prática. Isso contrasta com a matriz B no fim desta seção, que não é definida positiva. Sem uma troca de linhas, ela é totalmente vulnerável ao arredondamento.
   A definição positiva reúne todo este curso (no Capítulo 6)!

Voltemos ao fato de que A é tridiagonal. Que efeito isto tem sobre a eliminação? O primeiro estágio do processo de eliminação produz zeros abaixo do primeiro pivô:

Eliminação em A: etapa 1 $$\begin{bmatrix} 2 & -1 & & & \\ -1 & 2 & -1 & & \\ & -1 & 2 & -1 & \\ & & -1 & 2 & -1 \\ & & & -1 & 2 \end{bmatrix} \longrightarrow \begin{bmatrix} 2 & -1 & & & \\ 0 & \frac{3}{2} & -1 & & \\ & -1 & 2 & -1 & \\ & & -1 & 2 & -1 \\ & & & -1 & 2 \end{bmatrix}.$$

Comparada a uma matriz geral 5 por 5, essa etapa mostra duas simplificações principais:

1. Havia *apenas um elemento não nulo* abaixo do pivô.
2. A linha do pivô era *muito curta*.

O multiplicador $\ell_{21} = -\frac{1}{2}$ surgiu de uma divisão. O novo pivô $\frac{3}{2}$ surgiu de uma *única multiplicação-subtração*. Além disso, *o padrão tridiagonal foi mantido*. Cada estágio de eliminação admite as simplificações (a) e (b).

O resultado final é a fatoração $LDU = LDL^T$ de A. Observe os pivôs!

$$A = \begin{bmatrix} 1 & & & & \\ -\frac{1}{2} & 1 & & & \\ & -\frac{2}{3} & 1 & & \\ & & -\frac{3}{4} & 1 & \\ & & & -\frac{4}{5} & 1 \end{bmatrix} \begin{bmatrix} \frac{2}{1} & & & & \\ & \frac{3}{2} & & & \\ & & \frac{4}{3} & & \\ & & & \frac{5}{4} & \\ & & & & \frac{6}{5} \end{bmatrix} \begin{bmatrix} 1 & -\frac{1}{2} & & & \\ & 1 & -\frac{2}{3} & & \\ & & 1 & -\frac{3}{4} & \\ & & & 1 & -\frac{4}{5} \\ & & & & 1 \end{bmatrix}.$$

Os fatores L e U da matriz tridiagonal são bidiagonais. Os três fatores juntos apresentam a mesma estrutura de banda de três diagonais essenciais ($3n - 2$ parâmetros) como A. Observe também que L e U são transpostas uma da outra, como se esperava a partir da simetria. Os pivôs 2/1, 3/2, 4/3, 5/4, 6/5 são todos positivos. Seu produto é o ***determinante*** de A: $\det A = 6$. Os pivôs são obviamente convergentes a 1, conforme n se amplia. Essas matrizes deixam o computador muito contente.

Esses fatores esparsos L e U mudam completamente a contagem usual de operações. A eliminação de cada coluna precisa de apenas duas operações, como visto anteriormente, havendo n colunas. *Em vez de* $n^3/3$ *operações, precisamos de apenas* $2n$. Sistemas tridiagonais $Ax = b$ podem ser resolvidos quase instantaneamente. *O custo da resolução de um sistema tridiagonal é proporcional a* n.

Uma **matriz de banda** possui $a_{ij} = 0$, exceto na banda $|i - j| < w$ (Figura 1.8). A "metade da largura da banda" é $w = 1$ para uma matriz diagonal, $w = 2$ para uma matriz tridiagonal e $w = n$ para uma matriz completa. Para cada coluna, a equação exige $w(w - 1)$ operações: uma linha de módulo w atua sobre $w - 1$ linhas abaixo. *A eliminação de* n *colunas de uma matriz de banda exige cerca de* w^2n *operações.*

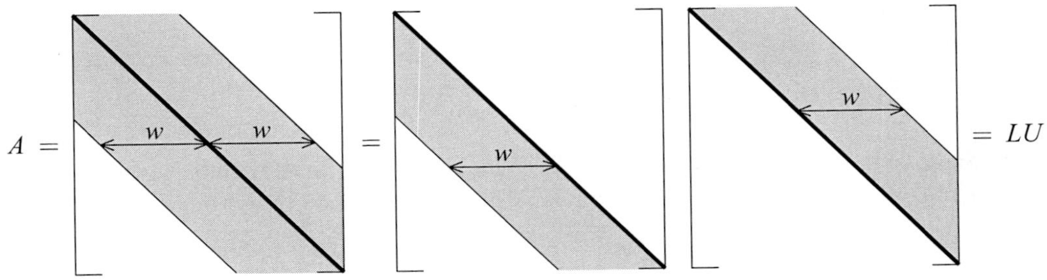

Figura 1.8 Uma matriz de banda A e seus fatores L e U.

Conforme w se aproxima de n, a matriz se torna completa e a contagem atinge aproximadamente n^3. Para uma contagem exata, o canto direito inferior não possui espaço para largura de banda w. O número preciso de divisões e multiplicações-subtrações que geram L, D e U (não assumindo uma simétrica A) é $P = \frac{1}{3} w(w - 1)(3n - 2w + 1)$. Para uma matriz completa, com

$w = n$, recuperamos $P = \frac{1}{3}\,n(n-1)(n+1)$. Trata-se de um número inteiro, contanto que $n-1$, n e $n+1$ sejam consecutivos inteiros e um deles seja divisível por 3.

Esta é nossa última contagem de operações e enfatizamos o ponto principal. Uma matriz de diferenças finitas como A possui uma inversa completa. Para resolvermos Ax = b, *é, na verdade, muito pior saber* A^{-1} *do que saber* L *e* U. A multiplicação de A^{-1} por b exige n^2 etapas, ao passo que $4n$ etapas são suficientes para uma eliminação por triangularização e retrossubstituição que produzam $x = U^{-1}c = U^{-1}L^{-1}b = A^{-1}b$.

Esperamos que este exemplo reforce a compreensão do leitor sobre eliminação (a qual acreditamos que, a partir de agora, está perfeitamente compreendida!). Trata-se de um exemplo genuíno dos grandes sistemas lineares que são de fato encontrados na prática. O próximo capítulo volta-se para a existência e unicidade de x, para m equações de n incógnitas.

Erro de arredondamento

Na teoria, o caso não singular está completo. Há um conjunto completo de pivôs (com trocas de linhas). Na prática, *mais trocas de linhas* podem ser igualmente necessárias – ou as soluções calculadas podem facilmente se tornar inúteis.

Dedicaremos duas páginas (totalmente opcionais para uso em sala de aula) para tornar a eliminação mais estável – por que isto é necessário e como é feito.

Para um sistema de dimensão moderada, digamos, 100 por 100, a eliminação envolve cerca de 330 mil operações ($\frac{1}{3}n^3$). Devemos esperar um erro de arredondamento de cada operação. Normalmente, mantemos um número fixo de dígitos relevantes (digamos três, para um computador extremamente fraco). Então, a soma de dois números de diferentes dimensões resulta em um:

Erro de arredondamento $\quad 0{,}456 + 0{,}00123 \rightarrow 0{,}457 \quad$ perde os dígitos 2 e 3.

Como todos esses erros particulares contribuem para o erro final em $Ax = b$?

Não se trata de um problema fácil. Ele foi atacado por John von Neumann, que foi o matemático pioneiro na época em que repentinamente os computadores facilitaram milhões de operações. Na verdade, a combinação de Gauss e Von Neumann deu ao simples algoritmo de eliminação uma história notadamente distinta, embora o próprio Von Neumann tenha superestimado o erro de arredondamento final. Foi Wilkinson quem encontrou o modo correto de responder à questão e, hoje, seus livros são considerados clássicos.

Dois exemplos simples ilustrarão três pontos importantes sobre o erro de arredondamento. Os exemplos são

Mal condicionado $\quad A = \begin{bmatrix} 1, & 1, \\ 1, & 1{,}0001 \end{bmatrix} \qquad$ **Bem condicionado** $\quad B = \begin{bmatrix} 0{,}0001 & 1, \\ 1, & 1, \end{bmatrix}.$

A é muito próxima de singular, ao passo que B está longe de sê-lo. Se mudarmos levemente o último elemento de A para $a_{22} = 1$, ela *será* singular. Considere dois lados direitos b muito próximos:

$$\begin{aligned} u + \quad v &= 2 \\ u + 1{,}0001v &= 2 \end{aligned} \qquad \text{e} \qquad \begin{aligned} u + \quad v &= 2 \\ u + 1{,}0001v &= 2{,}0001 \end{aligned}$$

A solução para a primeira é $u = 2$, $v = 0$. A solução para a segunda é $u = v = 1$. *Uma mudança no quinto dígito de* b *foi ampliada para uma mudança no primeiro dígito da solução. Nenhum método numérico pode alterar essa sensibilidade a pequenas perturbações.* O mal condicionamento pode ser passado de um local para outro, mas não pode ser removido. A verdadeira solução é muito sensível e a solução calculada pode ser menos.

O segundo ponto é o seguinte.

10 Mesmo matrizes bem condicionadas como B podem ser comprometidas por um algoritmo ruim.

Infelizmente, para a matriz B a eliminação de Gauss direta é um algoritmo ruim. Suponha que 0,0001 seja aceito como primeiro pivô. Então, 10.000 vezes a primeira coluna serão subtraídas da segunda. A entrada inferior direita se tornará −9999, mas o arredondamento para três casas daria −10.000. Todos os traços do elemento 1 desapareceriam:

Eliminação de B com pivô pequeno

$$\begin{aligned} 0{,}0001u + v &= 1 \\ u + v &= 2 \end{aligned} \quad \rightarrow \quad \begin{aligned} 0{,}0001u + v &= 1 \\ -9999v &= -9998. \end{aligned}$$

O arredondamento gerará $-10.000v = -10.000$, ou $v = 1$. Isso é correto para as três casas decimais. A retrossubstituição com o correto $v = .9999$ levaria a $u = 1$:

Resultado correto $\quad 0{,}0001u + .9999 = 1 \quad$ ou $\quad u = 1$.

Em vez disso, aceitando que $v = 1$, o que é errado apenas na quarta casa, obtemos $u = 0$:

Resultado incorreto $\quad 0{,}0001u + 1 = 1 \quad$ ou $\quad u = 0$.

O valor calculado de u está completamente errado. B está bem condicionada, mas a eliminação é violentamente instável. L, D e U estão completamente fora de escala com B:

$$B = \begin{bmatrix} 1 & 0 \\ 10.000 & 1 \end{bmatrix} \begin{bmatrix} 0{,}0001 & 0 \\ 0 & -9999 \end{bmatrix} \begin{bmatrix} 1 & 10.000 \\ 0 & 1 \end{bmatrix}.$$

O pivô pequeno .0001 trouxe instabilidade e a solução é clara: *trocar linhas*.

1P Um pivô pequeno força uma mudança prática na eliminação. Normalmente, comparamos cada pivô com todos os pivôs possíveis na mesma coluna. A troca de linhas para obter o maior pivô possível chama-se ***pivotamento parcial***.

Para B, o pivô 0,0001 seria comparado ao pivô possível 1 abaixo dele. Uma troca de linhas ocorreria imediatamente. Em termos matriciais, trata-se de uma multiplicação por uma matriz de permutação $P = \begin{bmatrix} 0 & 1 \\ 1 & 0 \end{bmatrix}$. A nova matriz $C = PB$ possui fatores adequados:

$$C = \begin{bmatrix} 1 & 1 \\ 0{,}0001 & 1 \end{bmatrix} = \begin{bmatrix} 1 & 0 \\ 0{,}0001 & 1 \end{bmatrix} \begin{bmatrix} 1 & 0 \\ 0 & 0{,}9999 \end{bmatrix} \begin{bmatrix} 1 & 1 \\ 0 & 1 \end{bmatrix}$$

Os pivôs de C são 1 e 0,9999, muito melhores do que 0,0001 e −9999 de B.

A estratégia de *pivotamento completo* procura pelo maior pivô possível em todas as colunas posteriores. Não apenas uma troca de linhas, mas também de colunas, pode ser necessária (trata-se de uma *pós*-multiplicação por uma matriz de permutação). A dificuldade de ser tão conservador é o custo, sendo o pivotamento parcial bastante adequado.

Finalmente, chegamos ao algoritmo fundamental da álgebra linear numérica: *a **eliminação com pivotamento parcial***. Alguns aprimoramentos futuros, como verificar se uma linha ou coluna inteira precisa ser reescalonada, ainda são possíveis. Mas, essencialmente, o leitor agora sabe o que um computador faz com um sistema de equações lineares. Comparada com a descrição "teórica" – *encontrar* A^{-1} *e multiplicar* $A^{-1}b$ –, nossa descrição consumiu bastante tempo (e paciência) do leitor. Gostaríamos de conhecer um modo mais fácil de explicar como x é, de fato, encontrado, mas achamos que ele não existe.

Conjunto de problemas 1.7

1. Modifique a_{11} da equação (6) de $a_{11} = 2$ para $a_{11} = 1$ e encontre os fatores LDU da nova matriz tridiagonal.

2. Apresente os fatores $LDU = LDL^T$ de A na equação (6), se $n = 4$. Encontre o determinante como o produto dos pivôs de D.

3. Com $h = \frac{1}{4}$ e $f(x) = 4\pi^2 \text{sen} 2\pi x$, a equação das diferenças (5) é:

$$\begin{bmatrix} 2 & -1 & 0 \\ -1 & 2 & -1 \\ 0 & -1 & 2 \end{bmatrix} \begin{bmatrix} u_1 \\ u_2 \\ u_3 \end{bmatrix} = \frac{\pi^2}{4} \begin{bmatrix} 1 \\ 0 \\ -1 \end{bmatrix}.$$

Resolva para u_1, u_2, u_3 e encontre o erro em comparação com a solução verdadeira $u = \text{sen} 2\pi x$ em $x = \frac{1}{4}$, $x = \frac{1}{2}$ e $x = \frac{3}{4}$.

4. Encontre a matriz 5 por 5 $A_0 = (h = \frac{1}{6})$ que aproxime:

$$-\frac{d^2u}{dx^2} = f(x), \qquad \frac{du}{dx}(0) = \frac{du}{dx}(1) = 0,$$

substituindo essas condições limite por $u_0 = u_1$ e $u_6 = u_5$. Verifique que sua matriz A_0 vezes o vetor constante (C, C, C, C, C) resulta em zero; A_0 é *singular*. Analogamente, se $u(x)$ é uma solução do problema contínuo, então corresponde a $u(x) + C$.

5. Que sistema 5 por 5 substitui (6) se as condições limites forem alteradas para $u(0) = 1$, $u(1) = 0$?

6. Apresente a equação da matriz de diferenças finitas 3 por 3 $(h = \frac{1}{4})$ de:

$$-\frac{d^2u}{dx^2} + u = x, \qquad u(0) = u(1) = 0.$$

Os problemas 7 a 11 abordam erro de arredondamento e troca de linhas.

7. Resolva $Hx = b = (1, 0, ..., 0)$ para a matriz de Hilbert 10 por 10 com $h_{ij} = 1/(i + j - 1)$, utilizando qualquer código de computador para equações lineares. Então, altere um elemento de b para 0,0001 e compare as soluções.

8. Calcule H^{-1} de dois modos para a matriz de Hilbert 3 por 3:

$$H = \begin{bmatrix} 1 & \frac{1}{2} & \frac{1}{3} \\ \frac{1}{2} & \frac{1}{3} & \frac{1}{4} \\ \frac{1}{3} & \frac{1}{4} & \frac{1}{5} \end{bmatrix}.$$

primeiro por computação exata e depois por arredondamento de cada número para três casas. Essa matriz H é mal condicionada e as trocas de linha não ajudam.

9. Compare os pivôs na eliminação direta com aqueles do pivotamento parcial de:

$$A = \begin{bmatrix} 0{,}001 & 0 \\ 1 & 1000 \end{bmatrix}.$$

(Este, na verdade, é um exemplo que precisa ser reescalonado antes da eliminação.)

10. Explique por que o pivotamento parcial produz multiplicadores ℓ_{ij} em L que satisfazem $|\ell_{ij}| \leq 1$. Você é capaz de construir um exemplo 3 por 3 com todos $|a_{ij}| \leq 1$, de modo que o último pivô seja 4? Esse é o pior caso possível, já que cada elemento é, no máximo, dobrado quando $|\ell_{ij}| \leq 1$.

11. Para a mesma matriz H, compare os lados direitos de $Hx = b$ se as soluções forem $x = (1, 1, 1)$ e $x = (0, 6, -3, 6)$.

Capítulo 1 Exercícios de revisão

1.1 Se E for 2 por 2 e soma a primeira equação à segunda, quais são as matrizes E^2, E^8 e $8E$?

1.2 Resolva por eliminação e retrossubstituição:

$$\begin{aligned} u \quad\;\; + w &= 4 \\ u + v \quad\;\; &= 3 \\ u + v + w &= 6 \end{aligned} \quad \text{e} \quad \begin{aligned} v + w &= 0 \\ u \quad\;\; + w &= 0 \\ u + v \quad\;\; &= 6. \end{aligned}$$

1.3 (a) Há dezesseis matrizes 2 por 2 cujos elementos são apenas números 1 e 0. Quantas são inversíveis?

(b) (Muito mais difícil!) Se você distribuir números 1 e 0 aleatoriamente como elementos de uma matriz 10 por 10, é mais provável que ela seja inversível ou singular?

1.4 Apresente um sistema 2 por 2 com infinitas soluções.

1.5 Para as matrizes:

$$A = \begin{bmatrix} 1 & 0 \\ 2 & 1 \end{bmatrix} \quad \text{e} \quad B = \begin{bmatrix} 1 & 2 \\ 0 & 1 \end{bmatrix},$$

calcule AB, BA, A^{-1}, B^{-1} e $(AB)^{-1}$.

1.6 Como são as linhas de EA em relação às linhas de A nos seguintes casos?

$$E = \begin{bmatrix} 1 & 0 & 0 \\ 0 & 2 & 0 \\ 4 & 0 & 1 \end{bmatrix} \quad \text{ou} \quad E = \begin{bmatrix} 1 & 1 & 1 \\ 0 & 0 & 0 \end{bmatrix} \quad \text{ou} \quad E = \begin{bmatrix} 0 & 0 & 1 \\ 0 & 1 & 0 \\ 1 & 0 & 0 \end{bmatrix}.$$

1.7 Encontre inversas, se existirem, por meio de inspeção ou Gauss-Jordan:

$$A = \begin{bmatrix} 1 & 0 & 1 \\ 1 & 1 & 0 \\ 0 & 1 & 1 \end{bmatrix} \quad \text{e} \quad A = \begin{bmatrix} 2 & 1 & 0 \\ 1 & 2 & 1 \\ 0 & 1 & 2 \end{bmatrix} \quad \text{e} \quad A = \begin{bmatrix} 1 & 1 & -2 \\ 1 & -2 & 1 \\ -2 & 1 & 1 \end{bmatrix}.$$

1.8 (a) Apresente as matrizes 3 por 3 com os elementos:

$$a_{ij} = i - j \quad \text{e} \quad b_{ij} = \frac{i}{j}.$$

(b) Calcule os produtos AB, BA e A^2.

1.9 Há dezesseis matrizes 2 por 2 cujos elementos são apenas números 1 e −1. Quantas são invertíveis?

1.10 Fatore as matrizes anteriores em $A = LU$ ou $PA = LU$.

1.11 Encontre exemplos de matrizes 2 por 2 com $a_{12} = \frac{1}{2}$ para as quais:

(a) $A^2 = I$. (b) $A^{-1} = A^{\mathrm{T}}$. (c) $A^2 = A$.

1.12 Verdadeiro ou falso. Se for falso, dê um *contraexemplo*, se for verdadeiro, *justifique*:

(1) Se A é invertível e suas linhas são na ordem inversa de B, então B é invertível.
(2) Se A e B são simétricas, então AB é simétrica.
(3) Se A e B são invertíveis, então BA é invertível.
(4) Toda matriz não singular pode ser fatorada no produto $A = LU$ de uma triangular inferior L e uma triangular superior U.

1.13 Para quais valores de k, o sistema:

$$\begin{aligned} kx + \ y &= 1 \\ x + ky &= 1 \end{aligned}$$

não tem solução, tem uma única solução ou tem infinitas soluções?

1.14 Resolva $Ax = b$ solucionando os sistemas triangulares $Lc = b$ e $Ux = c$:

$$A = LU = \begin{bmatrix} 1 & 0 & 0 \\ 4 & 1 & 0 \\ 1 & 0 & 1 \end{bmatrix} \begin{bmatrix} 2 & 2 & 4 \\ 0 & 1 & 3 \\ 0 & 0 & 1 \end{bmatrix}, \qquad b = \begin{bmatrix} 0 \\ 0 \\ 1 \end{bmatrix}.$$

Que parte de A^{-1} deve ser encontrada para esse b em particular?

1.15 Encontre a fatoração simétrica $A = LDL^{\mathrm{T}}$ de:

$$A = \begin{bmatrix} 1 & 2 & 0 \\ 2 & 6 & 4 \\ 0 & 4 & 11 \end{bmatrix} \quad \text{e} \quad A = \begin{bmatrix} a & b \\ b & c \end{bmatrix}.$$

1.16 Suponha que A seja a matriz identidade 4 por 4 exceto por um vetor v na coluna 2:

$$A = \begin{bmatrix} 1 & v_1 & 0 & 0 \\ 0 & v_2 & 0 & 0 \\ 0 & v_3 & 1 & 0 \\ 0 & v_4 & 0 & 1 \end{bmatrix}.$$

(a) Fatore A em LU, assumindo que $v_2 \neq 0$.
(b) Encontre A^{-1}, que tem a mesma forma de A.

1.17 Resolva por eliminação ou mostre que não há solução:

$$\begin{aligned} u + v + w &= 0 \\ u + 2v + 3w &= 0 \\ 3u + 5v + 7w &= 1 \end{aligned} \quad \text{e} \quad \begin{aligned} u + v + w &= 0 \\ u + v + 3w &= 0 \\ 3u + 5v + 7w &= 1 \end{aligned}$$

1.18 Encontre o valor de c na seguinte inversa n por n:

$$\text{se} \quad A = \begin{bmatrix} n & -1 & \cdot & -1 \\ -1 & n & \cdot & -1 \\ \cdot & \cdot & \cdot & -1 \\ -1 & -1 & -1 & n \end{bmatrix}, \quad \text{então} \quad A^{-1} = \frac{1}{n+1} \begin{bmatrix} c & 1 & \cdot & 1 \\ 1 & c & \cdot & 1 \\ \cdot & \cdot & \cdot & 1 \\ 1 & 1 & 1 & c \end{bmatrix}.$$

1.19 Se possível, encontre matrizes B 3 por 3 de modo que:
(a) $BA = 2A$ para todo A.
(b) $BA = 2B$ para todo A.
(c) BA tenha invertidas a primeira e a última linhas de A.
(d) BA tenha invertidas a primeira e a última colunas de A.

1.20 As matrizes de permutação n por n são um exemplo importante de um "grupo". Se você multiplicá-las, ficará dentro do grupo; elas possuem suas inversas no grupo; a matriz identidade está no grupo; e a propriedade $P_1(P_2P_3) = (P_1P_2)P_3$ é verdadeira – pois é verdadeira para todas as matrizes.
(a) Quantos membros pertencem aos grupos de matrizes de permutação 4 por 4 e n por n.
(b) Encontre uma potência k de modo que todas as matrizes de permutação 3 por 3 satisfaçam $P^k = I$.

1.21 Começando com um primeiro plano $u + 2v - w = 6$, encontre a equação para:
(a) o plano paralelo que passa pela origem.
(b) um segundo plano que também contenha os pontos (6, 0, 0) e (2, 2, 0).
(c) um terceiro plano que cruze o primeiro e o segundo no ponto (4, 1, 0).

1.22 (a) Que vetor x tornará Ax = coluna 1 de A + 2(coluna 3) em uma matriz A 3 por 3?
(b) Construa uma matriz que possua coluna 1 + 2(coluna 3) = 0. Verifique que A é singular (menos de 3 pivôs) e justifique.

1.23 Por meio de experimento ou do método Gauss-Jordan, calcule:

$$\begin{bmatrix} 1 & 0 & 0 \\ \ell & 1 & 0 \\ m & 0 & 1 \end{bmatrix}^n, \quad \begin{bmatrix} 1 & 0 & 0 \\ \ell & 1 & 0 \\ m & 0 & 1 \end{bmatrix}^{-1}, \quad \begin{bmatrix} 1 & 0 & 0 \\ \ell & 1 & 0 \\ 0 & m & 1 \end{bmatrix}^{-1}.$$

1.24 Que múltiplo da linha 2 é subtraído da linha 3 na eliminação por triangularização de A?

$$A = \begin{bmatrix} 1 & 0 & 0 \\ 2 & 1 & 0 \\ 0 & 5 & 1 \end{bmatrix} \begin{bmatrix} 1 & 2 & 0 \\ 0 & 1 & 5 \\ 0 & 0 & 1 \end{bmatrix}.$$

Como você sabe (sem multiplicar os fatores) que A é *invertível*, *simétrica* e *tridiagonal*? Quais são os pivôs?

1.25 Descreva as linhas de DA e as colunas de AD se $D = \begin{bmatrix} 2 & 0 \\ 0 & 5 \end{bmatrix}$.

1.26 Verdadeiro ou falso. Se for falso, dê um contraexemplo, se for verdadeiro, justifique:

(1) Se $L_1U_1 = L_2U_2$ (triangular superior U com diagonal não nula, triangular inferior L com diagonal unitária), então $L_1 = L_2$ e $U_1 = U_2$. A fatoração de LU é exclusiva.

(2) Se $A^2 + A = I$, então $A^{-1} = A + I$.

(3) Se todos os elementos diagonais de A são nulos, então A é singular.

1.27 (a) Se A é invertível, qual é a inversa de A^T?

(b) Se A também é simétrica, qual é a transposta de A^{-1}?

(c) Ilustre ambas as fórmulas para $A = \begin{bmatrix} 2 & 1 \\ 1 & 1 \end{bmatrix}$.

1.28 Apresente as matrizes 2 por 2 que:

(a) invertam a direção de todos os vetores.

(b) projetem todo vetor sobre o eixo x_2.

(c) girem todo vetor em 90° no sentido anti-horário.

(d) façam todo vetor refletir em relação à linha de 45° $x_1 = x_2$.

1.29 Por experimento com $n = 2$ e $n = 3$, encontre:

$$\begin{bmatrix} 2 & 3 \\ 0 & 0 \end{bmatrix}^n, \begin{bmatrix} 2 & 3 \\ 0 & 1 \end{bmatrix}^n, \begin{bmatrix} 2 & 3 \\ 0 & 1 \end{bmatrix}^{-1}.$$

Capítulo

2 Espaços vetoriais

2.1 ESPAÇOS VETORIAIS E SUBESPAÇOS

A eliminação pode simplificar um elemento por vez, o sistema linear $Ax = b$. Felizmente, ela também simplifica a teoria. As questões básicas de *existência* e *unicidade* – há uma solução, infinitas soluções ou nenhuma solução? – ficam muito mais fáceis de ser respondidas após a eliminação. Precisamos dedicar mais uma seção a essas questões para encontrar todas as soluções para um sistema m por n. Então, esse círculo de ideias estará completo.

Mas a eliminação gera apenas um tipo de compreensão de $Ax = b$. Nosso principal objetivo é obter uma compreensão diferente e mais profunda. Este capítulo pode ser mais difícil do que o primeiro. Ele vai ao coração da álgebra linear.

Sobre o conceito de ***espaço vetorial***, começamos imediatamente com os espaços mais importantes. Eles são denotados por $\mathbf{R}^1$, $\mathbf{R}^2$, $\mathbf{R}^3$, ... ; o espaço $\mathbf{R}^n$ consiste de *todos os vetores-coluna com* n *componentes* (escrevemos $\mathbf{R}$, pois os componentes são números reais). $\mathbf{R}^2$ é representado pelo plano usual xy; os dois componentes do vetor se tornam as coordenadas x e y do ponto correspondente. Os três componentes de um vetor em $\mathbf{R}^3$ resultam em um ponto no espaço tridimensional. O espaço unidimensional $\mathbf{R}^1$ é uma reta.

O que é importante para a álgebra linear é que a extensão para n dimensões é totalmente imediata. Para um vetor em $\mathbf{R}^7$, precisamos apenas dos sete componentes, mesmo que a geometria seja difícil de visualizar. Em todos os espaços vetoriais, duas operações são possíveis:

> ***Podemos somar dois vetores quaisquer, e multiplicar todos os vetores por escalares.***
> **Em outras palavras, podemos fazer combinações lineares.**

A adição obedece à propriedade comutativa $x + y = y + x$; há um "vetor nulo" que satisfaz $0 + x = x$; e há um vetor "$-x$" que satisfaz $-x + x = 0$. Oito propriedades (incluindo essas três) são fundamentais; a lista completa é fornecida no problema 6 no fim desta seção. ***Um espaço vetorial real é um conjunto de*** *vetores* ***reunidos com regras para adição vetorial e multiplicação por números reais***. A adição e a multiplicação devem produzir vetores neste espaço, e eles devem satisfazer as oito condições.

Normalmente, nossos vetores pertencem a um dos espaços $\mathbf{R}^n$; eles são, em geral, vetores-coluna. Se $x = (1, 0, 0, 3)$, então $2x$ (e também $x + x$) possui os componentes 2, 0, 0, 6. A definição formal permite que outras coisas sejam "vetores", contanto que essas adição e multiplicação escalar estejam corretas. Veja os três exemplos:

1. *O espaço de dimensão infinita* $\mathbf{R}^\infty$. Seus vetores possuem infinitas componentes, como em $x = (1, 2, 1, 2, ...)$. As propriedades para $x + y$ e cx permanecem inalteradas.

2. *O espaço de matrizes 3 por 2*. Neste caso, os "vetores" são matrizes! Podemos somar duas matrizes; $A + B = B + A$; há uma matriz nula, e assim por diante. Esse espaço é parecido com o $\mathbf{R}^6$ (os seis componentes são dispostos em um retângulo, em vez de uma coluna). Qualquer escolha de m e n daria, de modo semelhante, o espaço vetorial de todas as matrizes m por n.
3. *O espaço das funções $f(x)$*. Aqui admitimos todas as funções f que são definidas em um intervalo fixo, digamos $0 \leq x \leq 1$. O espaço inclui $f(x) = x^2$, $g(x) = \text{sen}\, x$, a soma $(f + g)(x) = x^2 + \text{sen}\, x$, e todos os múltiplos como $3x^2$ e $-\text{sen}\, x$. Os vetores são funções e a dimensão é, de algum modo, um infinito "maior" que o de $\mathbf{R}^\infty$.

Outros exemplos são dados nos exercícios, mas os espaços vetoriais de que mais precisamos estão em outro lugar: ***eles estão dentro dos espaços canônicos*** $\mathbf{R}^n$. Queremos descrevê-los e explicar por que são importantes. Geometricamente, pense no espaço comum de dimensão três $\mathbf{R}^3$ e escolha qualquer plano que passe pela origem. ***Esse plano já é um espaço vetorial.*** Se multiplicarmos um vetor no plano por 3, –3 ou qualquer outro escalar, obteremos um vetor no mesmo plano. Se somarmos dois vetores no plano, sua soma permanecerá nesse plano. Esse plano que passa em (0, 0, 0) ilustra uma das ideias mais fundamentais da álgebra linear; ele é um ***subespaço*** do espaço original $\mathbf{R}^3$.

DEFINIÇÃO Um ***subespaço*** de um espaço vetorial é um subconjunto não vazio que satisfaz os requisitos de um espaço vetorial: ***as combinações lineares permanecem no subespaço.***

(i) Se somarmos quaisquer vetores x e y no subespaço, $x + y$ estará *no subespaço.*

(ii) Se multiplicarmos qualquer vetor x no subespaço por qualquer escalar c,

cx estará *no subespaço.*

Perceba nossa ênfase na palavra ***espaço***. Um sub*espaço* é um subconjunto "limitado" por adição e multiplicação de escalar. Essas operações seguem as regras do espaço principal, mantendo-nos ***dentro do subespaço***. As oito propriedades exigidas são satisfeitas no espaço maior e serão automaticamente satisfeitas em todo subespaço. Observe, em especial, que ***o vetor nulo pertencerá a todo subespaço***. Isso resulta da regra (ii): escolha o escalar de modo que $c = 0$.

O menor subespaço $\mathbf{Z}$ contém apenas um vetor, o vetor nulo. Trata-se do "espaço zero dimensional", que contém apenas o ponto da origem. As regras (i) e (ii) são satisfeitas, já que a soma $0 + 0$ está nesse espaço de um ponto, assim como todos os múltiplos $c0$. *Esse é o menor espaço vetorial possível*: o conjunto vazio não é permitido. No outro extremo, o maior subespaço é todo o espaço original. Se o espaço original for $\mathbf{R}^3$, então os subespaços possíveis são fáceis de descrever: o próprio $\mathbf{R}^3$, qualquer plano através da origem, qualquer reta através da origem ou apenas a origem (o vetor nulo).

A distinção entre subconjunto e subespaço pode ser esclarecida por meio de exemplos. Em ambos os casos, é possível somar vetores e multiplicar por escalares sem deixar o espaço?

Exemplo 1 Considere todos os vetores em $\mathbf{R}^2$ cujos componentes sejam positivos ou nulos. Esse subconjunto é o primeiro quadrante do plano xy; as coordenadas satisfazem $x \geq 0$ e $y \geq 0$. *Não se trata de um subespaço*, mesmo que ele contenha zero e que a soma nos deixe dentro do subconjunto. A regra (ii) é violada, pois, se o escalar for –1 e o vetor for $[1 \;\; 1]$, o múltiplo $cx = [-1 \;\; -1]$ estará no terceiro quadrante em vez de no primeiro.

Se incluirmos o terceiro quadrante com o primeiro, a multiplicação escalar estará correta. Todo múltiplo cx estará nesse subconjunto. No entanto, a regra (i) é violada, já que a soma

$[1 \;\; 2] + [-2 \;\; -1]$ fornece $[-1 \;\; 1]$, que não está em nenhum desses quadrantes. O menor subespaço que contém o primeiro quadrante é o subespaço $\mathbf{R}^2$ inteiro.

Exemplo 2 Parta do espaço vetorial das matrizes 3 por 3. Um subespaço possível é o conjunto de *matrizes triangulares inferiores*. Outro é o conjunto de *matrizes simétricas*. $A + B$ e cA são triangulares inferiores se A e B forem triangulares inferiores, e são simétricas se A e B forem simétricas. É claro, a matriz nula está em ambos os subespaços.

Espaço-coluna de *A*

Tomemos agora os exemplos fundamentais: o **espaço-coluna** e o **espaço nulo** de uma matriz A. ***O espaço-coluna contém todas as combinações lineares das colunas de A.*** Ele é um subespaço de $\mathbf{R}^m$. Ilustramos isso com um sistema de $m = 3$ equações de $n = 2$ incógnitas:

A combinação de colunas é igual a *b*

$$\begin{bmatrix} 1 & 0 \\ 5 & 4 \\ 2 & 4 \end{bmatrix} \begin{bmatrix} u \\ v \end{bmatrix} = \begin{bmatrix} b_1 \\ b_2 \\ b_3 \end{bmatrix}. \tag{1}$$

Com $m > n$, temos mais equações do que incógnitas – e, *em geral, não haverá solução*. O sistema será solúvel apenas para um subconjunto muito "estreito" de todos os b possíveis. Um modo de descrever esse subconjunto estreito é tão simples que fica fácil visualizá-lo.

> **2A** O sistema $Ax = b$ é solúvel se, e somente se, o vetor b puder ser expresso como uma combinação das colunas de A. Então, b está no espaço-coluna.

Essa descrição envolve nada menos que o restabelecimento de $Ax = b$ *por colunas*:

Combinação de colunas

$$u \begin{bmatrix} 1 \\ 5 \\ 2 \end{bmatrix} + v \begin{bmatrix} 0 \\ 4 \\ 4 \end{bmatrix} = \begin{bmatrix} b_1 \\ b_2 \\ b_3 \end{bmatrix}. \tag{2}$$

Essas são as mesmas três equações de duas incógnitas. Agora o problema é encontrar valores de u e v que multipliquem a primeira e a segunda colunas para gerar b. O sistema é solúvel exatamente quando esses coeficientes existirem, e o vetor (u, v) é a solução x.

O que estamos dizendo é que os lados direitos possíveis b são *todos combinações das colunas de A*. Um lado direito possível é a própria primeira coluna; os coeficientes são $u = 1$ e $v = 0$. Outra possibilidade é a segunda coluna: $u = 0$ e $v = 1$. Um terceiro caso é o lado direito $b = 0$. Com $u = 0$ e $v = 0$, o vetor $b = 0$ será sempre possível.

Podemos descrever geometricamente *todas as combinações* das duas colunas: Ax = b *pode ser resolvida se, e somente se,* b *se localizar no* ***plano*** *gerado pelos dois vetores-coluna* (Figura 2.1). Esse é o estreito conjunto de b possíveis. Se b se localizar fora do plano, então não será uma combinação das duas colunas. Nesse caso, $Ax = b$ não tem solução.

O importante é que esse plano não é apenas um subconjunto de $\mathbf{R}^3$; ele é um subespaço. É o ***espaço-coluna*** de A, que consiste de ***todas as combinações das colunas***. Ele é denotado por $\boldsymbol{C}(A)$. Os requisitos (i) e (ii) de um subespaço de $\mathbf{R}^m$ são fáceis de verificar:

(i) Suponha que b e b' se localizem no espaço-coluna, de modo que $Ax = b$ para algum x e $Ax' = b'$ para algum x'. Então, $A(x + x') = b + b'$, de modo que $b + b'$ também seja uma combinação das colunas. O espaço-coluna de todos os vetores possíveis b é limitado por adição.

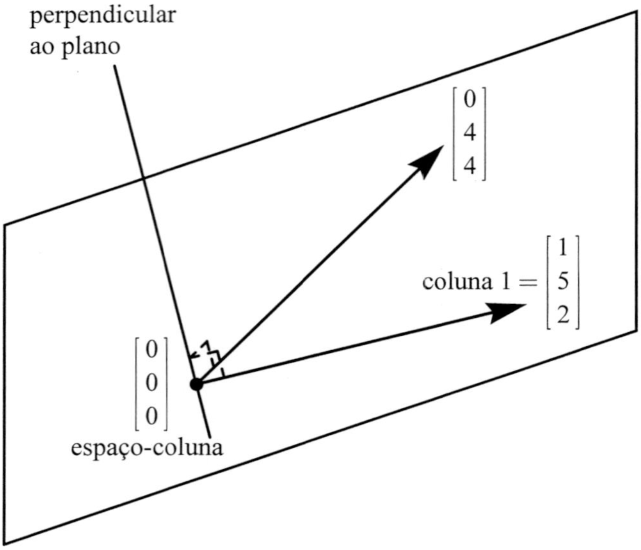

Figura 2.1 Espaço-coluna $\boldsymbol{C}(A)$, um plano no espaço tridimensional.

(ii) Se b estiver no subespaço $\boldsymbol{C}(A)$, então qualquer múltiplo cb também estará. Se alguma combinação de colunas produzir b (digamos $Ax = b$), então a multiplicação dessa combinação por c produzirá cb. Em outras palavras, $A(cx) = cb$.

Para outra matriz A, as dimensões da Figura 2.1 podem ser muito diferentes. O menor espaço-coluna possível (um vetor apenas) surge da matriz nula $A = 0$. A única combinação das colunas é $b = 0$. No outro extremo, suponha que A seja a matriz identidade 5 por 5. Então $\boldsymbol{C}(I)$ é o espaço $\mathbf{R}^5$ inteiro; as cinco colunas de I podem ser combinadas para produzir qualquer vetor b de cinco dimensões. Isto, de modo algum, é específico para a matriz identidade. *Qualquer matriz 5 por 5 que seja não singular terá o espaço* $\mathbf{R}^5$ *inteiro como espaço-coluna.* Para essa matriz, podemos resolver $Ax = b$ por eliminação de Gauss; há cinco pivôs. Portanto, todo b está em $\boldsymbol{C}(A)$ para uma matriz não singular.

Você pode reparar em como o capítulo 1 está contido neste capítulo. Lá, estudamos matrizes n por n cujo espaço-coluna era $\mathbf{R}^n$. Agora, admitimos matrizes singulares e retangulares com qualquer formato. Então $\boldsymbol{C}(A)$ pode estar em algum lugar entre o espaço nulo e o espaço $\mathbf{R}^m$ inteiro. Com seu espaço perpendicular, ele fornece algumas abordagens para a compreensão de $Ax = b$.

Espaço nulo de *A*

A segunda abordagem de $Ax = b$ é o complemento da primeira. Estamos preocupados não apenas com os lados direitos b possíveis, mas também com as soluções x que os possibilitam. Os lados direitos $b = 0$ sempre permitem a solução $x = 0$, mas pode haver infinitas soluções. (Sempre haverá, se existirem mais incógnitas do que equações, $n > m$.) ***As soluções de*** $\mathbf{Ax} = \mathbf{0}$ ***formam um espaço vetorial – o espaço nulo de* A**.

O ***espaço nulo*** de uma matriz consiste de todos os vetores x que verifiquem $Ax = 0$. Ele é denotado por $\boldsymbol{N}(A)$. Trata-se de um subespaço de $\mathbf{R}^n$, assim como o espaço-coluna era um subespaço de $\mathbf{R}^m$.

O requisito (i) se mantém: se $Ax = 0$ e $Ax' = 0$, então $A(x + x') = 0$. O seguinte requisito (ii) também se mantém: se $Ax = 0$, então $A(cx) = 0$. Ambos os requisitos falham se o lado direito não for zero! Apenas as soluções de uma equação *homogênea* ($b = 0$) formam um subespaço. O espaço nulo do exemplo dado acima é fácil de encontrar, ele é o menor possível:

$$\begin{bmatrix} 1 & 0 \\ 5 & 4 \\ 2 & 4 \end{bmatrix} \begin{bmatrix} u \\ v \end{bmatrix} = \begin{bmatrix} 0 \\ 0 \\ 0 \end{bmatrix}.$$

A primeira equação fornece $u = 0$ e a segunda impõe $v = 0$. O espaço nulo contém apenas o vetor (0, 0). Essa matriz possui "colunas independentes" – uma ideia fundamental que será retomada em breve.

A situação é alterada quando uma terceira coluna for uma combinação das duas primeiras:

$$\textbf{Espaço nulo maior} \qquad B = \begin{bmatrix} 1 & 0 & 1 \\ 5 & 4 & 9 \\ 2 & 4 & 6 \end{bmatrix}.$$

B possui o mesmo espaço-coluna de A. A nova coluna localiza-se no plano da Figura 2.1; ela é a soma dos dois vetores-coluna com que começamos. Mas o espaço nulo de B contém o vetor $(1, 1, -1)$ e, automaticamente, contém qualquer múltiplo $(c, c, -c)$:

$$\textbf{O espaço nulo é uma reta} \qquad \begin{bmatrix} 1 & 0 & 1 \\ 5 & 4 & 9 \\ 2 & 4 & 6 \end{bmatrix} \begin{bmatrix} c \\ c \\ -c \end{bmatrix} = \begin{bmatrix} 0 \\ 0 \\ 0 \end{bmatrix}.$$

O espaço nulo de B é a reta de todos os pontos $x = c, y = c, z = -c$ (a reta cruza a origem como qualquer subespaço). Queremos, em qualquer sistema $Ax = b$, ser capazes de encontrar $\boldsymbol{C}(A)$ e $\boldsymbol{N}(A)$: todos os lados direitos possíveis b e todas as soluções para $Ax = 0$.

Os vetores b estão no espaço-coluna e os vetores x estão no espaço nulo. Devemos calcular as dimensões desses subespaços e um conjunto conveniente de vetores para gerá-los. Esperamos chegar à compreensão de todos os *quatro* subespaços que estão intimamente relacionados a todos os outros e a A: o espaço-coluna de A, o espaço nulo de A e seus dois espaços perpendiculares.

Conjunto de problemas 2.1

1. Construa um subconjunto do plano xy $\mathbf{R}^2$ que seja:

(a) limitado por adição e subtração vetorial, mas não por multiplicação escalar.

(b) limitado por multiplicação escalar, mas não por adição vetorial.

Dica: começando com u e v, adicione e subtraia em (a). Tente cu e cv em (b).

2. Quais dos seguintes subconjuntos de $\mathbf{R}^3$ são, na verdade, subespaços?

(a) O plano de vetores (b_1, b_2, b_3) com primeiro componente $b_1 = 0$.

(b) O plano de vetores b, com $b_1 = 1$.

(c) Os vetores b com $b_2 b_3 = 0$ (essa é a união de dois subespaços, o plano $b_2 = 0$ e o plano $b_3 = 0$).

(d) Todas as combinações dos dois vetores dados (1, 1, 0) e (2, 0, 1).

(e) O plano de vetores (b_1, b_2, b_3) que satisfaça $b_3 - b_2 + 3b_1 = 0$.

3. Qual é o menor subespaço de matrizes 3 por 3 que contém todas as matrizes simétricas *e* todas as matrizes triangulares inferiores? Qual é o maior subespaço contido nesses dois subespaços?

4. Quais das alternativas abaixo são subespaços de $\mathbf{R}^\infty$?

(a) Todas as sequências do tipo (1, 0, 1, 0, ...) que incluam infinitos zeros.

(b) Todas as sequências $(x_1, x_2, ...)$ com $x_j = 0$ de um ponto qualquer em diante.

(c) Todas as sequências decrescentes $x_{j+1} \leq x_j$ para todo j.

(d) Todas as sequências convergentes: o x_j apresenta um limite conforme $j \to \infty$.

(e) Todas as progressões aritméticas: $x_{j+1} - x_j$ é igual para todo j.

(f) Todas as progressões geométricas $(x_1, kx_1, k^2x_1, ...)$ para todo k e x_1.

5. Descreva o espaço-coluna e o espaço nulo das matrizes:

$$A = \begin{bmatrix} 1 & -1 \\ 0 & 0 \end{bmatrix} \quad \text{e} \quad B = \begin{bmatrix} 0 & 0 & 3 \\ 1 & 2 & 3 \end{bmatrix} \quad \text{e} \quad C = \begin{bmatrix} 0 & 0 & 0 \\ 0 & 0 & 0 \end{bmatrix}.$$

6. A adição e a multiplicação de escalares são necessárias para satisfazer essas oito regras:

1. $x + y = y + x$.
2. $x + (y + z) = (x + y) + z$.
3. Há um único "vetor nulo" de modo que $x + 0 = x$ para todo x.
4. Para todo x, há um único vetor $-x$ de modo que $x + (-x) = 0$.
5. $1x = x$.
6. $(c_1c_2)x = c_1(c_2x)$.
7. $c(x + y) = cx + cy$.
8. $(c_1 + c_2)x = c_1x + c_2x$.

(a) Suponha que uma soma em $\mathbf{R}^2$ acrescente um número 1 adicional a cada componente, de modo que (3, 1) + (5, 0) seja igual a (9, 2) em vez de (8, 1). Com a multiplicação escalar inalterada, qual regra é violada?

(b) Mostre que o conjunto de todos os números reais positivos, com $x + y$ *e* cx redefinidos para serem iguais a xy e x^c usuais, é um espaço vetorial. Qual é o "vetor nulo"?

(c) Suponha que $(x_1, x_2) + (y_1, y_2)$ seja definido para ser $(x_1 + y_2, x_2 + y_1)$. Com o $cx = (cx_1, cx_2)$ usual, quais das oito condições não são satisfeitas?

7. Assuma que **P** seja o plano no espaço 3 com equação $x + 2y + z = 6$. Qual é a equação do plano $\mathbf{P}_0$ através da origem paralelo a **P**? **P** e $\mathbf{P}_0$ são subespaços de $\mathbf{R}^3$?

8. Quais das seguintes descrições estão corretas? As soluções x de

$$Ax = \begin{bmatrix} 1 & 1 & 1 \\ 1 & 0 & 2 \end{bmatrix} \begin{bmatrix} x_1 \\ x_2 \\ x_3 \end{bmatrix} = \begin{bmatrix} 0 \\ 0 \end{bmatrix}$$

formam

(a) um plano.

(b) uma reta.

(c) um ponto.

(d) um subespaço.

(e) o espaço nulo de A.
(f) o espaço-coluna de A.

9. (a) Descreva um subespaço de **M** que contém $A = \begin{bmatrix} 1 & 0 \\ 0 & 0 \end{bmatrix}$ mas não $B = \begin{bmatrix} 0 & 0 \\ 0 & -1 \end{bmatrix}$.
(b) Se um subespaço de **M** contém A e B, ele deve conter I?
(c) Descreva um subespaço de **M** que contenha matrizes diagonais não nulas.

10. Mostre que o conjunto de matrizes 2 por 2 não singulares não é um espaço vetorial. Mostre também que o conjunto de matrizes 2 por 2 *singulares* não é um espaço vetorial.

11. Descreva o menor subespaço do espaço de matrizes 2 por 2 **M** que contenha:

(a) $\begin{bmatrix} 1 & 0 \\ 0 & 0 \end{bmatrix}$ e $\begin{bmatrix} 0 & 1 \\ 0 & 0 \end{bmatrix}$. (b) $\begin{bmatrix} 1 & 0 \\ 0 & 0 \end{bmatrix}$ e $\begin{bmatrix} 1 & 0 \\ 0 & 1 \end{bmatrix}$.

(c) $\begin{bmatrix} 1 & 1 \\ 0 & 0 \end{bmatrix}$. (d) $\begin{bmatrix} 1 & 1 \\ 0 & 0 \end{bmatrix}, \begin{bmatrix} 1 & 0 \\ 0 & 1 \end{bmatrix}, \begin{bmatrix} 0 & 1 \\ 0 & 1 \end{bmatrix}$.

12. $\mathbf{P}_0$ é o plano que passa por (0, 0, 0), paralelo ao plano **P** do Problema 17. Qual é a equação de $\mathbf{P}_0$? Encontre dois vetores de $\mathbf{P}_0$ e verifique que sua soma está em $\mathbf{P}_0$.

13. As funções $f(x) = x^2$ e $g(x) = 5x$ são "vetores" no espaço vetorial **F** de todas as funções reais. A combinação $3f(x) - 4g(x)$ é a função $h(x) =$ _______. Qual regra será quebrada se a multiplicação de $f(x)$ por c resultar na função $f(cx)$?

14. Os quatro tipos de subespaços de $\mathbf{R}^3$ são planos, retas, o próprio $\mathbf{R}^3$ e **Z**, que contém apenas (0, 0, 0).
(a) Descreva os três tipos de subespaços de $\mathbf{R}^2$.
(b) Descreva os cinco tipos de subespaços de $\mathbf{R}^4$.

15. (a) A interseção de dois planos que passam por (0, 0, 0) é provavelmente uma _______, mas ela pode ser um _______. Ela não pode ser o vetor nulo **Z**!
(b) A interseção de um plano que passa por (0, 0, 0) com uma linha que passa por (0, 0, 0) é provavelmente um _______, mas pode ser uma _______.
(c) Se **S** e **T** são subespaços de $\mathbf{R}^5$, sua interseção $\mathbf{S} \cap \mathbf{T}$ (vetores em ambos os subespaços) é um subespaço de $\mathbf{R}^5$. *Verifique os requisitos de* $x + y$ *e* cx.

16. Se a soma dos "vetores" $f(x)$ e $g(x)$ em **F** é definida para ser $f(g(x))$, então o "vetor nulo" será $g(x) = x$. Mantenha a multiplicação escalar comum $cf(x)$ e encontre as duas regras que são violadas.

17. Considere **P** o plano de $\mathbf{R}^3$ com a equação $x + y - 2z = 4$. A origem (0, 0, 0) não está em **P**! Encontre dois vetores de **P** e verifique que sua soma não está em **P**.

18. A matriz $A = \begin{bmatrix} 2 & -2 \\ 2 & -2 \end{bmatrix}$ é um "vetor" no espaço **M** de todas as matrizes 2 por 2. Apresente o vetor nulo desse espaço, o vetor $\frac{1}{2}A$ e o vetor $-A$. Que matrizes estão no menor subespaço que contém A?

19. Verdadeiro ou falso para **M** = todas as matrizes 3 por 3 (verifique a soma utilizando um exemplo)?
(a) As matrizes antissimétricas de **M** (com $A^{\mathrm{T}} = -A$) formam um subespaço.
(b) As matrizes assimétricas de **M** (com $A^{\mathrm{T}} \neq -A$) formam um subespaço.
(c) As matrizes que possuem (1, 1, 1) em seu espaço nulo formam um subespaço.

20. Suponha que **P** seja um plano que passe por (0, 0, 0) e **L**, uma reta que passe por (0, 0, 0). O menor espaço vetorial que contém tanto **P** quanto **L** é _______ ou _______.

Os Problemas 21 a 31 são sobre os espaços-colunas $C(A)$ e a equação $Ax = b$.

21. A soma da linha 1 de A à linha 2 gera B. A soma da coluna 1 à coluna 2 gera C. Uma combinação das colunas de _______ é também uma combinação das colunas de A. Quais são as duas matrizes que possuem o mesmo _______ coluna?

$$A = \begin{bmatrix} 1 & 2 \\ 2 & 4 \end{bmatrix} \quad \text{e} \quad B = \begin{bmatrix} 1 & 2 \\ 3 & 6 \end{bmatrix} \quad \text{e} \quad C = \begin{bmatrix} 1 & 3 \\ 2 & 6 \end{bmatrix}.$$

22. (Recomendado) Se somarmos uma coluna adicional b a uma matriz A, o espaço-coluna se tornará maior, a menos que _______. Dê um exemplo em que o espaço-coluna se torna maior e um em que isso não ocorra. Por que $Ax = b$ é solúvel exatamente quando o espaço--coluna *não* se torna maior pela inclusão de b?

23. Se A é qualquer matriz invertível 8 por 8, então seu espaço-coluna é _______. Por quê?

24. Para quais lados direitos (encontre uma condição de b_1, b_2, b_3) esses sistemas são solúveis?

(a) $\begin{bmatrix} 1 & 4 & 2 \\ 2 & 8 & 4 \\ -1 & -4 & -2 \end{bmatrix} \begin{bmatrix} x_1 \\ x_2 \\ x_3 \end{bmatrix} = \begin{bmatrix} b_1 \\ b_2 \\ b_3 \end{bmatrix}$. (b) $\begin{bmatrix} 1 & 4 \\ 2 & 9 \\ -1 & -4 \end{bmatrix} \begin{bmatrix} x_1 \\ x_2 \end{bmatrix} = \begin{bmatrix} b_1 \\ b_2 \\ b_3 \end{bmatrix}$.

25. As colunas de AB são combinações das colunas de A. Isso significa que: *o espaço-coluna de AB está contido no* (e possivelmente é igual ao) *espaço-coluna de A*. Dê um exemplo em que os espaços-colunas de A e AB não são iguais.

26. Descreva os espaços-colunas (retas ou planos) dessas matrizes específicas:

$$A = \begin{bmatrix} 1 & 2 \\ 0 & 0 \\ 0 & 0 \end{bmatrix} \quad \text{e} \quad B = \begin{bmatrix} 1 & 0 \\ 0 & \\ 0 & 0 \end{bmatrix} \quad \text{e} \quad C = \begin{bmatrix} 1 & 0 \\ 2 & 0 \\ 0 & 0 \end{bmatrix}.$$

27. Verdadeiro ou falso? Se for falso, dê um contraexemplo.

(a) Os vetores b que não estão no espaço-coluna $\boldsymbol{C}(A)$ formam um subespaço.

(b) Se $\boldsymbol{C}(A)$ contém apenas o vetor nulo, então A é a matriz nula.

(c) O espaço-coluna de $2A$ é igual ao espaço-coluna de A.

(d) O espaço-coluna de $A - I$ é igual ao espaço-coluna de A.

28. Para quais vetores (b_1, b_2, b_3) esses sistemas possuem uma solução?

$$\begin{bmatrix} 1 & 1 & 1 \\ 0 & 1 & 1 \\ 0 & 0 & 1 \end{bmatrix} \begin{bmatrix} x_1 \\ x_2 \\ x_3 \end{bmatrix} = \begin{bmatrix} b_1 \\ b_2 \\ b_3 \end{bmatrix} \quad \text{e} \quad \begin{bmatrix} 1 & 1 & 1 \\ 0 & 1 & 1 \\ 0 & 0 & 0 \end{bmatrix} \begin{bmatrix} x_1 \\ x_2 \\ x_3 \end{bmatrix} = \begin{bmatrix} b_1 \\ b_2 \\ b_3 \end{bmatrix}.$$

29. Por que $\mathbf{R}^2$ não é um subespaço de $\mathbf{R}^3$?

30. Construa uma matriz 3 por 3 cujo espaço-coluna contenha (1, 1, 0) e (1, 0, 1), mas não (1, 1, 1). Construa uma matriz 3 por 3 cujo espaço-coluna seja apenas uma reta.

31. Se o sistema 9 por 12, $Ax = b$ é solúvel para todo b, então $\boldsymbol{C}(A) =$ _______.

2.2 RESOLUÇÃO DE $Ax = 0$ E $Ax = b$

O capítulo 1 concentrou-se nas matrizes quadradas invertíveis. Havia uma única solução para $Ax = b$, e ela era $x = A^{-1}b$. Essa solução foi encontrada por meio de eliminação (não pelo cálculo de A^{-1}). Uma matriz retangular traz novas possibilidades – U pode não ter um conjunto completo de pivôs. Essa seção segue de U para uma forma reduzida R – **a matriz mais simples que a eliminação pode fornecer**. R revela todas as soluções imediatamente.

Para uma matriz invertível, o espaço nulo contém apenas $x = 0$ (multiplique $Ax = 0$ por A^{-1}). O espaço-coluna é o espaço inteiro ($Ax = b$ tem solução para todo b). As novas questões aparecem quando o espaço nulo contém *mais que o vetor nulo* e/ou o espaço-coluna contém *menos que todos os vetores*:

1. Qualquer vetor x_n no espaço nulo pode ser somado a uma solução particular x_p. As soluções para todas as equações lineares têm essa forma $x = x_p + x_n$:

$$\textbf{Solução completa} \qquad Ax_p = b \quad \text{e} \quad Ax_n = 0 \qquad \textbf{geram } A(x_p + x_n) = b.$$

2. Quando o espaço-coluna não contiver todo b em $\mathbf{R}^m$, precisamos das condições de b para tornar $Ax = b$ solúvel.

Um exemplo 3 por 4 está de bom tamanho. Apresentaremos todas as soluções para $Ax = 0$. Encontraremos as condições para b se localizar no espaço-coluna (de maneira que $Ax = b$ seja solúvel). O sistema 1 por 1 $0x = b$, de uma equação e uma incógnita, mostra duas possibilidades:

> $0x = b$ *não tem solução* a menos que $b = 0$. O espaço-coluna da matriz nula 1 por 1 contém apenas $b = 0$.
>
> $0x = 0$ tem *infinitas soluções*. O espaço nulo contém *qualquer* x. Uma solução particular é $x_p = 0$, e a solução completa é $x = x_p + x_n = 0 +$ (qualquer x).

É simples, eu admito. Se você passar para o caso 2 por 2, fica mais interessante. A matriz $\begin{bmatrix} 1 & 1 \\ 2 & 2 \end{bmatrix}$ não é invertível: $y + z = b_1$ e $2y + 2z = b_2$ geralmente não tem solução.

> ***Não há solução***, a menos que $b_2 = 2b_1$. O espaço-coluna de A contém apenas os valores de b múltiplos de $(1, 2)$.
>
> Quando $b_2 = 2b_1$ apresenta ***infinitas soluções***, uma solução particular a $y + z = 2$ e $2y + 2z = 4$ é $x_p = (1, 1)$. O espaço nulo de A na Figura 2.2 contém $(-1, 1)$ e todos os seus múltiplos $x_n = (-c, c)$:

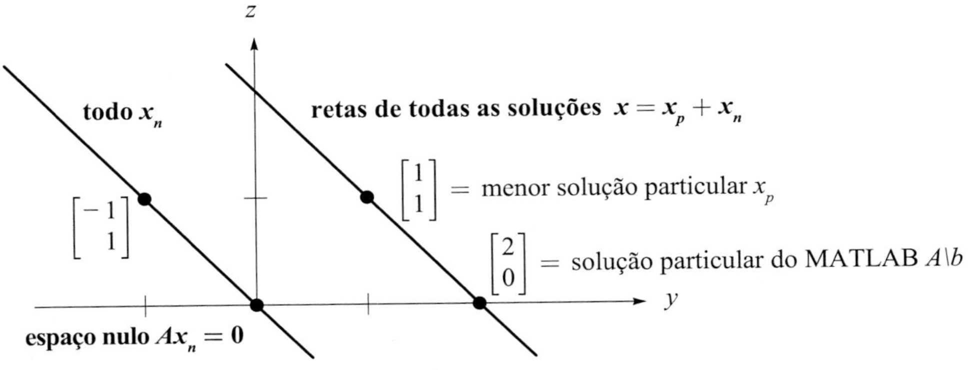

Figura 2.2 Retas paralelas das soluções de $Ax_n = 0$ e $\begin{bmatrix} 1 & 1 \\ 2 & 2 \end{bmatrix}\begin{bmatrix} y \\ z \end{bmatrix} = \begin{bmatrix} 2 \\ 4 \end{bmatrix}$.

Solução completa $\begin{matrix} y+\ z=2 \\ 2y+2z=4 \end{matrix}$ é resolvido por $x_p + x_n = \begin{bmatrix} 1 \\ 1 \end{bmatrix} + c\begin{bmatrix} -1 \\ 1 \end{bmatrix} = \begin{bmatrix} 1-c \\ 1+c \end{bmatrix}$.

Forma escalonada *U* e forma reduzida por linha *R*

Comecemos simplificando essa matriz 3 por 4, primeiro para U e, em seguida, para R:

$$\textbf{Exemplo básico} \qquad A = \begin{bmatrix} 1 & 3 & 3 & 2 \\ 2 & 6 & 9 & 7 \\ -1 & -3 & 3 & 4 \end{bmatrix}.$$

O pivô $a_{11} = 1$ é não nulo. As operações elementares comuns produzirão zeros na primeira coluna abaixo do pivô. A má notícia aparece na coluna 2:

$$\textbf{Sem pivô na coluna 2} \qquad A \to \begin{bmatrix} 1 & 3 & 3 & 2 \\ 0 & \mathbf{0} & 3 & 3 \\ 0 & \mathbf{0} & 6 & 6 \end{bmatrix}.$$

O candidato a segundo pivô se tornou zero: *inaceitável*. Procuremos abaixo desse zero um elemento não nulo – numa tentativa de realizar uma troca de linha. Nesse caso, o *elemento abaixo dele também é zero*. Se A fosse quadrada, isso indicaria que a matriz seria singular. No caso tratando de uma matriz retangular, devemos esperar problemas de qualquer maneira, portanto, não há motivos para parar. Tudo que podemos fazer é *prosseguir para a próxima coluna*, em que o elemento pivô é 3. Subtraindo-se duas vezes a segunda linha da terceira, chegamos a U:

$$\textbf{Matriz escalonada } \boldsymbol{U} \qquad U = \begin{bmatrix} \mathbf{1} & 3 & 3 & 2 \\ 0 & 0 & \mathbf{3} & 3 \\ 0 & 0 & 0 & 0 \end{bmatrix}.$$

Para ser exato, devemos prosseguir para a quarta coluna. Há um zero na posição de terceiro pivô e nada pode ser feito. U é triangular superior, mas seus pivôs não estão na diagonal principal. Os elementos não nulos de U possuem um "padrão em escada" ou uma ***forma escalonada***. Para o caso 5 por 8 da Figura 2.3, os elementos marcados com asterisco podem ou não ser nulos.

$$U = \begin{bmatrix} \bullet & * & * & * & * & * & * & * \\ 0 & \bullet & * & * & * & * & * & * \\ 0 & 0 & 0 & \bullet & * & * & * & * \\ 0 & 0 & 0 & 0 & 0 & 0 & 0 & \bullet \\ 0 & 0 & 0 & 0 & 0 & 0 & 0 & 0 \end{bmatrix} \qquad R = \begin{bmatrix} \mathbf{1} & \mathbf{0} & * & \mathbf{0} & * & * & * & \mathbf{0} \\ 0 & \mathbf{1} & * & \mathbf{0} & * & * & * & \mathbf{0} \\ 0 & 0 & 0 & \mathbf{1} & * & * & * & \mathbf{0} \\ 0 & 0 & 0 & 0 & 0 & 0 & 0 & \mathbf{1} \\ 0 & 0 & 0 & 0 & 0 & 0 & 0 & 0 \end{bmatrix}$$

Figura 2.3 Os elementos de uma matriz escalonada U 5 por 8 e sua forma reduzida R.

Podemos sempre atingir essa forma escalonada U, com zeros abaixo dos pivôs:

1. Os pivôs são os primeiros elementos não nulos em suas linhas.
2. Abaixo de cada pivô, há uma coluna de zeros obtidos por eliminação.
3. Cada pivô se localiza à direita do pivô da linha abaixo. Isso produz o padrão em escada, e as linhas com mais zeros vêm por último.

Como começamos com A e acabamos com U, o leitor certamente está se perguntando: temos $A = LU$ como antes? Não há motivo para não termos, já que as etapas de eliminação não foram alteradas. Cada etapa ainda subtrai o múltiplo de uma linha da linha abaixo. O inverso de cada etapa soma novamente o múltiplo que foi subtraído. Esses inversos surgem na ordem correta para colocar os multiplicadores diretamente em L.

$$\textbf{Triangular inferior} \qquad L = \begin{bmatrix} 1 & 0 & 0 \\ 2 & 1 & 0 \\ -1 & 2 & 1 \end{bmatrix} \quad \text{e} \quad A = LU.$$

Observe que L é quadrada. Ela possui o mesmo número de linhas que A e U.

A única operação não necessária em nosso exemplo, mas geralmente necessária, é a troca de linhas por uma matriz de permutação P. Como prosseguimos para a coluna seguinte quando não há nenhum pivô disponível, não há necessidade de admitir que A é não singular. Aqui, $PA = LU$ para todas as matrizes:

> **2B** Para qualquer matriz m por n A, há uma matriz de permutação P, uma triangular inferior L com diagonal unitária e uma escalonada m por n U, de modo que $PA = LU$.

Agora é a vez de R. Podemos avançar em relação a U para tornar essa matriz ainda mais simples. Divida a segunda linha por seu pivô 3, de modo que ***todos os pivôs sejam* 1**. Em seguida, utilize a linha pivô para produzir um ***zero acima do pivô***. Desta vez, a linha é subtraída de uma *linha superior*. O resultado final (a melhor forma que podemos obter) é a ***forma escalonada reduzida por linha* R**:

$$\begin{bmatrix} 1 & 3 & 3 & 2 \\ 0 & 0 & 3 & 3 \\ 0 & 0 & 0 & 0 \end{bmatrix} \to \begin{bmatrix} 1 & 3 & 3 & 2 \\ 0 & 0 & \mathbf{1} & \mathbf{1} \\ 0 & 0 & 0 & 0 \end{bmatrix} \to \begin{bmatrix} \mathbf{1} & \mathbf{3} & \mathbf{0} & \mathbf{-1} \\ \mathbf{0} & \mathbf{0} & \mathbf{1} & \mathbf{1} \\ \mathbf{0} & \mathbf{0} & \mathbf{0} & \mathbf{0} \end{bmatrix} = R.$$

Essa matriz R é o resultado final da eliminação em A. O MATLAB utiliza o comando $R=$ rref(A). É claro que rref(R) resultará em R novamente!

Qual é a forma reduzida por linha de uma matriz quadrada invertível? Nesse caso, R é a *matriz identidade*. Há um conjunto completo de pivôs, todos iguais a 1, com zeros acima e abaixo. Assim, rref(A) $= I$, quando A é invertível.

Para uma matriz 5 por 8 com quatro pivôs, a Figura 2.3 mostra a forma reduzida R. **Ela ainda contém uma matriz identidade nas quatro linhas pivôs e nas quatro colunas pivôs.** A partir de R, podemos encontrar rapidamente o espaço nulo de A. $Rx = 0$ possui as mesmas soluções de $Ux = 0$ e $Ax = 0$.

Variáveis pivôs e variáveis livres

Nossa meta é apresentar todas as soluções para $Rx = 0$. Os pivôs são cruciais:

Espaço nulo de R (colunas pivôs em negrito)

$$Rx = \begin{bmatrix} \mathbf{1} & 3 & \mathbf{0} & -1 \\ \mathbf{0} & 0 & \mathbf{1} & 1 \\ \mathbf{0} & 0 & \mathbf{0} & 0 \end{bmatrix} \begin{bmatrix} \boldsymbol{u} \\ v \\ \boldsymbol{w} \\ y \end{bmatrix} = \begin{bmatrix} 0 \\ 0 \\ 0 \end{bmatrix}.$$

As incógnitas u, v, w, y dividem-se em dois grupos. Um grupo contém as ***variáveis pivôs***, que correspondem às ***colunas com pivôs***. A primeira e a terceira coluna contêm os pivôs, de modo que $\boldsymbol{u}$ e $\boldsymbol{w}$ são variáveis pivôs. O outro grupo é composto de ***variáveis livres***, que correspondem às ***colunas sem pivôs***. Estas são a segunda e a quarta colunas, então v e y são variáveis livres.

Para encontrar a solução mais abrangente de $Rx = 0$ (ou, equivalentemente, de $Ax = 0$), podemos atribuir valores arbitrários a essas variáveis livres. Suponha que chamemos esses valores simplesmente de v e y. As variáveis pivôs são completamente determinadas em termos de v e y:

$$\boldsymbol{Rx = 0} \qquad \begin{aligned} \boldsymbol{u} + 3v - y &= 0 \quad \text{resulta em} \quad \boldsymbol{u} = -3v + y \\ \boldsymbol{w} + y &= 0 \quad \text{resulta em} \quad \boldsymbol{w} = - y \end{aligned} \tag{1}$$

Há um "dobro infinito" de soluções, com v e y livres e independentes. A solução completa é uma combinação de duas **soluções especiais**:

O espaço nulo contém todas as combinações de soluções especiais

$$x = \begin{bmatrix} -3v + y \\ v \\ -y \\ y \end{bmatrix} = v \begin{bmatrix} \mathbf{-3} \\ \mathbf{1} \\ \mathbf{0} \\ \mathbf{0} \end{bmatrix} + y \begin{bmatrix} \mathbf{1} \\ \mathbf{0} \\ \mathbf{-1} \\ \mathbf{1} \end{bmatrix}. \tag{2}$$

Observe novamente a solução completa de $Rx = 0$ e $Ax = 0$. A solução especial $(-3, 1, 0, 0)$ possui variáveis livres $v = 1, y = 0$. A outra solução especial $(1, 0, -1, 1)$ possui $v = 0$ e $y = 1$. *Todas as soluções são combinações lineares dessas duas.* O melhor modo de encontrar todas as soluções de $Ax = 0$ é a partir das soluções especiais:

1. Após obter $Rx = 0$, identifique as variáveis pivôs e as variáveis livres.
2. Dê a uma variável livre o valor 1, estabeleça as outras variáveis livres como 0 e resolva $Rx = 0$ para as variáveis pivôs. Esse x é uma solução especial.
3. Toda variável livre produz sua própria "solução especial" pela etapa 2. As combinações de soluções especiais formam o espaço nulo – todas as soluções de $Ax = 0$.

Dentro do espaço quadridimensional de todos os vetores possíveis x, as soluções de $Ax = 0$ formam um ***subespaço bidimensional*** – o espaço nulo de A. No exemplo, $\boldsymbol{N}(A)$ é gerado pelos dois vetores especiais $(-3, 1, 0, 0)$ e $(1, 0, -1, 1)$. As combinações desses dois vetores produzem o espaço nulo inteiro.

Esse ponto pode ser um pouco enganoso. As soluções especiais são excepcionalmente fáceis a partir de R. Os números 3, 0, –1 e 1 localizam-se nas "colunas não pivôs" de R. **Inverta seus sinais para encontrar as variáveis pivôs** (não livres) **nas soluções especiais**. A partir da equação (2), colocarei as duas soluções especiais em uma matriz de espaço nulo N, de modo que você possa ver claramente esse padrão:

Matriz de espaço nulo
(as colunas são as soluções especiais)

$$N = \begin{bmatrix} \mathbf{-3} & \mathbf{1} \\ 1 & 0 \\ \mathbf{0} & \mathbf{-1} \\ 0 & 1 \end{bmatrix} \begin{matrix} \text{não livre} \\ \text{livre} \\ \text{não livre} \\ \text{livre} \end{matrix}$$

As variáveis livres possuem valores 1 e 0. Quando as colunas foram transferidas para o lado direito da equação (2), seus coeficientes 3, 0, –1 e 1 trocaram de sinal. Isso determinou as variáveis pivôs das soluções especiais (as colunas de N).

Este é o momento de identificar um teorema extremamente importante. Suponha que uma matriz possua mais colunas do que linhas, $n > m$. Uma vez que m linhas podem ter, no máximo, m pivôs, ***deve haver pelo menos* n – m *variáveis livres***. Haverá ainda *mais* variáveis livres se algumas linhas de R se reduzirem a zero; mas, independentemente disso, pelo menos uma variável deve ser livre. A essa variável livre pode ser atribuído qualquer valor, levando à seguinte conclusão:

> **2C** Se $Ax = 0$ possui mais incógnitas do que equações ($n > m$), ela tem no mínimo uma solução especial: há mais soluções do que a trivial $x = 0$.

Deverá haver infinitas soluções, já que qualquer múltiplo cx também satisfará $A(cx) = 0$. O espaço nulo contém a reta que passa por x. E, se houver variáveis livres adicionais, o espaço nulo se tornará mais do que apenas uma reta no espaço n-dimensional. *O espaço nulo possuirá "dimensão" igual ao número de variáveis livres e de soluções especiais.*

Essa ideia central – a ***dimensão*** do subespaço – se tornará precisa na próxima seção. Contamos as variáveis livres do espaço nulo. Contamos as variáveis pivôs do espaço-coluna!

Resolução de $Ax = b$, $Ux = c$ e $Rx = d$

O caso $b \neq 0$ é muito diferente de $b = 0$. As operações de linha em A também devem atuar sobre o lado direito (sobre b). Começamos com letras (b_1, b_2, b_3) para encontrar a condição de solução – para que b se localize no espaço-coluna. Em seguida, escolhemos $b = (1, 5, 5)$ e encontramos todas as soluções x.

Para o exemplo original $Ax = b = (b_1, b_2, b_3)$, aplique a ambos os lados as operações que foram de A para U. O resultado é um sistema triangular superior $Ux = c$:

$$\boldsymbol{Ux = c} \qquad \begin{bmatrix} 1 & 3 & 3 & 2 \\ 0 & 0 & 3 & 3 \\ 0 & 0 & 0 & 0 \end{bmatrix} \begin{bmatrix} u \\ v \\ w \\ y \end{bmatrix} = \begin{bmatrix} b_1 \\ b_2 - 2b_1 \\ b_3 - 2b_2 + 5b_1 \end{bmatrix}. \tag{3}$$

O vetor c do lado direito, que apareceu após as etapas de triangularização, é simplesmente $L^{-1}b$, como no capítulo anterior. Partamos, agora, de $Ux = c$.

Não é claro que essas equações têm uma solução. A terceira é muito duvidosa, pois seu lado esquerdo é nulo. ***As equações são inconsistentes, a menos que*** $\boldsymbol{b_3 - 2b_2 + 5b_1 = 0}$. Mesmo havendo mais incógnitas do que equações, pode não haver nenhuma solução. Conhecemos outro modo de responder à mesma questão: $Ax = b$ pode ser resolvida se, e somente se, b se localizar no espaço-coluna de A. Esse subespaço surge a partir das quatro colunas de A (não de U!):

As colunas de A "expandem" o espaço-coluna $\begin{bmatrix}1\\2\\-1\end{bmatrix}, \begin{bmatrix}3\\6\\-3\end{bmatrix}, \begin{bmatrix}3\\9\\3\end{bmatrix}, \begin{bmatrix}2\\7\\4\end{bmatrix}.$

Embora haja quatro vetores, suas combinações preenchem um plano apenas no espaço tridimensional. A coluna 2 é o triplo da coluna 1. A quarta coluna é igual à terceira menos a primeira. *Essas colunas dependentes, a segunda e a quarta, são exatamente aquelas sem pivôs.*

O espaço-coluna $C(A)$ pode ser descrito de dois modos diferentes. De um lado, ele é o *plano gerado pelas colunas 1 e 3*. As outras colunas localizam-se nesse plano e não apresentam nada de novo. De modo equivalente, ele é o plano de todos os vetores b que satisfazem $b_3 - 2b_2 + 5b_1 = 0$; essa é a restrição para que o sistema seja solúvel. ***Toda coluna satisfaz essa restrição, assim ela também é satisfeita por* b!** Geometricamente, veremos que o vetor (5, –2, 1) é perpendicular a cada coluna.

Se b pertence ao espaço-coluna, as soluções de $Ax = b$ são fáceis de ser encontradas. A última equação de $Ux = c$ é $0 = 0$. Para as variáveis livres v e y, podemos atribuir quaisquer valores como antes. As variáveis pivôs u e w ainda são determinadas por retrossubstituição. Para um exemplo específico com $b_3 - 2b_2 + 5b_1 = 0$, tomemos $b = (1, 5, 5)$:

$$\boldsymbol{Ax = b} \qquad \begin{bmatrix}1 & 3 & 3 & 2\\2 & 6 & 9 & 7\\-1 & -3 & 3 & 4\end{bmatrix}\begin{bmatrix}u\\v\\w\\y\end{bmatrix} = \begin{bmatrix}1\\5\\5\end{bmatrix}.$$

A eliminação por triangularização gera U do lado esquerdo e c do direito:

$$\boldsymbol{Ux = c} \qquad \begin{bmatrix}1 & 3 & 3 & 2\\0 & 0 & 3 & 3\\0 & 0 & 0 & 0\end{bmatrix}\begin{bmatrix}u\\v\\w\\y\end{bmatrix} = \begin{bmatrix}1\\3\\0\end{bmatrix}.$$

A última equação é $0 = 0$, como esperado. A retrossubstituição resulta em

$$\begin{aligned} 3w + 3y &= 3 \qquad \text{ou} \qquad w = 1 - y \\ u + 3v + 3w + 2y &= 1 \qquad \text{ou} \qquad u = -2 - 3v + y. \end{aligned}$$

Novamente há um "dobro infinito" de soluções: v e y são livres, u e w não:

Solução completa $\boldsymbol{x = x_p + x_n}$

$$x = \begin{bmatrix}u\\v\\w\\y\end{bmatrix} = \begin{bmatrix}-2\\0\\1\\0\end{bmatrix} + v\begin{bmatrix}-3\\1\\0\\0\end{bmatrix} + y\begin{bmatrix}1\\0\\-1\\1\end{bmatrix}. \qquad (4)$$

Isso inclui todas as soluções de $Ax = 0$, mas o novo $x_p = (-2, 0, 1, 0)$. Esse x_p é ***uma solução particular*** de $Ax = b$. Os últimos dois termos com v e y resultam em mais soluções (pois satisfazem $Ax = 0$). ***Toda solução de* Ax = b *é a soma de uma solução particular e uma solução de* Ax = 0**:

$$x_{\text{completo}} = x_{p\,(\text{particular})} + x_{n\,(\text{espaço nulo})}$$

Chega-se à solução particular da equação (4) a partir da resolução da equação *com todas as variáveis livres iguais a zero*. Este é a única parte nova, já que o espaço nulo já foi calculado. Quando se multiplica a equação destacada por A, obtém-se $Ax_{\text{completo}} = b + 0$.

Geometricamente, as soluções preenchem novamente uma superfície bidimensional – mas não se trata de um subespaço. Ela não contém $x = 0$. Ela é *paralela* ao espaço nulo que tínhamos antes, desviado pela solução particular x_p como na Figura 2.2. A equação (4) é um bom modo de apresentar a resposta:

1. Reduza $Ax = b$ a $Ux = c$.
2. Com as variáveis livres $= 0$, encontre uma solução particular para $Ax_p = b$ e $Ux_p = c$.
3. Encontre as soluções especiais de $Ax = 0$ (ou $Ux = 0$ ou $Rx = 0$). Cada variável livre, por sua vez, é 1. Então, $x = x_p +$ (qualquer combinação x_n de soluções especiais).

Quando a equação era $Ax = 0$, a solução particular era o vetor nulo! Ela atende ao padrão, mas $x_{\text{particular}} = 0$ não era apresentado na equação (2). Agora x_p é somado às soluções de espaço nulo, como na equação (4).

Questão: como a forma reduzida R pode tornar essa solução ainda mais clara? Você verá em nosso exemplo. Subtraia a equação 2 da equação 1 e, em seguida, divida a equação 2 por seu pivô. Do lado esquerdo, isso produz R, como antes. Do lado direito, essas operações alteram $c = (1, 3, 0)$ para um novo vetor $d = (-2, 1, 0)$:

Equação reduzida
$\boldsymbol{Rx = d}$

$$\begin{bmatrix} 1 & 3 & 0 & -1 \\ 0 & 0 & 1 & 1 \\ 0 & 0 & 0 & 0 \end{bmatrix} \begin{bmatrix} u \\ v \\ w \\ y \end{bmatrix} = \begin{bmatrix} -2 \\ 1 \\ 0 \end{bmatrix}. \tag{5}$$

Nossa solução particular x_p (uma escolha entre muitas) possui variáveis livres $v = y = 0$. As colunas 2 e 4 podem ser ignoradas. Então, temos imediatamente $u = -2$ e $w = 1$, exatamente como na equação (4). **Os elementos de d vão diretamente a x_p.** Isso porque a matriz identidade se situa nas colunas pivôs de R!

Vamos resumir esta seção antes de trabalhar com um novo exemplo. A eliminação revela as variáveis pivôs e as variáveis livres. ***Se houver* r *pivôs, haverá* r *variáveis pivôs e* n – r *variáveis livres*.** Esse importante número r receberá um nome – ele é o ***posto da matriz***.

2D Suponha que a eliminação reduza $Ax = b$ a $Ux = c$ e $Rx = d$, com r linhas pivôs e r colunas pivôs. **O posto dessas matrizes é *r*.** As últimas $m - r$ linhas de U e R são nulas, de modo que há uma solução apenas se os últimos $m - r$ elementos de c e d também forem nulos.

A solução completa é $x = x_p + x_n$. Uma solução particular x_p possui todas as variáveis livres nulas. Suas variáveis pivôs são os primeiros r elementos de d, de modo que $Rx_p = d$.

As soluções de espaço nulo x_n são combinações de $n - r$ soluções especiais com uma variável livre igual a 1. As variáveis pivôs nessa solução especial podem ser encontradas na coluna correspondente de R (com sinal invertido).

Você pode perceber como o posto r é crucial. Ele conta as linhas pivôs no "espaço-linha", as colunas pivôs no espaço-coluna. Há $n - r$ soluções especiais no espaço nulo. Há $m - r$ condições de solução para b, c ou d.

Outro exemplo resolvido

A descrição completa utiliza eliminação e colunas pivôs para encontrar o espaço-coluna, o espaço nulo e o posto. A matriz A 3 por 4 possui posto 2:

$$Ax = b \quad \text{é} \quad \begin{aligned} \mathbf{1}x_1 + \mathbf{2}x_2 + \mathbf{3}x_3 + \ \mathbf{5}x_4 &= b_1 \\ \mathbf{2}x_1 + \mathbf{4}x_2 + \mathbf{8}x_3 + \mathbf{12}x_4 &= b_2 \\ \mathbf{3}x_1 + \mathbf{6}x_2 + \mathbf{7}x_3 + \mathbf{13}x_4 &= b_3 \end{aligned} \qquad (6)$$

1. Reduza $[A \ \ b]$ a $[U \ \ c]$ para obter o sistema triangular $Ux = c$.
2. Encontre a condição de b_1, b_2, b_3 para obter uma solução.
3. Descreva o espaço-coluna de A: qual é o plano em $\mathbf{R}^3$?
4. Descreva o espaço nulo de A: quais as soluções especiais em $\mathbf{R}^4$?
5. Encontre uma solução particular de $Ax = (0, 6, -6)$ e complete $x_p + x_n$.
6. Reduza $[U \ \ c]$ a $[R \ \ d]$: soluções especiais a partir de R e x_p a partir de d.

Solução (Observe como o lado direito é incluído como uma coluna adicional!)

1. Os multiplicadores da eliminação são 2, 3 e –1, levando $[A \ \ b]$ a $[U \ \ c]$.

$$\begin{bmatrix} 1 & 2 & 3 & 5 & \boldsymbol{b_1} \\ 2 & 4 & 8 & 12 & \boldsymbol{b_2} \\ 3 & 6 & 7 & 13 & \boldsymbol{b_3} \end{bmatrix} \rightarrow \left[\begin{array}{cccc|c} 1 & 2 & 3 & 5 & \boldsymbol{b_1} \\ 0 & 0 & 2 & 2 & \boldsymbol{b_2 - 2b_1} \\ 0 & 0 & -2 & -2 & \boldsymbol{b_3 - 3b_1} \end{array}\right] \rightarrow \left[\begin{array}{cccc|c} 1 & 2 & 3 & 5 & \boldsymbol{b_1} \\ 0 & 0 & 2 & 2 & \boldsymbol{b_2 - 2b_1} \\ 0 & 0 & 0 & 0 & \boldsymbol{b_3 + b_2 - 5b_1} \end{array}\right].$$

2. A última equação mostra a condição de solução $b_3 + b_2 - 5b_1 = 0$. Então $0 = 0$.
3. O espaço-coluna de A é o plano que contém todas as combinações das colunas pivôs (1, 2, 3) e (3, 8, 7). **Segunda descrição**: o espaço-coluna contém todos os vetores com $b_3 + b_2 - 5b_1 = 0$. Isso torna $Ax = b$ solúvel, de modo que b esteja no espaço-coluna. *Todas as colunas de* A *verificam essa condição* $\mathrm{b}_3 + \mathrm{b}_2 - 5\mathrm{b}_1 = 0$. *Essa é a equação do plano (na primeira descrição do espaço-coluna).*
4. As soluções especiais em N possuem variáveis livres $x_2 = 1, x_4 = 0$ e $x_2 = 0, x_4 = 1$:

Matriz de espaço nulo
Soluções especiais de $Ax = 0$
Retrossubstituição em $Ux = 0$
Apenas trocam de sinais em $Rx = 0$

$$N = \begin{bmatrix} -2 & -2 \\ 1 & 0 \\ 0 & -1 \\ 0 & 1 \end{bmatrix}.$$

5. Escolha $b = (0, 6, -6)$, que possui $b_3 + b_2 - 5b_1 = 0$. A eliminação leva de $Ax = b$ a $Ux = c = (0, 6, 0)$. Faça a retrossubstituição com variáveis livres $= 0$:

Solução particular de $Ax_p = (0, 6, -6)$

$$x_p = \begin{bmatrix} -9 \\ 0 \\ 3 \\ 0 \end{bmatrix} \begin{matrix} \\ \text{livre} \\ \\ \text{livre} \end{matrix}$$

A solução completa de $Ax = (0, 6, -6)$ é (este x_p) + (todo x_n).

6. Na reduzida R, a terceira coluna muda de (3, 2, 0) para (0, 1, 0). O lado direito $c = (0, 6, 0)$ se torna $d = (-9, 3, 0)$. Então, –9 e 3 vão para x_p:

$$[U \quad c] = \left[\begin{array}{cccc|c} 1 & 2 & 3 & 5 & 0 \\ 0 & 0 & 2 & 2 & 6 \\ 0 & 0 & 0 & 0 & 0 \end{array}\right] \rightarrow [R \quad d] = \left[\begin{array}{cccc|c} \mathbf{1} & 2 & 0 & 2 & \mathbf{-9} \\ 0 & 0 & \mathbf{1} & 1 & \mathbf{3} \\ 0 & 0 & 0 & 0 & 0 \end{array}\right].$$

Essa matriz final $[R \ d]$ **é** rref($[A \ b]$) = rref($[U \ c]$). Os números 2, 0, 2 e 1 nas colunas livres de R possuem sinais opostos nas soluções especiais (a matriz de espaço nulo N). Todas essas coisas são reveladas por $Rx = d$.

Conjunto de problemas 2.2

1. Encontre o valor de c que torna possível resolver $Ax = b$ e resolva o sistema:

$$\begin{aligned} u + v + 2w &= 2 \\ 2u + 3v - w &= 5 \\ 3u + 4v + w &= c. \end{aligned}$$

2. Encontre a forma escalonada U, as variáveis livres e as soluções especiais:

$$A = \begin{bmatrix} 0 & 1 & 0 & 3 \\ 0 & 2 & 0 & 6 \end{bmatrix}, \qquad b = \begin{bmatrix} b_1 \\ b_2 \end{bmatrix}.$$

$Ax = b$ é consistente (possui uma solução) quando b satisfaz $b_2 =$ ______. Encontre a solução correta na mesma forma da equação (4).

3. Construa um sistema com mais incógnitas do que equações, mas sem solução. Altere o lado direito para zero e encontre todas as soluções x_n.

4. Apresente as soluções completas $x = x_p + x_n$ a esses sistemas, como na equação (4):

$$\begin{bmatrix} 1 & 2 & 2 \\ 2 & 4 & 5 \end{bmatrix} \begin{bmatrix} u \\ v \\ w \end{bmatrix} = \begin{bmatrix} 1 \\ 4 \end{bmatrix} \qquad \begin{bmatrix} 1 & 2 & 2 \\ 2 & 4 & 4 \end{bmatrix} \begin{bmatrix} u \\ v \\ w \end{bmatrix} = \begin{bmatrix} 1 \\ 4 \end{bmatrix}.$$

5. Reduza A e B para a forma escalonada a fim de encontrar seus postos. Que variáveis são livres?

$$A = \begin{bmatrix} 1 & 2 & 0 & 1 \\ 0 & 1 & 1 & 0 \\ 1 & 2 & 0 & 1 \end{bmatrix} \qquad B = \begin{bmatrix} 1 & 2 & 3 \\ 4 & 5 & 6 \\ 7 & 8 & 9 \end{bmatrix}.$$

Encontre as soluções especiais de $Ax = 0$ e $Bx = 0$. Encontre todas as soluções.

6. Execute as mesmas etapas do problema anterior para encontrar a solução completa de $Mx = b$:

$$M = \begin{bmatrix} 0 & 0 \\ 1 & 2 \\ 0 & 0 \\ 3 & 6 \end{bmatrix}, \qquad b = \begin{bmatrix} b_1 \\ b_2 \\ b_3 \\ b_4 \end{bmatrix}.$$

7. Descreva o conjunto de lados direitos b possíveis (no espaço-coluna) para

$$\begin{bmatrix} 1 & 0 \\ 0 & 1 \\ 2 & 3 \end{bmatrix} \begin{bmatrix} u \\ v \end{bmatrix} = \begin{bmatrix} b_1 \\ b_2 \\ b_3 \end{bmatrix}.$$

encontrando as restrições de b que transformam a terceira equação em $0 = 0$ (após a eliminação). Determine o posto e uma solução particular.

8. Encontre R para essas matrizes (de bloco) e as soluções especiais:

$$A = \begin{bmatrix} 0 & 0 & 0 \\ 0 & 0 & 3 \\ 2 & 4 & 6 \end{bmatrix} \qquad B = [\, A \quad A \,] \qquad C = \begin{bmatrix} A & A \\ A & 0 \end{bmatrix}.$$

9. Encontre um sistema 2 por 3 $Ax = b$ cuja solução completa seja:

$$x = \begin{bmatrix} 1 \\ 2 \\ 0 \end{bmatrix} + w \begin{bmatrix} 1 \\ 3 \\ 1 \end{bmatrix}.$$

Encontre um sistema 3 por 3 com essas soluções, exatamente, quando $b_1 + b_2 = b_3$.

10. Quais dessas regras fornecem a definição correta do *posto* de A?

(a) O número de linhas não nulas de R.

(b) O número de colunas menos o número total de linhas.

(c) O número de colunas menos o número de colunas livres.

(d) O número de números 1 em R.

11. Se as variáveis pivôs r vierem primeiro, a reduzida R deve ter o seguinte aspecto:

$$R = \begin{bmatrix} I & F \\ 0 & 0 \end{bmatrix} \qquad \begin{matrix} I \text{ é } r \text{ por } r \\ F \text{ é } r \text{ por } n - r \end{matrix}$$

Qual é a matriz de espaço nulo N que contém as soluções especiais?

12. Em que condições de b_1 e b_2 (se houver) $Ax = b$ tem uma solução?

$$A = \begin{bmatrix} 1 & 2 & 0 & 3 \\ 2 & 4 & 0 & 7 \end{bmatrix}, \qquad b = \begin{bmatrix} b_1 \\ b_2 \end{bmatrix}.$$

Encontre dois vetores do espaço nulo de A e a solução completa de $Ax = b$.

13. (a) Encontre as soluções especiais de $Ux = 0$. Reduza U a R e repita:

$$Ux = \begin{bmatrix} 1 & 2 & 3 & 4 \\ 0 & 0 & 1 & 2 \\ 0 & 0 & 0 & 0 \end{bmatrix} \begin{bmatrix} x_1 \\ x_2 \\ x_3 \\ x_4 \end{bmatrix} = \begin{bmatrix} 0 \\ 0 \\ 0 \end{bmatrix}.$$

(b) Se o lado direito for alterado a partir de (0, 0, 0) para (a, b, 0), quais são todas as soluções?

14. Apresente o sistema 2 por 2 $Ax = b$ com muitas soluções x_n mas nenhuma solução x_p (portanto, o sistema não tem solução). Quais valores de b permitem x_p?

15. Encontre as formas escalonadas reduzidas por linha R e o posto dessas matrizes:

(a) A matriz 3 por 4, de elementos iguais a 1.

(b) A matriz 4 por 4 com $a_{ij} = (-1)^{ij}$.

(c) A matriz 3 por 4 com $a_{ij} = (-1)^{j}$.

16. Se A é 2 por 3 e C é 3 por 2, mostre, a partir de seu posto, que $CA \neq I$. Dê um exemplo em que $AC = I$. Para $m < n$, uma inversa à direita não equivale a uma inversa à esquerda.

17. Encontre os postos de AB e AM (matriz de posto 1 vezes matriz de posto 1):

$$A = \begin{bmatrix} 1 & 2 \\ 2 & 4 \end{bmatrix} \quad \text{e} \quad B = \begin{bmatrix} 2 & 1 & 4 \\ 3 & 1{,}5 & 6 \end{bmatrix} \quad \text{e} \quad M = \begin{bmatrix} 1 & b \\ c & bc \end{bmatrix}.$$

18. *Se* A *possui posto* r, *então ela tem uma submatriz* r *por* r S *que é invertível*. Encontre essa submatriz S a partir das linhas pivôs e das colunas pivôs de cada A:

$$A = \begin{bmatrix} 1 & 2 & 3 \\ 1 & 2 & 4 \end{bmatrix} \qquad A = \begin{bmatrix} 1 & 2 & 3 \\ 1 & 4 & 6 \end{bmatrix} \qquad A = \begin{bmatrix} 0 & 1 & 0 \\ 0 & 0 & 0 \\ 0 & 0 & 1 \end{bmatrix}.$$

19. Se A possui r colunas pivôs, então AT possui r colunas pivôs. Dê um exemplo 3 por 3 no qual os números de colunas sejam diferentes para A e A^{T}.

20. A multiplicação de matrizes de posto 1, $A = uv^{\mathrm{T}}$ e $B = wz^{\mathrm{T}}$ resulta em uz^{T} vezes o número ____. AB possui posto um, a menos que ____ $= 0$.

21. (Importante) Suponha que A e B sejam matrizes n por n e $AB = I$. Prove, a partir do posto$(AB) \leq$ posto (A), que o posto de A é n. Assim, A é invertível e B deve ser sua inversa de ambos os lados. Portanto, $BA = I$ (*o que não é tão óbvio!*).

22. Suponha que A e B tenham a *mesma* forma escalonada reduzida por linha R. Explique como transformar A em B por meio de operações de linha elementares. Assim, B é igual à matriz _______ vezes A.

23. Suponha que todas as r variáveis pivôs r venham *por último*. Descreva os quatro blocos da forma escalonada reduzida m por n (o bloco B deve ser r por r):

$$R = \begin{bmatrix} A & B \\ C & D \end{bmatrix}.$$

Qual é a matriz de espaço nulo N de soluções especiais? Qual é seu formato?

24. Explique por que as linhas pivôs e as colunas pivôs de A (não R) sempre resultam em uma submatriz invertível A r por r.

25. (Problema simples) Descreva todas as matrizes 2 por 3 A_1 e A_2 com formas escalonadas de linhas R_1 e R_2, de modo que $R_1 + R_2$ seja a forma escalonada de linhas $A_1 + A_2$. É verdade que, nesse caso, $R_1 = A_1$ e $R_2 = A_2$?

26. Quais são as soluções especiais de $Rx = 0$ e $R^{\mathrm{T}}y = 0$ para essas R?

$$R = \begin{bmatrix} 1 & 0 & 2 & 3 \\ 0 & 1 & 4 & 5 \\ 0 & 0 & 0 & 0 \end{bmatrix} \qquad R = \begin{bmatrix} 0 & 1 & 2 \\ 0 & 0 & 0 \\ 0 & 0 & 0 \end{bmatrix}.$$

27. Toda coluna de AB é uma combinação das colunas de A. Então, a dimensão dos espaços-colunas resultam em **posto(AB) $\leq$ posto(A)**. Problema: prove que **posto(AB) $\leq$ posto(B)**.

28. Toda matriz m por n de posto r pode ser reduzida a (m por r) vezes (r por n):

$$A = (\text{colunas pivôs de } A)(\text{primeiras } r \text{ linhas de } R) = \textbf{(COL)(LIN)}.$$

Apresente a matriz A 3 por 4 do início dessa seção como o produto da matriz 3 por 2 das colunas pivôs pela matriz 2 por 4 de R:

$$A = \begin{bmatrix} 1 & 3 & 3 & 2 \\ 2 & 6 & 9 & 7 \\ -1 & -3 & 3 & 4 \end{bmatrix}.$$

29. (Recomendado) Execute as seis etapas seguindo a equação (6) para encontrar o espaço-coluna e o espaço nulo de A e a solução de $Ax = b$:

$$A = \begin{bmatrix} 2 & 4 & 6 & 4 \\ 2 & 5 & 7 & 6 \\ 2 & 3 & 5 & 2 \end{bmatrix} \qquad b = \begin{bmatrix} b_1 \\ b_2 \\ b_3 \end{bmatrix} = \begin{bmatrix} 4 \\ 3 \\ 5 \end{bmatrix}.$$

30. Qual é a matriz de espaço nulo N (de soluções especiais) para A, B, C?

$$A = [\,I \quad I\,] \quad \text{e} \quad B = \begin{bmatrix} I & I \\ 0 & 0 \end{bmatrix} \quad \text{e} \quad C = [\,I \quad I \quad I\,].$$

31. Suponha que A seja uma matriz m por n de posto r. Sua forma escalonada reduzida é R. Descreva exatamente a *forma escalonada reduzida por linha de* R^{T} (e não de A^{T}).

32. Para todo c, encontre R e as soluções especiais de $Ax = 0$:

$$A = \begin{bmatrix} 1 & 1 & 2 & 2 \\ 2 & 2 & 4 & 4 \\ 1 & c & 2 & 2 \end{bmatrix} \qquad \text{e} \qquad A = \begin{bmatrix} 1-c & 2 \\ 0 & 2-c \end{bmatrix}.$$

Os Problemas 33 a 36 abordam a solução de $Ax = b$. Siga as etapas do texto para x_p e x_n. Reduza a matriz aumentada $[A \;\; b]$.

33. Quais vetores (b_1, b_2, b_3) estão no espaço-coluna de A? Quais combinações de linhas de A resultam em zero?

$$\text{(a) } A = \begin{bmatrix} 1 & 2 & 1 \\ 2 & 6 & 3 \\ 0 & 2 & 5 \end{bmatrix} \qquad \text{(b) } A = \begin{bmatrix} 1 & 1 & 1 \\ 1 & 2 & 4 \\ 2 & 4 & 8 \end{bmatrix}.$$

34. Quais condições de b_1, b_2, b_3, b_4 tornam cada sistema solúvel? *Resolva para* x:

$$\begin{bmatrix} 1 & 2 \\ 2 & 4 \\ 2 & 5 \\ 3 & 9 \end{bmatrix} \begin{bmatrix} x_1 \\ x_2 \end{bmatrix} = \begin{bmatrix} b_1 \\ b_2 \\ b_3 \\ b_4 \end{bmatrix} \qquad \begin{bmatrix} 1 & 2 & 3 \\ 2 & 4 & 6 \\ 2 & 5 & 7 \\ 3 & 9 & 12 \end{bmatrix} \begin{bmatrix} x_1 \\ x_2 \\ x_3 \end{bmatrix} = \begin{bmatrix} b_1 \\ b_2 \\ b_3 \\ b_4 \end{bmatrix}.$$

35. Em que condição de b_1, b_2, b_3 o seguinte sistema é solúvel? Inclua b como uma quarta coluna de $[A \ \ b]$. Encontre todas as soluções em que esta condição se mantém:

$$\begin{aligned} x + 2y - 2z &= b_1 \\ 2x + 5y - 4z &= b_2 \\ 4x + 9y - 8z &= b_3. \end{aligned}$$

36. Encontre as soluções completas de:

$$\begin{aligned} x + 3y + 3z &= 1 \\ 2x + 6y + 9z &= 5 \\ -x - 3y + 3z &= 5 \end{aligned} \qquad \text{e} \qquad \begin{bmatrix} 1 & 3 & 1 & 2 \\ 2 & 6 & 4 & 8 \\ 0 & 0 & 2 & 4 \end{bmatrix} \begin{bmatrix} x \\ y \\ z \\ t \end{bmatrix} = \begin{bmatrix} 1 \\ 3 \\ 1 \end{bmatrix}.$$

37. Se você conhece x_p (variáveis livres = 0) e todas as soluções especiais de $Ax = b$, encontre x_p e todas as soluções especiais desses sistemas:

$$Ax = 2b \qquad [A \ \ A]\begin{bmatrix} x \\ X \end{bmatrix} = b \qquad \begin{bmatrix} A \\ A \end{bmatrix}[x] = \begin{bmatrix} b \\ b \end{bmatrix}.$$

38. Se $Ax = b$ possui infinitas soluções, por que é impossível que $Ax = B$ (novo lado direito) tenha apenas uma solução? $Ax = B$ pode não ter soluções?

39. Por que um sistema 1 por 3 não pode ter $x_p = (2, 4, 0)$ e x_n = qualquer múltiplo de $(1, 1, 1)$?

40. (a) Se $Ax = b$ possui duas soluções x_1 e x_2, encontre duas soluções de $Ax = 0$.
(b) Em seguida, encontre outra solução para $Ax = b$.

41. Explique por que todas as afirmações abaixo são falsas:
(a) A solução completa é qualquer combinação linear de x_p e x_n.
(b) Um sistema $Ax = b$ possui no máximo uma solução particular.
(c) A solução x_p com todas as variáveis livres nulas é a menor solução (comprimento mínimo $\|x\|$). (Encontre um contraexemplo 2 por 2.)
(d) Se A é invertível, não há solução x_n no espaço nulo.

42. Dê exemplos de matrizes A para as quais o número de soluções de $Ax = b$ seja:
(a) 0 ou 1, dependendo de b.
(b) ∞, independentemente de b.
(c) 0 ou ∞, dependendo de b.
(d) 1, independentemente de b.

43. Apresente todas as relações conhecidas entre r, m e n se $Ax = b$:
(a) não possuir nenhuma solução para algum b.
(b) possuir infinitas soluções para todo b.
(c) possuir exatamente uma solução para algum b, nenhuma solução para outro b.
(d) exatamente uma solução para todo b.

44. Escolha o número q de modo que (se possível) os postos sejam (a) 1, (b) 2, (c) 3:

$$A = \begin{bmatrix} 6 & 4 & 2 \\ -3 & -2 & -1 \\ 9 & 6 & q \end{bmatrix} \quad \text{e} \quad B = \begin{bmatrix} 3 & 1 & 3 \\ q & 2 & q \end{bmatrix}.$$

45. Aplique a eliminação de Gauss-Jordan (lado direito se torna uma coluna adicional) a $Ux = 0$ e $Ux = c$. Obtenha $Rx = 0$ e $Rx = d$:

$$[U \quad 0] = \begin{bmatrix} 1 & 2 & 3 & \mathbf{0} \\ 0 & 0 & 4 & \mathbf{0} \end{bmatrix} \quad \text{e} \quad [U \quad c] = \begin{bmatrix} 1 & 2 & 3 & \mathbf{5} \\ 0 & 0 & 4 & \mathbf{8} \end{bmatrix}.$$

Resolva $Rx = 0$ para encontrar xn (sua variável livre é $x_2 = 1$). Resolva $Rx = d$ para encontrar x_p (sua variável livre é $x_2 = 0$).

46. Suponha que a coluna 5 de U não possua pivô. Então, x_5 é uma variável _______. O vetor nulo (é) (não é) a única solução de $Ax = 0$. Se $Ax = b$ possui uma solução, então ele possui _______ soluções.

47. Encontre A e B com a propriedade dada ou explique por que não é possível.

(a) A única solução de $Ax = \begin{bmatrix} 1 \\ 2 \\ 3 \end{bmatrix}$ é $x = \begin{bmatrix} 0 \\ 1 \end{bmatrix}$.

(b) A única solução de $Bx = \begin{bmatrix} 0 \\ 1 \end{bmatrix}$ é $x = \begin{bmatrix} 1 \\ 2 \\ 3 \end{bmatrix}$.

48. Existe uma matriz 3 por 3 sem elemento nulo para a qual $U = R = I$?

49. Reduza essas matrizes A e B a suas formas escalonadas usuais U:

(a) $A = \begin{bmatrix} 1 & 2 & 2 & 4 & 6 \\ 1 & 2 & 3 & 6 & 9 \\ 0 & 0 & 1 & 2 & 3 \end{bmatrix}$ (b) $B = \begin{bmatrix} 2 & 4 & 2 \\ 0 & 4 & 4 \\ 0 & 8 & 8 \end{bmatrix}$.

Encontre uma solução especial para cada variável livre e descreva todas as soluções de $Ax = 0$ e $Bx = 0$. Reduza as formas escalonadas U a R e desenhe uma caixa ao redor da matriz identidade nas linhas pivôs e colunas pivôs.

50. Aplique a eliminação com a coluna adicional para obter $Rx = 0$ e $Rx = d$:

$$\begin{bmatrix} U & 0 \end{bmatrix} = \begin{bmatrix} 3 & 0 & 6 & \mathbf{0} \\ 0 & 0 & 2 & \mathbf{0} \\ 0 & 0 & 0 & \mathbf{0} \end{bmatrix} \quad \text{e} \quad \begin{bmatrix} U & c \end{bmatrix} = \begin{bmatrix} 3 & 0 & 6 & \mathbf{9} \\ 0 & 0 & 2 & \mathbf{4} \\ 0 & 0 & 0 & \mathbf{5} \end{bmatrix}.$$

Resolva $Rx = 0$ (variável livre = 1). Quais são as soluções de $Rx = d$?

51. Suponha que a coluna 4 de uma matriz 3 por 5 tenha apenas números 0. Então, x_4 é certamente uma variável _______. A solução especial para essa variável é o vetor $x =$ _______.

52. Insira o máximo possível de números 1 em uma matriz escalonada U 4 por 7 e em uma forma *reduzida* R, cujas colunas pivôs sejam 2, 4, 5.

53. O espaço nulo de uma matriz A 3 por 4 é a reta que passa por (2, 3, 1, 0).

(a) Qual é o *posto* de A e a solução completa de $Ax = 0$?

(b) Qual é exatamente a forma escalonada reduzida por linha R de A?

54. Verdadeiro ou falso? (Se for falso, dê um contraexemplo; se for verdadeiro, justifique.)

(a) Uma matriz quadrada não possui variáveis livres.

(b) Uma matriz invertível não possui variáveis livres.

(c) Uma matriz m por n não possui mais do que n variáveis pivôs.

(d) Uma matriz m por n não possui mais do que m variáveis pivôs.

55. A solução completa de $Ax = \begin{bmatrix} 1 \\ 3 \end{bmatrix}$ é $x = \begin{bmatrix} 1 \\ 0 \end{bmatrix} + c \begin{bmatrix} 0 \\ 1 \end{bmatrix}$. Encontre A.

56. Reduza a $Ux = c$ (eliminação de Gauss) e, em seguida, a $Rx = d$:

$$Ax = \begin{bmatrix} 1 & 0 & 2 & 3 \\ 1 & 3 & 2 & 0 \\ 2 & 0 & 4 & 9 \end{bmatrix} \begin{bmatrix} x_1 \\ x_2 \\ x_3 \\ x_4 \end{bmatrix} = \begin{bmatrix} 2 \\ 5 \\ 10 \end{bmatrix} = b.$$

Encontre uma solução particular x_p e todas as soluções de espaço nulo x_n.

57. Suponha que coluna 1 + coluna 3 + coluna 5 = 0, em uma matriz 4 por 5 com quatro pivôs. Qual coluna certamente não terá pivôs (e qual variável é livre)? Qual é a solução especial? Qual é o espaço nulo?

58. Suponha que a primeira e a última colunas de uma matriz 3 por 5 sejam a mesma (não nula). Então, _______ é uma variável livre. Encontre a solução especial para essa variável.

59. A equação $x - 3y - z = 0$ determina um plano em $\mathbf{R}^3$. Qual é a matriz A dessa equação? Quais são as variáveis livres? As soluções especiais são (3, 1, 0) e _______. O plano paralelo $x - 3y - z = 12$ contém o ponto particular (12, 0, 0). Todos os pontos nesse plano têm a seguinte forma (preencha os primeiros componentes):

$$\begin{bmatrix} x \\ y \\ z \end{bmatrix} = \begin{bmatrix} \ \\ 0 \\ 0 \end{bmatrix} + y \begin{bmatrix} \ \\ 1 \\ 0 \end{bmatrix} + z \begin{bmatrix} \ \\ 0 \\ 1 \end{bmatrix}.$$

Os problemas a seguir pedem matrizes (se possíveis) com propriedades específicas.

60. Construa uma matriz 2 por 2 cujo espaço nulo seja igual ao seu espaço-coluna.

61. Explique por que A e $-A$ sempre possuem a mesma forma escalonada reduzida R.

62. A forma reduzida R de uma matriz 3 por 3 com elementos escolhidos aleatoriamente quase certamente será _______. Que R será virtualmente provável se a matriz aleatória A for 4 por 3?

63. Se as soluções especiais de $Rx = 0$ estão nas colunas dessas matrizes N, retroceda para encontrar as linhas não nulas das matrizes reduzidas R:

$$N = \begin{bmatrix} 2 & 3 \\ 1 & 0 \\ 0 & 1 \end{bmatrix} \quad \text{e} \quad N = \begin{bmatrix} 0 \\ 0 \\ 1 \end{bmatrix} \quad \text{e} \quad N = \begin{bmatrix} \ \\ \ \\ \ \end{bmatrix} \quad \text{(vazio 3 por 1).}$$

64. Demonstre, por meio de exemplo, que essas três afirmações são, em geral, *falsas*:

(a) A e A^T possuem o mesmo espaço nulo.

(b) A e A^T possuem as mesmas variáveis livres.

(c) Se R for a forma reduzida rref(A), então R^T é rref(A^T).

65. Construa uma matriz cujo espaço nulo consista de todas as combinações de (2, 2, 1, 0) e (3, 1, 0, 1).

66. Construa uma matriz cujo espaço-coluna contenha (1, 1, 1) e cujo espaço nulo seja a reta dos múltiplos de (1, 1, 1, 1).

67. Construa uma matriz cujo espaço nulo consista de todos os múltiplos de (4, 3, 2, 1).

68. Por que nenhuma matriz 3 por 3 possui um espaço nulo que seja igual ao seu espaço-coluna?

69. Construa uma matriz cujo espaço-coluna contenha (1, 1, 0) e (0, 1, 1) e cujo espaço nulo contenha (1, 0, 1) e (0, 0, 1).

70. Construa uma matriz cujo espaço-coluna contenha (1, 1, 5) e (0, 3, 1) e cujo espaço nulo contenha (1, 1, 2).

2.3 INDEPENDÊNCIA LINEAR, BASE E DIMENSÃO

Por si mesmos, os números m e n fornecem uma imagem incompleta da verdadeira dimensão de um sistema linear. A matriz em nosso exemplo tinha três linhas e quatro colunas, mas a terceira linha era apenas uma combinação das duas primeiras. Após a eliminação, ela se tornou uma linha nula. Ela não produzia qualquer efeito no problema homogêneo $Ax = 0$. As quatro colunas também não eram independentes, e o espaço-coluna se reduzia a um plano bidimensional.

Um número importante que está começando a surgir (a verdadeira dimensão) é o **posto r**. O posto foi apresentado como o *número de pivôs* no processo de eliminação. De modo equivalente, a matriz final U possui r linhas não nulas. Essa definição poderia ser fornecida a um computador. Mas seria errado mantê-la aí, pois o posto possui um significado simples e intuitivo: *o posto conta o número de linhas verdadeiramente independentes na matriz* A. Queremos definições que sejam mais matemáticas do que computacionais.

A meta desta seção é explicar e utilizar quatro ideias:

1. Independência e dependência linear.
2. Geração de um subespaço.
3. Base de um subespaço (um conjunto de vetores).
4. Dimensão de um subespaço (um número).

O primeiro passo é definir ***independência linear***. Dado um conjunto de vetores $v_1, ..., v_k$, observemos suas combinações $c_1v_1 + c_2v_2 + ... + c_kv_k$. A combinação trivial, com todos os coeficientes $c_i = 0$, obviamente produz o vetor nulo: $0v_1 + ... + 0v_k = 0$. A questão é se este é o *único modo* de produzir zero. Se for, os vetores são *independentes*.

Se qualquer outra combinação dos vetores resultar em zero, eles são *dependentes*.

> **2E** Suponha que $c_1v_1 + ... + c_kv_k = 0$ só ocorra quando $c_1 = ... = c_k = 0$. Então, os vetores $v_1, ..., v_k$ são ***linearmente independentes***. Se quaisquer valores de c forem não nulos, os vetores serão ***linearmente dependentes***. Neste caso, um vetor é uma combinação dos outros.

A dependência linear é fácil de ser visualizada no espaço tridimensional, quando todos os vetores partem da origem. Dois vetores serão dependentes se estão na mesma reta. *Três vetores serão dependentes se estão no mesmo plano*. Uma escolha aleatória de três vetores, sem qualquer coincidência específica, deve produzir independência linear (não em um plano). Quatro vetores são sempre linearmente dependentes em $\mathbf{R}^3$.

Exemplo 1 Se v_1 = vetor nulo, então o conjunto será linearmente dependente. Podemos escolher $c_1 = 3$ e todos os outros $c_i = 0$; essa é uma combinação não trivial que produz zero.

Exemplo 2 As colunas da matriz

$$A = \begin{bmatrix} 1 & 3 & 3 & 2 \\ 2 & 6 & 9 & 5 \\ -1 & -3 & 3 & 0 \end{bmatrix}$$

são linearmente dependentes, pois a segunda coluna é três vezes a primeira. A combinação de colunas com coeficientes –3, 1, 0, 0 fornece uma coluna de zeros.

As linhas também são linearmente dependentes; a linha 3 é duas vezes a linha 2 menos cinco vezes a linha 1 (trata-se do mesmo caso da combinação b_1, b_2, b_3 que devia desaparecer do lado direito para que $Ax = b$ fosse consistente. A não ser que $b_3 - 2b_2 + 5b_1 = 0$, a terceira equação não se reduz a 0 = 0.)

Exemplo 3 As colunas dessa matriz triangular são linearmente *independentes*:

$$\textbf{Nenhum zero na diagonal} \qquad A = \begin{bmatrix} 3 & 4 & 2 \\ 0 & 1 & 5 \\ 0 & 0 & 2 \end{bmatrix}.$$

Procure uma combinação das colunas que resulte em zero:

$$\textbf{Resolva } Ac = \mathbf{0} \qquad c_1 \begin{bmatrix} 3 \\ 0 \\ 0 \end{bmatrix} + c_2 \begin{bmatrix} 4 \\ 1 \\ 0 \end{bmatrix} + c_3 \begin{bmatrix} 2 \\ 5 \\ 2 \end{bmatrix} = \begin{bmatrix} 0 \\ 0 \\ 0 \end{bmatrix}.$$

Temos que mostrar que* $\mathbf{c}_1$, $\mathbf{c}_2$, $\mathbf{c}_3$ *devem todos ser nulos. A última equação fornece $c_3 = 0$. Em seguida, a próxima equação fornece $c_2 = 0$ e a substituição na primeira equação obriga que $c_1 = 0$. A única combinação linear que produz o vetor nulo é a combinação trivial. ***O espaço nulo de* A *contém apenas o vetor nulo*** $\mathbf{c}_1 = \mathbf{c}_2 = \mathbf{c}_3 = \mathbf{0}$.

> ***As colunas de* A *são independentes exatamente quando* N(A) = {vetor nulo}.**

Um raciocínio similar se aplica às linhas de A, que também são independentes. Suponha que

$$c_1(3, 4, 2) + c_2(0, 1, 5) + c_3(0, 0, 2) = (0, 0, 0).$$

A partir dos primeiros componentes, encontramos que $3c_1 = 0$ ou $c_1 = 0$. Em seguida, a segunda componente fornece $c_2 = 0$ e, finalmente, $c_3 = 0$.

As linhas não nulas de qualquer matriz escalonada U devem ser independentes. Além disso, se escolhermos *as colunas que contêm o pivô*, elas também serão linearmente independentes. Em nosso exemplo anterior com

$$\begin{matrix}\textbf{Duas linhas independentes} \\ \textbf{Duas colunas independentes}\end{matrix} \qquad U = \begin{bmatrix} 1 & 3 & 3 & 2 \\ 0 & 0 & 3 & 1 \\ 0 & 0 & 0 & 0 \end{bmatrix},$$

as colunas pivôs 1 e 3 são independentes. Nenhum conjunto de três colunas é independente e, certamente, todas as quatro não o são. É verdade que as colunas 1 e 4 são independentes, mas, se aquele 1 fosse trocado por 0, elas seriam dependentes. *As colunas com pivôs são certamente independentes*. A regra geral é:

2F As r linhas não nulas de uma matriz escalonada U e uma matriz reduzida R são linearmente independentes. Também o são as r colunas que contêm pivôs.

Exemplo 4 As colunas da matriz identidade n por n são independentes:

$$I = \begin{bmatrix} 1 & 0 & \cdot & 0 \\ 0 & 1 & \cdot & 0 \\ \cdot & \cdot & \cdot & 0 \\ 0 & 0 & 0 & 1 \end{bmatrix}.$$

Essas colunas $e_1, ..., e_n$ representam vetores unitários na direção das coordenadas em $\mathbf{R}^4$,

$$e_1 = \begin{bmatrix} 1 \\ 0 \\ 0 \\ 0 \end{bmatrix}, \quad e_2 = \begin{bmatrix} 0 \\ 1 \\ 0 \\ 0 \end{bmatrix}, \quad e_3 = \begin{bmatrix} 0 \\ 0 \\ 1 \\ 0 \end{bmatrix}, \quad e_4 = \begin{bmatrix} 0 \\ 0 \\ 0 \\ 1 \end{bmatrix}.$$

A maioria dos conjuntos de quatro vetores em $\mathbf{R}^4$ é independente. Esses e_j são os mais simples.

Para verificar qualquer conjunto de vetores $v_1, ..., v_n$ quanto à independência, disponha-os nas colunas de A. Então, resolva o sistema $Ac = 0$; os vetores serão dependentes se houver uma solução diferente de $c = 0$. Sem variáveis livres (*posto n*) não há espaço nulo além de $c = 0$; os vetores são independentes. Se o posto é inferior a n, no mínimo uma variável livre pode ser não nula e as colunas são dependentes.

Um caso tem importância especial. Assuma que os n vetores possuam m componentes, de modo que A é uma matriz m por n. Suponha agora que $n > m$. Há muitas colunas para existir independência! Não pode haver n pivôs, já que não há linhas suficientes para mantê-los. O posto será inferior a n. Todo sistema $Ac = 0$ com mais incógnitas do que equações possui soluções $c \neq 0$.

2G Um conjunto de n vetores em $\mathbf{R}^m$ deve ser linearmente dependente se $n > m$.

O leitor perceberá que esta é uma forma disfarçada de 2C: todo sistema m por n $Ax = 0$ possui soluções não nulas se $n > m$.

Exemplo 5 Essas três colunas de $\mathbf{R}^2$ não podem ser independentes:

$$A = \begin{bmatrix} 1 & 2 & 1 \\ 1 & 3 & 2 \end{bmatrix}.$$

Para encontrar a combinação das colunas que produzem zero, solucionamos $Ac = 0$:

$$A \rightarrow U = \begin{bmatrix} 1 & 2 & 1 \\ 0 & 1 & 1 \end{bmatrix}.$$

Se atribuirmos valor 1 à variável livre c_3, então a retrossubstituição em $Uc = 0$ resultará em $c_2 = -1$, $c_1 = 1$. Com estes três coeficientes, a primeira coluna menos a segunda mais a terceira será igual a zero: dependência.

Geração de um subespaço

Vamos definir agora o que significa dizer que um conjunto de vetores *gera um espaço*. O espaço--coluna de A é gerado por colunas. **Suas combinações lineares produzem o espaço inteiro**:

> **2H** Se um espaço vetorial **V** consistir de todas as combinações lineares de $w_1, ..., w_\ell$, então esses vetores **geram** o espaço. Todo vetor v em **V** é alguma combinação linear dos w_j :
>
> **Todo v surge dos w_j** $\quad v = c_1 w_1 + ... + c_l w_l$ para alguns coeficientes c_i.

É possível que uma combinação diferente de valores w_j resulte no mesmo vetor v. Os valores de c_j podem não ser únicos, pois o conjunto de expansão pode ser excessivamente grande – pode incluir o vetor nulo ou mesmo todos os vetores.

Exemplo 6 Os vetores $w_1 = (1, 0, 0)$, $w_2 = (0, 1, 0)$ e $w_3 = (-2, 0, 0)$ geram um plano (o plano xy) em $\mathbf{R}^3$. Os dois primeiros vetores também geram esse plano, ao passo que w_1 e w_3 geram apenas uma reta.

Exemplo 7 O espaço-coluna de A é exatamente o ***espaço gerado por suas colunas***. O espaço--linha é gerado pelas linhas. A multiplicação de A por qualquer x resulta em uma combinação das colunas; trata-se de um vetor Ax no espaço-coluna.

Os vetores coordenados $e_1, ..., e_n$, que surgem a partir da matriz identidade, geram $\mathbf{R}^n$. Todo vetor $b = (b_1, ..., b_n)$ é uma combinação dessas colunas. Neste exemplo, os coeficientes são os próprios componentes b_i: $b = b_1 e_1 + ... + b_n e_n$. Mas as colunas de outras matrizes também geram $\mathbf{R}^n$!

Base de um espaço vetorial

Para determinar se b é uma combinação das colunas, tentamos resolver $Ax = b$. A fim de determinar se as colunas são independentes, resolvemos $Ax = 0$. ***A geração envolve o espaço-coluna e a independência envolve o espaço nulo***. Os vetores coordenados $e_1, ..., e_n$ geram $\mathbf{R}^n$ e são linearmente independentes. Grosso modo, podemos dizer que ***nenhum vetor nesse conjunto é desperdiçado***. Isto leva à ideia crucial de ***base***.

> **2I** Uma ***base*** para **V** é uma sequência de vetores que possui duas propriedades concomitantes:
>
> **1.** Os vetores são linearmente independentes (não há vetores demais).
>
> **2.** Eles geram o espaço **V** (não faltam vetores).

Essa combinação de propriedades é absolutamente fundamental para a álgebra linear. Ela significa que todo vetor no espaço é uma combinação dos vetores-bases, pois eles geram o espaço. Também significa que a combinação é exclusiva: se $v = a_1 v_1 + ... + a_k v_k$ e também $v = b_1 v_1 + ... + b_k v_k$, então a subtração resulta em $0 = \sum(a_i - b_i)v_i$. Agora a independência faz a sua parte; todo coeficiente $a_i - b_i$ deve ser nulo. Portanto $a_i = b_i$. ***Há um, e somente um, modo de apresentar* v *como uma combinação dos vetores-bases***.

É melhor dizermos logo que os vetores coordenados $e_1, ..., e_n$ não são a única base de $\mathbf{R}^n$. Algumas ações na álgebra linear são exclusivas, mas não esta. Um espaço vetorial possui ***infinitas bases diferentes***. Sempre que uma matriz quadrada for invertível, suas colunas serão independentes – e elas serão uma base de $\mathbf{R}^n$. As duas colunas dessa matriz não singular são uma base de $\mathbf{R}^2$:

$$A = \begin{bmatrix} 1 & 1 \\ 2 & 3 \end{bmatrix}.$$

Todo vetor bidimensional é uma combinação dessas colunas (independentes!).

Exemplo 8 O plano xy na Figura 2.4 é apenas $\mathbf{R}^2$. O vetor v_1, por si mesmo, é linearmente independente, mas não gera $\mathbf{R}^2$. Os três vetores v_1, v_2, v_3 certamente geram $\mathbf{R}^2$, mas não são independentes. *Dois vetores quaisquer* entre eles, digamos v_1 e v_2, possuem ambas as propriedades – eles geram e são independentes. Portanto, eles formam uma base. Observe novamente que *um espaço vetorial não tem, de fato, uma base exclusiva.*

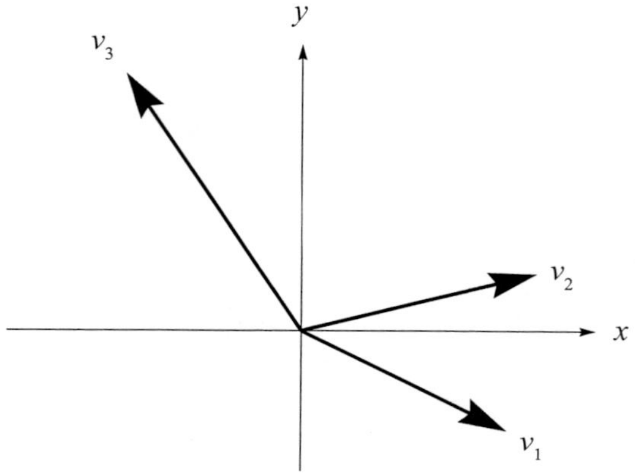

Figura 2.4 Conjunto de geradores $\{v_1, v_2, v_3\}$. Bases $\{v_1, v_2\}$; $\{v_1, v_3\}$ e $\{v_2, v_3\}$.

Exemplo 9 Estas quatro colunas geram o espaço-coluna de U, mas não são independentes:

$$\textbf{Matriz escalonada} \qquad U = \begin{bmatrix} 1 & 3 & 3 & 2 \\ 0 & 0 & 3 & 1 \\ 0 & 0 & 0 & 0 \end{bmatrix}.$$

Há muitas possibilidades de base, mas propomos uma escolha específica: ***as colunas que contêm pivôs*** (neste caso, a primeira e a terceira, que correspondem às variáveis básicas) ***são uma base do espaço-coluna***. Essas colunas são independentes e é fácil visualizar que geram o espaço. De fato, o espaço-coluna de U é apenas o plano xy no interior de $\mathbf{R}^3$. $\boldsymbol{C}(U)$ *não é igual* ao espaço-coluna $\boldsymbol{C}(A)$ antes da eliminação – mas o *número* de colunas independentes não mudou.

Para resumir: *as colunas de qualquer matriz geram seu espaço-coluna.* Se elas forem independentes, serão uma base do espaço-coluna – seja a matriz quadrada ou retangular. Se exigirmos que as colunas sejam uma base de espaço $\mathbf{R}^n$ inteiro, então a matriz deve ser quadrada e invertível.

Dimensão de um espaço vetorial

Um espaço possui infinitas bases diferentes, mas há algo comum em todas essas escolhas. O ***número de vetores-bases*** é uma propriedade do próprio espaço:

2J Quaisquer duas bases de um espaço vetorial **V** contêm o mesmo número de vetores. Esse número, que é compartilhado por todas as bases e expressa o número de "graus de liberdade" do espaço, é a ***dimensão*** de **V**.

Temos que provar este fato: todas as bases possíveis contêm o mesmo número de vetores. O plano xy na Figura 2.4 tem dois vetores em todas as bases; sua dimensão é 2. Em três dimensões, precisamos de três vetores ao longo dos eixos xy-z ou em outras três direções (linearmente independentes!). ***A dimensão do espaço*** $\mathbf{R}^n$ **é n**. O espaço-coluna de U no Exemplo 9 tinha dimensão 2; tratava-se de um "subespaço bidimensional de $\mathbf{R}^3$". A matriz nula é ainda mais excepcional, pois seu espaço-coluna contém apenas o vetor nulo. Por convenção, o conjunto vazio é a base desse espaço e sua dimensão é zero.

Aqui está nosso primeiro grande teorema de álgebra linear:

2K Se $v_1, ..., v_m$ e $w_1, ..., w_n$ são ambos bases do mesmo espaço vetorial, então $m = n$. O número de vetores é o mesmo.

Prova Suponha que haja mais w do que v $(n > m)$. Chegaremos a uma contradição. Como os v formam uma base, eles devem gerar o espaço. *Todo* w_j *pode ser apresentado como uma combinação de valores de* v: se $w_1 = a_{11}v_1 + ... + a_{m1}v_m$, essa é a primeira coluna de uma multiplicação matricial VA:

$$W = \begin{bmatrix} w_1 & w_2 & \cdots & w_n \end{bmatrix} = \begin{bmatrix} v_1 & \cdots & v_m \end{bmatrix} \begin{bmatrix} a_{11} & & \\ \vdots & & \\ a_{m1} & & \end{bmatrix} = VA.$$

Não conhecemos cada a_{ij}, mas sabemos o formato de A (é m por n). O segundo vetor w_2 também é uma combinação de valores de v. Os coeficientes nessa combinação preenchem a segunda coluna de A. O fator fundamental é que A possui uma linha para todo v e uma coluna para todo w. ***Há uma solução não nula para*** $\mathbf{Ax} = \mathbf{0}$. Então, $VAx = 0$ é equivalente a $Wx = 0$. *Uma combinação de valores de* w *resulta em zero!* Os w não podem ser uma base – portanto, não podemos ter $n > m$.

Se $m > n$, trocamos v e w e repetimos as mesmas etapas. O único modo de evitar uma contradição é ter $m = n$. Isso completa a prova de que $m = n$. Repetindo: a ***dimensão de um espaço*** é o número de vetores em qualquer base. ■

Essa prova foi utilizada anteriormente para mostrar que todo conjunto de $m + 1$ vetores em $\mathbf{R}^m$ deve ser dependente. Os v e w não precisam ser vetores-colunas, a prova foi totalmente sobre a matriz de coeficientes A. De fato, podemos ver esse resultado geral: *em um subespaço de dimensão* k*, nenhum conjunto de mais do que* k *vetores pode ser independente e nenhum conjunto de menos do que* k *vetores pode gerar o espaço.*

Há outros teoremas "duais", que foram mencionados apenas uma vez. Podemos começar com um conjunto de vetores que seja muito pequeno ou muito grande e obter uma base:

2L Qualquer conjunto linearmente independente em **V** pode ser estendido a uma base, adicionando-se mais vetores, se necessário.

Qualquer conjunto de geradores em **V** pode ser reduzido a uma base, descartando-se vetores, se necessário.

O ponto crucial é que uma base é um ***conjunto independente máximo***. Ele não pode ser ampliado sem perder a independência. A base é também um ***conjunto de geradores mínimo***. Ele não pode ser diminuído e continuar gerando o espaço.

Você deve ter notado que a palavra "dimensional" é utilizada de dois modos diferentes. Falamos sobre um ***vetor*** quadridimensional, o que significa um vetor em $\mathbf{R}^4$. Agora, definimos um ***subespaço*** quadridimensional: um exemplo é o conjunto de vetores em $\mathbf{R}^6$ cujos primeiros e últimos componentes sejam nulos. Os membros desse subespaço quadridimensional são vetores hexadimensionais como (0, 5, 1, 3, 4, 0).

Uma observação final sobre a linguagem da álgebra linear. Nunca utilizamos os termos "base de uma matriz", "posto de um espaço" ou "dimensão de uma base". Essas expressões não têm qualquer significado. É a *dimensão do espaço-coluna* que é igual ao *posto da matriz*, como provaremos na seção seguinte.

Conjunto de problemas 2.3

Os Problemas 1 a 10 abordam independência e dependência linear.

1. Escolha três colunas independentes de U. Em seguida, faça outras duas escolhas. Repita para A. Você encontrou bases para quais espaços?

$$U = \begin{bmatrix} 2 & 3 & 4 & 1 \\ 0 & 6 & 7 & 0 \\ 0 & 0 & 0 & 9 \\ 0 & 0 & 0 & 0 \end{bmatrix} \quad \text{e} \quad A = \begin{bmatrix} 2 & 3 & 4 & 1 \\ 0 & 6 & 7 & 0 \\ 0 & 0 & 0 & 9 \\ 4 & 6 & 8 & 2 \end{bmatrix}.$$

2. Prove que, se $a = 0$, $d = 0$ ou $f = 0$ (3 casos), as colunas de U são dependentes:

$$U = \begin{bmatrix} a & b & c \\ 0 & d & e \\ 0 & 0 & f \end{bmatrix}.$$

3. Determine a dependência ou independência de:

(a) vetores (1, 3, 2), (2, 1, 3) e (3, 2, 1).

(b) vetores (1, –3, 2), (2, 1, –3) e (–3, 2, 1).

4. Demonstre que v_1, v_2, v_3 são independentes, mas v_1, v_2, v_3, v_4 são dependentes:

$$v_1 = \begin{bmatrix} 1 \\ 0 \\ 0 \end{bmatrix} \quad v_2 = \begin{bmatrix} 1 \\ 1 \\ 0 \end{bmatrix} \quad v_3 = \begin{bmatrix} 1 \\ 1 \\ 1 \end{bmatrix} \quad v_4 = \begin{bmatrix} 2 \\ 3 \\ 4 \end{bmatrix}.$$

Resolva $c_1v_1 + ... + c_4v_4 = 0$ ou $Ac = 0$. Os valores de v aparecem nas colunas de A.

5. Se w_1, w_2, w_3 são vetores independentes, mostre que as subtrações $v_1 = w_2 - w_3$, $v_2 = w_1 - w_3$ e $v_3 = w_1 - w_2$ são *dependentes*. Encontre uma combinação de vetores v que resulte em zero.

6. Se a, d, f no Problema 2 são todos não nulos, mostre que a única solução de $Ux = 0$ é $x = 0$. Então, U possui colunas independentes.

7. Encontre o maior número possível de vetores independentes entre:

$$v_1 = \begin{bmatrix} 1 \\ -1 \\ 0 \\ 0 \end{bmatrix} \quad v_2 = \begin{bmatrix} 1 \\ 0 \\ -1 \\ 0 \end{bmatrix} \quad v_3 = \begin{bmatrix} 1 \\ 0 \\ 0 \\ -1 \end{bmatrix} \quad v_4 = \begin{bmatrix} 0 \\ 1 \\ -1 \\ 0 \end{bmatrix} \quad v_5 = \begin{bmatrix} 0 \\ 1 \\ 0 \\ -1 \end{bmatrix} \quad v_6 = \begin{bmatrix} 0 \\ 0 \\ 1 \\ -1 \end{bmatrix}.$$

Esse número é a _______ do espaço gerado pelos vetores v.

8. Suponha que v_1, v_2, v_3, v_4 são vetores de $\mathbf{R}^3$.

(a) Esses quatro vetores são dependentes porque _______.

(b) Os dois vetores v_1 e v_2 serão dependentes se _______.

(c) Os vetores v_1 e $(0, 0, 0)$ são dependentes porque _______.

9. Encontre dois vetores independentes no plano $x + 2y - 3z - t = 0$ em $\mathbf{R}^4$. Em seguida, encontre três vetores independentes. Por que não quatro? Esse plano é o espaço nulo de que matriz?

10. Se w_1, w_2, w_3 são vetores independentes, mostre que as somas $v_1 = w_2 + w_3$, $v_2 = w_1 + w_3$ e $v_3 = w_1 + w_2$ são *independentes* (apresente $c_1v_1 + c_2v_2 + c_3v_3 = 0$ em termos dos vetores w; encontre e resolva as equações para os vetores c).

Os problemas 11 a 18 são sobre o espaço *gerado* por um conjunto de vetores. Considere todas as combinações lineares dos vetores.

11. O vetor b está no subespaço gerado pelas colunas de A quando não há uma solução para _______. O vetor c está no espaço-linha de A quando há uma solução para _______. *Verdadeiro ou falso:* se o vetor nulo está no espaço-linha, as linhas são dependentes.

12. $v + w$ e $v - w$ são combinações de v e w. Apresente v e w como combinações de $v + w$ e $v - w$. Os dois pares de vetores _______ o mesmo espaço. Quando eles são a base do mesmo espaço?

13. Determine se os seguintes vetores são ou não linearmente independentes resolvendo $c_1v_1 + c_2v_2 + c_3v_3 + c_4v_4 = 0$:

$$v_1 = \begin{bmatrix} 1 \\ 1 \\ 0 \\ 0 \end{bmatrix}, \quad v_2 = \begin{bmatrix} 1 \\ 0 \\ 1 \\ 0 \end{bmatrix}, \quad v_3 = \begin{bmatrix} 0 \\ 0 \\ 1 \\ 1 \end{bmatrix}, \quad v_4 = \begin{bmatrix} 0 \\ 1 \\ 0 \\ 1 \end{bmatrix}.$$

Determine também se eles geram $\mathbf{R}^4$ tentando resolver $c_1v_1 + \ldots + c_4v_4 = (0, 0, 0, 1)$.

14. Suponha que os vetores, cuja independência será verificada, estejam posicionados nas linhas em vez de nas colunas de A. Como o processo de eliminação de A a U determinará a independência?

15. Encontre as dimensões (a) do espaço-coluna de A, (b) do espaço-coluna de U, (c) do espaço-linha de A, (d) do espaço-linha de U. Quais dois espaços entre esses são iguais?

$$A = \begin{bmatrix} 1 & 1 & 0 \\ 1 & 3 & 1 \\ 3 & 1 & -1 \end{bmatrix} \quad \text{e} \quad U = \begin{bmatrix} 1 & 1 & 0 \\ 0 & 2 & 1 \\ 0 & 0 & 0 \end{bmatrix}.$$

16. Descreva o subespaço de $\mathbf{R}^3$ (é uma reta, um plano ou $\mathbf{R}^3$?) gerado:

(a) pelos dois vetores (1, 1, –1) e (–1, –1, 1).

(b) pelos três vetores (0, 1, 1), (1, 1, 0) e (0, 0, 0).

(c) pelas colunas de uma matriz escalonada 3 por 5 com 2 pivôs.

(d) por todos os vetores com componentes positivos.

17. Escolha $x = (x_1, x_2, x_3, x_4)$ em $\mathbf{R}^4$. Ele possui 24 rearranjos como (x_2, x_1, x_3, x_4) e (x_4, x_3, x_1, x_2). Esses 24 vetores, incluindo o próprio x, geram um subespaço **S**. Encontre vetores específicos x, de modo que a dimensão de **S** seja: (a) 0, (b) 1, (c) 3, (d) 4.

18. Para determinar se b é um subespaço gerado por $w_1, ..., w_n$, assuma que os vetores w sejam a coluna de A e tente resolver $Ax = b$. Qual é o resultado para:

(a) $w_1 = (1, 1, 0)$, $w_2 = (2, 2, 1)$, $w_3 = (0, 0, 2)$, $b = (3, 4, 5)$?

(b) $w_1 = (1, 2, 0)$, $w_2 = (2, 5, 0)$, $w_3 = (0, 0, 2)$, $w_4 = (0, 0, 0)$ e qualquer b?

Os Problemas 19 a 37 abordam os requisitos para uma base.

19. Encontre uma base para o plano $x - 2y + 3z = 0$ em $\mathbf{R}^3$. Em seguida, encontre uma base para a interseção desse plano com o plano xy. Por fim, encontre uma base para todos os vetores perpendiculares ao plano.

20. Se $v_1, ..., v_n$ são linearmente independentes, o espaço que eles geram tem dimensão _______. Esses vetores são uma _______ desse espaço. Se os vetores são as colunas de uma matriz m por n, então m é _______ do que n.

21. Suponha que **S** é um subespaço 5-dimensional de $\mathbf{R}^6$. Verdadeiro ou falso?

(a) Toda base de **S** pode ser estendida a uma base de $\mathbf{R}^6$ adicionando-se um vetor.

(b) Toda base de $\mathbf{R}^6$ pode ser reduzida a uma base de **S** removendo-se um vetor.

22. As colunas de A são n vetores de $\mathbf{R}^m$. Se elas são linearmente independentes, qual é o posto de A? Se elas geram $\mathbf{R}^m$, qual é esse posto? E se elas forem uma base de $\mathbf{R}^m$?

23. U surge a partir de A, subtraindo-se a linha 1 da linha 3:

$$A = \begin{bmatrix} 1 & 3 & 2 \\ 0 & 1 & 1 \\ 1 & 3 & 2 \end{bmatrix} \quad \text{e} \quad U = \begin{bmatrix} 1 & 3 & 2 \\ 0 & 1 & 1 \\ 0 & 0 & 0 \end{bmatrix}.$$

Encontre bases para os dois espaços-colunas. Encontre bases para os dois espaços-linhas. Encontre bases para os dois espaços nulos.

24. Encontre três bases diferentes para o espaço-coluna de U do problema anterior. Em seguida, encontre duas bases diferentes para o espaço-linha de U.

25. Encontre uma base para cada um desses subespaços de $\mathbf{R}^4$:

(a) Todos os vetores cujos componentes sejam iguais.

(b) Todos os vetores cujos componentes somem zero.

(c) Todos os vetores que sejam perpendiculares a (1, 1, 0, 0) e (1, 0, 1, 1).

(d) O espaço-coluna (em $\mathbf{R}^2$) e o espaço nulo (em $\mathbf{R}^5$) de $U = \begin{bmatrix} 1 & 0 & 1 & 0 & 1 \\ 0 & 1 & 0 & 1 & 0 \end{bmatrix}$.

26. Suponha que as colunas de uma matriz A 5 por 5 sejam uma base de $\mathbf{R}^5$.

(a) A equação $Ax = 0$ possui apenas a solução $x = 0$, pois _______.

(b) Se b está em $\mathbf{R}^5$, então $Ax = b$ é solúvel, pois _______.

Conclusão: A é invertível. Seu posto é 5.

27. Suponha que $v_1, v_2, ..., v_6$ sejam seis vetores em $\mathbf{R}^4$.

(a) Esses vetores (geram) (não geram) (podem não gerar) $\mathbf{R}^4$.

(b) Esses vetores (são) (não são) (podem ser) linearmente independentes.

(c) Quatro vetores quaisquer entre eles (são) (não são) (podem ser) uma base de $\mathbf{R}^4$.

(d) Se esses vetores são as colunas de A, então $Ax = b$ (possui) (não possui) (pode não possuir) uma solução.

28. Encontre um contraexemplo para a seguinte afirmação: se v_1, v_2, v_3, v_4 é uma base do espaço vetorial $\mathbf{R}^4$, e, se $\mathbf{W}$ é um subespaço, então um subconjunto dos vetores v é uma base de $\mathbf{W}$.

29. Se A é uma matriz 64 por 17 de posto 11, quantos vetores independentes satisfazem $Ax = 0$? Quantos vetores independentes satisfazem $A^{\mathrm{T}}y = 0$?

30. Sabendo que $\mathbf{V}$ possui dimensão k. Prove que:

(a) quaisquer k vetores independentes em $\mathbf{V}$ formam uma base;

(b) quaisquer k vetores que geram $\mathbf{V}$ formam uma base.

Em outras palavras, sabendo-se que o número de vetores está correto, qualquer uma das duas propriedades de uma base implica a outra.

31. Para quais números c e d essas matrizes possuem posto 2?

$$A = \begin{bmatrix} 1 & 2 & 5 & 0 & 5 \\ 0 & 0 & c & 2 & 2 \\ 0 & 0 & 0 & d & 2 \end{bmatrix} \quad \text{e} \quad B = \begin{bmatrix} c & d \\ d & c \end{bmatrix}.$$

32. Verdadeiro ou falso?

(a) Se as colunas de A são linearmente independentes, então $Ax = b$ possui exatamente uma solução para todo b.

(b) Uma matriz 5 por 7 nunca possui colunas linearmente independentes.

33. Encontre uma base para cada um desses subespaços de matrizes 3 por 3:

(a) Todas as matrizes diagonais.

(b) Todas as matrizes simétricas ($A^{\mathrm{T}} = A$).

(c) Todas as matrizes antissimétricas ($A^{\mathrm{T}} = -A$).

34. Ao localizar os pivôs, encontre uma base para o espaço-coluna de:

$$U = \begin{bmatrix} 0 & 5 & 4 & 3 \\ 0 & 0 & 2 & 1 \\ 0 & 0 & 0 & 0 \\ 0 & 0 & 0 & 0 \end{bmatrix}.$$

Expresse cada coluna que não esteja na base como uma combinação das colunas-bases. Encontre também uma matriz A com essa forma escalonada U, mas com um espaço-coluna diferente.

35. Prove que, se $\mathbf{V}$ e $\mathbf{W}$ são subespaços tridimensionais de $\mathbf{R}^5$, então devem possuir um vetor não nulo em comum. *Dica*: comece com as bases dos dois subespaços encontrando seis vetores ao todo.

36. Verdadeiro ou falso? Justifique suas respostas.

(a) Se as colunas de uma matriz são dependentes, as linhas também o são.

(b) O espaço-coluna de uma matriz 2 por 2 é o mesmo que seu espaço-linha.

(c) O espaço-coluna de uma matriz 2 por 2 possui a mesma dimensão que seu espaço-linha.

(d) As colunas de uma matriz são uma base para o espaço-coluna.

37. Encontre as dimensões destes espaços vetoriais:

(a) O espaço de todos os vetores em $\mathbf{R}^4$ cujas componentes somem zero.

(b) O espaço nulo da matriz identidade 4 por 4.

(c) O espaço de todas as matrizes 4 por 4.

Os próximos Problemas são sobre espaços em que os "vetores" são funções.

38. O espaço dos cossenos $\mathbf{F}_3$ contém todas as combinações $y(x) = A\cos x + B\cos 2x + C\cos 3x$. Encontre uma base para o subespaço que possua $y(0) = 0$.

39. Apresente a matriz identidade 3 por 3 como uma combinação das outras cinco matrizes de permutação! Em seguida, mostre que essas cinco matrizes são linearmente independentes (assuma que uma combinação resulta em zero e verifique os elementos para provar que cada termo é nulo). As cinco permutações são uma base do subespaço das matrizes 3 por 3 com somas de linhas e colunas iguais.

40. *Revisão*: quais dos seguintes itens são bases de $\mathbf{R}^3$?

(a) $(1, 2, 0)$ e $(0, 1, -1)$.

(b) $(1, 1, -1), (2, 3, 4), (4, 1, -1), (0, 1, -1)$.

(c) $(1, 2, 2), (-1, 2, 1), (0, 8, 0)$.

(d) $(1, 2, 2), (-1, 2, 1), (0, 8, 6)$.

41. Encontre uma base para o espaço dos polinômios $p(x)$ de grau ≤ 3. Encontre uma base para o subespaço com $p(1) = 0$.

42. (a) Encontre todas as funções que satisfaçam $\frac{dy}{dx} = 0$.

(b) Escolha uma função particular que satisfaça $\frac{dy}{dx} = 3$.

(c) Encontre todas as funções que satisfaçam $\frac{dy}{dx} = 3$.

43. Suponha que $y_1(x), y_2(x), y_3(x)$ sejam três funções diferentes de x. O espaço vetorial que elas geram possui dimensão 1, 2 ou 3. Dê um exemplo de y_1, y_2, y_3 para mostrar cada possibilidade.

44. *Revisão*: suponha que A seja 5 por 4 com posto 4. Mostre que $Ax = b$ não possui solução quando a matriz 5 por 5 $[A \;\; b]$ é invertível. Mostre que $Ax = b$ é solúvel quando $[A \;\; b]$ é singular.

45. Encontre uma base para o espaço de funções que satisfaça:

(a) $\dfrac{dy}{dx} - 2y = 0$.

(b) $\dfrac{dy}{dx} - \dfrac{y}{x} = 0$.

2.4 OS QUATRO SUBESPAÇOS FUNDAMENTAIS

A seção anterior lidou mais com definições do que com construções. Sabemos o que é uma base, mas não como encontrá-la. Agora, partindo da descrição explícita de um subespaço, gostaríamos de calcular uma base explicitamente.

Os subespaços podem ser descritos de dois modos. Primeiro, podemos dispor de um conjunto de vetores que geram o espaço (*exemplo*: as colunas geram o espaço-coluna). Segundo, podemos saber que condições os vetores no espaço devem satisfazer (*exemplo*: o espaço nulo consiste de todos os vetores que satisfaçam $Ax = 0$).

A primeira descrição pode incluir vetores sem utilidade (colunas dependentes). A segunda pode incluir condições repetidas (linhas dependentes). Não podemos apresentar uma base por inspeção, sendo necessário um procedimento sistemático.

O leitor pode adivinhar qual será esse procedimento. Quando a eliminação em A produzir uma matriz escalonada U ou uma reduzida R, encontraremos uma base para cada um dos subespaços associados a A. Em seguida, temos de olhar para o caso extremo de **posto completo**:

> *Quando o posto é o maior possível,* $\mathbf{r} = \mathbf{n}$*,* $\mathbf{r} = \mathbf{m}$ *ou* $\mathbf{r} = \mathbf{m} = \mathbf{n}$*, a matriz possui uma* **inversa à esquerda** B*, uma* **inversa à direita** C *ou uma inversa* A^{-1} **dos dois lados.**

Para organizar toda a discussão, tomemos cada um dos quatro subespaços em questão. Dois deles são familiares e dois são novos.

1. O ***espaço-coluna*** de A é denotado por $\boldsymbol{C}(A)$. Sua dimensão é o posto r.
2. O ***espaço nulo*** de A é denotado por $\boldsymbol{N}(A)$. Sua dimensão é $n - r$.
3. O ***espaço-linha*** de A é o *espaço-coluna* de A^T. Ele é denotado por $\boldsymbol{C}(A^T)$ e é gerado pelas linhas de A. Sua dimensão também é r.
4. O ***espaço nulo à esquerda*** de A é o *espaço nulo de* A^T. Ele contém todos os vetores y, tais que $A^Ty = 0$, e é denotado $\boldsymbol{N}(A^T)$. Sua dimensão é ______.

O ponto principal sobre os dois últimos subespaços é que *eles surgem a partir de* A^T. Se A é uma matriz m por n, é possível ver qual espaço "principal" contém os quatro subespaços, olhando-se o número de componentes:

> O espaço nulo $\boldsymbol{N}(A)$ e o espaço-linha $\boldsymbol{C}(A^T)$ são subespaços de $\mathbf{R}^n$.
> O espaço nulo à esquerda $\boldsymbol{N}(A^T)$ e o espaço-coluna $\boldsymbol{C}(A)$ são subespaços de $\mathbf{R}^m$.

As linhas possuem n componentes e as colunas possuem m. Para uma matriz simples como

$$A = U = R = \begin{bmatrix} 1 & 0 & 0 \\ 0 & 0 & 0 \end{bmatrix},$$

o espaço-coluna é a reta que passa por $\begin{bmatrix} 1 \\ 0 \end{bmatrix}$. O espaço-linha é a reta que passa por $\begin{bmatrix} 1 & 0 & 0 \end{bmatrix}^T$. Ele está em $\mathbf{R}^3$. O espaço nulo é um plano em $\mathbf{R}^3$ e o espaço nulo à esquerda é uma reta em $\mathbf{R}^2$:

$$N(A) \text{ contém } \begin{bmatrix} 0 \\ 1 \\ 0 \end{bmatrix} \text{ e } \begin{bmatrix} 0 \\ 0 \\ 1 \end{bmatrix}, \qquad \boldsymbol{N}(A^T) \text{ contém } \begin{bmatrix} 0 \\ 1 \end{bmatrix}.$$

Observe que todos os vetores são vetores-colunas, as linhas são transpostas e o espaço--linha de A é o espaço-*coluna* de A^T. Nosso problema será relacionar os quatro espaços de U (após a eliminação) com os quatro espaços de A:

$$\textbf{Exemplo básico} \qquad U = \begin{bmatrix} 1 & 3 & 3 & 2 \\ 0 & 0 & 3 & 3 \\ 0 & 0 & 0 & 0 \end{bmatrix} \quad \text{surgiu de} \quad A = \begin{bmatrix} 1 & 3 & 3 & 2 \\ 2 & 6 & 9 & 7 \\ -1 & -3 & 3 & 4 \end{bmatrix}.$$

Para inovar, tomemos os quatro subespaços em uma ordem mais interessante.

3. Espaço-linha de A Para uma matriz escalonada como U, o espaço-linha é evidente. Ele contém todas as combinações das linhas, assim como todo espaço-linha – mas, neste caso, a terceira linha não apresenta nenhuma contribuição. As duas primeiras linhas são uma base do espaço-linha. Uma regra similar se aplica a toda matriz escalonada U ou R, como r pivôs e r linhas não nulas: ***as linhas não nulas são uma base e o espaço-linha tem dimensão* r**. Isso facilita o trabalho com a matriz original A.

2M O espaço-linha de A possui a mesma dimensão r que o espaço-linha de U e as mesmas bases, pois ***os espaços-linhas de* A *e* U *(e* R*) são os mesmos***.

O motivo é que cada operação elementar mantém o espaço-linha inalterado. As linhas de U são combinações das linhas originais de A. Portanto, o espaço-linha de U não contém nada de novo. Ao mesmo tempo, como cada etapa pode ser revertida, nada é perdido, uma vez que as linhas de A podem ser recuperadas a partir de U. É verdade que A e U possuem linhas diferentes, mas as *combinações* de linhas são idênticas: *mesmo espaço*!

Observe que não começamos com as m linhas de A, que geram o espaço-linha, e descartamos $m = r$ delas para obtermos uma base. De acordo com 2L, poderíamos ter feito assim. Mas pode ser difícil decidir quais linhas são mantidas e quais são descartadas; por isso, é mais fácil simplesmente tomar as linhas não nulas de U.

2. Espaço nulo de A A eliminação simplifica um sistema de equações lineares sem alterar as soluções. O sistema $Ax = 0$ é reduzido a $Ux = 0$ e esse processo é reversível. ***O espaço nulo de* A *é igual ao espaço nulo de* U *e* R**. Apenas r equações $Ax = 0$ são independentes. A escolha das $n - r$ "soluções especiais" de $Ax = 0$ fornece uma base definida para o espaço nulo:

2N O espaço nulo $N(A)$ possui dimensão $n - r$. As "soluções especiais" são uma base – cada variável livre recebe o valor 1, enquanto outras variáveis livres são 0. Então $Ax = 0$, $Ux = 0$ ou $Rx = 0$ fornecem as variáveis pivôs por meio de retrossubstituição.

Este é exatamente o modo pelo qual estávamos resolvendo $Ux = 0$. O exemplo básico acima possui pivôs nas colunas 1 e 3. Portanto, suas variáveis livres são o segundo e o quarto v e y. A base do espaço nulo é

$$\textbf{Soluções especiais} \qquad \begin{matrix} v = 1 \\ y = 0 \end{matrix} \quad x_1 = \begin{bmatrix} -3 \\ 1 \\ 0 \\ 0 \end{bmatrix}; \qquad \begin{matrix} v = 0 \\ y = 1 \end{matrix} \quad x_2 = \begin{bmatrix} 1 \\ 0 \\ -1 \\ 1 \end{bmatrix}.$$

Qualquer combinação $c_1x_1 + c_2x_2$ possui c_1 como sua componente v, e c_2 como sua componente y. O único modo de ter $c_1x_1 + c_2x_2 = 0$ é ter $c_1 = c_2 = 0$, de modo que esses vetores sejam independentes. Eles também geram o espaço nulo; a solução completa é $vx_1 + yx_2$. Assim, os $n - r = 4 - 2$ vetores são uma base.

O espaço nulo também é chamado de *núcleo* de A, e sua dimensão $n - r$ é a *nulidade*.

1. Espaço-coluna de A Às vezes, o espaço-coluna é chamado de **imagem**. Isto está de acordo com a ideia usual de imagem como o conjunto de todos os valores possíveis de $f(x)$; x é o domínio e $f(x)$ é a imagem. Em nosso caso, a função é $f(x) = Ax$. Seu domínio consiste de todos os x em $\mathbf{R}^n$; sua imagem são todos os vetores possíveis Ax, o que corresponde ao espaço-coluna.

Nosso problema é encontrar bases dos espaços-colunas de U e A. ***Esses espaços são diferentes*** (basta olhar para as matrizes!), mas suas dimensões são iguais.

A primeira e a terceira colunas de U são uma base de seu espaço-coluna. Elas são as ***colunas com pivôs***. Todas as outras colunas são uma combinação dessas duas. Além disso, o mesmo é verdadeiro para a original A – ainda que suas colunas sejam diferentes.

As colunas pivôs de A são uma base de seu espaço-coluna. A segunda coluna é três vezes a primeira, assim como em U. A quarta coluna é igual a (coluna 3) – (coluna 1). O mesmo espaço nulo está nos mostrando essas dependências.

O motivo para isto é o seguinte: Ax $= 0$ *exatamente quando* Ux $= 0$. Os dois sistemas são equivalentes e têm as mesmas soluções. A quarta coluna de U também era (coluna 3) – (coluna 1). Toda dependência linear Ax $= 0$ entre as colunas de A corresponde a uma dependência $Ux = 0$ entre as colunas de U com exatamente os mesmos coeficientes. *Se um conjunto de colunas de* A *é independente, então as colunas de* U *correspondentes também o serão e vice-versa.*

Para encontrar uma base para o espaço-coluna $\boldsymbol{C}(A)$, utilizamos o que já está feito para U. As r colunas que contêm pivôs são uma base do espaço-coluna de U. Escolheremos essas mesmas r colunas de A:

20 A dimensão do espaço-coluna $\boldsymbol{C}(A)$ é igual ao posto r, que também é igual à dimensão do espaço-linha: ***o número de colunas independentes é igual ao número de linhas independentes***. Uma base de $\boldsymbol{C}(A)$ é formada pelas r colunas de A que correspondem, em U, às colunas que contêm pivôs.

O espaço-linha e o espaço-coluna possuem a mesma dimensão r! Este é um dos mais importantes teoremas da álgebra linear. Ele é geralmente abreviado como "***posto linha = posto coluna***". Expressa um resultado que, para uma matriz aleatória 10 por 12, não é de modo algum óbvio. Ele também diz algo sobre as matrizes quadradas: *se as linhas de uma matriz quadrada são linearmente independentes, então as colunas também o serão* (e vice-versa). Novamente, isto não parece evidente (pelo menos não para o autor).

Para ver mais uma vez que tanto o espaço-linha como o espaço-coluna de U possuem dimensão r, considere uma situação típica com posto $r = 3$. A matriz escalonada U certamente possui três linhas independentes:

$$U = \begin{bmatrix} d_1 & * & * & * & * & * \\ 0 & 0 & 0 & d_2 & * & * \\ 0 & 0 & 0 & 0 & 0 & d_3 \\ 0 & 0 & 0 & 0 & 0 & 0 \end{bmatrix}.$$

Argumentamos que U também possui não mais do que três colunas independentes. As colunas têm apenas três componentes não nulos. Se pudermos mostrar que as colunas pivôs – a primeira, a quarta e a sexta – são linearmente independentes, elas deverão ser uma base (para o espaço-coluna de U, não de A!). Suponha que uma combinação dessas colunas pivôs tenha produzido zero:

$$c_1 \begin{bmatrix} d_1 \\ 0 \\ 0 \\ 0 \end{bmatrix} + c_2 \begin{bmatrix} * \\ d_2 \\ 0 \\ 0 \end{bmatrix} + c_3 \begin{bmatrix} * \\ * \\ d_3 \\ 0 \end{bmatrix} = \begin{bmatrix} 0 \\ 0 \\ 0 \\ 0 \end{bmatrix}.$$

Trabalhando acima no modo usual, c_3 tem de ser nulo, pois o pivô $d_3 \neq 0$; então, c_2 tem de ser nulo, pois $d_2 \neq 0$ e, por fim, $c_1 = 0$. Isso estabelece independência e completa a prova. Como $Ax = 0$ se, e somente se, $Ux = 0$, a primeira, a quarta e a sexta colunas de A – fosse qual fosse a matriz original A, que nem sequer conhecemos neste exemplo – são uma base de $\boldsymbol{C}(A)$.

Tanto o espaço-linha como o espaço-coluna se tornam mais claros após a eliminação em A. Agora surge o quarto subespaço fundamental, que se manteve discretamente fora de foco. Como os três primeiros espaços foram $\boldsymbol{C}(A)$, $\boldsymbol{N}(A)$ e $\boldsymbol{C}(A^{\mathrm{T}})$, o quarto espaço deve ser $\boldsymbol{N}(A^{\mathrm{T}})$. Trata-se do espaço nulo da transposta, ou do ***espaço nulo à esquerda*** de A. $A^{\mathrm{T}}y = 0$, significa que $y^{\mathrm{T}}A = 0$ e o vetor aparecem no lado esquerdo de A.

4. Espaço nulo à esquerda de A (= espaço nulo de A^{T}) Se A é uma matriz m por n, então, A^{T} é n por m. Seu espaço nulo é o subespaço de $\mathbf{R}^m$; o vetor y possui m componentes. Apresentados como $y^{\mathrm{T}}A = 0$, esses componentes multiplicam as *linhas* de A para produzir a linha nula:

$$y^T A = [\, y_1 \quad \dots \quad y_m \,] \left[\quad A \quad \right] = [\,0 \dots 0\,].$$

A dimensão desse espaço nulo $\boldsymbol{N}(A^{\mathrm{T}})$ é fácil de encontrar. Para *qualquer* matriz, ***o número de variáveis pivôs mais o número de variáveis livres deve coincidir com o número total de colunas***. Para A, isso equivalia a $r + (n - r) = n$. Em outras palavras, o posto mais a nulidade é igual a n:

$$\textbf{dimensão de } \boldsymbol{C}(A) + \textbf{dimensão de } \boldsymbol{N}(A) = \textbf{número de colunas}.$$

Esta lei aplica-se igualmente a A^{T}, que possui m colunas. A^{T} é uma matriz tão boa quanto A. Mas a dimensão de seu espaço-coluna também é r, de modo que

$$r + \text{dimensão } (\boldsymbol{N}(A^{\mathrm{T}})) = m. \qquad (1)$$

2P O espaço nulo à esquerda $\boldsymbol{N}(A^{\mathrm{T}})$ possui dimensão $m - r$.

As soluções $m - r$ para $y^{\mathrm{T}}A = 0$ escondem-se em algum lugar da eliminação. As linhas de A se combinam para produzir as $m - r$ *linhas nulas* de U. Comece com $PA = LU$ ou $L^{-1}PA = U$. As últimas $m - r$ linhas da matriz invertível $L^{-1}P$ devem ser uma base dos y no espaço nulo à esquerda, pois elas multiplicam A para obter linhas nulas em U.

Em nosso exemplo 3 por 4, a linha nula era a linha 3 – 2(linha 2) + 5(linha 1). Portanto, as componentes de y são 5, –2, 1. Esta é a mesma combinação de $b_3 - 2b_2 + 5b_1$ do lado direito, levando a $0 = 0$ como equação final. Esse vetor y é uma base do espaço nulo à esquerda que possui dimensão $m - r = 3 - 2 = 1$. Ele é a última linha de $L^{-1}P$, e produz a linha nula em U – e, geralmente, podemos vê-lo sem calcular L^{-1}. No desespero, é sempre possível resolver simplesmente $A^{T}y = 0$.

Sabemos que, até agora, não demos nenhum motivo para nos preocupar com $\boldsymbol{N}(A^{T})$. É correto, mas não convincente, escrever em itálico que *o espaço nulo à esquerda também é importante*. A próxima seção explicará melhor, encontrando um significado físico para y a partir da Lei das Correntes de Kirchhoff.

Agora, conhecemos as dimensões dos quatro espaços. Podemos resumi-las em uma tabela e parece justo apresentá-las como o

Teorema fundamental da álgebra linear, parte I

1. $\boldsymbol{C}(A)$ = espaço-coluna de A; dimensão r.
2. $\boldsymbol{N}(A)$ = espaço nulo de A; dimensão $n - r$.
3. $\boldsymbol{C}(A^{T})$ = espaço-linha de A; dimensão r.
4. $\boldsymbol{N}(A^{T})$ = espaço nulo à esquerda de A; dimensão $m - r$.

Exemplo 1 $A = \begin{bmatrix} 1 & 2 \\ 3 & 6 \end{bmatrix}$ possui $m = n = 2$ e posto $r = 1$.

1. O ***espaço-coluna*** contém todos os múltiplos de $\begin{bmatrix} 1 \\ 3 \end{bmatrix}$. A segunda coluna está na mesma direção e não contribui com nada de novo.
2. O ***espaço nulo*** contém todos os múltiplos de $\begin{bmatrix} -2 \\ 1 \end{bmatrix}$. Este vetor satisfaz $Ax = 0$.
3. O ***espaço-linha*** contém todos os múltiplos de $\begin{bmatrix} 1 \\ 2 \end{bmatrix}$. Apresentei-o como um vetor-coluna, já que, para ser exato, ele está no espaço-coluna de A^{T}.
4. O ***espaço nulo à esquerda*** contém todos os múltiplos de $y = \begin{bmatrix} -3 \\ 1 \end{bmatrix}$. As linhas de A com coeficientes –3 e 1 somam zero, de modo que $A^{T}y = 0$.

Neste exemplo, *todos os quatro subespaços são retas*. Isto é uma coincidência, que surge de $r = 1$, $n - r = 1$ e $m - r = 1$. A Figura 2.5 mostra que dois pares de retas são perpendiculares. Isto não é coincidência!

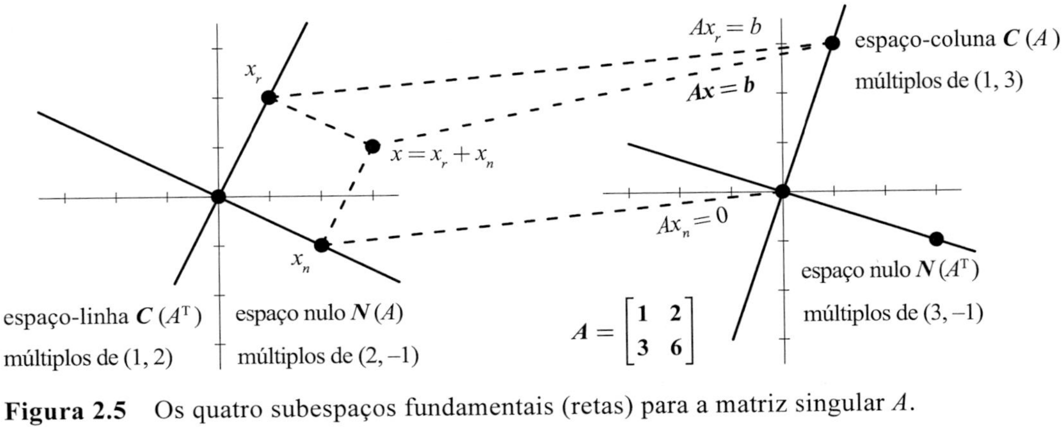

Figura 2.5 Os quatro subespaços fundamentais (retas) para a matriz singular A.

Se você alterar o último elemento de A de 6 para 7, todas as dimensões são diferentes. O espaço-coluna e o espaço-linha têm dimensão $r = 2$. O espaço nulo e o espaço nulo à esquerda contêm apenas os vetores $x = 0$ e $y = 0$. *A matriz é invertível.*

Existência de inversas

Sabemos que, se A possui uma inversa à esquerda ($BA = I$) e à direita ($AC = I$), então as duas inversas são iguais: $B = B(AC) = (BA)C = C$. Agora, a partir do posto de uma matriz, é fácil determinar quais matrizes realmente possuem essas inversas. De maneira geral, ***uma inversa existe apenas quando o posto é o maior possível.***

O posto sempre satisfaz $r \leq m$ e $r \leq n$. Uma matriz m por n não pode ter mais do que m linhas independentes ou n colunas independentes. Não há espaço para mais do que m ou mais do que n pivôs. Queremos provar que quando $r = m$ há uma inversa à direita e $Ax = b$ sempre possui uma solução. Quando $r = n$, há uma inversa à esquerda e a solução (se existir) é única.

Apenas uma matriz quadrada pode ter tanto $r = m$ como $r = n$ e, portanto, apenas ela pode obter tanto existência como unicidade. Apenas uma matriz quadrada tem inversa dos dois lados.

> 2Q **EXISTÊNCIA: Posto linha completo $r = m$.** $Ax = b$ possui ***no mínimo*** uma solução x para todo b se, e somente se, as colunas gerarem $\mathbf{R}^m$. Então, A possui uma **inversa à direita C**, tal que $AC = I_m$ (m por m). Isso é possível somente se $m \leq n$.
>
> **UNICIDADE: Posto linha completo $r = n$.** $Ax = b$ possui ***no máximo*** uma solução x para todo b se, e somente se, as colunas forem linearmente independentes. Então, A possui uma **inversa à esquerda** B n por m, tal que $BA = I_n$. Isto é possível somente se $m \geq n$.

Em caso de existência, uma solução possível é $x = Cb$, já que $Ax = ACb = b$. Mas haverá outras soluções se existirem outras inversas à direita. O número de soluções quando as colunas geram $\mathbf{R}^m$ é 1 ou ∞.

Em caso de unicidade, se houver uma solução para $Ax = b$, ela deve ser $x = BAx = Bb$. Mas é possível não haver solução. O número de soluções é 0 ou 1.

Existem fórmulas simples para as melhores inversas à direita e à esquerda, se houver:

$$\textbf{Inversas de um lado} \qquad B = (A^{\mathrm{T}}A)^{-1}A^{\mathrm{T}} \quad \text{e} \quad C = A^{\mathrm{T}}(AA^{\mathrm{T}})^{-1}.$$

Certamente $BA = I$ e $AC = I$. O que não é tão certo é que $A^{\mathrm{T}}A$ e AA^{T} sejam realmente inversíveis. Mostraremos no Capítulo 3 que $A^{\mathrm{T}}A$ possuirá uma inversa se o posto for n e AA^{T} possuirá uma inversa quando o posto for m. Assim, as fórmulas fazem sentido exatamente quando o posto é o maior possível e as inversas de um lado são encontradas.

Exemplo 2 Considere uma matriz simples 2 por 3 de posto 2:

$$A = \begin{bmatrix} 4 & 0 & 0 \\ 0 & 5 & 0 \end{bmatrix}.$$

Como $r = m = 2$, o teorema garante uma inversa à direita C:

$$AC = \begin{bmatrix} 4 & 0 & 0 \\ 0 & 5 & 0 \end{bmatrix} \begin{bmatrix} \frac{1}{4} & 0 \\ 0 & \frac{1}{5} \\ c_{31} & c_{32} \end{bmatrix} = \begin{bmatrix} 1 & 0 \\ 0 & 1 \end{bmatrix}.$$

Há muitas inversas à direita, pois a última linha de C é completamente arbitrária. Trata-se de um caso de existência, mas não de unicidade. A matriz A não possui inversas à esquerda, pois a última coluna de BA certamente será nula. A inversa à direita específica $C = A^{\mathrm{T}}(AA^{\mathrm{T}})^{-1}$ escolhe c_{31} e c_{32} como nulos:

Melhor inversa à direita $$A^{\mathrm{T}}(AA^{\mathrm{T}})^{-1} = \begin{bmatrix} 4 & 0 \\ 0 & 5 \\ 0 & 0 \end{bmatrix} \begin{bmatrix} \frac{1}{16} & 0 \\ 0 & \frac{1}{25} \end{bmatrix} = \begin{bmatrix} \frac{1}{4} & 0 \\ 0 & \frac{1}{5} \\ 0 & 0 \end{bmatrix} = C.$$

Esta é a *pseudoinversa* – veja na Seção 6.3 um modo de escolher o melhor C. A transposta de A resulta em um exemplo com infinitas inversas à *esquerda*:

$$BA^{\mathrm{T}} = \begin{bmatrix} \frac{1}{4} & 0 & b_{13} \\ 0 & \frac{1}{5} & b_{23} \end{bmatrix} \begin{bmatrix} 4 & 0 \\ 0 & 5 \\ 0 & 0 \end{bmatrix} = \begin{bmatrix} 1 & 0 \\ 0 & 1 \end{bmatrix}.$$

Agora, é a última coluna de B que é completamente arbitrária. A melhor inversa à esquerda (também a pseudoinversa) possui $b_{13} = b_{23} = 0$. Trata-se de um "caso de unicidade", em que o posto é $r = n$. Não há variáveis livres, já que $n - r = 0$. Se existir uma solução, ela será única. Você pode ver quando este exemplo possui uma solução ou nenhuma solução:

$$\begin{bmatrix} 4 & 0 \\ 0 & 5 \\ 0 & 0 \end{bmatrix} \begin{bmatrix} x_1 \\ x_2 \end{bmatrix} = \begin{bmatrix} b_1 \\ b_2 \\ b_3 \end{bmatrix} \quad \text{é solúvel exatamente quando} \quad b_3 = 0.$$

Em uma matriz retangular não podemos ter ambas as condições de existência e unicidade. Se m for diferente de n, não podemos ter $r = m$ e $r = n$.

Em uma matriz quadrada, aplica-se o oposto. Se $m = n$, não podemos ter uma propriedade *sem* outra. Uma matriz quadrada possui inversa à esquerda se, e somente se, possuir uma inversa à direita. Existe apenas uma inversa a saber $B = C = A^{-1}$. *A existência implica unicidade e a unicidade implica existência quando a matriz é quadrada.* A condição de invertibilidade é o **posto completo**: $r = m = n$. Cada uma dessas condições é um teste necessário e suficiente:

1. As colunas geram $\mathbf{R}^n$, desse modo $Ax = b$ possui no mínimo uma solução para todo b.
2. As colunas são independentes, então $Ax = 0$ possui apenas a solução $x = 0$.

É possível tornar esta lista muito mais longa, especialmente se olharmos adiante para os próximos capítulos. Cada condição é equivalente a todas as outras e assegura que A seja invertível.

3. As linhas de A geram $\mathbf{R}^n$.
4. As linhas são linearmente independentes.
5. A eliminação pode ser concluída: $PA = LDU$, com todos os n pivôs.
6. O determinante de A não é nulo.
7. Zero não é um autovalor de A.
8. $A^{\mathrm{T}}A$ é positiva definida.

Segue uma aplicação típica a polinômios $P(t)$ de grau $n - 1$. O único polinômio assim que se anula em $t_1, \ldots, t_n$ é $P(t) \equiv 0$. Nenhum outro polinômio de grau $n - 1$ pode ter n raízes. Isto é unicidade e implica existência: dados quaisquer valores $b_1, \ldots, b_n$, *haverá* um polinômio de grau $n - 1$ que interpola esses valores: $P(t_i) = b_i$. A questão é que estamos lidando com uma matriz quadrada; o número n de coeficientes em $P(t) = x_1 + x_2 t + \ldots + x_n t^{n-1}$ corresponde ao número de equações:

Interpolação $P(t_i) = b_i$

$$\begin{bmatrix} 1 & t_1 & t_1^2 & \cdots & t_1^{n-1} \\ 1 & t_2 & t_2^2 & \cdots & t_2^{n-1} \\ \vdots & \vdots & \vdots & \vdots & \vdots \\ 1 & t_n & t_n^2 & \cdots & t_n^{n-1} \end{bmatrix} \begin{bmatrix} x_1 \\ x_2 \\ \vdots \\ x_n \end{bmatrix} = \begin{bmatrix} b_1 \\ b_2 \\ \vdots \\ b_n \end{bmatrix}.$$

Essa *matriz de Vandermonde* é n por n e tem posto completo. $Ax = b$ sempre possui uma solução – é possível fazer com que um polinômio passe por meio de qualquer b_i em pontos distintos t_i. Mais tarde, encontraremos, de fato, o determinante de A; ele é não nulo.

Matrizes de posto 1

Finalmente, temos o caso mais fácil, em que o posto é o *menor* possível (exceto para a matriz nula com posto 0). Um exemplo clássico em matemática é sugerir algo complicado e mostrar como dividi-lo em partes simples. Para a álgebra linear, as partes simples são as matrizes de ***posto* 1**:

Posto 1 $$A = \begin{bmatrix} 2 & 1 & 1 \\ 4 & 2 & 2 \\ 8 & 4 & 4 \\ -2 & -1 & -1 \end{bmatrix} \quad \text{possui } r = 1.$$

Toda linha é um múltiplo da primeira linha, de modo que o espaço-linha é unidimensional. De fato, podemos apresentar a matriz inteira como *o produto de um vetor-coluna e um vetor-linha*:

A = (coluna) (linha) $$\begin{bmatrix} 2 & 1 & 1 \\ 4 & 2 & 2 \\ 8 & 4 & 4 \\ -2 & -1 & -1 \end{bmatrix} = \begin{bmatrix} 1 \\ 2 \\ 4 \\ -1 \end{bmatrix} \begin{bmatrix} 2 & 1 & 1 \end{bmatrix}.$$

O produto de uma matriz 4 por 1 e de uma matriz 1 por 3 é uma matriz 4 por 3. *Esse produto possui posto* 1. Ao mesmo tempo, todas as colunas são múltiplas do mesmo vetor-coluna; o espaço-coluna compartilha a dimensão $r = 1$ e se reduz a uma reta.

> ***Toda matriz de posto* 1 *possui a forma simples* $\mathbf{A} = \mathbf{u}\mathbf{v}^T$ = *coluna vezes linha.***

Todas as linhas são múltiplos do mesmo vetor v^T, e todas as colunas são múltiplos de u. O espaço-linha e o espaço-coluna são retas – o caso mais fácil.

Conjunto de problemas 2.4

1. Descreva os quatro subespaços no espaço tridimensional associado a:

$$A = \begin{bmatrix} 0 & 1 & 0 \\ 0 & 0 & 1 \\ 0 & 0 & 0 \end{bmatrix}.$$

2. Encontre a dimensão e uma base dos quatro subespaços fundamentais para:

$$A = \begin{bmatrix} 1 & 2 & 0 & 1 \\ 0 & 1 & 1 & 0 \\ 1 & 2 & 0 & 1 \end{bmatrix} \quad \text{e} \quad U = \begin{bmatrix} 1 & 2 & 0 & 1 \\ 0 & 1 & 1 & 0 \\ 0 & 0 & 0 & 0 \end{bmatrix}.$$

3. Encontre a dimensão e construa uma base para os quatro subespaços associados a cada uma das matrizes

$$A = \begin{bmatrix} 0 & 1 & 4 & 0 \\ 0 & 2 & 8 & 0 \end{bmatrix} \quad \text{e} \quad U = \begin{bmatrix} 0 & 1 & 4 & 0 \\ 0 & 0 & 0 & 0 \end{bmatrix}.$$

4. Se o produto AB é a matriz nula, $AB = 0$, isso mostra que o espaço-coluna de B está contido no espaço nulo de A (o espaço-linha de A também é o espaço nulo à esquerda de B, já que cada linha de A multiplica B para obter uma linha nula).

5. Verdadeiro ou falso: se $m = n$, então o espaço-linha de A é igual ao espaço-coluna. Se $m < n$, então o espaço nulo possui uma dimensão maior do que ________.

6. Encontre o posto de A e apresente a matriz como $A = uv^{\mathrm{T}}$:

$$A = \begin{bmatrix} 1 & 0 & 0 & 3 \\ 0 & 0 & 0 & 0 \\ 2 & 0 & 0 & 6 \end{bmatrix} \quad \text{e} \quad A = \begin{bmatrix} 2 & -2 \\ 6 & -6 \end{bmatrix}.$$

7. Se as colunas de A são linearmente independentes (A é m por n), então o posto é ________, o espaço nulo é ________, o espaço-linha é ________ e existe uma inversa à ________.

8. Se $Ax = b$ sempre possui pelo menos uma solução, mostre que a única solução de $A^{\mathrm{T}}y = 0$ é $y = 0$. *Dica*: qual é o posto?

9. Encontre (quando existirem) uma inversa à esquerda e/ou uma inversa à direita para:

$$A = \begin{bmatrix} 1 & 1 & 0 \\ 0 & 1 & 1 \end{bmatrix} \quad \text{e} \quad M = \begin{bmatrix} 1 & 0 \\ 1 & 1 \\ 0 & 1 \end{bmatrix} \quad \text{e} \quad T = \begin{bmatrix} a & b \\ 0 & a \end{bmatrix}.$$

10. Suponha que A é uma matriz m por n de posto r. Em quais condições desses números:
    (a) A possui uma inversa de dois lados: $AA^{-1} = A^{-1}A = I$?
    (b) $Ax = b$ possui *infinitas* soluções para *todo* b?

11. Encontre uma matriz A que possua $\mathbf{V}$ como seu espaço-linha e uma matriz B que possua $\mathbf{V}$ como seu espaço-coluna, se $\mathbf{V}$ é o subespaço gerado por:

$$\begin{bmatrix} 1 \\ 1 \\ 0 \end{bmatrix}, \quad \begin{bmatrix} 1 \\ 2 \\ 0 \end{bmatrix}, \quad \begin{bmatrix} 1 \\ 5 \\ 0 \end{bmatrix}.$$

12. Por que não existe matriz quando tanto o espaço-linha quanto o espaço nulo contêm $(1, 1, 1)$?

13. Encontre uma base para cada um dos quatro subespaços de:

$$A = \begin{bmatrix} 0 & 1 & 2 & 3 & 4 \\ 0 & 1 & 2 & 4 & 6 \\ 0 & 0 & 0 & 1 & 2 \end{bmatrix} = \begin{bmatrix} 1 & 0 & 0 \\ 1 & 1 & 0 \\ 0 & 1 & 1 \end{bmatrix} \begin{bmatrix} 0 & 1 & 2 & 3 & 4 \\ 0 & 0 & 0 & 1 & 2 \\ 0 & 0 & 0 & 0 & 0 \end{bmatrix}.$$

14. Se a, b, c são dados com $a \neq 0$, escolha d tal que

$$A = \begin{bmatrix} a & b \\ c & d \end{bmatrix} = uv^{\mathrm{T}}$$

possua posto 1. Quais são os pivôs?

15. (*Um paradoxo*) Suponha que A tenha uma inversa à direita B. Então, $AB = I$ leva a $A^{\mathrm{T}}AB = A^{\mathrm{T}}$ ou $B = (A^{\mathrm{T}}A)^{-1}A^{\mathrm{T}}$. Mas ela satisfaz $BA = I$; trata-se de uma inversa *à esquerda*. Que etapa não se justifica?

16. Se $Ax = 0$ possui uma solução não nula, mostre que $A^{\mathrm{T}}y = f$ não é solúvel para alguns lados direitos f. Construa um exemplo de A e f.

17. Suponha que a única solução $Ax = 0$ (m equações de n incógnitas) seja $x = 0$. Qual é o posto? Justifique sua resposta. As colunas de A são linearmente _______.

18. Encontre uma matriz 1 por 3 cujo espaço nulo consista de todos os vetores em $\mathbf{R}^3$, de modo que $x_1 + 2x_2 + 4x_3 = 0$. Encontre uma matriz 3 por 3 com esse mesmo espaço nulo.

19. Construa uma matriz com (1, 0, 1) e (1, 2, 0) como base para seu espaço-linha e seu espaço-coluna. Por que isso não pode ser uma base para o espaço-linha e o espaço nulo?

20. Suponha que a matriz A 3 por 3 seja invertível. Apresente bases para os quatro subespaços de A e também para a matriz 3 por 6 $B = [A \;\; A]$.

21. Se A possui os mesmos quatro subespaços fundamentais de B, então $A = cB$?

22. Se os elementos de uma matriz 3 por 3 são escolhidos aleatoriamente entre 0 e 1, quais são as dimensões mais prováveis dos quatro subespaços? E se a matriz for 3 por 5?

23. (Importante) A é uma matriz m por n de posto r. Suponha que haja lados direitos b para os quais $Ax = b$ *não tenha solução*.

(a) Quais desigualdades ($<$ ou $\leq$) devem ser verdadeiras entre m, n e r?

(b) Como é possível saber que $A^{\mathrm{T}}y = 0$ possui uma solução não nula?

24. Construa uma matriz com a propriedade solicitada ou explique por que não é possível fazê-lo.

(a) O espaço-coluna contém $\begin{bmatrix} 1 \\ 1 \\ 0 \end{bmatrix}, \begin{bmatrix} 0 \\ 0 \\ 1 \end{bmatrix}$, o espaço-linha contém $\begin{bmatrix} 1 \\ 2 \end{bmatrix}, \begin{bmatrix} 2 \\ 5 \end{bmatrix}$.

(b) O espaço-coluna possui base $\begin{bmatrix} 1 \\ 2 \\ 3 \end{bmatrix}$, o espaço nulo possui base $\begin{bmatrix} 3 \\ 2 \\ 1 \end{bmatrix}$.

(c) Dimensão do espaço nulo $= 1 +$ dimensão do espaço nulo à esquerda.

(d) O espaço nulo à esquerda contém $\begin{bmatrix} 1 \\ 3 \end{bmatrix}$, o espaço-linha contém $\begin{bmatrix} 3 \\ 1 \end{bmatrix}$.

(e) Espaço-linha = espaço-coluna, espaço nulo $\neq$ espaço nulo à esquerda.

25. Quais subespaços são iguais para essas matrizes de dimensões diferentes?

(a) $[A]$ e $\begin{bmatrix} A \\ A \end{bmatrix}$. (b) $\begin{bmatrix} A \\ A \end{bmatrix}$ e $\begin{bmatrix} A & A \\ A & A \end{bmatrix}$.

Prove que todas essas matrizes possuem o mesmo posto r.

26. Quais são as dimensões dos quatro subespaços de A, B e C, se I for a matriz identidade 3 por 3 e 0 for a matriz nula 3 por 2?

$$A = [I \quad 0] \quad \text{e} \quad B = \begin{bmatrix} I & I \\ 0^{\mathrm{T}} & 0^{\mathrm{T}} \end{bmatrix} \quad \text{e} \quad C = [0].$$

27. (a) Se uma matriz 7 por 9 possui posto 5, quais são as dimensões dos quatro subespaços? Qual é a soma de todas as quatro dimensões?

(b) Se uma matriz 3 por 4 possui posto 3, quais são seu espaço-coluna e seu espaço nulo à esquerda?

28. Sem calcular A, encontre bases para os quatro subespaços fundamentais:

$$A = \begin{bmatrix} 1 & 0 & 0 \\ 6 & 1 & 0 \\ 9 & 8 & 1 \end{bmatrix} \begin{bmatrix} 1 & 2 & 3 & 4 \\ 0 & 1 & 2 & 3 \\ 0 & 0 & 1 & 2 \end{bmatrix}.$$

29. Sem eliminação, encontre dimensões e bases para os quatro subespaços de:

$$A = \begin{bmatrix} 0 & 3 & 3 & 3 \\ 0 & 0 & 0 & 0 \\ 0 & 1 & 0 & 1 \end{bmatrix} \quad \text{e} \quad B = \begin{bmatrix} 1 & 1 \\ 4 & 4 \\ 5 & 5 \end{bmatrix}.$$

30. (Espaço nulo à esquerda) Some a coluna adicional b e reduza A à forma escalonada:

$$[A \quad b] = \begin{bmatrix} 1 & 2 & 3 & b_1 \\ 4 & 5 & 6 & b_2 \\ 7 & 8 & 9 & b_3 \end{bmatrix} \rightarrow \begin{bmatrix} 1 & 2 & 3 & b_1 \\ 0 & -3 & -6 & b_2 - 4b_1 \\ 0 & 0 & 0 & b_3 - 2b_2 + b_1 \end{bmatrix}.$$

Uma combinação das linhas de A produziu a linha nula. Que combinação é essa (observe $b_3 - 2b_2 + b_1$ do lado direito)? Quais vetores estão no espaço nulo de A^{T} e quais estão no espaço nulo de A?

31. Seguindo o método do Problema 30, reduza A à forma escalonada e observe as linhas nulas. A coluna b mostra que combinações de linhas você fez:

(a) $\begin{bmatrix} 1 & 2 & b_1 \\ 3 & 4 & b_2 \\ 4 & 6 & b_3 \end{bmatrix}$. (b) $\begin{bmatrix} 1 & 2 & b_1 \\ 2 & 3 & b_2 \\ 2 & 4 & b_3 \\ 2 & 5 & b_4 \end{bmatrix}$.

A partir da coluna b após a eliminação, apresente os $m - r$ vetores-bases no espaço nulo de A (combinações de linhas que resultem em zero).

32. Verdadeiro ou falso? Se for falso, dê um contraexemplo.

(a) A e A^{T} possuem o mesmo número de pivôs.

(b) A e A^{T} possuem o mesmo espaço nulo à esquerda.

(c) Se o espaço-linha é igual ao espaço-coluna, então $A^T = A$.
(d) Se $A^T = -A$, então o espaço-linha de A é igual ao espaço-coluna.

33. Se você trocar as primeiras duas linhas de uma matriz A, quais dos quatro subespaços permanecerão iguais? Se $y = (1, 2, 3, 4)$ está no espaço nulo à esquerda de A, apresente um vetor no espaço nulo à esquerda da nova matriz.

34. Sem multiplicar as matrizes, encontre bases para o espaço-linha e o espaço-coluna de A:

$$A = \begin{bmatrix} 1 & 2 \\ 4 & 5 \\ 2 & 7 \end{bmatrix} \begin{bmatrix} 3 & 0 & 3 \\ 1 & 1 & 2 \end{bmatrix}.$$

Como é possível saber, a partir desses formatos, que A não é invertível?

35. Explique por que $v = (1, 0, -1)$ não pode ser uma linha de A e também estar em um espaço nulo.

36. Descreva os quatro subespaços de $\mathbf{R}^3$ associados a:

$$A = \begin{bmatrix} 0 & 1 & 0 \\ 0 & 0 & 1 \\ 0 & 0 & 0 \end{bmatrix} \quad \text{e} \quad I + A = \begin{bmatrix} 1 & 1 & 0 \\ 0 & 1 & 1 \\ 0 & 0 & 1 \end{bmatrix}.$$

37. Suponha que A seja a soma de duas matrizes de posto 1: $A = uv^T + wz^T$.
(a) Quais vetores geram o espaço-coluna de A?
(b) Quais vetores geram o espaço-linha de A?
(c) O posto é inferior a 2 se _______ ou se _______.
(d) Calcule A e seu posto se $u = z = (1, 0, 0)$ e $v = w = (0, 0, 1)$.

38. Redesenhe a Figura 2.5 para uma matriz 3 por 2 de posto $r = 2$. Qual subespaço é $\mathbf{Z}$ (apenas o vetor nulo)? A parte do espaço nulo de qualquer vetor x em $\mathbf{R}^2$ é $x_n =$ _______.

39. Construa qualquer matriz 2 por 3 de posto 1. Copie a Figura 2.5 e posicione um vetor em cada subespaço (dois no espaço nulo). Quais vetores são ortogonais?

40. Se $AB = 0$, as colunas de B são os espaços nulos de A. Se esses vetores estão em $\mathbf{R}^n$, prove que posto(A) + posto(B) $\leq n$.

41. Um jogo da velha pode ser completado (5 números 1 e 4 zeros em A), de modo que posto(A) = 2, mas nenhum lado possa realizar uma jogada vitoriosa?

2.5 GRAFOS E REDES

Considere a matriz 3 por 4 da seção anterior. De um ponto de vista teórico, ela era muito satisfatória – os quatro subespaços eram calculáveis e suas dimensões r, $n - r$, r, $m - r$ eram não nulas. Mas o exemplo não foi produzido por uma aplicação genuína. Ele não mostra o quanto esses espaços são realmente fundamentais.

Esta seção introduz uma classe de matrizes retangulares com duas vantagens. Elas são simples e importantes. Trata-se das ***matrizes de incidência de grafos*** e todos os seus elementos são 1, –1 ou 0. O notável é que o mesmo é verdadeiro para L, U e vetores-bases de todos os subespaços. Esses subespaços exercem um papel central na teoria das redes. Enfatizamos que a palavra "grafo" não se refere ao gráfico de uma função (como uma parábola de $y = x^2$). Há um segundo significado, completamente diferente, que está mais próximo da ciência da computação do que do cálculo – e é fácil de explicar. *Esta seção é opcional*, mas ela dá a oportunidade de ver como as matrizes retangulares funcionam – e como a matriz quadrada A^TA aparece no final.

Um ***grafo*** consiste de um conjunto de vértices ou *nós* e um conjunto de *arestas* que os conectam. O grafo da Figura 2.6 possui 4 nós e 5 arestas. Ele não possui aresta entre os nós 1 e 4 (as arestas de um nó para ele mesmo não são possíveis). Este grafo é *orientado*, em razão da seta em cada aresta.

A ***matriz de incidência aresta-nó*** é 5 por 4, com uma seta em cada aresta. ***Se a aresta for do nó* j *ao nó* k, *então essa linha terá* –1 *na coluna* j *e* +1 *na coluna* k.** A matriz de incidência A é mostrada ao lado do grafo (e é possível recuperar o grafo se você só dispuser de A). A linha 1 mostra a aresta do nó 1 ao nó 2. A linha 5 surge a partir da quinta aresta, do nó 3 ao nó 4.

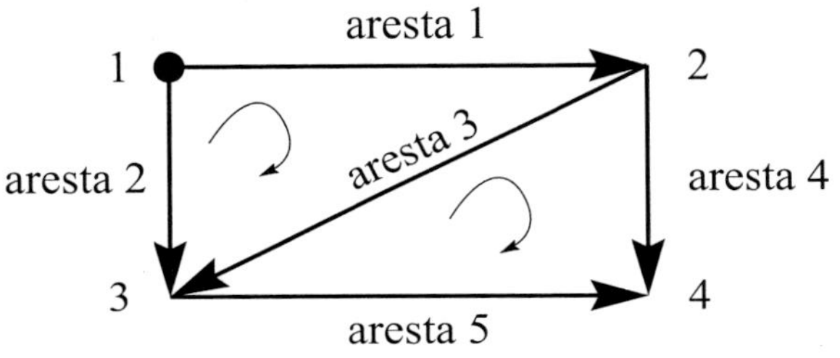

$$A = \begin{bmatrix} -1 & 1 & 0 & 0 \\ -1 & 0 & 1 & 0 \\ 0 & -1 & 1 & 0 \\ 0 & -1 & 0 & 1 \\ 0 & 0 & -1 & 1 \end{bmatrix}$$
$$\text{nó} \quad 1 \quad 2 \quad 3 \quad 4$$

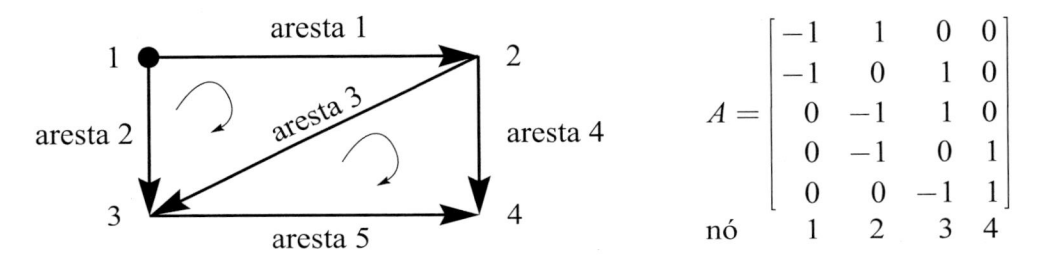

Figura 2.6 Grafo orientado (5 arestas, 4 nós, 2 ciclos) e sua matriz de incidência A.

Observe as colunas de A. A coluna 3 fornece informações sobre o nó 3 – ela diz quais arestas chegam ou partem. As arestas 2 e 3 chegam, a aresta 5 parte (com sinal de subtração). Às vezes, A é chamada de matriz de *conectividade* ou matriz da *topologia*. Quando o grafo possui m arestas e n nós, A é m por n (e normalmente $m > n$). Sua transposta é a matriz de incidência "nó-aresta".

Cada um dos quatro subespaços fundamentais possui um significado em termos de grafo. Podemos trabalhá-los em álgebra linear ou escrever sobre tensões e correntes. Faremos ambos!

Espaço nulo de A: Há alguma combinação de colunas que resulte em $Ax = 0$? Normalmente a resposta surge da eliminação, mas, neste caso, ela aparece rapidamente. *A soma das colunas é a coluna nula.* O espaço nulo contém $x = (1, 1, 1, 1)$, já que $Ax = 0$. A equação $Ax = b$ não possui uma solução única (se tiver solução). Qualquer "vetor constante" $x = (c, c, c, c)$ pode ser somado a qualquer solução particular de $Ax = b$. A solução completa possui a constante arbitrária c (como o $+C$ quando integramos em cálculo).

Isso tem um significado se pensarmos em x_1, x_2, x_3, x_4 como os ***potenciais*** (as tensões) nos ***nós***. Os cinco componentes de Ax resultam nas ***diferenças*** de potencial ao longo das cinco arestas. A diferença ao longo da aresta 1 é $x_2 - x_1$, a partir do $\pm$ 1 na primeira linha.

A equação $Ax = b$ pergunta: dadas as diferenças $b_1, ..., b_5$, encontre os potenciais reais $x_1, ..., x_4$. Mas isso é impossível de ser feito! Podemos aumentar ou reduzir os potenciais pela mesma constante c e as diferenças não se alterarão – confirmando que $x = (c, c, c, c)$ está no espaço nulo de A. Esses são os únicos vetores no espaço nulo, já que $Ax = 0$ significa potenciais iguais ao longo de todas as arestas. O espaço nulo da matriz de incidência é unidimensional. ***O posto é* 4 – 1 = 3.**

Espaço-coluna: Para que diferenças $b_1, ..., b_5$ podemos resolver $Ax = b$? Para encontrar um teste direto, voltemos para a matriz. A linha 1 mais a linha 3 é igual à linha 2. Do lado direito, precisamos de $b_1 + b_3 = b_2$ ou nenhuma solução será possível. De modo similar, a linha 3 mais a linha 5 é a linha 4. O lado direito deve satisfazer $b_3 + b_5 = b_4$ para que a eliminação resulte em $0 = 0$. Repetindo, se b está no espaço-coluna, então

$$b_1 - b_2 + b_3 = 0 \quad \text{e} \quad b_3 - b_4 + b_5 = 0. \tag{1}$$

Prosseguindo a busca, também descobrimos que as linhas 1 + 4 são iguais às linhas 2 + 5. Mas isso não é novidade; a subtração das equações em (1) já produz $b_1 + b_4 = b_2 + b_5$. Há *duas condições* para os cinco componentes, pois o espaço-coluna possui dimensão 5 – 2. Essas condições surgiriam da eliminação, mas neste caso elas têm um significado para o grafo.

Ciclos: a Lei das Tensões de Kirchhoff diz que as *diferenças de potencial ao redor de um ciclo devem somar zero*. Ao redor do ciclo superior na Figura 2.6, as diferenças satisfazem $(x_2 - x_1) + (x_3 - x_2) = (x_3 - x_1)$. Essas diferenças são $b_1 + b_3 = b_2$. Para circular o ciclo inferior e voltar ao mesmo potencial, precisamos de $b_3 + b_5 = b_4$.

> 2R O teste para que b esteja no espaço-coluna é a ***Lei das Tensões de Kirchhoff***:
>
> ***A soma das diferenças de potencial ao redor do ciclo deve ser zero.***

Espaço nulo à esquerda: Para resolver $A^{\mathrm{T}}y = 0$, encontramos seu significado no grafo. O vetor y possui cinco componentes, um para cada aresta. Esses números representam **correntes** que fluem ao longo das cinco arestas. Como A^{T} é 4 por 5, a equação $A^{\mathrm{T}}y = 0$ fornece quatro condições para essas cinco correntes. Elas são condições de "conservação" de cada nó – **o fluxo de entrada é igual ao fluxo de saída em todos os nós**:

$$A^{\mathrm{T}}y = \mathbf{0} \qquad \begin{aligned} -y_1 - y_2 \qquad\quad &= 0 \\ y_1 \qquad - y_3 - y_4 \qquad &= 0 \\ y_2 + y_3 \qquad - y_5 &= 0 \\ y_4 + y_5 &= 0 \end{aligned} \qquad \begin{aligned} &\text{A corrente total no nó 1 é nula} \\ &\text{no nó 2} \\ &\text{no nó 3} \\ &\text{no nó 4} \end{aligned}$$

A beleza da teoria das redes é que tanto A como A^{T} possuem papéis importantes.

A resolução de $A^{\mathrm{T}}y = 0$ significa encontrar um conjunto de correntes que não "acumulem" em nenhum nó. O tráfego continua circulando e as soluções mais simples são as **correntes ao redor dos ciclos menores**. Nosso grafo possui dois ciclos e enviamos 1A de corrente ao redor de cada um deles:

$$\textbf{Vetores-ciclos} \qquad y_1^{\mathrm{T}} = [1 \ \ -1 \ \ 1 \ \ 0 \ \ 0] \quad \text{e} \quad y_2^{\mathrm{T}} = [0 \ \ 0 \ \ 1 \ \ -1 \ \ 1].$$

Cada ciclo gera um vetor y no espaço nulo à esquerda. O componente +1 ou –1 indica se a corrente vai a favor ou contra o sentido da seta. As combinações de y_1 e y_2 preenchem o espaço nulo à esquerda, de modo que y_1 e y_2 são uma base (a dimensão tinha de ser $m - r = 5 - 3 = 2$). De fato, $y_1 - y_2 = (1, -1, 0, 1, -1)$ resulta no grande ciclo ao redor da parte exterior do grafo.

O espaço-coluna e o espaço nulo à esquerda estão intimamente relacionados. O espaço nulo à esquerda contém $y_1 = (1, -1, 1, 0, 0)$ e os vetores do espaço-coluna satisfazem $b_1 - b_2 + b_3 = 0$. Então, $y^{\mathrm{T}}b = 0$: os vetores no espaço-coluna e no espaço nulo à esquerda são perpendiculares! Isso em breve se tornará a Parte Dois do "Teorema fundamental da álgebra linear".

Espaço-linha: O espaço-linha de A contém vetores em $\mathbf{R}^4$, mas não todos os vetores. Sua dimensão é o posto $r = 3$. A eliminação encontrará três linhas independentes e poderemos também olhar para o grafo. As três primeiras linhas são *dependentes* (linha 1 + linha 3 = linha 2, e essas arestas formam um ciclo). As *linhas* 1, 2, 4 *são independentes, pois as arestas* 1, 2, 4 *não contêm ciclos.*

As linhas 1, 2, 4 são uma base para o espaço-linha. *Em cada linha, os elementos somam zero.* Toda combinação (f_1, f_2, f_3, f_4) no espaço-linha terá a mesma propriedade:

$$\textbf{\textit{f} no espaço-linha} \quad f_1 + f_2 + f_3 + f_4 = 0 \qquad \textbf{\textit{x} no espaço nulo} \quad x = C(1, 1, 1, 1) \quad (2)$$

Novamente isto ilustra o Teorema Fundamental: o espaço-linha é perpendicular ao espaço nulo. *Se f estiver no espaço-linha e x no espaço nulo, então* $f^Tx = 0$.

Para A^T, a lei básica da teoria das redes é a ***Lei das Correntes de Kirchhoff***. *O fluxo total em todos os nós é nulo.* Os números f_1, f_2, f_3, f_4 são fontes de corrente nos nós. A fonte f_1 deve equilibrar $-y_1 - y_2$, que é o fluxo que deixa o nó 1 (ao longo das arestas 1 e 2). Essa é a primeira equação em $A^Ty = f$. De modo similar, nos outros três nós – a conservação de carga exige que *fluxo de entrada = fluxo de saída*. A beleza está em que $\mathbf{A^T}$ ***é exatamente a matriz certa para a Lei das Correntes.***

2S As equações $A^Ty = f$ nos nós expressam a ***Lei das Correntes de Kirchhoff***:

A corrente em todos os nós é nula. Fluxo de entrada = Fluxo de saída.

Essa lei só pode ser satisfeita se a corrente total externa for $f_1 + f_2 + f_3 + f_4 = 0$. Com $f = 0$, a lei $A^Ty = 0$ é satisfeita por ***uma corrente que circula ao redor de um ciclo.***

Árvores geradoras e linhas independentes

Todo componente de y_1 e y_2 no espaço nulo à esquerda é 1, –1 ou 0 (dos fluxos em ciclo). O mesmo é verdadeiro para $x = (1, 1, 1, 1)$ no espaço nulo e todos os elementos de $PA = LDU$! O ponto fundamental é que toda etapa de eliminação tem um significado para o grafo.

Você pode vê-lo na primeira etapa de nossa matriz A: *subtraia a linha* 1 *da linha* 2. Isso substitui a aresta 2 por uma nova aresta "1 menos 2":

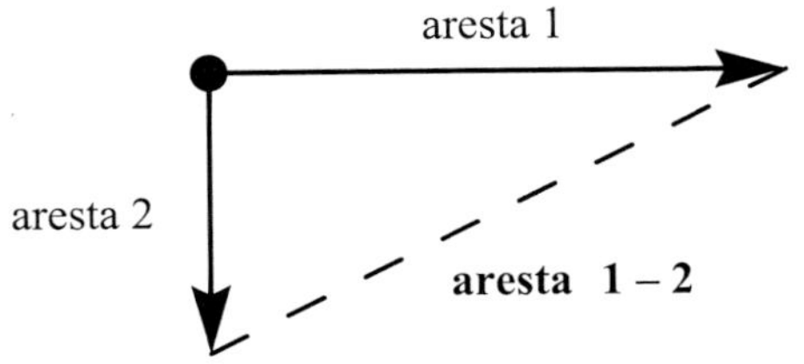

linha 1	–1	1	0	0
linha 2	–1	0	1	0
linha 1 – 2	**0**	**1**	**–1**	**0**

A etapa de eliminação destrói uma aresta e cria uma nova. Nesse caso, a nova aresta "1 – 2" é simplesmente a antiga aresta 3 na direção oposta. A próxima etapa de eliminação produzirá zeros na linha 3 da matriz. Isso mostra que as linhas 1, 2, 3 são dependentes. *As linhas são dependentes se as arestas correspondentes contiverem um ciclo.*

No final da eliminação, temos um conjunto completo de r linhas independentes. **Essas *r* arestas formam uma árvore – um grafo sem ciclos.** Nosso grafo possui $r = 3$ e as arestas 1, 2, 4 formam uma possível árvore. A denominação completa é *árvore geradora*, pois a árvore "gera" todos os nós do grafo. Uma árvore geradora possui $n - 1$ arestas se o grafo estiver conectado e a inclusão de mais uma aresta produz um ciclo.

Em linguagem de álgebra linear, $n - 1$ é o posto da matriz de incidência A. O espaço-linha tem dimensão $n - 1$. A árvore geradora, a partir da eliminação, fornece a base do espaço-linha – cada aresta da árvore corresponde a uma linha na base.

O Teorema Fundamental da Álgebra Linear relaciona as dimensões dos subespaços:

Espaço nulo: dimensão 1, contém $x = (1, ..., 1)$.
Espaço-coluna: dimensão $r = n - 1$, quaisquer colunas $n - 1$ são independentes.
Espaço-linha: dimensão $r = n - 1$, linhas independentes de qualquer árvore geradora.
Espaço nulo à esquerda: dimensão $m - r = m - n + 1$, contém y a partir dos ciclos.

Essas quatro linhas fornecem a ***fórmula de Euler***, que, de certa forma, é o primeiro teorema em topologia. Ela conta os nós de dimensão zero menos as arestas unidimensionais mais os ciclos bidimensionais. Agora, temos uma prova de álgebra linear para qualquer grafo conectado:

$$\textbf{(\# de nós)} - \textbf{(\# de arestas)} + \textbf{(\# de ciclos)} = (n) - (m) + (m - n + 1) = \mathbf{1}. \qquad (3)$$

Para um ciclo simples de 10 nós e 10 arestas, o número de Euler é $10 - 10 + 1$. Se cada um desses 10 nós for conectado a um décimo primeiro nó no centro, então $11 - 20 + 10$ ainda será 1.

Todo vetor f no espaço-linha possui $x^{\mathrm{T}}f = f_1 + ... + f_n = 0$ – as correntes externas somam zero. Todo vetor b no espaço-coluna possui $y^{\mathrm{T}}b = 0$ – as diferenças de potencial somam zero ao redor dos ciclos. Podemos rapidamente relacionar x e y por uma terceira lei (a ***lei de Ohm para cada resistor***). Antes, utilizaremos a matriz A para uma aplicação que parece frívola, mas não é.

A classificação de equipes de futebol

No fim da temporada do torneio universitário de futebol americano, algumas pesquisas classificam as equipes participantes. A classificação é, na maioria das vezes, uma média de opiniões e, às vezes, torna-se vaga após as doze primeiras faculdades. Queremos classificar todas as equipes utilizando uma base mais matemática.

A primeira etapa é reconhecer o grafo. Se a equipe j jogou com a equipe k, há uma aresta entre elas. As *equipes* são os *nós* e os *jogos* são as *arestas*. Há algumas centenas de nós e alguns milhares de arestas – que receberão uma direção por uma seta que parte da equipe visitante para a equipe da casa. A Figura 2.7 mostra parte da Ivy League* e algumas equipes tradicionais, além de uma faculdade que não é famosa pelo bom desempenho no futebol. Felizmente para esta faculdade (de onde estou escrevendo estas palavras) o grafo não é conectado. Falando em termos matemáticos, não podemos provar que o MIT não é o número 1 da lista (a menos que ele venha a disputar uma partida contra alguém).

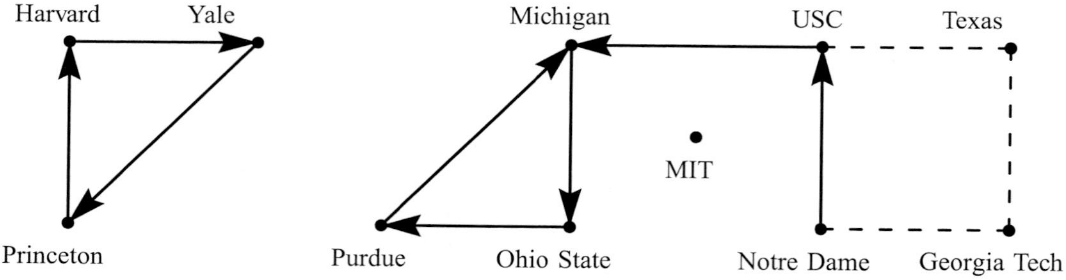

Figura 2.7 Parte do grafo de classificação das equipes universitárias de futebol.

* Ivy League é um grupo composto pelas oito universidades de maior prestígio científico dos Estados Unidos. Os membros da Ivy League são: Brown, Columbia, Cornell, Darthmouth College, Harvard, Pensilvânia, Princeton e Yale. (NT)

Se o futebol fosse perfeitamente consistente, poderíamos atribuir um "potencial" x_j a todas as equipes. Então, se a equipe visitante v jogasse com a equipe da casa h, a que tivesse maior potencial ganharia. Neste caso ideal, a diferença b no placar seria exatamente igual à diferença $x_h - x_v$ em seus potenciais. Elas não precisariam sequer disputar a partida! Haveria uma concordância de que a equipe com potencial mais alto é a melhor.

Esse método apresenta (no mínimo) duas dificuldades. Estamos tentando encontrar um número x para cada equipe e queremos $x_h - x_v = b_i$ para cada jogo. Isso significa alguns milhares de equações e apenas algumas centenas de incógnitas. As equações $x_h - x_v = b_i$ entram em um sistema linear $Ax = b$, em que A é uma ***matriz de incidência***. Todo jogo possui uma linha com $+1$ na coluna h e -1 na coluna v – para indicar quais equipes estão no jogo.

Primeira dificuldade: se b não estiver no espaço-coluna, não haverá solução. Os placares devem ser perfeitamente adequados, ou não será possível encontrar potenciais exatos. Segunda dificuldade: se A possuir vetores não nulos em seu espaço nulo, os potenciais x não serão bem determinados. No primeiro caso, x não existe; no segundo, x não é único. Provavelmente ambas as dificuldades estarão presentes.

O espaço nulo sempre contém o vetor de 1's, pois A considera apenas as *diferenças* $x_h - x_v$. Para determinar os potenciais, podemos atribuir arbitrariamente potencial zero para Harvard (estou falando em termos matemáticos, não semânticos). Mas se o grafo não estiver conectado, toda parte separada do grafo contribui com um vetor para o espaço nulo. Há até mesmo um vetor com $x_{\mathrm{MIT}} = 1$ e todos os outros $x_j = 0$. Temos que estabelecer não apenas Harvard, mas uma equipe em cada parte (não há nenhuma injustiça em atribuir potencial nulo; se todos os outros potenciais forem abaixo de zero, então a equipe atribuída se classifica em primeiro). A dimensão do espaço nulo é o *número de partes* do grafo – e não haverá como classificar uma parte em relação a outra se elas não disputarem partidas.

O espaço-coluna parece mais difícil de descrever. Que placares coincidem perfeitamente com um conjunto de potenciais? Certamente $Ax = b$ não é solúvel se Harvard derrotar Yale, Yale derrotar Princeton e Princeton derrotar Harvard. Mais do que isso, as diferenças de placar desse ciclo de jogos ***têm de somar zero***:

Lei de Kirchhoff para diferenças de placares $\qquad b_{\mathrm{HY}} + b_{\mathrm{YP}} + b_{\mathrm{PH}} = 0.$

Essa também é uma lei da álgebra linear. $Ax = b$ pode ser resolvido quando b satisfizer as mesmas dependências lineares das linhas de A. Então, a eliminação levará a $0 = 0$.

Na realidade, b quase certamente não está no espaço-coluna. Os placares de futebol não são tão consistentes. Para obter uma classificação, podemos utilizar ***mínimos quadrados***: torne Ax o mais próximo possível de b. Isto está no Capítulo 3, e mencionamos apenas um ajuste. O vencedor recebe um bônus de 50, ou mesmo de 100 pontos, no topo da diferença de placar. Por outro lado, vencer por 1 é muito próximo de perder por 1. Isso aproxima as classificações calculadas àquelas das pesquisas; Dr. Leake (Notre Dame) fornece uma análise completa em *Management Science in Sports* (1976).

Após escrever esta subseção, encontrei no *New York Times* o seguinte:

> Em sua classificação final para 1985, o computador posicionou o Miami (10-2) na sétima posição, acima do Tennessee (9-1-2). Alguns dias após a publicação, pacotes contendo laranjas e cartas indignadas de torcedores descontentes do Tennessee começaram a chegar ao departamento de esportes do *Times*. A irritação se deve ao fato de o Tennessee ter massacrado o Miami por 35-7 no Sugar Bowl. As pesquisas da AP e da UPI classificaram o Tennessee em quarto, com o Miami significativamente abaixo.

Ontem pela manhã, nove caixas de laranjas chegaram ao terminal de carga. Elas foram enviadas pelo Hospital Bellevue com um aviso de que a qualidade das laranjas era duvidosa.

Um pouco exagerado para uma aplicação de álgebra linear.

Redes e matemática discreta aplicada

Um grafo se torna uma ***rede*** quando os números $c_1, ..., c_m$ são atribuídos às arestas. O número c_i pode ter o *comprimento* da aresta i, ou sua *capacidade* ou sua *rigidez* (se ele contiver um salto) ou sua *condutividade* (se ele contiver um resistor). Esses números entram em uma matriz diagonal C, que é m por m. C reflete as "propriedades materiais", em contraste com a matriz de incidência A – que fornece informações sobre as conexões.

Nossa descrição será em termos elétricos. Na aresta i, a condutividade é c_i e a resistência é $1/c_i$. A Lei de Ohm diz que a corrente y_i pelo resistor é proporcional à variação de tensão e_i:

$$\textbf{Lei de Ohm} \qquad y_i = c_i e_i \qquad \text{(corrente)} = \text{(condutividade)(variação de tensão)}$$

Isto também pode ser apresentado como $E = IR$, a variação de tensão é igual à corrente multiplicada pela resistência. Como uma equação vetorial em todas as arestas ao mesmo tempo, a ***Lei de Ohm é $y = Ce$.***

Precisamos da Lei das Tensões e da Lei das Correntes de Kirchhoff para concluir o modelo:

LTK: As variações de tensão ao redor de cada ciclo somam zero.
LCK: As correntes y_i (e f_i) em cada nó somam zero.

A lei das tensões nos permite atribuir potenciais $x_1, ..., x_n$ aos nós. Então, a diferença ao redor do ciclo resultará em uma soma do tipo $(x_2 - x_1) + (x_3 - x_2) + (x_1 - x_3) = 0$, em que todos os termos se cancelam. A lei das correntes pede que adicionemos as correntes a cada nó pela multiplicação $A^T y$. Se não houver fontes externas de corrente, a *Lei das Correntes de Kirchhoff será* $A^T y = 0$.

A outra equação é a Lei de Ohm, mas precisamos encontrar a variação de tensão e no resistor. A multiplicação Ax fornece a diferença de potencial entre os nós. Invertendo os sinais, $-Ax$ fornece a *variação* de potencial. Parte da variação pode ser decorrente da ***bateria*** na aresta com potência b_i. O resto da variação é $e = b - Ax$ no resistor:

$$\textbf{Lei de Ohm} \qquad y = C(b - Ax) \qquad \text{ou} \qquad C^{-1}y + Ax = b. \tag{4}$$

As ***equações fundamentais de equilíbrio*** combinam Ohm e Kirchhoff em um problema central de matemática aplicada. Essas equações aparecem em vários lugares:

$$\textbf{Equações de equilíbrio} \qquad \begin{aligned} C^{-1}y + Ax &= b \\ A^T y \qquad &= f. \end{aligned} \tag{5}$$

Trata-se de um sistema linear simétrico, do qual e desapareceu. As incógnitas são as correntes y e os potenciais x. Veja a matriz de blocos simétrica:

$$\textbf{Forma de blocos} \qquad \begin{bmatrix} C^{-1} & A \\ A^T & 0 \end{bmatrix} \begin{bmatrix} y \\ x \end{bmatrix} = \begin{bmatrix} b \\ f \end{bmatrix}. \tag{6}$$

Para a eliminação de blocos, o pivô é C^{-1}, o multiplicador é $A^T C$ e a subtração exclui A^T abaixo do pivô. O resultado é

$$\begin{bmatrix} C^{-1} & A \\ 0 & -A^{\mathrm{T}}CA \end{bmatrix} \begin{bmatrix} y \\ x \end{bmatrix} = \begin{bmatrix} b \\ f - A^{\mathrm{T}}Cb \end{bmatrix}.$$

A equação para apenas x está na linha debaixo, com a matriz simétrica $A^{\mathrm{T}}CA$:

$$\textbf{Equação fundamental} \qquad A^{\mathrm{T}}CAx = A^{\mathrm{T}}Cb - f. \tag{7}$$

Então, a retrossubstituição na primeira equação produz y. Não há nenhum mistério – substitua $y = C(b - Ax)$ em $A^{\mathrm{T}}y = f$ para obter (7).

Comentário importante Um potencial precisa ser fixado antecipadamente: $x_n = 0$. O n-ésimo nó é ***estabelecido*** e a n-ésima coluna da matriz de incidência original é removida. A matriz resultante é o que estamos chamando de A; suas $n - 1$ colunas são independentes. A matriz quadrada $A^{\mathrm{T}}CA$, que é a chave para resolver a equação (7) para x, é uma matriz invertível de ordem $n - 1$:

$$\underset{n-1 \text{ por } m}{\begin{bmatrix} & & \\ & A^{\mathrm{T}} & \\ & & \end{bmatrix}} \underset{m \text{ por } m}{\begin{bmatrix} & \\ C \\ & \end{bmatrix}} \underset{m \text{ por } n-1}{\begin{bmatrix} \\ A \\ \\ \end{bmatrix}} = \underset{n-1 \text{ por } n-1}{\begin{bmatrix} & \\ A^{\mathrm{T}}CA \\ & \end{bmatrix}}$$

Exemplo 1 Suponha que uma bateria b_3 e uma fonte de corrente f_2 (e cinco resistores) conectem quatro nós. O nó 4 é estabelecido e o potencial $x_4 = 0$ é fixado.

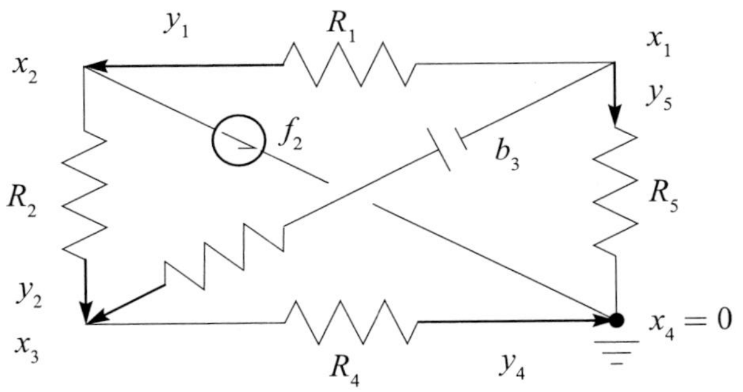

O primeiro resultado a ser aplicado é a lei das correntes $A^{\mathrm{T}}y = f$ nos nós 1, 2, 3:

$$\begin{aligned} -y_1 - y_3 - y_5 &= 0 \\ y_1 - y_2 \qquad &= f_2 \\ y_2 + y_3 - y_4 &= 0 \end{aligned} \qquad \text{possui} \quad A^{\mathrm{T}} = \begin{bmatrix} -1 & 0 & -1 & 0 & -1 \\ 1 & -1 & 0 & 0 & 0 \\ 0 & 1 & 1 & -1 & 0 \end{bmatrix}.$$

Nenhuma equação é apresentada para o nó 4, em que a lei das correntes é $y_4 + y_5 + f_2 = 0$. Ela decorre da soma das outras três equações.

A outra equação é $C^{-1}y + Ax = b$. Os potenciais x são conectados às correntes y pela Lei de Ohm. A matriz diagonal C contém as cinco condutividades $c_i = 1/\boldsymbol{R}_i$. O lado direito leva em conta a bateria de potência b_3 na aresta 3. A forma de blocos possui $C^{-1}y + Ax = b$ acima de $A^{\mathrm{T}}y = f$:

$$\begin{bmatrix} C^{-1} & A \\ A^{\mathrm{T}} & 0 \end{bmatrix}\begin{bmatrix} y \\ x \end{bmatrix} = \begin{bmatrix} R_1 & & & & & -1 & 1 & 0 \\ & R_2 & & & & 0 & -1 & 1 \\ & & R_3 & & & -1 & 0 & 1 \\ & & & R_4 & & 0 & 0 & -1 \\ & & & & R_5 & -1 & 0 & 0 \\ -1 & 0 & -1 & 0 & -1 & & & \\ 1 & -1 & 0 & 0 & 0 & & & \\ 0 & 1 & 1 & -1 & 0 & & & \end{bmatrix}\begin{bmatrix} y_1 \\ y_2 \\ y_3 \\ y_4 \\ y_5 \\ x_1 \\ x_2 \\ x_3 \end{bmatrix} = \begin{bmatrix} 0 \\ 0 \\ b_3 \\ 0 \\ 0 \\ 0 \\ f_2 \\ 0 \end{bmatrix}$$

O sistema é 8 por 8, com cinco correntes e três potenciais. A eliminação dos valores y reduz ao sistema 3, por 3 $A^{\mathrm{T}}CAx = A^{\mathrm{T}}Cb - f$. A matriz $A^{\mathrm{T}}CA$ contém as recíprocas $c_i = 1/\boldsymbol{R}_i$ (pois na eliminação você divide pelos pivôs). Também apresentamos a quarta linha e coluna, a partir do nó estabelecido, fora da matriz 3 por 3:

$$A^{\mathrm{T}}CA = \begin{bmatrix} c_1 + c_3 + c_5 & -c_1 & -c_3 \\ -c_1 & c_1 + c_2 & -c_2 \\ -c_3 & -c_2 & c_2 + c_3 + c_4 \end{bmatrix} \begin{matrix} -c_5 & \text{(nó 1)} \\ 0 & \text{(nó 2)} \\ -c_4 & \text{(nó 3)} \end{matrix}$$
$$\begin{matrix} -c_5 & 0 & -c_4 & c_4 + c_5 & \text{(nó 4)} \end{matrix}$$

O primeiro elemento é 1 + 1 + 1 ou $c_1 + c_3 + c_5$ quando C é incluído, pois as arestas 1, 3, 5 estão em contato com o nó 1. O próximo elemento diagonal é 1 + 1 ou $c_1 + c_2$, das arestas em contato com o nó 2. Fora das diagonais, os valores c aparecem com sinais de subtração. *As arestas para o nó estabelecido* 4 pertencem à *quarta* linha e coluna, que são excluídas quando a coluna 4 é removida de A (tornando $A^{\mathrm{T}}CA$ invertível). A matriz 4 por 4 teria todas as linhas e colunas somando zero e (1, 1, 1, 1) estaria no espaço nulo.

Observe que $A^{\mathrm{T}}CA$ é simétrica. Ela possui pivôs positivos, e isto decorre do ***modelo básico de matemática aplicada*** ilustrado na Figura 2.8.

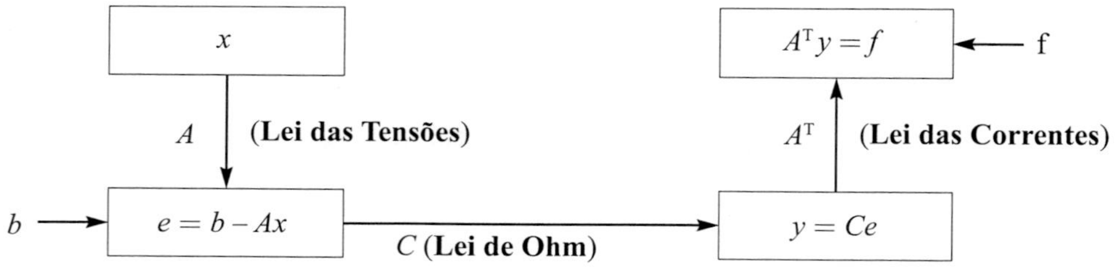

Figura 2.8 O modelo de equilíbrio: fontes b e f, três etapas de $A^{\mathrm{T}}CA$.

Em mecânica, x e y se tornam deslocamentos e tensões mecânicas. Em fluidos, as incógnitas são pressão e taxa de fluxo. Em estática, e é o erro e x são os melhores mínimos quadrados adequados aos dados. Essas equações matriciais e as equações diferenciais correspondentes estão em nosso livro-texto *Introduction to Applied Mathematics* e no novo *Applied Mathematics and Scientific Computing* (consulte o site http://www.wellesleycambridge.com).

Encerramos este capítulo em ponto alto – a ***formulação*** de um problema fundamental de matemática aplicada. Com frequência, isso exige mais compreensão do que ***solução*** do problema. Resolvemos equações lineares no Capítulo 1, como o primeiro passo da álgebra linear. Estabelecer as equações exigiu a compreensão mais profunda do Capítulo 2. A contribuição da matemática, e das pessoas, não é o cálculo, mas a inteligência.

Conjunto de problemas 2.5

1. Para a mesma matriz 3 por 3, mostre diretamente, a partir das colunas, que todo vetor b no espaço-coluna satisfará $b_1 + b_2 - b_3 = 0$. Tire a mesma conclusão a partir das três linhas – as equações do sistema $Ax = b$. O que isto significa em relação às diferenças de potencial ao redor de um ciclo?

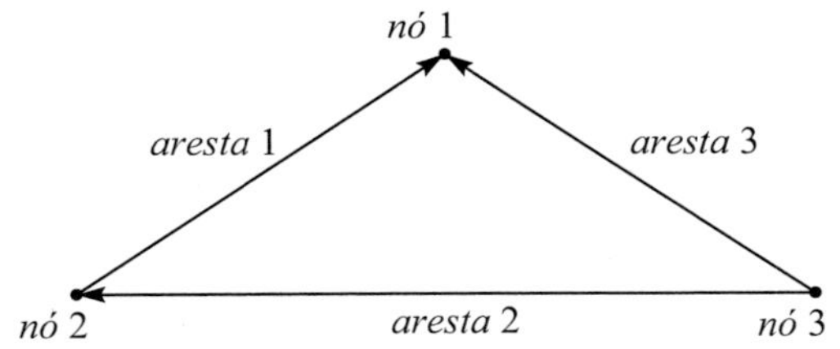

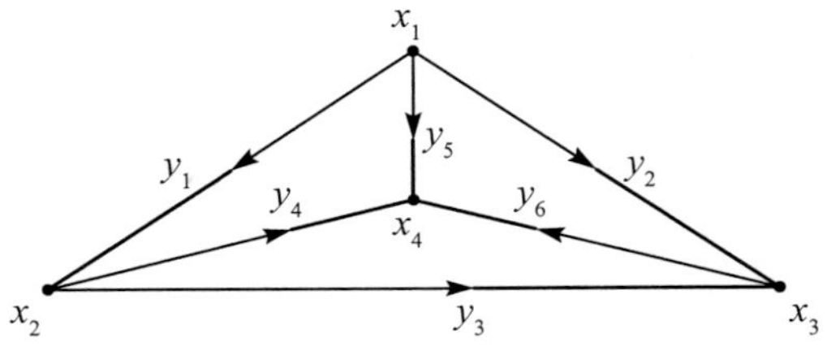

2. Para o grafo triangular de 3 nós da figura acima, apresente a matriz de incidência 3 por 3. Encontre uma solução para $Ax = 0$ e descreva todos os outros vetores do espaço nulo de A. Encontre uma solução para $A^Ty = 0$ e descreva todos os outros vetores do espaço nulo à esquerda de A.

3. Apresente as dimensões dos quatro subespaços fundamentais para essa matriz de incidência 6 por 4 e uma base para cada subespaço.

4. Apresente a matriz de incidência A 6 por 4 para o segundo grafo da figura. O vetor (1, 1, 1, 1) está no espaço nulo de A, mas agora há $m - n + 1 = 3$ vetores independentes que satisfazem $A^Ty = 0$. Encontre três vetores y e *conecte-os aos ciclos no grafo*.

5. Desenhe um grafo com arestas numeradas e direcionadas (e nós numerados), cuja matriz de incidência seja:

$$A = \begin{bmatrix} -1 & 1 & 0 & 0 \\ -1 & 0 & 1 & 0 \\ 0 & 1 & 0 & -1 \\ 0 & 0 & -1 & 1 \end{bmatrix}.$$

Esse grafo é uma árvore? As linhas de A são independentes? Mostre que a remoção da última aresta produz uma árvore geradora. Então, as linhas remanescentes são uma base para _______?

6. Se esse segundo grafo representa seis jogos entre quatro times e as diferenças de placar são $b_1, ..., b_6$, quando será possível atribuir potenciais $x_1, ..., x_4$ de modo que as diferenças de potencial concordem com b? Você está buscando (a partir de Kirchhoff ou da eliminação) as condições que torna $Ax = b$ solúvel.

7. Calcule a matriz 3 por 3 A^TA e mostre que ela é simétrica, mas singular – quais vetores estão no espaço nulo? A remoção da última coluna de A (e da última linha de A^T) deixa a matriz 2 por 2 no canto superior esquerdo; mostre que ela *não* é singular.

8. Calcule A^TA e A^TCA, em que a matriz diagonal 6 por 6 C possui elementos $c_1, ..., c_6$. Como é possível dizer, a partir do grafo, onde os valores c aparecerão na diagonal principal de A^TCA?

9. A partir das linhas, mostre que todo vetor f no espaço-linha satisfará $f_1 + f_2 + f_3 = 0$. Tire a mesma conclusão a partir das três equações $A^Ty = f$. O que isso significa quando os valores f são correntes nos nós?

10. Posicione a matriz diagonal C com elementos c_1, c_2, c_3 no centro e calcule A^TCA. Mostre novamente que a matriz 2 por 2 no canto superior esquerdo é invertível.

11. Para ambos os grafos desenhados abaixo, verifique a *fórmula de Euler*:
(# de nós) – (# de arestas) + (# de ciclos) $= 1$.

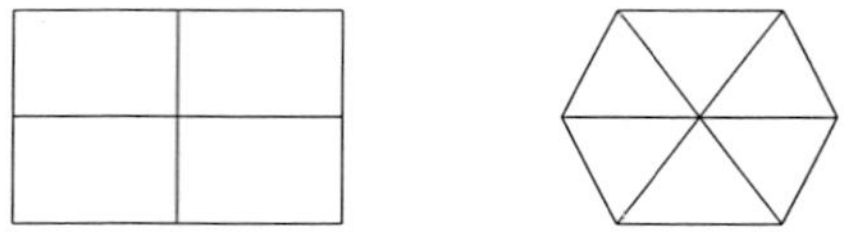

12. Com a coluna removida da matriz A do problema 5 e com os números 1, 2, 2, 1 na diagonal de C, apresente o sistema 7 por 7

$$\begin{aligned} C^{-1}y + Ax &= 0 \\ A^Ty \qquad &= f. \end{aligned}$$

A eliminação de y_1, y_2, y_3, y_4 deixa três equações $A^TCAx = -f$ para x_1, x_2, x_3. Resolva as equações quando $f = (1, 1, 6)$. Com essas correntes de entrada nos nós 1, 2, 3 da rede, quais são os potenciais nesses nós e as correntes nas arestas?

13. Se o MIT derrotar Harvard por 35-0, Yale empatar com Harvard e Princeton derrotar Yale por 7-6, que diferença de placar nos outros três jogos (H-P, MIT-P, MIT-Y) permitirá diferenças de potencial que coincidam com as diferenças de placar? Se as diferenças de placar nos jogos forem localizadas em uma árvore geradora, elas serão conhecidas para todos os jogos.

14. Multiplique as matrizes para encontrar A^TA e deduza como seus elementos surgem a partir do grafo:

(a) A diagonal de A^TA informa a quantidade de _______ em cada nó.

(b) Os valores –1 e 0 fora da diagonal dizem quais pares de nós são _______.

15. No grafo acima, com 4 nós e 6 arestas, encontre todas as 16 árvores geradoras.

16. Por que o espaço nulo de A^TA contém (1, 1, 1, 1)? Qual é o posto?

17. A *matriz de adjacência* de um grafo possui $M_{ij} = 1$ se os nós i e j forem conectados por uma aresta (de outro modo, $M_{ij} = 0$). Para o grafo do problema 4, com 6 nós e 4 arestas, apresente M e também M^2. Por que $(M^2)_{ij}$ conta o número de *caminhos de* 2 *etapas* do nó i ao nó j?

18. Por que um grafo completo com $n = 6$ nós possui $m = 15$ arestas? Uma árvore geradora que conecta todos os seis nós possui _______ arestas. Há $n^{n-2} = 6^4$ árvores geradoras!

19. Se existe uma aresta entre todos os pares de nós (um grafo completo), quantas arestas há? O grafo possui n nós e não é possível arestas de um nó a ele mesmo.

20. Se A é uma matriz de incidência 12 por 7 de um grafo conectado, qual é seu posto? Quantas variáveis livres existem na solução de $Ax = b$? Quantas variáveis livres há na solução de $A^Ty = f$? Quantas arestas devem ser removidas para obtermos uma árvore geradora?

21. Em nosso método de classificação de equipes de futebol, a força do adversário deve ser considerada ou ela já está incorporada?

2.6 TRANSFORMAÇÕES LINEARES

Sabemos como uma matriz move subespaços quando os multiplicamos por A. O espaço nulo vai para o vetor nulo. Todos os vetores vão para o espaço-coluna, já que Ax é sempre uma combinação das colunas. Em breve, você verá algo bonito – que A levará o espaço-linha ao espaço-coluna e, naqueles espaços de dimensão r, ela será 100% invertível. Esta é a verdadeira atuação de A. Ela é parcialmente ocultada pelos espaços nulos e pelos espaços nulos à esquerda que estão em ângulos retos e seguem seu próprio caminho (em direção a zero).

O que importa agora é o que acontece *no interior* do espaço – o que significa no interior do espaço de n dimensões, se A for n por n. Isso exige abordagem mais detalhada.

Suponha que x seja um vetor de n dimensões. Quando A multiplica x, ela ***transforma*** esse vetor em um novo vetor Ax. Isso acontece em todo ponto x do espaço de n dimensões $\mathbf{R}^n$. O espaço inteiro é transformado ou "mapeado para si mesmo" pela matriz A. A Figura 2.9 ilustra quatro transformações que decorrem das matrizes:

$$A = \begin{bmatrix} c & 0 \\ 0 & c \end{bmatrix}$$

1. Um múltiplo da matriz identidade $A = c_I$ ***estende*** todos os vetores pelo mesmo fator c. O espaço inteiro se expande ou se contrai (ou, de algum modo, passa através da origem e sai no lado oposto quando c é negativo).

$$A = \begin{bmatrix} 0 & -1 \\ 1 & 0 \end{bmatrix}$$

2. Uma matriz de ***rotação*** gira o espaço inteiro ao redor da origem. Este exemplo gira todos os vetores em 90º, transformando cada ponto (x, y) em $(-y, x)$.

$$A = \begin{bmatrix} 0 & 1 \\ 1 & 0 \end{bmatrix}$$

3. Uma matriz de ***reflexão*** transforma todo vetor em sua imagem espelhada no lado oposto. Neste exemplo, o espelho é a reta de 45º $y = x$ e um ponto como (2, 2) fica inalterado. Um ponto como (2, –2) é invertido para (–2, 2). Em uma combinação como $v = (2, 2) + (2, -2) = (4, 0)$, a matriz mantém uma parte e inverte a outra. O resultado é $Av = (2, 2) + (-2, 2) = (0, 4)$.

   Essa matriz de reflexão também é uma matriz de permutação! Ela é algebricamente muito simples, enviando (x, y) para (y, x), para que a representação geométrica seja ofuscada.

$$A = \begin{bmatrix} 1 & 0 \\ 0 & 0 \end{bmatrix}$$

4. Uma matriz de ***projeção*** leva o espaço inteiro para um subespaço de dimensão menor (não invertível). O exemplo transforma cada vetor (x, y) no plano do ponto mais próximo $(x, 0)$ sobre o eixo horizontal. Esse eixo é o espaço-coluna de A. O eixo y que projeta para (0, 0) é o espaço nulo.

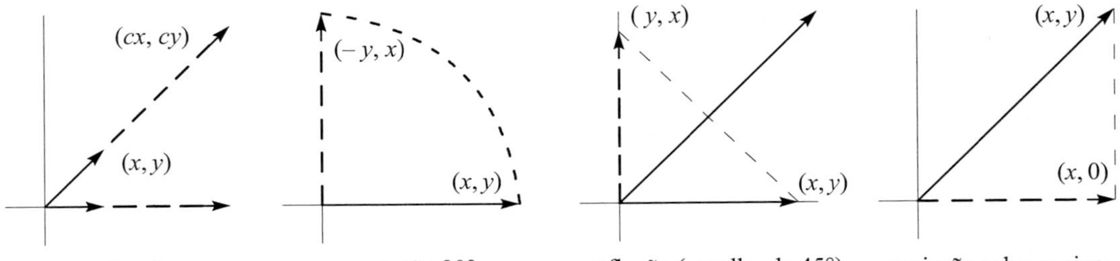

Figura 2.9 Transformações do plano por quatro matrizes.

Esses exemplos podem ser aplicados para as três dimensões. Há matrizes para estender o globo terrestre, girá-lo ou refleti-lo em relação ao plano do equador (o polo norte se transforma no polo sul). Há uma matriz que projeta tudo sobre esse plano (ambos os polos no centro). Também é importante reconhecer que as matrizes não podem fazer tudo, e algumas transformações T(x) *não são possíveis* com Ax:

(i) É impossível mover a origem, já que $A0 = 0$ para toda matriz.
(ii) Se o vetor x vai para x', então $2x$ deve ir para $2x'$. Em geral, cx deve ir para cx', já que $A(cx) = c(Ax)$.
(iii) Se os vetores x e y vão para x' e y', então sua soma $x + y$ deve ir para $x' + y'$, já que $A(x + y) = Ax + Ay$.

A multiplicação de matrizes impõe essas regras de transformação. A segunda regra contém a primeira (considere $c = 0$ para obter $A0 = 0$). Vimos a regra (iii) atuando quando (4, 0) foi refletido em relação à reta de 45°. Ele foi separado em (2, 2) + (2, –2) e as duas partes foram refletidas separadamente. O mesmo pode ser feito para as projeções: separar, projetar separadamente e somar projeções. Essas regras se aplicam a ***qualquer transformação que decorra de uma matriz***.

Sua importância lhes garantiu um nome: as transformações que obedecem às regras (i) a (iii) são chamadas ***transformações lineares***. As regras podem ser combinadas em um requisito:

2T Para todos os números c e d e todos os vetores x e y, a multiplicação de matrizes satisfaz a regra da linearidade:

$$A(cx + dy) = C(Ax) + d(Ay). \tag{1}$$

Toda transformação $T(x)$ que atenda a este requisito é uma ***transformação linear***.

Qualquer matriz leva imediatamente a uma transformação linear. A questão mais interessante está no sentido oposto: *toda transformação linear leva a uma matriz*? O objetivo desta seção é descobrir a resposta: *sim*. Este é o fundamento de uma abordagem da álgebra linear – começando com a propriedade (1) e desenvolvendo suas consequências –, o que é muito mais abstrato do que a abordagem principal deste livro. Preferimos começar diretamente com matrizes e observar como elas representam transformações lineares.

Uma transformação não precisa ir de $\mathbf{R}^n$ ao mesmo espaço $\mathbf{R}^n$. É totalmente possível transformar os vetores em $\mathbf{R}^n$ em vetores num espaço diferente $\mathbf{R}^m$. É exatamente isto que é feito por uma matriz m por n! O vetor original x possui n componentes e o vetor transformado Ax possui m componentes. A regra de linearidade é igualmente satisfeita por matrizes retangulares; portanto, elas também produzem transformações lineares.

Tendo chegado a este ponto, não há motivo para parar. As operações na condição de linearidade (1) são adição e multiplicação por escalar, mas x e y não precisam ser vetores-colunas em $\mathbf{R}^n$. Estes não são os únicos espaços. Por definição, *qualquer espaço vetorial permite as combinações* cx + dy – os "vetores" são x e y, mas, na verdade, podem incluir polinômios, matrizes ou funções $x(t)$ e $y(t)$. Enquanto a transformação satisfizer a equação (1), ela será linear.

Tomemos como exemplo os espaços $\mathbf{P}_n$, nos quais os vetores são polinômios $p(t)$ de grau n. Eles se parecem com $p = a_0 + a_1t + ... + a_nt^n$ e a dimensão do espaço vetorial é $n + 1$ (pois, com o termo constante, há $n + 1$ coeficientes).

Exemplo 1 A operação de ***diferenciação*** $A = d/dt$ é linear:

$$Ap(t) = \frac{d}{dt}(a_0 + a_1 t + \ldots + a_n t^n) = a_1 + \ldots + n a_n t^{n-1}. \quad (2)$$

O espaço nulo dessa A é o espaço unidimensional das constantes: $da_0/dt = 0$. O espaço-coluna é o espaço de n dimensões $\mathbf{P}_{n-1}$; o lado direito da equação (2) sempre estará nesse espaço. A soma de nulidade ($= 1$) e posto ($= n$) é a dimensão do espaço original $\mathbf{P}_n$.

Exemplo 2 A ***integração*** de 0 a t também é linear (*leva de* $\mathbf{P}_n$ *a* $\mathbf{P}_{n+1}$):

$$Ap(t) = \int_0^t (a_0 + \ldots + a_n t^n)dt = a_0 t + \ldots + \frac{a_n}{n+1} t^{n+1}. \quad (3)$$

Dessa vez, não há espaço nulo (exceto para o vetor nulo, como sempre!), mas a integração não produz todos os polinômios em $\mathbf{P}_{n+1}$. O lado direito da equação (3) não possui termo constante. Provavelmente os polinômios constantes serão o espaço nulo.

Exemplo 3 A ***multiplicação*** por um polinômio fixo como $2 + 3t$ é linear:

$$Ap(t) = (2 + 3t)\,(a_0 + \ldots + a_n t^n) = 2a_0 + \ldots + 3a_n t^{n+1}.$$

Novamente, ocorre a transformação de $\mathbf{P}$ em $\mathbf{P}_{n+1}$ sem nenhum espaço nulo, exceto $p = 0$.

Nesses exemplos (e em quase todos os outros), não é difícil verificar a linearidade. Ela nem mesmo parece muito interessante. Se ela estiver presente, é praticamente impossível errar. No entanto, ela é a propriedade mais importante que uma transformação pode ter.* É claro que a maioria das transformações não é linear – por exemplo, elevar o polinômio ($Ap = p^2$) ao quadrado, somar 1 ($Ap = p + 1$) ou manter os coeficientes positivos ($A(t - t^2) = t$). Serão transformações lineares *apenas aquelas* que nos levarem de volta às matrizes.

Transformações representadas por matrizes

A linearidade tem uma consequência crucial: ***se conhecermos* Ax *para cada vetor de uma base, conheceremos* Ax *para cada vetor de um espaço inteiro***. Suponha que a base consista dos n vetores x_1, ..., x_n. Qualquer outro vetor x é uma combinação desses vetores particulares (eles geram o espaço). Então, a linearidade determina Ax:

Linearidade Se $x = c_1 x_1 + \ldots + c_n x_i$ então $Ax = c_1(Ax_1) + \ldots + c_n(Ax_n)$. (4)

A transformação $T(x) = Ax$ não deixa nenhuma liberdade após ela ter determinado o que fazer com os vetores-bases. O resto é determinado por linearidade. O requisito (1) para dois vetores x e y leva à condição (4) para n vetores $x_1, \ldots, x_n$. A transformação tem, de fato, liberdade com os vetores da base (eles são independentes). Quando estes são estabelecidos, a transformação de todos os vetores também é estabelecida.

Exemplo 4 Qual transformação linear leva x_1 e x_2 a Ax_1 e Ax_2?

$$x_1 = \begin{bmatrix} 1 \\ 0 \end{bmatrix} \text{ vai a } Ax_1 = \begin{bmatrix} 2 \\ 3 \\ 4 \end{bmatrix}; \qquad x_2 = \begin{bmatrix} 0 \\ 1 \end{bmatrix} \text{ vai a } Ax_2 = \begin{bmatrix} 4 \\ 6 \\ 8 \end{bmatrix}.$$

* A inversibilidade está, talvez, em segundo lugar quanto à importância de propriedade.

Deve ser a multiplicação $T(x) = Ax$ pela matriz

$$A = \begin{bmatrix} 2 & 4 \\ 3 & 6 \\ 4 & 8 \end{bmatrix}.$$

Começando com bases diferentes (1, 1) e (2, –1), essa mesma matriz A também é a única transformação linear com

$$A = \begin{bmatrix} 1 \\ 1 \end{bmatrix} = \begin{bmatrix} 6 \\ 9 \\ 12 \end{bmatrix} \quad \text{e} \quad A = \begin{bmatrix} 2 \\ -1 \end{bmatrix} = \begin{bmatrix} 0 \\ 0 \\ 0 \end{bmatrix}.$$

Em seguida, encontramos matrizes que representam diferenciação e integração. ***Primeiro, precisamos determinar a base.*** Para os polinômios de grau 3, há uma escolha natural para os quatro vetores-bases:

$$\textbf{Bases de } \mathbf{P}_3 \qquad p_1 = 1, \ \ p_2 = t, \ \ p_3 = t^2, \ \ p_4 = t^3.$$

Essa base não é única (nunca é), mas é necessário fazer alguma escolha e esta é a mais conveniente. As derivadas dessas quatro bases são os vetores 0, 1, $2t$, $3t^2$:

$$\textbf{Atuação de } \boldsymbol{d/dt} \qquad Ap_1 = 0, \ Ap_2 = p_1, \ Ap_3 = 2p_2, \ Ap_4 = 3\,p_3. \tag{5}$$

"d/dt" está atuando exatamente como uma matriz. Mas qual matriz? Suponha que estejamos no espaço quadridimensional usual com a base usual – os vetores coordenados $p_1 = (1, 0, 0, 0)$, $p_2 = (0, 1, 0, 0)$, $p_3 = (0, 0, 1, 0)$, $p_4 = (0, 0, 0, 1)$. A matriz é determinada pela equação (5):

$$\textbf{Matriz de diferenciação} \qquad A_{\text{dif}} = \begin{bmatrix} 0 & 1 & 0 & 0 \\ 0 & 0 & 2 & 0 \\ 0 & 0 & 0 & 3 \\ 0 & 0 & 0 & 0 \end{bmatrix}.$$

Ap_1 é a primeira coluna, que é nula. Ap_2 é a segunda coluna, que é p_1. Ap_3 é $2p_2$ e Ap_4 é $3p_3$. O espaço nulo contém p_1 (a derivada de uma constante é zero). O espaço-coluna contém p_1, p_2, p_3 (a derivada de um polinômio do 3º grau é um polinômio do 2º grau). A derivada de uma combinação do tipo $p = 2 + t - t^2 - t^3$ é determinada pela linearidade e não há nada de novo nisso – é o modo como todos nós diferenciamos. Seria enlouquecedor memorizar a derivada de todos os polinômios.

A matriz pode diferenciar esse $p(t)$, pois matrizes constroem linearidade!

$$\frac{dp}{dt} = Ap \rightarrow \begin{bmatrix} 0 & 1 & 0 & 0 \\ 0 & 0 & 2 & 0 \\ 0 & 0 & 0 & 3 \\ 0 & 0 & 0 & 0 \end{bmatrix} \begin{bmatrix} 2 \\ 1 \\ -1 \\ -1 \end{bmatrix} = \begin{bmatrix} 1 \\ -2 \\ -3 \\ 0 \end{bmatrix} \rightarrow 1 - 2t - 3t^2.$$

Em resumo, *a matriz contém todas as informações essenciais*. Se a base e a matriz forem conhecidas, então a transformação de todo vetor também será conhecida.

A codificação da informação é simples. Para transformar um espaço nele mesmo, uma base é o suficiente. Uma transformação de um espaço em outro exige uma base para cada.

2U Suponha que os vetores $x_1, ..., x_n$ são uma base para o espaço **V** e os vetores $y_1, ..., y_m$ são uma base para **W**. Cada transformação linear T de **V** em **W** é representada por uma matriz A. A j-ésima coluna é encontrada aplicando-se T ao j-ésimo vetor-base x_j e apresentando $T(x_j)$ como uma combinação de valores de y:

Coluna j de A $$T(x_j) = Ax_j = a_{1j}y_1 + a_{2j}y_2 + ... + a_{mj}y_m. \quad (6)$$

Para a matriz de diferenciação, a coluna 1 surge a partir do primeiro vetor-base $p_1 = 1$. Sua derivada é zero, de modo que a coluna 1 é nula. A última coluna surge a partir de $(d/dt)t^3 = 3t^2$. Como $3t^2 = 0p_1 + 0p_2 + 3p_3 + 0p_4$, a última coluna continha 0, 0, 3, 0. A regra (6) constrói a matriz, uma coluna por vez.

Fazemos o mesmo para integração. Ela vai de terceiro para quarto grau, transformando $\mathbf{V} = \mathbf{P}_3$ em $\mathbf{W} = \mathbf{P}_4$, de modo que precisamos de uma base para **W**. A escolha natural é $y_1 = 1$, $y_2 = t, y_3 = t^2, y_4 = t^3, y_5 = t^4$, expandindo os polinômios de grau 4. A matriz A será m por n, ou seja, 5 por 4. Isso decorre da aplicação integral a cada vetor-base de **V**:

$$\int_0^t 1dt = t \quad \text{ou} \quad Ax_1 = y_2, \quad \ldots \quad \int_0^t t^3 dt = \frac{1}{4}t^4 \quad \text{ou} \quad Ax_4 = \frac{1}{4}y_5.$$

Matriz de integração $$A_{\text{int}} = \begin{bmatrix} 0 & 0 & 0 & 0 \\ 1 & 0 & 0 & 0 \\ 0 & \frac{1}{2} & 0 & 0 \\ 0 & 0 & \frac{1}{3} & 0 \\ 0 & 0 & 0 & \frac{1}{4} \end{bmatrix}.$$

A diferenciação e a integração são *operações inversas*. Ou, pelo menos, a integração *seguida* da diferenciação traz de volta a função original. Para que isso aconteça com matrizes, precisamos de uma matriz de diferenciação do quarto para o terceiro grau, que seja 4 por 5:

$$A_{\text{dif}} = \begin{bmatrix} 0 & 1 & 0 & 0 & 0 \\ 0 & 0 & 2 & 0 & 0 \\ 0 & 0 & 0 & 3 & 0 \\ 0 & 0 & 0 & 0 & 4 \end{bmatrix} \quad \text{e} \quad A_{\text{dif}}A_{\text{int}} = \begin{bmatrix} 1 & & & \\ & 1 & & \\ & & 1 & \\ & & & 1 \end{bmatrix}.$$

A diferenciação é a ***inversa à esquerda*** da integração. Matrizes retangulares não podem ser inversas dos dois lados! Na ordem oposta, $A_{\text{int}}A_{\text{dif}} = I$ não pode ser verdadeiro. O produto 5 por 5 possui zeros na coluna 1. A derivada de uma constante é zero. Nas outras colunas $A_{\text{int}}A_{\text{dif}}$ é a identidade e a integral da derivada e t^n é t^n.

Rotações *Q*, projeções *P* e reflexões *H*

Esta seção começa com rotações de 90°, projeções sobre o eixo x e reflexões em relação à reta de 45°. Suas matrizes são excepcionalmente simples:

$$\underset{\text{(rotação)}}{Q = \begin{bmatrix} 0 & -1 \\ 1 & 0 \end{bmatrix}} \quad \underset{\text{(projeção)}}{P = \begin{bmatrix} 1 & 0 \\ 0 & 0 \end{bmatrix}} \quad \underset{\text{(reflexão)}}{H = \begin{bmatrix} 0 & 1 \\ 1 & 0 \end{bmatrix}}.$$

As transformações lineares subjacentes do plano xy também são simples. Mas as rotações em outros ângulos, projeções sobre outras retas e reflexões em outros espelhos são quase igualmente simples de visualizar. Elas ainda são transformações lineares, contando que a origem seja fixa: $A0 = 0$. Elas *devem* ser representadas por matrizes. Utilizando a base natural $\begin{bmatrix}1\\0\end{bmatrix}$ e $\begin{bmatrix}0\\1\end{bmatrix}$, queremos descobrir essas matrizes.

1. Rotação A Figura 2.10 mostra a rotação por meio de um ângulo θ. Ela também mostra o efeito em bases de dois vetores. O primeiro vai para ($\cos\theta$, $\text{sen}\,\theta$), cujo módulo ainda é 1; ele se localiza na "reta θ". O segundo vetor-base (0, 1) gira para ($-\text{sen}\,\theta$, $\cos\theta$). Pela regra (6), esses números aparecem nas colunas da matriz (utilizamos c e s para $\cos\theta$ e $\text{sen}\,\theta$). Essa família de rotações Q_θ é uma oportunidade perfeita para verificar a correspondência entre transformações e matrizes:

*A **inversa** de* Q_θ *é igual a* $Q_{-\theta}$ (rotação de volta em θ)? *Sim.*

$$Q_\theta Q_{-\theta} = \begin{bmatrix} c & -s \\ s & c \end{bmatrix}\begin{bmatrix} c & s \\ -s & c \end{bmatrix} = \begin{bmatrix} 1 & 0 \\ 0 & 1 \end{bmatrix}.$$

*O **quadrado** de* Q_θ *é igual a* $Q_{2\theta}$ (rotação do dobro do ângulo)? *Sim.*

$$Q_\theta^2 = \begin{bmatrix} c & -s \\ s & c \end{bmatrix}\begin{bmatrix} c & -s \\ s & c \end{bmatrix} = \begin{bmatrix} c^2 - s^2 & -2sc \\ 2sc & c^2 - s^2 \end{bmatrix} = \begin{bmatrix} \cos 2\theta & -\text{sen}\, 2\theta \\ \text{sen}\, 2\theta & \cos 2\theta \end{bmatrix}.$$

*O **produto** de* Q_θ *e* Q_φ *é igual a* $Q_{\theta+\varphi}$ (rotação de θ e, em seguida, φ)? *Sim.*

$$Q_\theta Q_\varphi = \begin{bmatrix} \cos\theta\cos\varphi - \text{sen}\,\theta\,\text{sen}\,\varphi & .\;.\;.\;. \\ \text{sen}\,\theta\cos\varphi + \cos\theta\,\text{sen}\,\varphi & .\;.\;.\;. \end{bmatrix} = \begin{bmatrix} \cos(\theta+\varphi) & .\;.\;.\;. \\ \text{sen}\,(\theta+\varphi) & .\;.\;.\;. \end{bmatrix}.$$

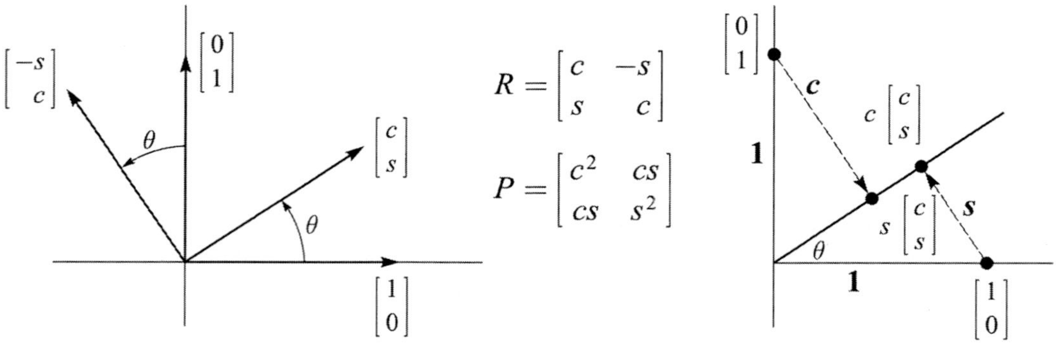

Figura 2.10 Rotação de θ (esquerda). Projeção sobre a reta θ (direita).

O último caso contém os dois primeiros. A inversa aparece quando φ é $-\theta$, e a quadrada, quando φ é $+\theta$. Essas três questões são determinadas por identidades trigonométricas (e fornecem um novo modo de lembrar essas identidades). Não foi coincidência que todas as respostas tenham sido afirmativas. *A multiplicação de matrizes é definida exatamente de modo que* ***o produto das matrizes corresponda ao produto das transformações****.*

2V Suponha que A e B sejam transformações lineares de **V** em **W** e de **U** em **V**. Seu produto AB começa com um vetor u em **U**, vai para Bu em **V** e termina com ABu em **W**. Essa "composição" AB é novamente uma transformação linear (de **U** em **W**). Sua matriz é o produto das matrizes individuais que representam A e B.

Para $A_{\text{dif}}A_{\text{int}}$, a transformação composta era a identidade (e $A_{\text{int}}A_{\text{dif}}$ eliminava todas as constantes). Para rotações, a ordem de multiplicação não importa. Então **U** = **V** = **W** é o plano xy e $Q_\theta Q_\varphi$ é igual a $Q_\varphi Q_\theta$. Para uma rotação e uma reflexão, a ordem faz diferença.

Observação técnica: para construir as matrizes, precisamos de bases para **V** e **W** e, em seguida, para **U** e **V**. Mantendo-se a mesma base para **V**, a matriz de produto vai corretamente da base de **U** à base de **W**. Se distinguirmos a transformação A de sua matriz (chame-a de $[A]$), então a regra do produto 2V se tornará extremamente concisa: $[AB] = [A][B]$. A regra de multiplicação de matrizes no Capítulo 1 era totalmente determinada por este requisito – ela deve coincidir com o produto de transformações lineares.

2. Projeção A Figura 2.10 também mostra a projeção de (1, 0) sobre a reta θ. O módulo da projeção é $c = cos\ \theta$. Observe que o *ponto* de projeção não é (c, s), como havíamos pensado erroneamente; esse vetor tem módulo 1 (ele é a rotação), de modo que precisamos multiplicar por c. De maneira similar, a projeção de (0, 1) tem módulo s e se localiza em $s(c, s) = (cs, s^2)$. Isto resulta na segunda coluna da matriz de projeção P:

$$\textbf{Projeção sobre a reta } \theta \qquad P = \begin{bmatrix} c^2 & cs \\ cs & s^2 \end{bmatrix}.$$

Essa matriz não tem inversa, pois a transformação não tem inversa. Os pontos na reta perpendicular são projetados sobre a origem; essa reta é o espaço nulo de P. Os pontos sobre a reta θ são projetados em si mesmos! Projetar duas vezes é o mesmo que projetar uma vez e $P^2 = P$:

$$P^2 = \begin{bmatrix} c^2 & cs \\ cs & s^2 \end{bmatrix}^2 = \begin{bmatrix} c^2(c^2+s^2) & cs(c^2+s^2) \\ cs(c^2+s^2) & s^2(c^2+s^2) \end{bmatrix} = P.$$

É claro que $c^2 + s^2 = \cos^2\theta + sen^2\,\theta = 1$. ***Uma matriz de projeção é igual ao seu quadrado.***

3. Reflexão A Figura 2.11 mostra a reflexão de (1, 0) da reta θ. O módulo da reflexão é igual ao módulo da original, como tinha após a rotação – mas, aqui, a reta θ permanece em seu lugar. A reta perpendicular inverte a direção; todos os pontos passam perpendicularmente pelo espelho. A linearidade determina o resto.

$$\textbf{Matriz de reflexão} \qquad H = \begin{bmatrix} 2c^2-1 & 2cs \\ 2cs & 2s^2-1 \end{bmatrix}.$$

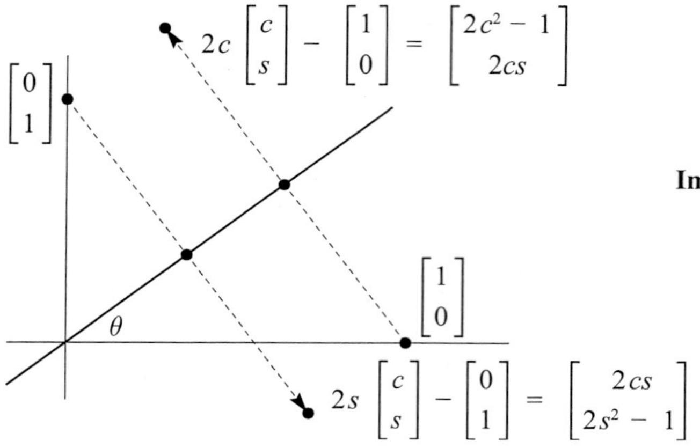

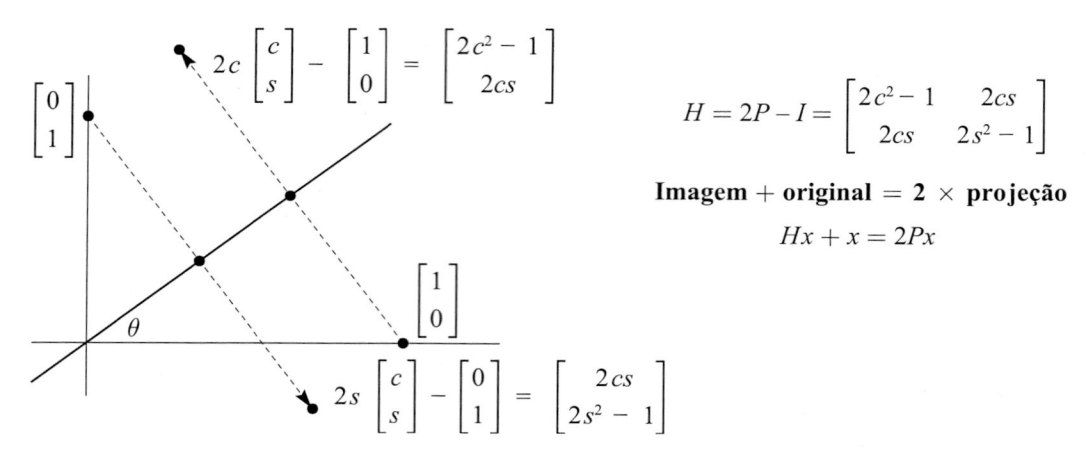

$$H = 2P - I = \begin{bmatrix} 2c^2-1 & 2cs \\ 2cs & 2s^2-1 \end{bmatrix}$$

Imagem + original = 2 × projeção

$$Hx + x = 2Px$$

Figura 2.11 Reflexão em relação à reta θ: a geometria e a matriz.

Essa matriz H possui a propriedade notável de que $H^2 = I$. ***Duas reflexões retornam ao original***. Uma reflexão é sua própria inversa, $H = H^{-1}$, o que fica claro a partir da geometria, mas não tão claro na matriz. Uma abordagem é por meio da relação entre reflexões e projeções: $H = 2P - I$. Isso significa que $Hx + x = 2Px$ – a imagem mais a original é igual a duas vezes a projeção. Isto também confirma que $H^2 = I$:

$$H^2 = (2P - I)^2 = 4P^2 - 4P + I = I, \qquad \text{já que } P^2 = P.$$

Outras transformações Ax podem aumentar o módulo de x; a extensão e o encurtamento constam nos exercícios. Cada exemplo possui uma matriz para representá-lo – o que constitui o ponto central desta seção. Mas há também a questão da escolha de uma base e deve-se enfatizar que *a matriz depende de tal escolha da base*. Considerando que o primeiro vetor-base esteja ***na reta*** $\boldsymbol{\theta}$ e o segundo vetor base seja ***perpendicular***:

(i) A matriz de projeção volta a $P = \begin{bmatrix} 1 & 0 \\ 0 & 0 \end{bmatrix}$. Essa matriz é construída como sempre: sua primeira coluna decorre do primeiro vetor-base (projetado em si mesmo). A segunda coluna surge a partir do vetor-base que é projetado em zero.

(ii) Para reflexões, essa mesma base resulta em $H = \begin{bmatrix} 1 & 0 \\ 0 & -1 \end{bmatrix}$. O segundo vetor-base é refletido em seu negativo para produzir essa segunda coluna. A matriz H ainda é $2P - I$ quando a mesma base é utilizada para H e P.

(iii) Para rotações, a matriz permanece inalterada. Essas retas ainda são giradas em θ e $Q = \begin{bmatrix} c & -s \\ s & c \end{bmatrix}$ como antes.

Toda a questão da escolha da melhor base é absolutamente central e voltaremos a ela no Capítulo 5. A meta é tornar a matriz diagonal, conforme o obtido em P e H. Tornar Q diagonal exige vetores complexos, já que todos os vetores reais são girados.

Mencionamos aqui o efeito sobre a matriz de uma *mudança de base*, quando a transformação linear permanece a mesma. ***A matriz A*** (ou Q ou P ou H) ***é alterada para*** $\mathbf{S^{-1}AS}$. Assim, uma única transformação é representada por matrizes diferentes (por meio de bases diferentes, levadas em consideração por S). A teoria dos autovetores levará a essa forma de $S^{-1}AS$ e à melhor base.

Conjunto de problemas 2.6

1. As soluções para a equação linear diferencial $d^2u/dt^2 = u$ formam um espaço vetorial (já que as combinações das soluções ainda são soluções). Encontre duas soluções independentes para fornecer uma base a esse espaço da solução.

2. No espaço $\mathbf{P}_3$ de polinômios cúbicos, que matriz representa d^2/dt^2? Construa a matriz 4 por 4 a partir da base padrão $1, t, t^2, t^3$. Encontre seu espaço nulo e seu espaço-coluna. O que eles significam em termos de polinômios?

3. Com os valores iniciais $u = x$ e $du/dt = y$ em $t = 0$, qual combinação de vetores-bases do Problema 1 resolve $u'' = u$? Essa transformação, a partir dos valores iniciais da solução, é linear. Qual é sua matriz 2 por 2 (utilizando $x = 1, y = 0$ e $x = 0, y = 1$ como base de $\mathbf{V}$ e sua base de $\mathbf{W}$)?

4. Suponha que A seja uma transformação linear do plano xy nele mesmo. Por que $A^{-1}(x + y) = A^{-1}x + A^{-1}y$? Se A é representada pela matriz M, explique por que A^{-1} é representada por M^{-1}.

5. Quais matrizes 3 por 3 representam a transformação que

(a) projeta todo vetor sobre o plano xy?

(b) reflete todo vetor em relação ao plano xy?

(c) gira o plano xy em 90°, deixando apenas o eixo z?

(d) gira o plano xy, em seguida, o plano xz e, por fim, o yz em 90°?

(e) realiza as mesmas três rotações, mas cada uma em 180°?

6. A matriz $A = \begin{bmatrix} 2 & 0 \\ 0 & 1 \end{bmatrix}$ gera uma ***extensão*** na direção x. Desenhe a circunferência $x^2 + y^2 = 1$ e esboce ao redor dela os pontos $(2x, y)$ que resultam da multiplicação por A. Qual é o formato dessa curva?

7. Verifique diretamente a partir de $c^2 + s^2 = 1$ que as matrizes de reflexão satisfazem $H^2 = I$.

8. Toda linha reta permanece reta após uma transformação linear. Se z está na metade da distância entre x e y, mostre que Az está na metade da distância entre Ax e Ay.

9. Que matriz tem o efeito de girar todo vetor em 90° e, em seguida, projetar o resultado sobre o eixo x? Que matriz representa a projeção sobre o eixo x seguida da projeção sobre o eixo y?

10. O produto de 5 reflexões e 8 rotações do plano xy gera uma rotação ou uma reflexão?

11. De $\mathbf{P}_3$ do terceiro grau ao polinômio $\mathbf{P}_4$ do quarto grau, que matriz representa a multiplicação $2 + 3t$? As colunas da matriz A 5 por 4 decorrem da aplicação da transformação em $1, t, t^2, t^3$.

12. A matriz $A = \begin{bmatrix} 1 & 0 \\ 3 & 1 \end{bmatrix}$ resulta em uma transformação de ***encurtamento***, que deixa o eixo y inalterado. Esboce seu efeito sobre o eixo x, indicando o que acontece a $(1, 0)$, $(2, 0)$ e $(-1, 0)$ – e como o eixo inteiro é transformado.

13. O produto $(AB)C$ de transformações lineares começa com um vetor x e produz $u = Cx$. Então, a regra 2V aplica AB a u e obtém $(AB)Cx$.

(a) Esse resultado é o mesmo que o da aplicação separada de C, seguido de B e, finalmente, de A?

(b) O resultado é o mesmo da aplicação de BC seguida de A? Os parênteses são desnecessários e a propriedade associativa $(AB)C = A(BC)$ se mantém para transformações lineares. Esta é a melhor prova desta propriedade de matrizes.

14. No espaço vetorial P_3 de todos os $p(x) = a_0 + a_1x + a_2x^2 + a_3x^3$, considere que **S** seja o subconjunto dos polinômios com $\int_0^1 p(x)\,dx = 0$. Verifique que **S** é um subespaço e encontre uma base.

15. Qual é o eixo e o ângulo de rotação para a transformação que leva de (x_1, x_2, x_3) a (x_2, x_3, x_1)?

16. Se S e T são lineares com $S(v) = T(v) = v$, então $S(T(v)) = v$ ou v^2?

17. Quais dessas transformações satisfazem $T(v + w) = T(v) + T(w)$ e quais satisfazem $T(cv) = cT(v)$?

(a) $T(v) = v/\|v\|$.
(b) $T(v) = v_1 + v_2 + v_3$.
(c) $T(v) = (v_1, 2v_2, 3v_3)$.
(d) $T(v) =$ maior componente de v.

18. O espaço de todas as matrizes 2 por 2 possui quatro "vetores"-bases:

$$\begin{bmatrix} 1 & 0 \\ 0 & 0 \end{bmatrix}, \quad \begin{bmatrix} 0 & 1 \\ 0 & 0 \end{bmatrix}, \quad \begin{bmatrix} 0 & 0 \\ 1 & 0 \end{bmatrix}, \quad \begin{bmatrix} 0 & 0 \\ 0 & 1 \end{bmatrix}.$$

Para a transformação linear de *transposição*, encontre a matriz A relacionada a essa base. Por que $A^2 = I$?

19. Uma transformação linear deve ter o vetor zero fixado: $T(0) = 0$. Prove isto a partir de $T(v + w) = T(v) + T(w)$, escolhendo $w =$ _______. Prove, também, a partir da hipótese $T(cv) = cT(v)$, escolhendo $c =$ _______.

20. Qual dessas transformações não é linear? O vetor original dado é $v = (v_1, v_2)$.

(a) $T(v) = (v_2, v_1)$.
(b) $T(v) = (v_1, v_1)$.
(c) $T(v) = (0, v_1)$.
(d) $T(v) = (0, 1)$.

21. Encontre a matriz de permutação cíclica 4 por 4: (x_1, x_2, x_3, x_4) é transformado em $Ax = (x_2, x_3, x_4, x_1)$. Qual é o efeito de A^2? Mostre que $A^3 = A^{-1}$.

22. Suponha que $T(v) = v$, exceto que $T(0, v_2) = (0, 0)$. Mostre que essa transformação satisfaz $T(cv) = cT(v)$, mas não $T(v + w) = T(v) + T(w)$.

23. Uma transformação *não linear* é invertível se $T(x) = b$ possuir exatamente uma solução para todo b. O exemplo $T(x) = x^2$ não é invertível, pois $x^2 = b$ possui duas soluções para b positivo e nenhuma solução para b negativo. Quais das seguintes transformações (de números reais $\mathbf{R}^1$ a números reais $\mathbf{R}^1$) são invertíveis? Nenhuma é linear, nem mesmo (c).

(a) $T(x) = x^3$.
(b) $T(x) = e^x$.
(c) $T(x) = x + 11$.
(d) $T(x) = \cos x$.

24. Encontre a matriz A 4 por 3 que represente um *desvio à direita*: (x_1, x_2, x_3) é transformado em $(0, x_1, x_2, x_3)$. Encontre também a matriz B de *desvio à esquerda que* parta de $\mathbf{R}^4$ e retorne a $\mathbf{R}^3$, transformando (x_1, x_2, x_3, x_4) em (x_2, x_3, x_4). Quais são os produtos AB e BA?

25. Prove que T^2 é uma transformação linear se T for linear (de $\mathbf{R}^3$ em $\mathbf{R}^3$).

26. A transformação "cíclica" T é definida por $T(v_1, v_2, v_3) = (v_2, v_3, v_1)$. O que é $T(T(T(v)))$? E $T^{100}(v)$?

27. Suponha que uma linear T transforme (1, 1) em (2, 2) e (2, 0) em (0, 0). Encontre $T(v)$ quando:

(a) $v = (2, 2)$. (b) $v = (3, 1)$. (c) $v = (-1, 1)$. (d) $v = (a, b)$.

28. Uma transformação linear de **V** a **W** possui uma *inversa* de **W** a **V** quando a imagem é toda de **W** e o núcleo contém apenas $v = 0$. Por que as transformações abaixo não são invertíveis?

(a) $T(v_1, v_2) = (v_2, v_2)$ $\quad \mathbf{W} = \mathbf{R}^2$
(b) $T(v_1, v_2) = (v_1, v_2, v_1 + v_2)$ $\quad \mathbf{W} = \mathbf{R}^3$
(c) $T(v_1, v_2) = v_1$ $\quad \mathbf{W} = \mathbf{R}^1$.

29. Para as seguintes transformações de $\mathbf{V} = \mathbf{R}^2$ a $\mathbf{W} = \mathbf{R}^2$, encontre $T(T(v))$.

(a) $T(v) = -v$.
(b) $T(v) = v + (1, 1)$.
(c) $T(v) =$ rotação de 90° $= (-v_2, v_1)$.
(d) $T(v) =$ projeção $= \left(\dfrac{v_1 + v_2}{2}, \dfrac{v_1 + v_2}{2}\right)$.

30. Encontre a *imagem* e o *núcleo* (estes são termos novos para o espaço-coluna e o espaço nulo) de T.

(a) $T(v_1, v_2) = (v_2, v_1)$. (b) $T(v_1, v_2, v_3) = (v_1, v_2)$.
(c) $T(v_1, v_2) = (0, 0)$. (d) $T(v_1, v_2) = (v_1, v_1)$.

Os Problemas 31 a 35 podem ser mais difíceis. O espaço original V contém todas as matrizes *M* 2 por 2.

31. Suponha que T transponha toda matriz M. Tente encontrar uma matriz A que forneça $AM = M^T$ para toda M. Mostre que nenhuma matriz A fará isso. *Para professores*: esta é uma transformação linear que não decorre de uma matriz?

32. Suponha que $T(M) = \begin{bmatrix} 1 & 0 \\ 0 & 0 \end{bmatrix} [\,M\,] \begin{bmatrix} 0 & 0 \\ 0 & 1 \end{bmatrix}$. Encontre uma matriz com $T(M) \neq 0$. Descreva todas as matrizes com $T(M) = 0$ (o núcleo de T) e todas as matrizes resultantes $T(M)$ (a imagem de T).

33. M é qualquer matriz 2 por 2 e $A = \begin{bmatrix} 1 & 2 \\ 3 & 4 \end{bmatrix}$. A transformação linear T é definida por $T(M) = AM$. Que regras de multiplicação de matrizes mostram que T é linear?

34. Considere $A = \begin{bmatrix} 1 & 2 \\ 3 & 6 \end{bmatrix}$. Mostre que a matriz identidade I não está na imagem de T. Encontre uma matriz não nula M, tal que $T(M) = AM$ seja nula.

35. A transformação T que transpõe toda matriz é definitivamente linear. Quais dessas propriedades adicionais são verdadeiras?

(a) $T^2 =$ transformação identidade.
(b) O núcleo de T é a matriz nula.
(c) Toda matriz está na imagem de T.
(d) $T(M) = -M$ é impossível.

Os próximos problemas abordam mudança de base.

36. (a) Que matriz transforma (1, 0) em (2, 5) e (0, 1) em (1, 3)?
(b) Que matriz transforma (2, 5) em (1, 0) e (1, 3) em (0, 1)?
(c) Por que nenhuma matriz transforma (2, 6) em (1, 0) e (1, 3) em (0, 1)?

37. Suponha que T seja a reflexão em relação ao eixo x e S a reflexão em relação ao eixo y. O domínio **V** é o plano xy. Se $v = (x, y)$, qual é $S(T(v))$? Encontre uma descrição mais simples do produto ST.

38. A *matriz de Hadamard* 4 por 4 é composta inteiramente por $+1$ e -1:

$$H = \begin{bmatrix} 1 & 1 & 1 & 1 \\ 1 & -1 & 1 & -1 \\ 1 & 1 & -1 & -1 \\ 1 & -1 & -1 & 1 \end{bmatrix}.$$

Encontre H^{-1} e apresente $v = (7, 5, 3, 1)$ como uma combinação das colunas de H.

39. Quais são as três equações de A, B, C se a parábola $Y = A + Bx + Cx^2$ for igual a 4 em $x = a$, 5 em $x = b$ e 6 em $x = c$? Encontre o determinante da matriz 3 por 3. Para quais dos números a, b, c será impossível encontrar essa parábola Y?

40. Suponha que v_1, v_2, v_3 são autovetores de T. Isso significa que $T(v_i) = \lambda_i v_i$ para $i = 1, 2, 3$. Qual é a matriz para T quando as bases originais e finais são valores v?

41. Mostre que o produto ST de duas reflexões é uma rotação. Multiplique essas matrizes de reflexão para encontrar o ângulo de rotação:

$$\begin{bmatrix} \cos 2\theta & \operatorname{sen} 2\theta \\ \operatorname{sen} 2\theta & -\cos 2\theta \end{bmatrix} \begin{bmatrix} \cos 2\alpha & \operatorname{sen} 2\alpha \\ \operatorname{sen} 2\alpha & -\cos 2\alpha \end{bmatrix}.$$

42. Se você mantiver os mesmos vetores-bases, mas posicioná-los em ordem diferente, a matriz de mudança de base M será uma matriz _______. Se você mantiver os vetores-bases na ordem, mas alterar seus módulos, M será uma matriz _______.

43. Suponha que T seja uma reflexão em relação à reta de 45° e S, uma reflexão em relação ao eixo y. Se $v = (2, 1)$, então $T(v) = (1, 2)$. Encontre $S(T(v))$ e $T(S(v))$. Isso mostra que, em geral, $ST \neq TS$.

44. (a) Que matriz M transforma $(1, 0)$ e $(0, 1)$ em (r, t) e (s, u)?
(b) Que matriz N transforma (a, c) e (b, d) em $(1, 0)$ e $(0, 1)$?
(c) Que condição de a, b, c, d tornará o item (b) impossível?

45. A matriz que transforma $(1, 0)$ e $(0, 1)$ em $(1, 4)$ e $(1, 5)$ é $M =$ _______. A combinação $a(1, 4) + b(1, 5)$ que é igual a $(1, 0)$ possui $(a, b) = (\ ,\ )$. Como essas novas coordenadas de $(1, 0)$ estão relacionadas a M e M^{-1}?

46. (a) Como M e N do problema 37 resultam na matriz que transforma (a, c) em (r, t) e (b, d) em (s, u)?
(b) Que matriz transforma $(2, 5)$ em $(1, 1)$ e $(1, 3)$ em $(0, 2)$?

47. Toda transformação linear invertível pode ter I como sua matriz. Para a base resultante, escolha apenas $w_i = T(v_i)$. Por que T deve ser invertível?

48. Suponha que tenhamos duas bases $v_1, \ldots, v_n$ e $w_1, \ldots, w_n$ de $\mathbf{R}^n$. Se um vetor possui coeficientes b_i em uma base e c_i em outra, qual é a matriz de mudança de base de $b = Mc$? Comece com

$$b_1v_1 + \ldots + b_nv_n = Vb = c_1w_1 + \ldots + c_nw_n = Wc.$$

Sua resposta representa $T(v) = v$ com a base original de valores de v e a base resultante de valores de w. Devido às bases diferentes, a matriz não é I.

49. (Recomendado) Suponha que todos os vetores x no quadrado unitário $0 \leq x_1 \leq 1, 0 \leq x_2 \leq 1$ sejam transformados em Ax (A é 2 por 2).

(a) Qual é o formato da região transformada (todo Ax)?

(b) Para quais matrizes A essa região é quadrada?

(c) Para quais A ela é uma reta?

(d) Para quais A a nova área ainda é 1?

50. Verdadeiro ou falso: se conhecermos $T(v)$ para n diferentes vetores não nulos em $\mathbf{R}^n$, então conheceremos $T(v)$ para todo vetor em $\mathbf{R}^n$.

Capítulo 2 Exercícios de revisão

2.1 Verdadeiro ou falso? Se for falso, dê um contraexemplo.

(a) Se os vetores $x_1, ..., x_m$ geram um subespaço S, então dim $S = m$.

(b) A interseção de dois subespaços de um espaço vetorial não pode ser vazia.

(c) Se $Ax = Ay$, então $x = y$.

(d) O espaço-linha de A possui uma base única que pode ser calculada reduzindo-se A à forma escalonada.

(e) Se uma matriz quadrada A possui colunas independentes, A^2 também possui.

2.2 Qual é a forma escalonada U de A?

$$A = \begin{bmatrix} 1 & 2 & 0 & 2 & 1 \\ -1 & -2 & 1 & 1 & 0 \\ 1 & 2 & -3 & -7 & -2 \end{bmatrix}.$$

Quais são as dimensões de seus quatro subespaços fundamentais?

2.3 Encontre uma base para os seguintes subespaços de $\mathbf{R}^4$:

(a) Os vetores para os quais $x_1 = 2x_4$.

(b) Os vetores para os quais $x_1 + x_2 + x_3 = 0$ e $x_3 + x_4 = 0$.

(c) O subespaço gerado por (1, 1, 1, 1), (1, 2, 3, 4) e (2, 3, 4, 5).

2.4 Encontre o posto e o espaço nulo de:

$$A = \begin{bmatrix} 0 & 0 & 1 \\ 0 & 0 & 1 \\ 1 & 1 & 1 \end{bmatrix} \quad \text{e} \quad B = \begin{bmatrix} 0 & 0 & 1 & 2 \\ 0 & 0 & 1 & 2 \\ 1 & 1 & 1 & 0 \end{bmatrix}.$$

2.5 Fornecendo uma base, descreva o subespaço bidimensional de $\mathbf{R}^3$ que não contenha nenhum dos vetores coordenados (1, 0, 0), (0, 1, 0), (0, 0, 1).

2.6 No espaço vetorial das matrizes 2 por 2:

(a) o conjunto das matrizes de posto 1 é um subespaço?

(b) que subespaço é gerado pelas matrizes de permutação?

(c) que subespaço é gerado pelas matrizes positivas (todo $a_{ij} > 0$)?

(d) que subespaço é gerado pelas matrizes invertíveis?

2.7 Encontre bases para os quatro subespaços fundamentais associados a:

$$A = \begin{bmatrix} 1 & 2 \\ 3 & 6 \end{bmatrix}, \quad B = \begin{bmatrix} 0 & 0 \\ 1 & 2 \end{bmatrix}, \quad C = \begin{bmatrix} 1 & 1 & 0 & 0 \\ 0 & 1 & 0 & 1 \end{bmatrix}.$$

2.8 (a) Encontre o posto de A e forneça a base de seu espaço nulo.

$$A = LU = \begin{bmatrix} 1 & & & \\ 2 & 1 & & \\ 2 & 1 & 1 & \\ 3 & 2 & 4 & 1 \end{bmatrix} \begin{bmatrix} 1 & 2 & 0 & 1 & 2 & 1 \\ 0 & 0 & 2 & 2 & 0 & 0 \\ 0 & 0 & 0 & 0 & 0 & 1 \\ 0 & 0 & 0 & 0 & 0 & 0 \end{bmatrix}.$$

(b) As 3 primeiras linhas de U são uma base do espaço-linha de A – verdadeiro ou falso? As colunas 1, 3, 6 de U são uma base para o espaço-coluna de A – verdadeiro ou falso?
As quatro linhas de A são uma base para o espaço-linha de A – verdadeiro ou falso?

(c) Encontre o máximo de todos os vetores b linearmente independentes possíveis b para os quais $Ax = b$ possua uma solução.

(d) Na eliminação em A, que múltiplo da terceira linha é subtraído para eliminar a quarta linha?

2.9 Utilize a eliminação para encontrar os fatores triangulares de $A = LU$, se:

$$A = \begin{bmatrix} a & a & a & a \\ a & b & b & b \\ a & b & c & c \\ a & b & c & d \end{bmatrix}.$$

Sob quais condições dos números a, b, c, d as colunas são linearmente independentes?

2.10 (a) Construa uma matriz cujo espaço nulo contenha o vetor $x = (1, 1, 2)$.

(b) Construa uma matriz cujo espaço nulo à esquerda contenha $y = (1, 5)$.

(c) Construa uma matriz cujo espaço-coluna seja gerado por $(1, 1, 2)$ e cujo espaço-linha o seja por $(1, 5)$.

(d) Se você receber três vetores quaisquer em $\mathbf{R}^6$ e três vetores quaisquer em $\mathbf{R}^5$, haverá uma matriz 6 por 5 cujo espaço-coluna seja gerado pelos três primeiros e cujo espaço--linha seja gerado pelos outros três?

2.11 Se A é uma matriz n por $n - 1$ e seu posto é $n - 2$, qual é a dimensão de seu espaço nulo?

2.12 Os vetores $(1, 1, 3)$, $(2, 3, 6)$ e $(1, 4, 3)$ formam uma base de $\mathbf{R}^3$?

2.13 Qual é a solução mais geral de $u + v + w = 1$, $u - w = 2$?

2.14 Crie um espaço vetorial que contenha todas as transformações lineares de $\mathbf{R}^n$ em $\mathbf{R}^n$. Você deve determinar uma regra para adição. Qual é a dimensão?

2.15 No exercício anterior, como r está relacionado a m e n em cada exemplo?

2.16 Encontre bases para os quatro subespaços fundamentais de:

$$A_1 = \begin{bmatrix} 1 & 2 & 0 & 3 \\ 0 & 2 & 2 & 2 \\ 0 & 0 & 0 & 0 \\ 0 & 0 & 0 & 4 \end{bmatrix} \quad \text{e} \quad A_2 = \begin{bmatrix} 1 \\ 1 \\ 1 \end{bmatrix} \begin{bmatrix} 1 & 4 \end{bmatrix}.$$

2.17 Quantas matrizes de permutação 5 por 5 existem? Elas são linearmente independentes? Elas geram o espaço de todas as matrizes 5 por 5? Não é necessário apresentar todas elas.

2.18 Suponha que T seja a transformação linear em $\mathbf{R}^3$ que leve cada ponto (u, v, w) a $(u + v + w, u + v, u)$. Descreva que T^{-1} faz o ponto (x, y, z).

2.19 Como é possível construir uma matriz que transforme os vetores coordenados e_1, e_2, e_3 em três vetores dados v_1, v_2, v_3? Quando essa matriz será invertível?

2.20 Que subespaço de matrizes 3 por 3 é gerado pelas matrizes elementares E_{ij}, com apenas números 1 na diagonal e no máximo um elemento não nulo abaixo?

2.21 Se e_1, e_2, e_3 estão no espaço-coluna de uma matriz 3 por 5, ela tem inversa à esquerda? E inversa à direita?

2.22 Se x for um vetor em $\mathbf{R}^n$ e $x^{\mathrm{T}}y = 0$ para todo y, prove que $x = 0$.

2.23 *Verdadeiro ou falso*?

(a) Todo subespaço de $\mathbf{R}^4$ é o espaço nulo de alguma matriz.

(b) Se A possui o mesmo espaço nulo que A^{T}, a matriz deve ser quadrada.

(c) A transformação que leva x a $mx + b$ é linear (de $\mathbf{R}^1$ a $\mathbf{R}^1$).

2.24 (a) $Ax = b$ tem uma solução sob que condições de b para A e b a seguir?

$$A = \begin{bmatrix} 1 & 2 & 0 & 3 \\ 0 & 0 & 0 & 0 \\ 2 & 4 & 0 & 1 \end{bmatrix} \quad \text{e} \quad b = \begin{bmatrix} b_1 \\ b_2 \\ b_3 \end{bmatrix}.$$

(b) Encontre uma base para o espaço nulo de A.

(c) Encontre a solução geral para $Ax = b$ (quando existir uma).

(d) Encontre uma base para o espaço-coluna de A.

(e) Qual é o posto de A^{T}?

2.25 Qual é o posto da matriz n por n com todos os elementos iguais a 1? E quanto à "matriz quadriculada", com $a_{ij} = 0$, quando $i + j$ é par; e $a_{ij} = 1$, quando $i + j$ é ímpar?

2.26 Se A é uma matriz n por n tal que $A^2 = A$ e posto $A = n$, prove que $A = I$.

2.27 O que você sabe sobre $\boldsymbol{C}(A)$, quando o número de soluções de $Ax = b$ é:

(a) 0 ou 1, dependendo de b?

(b) ∞, independentemente de b?

(c) 0 ou ∞, dependendo de b?

(d) 1, independentemente de b.

2.28 (a) Se A for quadrada, mostre que o espaço nulo de A^2 contém o espaço nulo de A.

(b) Mostre também que o espaço-coluna de A^2 está contido no espaço-coluna de A.

2.29 Suponha que as matrizes em $PA = LU$ sejam:

$$\begin{bmatrix} 0 & 1 & 0 & 0 \\ 1 & 0 & 0 & 0 \\ 0 & 0 & 0 & 1 \\ 0 & 0 & 1 & 0 \end{bmatrix} \begin{bmatrix} 0 & 0 & 1 & -3 & 2 \\ 2 & -1 & 4 & 2 & 1 \\ 4 & -2 & 9 & 1 & 4 \\ 2 & -1 & 5 & -1 & 5 \end{bmatrix} = \begin{bmatrix} 1 & 0 & 0 & 0 \\ 0 & 1 & 0 & 0 \\ 1 & 1 & 1 & 0 \\ 2 & 1 & 0 & 1 \end{bmatrix} \begin{bmatrix} 2 & -1 & 4 & 2 & 1 \\ 0 & 0 & 1 & -3 & 2 \\ 0 & 0 & 0 & 0 & 2 \\ 0 & 0 & 0 & 0 & 0 \end{bmatrix}.$$

(a) Qual é o posto de A?
(b) Dê uma base do espaço-linha de A.
(c) *Verdadeiro ou falso*: as linhas 1, 2, 3 de A são linearmente independentes.
(d) Dê uma base do espaço-coluna de A.
(e) Qual é a dimensão do espaço nulo à esquerda de A?
(f) Qual é a solução geral de $Ax = 0$?

2.30 Descreva as transformações lineares do plano xy que são representadas com a base canônica (1, 0) e (0, 1) pelas matrizes:

$$A_1 = \begin{bmatrix} 1 & 0 \\ 0 & -1 \end{bmatrix}, \quad A_2 = \begin{bmatrix} 1 & 0 \\ 2 & 1 \end{bmatrix}, \quad A_3 = \begin{bmatrix} 0 & 1 \\ -1 & 0 \end{bmatrix}.$$

2.31 (a) Encontre uma base do espaço de todos os vetores em $\mathbf{R}^6$ com $x_1 + x_2 = x_3 + x_4 = x_5 + x_6$.
(b) Encontre uma matriz com esse subespaço como seu espaço nulo.
(c) Encontre uma matriz com esse subespaço como seu espaço-coluna.

2.32 Quando a matriz de posto 1 $A = uv^{\mathrm{T}}$ possui $A^2 = 0$?

2.33 (a) Se as linhas de A são linearmente independentes (A é m por n), então o posto é _______, o espaço-coluna é _______ e o espaço nulo à esquerda é _______.

(b) Se A é 8 por 10 com um espaço nulo bidimensional, mostre que $Ax = b$ pode ser resolvido por todo b.

Capítulo

3 Ortogonalidade

3.1 VETORES E SUBESPAÇOS ORTOGONAIS

Uma base é um conjunto de vetores independentes que geram um espaço, e é, geometricamente, um conjunto de eixos de coordenadas. Um espaço vetorial é definido sem esses eixos. No entanto, toda vez que pensamos no plano xy, espaço tridimensional, ou $\mathbf{R}^n$, lá estão os eixos, os quais geralmente são perpendiculares! *Os eixos de coordenadas construídos pela imaginação praticamente são sempre ortogonais.* Ao escolhermos uma base, tendemos a escolher uma ortogonal.

A ideia de base ortogonal é um dos pilares da álgebra linear. Precisamos de uma base para converter construções geométricas em cálculos algébricos, assim como necessitamos de uma base ortogonal para simplificar esses cálculos. Uma investigação mais profunda encontra a base ideal: o *módulo* dos vetores deve ser 1. Em relação à ***base ortonormal*** (vetores unitários ortogonais), nós veremos:

1. o módulo $\|x\|$ de um vetor;
2. o teste $x^{\mathrm{T}}y = 0$ para vetores perpendiculares; e
3. como criar vetores perpendiculares a partir de vetores linearmente independentes.

Mais do que apenas vetores, os *subespaços* podem ser também perpendiculares. De uma forma tão bela e simples, que será um prazer em ver, descobriremos que os ***subespaços fundamentais se encontram em ângulos retos***. Aqueles quatro subespaços são perpendiculares em pares: dois em $\mathbf{R}^m$ e dois em $\mathbf{R}^n$. Isto completa o teorema fundamental da álgebra linear.

O primeiro passo consiste em determinar o ***módulo de um vetor***, denotado por $\|x\|$ e que vem, em duas dimensões, da hipotenusa de um triângulo retângulo (Figura 3.1a). O quadrado de um módulo foi definido há muito tempo por Pitágoras: $\|x\|^2 = x_1^2 + x_2^2$.

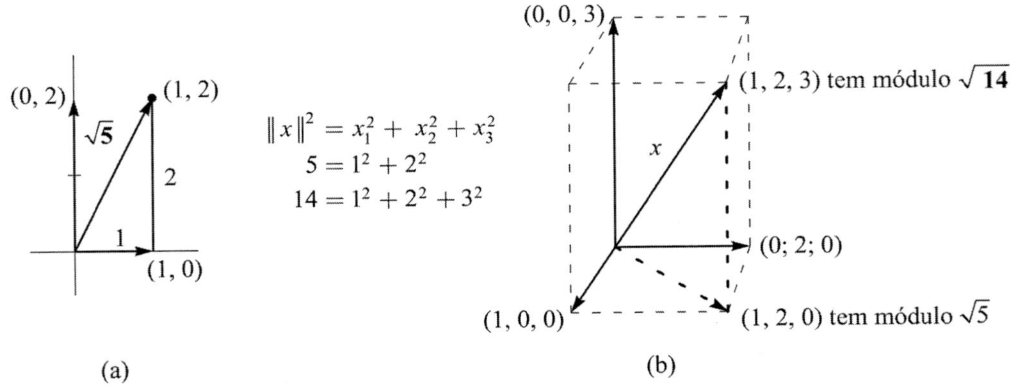

Figura 3.1 O módulo dos vetores (x_1, x_2) e (x_1, x_2, x_3).

Em um espaço tridimensional, $x = (x_1, x_2, x_3)$ é a diagonal de uma caixa (Figura 3.1b). Seu módulo é obtido a partir de *duas* aplicações da fórmula de Pitágoras. O caso bidimensional já basta para o $(x_1, x_2, 0) = (1, 2, 0)$ na base. Isto forma um ângulo reto com o lado na vertical $(0, 0, x_3) = (0, 0, 3)$. A hipotenusa do triângulo em negrito – Pitágoras novamente – é o módulo $\|x\|$ que nós queremos:

$$\textbf{Módulo em 3D} \qquad \|x\|^2 = 1^2 + 2^2 + 3^2 \quad \text{e} \quad \|x\| = \sqrt{x_1^2 + x_2^2 + x_3^2}.$$

A extensão para $x = (x_1, \ldots, x_n)$ em n dimensões é imediata. Usando Pitágoras $n - 1$ vezes, ***o módulo*** $\|\mathbf{x}\|$ ***em*** R^n ***é a raiz quadrada positiva de*** $\mathbf{x}^T\mathbf{x}$:

$$\textbf{Módulo elevado ao quadrado} \qquad \|x\|^2 = x_1^2 + x_2^2 + \cdots + x_n^2 = x^Tx. \tag{1}$$

A soma dos quadrados corresponde a x^Tx – e o módulo de $x = (1, 2, -3)$ é $\sqrt{14}$:

$$x^Tx = \begin{bmatrix} 1 & 2 & -3 \end{bmatrix} \begin{bmatrix} 1 \\ 2 \\ -3 \end{bmatrix} = 1^2 + 2^2 + (-3) = 14.$$

Vetores ortogonais

De que maneira podemos verificar se dois vetores x e y são perpendiculares? Qual é o teste de ortogonalidade na Figura 3.2? No plano gerado por x e y, os vetores são ortogonais, considerando que eles formam um *triângulo retângulo*. Retornemos a $a^2 + b^2 = c^2$:

$$\textbf{Lados de um triângulo retângulo} \qquad \|x\|^2 + \|y\|^2 = \|x - y\|^2 \tag{2}$$

Aplicando a fórmula do módulo (1), este teste de ortogonalidade em $\mathbf{R}^n$ se torna

$$(x_1^2 + \cdots + x_n^2) + (y_1^2 + \cdots + y_n^2) = (x_1 - y_1)^2 + \cdots + (x_n - y_n)^2.$$

Há no lado direito da equação um $-2x_iy_i$ extra de cada $(x_i - y_i)^2$:

$$\text{lado direito} = (x_1^2 + \cdots + x_n^2) - 2(x_1y_1 + \cdots + x_ny_n) + (y_1^2 + \cdots + y_n^2).$$

Quando a soma dos termos do produto escalar x_iy_i *for zero, teremos um triângulo retângulo:*

$$\textbf{Vetores ortogonais} \qquad x^Ty = x_1y_1 + \cdots + x_ny_n = 0. \tag{3}$$

Essa soma é $x^Ty = \sum x_iy_i = y^Tx$, o vetor-linha x^T vezes o vetor-coluna y:

$$\textbf{Produto escalar} \qquad x^Ty = \begin{bmatrix} x_1 & \ldots & x_n \end{bmatrix} \begin{bmatrix} y_1 \\ \vdots \\ y_n \end{bmatrix} = x_1y_1 + \cdots + x_ny_n. \tag{4}$$

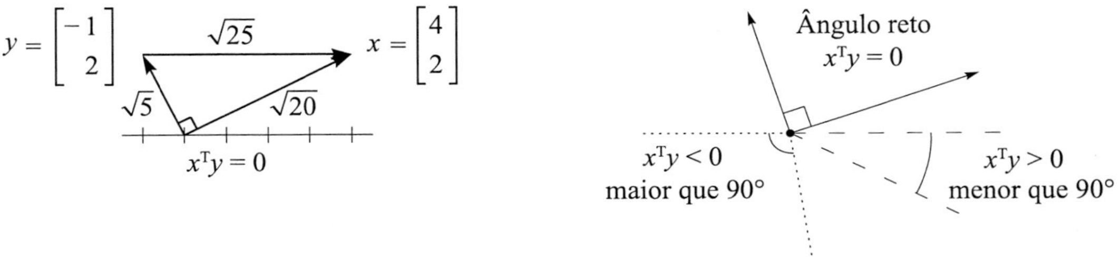

Figura 3.2 Um triângulo retângulo com $5 + 20 = 25$. Ângulo pontilhado de 100°, ângulo tracejado de 30°.

Às vezes, este número é chamado de ***produto escalar***, sendo denotado por (x, y) ou $x \cdot y$. Usaremos, portanto, este nome e a notação x^Ty.

> **3A** O produto escalar x^Ty será zero se, e somente se, x e y forem vetores ortogonais, cujo ângulo será menor que 90° se $x^Ty > 0$. Se $x^Ty < 0$, o ângulo será maior que 90°.

O módulo elevado ao quadrado equivale ao produto escalar de x com ele mesmo: $x^Tx = x_1^2 + + x_n^2 = \|x\|^2$. O único vetor com módulo nulo – o único vetor ortogonal a si mesmo – é o vetor nulo. Este vetor $x = 0$ é ortogonal a qualquer vetor em $\mathbf{R}^n$.

Exemplo 1 $(2, 2, -1)$ é ortogonal a $(-1, 2, 2)$. Ambos têm o módulo $\sqrt{4+4+1} = 3$.

Fato útil: **Se os vetores $v_1, \ldots, v_k$ não nulos são simultaneamente ortogonais** (todo vetor é perpendicular ao outro), **então esses vetores possuem independência linear**.

Prova Seja $c_1v_1 + \cdots + c_kv_k = 0$. A fim de demonstrar que c_1 deve ser zero, utilize o produto escalar de ambos os lados com v_1. A ortogonalidade dos vs deixa apenas um termo:

$$v_1^T(c_1v_1 + \cdots + c_kv_k) = c_1v_1^Tv_1 = 0. \tag{5}$$

Os vetores são não nulos; de forma que $v_1^Tv_1 \neq 0$ e, portanto, $c_1 = 0$. O mesmo é válido para todo c_i. A única combinação dos vs que produz zero apresenta todo $c_i = 0$: *independência!* ■

Os vetores coordenados $e_1, \ldots, e_n$ em $\mathbf{R}^n$ são os vetores ortogonais mais importantes, e, também, colunas da matriz identidade. Eles formam a base mais simples do $\mathbf{R}^n$, além de serem *vetores unitários* – todos com módulo $\|e_i\| = 1$ – e apontarem para os eixos coordenados. Se os eixos forem girados, o resultado, então, será uma nova **base ortonormal**: um novo sistema de *vetores unitários simultaneamente ortogonais*. Em $\mathbf{R}^2$, temos $\cos^2\theta + \operatorname{sen}^2\theta = 1$:

Vetores ortonormais em $\mathbf{R}^2$ $\quad v_1 = (\cos\theta, \operatorname{sen}\theta)$ e $v_2 = (-\operatorname{sen}\theta, \cos\theta)$.

Subespaços ortogonais

Consideremos a ortogonalidade de dois subespaços. **Cada vetor** *em um subespaço deve ser ortogonal a* **cada vetor** *no outro subespaço*. Os subespaços em $\mathbf{R}^3$ podem ter a dimensão 0, 1, 2 ou 3. Os subespaços são representados por retas ou planos que passam pela origem – e, em casos extremos, somente pela origem ou pelo espaço todo. O subespaço $\{0\}$ é ortogonal a todos os subespaços. Uma reta pode ser ortogonal a outra reta ou a um plano, mas *um plano não pode ser ortogonal a outro plano*.

Admitimos que as paredes frontal e lateral de uma sala se parecem com planos perpendiculares em $\mathbf{R}^3$. Mas, pela nossa definição, não é bem assim. Há retas v e w nas paredes da frente e da lateral que não se encontram em um ângulo reto. A reta ao longo do canto está em *ambas* as paredes, mas definitivamente não é ortogonal a si mesma.

3B Dois subespaços **V** e **W** do mesmo espaço $\mathbf{R}^n$ serão *ortogonais* se cada vetor v em **V** for ortogonal a cada vetor w em **W**: $v^{\mathrm{T}}w = 0$ para todo v e w.

Exemplo 2 Seja **V** o plano gerado por $v_1 = (1, 0, 0, 0)$ e $v_2 = (1, 1, 0, 0)$. Se **W** é a reta gerada por $w = (0, 0, 4, 5)$, então w é ortogonal a ambos os v's. A reta **W** será ortogonal a todo o plano **V**.

Neste caso, com subespaços de dimensão 2 e 1 em $\mathbf{R}^4$, há espaço para um terceiro subespaço. A reta **L** em $z = (0, 0, 5, -4)$ é perpendicular a **V** e **W**. Assim, as dimensões se somam a $2 + 1 + 1 = 4$. Qual espaço é perpendicular a todos **V**, **W** e **L**?

Os subespaços ortogonais importantes não ocorrem por acidente, e surgem dois de cada vez. De fato, os subespaços ortogonais são inevitáveis: ***eles são os subespaços fundamentais!*** O primeiro par é formado por *espaço nulo* e *espaço-linha*, e ambos são subespaços em $\mathbf{R}^n$ – as linhas possuem n componentes, assim como o vetor x em $Ax = 0$. Ao utilizar $Ax = 0$, é preciso demonstrar que ***as linhas de* A *são ortogonais ao vetor* x *no espaço nulo*.**

3C **Teorema fundamental de ortogonalidade** O espaço-linha é ortogonal ao espaço nulo (em $\mathbf{R}^n$). O espaço-coluna é ortogonal ao espaço nulo à esquerda (em $\mathbf{R}^m$).

Primeira prova Seja x um vetor no espaço nulo. Assim, $Ax = 0$, e o sistema de m equações pode ser escrito como linhas de A multiplicadas por x:

Toda linha é ortogonal a x

$$Ax = \begin{bmatrix} \cdots & \textbf{linha 1} & \cdots \\ \cdots & \text{linha 2} & \cdots \\ & & \\ \cdots & \text{linha } m & \cdots \end{bmatrix} \begin{bmatrix} x_1 \\ x_2 \\ \\ x_n \end{bmatrix} = \begin{bmatrix} \mathbf{0} \\ 0 \\ \\ 0 \end{bmatrix}. \tag{6}$$

O ponto principal já está na primeira equação: a *linha* 1 *é ortogonal a* x, e seu produto escalar é zero; esta é a equação 1. Todo o lado direito da equação é zero, de forma que x é ortogonal a cada linha. Portanto, x é ortogonal a qualquer *combinação* das linhas. Cada x no espaço nulo é ortogonal a cada vetor no espaço-linha, e assim $\boldsymbol{N}(A) \perp \boldsymbol{C}(A^{\mathrm{T}})$.

O outro par de subespaços ortogonais vem de $A^{\mathrm{T}}y = 0$, ou de $y^{\mathrm{T}}A = 0$:

$$y^{\mathrm{T}}A = \begin{bmatrix} y_1 & \cdots & y_m \end{bmatrix} \begin{bmatrix} \mathbf{c} & & \text{c} \\ \mathbf{o} & & \text{o} \\ \mathbf{l} & & \text{l} \\ \mathbf{u} & \cdots & \text{u} \\ \mathbf{n} & & \text{n} \\ \mathbf{a} & & \text{a} \\ & & \\ \mathbf{1} & & n \end{bmatrix} = \begin{bmatrix} \mathbf{0} & \cdots & 0 \end{bmatrix}. \tag{7}$$

O vetor y é ortogonal a cada coluna. A equação nos diz isto, a partir dos zeros no lado direito. Dessa forma, y é ortogonal a qualquer combinação das colunas. Logo, ele é ortogonal ao espaço-coluna e ele é um vetor qualquer no espaço nulo à esquerda: $\boldsymbol{N}(A^{\mathrm{T}}) \perp \boldsymbol{C}(A)$. Esta demonstração é igual àquela da primeira metade do teorema, com A substituído por A^{T}. ■

Segunda prova O contraste com esta prova "livre de coordenadas" deve ser útil ao leitor. Ela demonstra um método mais "abstrato" de raciocínio. Gostaríamos de saber qual das provas é mais clara, e qual é compreendida com mais frequência.

Se x está no espaço nulo, então $Ax = 0$. Se v está no espaço-linha, então ele é uma combinação das linhas: $v = A^{\mathrm{T}}z$ para algum vetor z. Agora, em uma linha:

Espaço nulo ⊥ Espaço-linha $$v^{\mathrm{T}}x = (A^{\mathrm{T}}z)^{\mathrm{T}}x = z^{\mathrm{T}}Ax = z^{\mathrm{T}}0 = 0. \qquad (8)$$
■

Exemplo 3 Consideremos que A tem posto 1, de forma que seu espaço-linha e seu espaço-coluna sejam retas:

Matriz com posto 1 $$A = \begin{bmatrix} 1 & 3 \\ 2 & 6 \\ 3 & 9 \end{bmatrix}.$$

As linhas são múltiplos de (1, 3). O espaço nulo contém $x = (-3, 1)$, sendo ortogonal a todas as linhas. O espaço nulo e o espaço-linha são retas perpendiculares em $\mathbf{R}^2$:

$$\begin{bmatrix} 1 & 3 \end{bmatrix}\begin{bmatrix} 3 \\ -1 \end{bmatrix} = 0 \text{ e } \begin{bmatrix} 2 & 6 \end{bmatrix}\begin{bmatrix} 3 \\ -1 \end{bmatrix} = 0 \text{ e } \begin{bmatrix} 3 & 9 \end{bmatrix}\begin{bmatrix} 3 \\ -1 \end{bmatrix} = 0$$

Em contraste, os outros dois subespaços estão em $\mathbf{R}^3$. O espaço-coluna é a reta por (1, 2, 3). O espaço nulo à esquerda deve ser o *plano perpendicular* $y_1 + 2y_2 + 3y_3 = 0$. Essa equação é exatamente o conteúdo de $y^{\mathrm{T}}A = 0$.

Os dois primeiros subespaços (as duas retas) têm dimensões $1 + 1 = 2$ no espaço $\mathbf{R}^2$. O segundo par (reta e plano) tem dimensões $1 + 2 = 3$ no espaço $\mathbf{R}^3$. Em geral, *o espaço-linha e o espaço nulo têm dimensões que se somam a* $r + (n - r) = n$. O outro par se soma a $r + (m - r) = m$. Há aqui algo além de ortogonalidade, e por isto pedimos que o leitor tenha paciência quanto a este assunto a ser tratado posteriormente: **as dimensões**.

Certamente é verdade que o espaço nulo é perpendicular ao espaço-linha – mas esta não é toda a verdade. $\mathbf{N}(A)$ *contém todo vetor ortogonal ao espaço-linha.* O espaço nulo se formou a partir de *todas* as soluções de $Ax = 0$.

DEFINIÇÃO Dado um subespaço $\mathbf{V}$ de $\mathbf{R}^n$, chama-se **complemento ortogonal** de $\mathbf{V}$ o espaço de *todos* os vetores ortogonais a $\mathbf{V}$, sendo denotado por $\mathbf{V}^{\perp}$ = "$\mathbf{V}$ perp.".

Utilizando essa terminologia, o espaço nulo é o complemento ortogonal do espaço-linha: $\boldsymbol{N}(A) = (\boldsymbol{C}(A^{\mathrm{T}}))^{\perp}$. Ao mesmo tempo, o espaço-linha contém todos os vetores que são ortogonais ao espaço nulo. Um vetor z não pode ser ortogonal ao espaço nulo a não ser que esteja fora do espaço-linha. Ao adicionar z como uma linha extra de A, o espaço-linha seria expandido; no entanto, sabemos que há uma fórmula fixa $r + (n - r) = n$:

Fórmula da dimensão dim(espaço-linha) + dim(espaço nulo) = número de colunas

Cada vetor ortogonal ao espaço nulo está no espaço-linha: $\boldsymbol{C}(A^{\mathrm{T}}) = (\boldsymbol{N}(A))^{\perp}$.

O mesmo raciocínio aplicado a A^T produz o resultado dual: *o espaço nulo à esquerda* $\mathbf{N}(A^T)$ *e o espaço-coluna* $\mathbf{C}(A)$ *são complementos ortogonais*. Suas dimensões somam-se a $(m - r) + r = m$. Isto completa a segunda metade do teorema fundamental da álgebra linear. A primeira metade forneceu as dimensões dos quatro subespaços, incluindo o fato de: posto linha = posto coluna. Agora sabemos que esses subespaços são perpendiculares. E, mais do que isto, eles são complementos ortogonais.

3D Teorema fundamental da álgebra linear, parte II

O espaço nulo é o *complemento ortogonal* do espaço-linha em $\mathbf{R}^n$.
O espaço nulo à esquerda é o *complemento ortogonal* do espaço-coluna em $\mathbf{R}^m$.

Repetindo: o espaço-linha contém todos os elementos ortogonais ao espaço nulo, e o espaço--coluna contém todos os elementos ortogonais ao espaço nulo à esquerda. Esta é apenas uma sentença escondida no meio do livro, no entanto, *é ela que decide exatamente quais equações podem ser solucionadas*. Olhando diretamente, $Ax = b$ exige que b esteja no espaço-coluna. Olhando indiretamente, $Ax = b$ **exige que b seja perpendicular ao espaço nulo à esquerda**.

3E É possível solucionar $Ax = b$ se, e somente se, $y^Tb = 0$ sempre que $y^TA = 0$.

A abordagem direta dizia que "b deve ser uma combinação das colunas", enquanto a indireta dizia que "b deve ser ortogonal a todos os vetores que sejam ortogonais às colunas". Isto não parece ajudar muito. Mas, se apenas um ou dois vetores forem ortogonais às colunas, será muito mais fácil checar aquelas duas possíveis condições $y^Tb = 0$. Um bom exemplo é a Lei das Tensões de Kirchhoff, na Seção 2.5. Fazer o teste com zeros nos ciclos é muito mais fácil do que reconhecer combinações das colunas.

Quando os itens no lado esquerdo da equação* $\mathbf{Ax} = \mathbf{b}$ *somarem zero, os itens do lado direito também devem satisfazê-lo:

$$\text{É possível solucionar} \quad \begin{aligned} x_1 - x_2 &= b_1 \\ x_2 - x_3 &= b_2 \\ x_3 - x_1 &= b_3 \end{aligned} \quad \text{se, e somente se, } b_1 + b_2 + b_3 = 0.$$

$$\text{Aqui, } A = \begin{bmatrix} 1 & -1 & 0 \\ 0 & 1 & -1 \\ -1 & 0 & 1 \end{bmatrix}.$$

Este teste $b_1 + b_2 + b_3 = 0$ faz com que b seja ortogonal a $y = (1, 1, 1)$ no espaço nulo à esquerda. Pelo teorema fundamental, b é a combinação das colunas!

As matrizes e os subespaços

Enfatizamos que $\mathbf{V}$ e $\mathbf{W}$ podem ser ortogonais sem que sejam complementos. Suas dimensões podem ser demasiadamente pequenas. A reta $\mathbf{V}$ gerada por (0, 1, 0) é ortogonal à reta $\mathbf{W}$ gerada por (0, 0, 1), mas $\mathbf{V}$ não é $\mathbf{W}^\perp$. O complemento ortogonal de $\mathbf{W}$ é um plano de duas dimensões, e a reta é apenas uma parte de $\mathbf{W}^\perp$. Quando as dimensões estão corretas, os subespaços ortogonais *são* necessariamente complementos ortogonais:

$$\text{Se } \mathbf{W} = \mathbf{V}^\perp, \qquad \text{então} \qquad \mathbf{V} = \mathbf{W}^\perp \qquad \text{e} \qquad \dim \mathbf{V} + \dim \mathbf{W} = n.$$

Em outras palavras, $\mathbf{V}^{\perp\perp} = \mathbf{V}$. As dimensões de $\mathbf{V}$ e $\mathbf{W}$ estão corretas, e todo o espaço $\mathbf{R}^n$ é decomposto em duas partes perpendiculares (Figura 3.3).

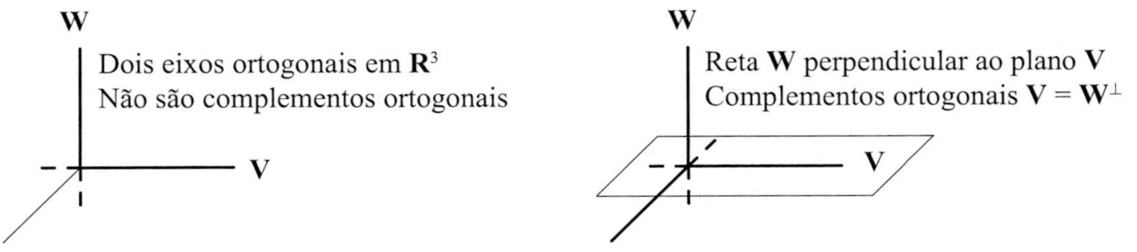

Figura 3.3 Complementos ortogonais em $\mathbf{R}^3$: um plano e uma reta (em vez de duas retas).

A divisão de $\mathbf{R}^n$ em partes ortogonais dividirá cada vetor em $x = v + w$. O vetor v é a projeção sobre o subespaço **V**. O componente ortogonal w é a projeção de x sobre **W**. Nas próximas seções será demonstrado como descobrir tais projeções de x, levando para o que, provavelmente, é a figura mais importante no livro (Figura 3.4).

A Figura 3.4 resume o teorema fundamental da álgebra linear. Ela ilustra o verdadeiro efeito de uma matriz – o que acontece dentro da multiplicação Ax. O espaço nulo é levado ao vetor nulo. Cada Ax está no espaço-coluna. Nada é levado para o espaço nulo à esquerda. *A verdadeira ação acontece entre o espaço-linha e o espaço-coluna*, e você consegue percebê-lo ao observar um vetor x qualquer. Este vetor possui um "componente de espaço-linha" e um "componente de espaço nulo", com $x = x_r + x_n$. Quando multiplicado por A, temos $Ax = Ax_r + Ax_n$:

O componente de espaço nulo resulta em zero: $Ax_n = 0$.
O componente de espaço-linha resulta no espaço-coluna: $Ax_r = Ax$.

É evidente que tudo resulta no espaço-coluna – a matriz não pode fazer mais nada. Fizemos com que o espaço-linha e o espaço-coluna tivessem o mesmo tamanho, com dimensão r igual.

3F Do espaço-linha ao espaço-coluna, A é, de fato, invertível. Todo vetor b no espaço-coluna vem exatamente de um vetor x_r no espaço-linha.

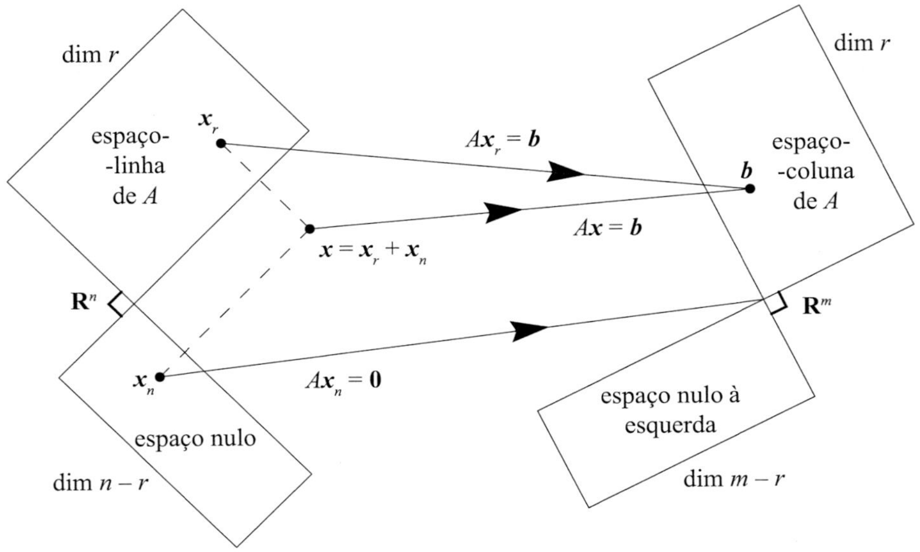

Figura 3.4 **A** verdadeira ação $Ax = A\,(x_{\mathbf{linha}} + x_{\mathbf{nulo}})$ de qualquer matriz m por n.

Prova Cada b no espaço-coluna é uma combinação Ax das colunas. Na verdade, b é Ax_r, com x_r no espaço-linha, uma vez que o componente do espaço nulo resulta em $Ax_n = 0$. Caso outro vetor x_r' no espaço-linha resulte em $Ax_r' = b$, então $A(x_r - x_r') = b - b = 0$. Isto coloca $x_r - x_r'$ no espaço nulo e no espaço-linha, o que o faz ser ortogonal a si mesmo. Portanto, ele é zero e $x_r = x_r'$. Exatamente um vetor no espaço-linha é levado a b. ■

Toda matriz transforma seu espaço-linha em seu espaço-coluna.

Nestes espaços r-dimensionais, A é invertível. Em seu espaço nulo, A é zero. Quando A é diagonal, é possível observar, tomando os r não nulos, a submatriz invertível.

A^T vai na direção contrária, de $\mathbf{R}^m$ a $\mathbf{R}^n$ e de $C(A)$ voltando a $C(A^T)$. Está evidente que a transposta não é o inverso! A^T move corretamente os espaços, mas não o faz com os vetores individualmente. Essa honra pertence a A^{-1} se ela existir – e ela só existirá se $r = m = n$. Não se pode pedir que uma inversa A^{-1} traga de volta todo o espaço nulo a partir do vetor nulo.

Quando não for possível que A^{-1} exista, a melhor substituta é A^+ ***pseudoinversa***. Isto inverte A onde for possível: $A^+Ax = x$ para x no espaço-linha. No espaço nulo à esquerda, nada pode ser feito: $A^+y = 0$. Assim, A^+ inverte A onde ela pode ser invertida, tendo o mesmo posto r. Uma fórmula de A^+ depende da ***decomposição em valores singulares*** – para a qual primeiro precisamos aprender sobre autovalores.

Conjunto de problemas 3.1

1. Entre os vetores v_1, v_2, v_3 e v_4, quais pares são ortogonais?

$$u_1 = \begin{bmatrix} 1 \\ 2 \\ -2 \\ 1 \end{bmatrix}, \quad u_2 = \begin{bmatrix} 4 \\ 0 \\ 4 \\ 0 \end{bmatrix}, \quad u_3 = \begin{bmatrix} 1 \\ -1 \\ -1 \\ -1 \end{bmatrix}, \quad u_4 = \begin{bmatrix} 1 \\ 1 \\ 1 \\ 1 \end{bmatrix}.$$

2. Encontre: um vetor x ortogonal para o espaço-linha de A, um vetor y ortogonal para o espaço-coluna e um vetor z ortogonal para o espaço nulo:

$$A = \begin{bmatrix} 1 & 2 & 1 \\ 2 & 4 & 3 \\ 3 & 6 & 4 \end{bmatrix}.$$

3. Encontre em $\mathbf{R}^3$ todos os vetores que são ortogonais a (1, 1, 1) e (1, –1, 0). Produza uma base ortonormal a partir desses vetores (vetores unitários simultaneamente ortogonais).

4. Duas retas em um plano são perpendiculares quando o produto de seus coeficientes angulares é –1. Aplique isto aos vetores $x = (x_1, x_2)$ e $y = (y_1, y_2)$, cujos coeficientes angulares são x_2/x_1 e y_2/y_1, para obter novamente a condição de ortogonalidade $x^Ty = 0$.

5. Dê um exemplo, em $\mathbf{R}^2$, de vetores linearmente independentes que não são ortogonais. Forneça também um exemplo de vetores ortogonais que não são independentes.

6. Como podemos saber que a *i-ésima* linha de uma matriz B invertível é ortogonal à *j-ésima* coluna de B^{-1}, se $i \neq j$?

7. Encontre os módulos e o produto escalar de $x = (1, 4, 0, 2)$ e $y = (2, -2, 1, 3)$.

8. *Por que estas afirmações são falsas?*

(a) Se **V** é ortogonal a **W**, então $\mathbf{V}^{\perp}$ é ortogonal a $\mathbf{W}^{\perp}$.

(b) **V** ortogonal a **W** e **W** ortogonal a **Z** faz **V** ser ortogonal a **Z**.

9. Encontre uma base para o complemento ortogonal do espaço-linha de A:

$$A = \begin{bmatrix} 1 & 0 & 2 \\ 1 & 1 & 4 \end{bmatrix}.$$

Decomponha $x = (3, 3, 3)$ em um componente de espaço-linha x_r e um componente de espaço nulo x_n.

10. Seja **P** o plano em $\mathbf{R}^2$ com a equação $x + 2y - z = 0$. Encontre um vetor perpendicular a **P**. Qual matriz possui o plano **P** como seu espaço nulo? Qual matriz possui **P** como seu espaço-linha?

11. Encontre todos os vetores que são perpendiculares a (1, 4, 4, 1) e (2, 9, 8, 2).

12. Demonstre que $x - y$ é ortogonal a $x + y$ se, e somente se, $\|x\| = \|y\|$.

13. Seja **S** o subespaço de $\mathbf{R}^4$ contendo todos os vetores com $x_1 + x_2 + x_3 + x_4 = 0$. Encontre a base para o espaço $\mathbf{S}^{\perp}$ que contenha todos os vetores ortogonais a **S**.

14. Encontre o complemento ortogonal do plano gerado pelos vetores (1, 1, 2) e (1, 2, 3), considerando que estes são as linhas de A e resolvendo $Ax = 0$. Lembre-se de que o complemento é uma reta completa.

15. Seja **S** um subespaço de $\mathbf{R}^n$. Explique o que significa $(\mathbf{S}^{\perp})^{\perp} = \mathbf{S}$ e por que esta sentença é verdadeira.

16. Ilustre a ação de A^{T} com uma figura que corresponda à Figura 3.4 retornando $\boldsymbol{C}(A)$ ao espaço-linha e o espaço nulo à esquerda a zero.

17. Sendo $\mathbf{S} = \{0\}$ o subespaço de $\mathbf{R}^4$ contendo apenas o vetor nulo, o que é $\mathbf{S}^{\perp}$? Sendo **S** gerado por (0, 0, 0, 1), o que é $\mathbf{S}^{\perp}$? O que é $(\mathbf{S}^{\perp})^{\perp}$?

18. Se **V** e **W** são subespaços ortogonais, demonstre que o único vetor comum entre eles é o vetor nulo: $\mathbf{V} \cap \mathbf{W} = \{0\}$.

19. O teorema fundamental geralmente é descrito como *alternativa de Fredholm*: para qualquer A e b, um, e somente um, dos seguintes sistemas tem uma solução:

(i) $Ax = b$.

(ii) $A^{\mathrm{T}}y = 0, y^{\mathrm{T}}b \neq 0$.

Pode tanto b estar em um espaço-coluna $\boldsymbol{C}(A)$ quanto haver um y em $\boldsymbol{N}(A^{\mathrm{T}})$ tal que $y^{\mathrm{T}}b \neq 0$. Demonstre que é contraditório que ambas as expressões (i) e (ii) tenham soluções.

20. Sendo **V** o complemento ortogonal de **W** em $\mathbf{R}^n$, existe alguma matriz com espaço-linha **V** e espaço nulo **W**? Construa tal matriz, iniciando com uma base de **V**.

21. Encontre uma matriz cujo espaço-linha contenha (1, 2, 1) e cujo espaço nulo contenha (1, –2, 1), ou prove que não é possível existir tal matriz.

22. Crie uma equação homogênea com três incógnitas, cujas soluções serão as combinações lineares dos vetores (1, 1, 2) e (1, 2, 3). O proposto aqui é o inverso do exercício anterior, mas, na verdade, os dois problemas são iguais.

23. Se $AB = 0$, então as colunas de B estão a _______ de A. As linhas de A estão a _______ de B. Por que A e B não podem ser matrizes 3 por 3 de posto 2?

24. Considere a Figura 3.4. Como é possível saber que Ax_r é igual a Ax? Como é possível saber que este vetor está no espaço-coluna? Sendo $A = \begin{bmatrix} 1 & 1 \\ 1 & 1 \end{bmatrix}$ e $x = \begin{bmatrix} 1 \\ 0 \end{bmatrix}$, o que é x_r?

25. (a) Se $Ax = b$ possui uma solução e $A^{\mathrm{T}}y = 0$, então y é perpendicular a _______.
(b) Se $A^{\mathrm{T}}y = c$ possui uma solução e $Ax = 0$, então x é perpendicular a _______.

26. Se Ax está no espaço nulo de A^{T}, então $Ax = 0$. Razão: Ax está também no _______ de A e os espaços são _______. *Conclusão*: $\mathrm{A^TA}$ *possui o mesmo espaço nulo que* A.

27. (Recomendado) Desenhe a Figura 3.4 para demonstrar cada subespaço de

$$A = \begin{bmatrix} 1 & 2 \\ 3 & 6 \end{bmatrix} \quad \text{e} \quad B = \begin{bmatrix} 1 & 0 \\ 3 & 0 \end{bmatrix}.$$

28. Desenhe novamente a Figura 3.4 para uma matriz 3 por 2 de posto $r = 2$. Qual subespaço é $\mathbf{Z}$ (apenas vetor nulo)? A componente de espaço nulo de qualquer vetor x em $\mathbf{R}^2$ é $x_n =$ ____.

29. Abaixo há um sistema de equações $Ax = b$ para o qual *não há solução*:

$$\begin{aligned} x + 2y + 2z &= 5 \\ 2x + 2y + 3z &= 5 \\ 3x + 4y + 5z &= 9. \end{aligned}$$

Encontre números y_1, y_2, y_3 para multiplicar as equações, de forma que se somem a $0 = 1$. Em qual subespaço você descobriu um vetor y? O produto escalar $y^{\mathrm{T}}b$ é 1.

30. Crie uma matriz 2 por 2 assimétrica de posto 1. Copie a Figura 3.4 e coloque um vetor em cada subespaço. Quais vetores são ortogonais?

31. Encontre as componentes x_r e x_n e desenhe a Figura 3.4 corretamente se

$$A = \begin{bmatrix} 1 & -1 \\ 0 & 0 \\ 0 & 0 \end{bmatrix} \quad \text{e} \quad x = \begin{bmatrix} 2 \\ 0 \end{bmatrix}$$

32. Crie uma matriz com a propriedade pedida. Se não for possível, justifique.

(a) O espaço-coluna contém $\begin{bmatrix} 1 \\ 2 \\ -3 \end{bmatrix}$ e $\begin{bmatrix} 2 \\ -3 \\ 5 \end{bmatrix}$, o espaço nulo contém $\begin{bmatrix} 1 \\ 1 \\ 1 \end{bmatrix}$.

(b) O espaço-linha contém $\begin{bmatrix} 1 \\ 2 \\ -3 \end{bmatrix}$ e $\begin{bmatrix} 2 \\ -3 \\ 5 \end{bmatrix}$, o espaço nulo contém $\begin{bmatrix} 1 \\ 1 \\ 1 \end{bmatrix}$.

(c) $Ax = \begin{bmatrix} 1 \\ 1 \\ 1 \end{bmatrix}$ tem uma solução e $A^{\mathrm{T}} = \begin{bmatrix} 1 \\ 0 \\ 0 \end{bmatrix} = \begin{bmatrix} 0 \\ 0 \\ 0 \end{bmatrix}$.

(d) Cada linha é ortogonal a cada coluna (A não é a matriz nula).

(e) As colunas somam-se a uma coluna de zeros, as linhas somam-se a uma linha de números 1.

33. Seja A uma matriz simétrica ($A^{\mathrm{T}} = A$).

(a) Por que seu espaço-coluna é perpendicular ao seu espaço nulo?

(b) Sendo $Ax = 0$ e $Az = 5z$, quais são os subespaços que contêm esses "autovetores" x e z? **Matrizes simétricas possuem autovetores perpendiculares** (ver Seção 5.5).

Os problemas 34 a 44 tratam de subespaços ortogonais.

34. O piso e a parede não são subespaços ortogonais, uma vez que compartilham um vetor que não é zero (passando pela linha onde se encontram). Dois planos em $\mathbf{R}^3$ não podem ser ortogonais! Encontre um vetor nos espaços-coluna $\boldsymbol{C}(A)$ e $\boldsymbol{C}(B)$:

$$A = \begin{bmatrix} 1 & 2 \\ 1 & 3 \\ 1 & 2 \end{bmatrix} \quad \text{e} \quad B = \begin{bmatrix} 5 & 4 \\ 6 & 3 \\ 5 & 1 \end{bmatrix}.$$

Este será um vetor Ax e também $B\hat{x}$. Pense em uma matriz $[A \;\; B]$ 3 por 4.

35. Seja $\mathbf{S}$ gerado pelos vetores (1, 2, 2, 3) e (1, 3, 3, 2). Encontre dois vetores que gerem $\mathbf{S}^\perp$. Isto é, análogo a resolver $Ax = 0$ para qual matriz A?

36. Considerando que $\mathbf{S}$ contenha apenas (1, 5, 1) e (2, 2, 2) (não é um subespaço). Então, $\mathbf{S}^\perp$ é o espaço nulo da matriz $A =$ _______. $\mathbf{S}^\perp$ será um subespaço mesmo se $\mathbf{S}$ não for.

37. Aplique ao problema 34 um subespaço $\mathbf{V}$ p-dimensional e um subespaço $\mathbf{W}$ q-dimensional de $\mathbf{R}^n$. Qual desigualdade em $p + q$ garante que haja interseção de $\mathbf{V}$ em $\mathbf{W}$ em um vetor não nulo? Tais subespaços não podem ser ortogonais.

38. Considerando que um subespaço $\mathbf{S}$ está contido em um subespaço $\mathbf{V}$, prove que $\mathbf{S}^\perp$ contém $\mathbf{V}^\perp$.

39. Considerando que $\mathbf{P}$ é um plano de vetores em $\mathbf{R}^4$ que satisfaz $x_1 + x_2 + x_3 + x_4 = 0$, escreva uma base para $\mathbf{P}^\perp$. Crie uma matriz que tenha $\mathbf{P}$ como seu espaço nulo.

40. Seja $\mathbf{V}$ o espaço inteiro $\mathbf{R}^4$. Considere também que $\mathbf{V}^\perp$ contém apenas o vetor _______. Assim, $(\mathbf{V}^\perp)^\perp$ é _______. Dessa maneira, $(\mathbf{V}^\perp)^\perp$ é o mesmo que _______.

41. Sendo $\mathbf{S}$ o subespaço de $\mathbf{R}^3$ contendo apenas o vetor nulo, o que é $\mathbf{S}^\perp$? Sendo $\mathbf{S}$ gerado por (1, 1, 1,), o que é $\mathbf{S}^\perp$? Sendo $\mathbf{S}$ gerado por (2, 0, 0) e (0, 0, 3), o que é $\mathbf{S}^\perp$?

42. Coloque bases para os subespaços ortogonais $\mathbf{V}$ e $\mathbf{W}$ nas colunas das matrizes V e W. *Por que* $V^TW =$ *matriz nula*? Isto equivale a $v^Tw = 0$ para vetores.

43. Utilizando a matriz abreviada da equação (8), prove que cada y em $\boldsymbol{N}(A^T)$ é perpendicular a cada Ax no espaço-coluna. Comece a partir de $A^Ty = 0$.

44. Seja $\mathbf{L}$ um subespaço de uma dimensão (uma reta) em $\mathbf{R}^3$. Seu complemento ortogonal $\mathbf{L}^\perp$ é _______ perpendicular à $\mathbf{L}$. Assim, $(\mathbf{L}^\perp)^\perp$ é a _______ perpendicular à $\mathbf{L}^\perp$. De fato, $(\mathbf{L}^\perp)^\perp$ é igual a _______.

Os problemas 45 a 50 abordam linhas e colunas perpendiculares.

45. Considerando que todas as colunas de A são vetores unitários, todos simultaneamente perpendiculares, descubra A^TA.

46. Crie uma matriz A, 3 por 3, na qual não haja zeros, e cujas colunas sejam simultaneamente perpendiculares. Calcule A^TA. Por que esta é uma matriz diagonal?

47. Seja uma matriz n por n inversível: $AA^{-1} = I$. Sendo assim, a primeira coluna de A^{-1} é ortogonal ao espaço gerado por quais linhas de A?

48. As retas $3x + y = b_1$ e $6x + 2y = b_2$ são _______. Elas serão a mesma reta se _______. Neste caso, (b_1, b_2) é perpendicular ao vetor _______. O espaço nulo da matriz é a linha $3x + y =$ _______. Um vetor particular em tal espaço nulo é _______.

49. O comando $N = \text{null}(A)$ produzirá uma base para o espaço nulo de A. Dessa maneira, o comando $B = \text{null}(N')$ produzirá uma base para _______ de A.

50. Por que estas afirmações são falsas?

(a) (1, 1, 1) é perpendicular a (1, 1, –2), de forma que os planos $x + y + z = 0$ e $x + y - 2z = 0$ são subespaços ortogonais.

(b) O subespaço gerado por (1, 1, 0, 0, 0) e (0, 0, 0, 1, 1) é o complemento ortogonal do subespaço gerado por (1, –1, 0, 0, 0) e (2, –2, 3, 4, –4).

(c) Dois subespaços que se intersectam apenas no vetor nulo são ortogonais.

51. Encontre uma matriz com $v = (1, 2, 3)$ no espaço-linha e no espaço-coluna. Encontre outra matriz com v no espaço nulo e no espaço-coluna. Em quais pares de subespaços *não* é possível haver v?

52. Seja A, 3 por 4, B, 4 por 5, e $AB = 0$. Prove que posto (A) + posto $(B) \leq 4$.

3.2 COSSENOS E PROJEÇÕES EM RETAS

Os vetores com $x^Ty = 0$ são ortogonais. Permitimos agora produtos escalares ***não nulos***, além de ângulos que ***não são ângulos retos***. Queremos relacionar produtos escalares aos ângulos e também às transpostas. No Capítulo 1, reviramos uma matriz para criar a transposta, como se fosse uma panqueca. É preciso encontrar um método melhor do que este.

Há algo que não se pode negar: *o caso ortogonal é o mais importante*. Vamos supor que queremos descobrir a distância de um ponto b até a reta na direção do vetor a. Procuramos nessa reta pelo ponto p que esteja mais próximo de b. A geometria é a chave: ***a reta que conecta* b *a* p** (a linha pontilhada na Figura 3.5) ***é perpendicular a* a.** *Isto nos permite descobrir a projeção* p. Muito embora a e b não sejam ortogonais, o problema da distância automaticamente invoca a ortogonalidade.

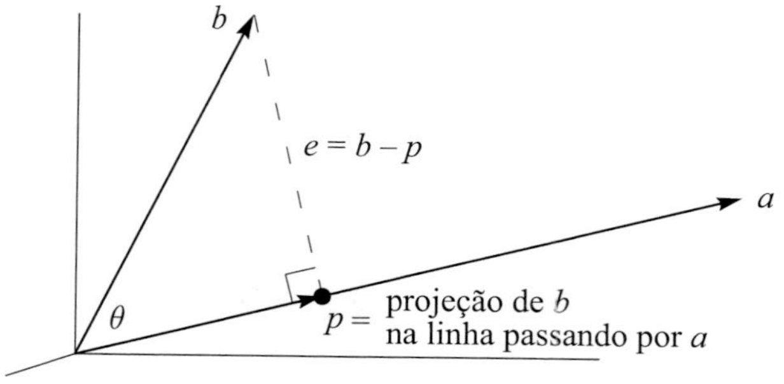

Figura 3.5 A projeção p é o ponto (na linha passando por a) mais próximo de b.

A situação é a mesma quando se considera um plano (ou qualquer subespaço **S**) em vez de uma reta. Novamente, o problema é descobrir, nesse subespaço, o ponto p que esteja mais próximo de b. ***Este ponto* p *é a projeção de* b *no subespaço***. Uma linha perpendicular de b até

S intersecta o subespaço em p. Geometricamente, isto fornece a distância entre os pontos b e os subespaços **S**. No entanto, existem ainda duas perguntas a se fazer:

1. Na prática, essa projeção realmente surge?
2. Existindo uma base para o subespaço **S**, há alguma fórmula para a projeção p?

Certamente, as respostas são “sim”. Este é, exatamente, o problema das ***soluções com mínimos quadrados para um sistema sobredeterminado.*** O vetor b representa os dados de experimentos ou questionários, contendo muitos erros para se encontrar no subespaço **S**. Ao tentarmos escrever b como uma combinação dos vetores-base de **S**, percebemos que isto não é possível – as equações são inconsistentes, e não há solução para $Ax = b$.

O método dos mínimos quadrados seleciona p como a melhor solução para substituir b. Não pode haver dúvida quanto à importância desta aplicação. Em economia e estatística, os mínimos quadrados entram em *análise de regressão.* Em geodesia, uma análise de mapeamento dos EUA tratou 2,5 milhões de equações com 400.000 incógnitas.

É fácil obter uma fórmula para p quando o subespaço é uma reta. Projetaremos b em a de diversas maneiras, relacionando a projeção p com produtos escalares e ângulos. De longe, o caso mais importante é o da projeção em um subespaço dimensional maior. Este caso corresponde a um problema de mínimos quadrados com diversos parâmetros (e que será solucionado na Seção 3.3). As fórmulas se tornam, inclusive, mais simples quando produzimos uma base ortogonal para **S**.

Produtos escalares e cossenos

Abordaremos agora a discussão dos produtos escalares e dos ângulos. Logo você perceberá que, na verdade, não é o ângulo, mas sim ***o cosseno do ângulo*** que está diretamente relacionado aos produtos escalares. Vamos considerar novamente a trigonometria em um caso de duas dimensões a fim de descobrir essa relação. Suponhamos que os vetores a e b façam ângulos α e β com o eixo x (Figura 3.6).

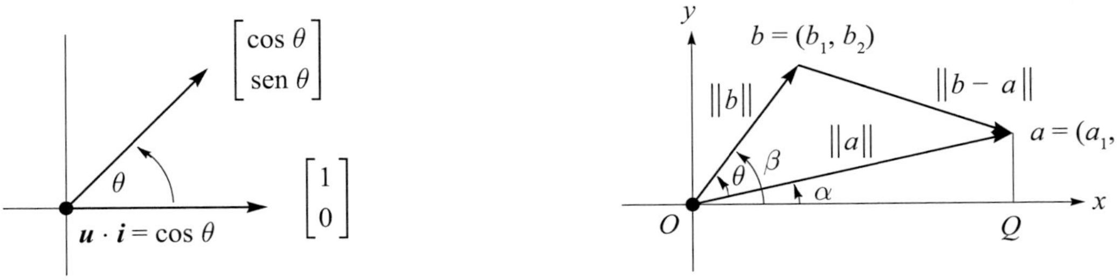

Figura 3.6 O cosseno do ângulo $\theta = \beta - \alpha$ utilizando produtos escalares.

O módulo $\|a\|$ é a hipotenusa no triângulo OaQ. Dessa forma, o seno e o cosseno de α são

$$\text{sen}\,\alpha = \frac{a_2}{\|a\|}, \quad \cos\alpha = \frac{a_1}{\|a\|}.$$

O seno do ângulo β é $b_2/\|b\|$ e o cosseno é $b_1/\|b\|$. O cosseno de $\theta = \beta - \alpha$ origina-se de uma identidade que ninguém poderia esquecer:

$$\textbf{Fórmula do cosseno} \qquad \cos\theta = \cos\beta\cos\alpha + \text{sen}\,\beta\,\text{sen}\,\alpha = \frac{a_1b_1 + a_2b_2}{\|a\|\,\|b\|}. \tag{1}$$

O numerador nessa fórmula é exatamente o produto escalar de a e b. É daí que vem a relação entre $a^{\mathrm{T}}b$ e cos θ:

3G O cosseno do ângulo entre quaisquer vetores a e b não nulos é

Cosseno de θ $$\cos\theta = \frac{a^{\mathrm{T}}b}{\|a\|\,\|b\|}. \qquad (2)$$

Esta fórmula está dimensionalmente correta; ao dobrarmos o módulo de b, dobrar-se-ão também o numerador e o denominador, ficando apenas o cosseno inalterado. Por outro lado, caso invertamos o sinal de b, o sinal do cos θ também se inverte – e o ângulo muda em 180°.

Há outra lei da trigonometria que leva diretamente ao mesmo resultado. Não é tão inesquecível quanto a equação (1), mas relaciona os módulos dos lados de qualquer triângulo:

Lei dos cossenos $$\|b - a\|^2 = \|b\|^2 + \|a\|^2 - 2\|b\|\,\|a\| \cos\theta. \qquad (3)$$

Quando θ for um ângulo reto, temos novamente Pitágoras: $\|b - a\|^2 = \|b\|^2 + \|a\|^2$. Para qualquer ângulo θ, a expressão $\|b - a\|^2$ será $(b - a)^{\mathrm{T}}(b - a)$, transformando a equação (3) em

$$b^{\mathrm{T}}b - 2a^{\mathrm{T}}b + a^{\mathrm{T}}a = b^{\mathrm{T}}b + a^{\mathrm{T}}a - 2\|b\|\,\|a\| \cos\theta.$$

Cancelando $b^{\mathrm{T}}b$ e $a^{\mathrm{T}}a$ em ambos os lados dessa equação, você reconhecerá a fórmula (2) do cosseno: $a^{\mathrm{T}}b = \|a\|\,\|b\| \cos\theta$. De fato, isto valida a fórmula do cosseno em n dimensões, uma vez que precisamos nos preocupar apenas com o triângulo plano Oab.

Projeção em uma reta

Queremos agora encontrar o ponto de projeção p. Este ponto deve ser um múltiplo $p = \hat{x}a$ do dado vetor a – cada ponto na reta é um múltiplo de a. O problema aí é calcular o coeficiente de $\hat{x}$. Tudo que precisamos é a verdade geométrica de que ***a reta de* b *até o ponto* p = x̂a *mais próximo é perpendicular ao vetor* a:**

$$(b - \hat{x}a) \perp a, \qquad \text{ou} \qquad a^{\mathrm{T}}(b - \hat{x}a) = 0, \qquad \text{ou} \qquad \hat{x} = \frac{a^{\mathrm{T}}b}{a^{\mathrm{T}}a}. \qquad (4)$$

Daí vem a fórmula para o número $\hat{x}$ e para a projeção p:

3H A projeção do vetor b na reta com direção a, é $p = \hat{x}a$:

Projeção na reta $$p = \hat{x}a = \frac{a^{\mathrm{T}}b}{a^{\mathrm{T}}a}. \qquad (5)$$

Podemos, desta maneira, redesenhar a Figura 3.5 com uma fórmula correta para p (Figura 3.7).

Isto nos leva, na equação (6), a mais importante desigualdade da matemática: a Desigualdade de Schwarz. Um caso particular é o fato de que as médias aritméticas $\frac{1}{2}(x + y)$ são maiores que as médias geométricas $\sqrt{xy}$. (Isto também é equivalente – consulte o problema 1 ao final desta seção – para a desigualdade triangular de vetores.) A Desigualdade de Schwarz surge quase acidentalmente da afirmação de que $\|e\|^2 = \|b - p\|^2$ na Figura 3.7 não pode ser negativa:

$$\left\| b - \frac{a^T b}{a^T a} a \right\|^2 = b^T b - 2\frac{(a^T b)^2}{a^T a} + \left(\frac{a^T b}{a^T a}\right)^2 a^T a = \frac{(b^T b)(a^T a) - (a^T b)^2}{(a^T a)} \geq 0.$$

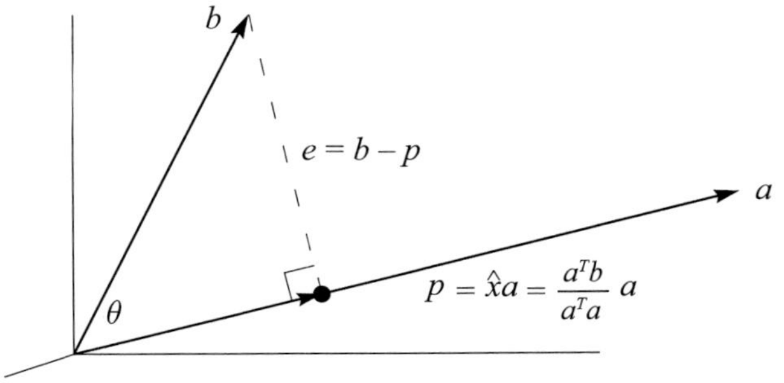

Figura 3.7 A projeção p de b em a, com $\cos\theta = \dfrac{Op}{Ob} = \dfrac{a^T b}{\|a\|\ \|b\|}$.

Isto demonstra que $(b^T b)\ (a^T a) \geq (a^T b)^2$ – e ficamos assim com as raízes quadradas:

> **3I** Todos os vetores a e b satisfazem a **Desigualdade de Schwarz**, que é $|\cos\theta| \leq 1$ em $\mathbf{R}^n$:
>
> **Desigualdade de Schwarz** $\quad |a^T b| \leq \|a\|\ \|b\|.$ $\quad$ (6)

De acordo com a fórmula (2), a razão entre $a^T b$ e $\|a\|\ \|b\|$ é exatamente $|\cos\theta|$. Já que todos os cossenos estão no intervalo $-1 \leq \cos\theta \leq 1$, isto nos fornece outra prova da equação (6): *a Desigualdade de Schwarz é igual a* $|\cos\theta| \leq 1$. De certo modo, esta é uma prova mais fácil de compreender, uma vez que os cossenos são bastante familiares. Todas as provas estão exatamente em $\mathbf{R}^n$, mas perceba que a nossa vem diretamente do cálculo de $\|b - p\|^2$, que permanece positivo quando apresentamos novas possibilidades de módulos e produtos escalares. O nome de Cauchy também está ligado a esta desigualdade $|a^T b| \leq \|a\|\ \|b\|$, a qual é conhecida pelos russos como a Desigualdade de Cauchy-Schwarz-Buniakowsky! Os historiadores da matemática parecem concordar que a afirmação de Buniakowsky é genuína.

Cabe aqui uma observação final a respeito de $|a^T b| \leq \|a\|\ \|b\|$. *A igualdade permanece se, e somente se,* b *for um múltiplo de* a. O ângulo é $\theta = 0°$ ou $\theta = 180°$ e o cosseno é 1 ou –1. Neste caso, b é idêntico à sua projeção p, sendo zero a distância entre b e a reta.

Exemplo 1 Projete $b = (1, 2, 3)$ na reta que passa por $a = (1, 1, 1)$ para obter $\hat{x}$ e p:

$$\hat{x} = \frac{a^T b}{a^T a} = \frac{6}{3} = 2.$$

A projeção é $p = \hat{x}a = (2, 2, 2)$. O ângulo entre a e b tem

$$\cos\theta = \frac{\|p\|}{\|b\|} = \frac{\sqrt{12}}{\sqrt{14}} \quad \text{e também} \quad \cos\theta = \frac{a^T b}{\|a\|\ \|b\|} = \frac{6}{\sqrt{3}\sqrt{14}}.$$

A Desigualdade de Schwarz $|a^T b| \leq \|a\|\ \|b\|$ é $6 \leq \sqrt{3}\sqrt{14}$. Se escrevermos 6 como $\sqrt{36}$, será o mesmo que escrever $\sqrt{36} \leq \sqrt{42}$. O cosseno é menor que 1, pois b não é paralelo a a.

Matriz de projeção de posto 1

A projeção de b na reta de direção a está em $p = a(a^Tb/a^Ta)$. Esta é a nossa fórmula $p = \hat{x}a$ escrita, no entanto, com uma pequena diferença: o vetor a é colocado antes do número $\hat{x} = a^Tb/a^Ta$. Existe uma razão por trás desta mudança aparentemente trivial. A projeção em uma reta é feita por meio de uma ***matriz de projeção*** P e, ao ser escrita nessa nova ordem, conseguimos ver o que ela é. *P é a matriz que multiplica* b *e resulta em* p:

$$P = a\frac{a^Tb}{a^Ta}, \quad \text{então, a projeção matriz é} \quad P = \frac{aa^T}{a^Ta}. \tag{7}$$

Isto é uma coluna multiplicada por uma linha – uma matriz quadrada – dividido pelo número a^Ta.

Exemplo 2 A matriz que projeta na reta por $a = (1, 1, 1)$ é

$$P = \frac{aa^T}{a^Ta} = \frac{1}{3}\begin{bmatrix}1\\1\\1\end{bmatrix}\begin{bmatrix}1 & 1 & 1\end{bmatrix} = \begin{bmatrix}\frac{1}{3} & \frac{1}{3} & \frac{1}{3}\\ \frac{1}{3} & \frac{1}{3} & \frac{1}{3}\\ \frac{1}{3} & \frac{1}{3} & \frac{1}{3}\end{bmatrix}.$$

Esta matriz possui duas propriedades, as quais veremos que são típicas de projeções:

1. ***P* é uma matriz simétrica.**
2. **Ela é igual ao seu quadrado: $P^2 = P$.**

P^2b é a projeção de Pb – e Pb já está na reta! Assim, $P^2b = Pb$. Esta matriz P fornece também um ótimo exemplo dos quatro subespaços fundamentais:

O espaço-coluna consiste na reta que passa por $a = (1, 1, 1)$.
O espaço nulo consiste no plano perpendicular a a.
O posto é $r = 1$.

Cada coluna é um múltiplo de a, e assim também é $Pb = \hat{x}a$. Os vetores que se projetam em $p = 0$ são especialmente importantes. Eles satisfazem $a^Tb = 0$ – são perpendiculares a a e seu componente passando pela reta é zero. Eles estão no espaço nulo = plano perpendicular.

Na verdade, este exemplo é perfeito demais. Ele possui o espaço nulo ortogonal ao espaço-coluna, o que é um tanto confuso. O espaço nulo deveria ser ortogonal ao *espaço-linha*. No entanto, sendo P simétrica, seu espaço-linha e espaço-coluna são iguais.

Comentário sobre dimensionamento A matriz de projeção aa^T/a^Ta é a mesma caso a seja dobrado:

$$a = \begin{bmatrix}2\\2\\2\end{bmatrix} \quad \text{nos dá} \quad P = \frac{1}{12}\begin{bmatrix}2\\2\\2\end{bmatrix}\begin{bmatrix}2 & 2 & 2\end{bmatrix} = \begin{bmatrix}\frac{1}{3} & \frac{1}{3} & \frac{1}{3}\\ \frac{1}{3} & \frac{1}{3} & \frac{1}{3}\\ \frac{1}{3} & \frac{1}{3} & \frac{1}{3}\end{bmatrix} \quad \text{como anteriormente.}$$

A reta por a é a mesma, e isto é tudo com que a matriz de projeção se preocupa. Se a possuir um módulo unitário, o denominador então será $a^Ta = 1$ e a matriz será apenas $P = aa^T$.

Exemplo 3 Projetando na "direção θ" no plano xy. A reta passa em $a = (\cos\theta, \operatorname{sen}\theta)$ e a matriz é simétrica com $P^2 = P$:

$$P = \frac{aa^{\mathrm{T}}}{a^{\mathrm{T}}a} = \frac{\begin{bmatrix} c \\ s \end{bmatrix}\begin{bmatrix} c & s \end{bmatrix}}{\begin{bmatrix} c & s \end{bmatrix}\begin{bmatrix} c \\ s \end{bmatrix}} = \begin{bmatrix} c^2 & cs \\ cs & s^2 \end{bmatrix}.$$

Aqui, c é $\cos\theta$, s é $\operatorname{sen}\theta$ e $c^2 + s^2 = 1$ no denominador. Essa matriz P foi descoberta na Seção 2.6, nas transformações lineares. Agora, conhecemos P em qualquer número de dimensões. Enfatizamos que isto gera a projeção p:

***Para fazer a projeção de* b *em* a, *multiplique pela matriz de projeção* P: p = Pb.**

Transpostas a partir de produtos escalares

Finalmente podemos conectar os produtos escalares a A^{T}. Até agora, A^{T} foi simplesmente o reflexo de A pela sua diagonal principal; as linhas de A se tornaram as colunas de A^{T} e vice-versa. O elemento na linha i, coluna j de A^{T} é o elemento (j, i) de A:

$$\textbf{Transposta por reflexão} \qquad (A^{\mathrm{T}})_{ij} = (A)_{ji}$$

Existe um significado mais amplo para A^{T}. Sua conexão com produtos escalares fornece uma nova e mais "abstrata" definição de matriz transposta:

3J A transposta A^{T} pode ser definida pela seguinte propriedade: o produto escalar de Ax com y é igual ao produto escalar de x com $A^{\mathrm{T}}y$. Formal e simplesmente, isto significa que

$$(Ax)^{\mathrm{T}}y = x^{\mathrm{T}}A^{\mathrm{T}}y = x^{\mathrm{T}}(A^{\mathrm{T}}y). \qquad (8)$$

Esta definição nos fornece outra (melhor) maneira de verificar a fórmula $(AB)^{\mathrm{T}} = B^{\mathrm{T}}A^{\mathrm{T}}$. Utilize duas vezes a equação (8):

$$\textbf{Mova } \boldsymbol{A} \textbf{ e então mova } \boldsymbol{B} \qquad (ABx)^{\mathrm{T}}y = (Bx)^{\mathrm{T}}(A^{\mathrm{T}}y) = x^{\mathrm{T}}(B^{\mathrm{T}}A^{\mathrm{T}}y).$$

A transposta aparece em ordem reversa no lado direito, assim como as inversas o fazem na fórmula $(AB)^{-1} = B^{-1}A^{-1}$. Afirmamos mais uma vez que essas duas fórmulas se encontram para fornecer a notável combinação $(A^{-1})^{\mathrm{T}} = (A^{\mathrm{T}})^{-1}$.

Conjunto de problemas 3.2

1. (a) Dado qualquer par positivo de números x e y, escolha o vetor b igual a $(\sqrt{y}, \sqrt{x})$ e $a = (\sqrt{y}, \sqrt{x})$. Aplique a Desigualdade de Schwarz a fim de comparar a média aritmética $\frac{1}{2}(x + y)$ com a média geométrica $\sqrt{xy}$.

(b) Supondo que comecemos com um vetor desde a origem até o ponto x, e então adicionamos um vetor de módulo $\|y\|$ conectando x a $x + y$. O terceiro lado do triângulo vai da origem até $x + y$. *A desigualdade triangular afirma que essa distância não pode ser maior do que a soma das duas primeiras distâncias:*

$$\|x + y\| \leq \|x\| + \|y\|.$$

Após elevar ambos os lados ao quadrado e expandir $(x + y)^T(x + y)$, deduza a partir desta expressão a Desigualdade de Schwarz.

2. Eleve ao quadrado a matriz $P = aa^T / a^Ta$, que se projeta em uma linha, e demonstre que $P^2 = P$ (observe o número a^Ta no meio da matriz aa^Taa^T!).

3. Escolha o vetor b correto na Desigualdade de Schwarz e prove que:

$$(a_1 + \cdots + a_n)^2 \leq n(a_1^2 + \cdots + a_n^2).$$

Quando a igualdade se verifica?

4. Verifique se o módulo da projeção na Figura 3.7 é $\|p\| = \|b\| \cos \theta$. Para tanto, utilize a fórmula (5).

5. (a) Encontre a matriz de projeção P_1 sobre a reta na direção $a = \begin{bmatrix} 1 \\ 3 \end{bmatrix}$. Encontre também a matriz P_2 que projeta sobre a reta perpendicular a a.

(b) Calcule $P_1 + P_2$ e P_1P_2. Explique.

6. A molécula de metano CH_4 está organizada como se o átomo de carbono estivesse no centro de um tetraedro regular com quatro átomos de hidrogênio nos vértices. Se os vértices forem colocados em (0, 0, 0), (1, 1, 0), (1, 0, 1) e (0, 1, 1) – observando que todas as seis arestas medem $\sqrt{2}$, de forma que este é um tetraedro regular –, qual será o cosseno do ângulo entre os raios que vão do centro $\left(\frac{1}{2}, \frac{1}{2}, \frac{1}{2}\right)$ aos vértices (o próprio ângulo de ligação, um velho amigo dos químicos, é de aproximadamente 109,5°)?

7. Explique por que a Desigualdade de Schwarz se torna uma igualdade caso, e somente neste caso, de a e b estarem na mesma reta que passa pela origem. O que aconteceria se eles estivessem em lados opostos da origem?

8. Prove que o *traço* de $P = aa^T / a^Ta$ – que é a soma dos elementos da diagonal – sempre é igual a 1.

9. Encontre a matriz que projeta cada ponto do plano sobre a reta $x + 2y = 0$.

10. Em n dimensões, qual é o ângulo que o vetor (1, 1, ..., 1) faz com os eixos coordenados? Qual é a matriz de projeção P sobre aquele vetor?

11. Qual múltiplo de $a = (1, 1, 1)$ está mais próximo do ponto $b = (2, 4, 4)$? Descubra também, na reta que passa por b, o ponto mais próximo de a.

12. A matriz de projeção P é invertível? Justifique.

13. Existe uma prova de uma linha para a Desigualdade de Schwarz se, e somente se, por hipótese, tomarmos a e b vetores unitários.

$$|a^Tb| = \left|\sum a_jb_j\right| \leq \sum |a_j|\,|b_j| \leq \sum \frac{|a_j|^2 + |b_j|^2}{2} = \frac{1}{2} + \frac{1}{2} = \|a\|\,\|b\|.$$

Qual problema anterior justifica a etapa intermediária?

14. Demonstre que o módulo de Ax é igual ao módulo de A^Tx caso $AA^T = A^TA$.

15. Seja P a matriz de projeção sobre a reta na direção de a.

(a) Por que o produto escalar de x com Py é igual ao produto escalar de Px com y?

(b) Os dois ângulos são iguais? Encontre seus cossenos, caso $a = (1, 1, -1)$, $x = (2, 0, 1)$ e $y = (2, 2, 2)$.

(c) Por que o produto escalar de Px com Py é novamente igual? Qual é o ângulo entre os dois?

16. Qual é a matriz P que projeta cada ponto em $\mathbf{R}^3$ sobre a reta de interseção dos planos $x + y + + t = 0$ e $x - t = 0$?

Os problemas 17 a 26 pedem projeções em retas, além de erros $e = b - p$ e matrizes P.

17. *Desenhe* a projeção de b sobre a e a calcule a partir de $p = \hat{x}a$:

(a) $b = \begin{bmatrix} \cos\theta \\ \text{sen}\theta \end{bmatrix}$ e $a = \begin{bmatrix} 1 \\ 0 \end{bmatrix}$. (b) $b = \begin{bmatrix} 1 \\ 1 \end{bmatrix}$ e $a = \begin{bmatrix} 1 \\ -1 \end{bmatrix}$.

18. Crie as matrizes de projeção P_1 e P_2 sobre as retas que passam pelos a's do problema 17. A expressão $(P_1 + P_2)^2 = P_1 + P_2$ é verdadeira? Isto *seria* verdadeiro caso $P_1 P_2 = 0$.

19. Faça a projeção do vetor b sobre a reta que passa por a. Certifique-se de que e seja perpendicular a a:

(a) $b = \begin{bmatrix} 1 \\ 2 \\ 2 \end{bmatrix}$ e $a = \begin{bmatrix} 1 \\ 1 \\ 1 \end{bmatrix}$. (b) $b = \begin{bmatrix} 1 \\ 3 \\ 1 \end{bmatrix}$ e $a = \begin{bmatrix} -1 \\ -3 \\ -1 \end{bmatrix}$.

20. Descubra, no problema 19, a matriz de projeção $P = aa^{\mathrm{T}}/a^{\mathrm{T}}a$ na reta que passa por cada vetor a. Em ambos os casos, certifique-se de que $P^2 = P$. Multiplique Pb em cada caso a fim de calcular a projeção p.

Consulte as figuras seguintes para resolver os problemas 21 a 26.

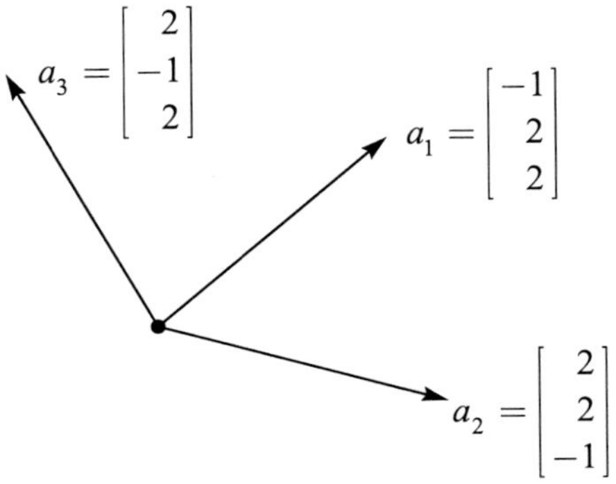

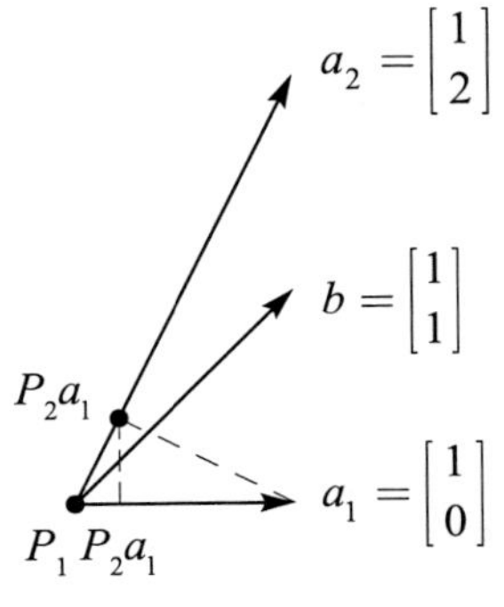

21. Calcule as matrizes de projeção $aa^{\mathrm{T}}/a^{\mathrm{T}}a$ sobre as retas que passam por $a_1 = (-1, 2, 2)$ e $a_2 = (2, 2, -1)$. Multiplique essas matrizes de projeção e explique a razão de ser de seu produto P_1P_2.

22. Faça a projeção do vetor $b = (1, 1)$ nas linhas que passam por $a_1 = (1, 0)$ e $a_2 = (1, 2)$. Desenhe as projeções p_1 e p_2 e some $p_1 + p_2$. As projeções não se somam a b, pois os as não são ortogonais.

23. No problema 22, a projeção de b no *plano* de a_1 e a_2 será igual a b. Encontre $P = A(A^TA)^{-1}A^T$ para $A = \begin{bmatrix} a_1 & a_2 \end{bmatrix} = \begin{bmatrix} 1 & 1 \\ 0 & 2 \end{bmatrix}$.

24. Faça a projeção de $b = (1, 0, 0)$ nas retas que passam por a_1 e a_2 no problema 21 e também em $a_3 = (2, -1, 2)$. Adicione as três projeções $p_1 + p_2 + p_3$.

25. Faça a projeção de $a_1 = (1, 0)$ em $a_2 = (1, 2)$. Então, projete de volta o resultado em a_1. Desenhe essas projeções e multiplique as matrizes de projeção P_1P_2. Isto é uma projeção?

26. Continuando os problemas 21 e 24, encontre a matriz de projeção P_3 em $a_3 = (2, -1, 2)$. Certifique-se de que $P_1 + P_2 + P_3 = I$. A base a_1, a_2, a_3 é ortogonal!

3.3 PROJEÇÕES E MÍNIMOS QUADRADOS

Até este ponto, pode ou não haver solução para $Ax = b$. Se b não está no espaço-coluna $\boldsymbol{C}(A)$, então o sistema é inconsistente e a Eliminação de Gauss não tem êxito. Esta falha é quase certa quando há diversas equações e apenas uma incógnita:

Mais equações do que incógnitas – não há solução?
$$2x = b_1 \qquad 3x = b_2 \qquad 4x = b_3.$$

Só haverá solução quando b_1, b_2 e b_3 estiverem na proporção 2:3:4. A solução x existirá apenas se b estiver na mesma linha que a coluna $a = (2, 3, 4)$.

Apesar de sua insolubilidade, as equações inconsistentes surgem, na prática, a todo instante. É preciso resolvê-las! Uma possibilidade é determinar x de uma parte do sistema, ignorando o resto; isto é difícil de justificar caso todas as m equações sejam provenientes da mesma fonte. Em vez de esperar que não haja erro em algumas equações e que haja grandes erros nas outras, é muito melhor *escolher o* x *que minimiza um erro* E *comum nas* m *equações*.

O erro "comum" mais conveniente vem da *soma dos quadrados*:

Erro ao quadrado $$E^2 = (2x - b_1)^2 + (3x - b_2)^2 + (4x - b_3)^2.$$

Se há uma solução exata, então o erro mínimo é $E = 0$. No caso mais provável em que b não seja proporcional a a, o gráfico de E^2 será uma parábola. O erro mínimo está no ponto mais baixo, em que a derivada é zero:

$$\frac{dE^2}{dx} = 2[(2x - b_1)2 + (3x - b_2)3 + (4x - b_3)4] = 0$$

Resolvendo por x, a solução com mínimos quadrados deste sistema de modelo $ax = b$ é denotada por $\hat{x}$:

Solução com mínimos quadrados $$\hat{x} = \frac{2b_1 + 3b_2 + 4b_3}{2^2 + 3^2 + 4^2} = \frac{a^Tb}{a^Ta}.$$

É possível reconhecer a^Tb *no numerador e* a^Ta *no denominador.*

O caso geral é igual. "Resolvemos" $ax = b$ ao minimizar

$$E^2 = \|ax - b\|^2 = (a_1x - b_1)^2 + \ldots + (a_mx - b_m)^2.$$

A derivada de E^2 será nula no ponto $\hat{x}$ se

$$(a_1\hat{x} - b_1)a_1 + \cdots + (a_m\hat{x} - b_m)a_m = 0$$

Estamos minimizando a distância de b até a linha que passa por a, e o cálculo fornece a mesma resposta, $\hat{x} = (a_1b_1 + \cdots + a_mb_m)/(a_1^2 + \cdots + a_m^2)$, dada anteriormente pela geometria:

3K A solução com mínimos quadrados para um problema $ax = b$ de uma incógnita é

$$\hat{x} = \frac{a^{\mathrm{T}}b}{a^{\mathrm{T}}a}.$$

Pode-se notar que continuamos retornando à interpretação geométrica de um problema com mínimos quadrados – para minimizar a distância. Ao definir a derivada de E^2 como zero, o cálculo confirma a geometria da seção anterior. *O vetor de erro* e, *que conecta* b *a* p, *deve ser perpendicular a* a:

$$\textbf{Ortogonalidade de } \boldsymbol{a} \textbf{ e } \boldsymbol{e} \qquad a^{\mathrm{T}}(b - \hat{x}a) = a^{\mathrm{T}}b - \frac{a^{\mathrm{T}}b}{a^{\mathrm{T}}a}a^{\mathrm{T}}a = 0.$$

Como comentário à parte, perceba o caso degenerado $a = 0$. Todos os múltiplos de a são zero, e a reta é apenas um ponto. Portanto $p = 0$ é o único candidato para a projeção. Contudo, a fórmula para $\hat{x}$ se torna um 0/0 sem sentido, refletindo corretamente o fato de que $\hat{x}$ está completamente indeterminado. Todos os valores de x fornecem o mesmo erro $E = \|0x - b\|$, de forma que E^2 seja uma reta horizontal em vez de uma parábola. A "pseudoinversa" afirma o valor $\hat{x} = 0$ definitivo, que é uma escolha mais "simétrica" do que qualquer outro número.

Problemas de mínimos quadrados com diversas variáveis

Agora estamos preparados para um passo sério: ***projetar* b *em um subespaço***, em vez de simplesmente em uma reta. Este problema surge a partir de $Ax = b$ quando A é uma matriz m por n. Em vez de uma coluna e de uma incógnita x, a matriz agora terá n colunas. O número m de observações é ainda maior que o número n de incógnitas, de forma que já se deve esperar que $Ax = b$ seja inconsistente. *Provavelmente, não será possível escolher um* x *que sirva perfeitamente para os dados* b. Em outras palavras, o vetor b provavelmente não será uma combinação das colunas de A; ele estará fora do espaço-coluna.

Novamente o problema será escolher $\hat{x}$ de forma a minimizar o erro, e novamente essa minimização será feita com o envolvimento dos mínimos quadrados. O erro é $E = \|Ax - b\|$, ***sendo esta exatamente a distância de* b *até o ponto* Ax *no espaço-coluna***. Procurar pela solução com mínimos quadrados $\hat{x}$, a qual minimiza E, é o mesmo que localizar o ponto $p = A\hat{x}$ que esteja mais próximo de b do que qualquer outro ponto no espaço-coluna.

Podemos utilizar a geometria ou o cálculo para determinar $\hat{x}$. Em n dimensões, preferimos utilizar os recursos da geometria; p deve ser a "projeção de b no espaço-coluna". ***O vetor de erro* e = b – A$\hat{\mathbf{x}}$ *deve ser perpendicular àquele espaço*** (Figura 3.8). Descobrir $\hat{x}$ e a projeção $p = A\hat{x}$ é tão fundamental que o fazemos de duas maneiras:

1. Todos os vetores perpendiculares ao espaço-coluna estão no *espaço nulo à esquerda*. Por isto, o vetor de erro $e = b - A\hat{x}$ deve estar no espaço nulo de A^{T}:

$$A^{\mathrm{T}}(b - A\hat{x}) = 0 \qquad \text{ou} \qquad \boldsymbol{A^{\mathrm{T}}A\hat{x} = A^{\mathrm{T}}b}.$$

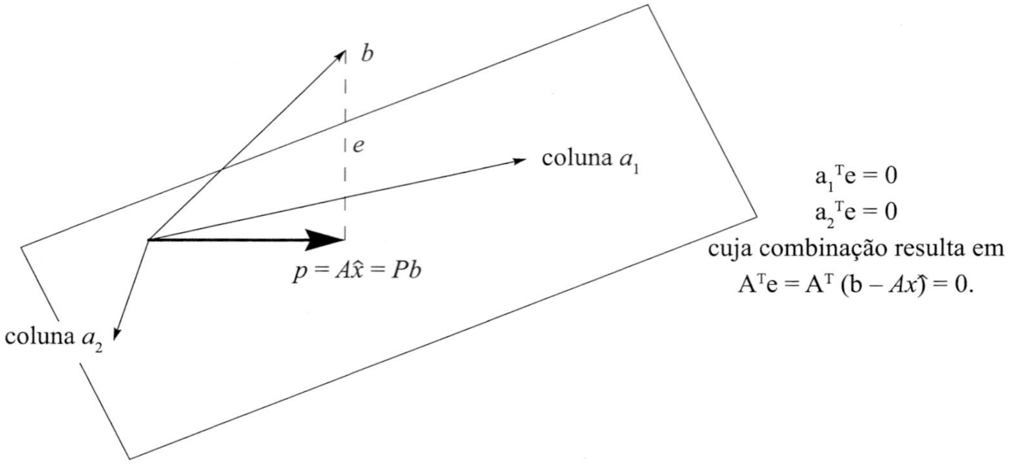

Figura 3.8 Projeção no espaço-coluna de uma matriz 3 por 2.

2. O vetor de erro deve ser perpendicular a *cada coluna* $a_1, \ldots, a_n$ de A:

$$\begin{matrix} a_1^T(b - A\hat{x}) = 0 \\ \vdots \\ a_n^T(b - A\hat{x}) = 0 \end{matrix} \quad \text{ou} \quad \begin{bmatrix} a_1^T \\ \vdots \\ a_n^T \end{bmatrix} \begin{bmatrix} b - A\hat{x} \end{bmatrix} = 0.$$

Isto é novamente $A^T(b - A\hat{x}) = 0$ e $A^TA\hat{x} = A^Tb$. O método de cálculo é considerar derivadas parciais de $E^2 = (Ax - b)^T(Ax - b)$, o que fornece o mesmo $2A^TAx - 2A^Tb = 0$. O modo mais rápido é ***simplesmente multiplicar a equação insolúvel* $\mathbf{Ax} = \mathbf{b}$ *por* $\mathbf{A^T}$**. Todos esses métodos equivalentes produzem uma matriz de coeficientes quadrada A^TA, que, além de ser simétrica (sua transposta não é AA^T!), é a matriz fundamental deste capítulo.

As equações $A^TA\hat{x} = A^Tb$ são conhecidas, em estatística, como as ***equações normais.***

3L Quando $Ax = b$ for inconsistente, sua solução com mínimos quadrados minimizará $||Ax - b||^2$:

Equações normais $\quad A^TA\hat{x} = A^Tb. \quad (1)$

A^TA será inversível exatamente quando as colunas de A forem linearmente independentes! Assim,

Melhor x estimado $\quad \hat{x} = (A^TA)^{-1}A^Tb. \quad (2)$

A projeção de b no espaço-coluna é o ponto $A\hat{x}$ mais próximo:

Projeção $\quad p = A\hat{x} = A(A^TA)^{-1}A^Tb. \quad (3)$

Escolhemos um exemplo em que nossa intuição é tão boa quanto as fórmulas:

$$A = \begin{bmatrix} 1 & 2 \\ 1 & 3 \\ 0 & 0 \end{bmatrix}, \quad b = \begin{bmatrix} 4 \\ 5 \\ 6 \end{bmatrix}, \quad \begin{matrix} Ax = b & \text{não tem solução} \\ A^TA\hat{x} = A^Tb & \text{fornece o melhor } x. \end{matrix}$$

Ambas as colunas terminam com um zero, de forma que $C(A)$ é o plano xy dentro de um espaço tridimensional. A projeção de $b = (4, 5, 6)$ é $p = (4, 5, 0)$ – os componentes x e y continuam os mesmos, mas $z = 6$ desaparecerá, o que se confirma pela solução das equações normais:

$$A^{\mathrm{T}}A = \begin{bmatrix} 1 & 1 & 0 \\ 2 & 3 & 0 \end{bmatrix} \begin{bmatrix} 1 & 2 \\ 1 & 3 \\ 0 & 0 \end{bmatrix} = \begin{bmatrix} 2 & 5 \\ 5 & 13 \end{bmatrix}.$$

$$\hat{x} = (A^{\mathrm{T}}A)^{-1}A^{\mathrm{T}}b = \begin{bmatrix} 13 & -5 \\ -5 & 2 \end{bmatrix} \begin{bmatrix} 1 & 1 & 0 \\ 2 & 3 & 0 \end{bmatrix} \begin{bmatrix} 4 \\ 5 \\ 6 \end{bmatrix} = \begin{bmatrix} 2 \\ 1 \end{bmatrix}.$$

Projeção $$p = A\hat{x} = \begin{bmatrix} 1 & 2 \\ 1 & 3 \\ 0 & 0 \end{bmatrix} \begin{bmatrix} 2 \\ 1 \end{bmatrix} = \begin{bmatrix} 4 \\ 5 \\ 0 \end{bmatrix}.$$

Neste caso especial, o melhor que podemos fazer é resolver as duas primeiras equações de $Ax = b$. Assim, $\hat{x}_1 = 2$ e $\hat{x}_2 = 1$. O erro na equação $0x_1 + 0x_2 = 6$ é certamente 6.

Comentário 1 Consideremos que b está realmente no espaço-coluna de A – é uma combinação $b = Ax$ das colunas. Assim, a projeção de b ainda será b:

***b* no espaço-coluna** $$p = A(A^{\mathrm{T}}A)^{-1} A^{\mathrm{T}}Ax = Ax = b.$$

Obviamente, o ponto p mais próximo é simplesmente o próprio b.

Comentário 2 No outro extremo, consideremos que b é *perpendicular* a cada coluna, de forma que $A^{\mathrm{T}}b = 0$. Neste caso, b se projeta sobre o vetor nulo:

***b* no espaço nulo à esquerda** $$p = A(A^{\mathrm{T}}A)^{-1} A^{\mathrm{T}}b = A(A^{\mathrm{T}}A)^{-1}0 = 0.$$

Comentário 3 Quando A é quadrada e invertível, o espaço-coluna equivale a todo o espaço. Cada vetor é projetado sobre si mesmo, p equivale a b e $\hat{x} = x$:

Se A é invertível $$p = A(A^{\mathrm{T}}A)^{-1} A^{\mathrm{T}}b = AA^{-1} (A^{\mathrm{T}})^{-1} A^{\mathrm{T}}b = b.$$

Este é o único caso em que podemos considerar $(\mathrm{A}^{\mathrm{T}}\mathrm{A})^{-1}$ *separadamente, escrevendo-a como* $\mathrm{A}^{-1}(\mathrm{A}^{\mathrm{T}})^{-1}$. Isto não será possível quando A for retangular.

Comentário 4 Consideremos que A possui apenas uma coluna, contendo a. Assim, a matriz $A^{\mathrm{T}}A$ é o número $a^{\mathrm{T}}a$ e $\hat{x}$ é $a^{\mathrm{T}}b \,/\, a^{\mathrm{T}}a$. Desse modo, retornamos para a fórmula anterior.

O produto matricial $A^{\mathrm{T}}A$

A matriz $A^{\mathrm{T}}A$ certamente é simétrica. Sua transposta é $(A^{\mathrm{T}}A)^{\mathrm{T}} = A^{\mathrm{T}}A^{\mathrm{TT}}$, que é $A^{\mathrm{T}}A$ novamente. Seu elemento i, j (e elemento j, i) é o produto escalar da coluna i de A com a coluna j de A. O ponto principal é a invertibilidade de $A^{\mathrm{T}}A$ e, felizmente,

$\mathrm{A}^{\mathrm{T}}\mathrm{A}$ ***possui o mesmo espaço nulo que*** A.

Se $Ax = 0$, então certamente $A^TAx = 0$. Os vetores x no espaço nulo de A também estão no espaço nulo de A^TA. Para seguir em outra direção, comece considerando que $A^TAx = 0$ e use o produto escalar com x para demonstrar que $Ax = 0$:

$$x^TA^Tx = 0, \qquad \text{ou} \qquad ||Ax||^2 = 0 \qquad \text{ou} \qquad Ax = 0.$$

Os dois espaços nulos são idênticos. Particularmente, se A possuir colunas independentes (e estando apenas $x = 0$ em seu espaço nulo), então o mesmo será verdadeiro para A^TA:

3M Se A possuir colunas independentes, então A^TA será uma matriz quadrada, simétrica e invertível.

Posteriormente, demonstraremos que A^TA é também uma matriz definida positiva (todos os pivôs e os autovalores são positivos).

Este caso é, de longe, o mais comum e o mais importante. A independência em um espaço m dimensional não será tão difícil caso $m > n$. Isto será considerado no conteúdo a seguir.

Matrizes de projeção

Demonstramos que o ponto mais próximo de b é $p = A(A^TA)^{-1} A^Tb$. *Essa fórmula expressa, no tocante às matrizes, a construção de uma reta perpendicular desde* b *até o espaço-coluna de* A. A matriz que fornece p é a matriz de projeção, denotada por P:

$$\textbf{Matriz de projeção:} \qquad P = A(A^TA)^{-1}A^T. \tag{4}$$

Esta matriz projeta qualquer vetor b no espaço-coluna de A.* Em outras palavras, $p = Pb$ é o componente de b no espaço-coluna, e o erro $e = b - Pb$ é o componente no complemento ortogonal ($I - P$ é também uma matriz de projeção! Ela projeta b no complemento ortogonal, e a projeção é $b - Pb$.).

Resumindo, temos uma fórmula de matriz utilizada para desmembrar qualquer b em dois componentes perpendiculares. Pb está no espaço-coluna $\boldsymbol{C}(A)$, enquanto o outro componente $(I - P)b$ está no espaço nulo à esquerda $\boldsymbol{N}(A^T)$ – que é ortogonal ao espaço-coluna.

É possível compreender geometrica e algebricamente essas matrizes de projeção.

3N A matriz de projeção $P = A(A^TA)^{-1}A^T$ possui duas propriedades básicas:

(i) Ela é igual a seu quadrado: $P^2 = P$.

(ii) Ela é igual a sua transposta: $P^T = P$.

Analogamente, qualquer matriz simétrica com $P^2 = P$ representa uma projeção.

Prova É fácil perceber por que $P^2 = P$. Se começarmos com qualquer b, Pb estará então no subespaço que estamos projetando. ***Ao projetarmos novamente, nada mudará***. O vetor Pb já está no subespaço, e $P(Pb)$ continua sendo Pb. Em outras palavras, $P^2 = P$. Duas, três ou mesmo cinquenta projeções fornecerão o mesmo ponto p da primeira projeção:

$$P^2 = A(A^TA)^{-1} A^TA(A^TA)^{-1} A^T = A\,(A^TA)^{-1} A^T = P.$$

* Pode haver o risco de confusão com matrizes de permutação, denotadas também por P. No entanto, o risco deve ser pequeno, e tentaremos fazer com que as duas matrizes nunca apareçam juntas na mesma página.

A fim de provar que P também é simétrica, utilize sua transposta. Multiplique as transpostas em ordem reversa, depois use a simetria de $(A^TA)^{-1}$ para retornar a P:

$$P^T = (A^T)^T\,((A^TA)^{-1})^T\,A^T = A\,((A^TA)^T)^{-1}\,A^T = A(A^TA)^{-1}A^T = P.$$

Para a inversa, precisamos deduzir, a partir de $P^2 = P$ e $P^T = P$, que Pb **é a projeção de b no espaço-coluna de P.** O vetor de erro $b - Pb$ é *ortogonal ao espaço*. Para qualquer vetor Pc no espaço, o produto escalar é zero:

$$(b - Pb)^T\,Pc = b^T\,(I - P)^T\,Pc = b^T(P - P^2)c = 0.$$

Portanto, $b - Pb$ é ortogonal ao espaço, e Pb é a projeção no espaço-coluna. ■

Exemplo 1 Suponha que A é invertível. Sendo ela uma matriz 4 por 4, suas colunas são então independentes e seu espaço-coluna é todo de $\mathbf{R}^4$. Qual será a projeção *em todo o espaço*? Será a matriz identidade.

$$P = A(A^TA)^{-1}A^T = AA^{-1}(A^T)^{-1}A^T = I. \tag{5}$$

A matriz identidade é simétrica, $I^2 = I$ e o erro $b - Ib$ é zero.

O argumento de todos os outros exemplos é que o que ocorreu na equação (5) *não é permitido*. Repetindo: não podemos inverter as partes separadas A^T e A quando essas matrizes forem retangulares. A matriz invertível é a matriz quadrada A^TA.

Representação de dados por mínimos quadrados

Supondo que estamos fazendo diversos experimentos, esperando que a saída b seja uma função linear da entrada t. Estamos procurando por uma ***linha reta*** $b = C + Dt$. Por exemplo:

1. Medimos em ocasiões diferentes a distância de um satélite que está a caminho de Marte. Neste caso, t é o tempo e b é a distância. A menos que o motor estivesse desligado ou a gravidade estivesse forte, o satélite deveria se mover em uma velocidade constante de aproximadamente v: $b = b_0 + vt$.
2. Modificamos a carga na estrutura e medimos o movimento produzido. Neste experimento, t é a carga e b é a leitura do medidor de tensões. A menos que a carga fosse tão grande a ponto de fazer com que o material se tornasse plástico, uma relação linear $b = C + Dt$ é normal na teoria da elasticidade.
3. O custo da produção de t livros como este é quase linear, $b = C + Dt$, com edição e composição em C, e impressão e encadernação em D. C é o custo de configuração e D o custo por cada livro adicional.

Como calcular C e D? Se não houver erro experimental, as duas medidas de b determinarão a reta $b = C + Dt$. No entanto, caso haja erro, precisamos estar preparados para "ajustar" os experimentos e descobrir uma reta ideal. Essa reta não deve ser confundida com aquela que passa por a, na qual b foi projetada na seção anterior! Na verdade, uma vez que há duas incógnitas C e D *a serem determinadas*, projetamos agora em um subespaço *bidimensional*. Um experimento perfeito forneceria C e D perfeitos:

$$\begin{aligned} C + Dt_1 &= b_1 \\ C + Dt_2 &= b_2 \\ &\vdots \\ C + Dt_m &= b_m. \end{aligned} \tag{6}$$

Este é um *sistema sobredeterminado*, com m equações e apenas duas incógnitas. Caso haja erros, não haverá solução. A possui duas colunas, e $x = (C, D)$:

$$\begin{bmatrix} 1 & t_1 \\ 1 & t_2 \\ \vdots & \vdots \\ 1 & t_m \end{bmatrix} \begin{bmatrix} C \\ D \end{bmatrix} = \begin{bmatrix} b_1 \\ b_2 \\ \vdots \\ b_m \end{bmatrix}, \quad \text{ou} \quad Ax = b. \qquad (7)$$

A melhor solução $(\hat{C}, \hat{D})$ é o $\hat{x}$ que minimiza o erro elevado ao quadrado E^2:

$$\textbf{Minimizar} \qquad E^2 = ||b - Ax||^2 = (b_1 - C - Dt_1)^2 + ... + (b_m - C - Dt_m)^2.$$

O vetor $p = A\hat{x}$ está o mais próximo possível de b. Escolheremos, entre todas as linhas retas $b = C + Dt$, aquela que melhor representa os dados (Figura 3.9). No gráfico, os erros são as ***distâncias verticais*** $b - C - Dt$ até a reta (não são as distâncias perpendiculares!). As distâncias verticais é que serão elevadas ao quadrado, somadas e minimizadas.

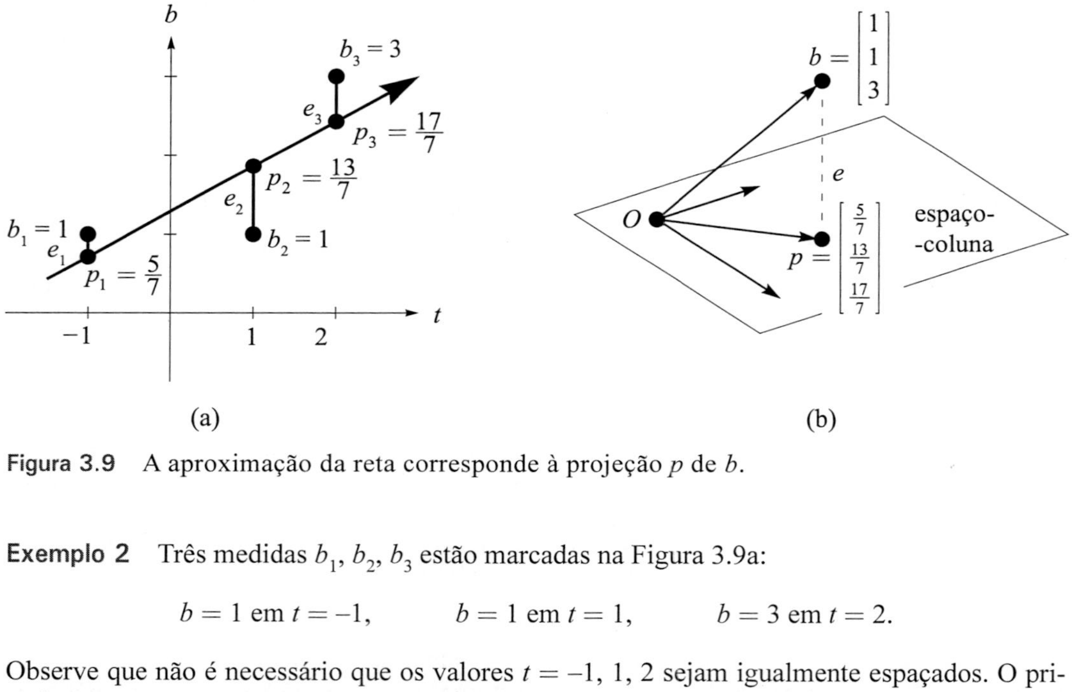

Figura 3.9 A aproximação da reta corresponde à projeção p de b.

Exemplo 2 Três medidas b_1, b_2, b_3 estão marcadas na Figura 3.9a:

$$b = 1 \text{ em } t = -1, \qquad b = 1 \text{ em } t = 1, \qquad b = 3 \text{ em } t = 2.$$

Observe que não é necessário que os valores $t = -1, 1, 2$ sejam igualmente espaçados. O primeiro passo é *escrever as equações que* ***seriam*** *válidas caso uma reta pudesse passar pelos três pontos*. Assim, todo $C + Dt$ concordaria exatamente com b:

$$Ax = b \quad \text{é} \quad \begin{aligned} C - \ \ D &= 1 \\ C + \ \ D &= 1 \\ C + 2D &= 3 \end{aligned} \quad \text{ou} \quad \begin{bmatrix} 1 & -1 \\ 1 & 1 \\ 1 & 2 \end{bmatrix} \begin{bmatrix} C \\ D \end{bmatrix} = \begin{bmatrix} 1 \\ 1 \\ 3 \end{bmatrix}.$$

Caso essas equações $Ax = b$ pudessem ser resolvidas, não haveria erros. No entanto, elas não podem ser resolvidas porque os pontos não estão em uma reta. Dessa maneira, são solucionadas utilizando os mínimos quadrados:

$$A^{\mathrm{T}} A\hat{x} = A^{\mathrm{T}} b \quad \text{é} \quad \begin{bmatrix} 3 & 2 \\ 2 & 6 \end{bmatrix} \begin{bmatrix} \hat{C} \\ \hat{D} \end{bmatrix} = \begin{bmatrix} 5 \\ 6 \end{bmatrix}.$$

A melhor solução é $\hat{C} = \frac{9}{7}$, $\hat{D} = \frac{4}{7}$, e a melhor reta é $\frac{9}{7} + \frac{4}{7}t$.

Observe as belas conexões entre as duas figuras. O problema é o mesmo, mas a arte os mostra de forma diferente. Na Figura 3.9b, b não é uma combinação das colunas (1, 1, 1) e (–1, 1, 2). Na Figura 3.9, os três pontos não estão em uma reta. Os mínimos quadrados substituem os pontos b que não estão em uma reta por pontos b que estão! Não sendo possível resolver $Ax = b$, nós resolvemos $A\hat{x} = p$.

A reta $\frac{9}{7} + \frac{4}{7}t$ possui alturas $\frac{5}{7}$, $\frac{13}{7}$, $\frac{17}{7}$ nas medidas –1, 1, 2. ***Estes pontos estão, de fato, em uma reta***. Portanto, o vetor $p = \left(\frac{5}{7}, \frac{13}{7}, \frac{17}{7}\right)$ está no espaço-coluna. *Este vetor é a projeção*. A Figura 3.9b está em três dimensões (ou m dimensões, caso haja m pontos) e a Figura 3.9a está em duas dimensões (ou n dimensões, caso haja n parâmetros).

Ao subtrair p de b, os erros são $e = \left(\frac{2}{7}, -\frac{6}{7}, \frac{4}{7}\right)$. Estes são os erros verticais na Figura 3.9a, sendo eles os componentes do vetor tracejado na Figura 3.9b. Este vetor de erro é ortogonal à primeira coluna (1, 1, 1), uma vez que $\frac{2}{7} - \frac{6}{7} + \frac{4}{7} = 0$. Este mesmo vetor é ortogonal à segunda coluna (–1, 1, 2), porque $-\frac{2}{7} - \frac{6}{7} + \frac{8}{7} = 0$. É ortogonal ao espaço-coluna e está no espaço nulo à esquerda.

Questão: Se esses erros fossem as medidas $b = \left(\frac{2}{7}, -\frac{6}{7}, \frac{4}{7}\right)$, qual seria a melhor reta e o melhor $\hat{x}$? Resposta: a reta nula – que é o eixo horizontal – e $\hat{x} = 0$. Projeção sobre zero.

É possível resumir rapidamente as equações a fim de que elas possam ser representadas por uma reta. A primeira coluna de a contém números 1; a segunda, os elementos t_i. Portanto, $A^{\mathrm{T}}A$ contém a soma dos números 1, t_i e o t_i^2:

30 As medidas $b_1, \ldots, b_m$ são fornecidas em pontos distintos $t_1, \ldots, t_m$. Dessa maneira, a linha reta $\hat{C} + \hat{D}t$ que minimiza E^2 resulta dos mínimos quadrados:

$$A^{\mathrm{T}} A \begin{bmatrix} \hat{C} \\ \hat{D} \end{bmatrix} = A^{\mathrm{T}} b \quad \text{ou} \quad \begin{bmatrix} m & \sum t_i \\ \sum t_i & \sum t_i^2 \end{bmatrix} \begin{bmatrix} \hat{C} \\ \hat{D} \end{bmatrix} = \begin{bmatrix} \sum b_i \\ \sum t_i b_i \end{bmatrix}.$$

Comentário A matemática dos mínimos quadrados não se limita à representação de dados por uma reta. Há diversos experimentos em que não existe razão para se esperar uma relação linear; é loucura procurar por isto. Imagine que nos foi entregue determinada quantidade de material radioativo. A saída b seria a leitura em um contador Geiger em vários registros t. Podemos saber que estamos trabalhando com uma mistura de duas substâncias químicas, e podemos conhecer também sua meia-vida (ou taxas de decaimento), mas não sabemos a quantidade de cada elemento que temos em nossas mãos. Sendo C e D essas duas quantidades incógnitas, então as leituras do contador Geiger atuariam como a soma de duas exponenciais (e não como uma linha reta):

$$b = Ce^{-\lambda t} + De^{-\mu t}. \qquad (8)$$

Na prática, o contador Geiger não é exato. Em vez disso, fazemos leituras $b_1, \ldots, b_m$ em registros $t_1, \ldots, t_m$, ficando a equação (8) aproximadamente satisfeita:

$$Ax = b \quad \text{é} \quad \begin{aligned} Ce^{-\lambda t_1} + De^{-\mu t_1} &\approx b_1 \\ &\vdots \\ Ce^{-\lambda t_m} + De^{-\mu t_m} &\approx b_m. \end{aligned}$$

Caso haja mais do que duas leituras $m > 2$, não será possível encontrar solução, com todas as possibilidades, para C e D. No entanto, o princípio dos mínimos quadrados fornecerá valores $\hat{C}$ e $\hat{D}$ ideais.

A situação seria completamente diferente se as quantidades de C e D já fossem conhecidas e estivéssemos buscando as taxas de decaimento λ e μ. Este é um problema nos *mínimos quadrados não lineares*, e mais difícil. Nós ainda formaríamos E^2, a soma dos *quadrados* dos erros, e o minimizaríamos. No entanto, a ação de definir suas derivadas como zero não resultaria em equações lineares para os λ e μ ideais. Nos exercícios, ficamos com os mínimos quadrados lineares.

Mínimos quadrados ponderados

Um problema simples envolvendo mínimos quadrados consiste na estimativa $\hat{x}$ do peso de um paciente a partir de duas observações $x = b_1$ e $x = b_2$. A menos que $b_1 = b_2$, estaremos nos deparando com um sistema inconsistente de duas equações e uma incógnita:

$$\begin{bmatrix} 1 \\ 1 \end{bmatrix} [x] = \begin{bmatrix} b_1 \\ b_2 \end{bmatrix}.$$

Até agora, aceitamos b_1 e b_2 como igualmente confiáveis. Estivemos procurando o valor de $\hat{x}$ que minimizasse $E^2 = (x - b_1)^2 + (x - b_2)^2$:

$$\frac{dE^2}{dx} = 0 \quad \text{em} \quad \hat{x} = \frac{b_1 + b_2}{2}$$

O $\hat{x}$ ideal é o elemento comum. A mesma conclusão pode ser tirada de $A^{\mathrm{T}}A\hat{x} = A^{\mathrm{T}}b$. De fato, $A^{\mathrm{T}}A$ é uma matriz 1 por 1, e a equação normal é $2\hat{x} = b_1 + b_2$.

Vamos considerar agora que as duas observações não sejam igualmente confiáveis. O valor $x = b_1$ pode ser obtido, em comparação com $x = b_2$, a partir de uma escala mais precisa – ou, em um problema de estatística, a partir de uma amostra maior. Todavia, se b_2 contiver qualquer informação, então não estaremos dispostos a confiar totalmente em b_1. O compromisso mais simples é fixar diferentes ponderadas w_1^2 e w_2^2 e escolher o $\hat{x}_W$ que minimiza a *soma ponderada dos quadrados*:

$$\textbf{Erro ponderado} \qquad E^2 = w_1^2(x - b_1)^2 + w_2^2(x - b_2)^2.$$

Se $w_1 > w_2$, então mais importância será atribuída a b_1. Há uma tentativa mais árdua no processo de minimização (derivada = 0) para fazer $(x - b_1)^2$ pequena:

$$\frac{dE^2}{dx} = 2\left[w_1^2(x - b_1) + w_2^2(x - b_2) \right] = 0 \quad \text{em} \quad \boxed{\hat{x}_w = \frac{w_1^2 b_1 + w_2^2 b_2}{w_1^2 + w_2^2}}. \qquad (9)$$

Em vez de ser as médias de b_1 e b_2 (pois $w_1 = w_2 = 1$), $\hat{x}_W$ é uma ***média ponderada*** dos dados. Esta média está mais próxima de b_1 do que de b_2.

O problema comum de mínimos quadrados que leva a $\hat{x}_w$ surge da mudança de $Ax = b$ para o novo sistema $WAx = Wb$. ***Isto muda a solução de*** $\hat{\mathbf{x}}$ ***para*** $\hat{\mathbf{x}}_w$. A matriz W^TW aparece em ambos os lados das equações normais ponderadas:

A solução com mínimos quadrados para **WAx = Wb** ***é*** $\hat{\mathbf{x}}_w$**:**

Equações normais ponderadas $\quad (A^TW^TWA)\hat{x}_w = A^TW^TWb.$

O que acontece com a figura de b projetado em $A\hat{x}$? A projeção $A\hat{x}_W$ ainda é o ponto mais próximo a b no espaço-coluna, só que a expressão "mais próximo" adquire um novo significado agora que o módulo envolve W. O *módulo ponderado* de x é igual ao módulo comum de Wx. O significado de perpendicularidade não é mais $y^Tx = 0$; no novo sistema, o teste é $(Wy)^T(Wx) = 0$. A matriz W^TW aparece no meio. Nessa nova visão, a projeção $A\hat{x}_W$ e o erro $b - A\hat{x}_W$ são perpendiculares novamente.

O parágrafo anterior descreve ***todos os produtos escalares***, cuja origem são as matrizes inversíveis W. Seu conteúdo envolve apenas a combinação simétrica $C = W^TW$. ***O produto escalar de*** **x** ***e*** **y** ***é*** $\mathbf{y}^T\mathbf{C}\mathbf{x}$. Quando a combinação de uma matriz ortogonal $W = Q$ for $C = Q^TQ = I$, o produto escalar não será novo nem diferente. O produto escalar não é alterado caso o espaço passe por uma rotação. Qualquer outro W modifica o módulo e o produto escalar.

Essas regras definem um novo produto escalar e um novo módulo para qualquer matriz invertível W.

$$\textbf{Ponderado por } W \qquad (x, y)_W = (Wy)^T(Wx) \qquad \text{e} \qquad \|x\|_W = \|Wx\|. \tag{10}$$

Uma vez que W é invertível, não há vetor definido com módulo nulo (exceto o vetor nulo). Todos os produtos escalares possíveis – os quais dependem linearmente de x e y e são positivos quando $x = y \neq 0$ – podem ser encontrados desta maneira, a partir de alguma matriz $C = W^TW$.

Na prática, a questão importante é a escolha de C. A melhor resposta vem das estatísticas, originalmente de Gauss. Podemos saber que o erro comum é zero. Este é o "valor esperado" do erro em b – embora não se espere realmente que o erro seja zero! Nós também podemos conhecer ***a média do quadrado*** do erro, isto é, a ***variância***. Se os erros em b_i forem independentes entre si e suas variâncias forem σ_i^2, os ***pesos corretos serão*** $\mathbf{w_i = 1/\sigma_i}$. Uma medição mais exata, o que significa uma variância menor, obteria uma quantidade maior de peso.

Além da confiabilidade discrepante, *as observações podem não ser independentes*. Se os erros estiverem em pares – as pesquisas para presidente não são independentes das pesquisas para senador, e certamente não são independentes da pesquisa para vice-presidente –, então W terá elementos fora da diagonal. A melhor matriz não oposta $C = W^TW$ é a ***inversa da matriz de covariância*** – cujo elemento i, j é o valor esperado de (erro em b_i) vezes (erro em b_j). Desse modo, a diagonal principal de C^{-1} contém as variâncias σ_i^2, que são a média de (erro em b_i)^2.

Exemplo 3 Vamos supor que, em um jogo de *bridge*, ambos os parceiros tentem adivinhar (após o lance, ou "*bidding*") o número total de cartas de espadas em suas mãos. Para cada palpite, a probabilidade dos erros –1, 0, 1, que é de $\frac{1}{3}$, pode ser igual. O erro esperado então será zero e a variância será $\frac{2}{3}$:

$$E(e) = \tfrac{1}{3}(-1) + \tfrac{1}{3}(0) + \tfrac{1}{3}(1) = 0$$
$$E(e^2) = \tfrac{1}{3}(-1)^2 + \tfrac{1}{3}(0)^2 + \tfrac{1}{3}(1)^2 = \tfrac{2}{3}$$

Os dois palpites são dependentes, já que são feitos com base no mesmo lance – no entanto, não são idênticos porque os jogadores estão olhando para mãos diferentes. A chance de os palpites serem muito altos ou muito baixos é zero, mas a de haver erros opostos é de $\frac{1}{3}$. Desta maneira, $E(e_1e_2) = \frac{1}{3}(-1)$, e a inversa da matriz de covariância é W^TW:

$$\begin{bmatrix} E(e_1^2) & E(e_1e_2) \\ E(e_1e_2) & E(e_2^2) \end{bmatrix}^{-1} = \begin{bmatrix} \frac{2}{3} & -\frac{1}{3} \\ -\frac{1}{3} & \frac{2}{3} \end{bmatrix}^{-1} = \begin{bmatrix} 2 & 1 \\ 1 & 2 \end{bmatrix} = C = W^TW.$$

Esta matriz está no centro das equações normais ponderadas.

Conjunto de problemas 3.3

1. Resolva $Ax = b$ utilizando os mínimos quadrados, depois encontre $p = A\hat{x}$ se

$$A = \begin{bmatrix} 1 & 0 \\ 0 & 1 \\ 1 & 1 \end{bmatrix}, \qquad b = \begin{bmatrix} 1 \\ 1 \\ 0 \end{bmatrix}.$$

Certifique-se de que o erro $b - p$ seja perpendicular às colunas de A.

2. Escreva $E^2 = ||Ax - b||^2$ e defina como zero suas derivadas em relação a u e v, se

$$A = \begin{bmatrix} 1 & 0 \\ 0 & 1 \\ 1 & 1 \end{bmatrix}, \qquad x = \begin{bmatrix} u \\ v \end{bmatrix}, \qquad b = \begin{bmatrix} 1 \\ 3 \\ 4 \end{bmatrix}.$$

Compare as equações resultantes com $A^TA\hat{x} = A^Tb$, confirmando que tanto o cálculo quanto a geometria fornecem as equações normais. Encontre a solução $\hat{x}$ e a projeção $p = A\hat{x}$. Por que $p = b$?

3. Consideremos que os valores $b_1 = 1$ e $b_2 = 7$ multiplicados por $t_1 = 1$ e $t_2 = 2$ são representados por uma reta $b = Dt$ *que passa pela origem*. Resolva $D = 1$ e $2D = 7$ por meio dos mínimos quadrados e depois esboce a melhor reta.

4. O sistema abaixo não tem solução:

$$Ax = \begin{bmatrix} 1 & -1 \\ 1 & 0 \\ 1 & 1 \end{bmatrix} \begin{bmatrix} C \\ D \end{bmatrix} = \begin{bmatrix} 4 \\ 5 \\ 9 \end{bmatrix} = b.$$

Esboce e encontre uma reta que leva à minimização da soma dos quadrados $(C - D - 4)^2 + (C - 5)^2 + (C + D - 9)^2$. Qual é a projeção de b no espaço-coluna de A?

5. Encontre a melhor solução com mínimos quadrados $\hat{x}$ para $3x = 10$, $4x = 5$. Qual erro E^2 está minimizado? Certifique-se de que o vetor de erro $(10 - 3\hat{x}, 5 - 4\hat{x})$ seja perpendicular à coluna $(3, 4)$.

6. Encontre a projeção de b no espaço-coluna de A:

$$A = \begin{bmatrix} 1 & 1 \\ 1 & -1 \\ -2 & 4 \end{bmatrix}, \qquad b = \begin{bmatrix} 1 \\ 2 \\ 7 \end{bmatrix}.$$

Desmembre b em $p + q$, com p no espaço-coluna e q perpendicular àquele espaço. Dos quatro subespaços, qual contém q?

7. Se os vetores a_1, a_2 e b são ortogonais, o que são A^TA e A^Tb? Qual é a projeção de b no plano de a_1 e a_2?

8. Sendo P a matriz de projeção sobre uma reta no plano xy, desenhe uma figura para descrever o efeito da "matriz de reflexão" $H = I - 2P$. Explique, tanto geométrica quanto algebricamente por que $H^2 = I$.

9. Encontre a melhor representação com linha reta (mínimos quadrados) para as medidas:

$$b = 4 \text{ em } t = -2, \qquad b = 3 \text{ em } t = -1,$$
$$b = 1 \text{ em } t = 0, \qquad b = 0 \text{ em } t = 2.$$

Depois, encontre a projeção de $b = (4, 3, 1, 0)$ no espaço-coluna de:

$$A = \begin{bmatrix} 1 & -2 \\ 1 & -1 \\ 1 & 0 \\ 1 & 2 \end{bmatrix}.$$

10. (a) Sendo $P = P^TP$, demonstre que P é uma matriz de projeção.
(b) Em qual subespaço a matriz $P = 0$ se projeta?

11. Os vetores $a_1 = (1, 1, 0)$ e $a_2 = (1, 1, 1)$ geram um plano em $\mathbf{R}^3$. Encontre a matriz de projeção P no plano e depois descubra um vetor b não nulo projetado a zero.

12. Encontre a matriz de projeção P no espaço gerado por $a_1 = (1, 0, 1)$ e $a_2 = (1, 1, -1)$.

13. Qual matriz 2 por 2 projeta o plano xy na reta –45° $x + y = 0$?

14. Demonstre que, se u possui módulo unitário, a matriz $P = uu^T$ de posto 1 é uma matriz de projeção: ela possui propriedades (i) e (ii) em 3N. Ao escolher $u = a/\|a\|$, P se torna a projeção na reta que passa em a, e Pb é o ponto $p = \hat{x}a$. As projeções de posto 1 correspondem exatamente aos problemas com mínimos quadrados em uma incógnita.

15. Sendo $\mathbf{V}$ o subespaço gerado por $(1, 1, 0, 1)$ e $(0, 0, 1, 0)$, encontre:
(a) uma base para o complemento ortogonal $\mathbf{V}^\perp$.
(b) a matriz de projeção P em $\mathbf{V}$.
(c) o vetor em $\mathbf{V}$ mais próximo do vetor $b = (0, 1, 0, -1)$ em $\mathbf{V}^\perp$.

16. Sendo P a matriz de projeção em um subespaço $\mathbf{S}$ de dimensão k de $\mathbf{R}^n$, qual é o espaço-coluna de P e qual é o seu posto?

17. Seja P a matriz de projeção no subespaço $\mathbf{S}$ e Q a projeção no complemento ortogonal $\mathbf{S}^\perp$. O que serão $P + Q$ e PQ? Demonstre que $P - Q$ é sua própria inversa.

18. Queremos ajustar um plano $y = C + Dt + Ez$ aos quatro pontos:

$$y = 3 \text{ em } t = 1, z = 1 \qquad y = 6 \text{ em } t = 0, z = 3$$
$$y = 5 \text{ em } t = 2, z = 1 \qquad y = 0 \text{ em } t = 0, z = 0.$$

(a) Encontre 4 equações em 3 incógnitas para passar um plano pelos pontos (se houver tal plano)
(b) Encontre 3 equações em 3 incógnitas para a melhor solução com mínimos quadrados.

19. Supondo que L_1 seja a reta que passa pela origem na direção de a_1, e L_2 seja a reta que passa por b na direção de a_2. A fim de encontrar os pontos x_1a_1 e $b + x_2a_2$ mais próximos nas duas retas, encontre as duas equações para x_1 e x_2 que minimizem $||x_1a_1 - x_2a_2 - b||$. Resolva x se $a_1 = (1, 1, 0)$, $a_2 = (0, 1, 0)$, $b = (2 ,1, 4)$.

20. Demonstre que a melhor representação de mínimos quadrados para um conjunto de medidas $y_1, \ldots, y_m$ por uma *reta horizontal* (uma função constante $y = C$) é sua média

$$C = \frac{y_1 + \cdots + y_m}{m}.$$

21. Vamos supor que, em vez de usar uma linha reta, representemos os dados no problema 23 com uma parábola: $y = C + Dt + Et^2$. No sistema inconsistente $Ax = b$ que surge dos quatro pontos, descubra qual é a matriz de coeficiente A, o vetor incógnita x e o vetor de dados b. Não é necessário calcular $\hat{x}$.

22. Sendo P a projeção no espaço-coluna de A, qual é a projeção no espaço nulo à esquerda?

23. Encontre a reta que melhor representa as seguintes medidas e esboce sua solução:

$$y = 2 \quad \text{em} \quad t = -1, \qquad y = 0 \quad \text{em} \quad t = 0,$$
$$y = -3 \quad \text{em} \quad t = 1, \qquad y = -5 \quad \text{em} \quad t = 2.$$

24. Um homem de meia-idade esticou-se em uma prateleira de comprimentos $L = 5$, 6 e 7 pés sob forças aplicadas de $F = 1$, 2 e 4 toneladas. Utilizando a lei de Hooke $L = a + bF$, descubra seu comprimento normal a utilizando mínimos quadrados.

25. Sendo $Pc = A(A^TA)^{-1} A^T$ a projeção no espaço-coluna de A, qual é a projeção P_R no espaço--linha (não é P_C^T!)?

26. Encontre a reta $C + Dt$ que melhor representa $b = 4, 2, -1, 0, 0$ com $t = -2, -1, 0, 1, 2$.

Os problemas 27 a 31 apresentam ideias básicas sobre a estatística – a base dos mínimos quadrados.

27. Segunda afirmação por trás dos mínimos quadrados: Os m erros e_i são independentes com variância σ^2, de forma que a média de $(b - Ax)(b - Ax)^T$ é $\sigma^2 I$. Multiplique na esquerda por $(A^TA)^{-1} A^T$ e na direita por $A(A^TA)^{-1}$ a fim de demonstrar que a média de $(\hat{x} - x)(\hat{x} - x)^T$ é $\sigma^2 (A^TA)^{-1}$. Esta é a importantíssima ***matriz de covariância*** do erro em $\hat{x}$.

28. (Recomendado) Este problema projeta $b = (b_1, \ldots, b_m)$ na reta que passa por $a = (1, \ldots, 1)$. Resolvemos m equações $ax = b$ em uma incógnita (por meio dos mínimos quadrados).

(a) Resolva $a^T a\hat{x} = a^T b$ a fim de demonstrar que $\hat{x}$ é a *média* (a média aritmética) dos bs.

(b) Encontre $e = b - a\hat{x}$, a *variância* $||e||^2$ e o *desvio padrão* $||e||$.

(c) A reta horizontal $\hat{b} = 3$ é a mais próxima de $b = (1, 2, 6)$. Certifique-se de que $p = (3, 3, 3)$ seja perpendicular a e e encontre a matriz de projeção P.

29. Primeira afirmação por trás dos mínimos quadrados: Cada erro de medição possui ***média zero***. Multiplique os 8 vetores erro $b - Ax = (\pm 1, \pm 1, \pm 1)$ por $(A^TA)^{-1} A^T$ a fim de demonstrar que os 8 vetores $\hat{x} - x$ também resultam em zero. O $\hat{x}$ estimado é *imparcial*.

30. Sabendo-se a média $\hat{x}_9$ de 9 números $b_1, \ldots, b_9$, qual é a maneira mais rápida de se encontrar a média $\hat{x}_{10}$ com mais um número b_{10}? A ideia dos mínimos quadrados recursivos é evitar a soma de 10 números. Qual coeficiente de $\hat{x}_9$ fornece corretamente $\hat{x}_{10}$?

$$\hat{x}_{10} = \tfrac{1}{10} b_{10} + \_\_\hat{x}_9 = \tfrac{1}{10}(b_1 + \cdots + b_{10}).$$

31. Um doutor faz quatro registros de sua frequência cardíaca. A melhor solução para $x = b_1, \ldots, x = b_4$ é a média $\hat{x}$ de $b_1, \ldots, b_4$. A matriz A é uma coluna de números 1. O problema 27 fornece o erro esperado $(\hat{x} - x)^2$ como $\sigma^2(A^{\mathrm{T}}A)^{-1} =$ ________. Ao se calcular a média, a variância cai de σ^2 para $\sigma^2/4$.

Os problemas 33, 34 e 38 a 40 utilizam os quatro pontos $b = (0, 8, 8, 20)$ para apresentar novas ideias.

32. Partindo de m medições independentes $b_1, \ldots, b_m$ de sua frequência de pulso, ponderadas por $w_1, \ldots, w_m$, qual é a média ponderada que substitui a equação (9)? Ela será o melhor valor estimado quando as variâncias de estatística forem $\sigma_i^2 = 1/w_i^2$.

33. Escreva as quatro equações $Ax = b$ para a expressão cúbica $b = C + Dt + Et^2 + Ft^3$ mais próxima dos mesmos quatro pontos, resolvendo-as por eliminação. Esta expressão cúbica passa agora exatamente pelos pontos. O que são p e e?

34. (A reta $C + Dt$ realmente passa pelos p's) Com $b = 0, 8, 8, 20$ em $t = 0, 1, 3, 4$, escreva as quatro equações $Ax = b$ (insolúveis). Modifique as medições para $p = 1, 5, 13, 17$ e encontre uma solução exata para $A\hat{x} = p$.

35. Sendo $W = \begin{bmatrix} 2 & 0 \\ 0 & 1 \end{bmatrix}$, encontre o W-ponto escalar de $x = (2, 3)$ e $y = (1, 1)$, além do W-módulo de x. Qual reta é W-perpendicular à reta por y?

36. O que acontece com a média ponderada $\hat{x}_w = (w_1^2 b_1 + w_2^2 b_2)/(w_1^2 + w_2^2)$ se a primeira ponderada w_1 se aproximar de zero? A medição b_1 definitivamente não é confiável.

37. Certifique-se de que $e = b - p = (-1, 3, -5, 3)$ seja perpendicular a ambas as colunas de A. Qual é a menor distância $\|e\|$ de b até o espaço-coluna de A?

38. Escreva as equações insolúveis $Ax = b$ em três incógnitas $x = (C, D, E)$ para a parábola $b = C + Dt + Et^2$ mais próxima dos mesmos quatro pontos. Monte as três equações normais $A^{\mathrm{T}}A\hat{x} = A^{\mathrm{T}}b$ (a solução não é necessária). Agora, você está adequando uma parábola aos quatro pontos. O que está acontecendo na Figura 3.9b?

39. Com $b = 0, 8, 8, 20$ em $t = 0, 1, 3, 4$, monte e solucione as equações normais $A^{\mathrm{T}}A\hat{x} = A^{\mathrm{T}}b$. Como na Figura 3.9a, encontre os quatro pontos p_i de altura e os quatro erros e_i da melhor linha reta. Qual é o valor mínimo $E^2 = e_1^2 + e_2^2 + e_3^2 + e_4^2$?

40. A média dos quatro registros é $\hat{t} = \frac{1}{4}(0 + 1 + 3 + 4) = 2$. A média dos quatro b's é $\hat{b} = \frac{1}{4}(0 + 8 + 8 + 20) = 9$.

(a) Verifique que a melhor reta passa *pelo ponto central* $(\hat{t}, \hat{b}) = (2, 9)$.

(b) Explique por que $C + D\hat{t} = \hat{b}$ surge a partir da primeira equação em $A^{\mathrm{T}}A\hat{x} = A^{\mathrm{T}}b$.

41. Encontre a solução com mínimos quadrados ponderados $\hat{x}_W$ para $Ax = b$:

$$A = \begin{bmatrix} 1 & 0 \\ 1 & 1 \\ 1 & 2 \end{bmatrix} \quad b = \begin{bmatrix} 0 \\ 1 \\ 1 \end{bmatrix} \quad W = \begin{bmatrix} 2 & 0 & 0 \\ 0 & 1 & 0 \\ 0 & 0 & 1 \end{bmatrix}.$$

Certifique-se de que a projeção $A\hat{x}_W$ também seja perpendicular (W-produto escalar!) ao erro $b - A\hat{x}_W$.

42. (a) Suponha que você tente adivinhar a idade de seu professor, cometendo erros $e = -2$, -1, 5, com probabilidades $\frac{1}{2}$, $\frac{1}{4}$, $\frac{1}{4}$. Certifique-se de que o erro esperado $E(e)$ seja zero e encontre a variância $E(e^2)$.

(b) Se o professor também tentasse adivinhar (ou tentasse se lembrar), e cometesse os erros -1, 0, 1, com probabilidades $\frac{1}{8}$, $\frac{6}{8}$, $\frac{1}{8}$, quais ponderadas w_1 e w_2 forneceriam a confiabilidade de seu palpite e o de seu professor?

3.4 BASES ORTOGONAIS E GRAM-SCHMIDT

Em uma base ortogonal, todos os vetores são perpendiculares uns aos outros. Os eixos das coordenadas são simultaneamente ortogonais. Isto já é praticamente o suficiente, é o único melhoramento possível e bem simples: divida cada vetor pelo seu módulo, ou seja, faça dele um *vetor unitário*. Isto transforma uma base ***ortogonal*** em uma ***ortonormal*** dos q's:

3P Os vetores $q_1, ..., q_n$ serão **ortonormais** se

$$q_i^{\mathrm{T}} q_j = \begin{cases} 0 \text{ sempre que } i \neq j, & \text{fornecendo a ortogonalidade;} \\ 1 \text{ sempre que } i = j, & \text{fornecendo a normalização.} \end{cases}$$

Uma matriz com colunas ortogonais será chamada de Q.

O exemplo mais importante é a *base canônica*. No plano xy, os bem-conhecidos eixos $e_1 = (1, 0)$ e $e_2 = (0, 1)$ não apenas são perpendiculares, mas também horizontais e verticais. Q é a matriz identidade 2 por 2. Em n dimensões, a base padrão $e_1, \ldots, e_n$ consiste novamente *nas colunas de* $Q = I$:

$$\textbf{Base Padrão} \quad e_1 = \begin{bmatrix} 1 \\ 0 \\ 0 \\ \vdots \\ 0 \end{bmatrix}, \quad e_2 = \begin{bmatrix} 0 \\ 1 \\ 0 \\ \vdots \\ 0 \end{bmatrix}, \quad \cdots, \quad e_n = \begin{bmatrix} 0 \\ 0 \\ 0 \\ \vdots \\ 1 \end{bmatrix}.$$

Esta não é a única base ortonormal! Podemos girar os eixos sem que haja modificação nos ângulos retos em que se encontram. Essas matrizes de rotação serão exemplos de Q.

Considerando-se um subespaço de $\mathbf{R}^n$, os vetores canônicos e_i podem não estar nesse subespaço. Contudo, o subespaço sempre possui uma base ortonormal, e pode ser construído, de uma maneira simples, a partir de absolutamente qualquer base. Essa construção, que converte um conjunto esquematizado de vetores em uma representação perpendicular, é conhecida como ***Ortogonalização de Gram-Schmidt***.

Resumindo, os três tópicos básicos desta seção são:

1. A definição e as propriedades das matrizes ortogonais Q.
2. A resolução de $Qx = b$, seja n por n ou retangular (mínimos quadrados).
3. O processo de Gram-Schmidt e sua interpretação como uma nova fatoração $A = QR$.

Matrizes ortogonais

3Q Se Q (quadrada ou retangular) possuir colunas ortonormais, então $Q^TQ = I$:

Colunas ortonormais
$$\begin{bmatrix} \text{——} & q_1^T & \text{——} \\ \text{——} & q_2^T & \text{——} \\ & & \\ \text{——} & q_n^T & \text{——} \end{bmatrix} \begin{bmatrix} | & | & & | \\ q_1 & q_2 & & q_n \\ | & | & & | \end{bmatrix} = \begin{bmatrix} 1 & 0 & \cdot & 0 \\ 0 & 1 & \cdot & 0 \\ \cdot & \cdot & \cdot & \cdot \\ 0 & 0 & \cdot & 1 \end{bmatrix} = I. \quad (1)$$

Uma matriz ortogonal é uma matriz quadrada com colunas ortonormais.* Assim, Q^T é Q^{-1}. Nas matrizes ortogonais quadradas ***a transposta é a inversa.***

Quando se multiplica a linha i de Q^T pela coluna j de Q, o resultado é $q_i^Tq_j = 0$. Na diagonal em que $i = j$, temos $q_i^Tq_j = 1$. Esta é a normalização para os vetores unitários de módulo 1.

Observe que $Q^TQ = I$ mesmo se Q for retangular. No entanto, Q^T é apenas uma inversa à esquerda.

Exemplo 1

$$Q = \begin{bmatrix} \cos\theta & -\text{sen}\theta \\ \text{sen}\theta & \cos\theta \end{bmatrix}, \qquad Q^T = Q^{-1} = \begin{bmatrix} \cos\theta & \text{sen}\theta \\ -\text{sen}\theta & \cos\theta \end{bmatrix}.$$

Q gira todo vetor até o ângulo θ, e Q^T os gira de volta até $-\theta$. Nitidamente, as colunas são ortogonais, já que $\text{sen}^2\,\theta + \cos^2\theta = 1$. As matrizes Q^T e Q são igualmente ortogonais.

Exemplo 2 Qualquer matriz de permutação P será uma matriz ortogonal. As colunas certamente são vetores unitários e definitivamente ortogonais – já que o número 1 aparece em um lugar diferente em cada coluna: a transposta é a inversa.

$$\text{Se } P = \begin{bmatrix} 0 & 1 & 0 \\ 0 & 0 & 1 \\ 1 & 0 & 0 \end{bmatrix} \quad \text{então} \quad P^{-1} = P^T = \begin{bmatrix} 0 & 0 & 1 \\ 1 & 0 & 0 \\ 0 & 1 & 0 \end{bmatrix}.$$

Uma matriz antidiagonal P, com $P_{13} = P_{22} = P_{31} = 1$, leva os eixos x-y-z aos eixos z-y-x – um sistema "destro" em um sistema "canhoto". Dessa forma, seria errado sugerir que cada Q ortogonal representa uma rotação. *Uma matriz de reflexão também é permitida.* $P = \begin{bmatrix} 0 & 1 \\ 1 & 0 \end{bmatrix}$ reflete cada ponto (x, y) em (y, x), sua imagem espelho passando pela linha em 45°. Geometricamente, uma Q ortogonal é o produto de uma rotação e uma reflexão.

* O nome matriz ortonormal soaria melhor, só que agora é tarde para mudar. Além disso, não há um vocábulo adequado para denominar uma matriz retangular com colunas ortonormais. Ainda escreveremos Q; sem, no entanto, a chamarmos de "matriz ortogonal", a não ser que ela seja quadrada.

Resta ainda uma propriedade que é compartilhada pelas matrizes de rotação e reflexão e, na verdade, por toda matriz ortogonal. Esta propriedade não pertence às projeções, que não são ortogonais ou mesmo invertíveis. As projeções diminuem o módulo de um vetor, enquanto as matrizes ortogonais possuem a mais importante e mais característica de todas as propriedades:

3R Os módulos são preservados pela multiplicação por qualquer Q:

Módulos inalterados $\|Qx\| = \|x\|$ para todo vetor x. (2)

Isto também preserva os produtos escalares e os ângulos, já que $(Qx)^T(Qx) = x^TQ^TQy = x^Ty$.

A preservação dos módulos vem diretamente de $Q^TQ = I$:

$$\|Qx\|^2 = \|x\|^2 \qquad \text{porque} \qquad (Qx)^T(Qx) = x^TQ^TQx = x^Tx. \tag{3}$$

Ao girar ou refletir o espaço, todos os produtos escalares e todos os módulos são preservados.

Chegamos agora ao cálculo que utiliza a propriedade especial $Q^T = Q^{-1}$. Tendo uma base, qualquer vetor será uma combinação dos vetores de base. Isto será excepcionalmente simples para uma base ortonormal, que será a ideia principal por trás das séries de Fourier. O problema está em *descobrir os coeficientes dos vetores da base*:

***Escreva* b *como uma combinação* b $= \mathbf{x_1q_1} + \mathbf{x_2q_2} + \dots \mathbf{x_nq_n}$.**

Existe um truque perfeito para se calcular x_1. *Multiplique ambos os lados da equação por* q_1^T. No lado esquerdo está q_1^Tb. Já do lado direito todos os elementos desaparecem (porque $q_1^Tq_j = 0$), exceto o primeiro. O que sobra é

$$q_1^Tb = x_1q_1^Tq_1.$$

Uma vez que $q_1^Tq_1 = 1$, encontramos $x_1 = q_1^Tb$. Igualmente, o segundo coeficiente é $x_2 = q_2{}^Tb$; este elemento sobrevive quando fazemos a multiplicação por q_2^T. Já os outros desaparecem por ortogonalidade. Cada porção de b possui uma fórmula simples, e a recombinação das peças resulta novamente em b:

***Todo vetor* b *é igual a* $(\mathbf{q}_1^T\mathbf{b})\mathbf{q}_1 + (\mathbf{q}_2^T\mathbf{b})\mathbf{q}_2 + \dots + (\mathbf{q}_n^T\mathbf{b})\mathbf{q}_n$.** (4)

É impossível deixar de transformar essa base ortonormal em uma matriz quadrada Q. A equação vetorial $x_1q_1 + \dots + x_nq_n = b$ é idêntica a $Qx = b$ (as colunas de Q multiplicam os componentes de x) e sua solução é $x = Q^{-1}b$. No entanto, uma vez que $Q^{-1} = Q^T$ – é aí que entra a ortonormalidade –, a solução também é $x = Q^Tb$:

$$x = Q^Tb = \begin{bmatrix} \text{——} & q_1^T & \text{——} \\ & & \\ \text{——} & q_n^T & \text{——} \end{bmatrix} \begin{bmatrix} \\ b \\ \\ \end{bmatrix} = \begin{bmatrix} q_1^Tb \\ \\ q_n^Tb \end{bmatrix} \tag{5}$$

Os componentes de x são os produtos escalares $q_i{}^Tb$, como na equação (4).

O formato da matriz também demonstra o que acontece quando as colunas *não* são ortonormais. Expressar b como uma combinação $x_1a_1 + \cdots + x_na_n$ é a mesma coisa que solucionar $Ax = b$. Os vetores de base entram nas colunas de A. Neste caso, precisamos de A^{-1}, o que requer esforço. No formato ortonormal, precisamos apenas de Q^T.

Comentário 1 A razão a^Tb/a^Ta já apareceu, quando projetamos b em uma reta. Aqui, a é q_1, o denominador é 1 e a projeção é $(q_1^Tb)q_1$. Portanto, temos agora uma nova interpretação da fórmula (4): *todo vetor* b *é a soma de suas projeções de uma dimensão nas linhas que passam pelos* q'*s*.

Já que essas projeções são ortogonais, Pitágoras ainda deve estar certo. O quadrado da hipotenusa deve ser a soma dos quadrados dos componentes:

$$\|b\|^2 = (q_1^Tb)^2 + (q_2^Tb)^2 + ... + (q_n^Tb)^2 \qquad \text{que é} \qquad \|Q^Tb\|^2. \tag{6}$$

Comentário 2 Uma vez que $Q^T = Q^{-1}$, temos também $QQ^T = I$. Quando Q vem antes de Q^T, a multiplicação é feita com os produtos escalares das *linhas* de Q (para Q^TQ, eram as colunas). Já que novamente o resultado é a matriz identidade, chegamos a uma conclusão surpreendente: ***as linhas de uma matriz quadrada serão ortonormais sempre que as colunas também o forem***. As linhas apontam para direções completamente diferentes das colunas, e não há um motivo geométrico que as forcem a ser ortonormais – mas elas são.

Colunas ortonormais
Linhas ortonormais

$$Q = \begin{bmatrix} 1/\sqrt{3} & 1/\sqrt{2} & 1/\sqrt{6} \\ 1/\sqrt{3} & 0 & -2/\sqrt{6} \\ 1/\sqrt{3} & -1/\sqrt{2} & 1/\sqrt{6} \end{bmatrix}$$

Matrizes retangulares com colunas ortonormais

Este capítulo trata de $Ax = b$ quando A não é necessariamente uma matriz quadrada. Para $Qx = b$ admitimos agora a mesma possibilidade – pode haver mais linhas do que colunas. Os n vetores ortogonais q_i nas colunas de Q possuem $m > n$ componentes. Assim, Q é uma matriz m por n e não se pode esperar que $Qx = b$ seja resolvida de forma exata. *Nós a resolvemos com os mínimos quadrados.*

Se existe justiça, então as colunas ortonormais deveriam tornar o problema mais simples. Isto funcionou com as matrizes quadradas e agora funcionará com as matrizes retangulares. A chave é perceber que *ainda temos* $Q^TQ = I$, de forma que Q^T ainda é a ***inversa à esquerda*** de Q.

Isto era tudo que precisávamos para os mínimos quadrados. As equações normais surgiam da multiplicação de $Ax = b$ pela matriz transposta, resultando em $A^TA\hat{x} = A^Tb$. Agora, as equações normais são $Q^TQ\hat{x} = Q^Tb$. Só que Q^TQ é a matriz identidade! Portanto $\hat{x} = Q^Tb$, mesmo que Q seja quadrada e $\hat{x}$ seja uma solução exata, ou que Q seja retangular e os mínimos quadrados sejam necessários.

3S Se Q possui colunas ortonormais, o problema com mínimos quadrados se torna fácil:

$Qx = b$	sistema retangular sem solução para b principal.
$Q^TQ\hat{x} = Q^Tb$	equação normal para o melhor $\hat{x}$ – em que $Q^TQ = I$.
$\hat{x} = Q^Tb$	$\hat{x}_i$ é q_i^Tb.
$p = Q\hat{x}$	a projeção de b é $(q_i^Tb)q_1 + \ldots + (q_n^Tb)q_n$.
$p = QQ^Tb$	a matriz de projeção é $P = QQ^T$.

As últimas fórmulas são como $p = A\hat{x}$ e $P = A(A^TA)^{-1}A^T$. Quando as colunas forem ortonormais, a "matriz produto" A^TA se torna $Q^TQ = I$. A parte difícil dos mínimos quadrados desaparece quando os vetores são ortonormais. As projeções nos eixos não são feitas em pares, e p é a soma $p = (q_1^Tb)q_1 + \cdots + (q_n^Tb)q_n$.

Enfatizamos que essas projeções não fazem a reconstrução de b. No formato quadrado $m = n$, elas o fazem. No formato retangular $m > n$ não. Elas fornecem a projeção p e não o vetor original b – e isto é tudo o que podemos esperar quando há mais equações do que incógnitas, e os q's não mais são uma base. A matriz de projeção geralmente é $A(A^TA)^{-1}A^T$, sendo simplificada, como mostrado abaixo

$$P = Q(Q^TQ)^{-1}Q^T \quad \text{ou} \quad P = QQ^T. \tag{7}$$

Observe que Q^TQ é a matriz identidade n por n, enquanto QQ^T é uma projeção P m por m. Ela é a matriz identidade nas colunas de Q (P as deixa sozinhas). Contudo, QQ^T é a matriz nula no complemento ortogonal (o espaço nulo de Q^T).

Exemplo 3 O caso a seguir é simples, mas típico. Vamos supor que há a projeção de um ponto $b = (x, y, z)$ no plano xy. Sua projeção é $p = (x, y, 0)$, e esta é a soma das projeções separadas nos eixos x e y:

$$q_1 = \begin{bmatrix} 1 \\ 0 \\ 0 \end{bmatrix} \quad \text{e} \quad (q_1^Tb)q_1 = \begin{bmatrix} x \\ 0 \\ 0 \end{bmatrix}; \qquad q_2 = \begin{bmatrix} 0 \\ 1 \\ 0 \end{bmatrix} \quad \text{e} \quad (q_2^Tb)q_2 = \begin{bmatrix} 0 \\ y \\ 0 \end{bmatrix}.$$

A matriz geral de projeção é

$$P = q_1q_1^T + q_2q_2^T = \begin{bmatrix} 1 & 0 & 0 \\ 0 & 1 & 0 \\ 0 & 0 & 0 \end{bmatrix}, \quad \text{e} \quad P\begin{bmatrix} x \\ y \\ z \end{bmatrix} = \begin{bmatrix} x \\ y \\ 0 \end{bmatrix}.$$

Projeção em um plano = soma das projeções sobre $\mathbf{q}_1$ e $\mathbf{q}_2$ ortonormais.

Exemplo 4 Quando a média dos registros de medições é zero, a representação de uma reta leva às colunas ortogonais. Consideremos $t_1 = -3$, $t_2 = 0$ e $t_3 = 3$. A tentativa de representar $y = C + Dt$ leva a três equações com duas incógnitas:

$$\begin{matrix} C + Dt_1 = y_1, \\ C + Dt_2 = y_2, \\ C + Dt_3 = y_3 \end{matrix} \quad \text{ou} \quad \begin{bmatrix} 1 & -3 \\ 1 & 0 \\ 1 & 3 \end{bmatrix}\begin{bmatrix} C \\ D \end{bmatrix} = \begin{bmatrix} y_1 \\ y_2 \\ y_3 \end{bmatrix}.$$

As colunas (1, 1, 1) *e* (–3, 0, 3) *são ortogonais*. É possível projetar y separadamente em cada coluna, sendo possível também encontrar separadamente os melhores coeficientes $\hat{C}$ e $\hat{D}$:

$$\hat{C} = \frac{\begin{bmatrix} 1 & 1 & 1 \end{bmatrix}\begin{bmatrix} y_1 & y_2 & y_3 \end{bmatrix}^T}{1^2 + 1^2 + 1^2}, \quad \hat{D} = \frac{\begin{bmatrix} -3 & 0 & 3 \end{bmatrix}\begin{bmatrix} y_1 & y_2 & y_3 \end{bmatrix}^T}{(-3)^2 + 0^2 + 3^2}$$

Observe que $\hat{C} = (y_1 + y_2 + y_3)/3$ é a *média* dos dados. $\hat{C}$ fornece a melhor representação de uma reta horizontal, enquanto $\hat{D}t$ é a melhor representação de uma reta que passa pela origem. *As colunas são ortogonais, portanto, a soma desses dois fragmentos separados é a melhor representação absoluta por qualquer reta*. As colunas não são vetores unitários, assim, $\hat{C}$ e $\hat{D}$ possuem o módulo elevado ao quadrado no denominador.

As colunas ortogonais são tão melhores que, neste caso, a mudança é um bom negócio. Se a média dos registros de observação for diferente de zero – a expressão é $\bar{t} = (t_1 + \ldots + t_m)/m$ –, então a origem do tempo pode ser substituída por $\bar{t}$. Em vez de $y = C + Dt$, trabalhamos com $y = c + d(t - \bar{t})$. A melhor reta continua sendo a mesma! Como está mostrado no exemplo, encontramos

$$\hat{c} = \frac{\begin{bmatrix} 1 & \cdots & 1 \end{bmatrix} \begin{bmatrix} y_1 & \cdots & y_m \end{bmatrix}^{\mathrm{T}}}{1^2 + 1^2 + \cdots + 1^2} = \frac{y_1 + \cdots + y_m}{m}$$

$$\hat{d} = \frac{\begin{bmatrix} (t_1 - \bar{t}) & \cdots & (t_m - \bar{t}) \end{bmatrix} \begin{bmatrix} y_1 & \cdots & y_m \end{bmatrix}^{\mathrm{T}}}{(t_1 - \bar{t})^2 + \cdots + (t_m - \bar{t})^2} = \frac{\sum (t_i - \bar{t}) y_i}{\sum (t_i - \bar{t})^2}. \qquad (8)$$

O melhor $\hat{c}$ é a média. Além disso, também conseguimos uma fórmula apropriada para $\hat{d}$. A $A^{\mathrm{T}}A$ anterior possuía os elementos $\sum t_i$ fora da diagonal, estes se transformaram em elementos nulos quando da mudança do tempo para $\bar{t}$. Essa mudança é um exemplo do processo Gram-Schmidt, ***que ortogonaliza antecipadamente a situação***.

As matrizes ortogonais são cruciais para a álgebra linear numérica, uma vez que elas não apresentam instabilidade. Enquanto os módulos permanecem os mesmos, o arredondamento está sob controle. A ortogonalização de vetor se tornou uma técnica essencial, ficando atrás apenas da eliminação e levando para uma fatoração $A = QR$, que é praticamente tão famosa quanto $A = LU$.

O processo de Gram-Schmidt

Consideremos três vetores independentes a, b e c. Sendo eles ortogonais, não há problemas. Calcula-se $(a^{\mathrm{T}}v)a$ para se projetar um vetor v no primeiro deles. A fim de projetar este mesmo vetor v no plano dos dois primeiros vetores, basta somar $(a^{\mathrm{T}}v)a + (b^{\mathrm{T}}v)b$. Para fazer a projeção no que foi gerado de a, b e c, somam-se três projeções. Todos os cálculos requerem somente os produtos escalares $a^{\mathrm{T}}v$, $b^{\mathrm{T}}v$ e $c^{\mathrm{T}}v$. No entanto, para que isto seja verdadeiro, somos forçados a dizer: "***Se*** eles forem ortonormais". Vamos nos dedicar agora a encontrar uma maneira de ***fazê-los*** ortonormais.

O método é simples. Dados a, b e c, queremos q_1, q_2 e q_3. Não há problema em relação a q_1: ele pode seguir em direção a a. Dividindo pelo módulo, temos $q_1 = a/\|a\|$, que é um vetor unitário. O problema real começa com q_2 – vetor que precisa ser ortogonal a q_1. Caso o segundo vetor b possua qualquer componente na direção de q_1 (que é a direção de a), ***tal componente deve ser subtraído***:

$$\textbf{Segundo vetor} \qquad B = b - (q_1^{\mathrm{T}} b) q_1 \quad \text{e} \quad q_2 = B/\|B\|. \qquad (9)$$

B é ortogonal a q_1; sendo a parte de b que, em vez de ir em direção a a, segue em uma nova direção. Na Figura 3.10, B é perpendicular a q_1 e define a direção de q_2.

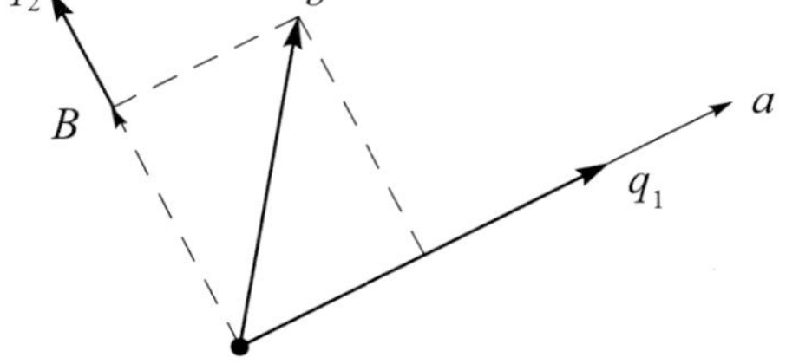

Figura 3.10 O componente q_1 de b foi removido; a e B normalizados para q_1 e q_2.

Neste ponto, q_1 e q_2 já estão estabelecidos. A terceira direção ortogonal começa com c. Ele não estará no plano de q_1 nem de q_2, que são os planos de a e b. No entanto, ele pode ter um componente em tal plano, o qual precisa ser subtraído. (Se o resultado for $C = 0$, isto significa que, no começo, a, b e c não eram independentes.) O que resta é o componente C que queremos, a parte que está em uma nova direção perpendicular ao plano:

$$\textbf{Terceiro vetor} \qquad C = c - (q_1^{\mathrm{T}}c)q_1 - (q_2^{\mathrm{T}}c)q_2 \qquad \text{e} \qquad q_3 = C/\|C\|. \tag{10}$$

Esta ideia, utilizada incessantemente, é o fator principal de todo o processo de Gram-Schmidt: ***subtrair de cada novo vetor os seus vetores nas direções que já estão definidas.**** Quando houver um quarto vetor, basta subtrair seus componentes nas direções de q_1, q_2 e q_3.

Exemplo 5 Gram-Schmidt Sejam os vetores independentes a, b e c:

$$a = \begin{bmatrix} 1 \\ 0 \\ 1 \end{bmatrix}, \qquad b = \begin{bmatrix} 1 \\ 0 \\ 0 \end{bmatrix}, \qquad c = \begin{bmatrix} 2 \\ 1 \\ 0 \end{bmatrix}.$$

Para encontrar q_1, transforme o primeiro vetor em um vetor unitário: $q_1 = a/\sqrt{2}$. Para encontrar q_2, subtraia o componente na primeira direção do segundo vetor:

$$B = b - (q_1^{\mathrm{T}}b)q_1 = \begin{bmatrix} 1 \\ 0 \\ 0 \end{bmatrix} - \frac{1}{\sqrt{2}} \begin{bmatrix} 1/\sqrt{2} \\ 0 \\ 1/\sqrt{2} \end{bmatrix} = \frac{1}{2} \begin{bmatrix} 1 \\ 0 \\ -1 \end{bmatrix}.$$

O q_2 normalizado é B dividido pelo seu módulo, de modo a produzir um vetor unitário:

$$q_2 = \begin{bmatrix} 1/\sqrt{2} \\ 0 \\ -1/\sqrt{2} \end{bmatrix}.$$

Para encontrar q_3, subtraia de c os seus componentes em q_1 e q_2:

$$\begin{aligned} C &= c - (q_1^{\mathrm{T}}c)q_1 - (q_2^{\mathrm{T}}c)q_2 \\ &= \begin{bmatrix} 2 \\ 1 \\ 0 \end{bmatrix} - \sqrt{2} \begin{bmatrix} 1/\sqrt{2} \\ 0 \\ 1/\sqrt{2} \end{bmatrix} - \sqrt{2} \begin{bmatrix} 1/\sqrt{2} \\ 0 \\ -1/\sqrt{2} \end{bmatrix} = \begin{bmatrix} 0 \\ 1 \\ 0 \end{bmatrix}. \end{aligned}$$

Este já é um vetor unitário, sendo então q_3. Foram utilizados módulos a fim de eliminar o número de raízes quadradas (a parte difícil de Gram-Schmidt). O resultado é um conjunto de vetores ortogonais q_1, q_2 e q_3 que aparece dentro das colunas de uma matriz ortogonal Q:

$$\textbf{Base ortonormal} \qquad Q = \begin{bmatrix} & & \\ q_1 & q_2 & q_3 \\ & & \end{bmatrix} = \begin{bmatrix} 1/\sqrt{2} & 1/\sqrt{2} & 0 \\ 0 & 0 & 1 \\ 1/\sqrt{2} & -1/\sqrt{2} & 0 \end{bmatrix}.$$

---

* Se Gram foi o primeiro a pensar nisto, o que sobrou para Schmidt?

3T O processo de Gram-Schmidt começa com vetores independentes $a_1, \ldots, a_n$ e termina com vetores ortonormais $q_1, \ldots, q_n$. Ao chegar ao passo j, é feita em a_j a subtração de seus componentes nas direções $q_1, \ldots, q_{j-1}$ que já estão estabelecidas:

$$A_j = a_j - (q_1^T a_j)q_1 - \ldots - (q_{j-1}^T a_j)q_{j-1}. \tag{11}$$

Assim, q_j é o vetor unitário $A_j / \|A_j\|$.

Comentário sobre os cálculos Acredito que seja mais fácil calcular as ortogonais a, B, C evitando-se fazer com que seus módulos se igualem a um. Desta maneira, as raízes quadradas entram apenas no final, quando da divisão dos referidos módulos. O exemplo acima teria os mesmos B e C sem que fossem utilizadas as raízes quadradas. Observe o $\frac{1}{2}$ de $a^T b / a^T a$ que há, em vez do $\frac{1}{\sqrt{2}}$ de $q^T b$:

$$B = \begin{bmatrix} 1 \\ 0 \\ 0 \end{bmatrix} - \frac{1}{2}\begin{bmatrix} 1 \\ 0 \\ 1 \end{bmatrix} \quad \text{e então} \quad C = \begin{bmatrix} 2 \\ 1 \\ 0 \end{bmatrix} - \begin{bmatrix} 1 \\ 0 \\ 1 \end{bmatrix} - 2\begin{bmatrix} \frac{1}{2} \\ 0 \\ -\frac{1}{2} \end{bmatrix}.$$

A fatoração $A = QR$

Iniciamos com uma matriz A, cujas colunas eram a, b e c. Finalizamos com uma matriz Q, cujas colunas são q_1, q_2 e q_3. Qual é a relação entre essas matrizes? As matrizes A e Q serão matrizes m por n quando os vetores n estiverem no espaço m dimensional, tendo que haver também uma terceira matriz que conectará as duas outras.

A ideia é escrever as a's como combinações do o's. O vetor b na Figura 3.10 é uma combinação dos ortonormais q_1 e q_2, e sabemos que combinação é esta:

$$b = (q_1^T b)q_1 + (q_2^T b)q_2.$$

No plano, cada vetor é a soma de seus componentes q_1 e q_2. Da mesma forma, c é a soma de seus componentes q_1, q_2 e q_3: $c = (q_1^T c)q_1 + (q_2^T c)q_2 + (q_3^T c)q_3$. Expressando esses elementos na forma de uma matriz, teremos ***a nova fatoração*** **A = QR**:

$$\textbf{Fatores } \boldsymbol{QR}\textbf{:} \qquad A = \begin{bmatrix} & & \\ a & b & c \\ & & \end{bmatrix} = \begin{bmatrix} & & \\ q_1 & q_2 & q_3 \\ & & \end{bmatrix} \begin{bmatrix} q_1^T a & q_1^T b & q_1^T c \\ & q_2^T b & q_2^T c \\ & & q_3^T c \end{bmatrix} = QR \tag{12}$$

Observe os zeros na última matriz! R é uma *matriz triangular superior* por causa da maneira como Gram-Schmidt fez. Os primeiros vetores a e q_1 estão na mesma reta. Então, q_1, q_2 estavam no mesmo plano que a, b. Não há envolvimento dos terceiros vetores c e q_3 até a etapa 3.

A fatoração QR é como $A = LU$, excluindo o fato de que o primeiro fator Q possui colunas ortonormais. O segundo fator é chamado de R, já que os valores não nulos estão à *direita* da diagonal (com a letra U já considerada). Os elementos de R fora da diagonal, encontrados anteriormente, são os números $q_1^T b = 1/\sqrt{2}$ e $q_1^T c = q_2^T c = \sqrt{2}$. A fatoração completa é

$$A = \begin{bmatrix} 1 & 1 & 2 \\ 0 & 0 & 1 \\ 1 & 0 & 0 \end{bmatrix} = \begin{bmatrix} 1/\sqrt{2} & 1/\sqrt{2} & 0 \\ 0 & 0 & 1 \\ 1/\sqrt{2} & -1/\sqrt{2} & 0 \end{bmatrix} \begin{bmatrix} \sqrt{2} & 1/\sqrt{2} & \sqrt{2} \\ & 1/\sqrt{2} & \sqrt{2} \\ & & 1 \end{bmatrix} = QR.$$

É possível observar, na diagonal de R, *os módulos de* a, B, C. Os vetores ortonormais q_1, q_2, q_3, que são o objeto completo da ortogonalização, estão no primeiro fator Q.

Pode ser que QR não seja tão bonita quanto LU (talvez por causa das raízes quadradas). No entanto, ambas as fatorações são essencialmente importantes para a teoria da álgebra linear, e também fundamentais para o cálculo. Se LU fosse Hertz, então QR seria Avis.

Os elementos $r_{ij} = q_i^{\mathrm{T}} a_j$ aparecem na fórmula (11), ao se substituir $\|A_j\| q_j$ por A_j:

$$a_j = (q_1^{\mathrm{T}} a_j) q_1 + \cdots + (q_{j-1}^{\mathrm{T}} a_j) q_{j-1} + \|A_j\|\, q_j = Q \text{ multiplicada pela coluna } j \text{ de } R. \quad (13)$$

3U Toda matriz m por n com colunas independentes pode ser fatorada em $A = QR$. As colunas de Q são ortonormais, e R é uma matriz triangular superior e invertível. Quando $m = n$ e todas as matrizes são quadradas, Q se torna uma matriz ortogonal.

Não se deve esquecer o argumento principal da ortogonalização, que simplifica o problema com mínimos quadrados $Ax = b$. As equações normais ainda estão corretas, mas $A^{\mathrm{T}}A$ fica mais fácil:

$$A^{\mathrm{T}}A = R^{\mathrm{T}}Q^{\mathrm{T}}QR = R^{\mathrm{T}}R. \quad (14)$$

A equação fundamental $A^{\mathrm{T}}A\hat{x} = A^{\mathrm{T}}b$ promove a simplificação para um sistema triangular:

$$R^{\mathrm{T}}R\hat{x} = R^{\mathrm{T}}Q^{\mathrm{T}}b \qquad \text{ou} \qquad R\hat{x} = Q^{\mathrm{T}}b. \quad (15)$$

Em vez de solucionarmos $QRx = b$, algo impossível de fazer, resolvemos $R\hat{x} = Q^{\mathrm{T}}b$, que simplesmente é uma retrossubstituição por R ser triangular. O custo real são as operações mn^2 de Gram-Schmidt, necessárias para que se encontrem Q e R em primeiro lugar.

A mesma ideia de ortogonalidade pode ser aplicada às funções. Os senos e cossenos são ortogonais; já as potências $1, x, x^2$ não o são. Quando $f(x)$ for escrita como uma combinação de senos e cossenos, teremos então uma ***série de Fourier***. Cada termo é uma projeção em uma reta – a reta no espaço função que contém múltiplos de cos nx ou sen nx –, além de ser completamente análogo à parte dos vetores, sendo também muito importante. Finalmente, achamos uma tarefa para Schmidt: a de ortogonalizar as potências de x e produzir os polinômios de Legendre.

Espaços de função e séries de Fourier

Esta é uma seção resumida e opcional, mas que está repleta de boas intenções:

1. Introduzir o mais famoso espaço vetorial de dimensão infinita (*Espaço de Hilbert*);
2. Dar continuidade às ideias de módulo e produto escalar de vetores v a funções $f(x)$;
3. Reconhecer a série de Fourier como uma soma de projeções de uma dimensão (as "colunas" ortogonais sendo os senos e cossenos);
4. Aplicar a ortogonalização de Gram-Schmidt aos polinômios $1, x, x^2, \ldots$; e
5. Encontrar a melhor aproximação a $f(x)$ por meio de uma reta.

Tentaremos seguir este esquema, que traz, de maneira sistemática, uma variedade de novas aplicações da álgebra linear.

1. Espaço de Hilbert. Depois de estudar $\mathbf{R}^n$, é natural que se pense no espaço $\mathbf{R}^\infty$. Lá estão contidos todos os vetores $v = (v_1, v_2, v_3, \ldots)$ com uma sequência infinita de componentes. Na verdade, este espaço fica grande demais quando não há controle do tamanho dos componentes v_j. Existe uma ideia muito melhor, que é a de manter a definição familiar de módulo, utilizando a soma dos quadrados, e então *incluir somente aqueles vetores que apresentarem um **módulo finito***:

$$\textbf{Módulo elevado ao quadrado} \qquad \|v\|^2 = v_1^2 + v_2^2 + v_3^2 + \cdots \tag{16}$$

A série infinita deve convergir para uma soma finita. Isto acontece com $\left(1, \frac{1}{2}, \frac{1}{3}, \cdots\right)$, mas não $(1, 1, 1, \ldots)$. É possível fazer a soma de vetores com módulos finitos ($\|v + w\| \leq \|v\| + \|w\|$) e a multiplicação por escalares, de maneira a formar um espaço vetorial. Este espaço vetorial é o célebre ***Espaço de Hilbert***.

O Espaço de Hilbert é a maneira natural de fazer com que o número de dimensões se torne infinito e, ao mesmo tempo, manter a geometria do espaço Euclidiano comum. As elipses viram elipsoides de dimensão infinita, e as retas perpendiculares são reconhecidas exatamente como antes. Os vetores v e w são ortogonais quando seu produto escalar é nulo:

$$\textbf{Ortogonalidade} \qquad v^{\mathrm{T}}w = v_1w_1 + v_2w_2 + v_3w_3 + \cdots = 0.$$

É certo que essa soma há de convergir; e ela ainda obedece, para quaisquer dois vetores, a desigualdade de Schwarz $|v^{\mathrm{T}}w| \leq \|v\|\,\|w\|$. Mesmo no Espaço de Hilbert o cosseno nunca é maior do que 1.

Existe outro fator notável sobre este espaço: ele pode ser encontrado sob vários disfarces diferentes. Seus "vetores" podem virar funções, que é o segundo ponto.

2. Módulos e produtos escalares. Suponha que $f(x) = \operatorname{sen} x$ no intervalo $0 \leq x \leq 2\pi$. Este f é como um vetor com toda uma sequência contínua de componentes, os valores de sen x por todo o intervalo. Para descobrir o módulo de tal vetor, não é possível utilizar a regra comum de somar os quadrados dos componentes. Essa adição é natural e inevitavelmente substituída pela *integração*:

$$\textbf{Módulo } \|f\| \textbf{ da função} \qquad \|f\|^2 = \int_0^{2\pi} (f(x))^2 dx = \int_0^{2\pi} (\operatorname{sen} x)^2 dx = \pi. \tag{17}$$

O nosso Espaço de Hilbert se tornou um ***espaço de função***. Os vetores são funções, conhecemos uma maneira de medir seu módulo e o espaço contém todas aquelas funções que possuem um módulo finito – assim como na equação (16) –, não contendo apenas a função $F(x) = 1/x$, uma vez que a integral de $1/x^2$ é infinita.

A mesma ideia de substituir a adição pela integração produz o ***produto escalar de duas funções***: se $f(x) = \operatorname{sen} x$ e $g(x) = \cos x$, então seu produto escalar será

$$(f,g) = \int_0^{2\pi} f(x)g(x)dx = \int_0^{2\pi} \operatorname{sen} x \cos x \, dx = 0. \tag{18}$$

Isto é exatamente como o produto escalar $f^{\mathrm{T}}g$ do vetor, estando ainda relacionado ao módulo por $(f, f) = \|f\|^2$ e satisfazendo a desigualdade de Schwarz: $|(f, g)| \leq \|f\|\,\|g\|$. É evidente que duas funções como sen x e cos x – cujo produto escalar é zero – serão chamadas de funções ortogonais. Elas se tornarão até mesmo ortonormais após serem divididas por seu módulo $\sqrt{\pi}$.

3. A ***série de Fourier*** de uma função é uma expansão em senos e cossenos:

$$f(x) = a_0 + a_1 \cos x + b_1 \operatorname{sen} x + a_2 \cos 2x + b_2 \operatorname{sen} 2x + \cdots.$$

Para calcular um coeficiente como b_1, *multiplique* ambos os lados pela função correspondente sen x e faça a *integração* de 0 a 2π (a função $f(x)$ é dada nesse intervalo). Em outras palavras, utilize o produto escalar de ambos os lados com sen x:

$$\int_0^{2\pi} f(x) \operatorname{sen} x\,dx = a_0 \int_0^{2\pi} \operatorname{sen} x\,dx + a_1 \int_0^{2\pi} \cos x \operatorname{sen} x\,dx + b_1 \int_0^{2\pi} (\operatorname{sen} x)^2\,dx + \cdots.$$

Do lado direito da equação, cada integral é nula, exceto uma: aquela em que sen x é multiplicado por ele mesmo. *Os senos e cossenos são simultaneamente ortogonais*, como na equação (18). Portanto, b_1 é o lado esquerdo dividido pela integral não nula:

$$b_1 = \frac{\int_0^{2\pi} f(x) \operatorname{sen} x\,dx}{\int_0^{2\pi} (\operatorname{sen} x)^2\,dx} = \frac{(f, \operatorname{sen} x)}{(\operatorname{sen} x, \operatorname{sen} x)}.$$

O coeficiente a_1 de Fourier apresentaria cos x no lugar de sen x, e a_2 utilizaria cos $2x$.

O ponto principal aqui é observar a analogia com as projeções. O componente do vetor b por toda a reta gerada por a é b^Ta/a^Ta. A ***série de Fourier projeta* f(x) *no sen* x**. Nessa direção, seu componente p é exatamente b_1 sen x.

O coeficiente b_1 é a solução com mínimos quadrados da equação inconsistente b_1 sen $x = f(x)$, o que aproxima b_1 sen x o mais perto possível de f(x). Todos os elementos na série são projeções em um seno ou cosseno. Uma vez que os senos e cossenos são ortogonais, *a série de Fourier fornece as coordenadas do "vetor"* f(x) *em relação ao conjunto de* (infinitos) *eixos perpendiculares*.

4. **Gram-Schmidt para funções.** Além dos senos e cossenos, há uma porção de outras funções úteis, funções estas que nem sempre são ortogonais. As mais simples são as potências de x, mas infelizmente não há intervalo no qual 1 e x^2 sejam perpendiculares (o produto interno dos dois elementos sempre será positivo, já que ele é a integral de x^2). Portanto, a parábola mais próxima de $f(x)$ *não* é a soma de suas projeções em 1, x e x^2. Haverá uma matriz como $(A^TA)^{-1}$, sendo que esta união é dada pela **matriz de Hilbert** mal condicionada. No intervalo $0 \le x \le 1$,

$$A^TA = \begin{bmatrix} (1,1) & (1,x) & (1,x^2) \\ (x,1) & (x,x) & (x,x^2) \\ (x^2,1) & (x^2,x) & (x^2,x^2) \end{bmatrix} = \begin{bmatrix} \int 1 & \int x & \int x^2 \\ \int x & \int x^2 & \int x^3 \\ \int x^2 & \int x^3 & \int x^4 \end{bmatrix} = \begin{bmatrix} 1 & \frac{1}{2} & \frac{1}{3} \\ \frac{1}{2} & \frac{1}{3} & \frac{1}{4} \\ \frac{1}{3} & \frac{1}{4} & \frac{1}{5} \end{bmatrix}.$$

A inversa desta matriz é grande, pois os eixos 1, x, x^2 estão longe de ser perpendiculares. A situação se torna impossível ao adicionarmos mais alguns eixos. *É praticamente impossível resolver* $A^TA\hat{x} = A^Tb$ *para o polinômio de grau dez mais próximo.*

Para ser mais exato, esta resolução é impossível caso se utilize a eliminação de Gauss; todos os erros de arredondamento seriam amplificados em mais de 10^{13}. Por outro lado, não podemos simplesmente desistir; a aproximação por polinômios tem que ser possível. A ideia correta é trocar para eixos ortogonais (por Gram-Schmidt). Procuramos por combinações de 1, x e x^2 que *sejam* ortogonais.

Trabalhar com um intervalo definido simetricamente como $-1 \le x \le 1$ é muito cômodo, já que isto faz com que todas as potências ímpares de x sejam ortogonais a todas as potências pares:

$$(1, x) = \int_{-1}^{1} x\,dx = 0, \qquad (x, x^2) = \int_{-1}^{1} x^3\,dx = 0.$$

Portanto, o processo de Gram-Schmidt tem início ao se aceitar $v_1 = 1$ e $v_2 = x$ como os dois primeiros eixos perpendiculares. Uma vez que $(x, x^2) = 0$, ele terá somente que corrigir o ângulo entre 1 e x^2. Utilizando a fórmula (10), o terceiro polinômio ortogonal será

Ortogonalização $$v_3 = x^2 - \frac{(1, x^2)}{(1, 1)}1 - \frac{(x, x^2)}{(x, x)}x = x^2 - \frac{\int_{-1}^{1} x^2\,dx}{\int_{-1}^{1} 1\,dx} = x^2 - \frac{1}{3}.$$

Os polinômios assim construídos são chamados de ***polinômios de Legendre***, que são ortogonais a si mesmos no intervalo $-1 \leq x \leq 1$.

Verificação $$\left(1, x^2 - \frac{1}{3}\right) = \int_{-1}^{1}\left(x^2 - \frac{1}{3}\right)dx = \left[\frac{x^3}{3} - \frac{x}{3}\right]_{-1}^{1} = 0.$$

O polinômio de grau 10 mais próximo agora pode ser calculado, sem erro, fazendo a projeção de cada um dos 10 (ou 11) primeiros polinômios de Legendre.

5. **Melhor reta.** Vamos supor que queremos aproximar $y = x^5$ por uma linha reta $C + Dx$ entre $x = 0$ e $x = 1$. Existem pelo menos três maneiras de se descobrir essa reta e, caso seja feita uma comparação entre elas, pode ser que todo o capítulo fique mais claro!

1. Resolva $\begin{bmatrix} 1 & x \end{bmatrix}\begin{bmatrix} C \\ D \end{bmatrix} = x^5$ com os mínimos quadrados. A equação $A^{\mathrm{T}}A\hat{x} = A^{\mathrm{T}}b$ é

$$\begin{bmatrix} (1, 1) & (1, x) \\ (x, 1) & (x, x) \end{bmatrix}\begin{bmatrix} C \\ D \end{bmatrix} = \begin{bmatrix} (1, x^5) \\ (x, x^5) \end{bmatrix} \quad \text{ou} \quad \begin{bmatrix} 1 & \frac{1}{2} \\ \frac{1}{2} & \frac{1}{3} \end{bmatrix}\begin{bmatrix} C \\ D \end{bmatrix} = \begin{bmatrix} \frac{1}{6} \\ \frac{1}{7} \end{bmatrix}.$$

2. Minimize $E^2 = \int_0^1 (x^5 - C - Dx)^2\,dx = \frac{1}{11} - \frac{2}{6}C - \frac{2}{7}D + C^2 + CD + \frac{1}{3}D^2$. As derivadas relacionadas a C e D, após serem divididas por 2, trazem de volta as equações normais do método 1 (e a solução é $\hat{C} = \frac{1}{6} - \frac{5}{14}$, $\hat{D} = \frac{5}{7}$):

$$-\frac{1}{6} + C + \frac{1}{2}D = 0 \quad \text{e} \quad -\frac{1}{7} + \frac{1}{2}C + \frac{1}{3}D = 0.$$

3. Aplique Gram-Schmidt a fim de substituir x por $x - (1, x)/(1, 1)$. O resultado é $x - \frac{1}{2}$, que é ortogonal a 1. Agora, some as projeções de uma dimensão à melhor linha:

$$C + Dx = \frac{(x^5, 1)}{(1, 1)}1 + \frac{\left(x^5, x - \frac{1}{2}\right)}{\left(x - \frac{1}{2}, x - \frac{1}{2}\right)}\left(x - \tfrac{1}{2}\right) = \frac{1}{6} + \frac{5}{7}\left(x - \frac{1}{2}\right).$$

Conjunto de problemas 3.4

1. Projete $b = (0, 3, 0)$ sobre cada um dos vetores ortonormais $a_1 = \left(\frac{2}{3}, \frac{2}{3}, -\frac{1}{3}\right)$ e $a_2 = \left(-\frac{1}{3}, \frac{2}{3}, \frac{2}{3}\right)$. Depois, encontre sua projeção b no plano de a_1 e a_2.

2. (a) Escreva as quatro equações que representam $y = C + Dt$ com os dados

$$\begin{aligned} &y = -4 \text{ em } t = -2, && y = -3 \text{ em } t = -1, \\ &y = -1 \text{ em } t = 1, && y = 0 \text{ em } t = 2. \end{aligned}$$

Demonstre que as colunas são ortogonais.

(b) Encontre a reta otimizada, desenhe seu gráfico e escreva E^2.

(c) Interprete o erro nulo utilizando o sistema original de quatro equações em duas incógnitas: o lado direito da equação (–4, –3, –1, 0) está no espaço _______.

3. Sendo u um vetor unitário, demonstre que $Q = I - 2uu^T$ é uma matriz ortogonal simétrica (além de ser uma reflexão, conhecida também como uma transformação de Householder). Calcule Q quando $u^T = \begin{bmatrix} \frac{1}{2} & \frac{1}{2} & -\frac{1}{2} & -\frac{1}{2} \end{bmatrix}$.

4. Projete o vetor $b = (1, 2)$ sobre dois vetores que não são ortogonais, $a_1 = (1, 0)$ e $a_2 = (1, 1)$. Demonstre que, ao contrário do caso ortogonal, a soma das duas projeções de uma dimensão não é igual a b.

5. Encontre também a projeção de $b = (0, 3, 0)$ em $a_3 = \left(\frac{2}{3}, -\frac{1}{3}, \frac{2}{3}\right)$, somando depois as três projeções. Por que $P = a_1a_1^T + a_2a_2^T + a_3a_3^T$ é igual a I?

6. Partindo das matrizes não ortogonais a, b e c, encontre os vetores ortonormais q_1, q_2 e q_3:

$$a = \begin{bmatrix} 1 \\ 1 \\ 0 \end{bmatrix}, \quad b = \begin{bmatrix} 1 \\ 0 \\ 1 \end{bmatrix}, \quad c = \begin{bmatrix} 0 \\ 1 \\ 1 \end{bmatrix}.$$

7. Demonstre que uma matriz ortogonal triangular superior deve ser diagonal.

8. Se q_1 e q_2 são os elementos de saída de Gram-Schmidt, quais seriam os vetores a e b de entrada?

9. Aplique o processo de Gram-Schmidt a:

$$a = \begin{bmatrix} 0 \\ 0 \\ 1 \end{bmatrix}, \quad b = \begin{bmatrix} 0 \\ 1 \\ 1 \end{bmatrix}, \quad c = \begin{bmatrix} 1 \\ 1 \\ 1 \end{bmatrix}$$

e escreva o resultado na forma $A = QR$.

10. Encontre uma terceira coluna de forma que a matriz

$$Q = \begin{bmatrix} 1/\sqrt{3} & 1/\sqrt{14} & \\ 1/\sqrt{3} & 2/\sqrt{14} & \\ 1/\sqrt{3} & -3/\sqrt{14} & \end{bmatrix}$$

seja ortogonal. A coluna deve ser um vetor unitário ortogonal às outras colunas; quanta liberdade isto proporciona? Certifique-se de que as linhas se tornem ortonormais automaticamente e ao mesmo tempo.

11. Qual múltiplo de $a_1 = \begin{bmatrix} 1 \\ 1 \end{bmatrix}$ deveria ser subtraído de $a_2 = \begin{bmatrix} 4 \\ 0 \end{bmatrix}$ para que o resultado fosse ortogonal a a_1? Fatore $\begin{bmatrix} 1 & 4 \\ 1 & 0 \end{bmatrix}$ em QR com vetores ortonormais em Q.

12. Forme b^Tb diretamente e demonstre com isto que a lei de Pitágoras se aplica a qualquer combinação $b = x_1q_1 + \cdots + x_nq_n$ dos vetores ortonormais: $\|b\|^2 = x_1^2 + \cdots + x_n^2$. No tocante às matrizes, $b = Qx$, o que prova novamente que os módulos são preservados: $\|Qx\|^2 = \|x\|^2$.

13. Sendo ortonormais os vetores q_1, q_2 e q_3, qual combinação de q_1 e q_2 está mais próxima de q_3?

14. Sendo Q_1 e Q_2 matrizes ortogonais, de forma que $Q^TQ = I$, demonstre que Q_1Q_2 também é ortogonal. Se Q_1 é a rotação em θ e Q_2 é a rotação em ϕ, o que é Q_1Q_2? É possível encontrar as identidades trigonometrias de $\text{sen}(\theta + \phi)$ e $\cos(\theta + \phi)$ na multiplicação de matrizes Q_1Q_2?

15. Sendo $A = QR$, encontre uma fórmula simples para a matriz de projeção P no espaço--coluna de A.

16. Encontre uma representação ortonormal q_1, q_2 e q_3 para a qual q_1 e q_2 gerem o espaço--coluna de:

$$A = \begin{bmatrix} 1 & 1 \\ 2 & -1 \\ -2 & 4 \end{bmatrix}.$$

Qual subespaço fundamental contém q_3? Qual é a solução com mínimos quadrados de $Ax = b$, sendo $b = [1 \quad 2 \quad 7]^T$?

17. Qual é a função $a \cos x + b \text{ sen } x$ mais próxima da função $f(x) = \text{sen } 2x$ no intervalo de $-\pi$ até π? Qual é a reta $c + dx$ mais próxima?

18. Qual é a reta mais próxima da parábola $y = x^2$ em $-1 \leq x \leq 1$?

19. Defina a derivada como zero e encontre o valor de b_1 que minimize

$$\|b_1 \text{ sen } x - \cos x\|^2 = \int_0^{2\pi} (b_1 \text{ sen } x - \cos x)^2\, dx.$$

Compare com o coeficiente de Fourier b_1.

20. Expresse a ortogonalização de Gram-Schmidt de a_1a_2 como $A = QR$:

$$a_1 = \begin{bmatrix} 1 \\ 2 \\ 2 \end{bmatrix}, \qquad a_2 = \begin{bmatrix} 1 \\ 3 \\ 1 \end{bmatrix}.$$

Dados n vetores a_i com m componentes, quais são as formas de A, Q e R?

21. Encontre o quarto polinômio de Legendre. Ele é uma expressão cúbica $x^3 + ax^2 + bx + c$ ortogonal a 1, x e $x^2 - \frac{1}{3}$ no intervalo $-1 \leq x \leq 1$.

22. No Espaço de Hilbert, encontre o módulo do vetor $v = (1/\sqrt{2}, 1/\sqrt{4}, 1/\sqrt{8}, \ldots)$ e o módulo da função $f(x) = e^x$ (no intervalo $0 \leq x \leq 1$). Qual é o produto escalar neste intervalo de e^x e e^{-x}?

23. Com a mesma matriz A do problema 16, e com $b = [1 \quad 1 \quad 1]^T$, utilize $A = QR$ para resolver o problema com mínimos quadrados $Ax = b$.

24. Com a fórmula Gram-Schmidt (10), prove que C é ortogonal a q_1 e q_2.

25. Demonstre que estas *etapas modificadas de Gram-Schmidt* produzem o mesmo C que a equação (10):

$$C^* = c - (q_1^T c)q_1 \qquad \text{e} \qquad C = C^* - (q_2^T C^*)q_2.$$

Fazer a subtração das projeções uma por vez é muito mais estável.

26. Encontre os coeficientes de Fourier a_0, a_1 e b_1 da função degrau $y(x)$, que é igual a 1 no intervalo $0 \leq x \leq \pi$ e igual a 0 no intervalo restante $\pi < x < 2\pi$:

$$a_0 = \frac{(y, 1)}{(1, 1)} \qquad a_1 = \frac{(y, \cos x)}{(\cos x, \cos x)} \qquad b_1 = \frac{(y, \text{sen } x)}{(\text{sen } x, \text{sen } x)}.$$

27. Se $A = QR$, então $A^{\mathrm{T}}A = R^{\mathrm{T}}R =$ ______ triangular vezes ______ triangular. *Gram-Schmidt em* A *corresponde à eliminação em* $\mathrm{A^TA}$. Compare:

$$A = \begin{bmatrix} 1 & 0 & 0 \\ -1 & 1 & 0 \\ 0 & -1 & 1 \\ 0 & 0 & -1 \end{bmatrix} \quad \text{com} \quad A^{\mathrm{T}}A = \begin{bmatrix} 2 & -1 & 0 \\ -1 & 2 & -1 \\ 0 & -1 & 2 \end{bmatrix}.$$

Para $A^{\mathrm{T}}A$, os pivôs são 2, $\frac{3}{2}$, $\frac{4}{3}$ e os multiplicadores são $-\frac{1}{2}$ e $-\frac{2}{3}$.

(a) Utilize os multiplicadores em A para demonstrar que coluna 1 de A e $B =$ coluna $2 - \frac{1}{2}$ (coluna 1) e $C =$ coluna $3 - \frac{2}{3}$ (coluna 2) são ortogonais.

(b) Utilizando os pivôs, confirme que $\|\text{coluna } 1\|^2 = 2$, $\|B\|^2 = \frac{3}{2}$, e $\|C\|^2 = \frac{4}{3}$.

28. Verdadeiro ou falso? Dê um exemplo para cada resposta.

(a) Quando Q for uma matriz ortogonal, Q^{-1} será uma matriz ortogonal.

(b) Se Q (3 por 2) possuir colunas ortonormais, então $\|Qx\|$ será sempre igual a $\|x\|$.

29. Aplique Gram-Schmidt em (1, –1, 0), (0, 1, –1) e (1, 1, –1) a fim de encontrar uma base ortonormal no plano $x_1 + x_2 + x_3 = 0$. Qual é a dimensão desse subespaço? Quantos vetores não nulos surgem com Gram-Schmidt?

30. Encontre uma base ortonormal para o subespaço gerado por $a_1 = (1, -1, 0, 0)$, $a_2 = (0, 1, -1, 0)$, $a_3 = (0, 0, 1, -1)$.

31. (a) Encontre uma base para o subespaço **S** em $\mathbf{R}^4$ gerado por todas as soluções de:

$$x_1 + x_2 + x_3 - x_4 = 0$$

(b) Encontre uma base para o complemento ortogonal $\mathbf{S}^{\perp}$.

(c) Encontre b_1 em **S** e b_2 em $\mathbf{S}^{\perp}$ de forma que $b_1 + b_2 = b = (1, 1, 1, 1)$.

32. (Recomendado) Utilizando Gram-Schmidt, encontre vetores ortogonais A, B, C a partir de a, b, c:

$$a = (1, -1, 0, 0) \qquad b = (0, 1, -1, 0) \qquad c = (0, 0, 1, -1).$$

A, B, C e a, b, c são bases do subespaço de vetores perpendiculares a $d = (1, 1, 1, 1)$.

3.5 TRANSFORMADA RÁPIDA DE FOURIER

A série de Fourier é álgebra linear em dimensão infinita. Os "vetores" são funções $f(x)$ projetadas nos senos e cossenos e que produzem os coeficientes de Fourier a_k e b_k. Partindo dessa sequência infinita de senos e cossenos, multiplicada por a_k e b_k, é possível reconstruir $f(x)$. Esta é a situação clássica com a qual Fourier sonhou. No entanto, no cálculo atual, é a ***Transformada Discreta de Fourier*** que nós calculamos. Fourier ainda vive, só que em dimensão finita.

Isto é álgebra linear pura, feita com base na ortogonalidade. Em vez de uma função $f(x)$, a entrada é uma sequência de números $y_0, \ldots, y_{n-1}$. A saída $c_0, \ldots, c_{n-1}$ possui o mesmo módulo n. A relação entre y e c é linear, por isto ela deve ser fornecida por uma matriz, que é a ***matriz F de Fourier***. A matriz de Fourier possui propriedades notáveis. Basta considerar, por exemplo, a tecnologia do processamento digital de sinais, que depende totalmente desta matriz.

Os sinais são digitalizados, seja qual for a sua origem: discursos, imagens, sondas, TVs ou mesmo exploração de petróleo. A matriz F transforma esses sinais, que posteriormente podem ser transformados de volta – para fazer a reconstrução. O mais importante é que F e F^{-1} conseguem ser rápidas:

F^{-1} *deve ser simples. As multiplicações por* F *e* F^{-1} *devem ser rápidas.*

Ambas as afirmações são verdadeiras. Conhecemos F^{-1} há anos, e ela se parece com F. De fato, F é simétrica e ortogonal (separada de um fator $\sqrt{n}$), apresentando apenas uma desvantagem: seus elementos são ***números complexos***. Este é um preço pequeno a se pagar, e nós o pagamos logo a seguir. As dificuldades são minimizadas pelo fato de que *todos os elementos de* F *e* F^{-1} *são potências de um único número* w. Este número satisfaz $w^n = 1$.

A transformada discreta de Fourier 4 por 4 utiliza $w = i$ (observe que $i^4 = 1$). O sucesso de todo o processo da TDF depende de F vezes seu complexo conjugado $\overline{F}$:

$$F\overline{F} = \begin{bmatrix} 1 & 1 & 1 & 1 \\ 1 & i & i^2 & i^3 \\ 1 & i^2 & i^4 & i^6 \\ 1 & i^3 & i^6 & i^9 \end{bmatrix} \begin{bmatrix} 1 & 1 & 1 & 1 \\ 1 & (-i) & (-i)^2 & (-i)^3 \\ 1 & (-i)^2 & (-i)^4 & (-i)^6 \\ 1 & (-i)^3 & (-i)^6 & (-i)^9 \end{bmatrix} = 4I. \tag{1}$$

Imediatamente, $F\overline{F} = 4I$ nos diz que $F^{-1} = \overline{F}/4$. As colunas de F são ortogonais (o que fornece os elementos nulos em $4I$). As matrizes n por n terão $F\overline{F} = nI$. Dessa maneira, a inversa de F será apenas $\overline{F}/n$. Logo mais veremos o número complexo $w = e^{2\pi i/n}$ (que é igual a i para $n = 4$).

A facilidade para fazer a inversão de F é notável. Se isto fosse tudo (e, em 1965, isto realmente *era* tudo), a transformada discreta teria uma posição importante. Hoje, há mais que isto. As multiplicações por F e F^{-1} podem ser feitas de uma maneira extremamente rápida e engenhosa. Em vez de n^2 multiplicações separadas, resultantes de n^2 elementos na matriz, os produtos de matriz-vetor Fc e F^{-1} requerem apenas $\frac{1}{2}n \log n$ etapas. Essa reorganização da multiplicação é chamada de ***Transformada Rápida de Fourier***.

A seção tem início com w e suas propriedades. Depois, segue para F^{-1} e termina com a TRF – a transformada rápida. A grande aplicação no processamento de sinais é a *filtragem*, e a chave para seu sucesso é a *regra da convolução*. Na linguagem das matrizes, todas as "matrizes circulantes" são diagonalizadas por F, o que as reduz para duas TRF e uma matriz diagonal.

Raízes complexas da unidade

As equações reais podem apresentar soluções complexas. A equação $x^2 + 1 = 0$ levou à invenção de i (e também a $-i$!). Declarou-se esta invenção como uma solução, e o caso foi encerrado. Se alguém perguntasse a respeito de $x^2 - i = 0$, havia uma resposta: as raízes quadradas de um número complexo são novamente números complexos. Deve-se permitir combinações $x + iy$, com uma parte x real e uma parte y imaginária, mas não são necessárias mais invenções. Todo polinômio real ou complexo de grau n possui um conjunto pleno de n raízes (possivelmente complexas e possivelmente repetidas). Este é o teorema fundamental da álgebra.

Estamos interessados em equações como $x^4 = 1$. Existem quatro soluções para esta equação – as ***raízes quartas da unidade***. As duas raízes quadradas da unidade são 1 e -1. As raízes quartas são as raízes quadradas das raízes quadradas, 1 e -1, i e $-i$. O número i satisfará $i^4 = 1$, pois satisfaz $i^2 = -1$. Para as raízes oitavas da unidade, precisamos das raízes quadradas de i, o que nos leva a $w = (1 + i)/\sqrt{2}$. Elevar w ao quadrado produz $(1 + 2i + i^2)/2$; que é i, pois $1 + i^2$ é zero. Assim, $w^8 = i^4 = 1$. Tem que haver um sistema aqui.

Os números complexos $\cos\theta + i \operatorname{sen}\theta$ na matriz de Fourier são extremamente especiais. A parte real é plotada no eixo x; e a parte imaginária, no eixo y (Figura 3.11). O número w está no ***círculo unitário***; sua distância da origem é $\cos^2\theta + \text{sen}^2\theta = 1$ e ele forma um ângulo θ com a horizontal. O plano completo será mostrado no Capítulo 5, em que os números complexos aparecerão como autovalores (mesmo os das matrizes reais). Aqui, precisamos apenas dos pontos w especiais, todos eles no círculo unitário, a fim de solucionar $w^n = 1$.

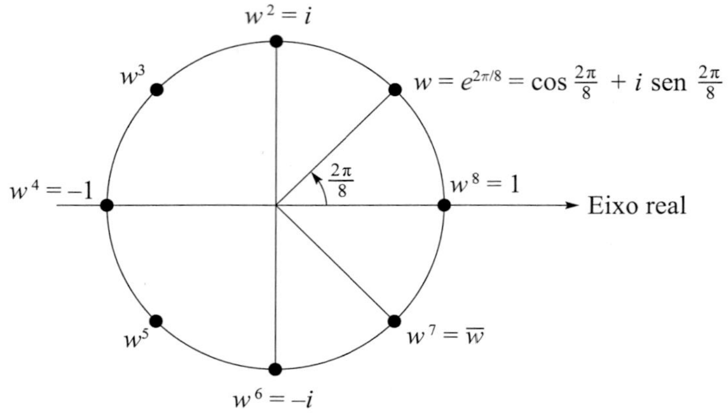

Figura 3.11 As oito soluções para $z^8 = 1$ são $1, w, w^2, \ldots, w^7$ com $w = (1 + i)/\sqrt{2}$.

É possível encontrar diretamente o quadrado de w (ele só dobra o ângulo):

$$w^2 = (\cos\theta + i\,\text{sen}\,\theta)^2 = \cos^2\theta - \text{sen}^2\theta + 2i\,\text{sen}\,\theta\cos\theta.$$

A parte real $\cos^2\theta - \text{sen}^2\theta$ é $\cos 2\theta$, e a parte imaginária $2\,\text{sen}\,\theta\cos\theta$ é $\text{sen}\,2\theta$ (observe que i não está incluso; a parte imaginária é um número real). Portanto, $w^2 = \cos\theta + i\,\text{sen}\,2\theta$. O quadrado de w continua no círculo unitário, mas ***no ângulo dobrado*** 2θ. Isto levanta a suspeita de que w^n está no ângulo $n\theta$, suspeita esta que está correta.

Existe uma maneira melhor de conseguir as potências de w. A combinação do seno e do cosseno é um exponencial complexo, com amplitude 1 e ângulo de fase θ:

$$\cos\theta + i\,\text{sen}\theta = e^{i\theta}. \tag{2}$$

As regras para a multiplicação, como $(e^2)(e^3) = e^5$, continuam valendo quando os expoentes $i\theta$ são imaginários. ***As potências de* w = e^{iθ} *ficam no círculo unitário***:

$$\textbf{Potências de } w \qquad w^2 = e^{i2\theta}, \quad w^n = e^{in\theta}, \quad \frac{1}{w} = e^{-i\theta}. \tag{3}$$

A n–ésima potência está no ângulo $n\theta$. Quando $n = -1$, ***a recíproca $1/w$ possui ângulo $-\theta$***. Ao se multiplicar $\cos\theta + i\,\text{sen}\,\theta$ por $\cos(-\theta) + i\,\text{sen}(-\theta)$, obtém-se a resposta 1:

$$e^{i\theta}e^{-i\theta} = (\cos\theta + i\,\text{sen}\,\theta)(\cos\theta - i\,\text{sen}\,\theta) = \cos^2\theta + \text{sen}^2\theta = 1.$$

Observação Lembro-me do dia em que chegou ao MIT (Instituto Tecnológico de Massachusetts) uma carta enviada por um prisioneiro de Nova York, em que este perguntava se a fórmula de Euler (2) era verdadeira. É realmente impressionante o fato de que três das principais funções da Matemática possam estar reunidas de maneira tão graciosa. Nossa melhor resposta foi observar a série de potências da exponencial:

$$e^{i\theta} = 1 + i\theta + \frac{(i\theta)^2}{2!} = \frac{(i\theta)^3}{3!} + \cdots.$$

A parte real $1 - \theta^2/2 + \ldots$ é o cos θ. A parte imaginária $\theta - \theta^3/6 + \ldots$ é o seno. A fórmula está correta, e eu gostaria de ter enviado uma prova um pouco mais bonita.

Com esta fórmula, podemos solucionar $w^n = 1$. Ela se torna $e^{in\theta} = 1$, de forma que $n\theta$ deve nos levar a uma volta pelo círculo unitário e depois retornar ao início. A solução é escolher $\theta = 2\pi/n$: *a* n-*ésima raiz de unidade "primitiva" é*

$$w_n = e^{2\pi i/n} = \cos\frac{2\pi}{n} + i\ \text{sen}\frac{2\pi}{n}. \tag{4}$$

Sua n-enésima potência é $e^{2\pi i}$, que é igual a 1. Com $n = 8$, esta raiz será $(1 + i)/\sqrt{2}$:

$$w_4 = \cos\frac{\pi}{2} + i\ \text{sen}\frac{\pi}{2} = i \quad \text{e} \quad w_8 = \cos\frac{\pi}{4} + i\ \text{sen}\frac{\pi}{4} = \frac{1+i}{\sqrt{2}}$$

A quarta raiz está em $\theta = 90°$, que é $\frac{1}{4}(360°)$. As outras raízes quartas são as potências $i^2 = -1$, $i^3 = -i$ e $i^4 - 1$. As outras raízes oitavas são as potências $w_8^2, w_8^3, \ldots, w_8^8$. As raízes estão espaçadas uniformemente pelo círculo unitário, em intervalos de $2\pi/n$. Observe mais uma vez que a raiz de w_8 é w_4, fato que será essencial na Transformada Rápida de Fourier. As ***raízes somam zero.*** Primeiro $1 + i - 1 - i = 0$, e depois

$$\textbf{Soma das raízes oitavas} \qquad 1 + w_8 + w_8^2 + \cdots + w_8^7 = 0. \tag{5}$$

Como prova, existe a multiplicação do lado esquerdo por w_8, o que não causa nenhuma alteração (a multiplicação gera $w_8 + w_8^2 + \cdots + w_8^8$, e w_8^8 é igual a 1). Cada um dos oito pontos se move por 45°; continuando, contudo, os mesmos oito pontos. Uma vez que zero é o único número que não se altera quando é multiplicado por w_8, a soma precisa ser zero. Quando n é par, as raízes são canceladas em pares (como $1 + i^2 = 0$ e $i + i^3 = 0$). No entanto, também somam zero as três raízes cúbicas de 1.

Matriz de Fourier e sua inversa

No caso contínuo, a série de Fourier pode reproduzir $f(x)$ em todo um intervalo. Ela usa infinitamente muitos senos e cossenos (ou exponenciais). No caso discreto, com apenas n coeficientes $c_0, \ldots, c_{n-1}$ para escolher, pedimos apenas a *igualdade em* n *pontos*. Isto nos fornece n equações. Reproduzimos aqui os quatro valores $y = 2, 4, 6, 8$ quando $Fc = y$:

$$\boldsymbol{Fc = y} \qquad \begin{aligned} c_0 + \ \ c_1 + \ \ c_2 + \ \ c_3 &= 2 \\ c_0 + \ ic_1 + i^2c_2 + i^3c_3 &= 4 \\ c_0 + i^2c_1 + i^4c_2 + i^6c_3 &= 6 \\ c_0 + i^3c_1 + i^6c_2 + i^9c_3 &= 8. \end{aligned} \tag{6}$$

A sequência de entrada é $y = 2, 4, 6, 8$, e a sequência de saída é c_0, c_1, c_2, c_3. As quatro equações (6) procuram por uma série de Fourier com quatro termos que corresponda às entradas em quatro pontos x uniformemente espaçados no intervalo de 0 a 2π:

Série Discreta de Fourier

$$c_0 + c_1e^{ix} + c_2e^{2ix} + c_3e^{3ix} = \begin{matrix} 2 & \text{em} & x = 0 \\ 4 & \text{em} & x = \pi/2 \\ 6 & \text{em} & x = \pi \\ 8 & \text{em} & x = 3\pi/2. \end{matrix}$$

Estas são as quatro equações no sistema (6). Em $x = 2\pi$ a série retorna a $y_0 = 2$, e assim ela continua periodicamente. A Série Discreta de Fourier melhor expressa nesta forma *complexa*, como uma combinação das exponenciais e^{ikx} em vez de sen kx e cos kx.

Para cada n, a matriz que conecta y a c pode ser invertida. Ela representa n equações, fazendo com que seja necessário que a série finita $c_0 + c_1e^{ix} + \cdots$ (**n** ***termos***) concorde com y (***em*** **n** ***pontos***); o que primeiro acontecerá em $x = 0$, onde $c_0 + \cdots + c_{n-1} = y_0$. Os pontos remanescentes trazem as potências de w, e o problema completo é $Fc = y$:

$$\boldsymbol{Fc = y} \qquad \begin{bmatrix} 1 & 1 & 1 & \cdot & 1 \\ 1 & w & w^2 & \cdot & w^{n-1} \\ 1 & w^2 & w^4 & \cdot & w^{2(n-1)} \\ \cdot & \cdot & \cdot & \cdot & \cdot \\ 1 & w^{n-1} & w^{2(n-1)} & \cdot & w^{(n-1)^2} \end{bmatrix} \begin{bmatrix} c_0 \\ c_1 \\ c_2 \\ \cdot \\ c_{n-1} \end{bmatrix} = \begin{bmatrix} y_0 \\ y_1 \\ y_2 \\ \cdot \\ y_{n-1} \end{bmatrix}. \tag{7}$$

Aí está a matriz* F *de Fourier com elementos $F_{jk} = w^{jk}$. Fazer a numeração das linhas e colunas indo de 0 a n, em vez de 1 a n, é comum. A primeira linha possui $j = 0$; a primeira coluna, $k = 0$, e todos os seus elementos são $w^0 = 1$.

É preciso fazer a inversão de F para que se encontrem os c's. No formato 4 por 4, F^{-1} foi construída a partir de $1/i = -i$. Existe aí uma regra geral: F^{-1} deve vir do número complexo $w^{-1} = \bar{w}$. Ele está no ângulo $-2\pi/n$, onde w estava no ângulo $+2\pi/n$:

3V A matriz inversa é construída a partir das potências de $w^{-1} = 1/w = \bar{w}$:

$$F^{-1} = \frac{1}{n} \begin{bmatrix} 1 & 1 & 1 & \cdot & 1 \\ 1 & w^{-1} & w^{-2} & \cdot & w^{-(n-1)} \\ 1 & w^{-2} & w^{-4} & \cdot & \cdot \\ \cdot & \cdot & \cdot & \cdot & \cdot \\ 1 & w^{-(n-1)} & w^{-2(n-1)} & \cdot & w^{-(n-1)^2} \end{bmatrix} = \frac{\bar{F}}{n}. \tag{8}$$

$$\text{Assim, } F = \begin{bmatrix} 1 & 1 & 1 \\ 1 & e^{2\pi i/3} & e^{4\pi i/3} \\ 1 & e^{4\pi i/3} & e^{8\pi i/3} \end{bmatrix} \quad \text{possui} \quad F^{-1} = \frac{1}{3} \begin{bmatrix} 1 & 1 & 1 \\ 1 & e^{-2\pi i/3} & e^{-4\pi i/3} \\ 1 & e^{-4\pi i/3} & e^{-8\pi i/3} \end{bmatrix}.$$

A linha j de F multiplicada pela coluna j de F^{-1} sempre será $(1 + 1 + \cdots + 1)/n = 1$. A parte um pouco mais difícil está fora da diagonal, quando se demonstra que a linha j de F multiplicada pela coluna k de F^{-1} resulta em zero:

$$1 \cdot 1 + w^j w^{-k} + w^{2j} w^{-2k} + \cdots w^{(n-1)j} w^{-(n-1)k} = 0 \quad \text{se} \quad j \neq k. \tag{9}$$

O principal aqui é observar que esses termos são as potências de $W = w^j w^{-k}$:

$$1 + W + W^2 + \ldots + W^{n-1} = 0. \tag{10}$$

Este número W continua sendo uma raiz da unidade: $W^n = w^{nj}w^{-nk}$ é igual a $1^j1^{-k} = 1$. Uma vez que j é diferente de k, W é diferente de 1. Esta é uma das *outras* raízes no círculo unitário. *Todas essas outras raízes satisfazem* $1 + W + \cdots + W^{n-1} = 0$. Há outra prova em

$$1 - W^n = (1 - W)(1 + W + W^2 + ... + W^{n-1}). \qquad (11)$$

Sendo $W^n = 1$, o lado esquerdo será zero. No entanto, W não é 1, portanto, o último fator precisa ser zero. ***As colunas de* F *são ortogonais.***

Transformada Rápida de Fourier

Além de ser uma bela teoria, a análise de Fourier é também muito prática. A melhor maneira de se considerar um sinal separadamente é analisando o formato de onda em suas frequências, o que é trazido de volta pelo processo reverso. Por razões da física e da matemática, as exponenciais são especiais, sendo possível indicar um motivo central: ***se* $\mathbf{e}^{ikx}$ *for diferenciado, integrado, ou se for feita a translação de* x *para* x + h, *o resultado continuará sendo um múltiplo de* $\mathbf{e}^{ikx}$.** As exponenciais são perfeitamente aplicáveis às equações diferenciais, integrais e equações de diferenças. Cada componente de frequência segue sua própria direção, como um autovetor, para depois se recombinar na solução. A análise e a síntese dos sinais – calcular c de y e calcular y de c – são parte central da computação científica.

Queremos mostrar que é possível preparar Fc e $F^{-1}y$ rapidamente. A chave está na relação de F_4 com F_2 – ou, na verdade, com *duas cópias* de F_2, que formam uma matriz F_2^*:

$$F_4 = \begin{bmatrix} 1 & 1 & 1 & 1 \\ 1 & i & i^2 & i^3 \\ 1 & i^2 & i^4 & i^6 \\ 1 & i^3 & i^6 & i^9 \end{bmatrix} \quad \text{está próxima de} \quad F_2^* = \begin{bmatrix} 1 & 1 & & \\ 1 & -1 & & \\ & & 1 & 1 \\ & & 1 & -1 \end{bmatrix}.$$

F_4 contém as potências de $w_4 = i$, a *quarta raiz* de 1. F_2^* contém as potências de $w_2 = -1$, a *raiz quadrada* de 1. Preste especial atenção ao fato de que metade dos elementos de F_2^* é zero. Feita duas vezes, a transformada 2 por 2 requer apenas metade do trabalho desempenhado com a transformada 4 por 4 direta. Se fosse possível substituir uma transformada 64 por 64 por duas transformadas 32 por 32, o trabalho diminuiria pela metade (mais o custo de se remontar os resultados). Na prática, isto se torna verdadeiro e possível por causa da simples conexão entre w_{64} e w_{32}:

$$(w_{64})^2 = w_{32}, \quad \text{ou} \quad (e^{2\pi i/64})^2 = e^{2\pi i/32}.$$

A 32ª raiz está, assim como a 64ª, duas vezes mais longe de todo o círculo. Se $w^{64} = 1$, então $(w^2)^{32} = 1$. A m-ésima raiz é o quadrado da n-ésima raiz, caso m seja metade de n:

$$w_n^2 = w_m \quad \text{se} \quad m = \tfrac{1}{2}n. \qquad (12)$$

Na forma padrão aqui apresentada, a velocidade da TRF depende de seu uso com grandes números compostos, como $2^{10} = 1.024$. Sem a transformada rápida, seriam necessárias $(1.024)^2$ multiplicações para que se produzisse F vezes c (o que geralmente queremos fazer). Só para comparar, uma transformada rápida consegue fazer cada multiplicação em apenas $5 \cdot 1.024$ etapas. Ou seja, ***200 vezes mais rápido***, pois ela substitui um fator de 1.024 por 5. Em geral, a transformada substitui n^2 multiplicações por $\frac{1}{2}n\ell$, quando n for 2^ℓ. Ao conectar F às duas cópias de $F_{n/2}$, e então às quatro cópias de $F_{n/4}$ e, finalmente, a uma F bem pequena, as n^2 etapas comuns se reduzem para $\frac{1}{2}n \log_2 n$.

Precisamos observar como é possível recuperar $y = F_n c$ (um vetor com n componentes) de dois vetores que possuem apenas metade de seu tamanho. O primeiro passo é dividir o próprio c separando seus componentes pares dos ímpares:

$$c' = (c_0, c_2, \ldots, c_{n-2}) \qquad \text{e} \qquad c'' = (c_1, c_3, \ldots, c_{n-1}).$$

Os componentes seguem alternadamente em c' e c''. Desses vetores, a meia transformada fornece $y' = F_m c'$ e $y'' = F_m c''$. *São estas as duas multiplicações pela matriz* F_m *menor*. O problema principal é recuperar y dos meio vetores y' e y'', algo que Cooley e Tukey observaram como era possível fazer:

3W O primeiro componente m e o último componente m do vetor $y = F_n c$ são:

$$\begin{aligned} y_j &= y'_j + w_n^j y''_j, & j &= 0, \ldots, m-1 \\ y_{j+m} &= y'_j - w_n^j y''_j, & j &= 0, \ldots, m-1. \end{aligned} \tag{13}$$

Portanto, as três etapas são: desmembrar c em c' e c'', transformar em y' e y'' utilizando F_m e reconstruir y da equação (13).

Verificamos em um momento que isto fornece o y correto (talvez você prefira o gráfico de fluxo à álgebra). ***É possível repetir esta ideia. De*** $\mathbf{F}_{1024}$, ***podemos ir para*** $\mathbf{F}_{512}$ ***e*** $\mathbf{F}_{256}$. A conta final será $\frac{1}{2}n\ell$, quando se iniciar com a potência $n = 2^\ell$ e seguir em frente até chegar em $n = 1$ – quando não será mais necessária qualquer multiplicação. Este número $\frac{1}{2}n\ell$ satisfaz a regra dada acima: *duas vezes a conta para* m, *mais* m *multiplicações extras*, *resultando na conta para* n:

$$2\left(\frac{1}{2}m(\ell-1)\right) + m = \frac{1}{2}n\ell.$$

Outra maneira de se calcular: existem ℓ etapas de $n = 2^\ell$ até $n = 1$. Em cada etapa são necessárias $n/2$ multiplicações por $D_{n/2}$ na equação (13); o que é, na verdade, a fatoração de F_n:

Uma etapa da TRF

$$F_{1.024} = \begin{bmatrix} I_{512} & D_{512} \\ I_{512} & -D_{512} \end{bmatrix} \begin{bmatrix} F_{512} & \\ & F_{512} \end{bmatrix} \begin{bmatrix} \textbf{permutação} \\ \textbf{par-ímpar} \end{bmatrix}. \tag{14}$$

O custo é apenas ligeiramente mais do que linear. A análise de Fourier foi completamente transformada pela TRF. Para verificar a equação (13), desmembre y_j em *par* e *ímpar*:

$$y_j = \sum_{k=0}^{n-1} w_n^{jk} c_k \text{ é idêntico a } \sum_{k=0}^{m-1} w_n^{2kj} c_{2k} + \sum_{k=0}^{m-1} w_n^{(2k+1)j} c_{2k+1}.$$

Cada soma do lado direito possui $m = \frac{1}{2}n$ termos. Uma vez que w_n^2 é w_m, as duas somas são

$$y_j = \sum_{k=0}^{n-1} w_m^{jk} c'_k + w_n^j \sum_{k=0}^{m-1} w_n^{kj} c''_k = y'_j + w_n^j y''_j. \tag{15}$$

Quanto à segunda parte da equação (13), $j + m$ no lugar de j produz uma mudança de sinal:

Dentro das somas, $w_m^{k(j+m)}$ continua w_m^{kj}, já que $w_m^{km} = 1^k = 1$.

Fora, $w_n^{j+m} = -w_n^j$, pois $w_n^m = e^{2\pi i m/n} = e^{\pi i} = -1$.

É possível modificar facilmente a ideia da TRF para permitir outros fatores primos de n (e não apenas potências de 2). Se o próprio n fosse primo, usar-se-ia então um algoritmo completamente diferente.

Exemplo 1 As etapas de $n = 4$ até $m - 2$ são

$$\begin{bmatrix} c_0 \\ c_1 \\ c_2 \\ c_3 \end{bmatrix} \rightarrow \begin{bmatrix} c_0 \\ c_2 \\ c_1 \\ c_3 \end{bmatrix} \rightarrow \begin{bmatrix} F_2 c' \\ \\ F_2 c'' \end{bmatrix} \rightarrow \begin{bmatrix} \\ y \\ \\ \end{bmatrix}.$$

As três etapas combinadas multiplicam c por F_4 para fornecer y. Considerando que cada etapa é linear, sua origem precisa ser uma matriz, e o produto dessas matrizes deve ser F_4:

$$\begin{bmatrix} 1 & 1 & 1 & 1 \\ 1 & i & i^2 & i^3 \\ 1 & i^2 & i^4 & i^6 \\ 1 & i^3 & i^6 & i^9 \end{bmatrix} = \begin{bmatrix} 1 & & 1 & \\ & 1 & & i \\ 1 & & -1 & \\ & 1 & & -i \end{bmatrix} \begin{bmatrix} 1 & 1 & & \\ 1 & -1 & & \\ & & 1 & 1 \\ & & 1 & -1 \end{bmatrix} \begin{bmatrix} 1 & & & \\ & & 1 & \\ & 1 & & \\ & & & 1 \end{bmatrix}. \tag{16}$$

É possível reconhecer as duas cópias de F_2 no centro. À direita está a matriz de permutação que desmembra c em c' e c''. À esquerda está a matriz que é multiplicada por w_n^j. Se começássemos com F_8, a matriz intermediária conteria duas cópias de F_4. ***Ambas sendo desmembradas como acima***. Portanto, a TRF equivale a uma fatoração gigante da matriz de Fourier! A matriz simples F com n^2 não nulos é um produto de aproximadamente $\ell = \log_2 n$ matrizes (e uma permutação) com um total de apenas $n\ell$ não nulos.

Transformada Rápida de Fourier

A primeira etapa da TRF muda a multiplicação por F_n para duas multiplicações por F_m. Os componentes pares (c_0, c_2) são transformados separadamente de (c_1, c_3). A Figura 3.12 fornece um gráfico de fluxo para $n = 4$.

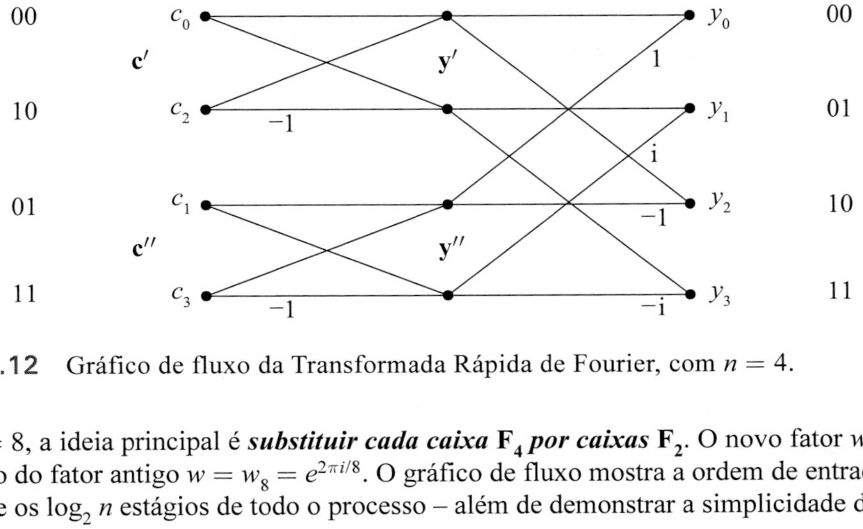

Figura 3.12 Gráfico de fluxo da Transformada Rápida de Fourier, com $n = 4$.

Para $n = 8$, a ideia principal é ***substituir cada caixa*** $\mathbf{F}_4$ ***por caixas*** $\mathbf{F}_2$. O novo fator $w_4 = i$ é o quadrado do fator antigo $w = w_8 = e^{2\pi i/8}$. O gráfico de fluxo mostra a ordem de entrada dos cs na TRF e os $\log_2 n$ estágios de todo o processo – além de demonstrar a simplicidade da lógica.

São necessárias $\frac{1}{2}n$ multiplicações em cada estágio, de forma que a conta final seja $\frac{1}{2}n \log n$. Há uma regra maravilhosa para a permutação geral dos c's antes de se entrar na TRF: escrever os subescritos $0, \ldots, 7$ de forma binária e *inverter a ordem de seus bits*. Os subescritos aparecerão em "ordem inversa de bits" no lado esquerdo do gráfico. Os números pares aparecem antes dos ímpares (números que terminam em 0 surgem antes dos que terminam em 1).

Conjunto de problemas 3.5

1. Marque, no plano completo, todas as sextas raízes de 1. Qual é a raiz primitiva w_6 (encontre sua parte real e imaginária). Qual potência de w_6 é igual a $1/w_6$? O que é $1 + w + w^2 + w^3 + w^4 + w^5$?

2. Multiplique as três matrizes na equação (16) e compare com F. Em quais das seis entradas é necessário saber que $i^2 = -1$?

3. Resolva o sistema 4 por 4 (6), caso os lados direitos sejam $y_0 = 2, y_1 = 0, y_2 = 2$ e $y_3 = 0$. Em outras palavras, resolva $F_4c = y$.

4. Se $c = (1, 0, 1, 0)$, então calcule $y = F_4c$ por meio das três etapas da Transformada Rápida de Fourier.

5. (a) Se $y = (1, 1, 1, 1)$, demonstre que $c = (1, 0, 0, 0)$ satisfaz $F_4c = y$.
(b) Considere agora $y = (1, 0, 0, 0)$ e encontre c.

6. F é simétrica. Faça a transposição da equação (14) a fim de descobrir uma nova Transformada Rápida de Fourier!

7. Se $c = (1, 0, 1, 0, 1, 0, 1, 0)$, então calcule $y = F_8c$ por meio das três etapas da Transformada Rápida de Fourier. Repita o cálculo com $c = (0, 1, 0, 1, 0, 1, 0, 1)$.

8. Ao se formar uma submatriz 3 por 3 a partir da matriz F_6 6 por 6, mantendo apenas os elementos nas primeiras, terceiras e quintas linhas e colunas, o que será esta submatriz?

9. Considerando a matriz 4 por 4, escreva as fórmulas de c_0, c_1, c_2, c_3 e verifique que, *se* f *for ímpar, então* c *será ímpar*. O vetor f será ímpar se $f_{n-j} = -f_j$; para $n = 4$, o que significará que $f_0 = 0, f_3 = -f_1, f_2 = 0$, como em sen 0, sen $\pi/2$, sen π, sen $3\pi/2$. Isto será copiado por c, o que levará para uma transformada seno rápida.

10. Quais serão F^2 e F^4 para a matriz F 4 por 4 de Fourier?

11. Qual é o quadrado e a raiz quadrada de w_{128}, a 128ª raiz primitiva de 1?

12. Faça a inversão dos três fatores na equação (14) a fim de descobrir uma fatoração rápida de F^{-1}.

13. Encontre todas as soluções da equação $e^{ix} = -1$, assim como todas as soluções para $e^{i\theta} = i$.

14. Encontre uma permutação P das colunas de F que produza $FP = \overline{F}$ (n por n). Combine-a com $F\overline{F} = nI$ para descobrir F^2 e F^4 da matriz n por n de Fourier.

15. Considerando $n = 2$, escreva y_0 a partir da primeira linha da equação (13) e y_1 a partir da segunda linha. Considerando $n = 4$, utilize a primeira linha para encontrar y_0 e y_1 e a segunda linha para encontrar y_2 e y_3, todos em termos de y' e y''.

16. Conhecendo F_4^{-1} e calculando $c = F_4^{-1}y$, resolva o sistema do problema 3 com $y = (2, 0, -2, 0)$. Certifique-se de que $c_0 + c_1e^{ix} + c_2e^{2ix} + c_3e^{3ix}$ tenha os valores $2, 0, -2, 0$ nos pontos $x = 0, \pi/2, \pi, 3\pi/2$.

17. Encontre os autovalores da matriz C –1, 2, –1 "periódica". Os –1's nos cantos de C a transformam em uma periódica (**uma matriz circulante**):

$$C = \begin{bmatrix} 2 & -1 & 0 & -1 \\ -1 & 2 & -1 & 0 \\ 0 & -1 & 2 & -1 \\ -1 & 0 & -1 & 2 \end{bmatrix} \quad \text{possui } c_0 = 2,\ c_1 = -1,\ c_2 = 0,\ c_3 = -1.$$

Os problemas 18 a 20 apresentam as ideias de autovetor e autovalor, quando uma matriz multiplicada por um vetor é um múltiplo daquele vetor. Este é o tema do Capítulo 5.

18. Na multiplicação de C por x, quando $C = FEF^{-1}$, é possível fazer, em vez disso, a multiplicação $F(E(F^{-1}x))$. O Cx direto utiliza n^2 multiplicações separadas. Conhecendo E e F, a segunda maneira utiliza apenas $n \log_2 n + n$ multiplicações. Destas, quantas vêm de E, de F e de F^{-1}?

19. Todos os elementos na fatoração de F_6 envolvem potências de w = sexta raiz de 1:

$$F_6 = \begin{bmatrix} I & D \\ I & -D \end{bmatrix} \begin{bmatrix} F_3 & \\ & F_3 \end{bmatrix} \begin{bmatrix} & P & \end{bmatrix}.$$

Escreva esses fatores com 1, w, w^2 em D e 1, w^2, w^4 em F_3. Multiplique!

20. As colunas da matriz F de Fourier são os autovetores da matriz P de permutação cíclica. Multiplique PF a fim de encontrar os autovalores λ_0 até λ_3:

$$\begin{bmatrix} 0 & 1 & 0 & 0 \\ 0 & 0 & 1 & 0 \\ 0 & 0 & 0 & 1 \\ 1 & 0 & 0 & 0 \end{bmatrix} \begin{bmatrix} 1 & 1 & 1 & 1 \\ 1 & i & i^2 & i^3 \\ 1 & i^2 & i^4 & i^6 \\ 1 & i^3 & i^6 & i^9 \end{bmatrix} = \begin{bmatrix} 1 & 1 & 1 & 1 \\ 1 & i & i^2 & i^3 \\ 1 & i^2 & i^4 & i^6 \\ 1 & i^3 & i^6 & i^9 \end{bmatrix} \begin{bmatrix} \lambda_0 & & & \\ & \lambda_1 & & \\ & & \lambda_2 & \\ & & & \lambda_3 \end{bmatrix}.$$

Esta é $PF = F\Lambda$ ou $P = F\Lambda F^{-1}$.

21. Como é possível calcular rapidamente estes quatro componentes de Fc, começando com $c_0 + c_2$, $c_0 - c_2$, $c_1 + c_3$, $c_1 - c_3$? Você vai encontrar a Transformada Rápida de Fourier!

$$Fc = \begin{bmatrix} c_0 + c_1 + c_2 + c_3 \\ c_0 + ic_1 + i^2c_2 + i^3c_3 \\ c_0 + i^2c_1 + i^4c_2 + i^6c_3 \\ c_0 + i^3c_1 + i^6c_2 + i^9c_3 \end{bmatrix}.$$

22. Dois autovetores desta matriz circulante C são (1, 1, 1, 1) e (1, i, i^2, i^3). Quais são os autovalores e_0 e e_1?

$$\begin{bmatrix} c_0 & c_1 & c_2 & c_3 \\ c_3 & c_0 & c_1 & c_2 \\ c_2 & c_3 & c_0 & c_1 \\ c_1 & c_2 & c_3 & c_0 \end{bmatrix} \begin{bmatrix} 1 \\ 1 \\ 1 \\ 1 \end{bmatrix} = e_0 \begin{bmatrix} 1 \\ 1 \\ 1 \\ 1 \end{bmatrix} \quad \text{e} \quad C \begin{bmatrix} 1 \\ i \\ i^2 \\ i^3 \end{bmatrix} = e_1 \begin{bmatrix} 1 \\ i \\ i^2 \\ i^3 \end{bmatrix}.$$

Capítulo 3 Exercícios de revisão

3.1 Qual reta fornece a melhor aproximação dos seguintes dados: $b = 0$ em $t = 0$, $b = 0$ em $t = 1$, $b = 12$ em $t = 3$

3.2 Construa a matriz P de projeção no espaço gerado por (1, 1, 1) e (0, 1, 3).

3.3 Encontre o cosseno do ângulo entre os vetores (3, 4) e (4, 3).

3.4 Encontre todas as matrizes 3 por 3 ortogonais, cujos elementos sejam zero e um.

3.5 Encontre o módulo de $a = (2, -2, 1)$ e escreva dois vetores independentes que são perpendiculares a a.

3.6 Se todos os elementos em uma matriz ortogonal forem $\frac{1}{4}$ ou $-\frac{1}{4}$, qual será o tamanho da matriz?

3.7 Sendo Q ortogonal, o mesmo valerá para Q^3?

3.8 Considerando que os vetores ortonormais $q_1 = \left(\frac{2}{3}, \frac{2}{3}, -\frac{1}{3}\right)$ e $q_2 = \left(-\frac{1}{3}, \frac{2}{3}, \frac{2}{3}\right)$ são as colunas de Q, quais serão as matrizes Q^TQ e QQ^T? Demonstre que QQ^T é uma matriz de projeção (no plano de q_1 e q_2).

3.9 Qual é a projeção p de $b = (1, 2, 2)$ em $a = (2, -2, 1)$?

3.10 Quais palavras descrevem a equação $A^TA\hat{x} = A^Tb$, o vetor $p = A\hat{x} = Pb$ e a matriz $P = A(A^TA)^{-1}A^T$?

3.11 Fatore:

$$\begin{bmatrix} \cos\theta & \operatorname{sen}\theta \\ \operatorname{sen}\theta & 0 \end{bmatrix}$$

em QR, reconhecendo que a primeira coluna já é um vetor unitário.

3.12 Onde está a projeção de $b = (1, 1, 1)$ no plano gerado por (1, 0, 0) e (1, 1, 0)?

3.13 Sejam ortonormais os vetores $q_1, \ldots, q_n$. Se $b = c_1q_1 + \cdots + c_nq_n$, dê a fórmula do primeiro coeficiente c_1 em termos de b e de qs.

3.14 Encontre todos os vetores que são perpendiculares a (1, 3, 1) e (2, 7, 2), fazendo deles as linhas de A e resolvendo $Ax = 0$.

3.15 O sistema $Ax = b$ possuirá solução se, e somente se, b for ortogonal a qual dos quatro subespaços fundamentais?

3.16 Qual múltiplo de a_1 deve ser subtraído de a_2 para que o resultado seja ortogonal a a_1? Desenhe uma figura.

3.17 Qual é o ângulo entre $a = (2, -2, 1)$ e $b = (1, 2, 2)$?

3.18 Qual função constante se aproxima mais de $y = x^4$ (pensando em mínimos quadrados) no intervalo $0 \leq x \leq 1$?

3.19 Encontre uma base ortonormal para $\mathbf{R}^3$ partindo do vetor (1, 1, –1).

3.20 Para cada A, b, x e y demonstre que:

(a) se $Ax = b$ e $y^TA = 0$, então $y^Tb = 0$.

(b) se $Ax = 0$ e $A^{T}y = b$, então $x^{T}b = 0$.

Qual teorema desempenha esta prova sobre os subespaços fundamentais?

3.21 Encontre uma base ortonormal para o plano $x - y + z = 0$, encontrando depois a matriz P que projeta sobre o plano. Qual é o espaço nulo de P?

3.22 Sendo $v_1, \ldots, v_n$ uma base ortonormal para $\mathbf{R}^n$, demonstre que $v_1v_1^{T} + \cdots + v_nv_n^{T} = I$.

3.23 A distância de um plano $a^{T}x = c$ (em um espaço m dimensional) até a origem é $|c|/\|a\|$. Qual a distância entre o plano $x_1 + x_2 - x_3 - x_4 = 8$ e a origem? E em qual ponto no plano está mais próximo?

3.24 Utilize Gram-Schmidt para construir um par ortonormal q_1, q_2 partindo de $a_1 = (4, 5, 2, 2)$ e $a_2 = (1, 2, 0, 0)$. Expresse a_1 e a_2 como combinações de q_1 e q_2. Depois, encontre a triangular R em $A = QR$.

3.25 *Verdadeiro ou falso*: se os vetores x e y são ortogonais e P é uma projeção, então Px e Py são ortogonais.

3.26 No paralelogramo com vértices em 0, v, w e $v + w$, demonstre que a soma dos módulos elevados ao quadrado dos quatro lados é igual à soma dos módulos elevados ao quadrado das duas diagonais.

3.27 É possível recuperar uma matriz 3 por 3 sabendo-se a soma de suas linhas e a soma de suas colunas, além da soma de sua diagonal principal e das quatro outras diagonais paralelas?

3.28 Tente aproximar uma reta $b = C + Dt$ pelos pontos $b = 0$, $t = 2$ e $b = 6$, $t = 2$. Demonstre também que ocorre a quebra das equações normais. Esboce todas as retas minimizando a soma dos quadrados dos dois erros.

3.29 Os tomógrafos computadorizados examinam o paciente em diferentes posições, produzindo uma matriz que fornece as densidades de osso e tecido em cada ponto. Matematicamente, o problema é recuperar uma matriz a partir de suas projeções. No formato 2 por 2, é possível recuperar a matriz A sabendo a soma ao longo de cada linha e de cada coluna?

3.30 Seja $A = [3 \quad 1 \quad -1]$ e $\mathbf{V}$ o espaço nulo de A.

(a) Encontre uma base para $\mathbf{V}$ e outra para $\mathbf{V}^{\perp}$.

(b) Escreva uma base ortonormal para $\mathbf{V}^{\perp}$ e encontre a matriz P_1 de projeção que projeta os vetores em $\mathbf{R}^3$ sobre $\mathbf{V}^{\perp}$.

(c) Encontre a matriz P_2 de projeção que projeta os vetores em $\mathbf{R}^3$ sobre $\mathbf{V}$.

3.31 Qual ponto no plano $x + y - z = 0$ está mais próximo de $b = (2, 1, 0)$?

3.32 Existe uma matriz cujo espaço-linha contenha (1, 1, 0) e cujo espaço nulo contenha (0, 1, 1)?

3.33 Considerando a matriz de ponderação $W = \begin{bmatrix} 2 & 1 \\ 1 & 0 \end{bmatrix}$, qual é o produto escalar W de (1, 0) com (0, 1)?

3.34 Encontre a reta $C + Dt$ que melhor aproxima as medidas $b = 0, 1, 2, 5$ com registros $t = 0, 1, 3, 4$.

3.35 A fim de se resolver um sistema retangular $Ax = b$, é feita a substituição de A^{-1} (que não existe) por $(A^{T}A)^{-1} A^{T}$ (que existirá caso A possua colunas independentes). Demonstre que esta é uma inversa à esquerda de A; sem ser, no entanto, uma inversa à direita. À esquerda de A ela resulta na identidade; à direita, na projeção P.

3.36 Encontre a curva $y = C + D2^t$ que fornece a melhor aproximação com mínimos quadrados para as medidas $y = 6$ em $t = 0$, $y = 4$ em $t = 1$ e $y = 0$ em $t = 2$. Escreva as três equações que serão solucionadas caso a curva passe pelos três pontos e encontre as melhores C e D.

3.37 (a) Encontre uma base ortogonal para o espaço-coluna de A.

$$A = \begin{bmatrix} 1 & -6 \\ 3 & 6 \\ 4 & 8 \\ 5 & 0 \\ 7 & 8 \end{bmatrix}.$$

(b) Escreva A como QR, sendo que Q possui colunas ortonormais e R é triangular superior.

(c) Encontre a solução com mínimos quadrados para $Ax = b$, caso $b = (-3, 7, 1, 0, 4)$.

3.38 Sob quais condições nas colunas de A (que pode ser retangular) $A^{\mathrm{T}}A$ será invertível?

3.39 Se as colunas de A forem todas ortogonais entre si, o que pode ser dito a respeito da forma de $A^{\mathrm{T}}A$? Se as colunas forem ortonormais, o que pode ser dito então?

Capítulo

4 Determinantes

4.1 INTRODUÇÃO

Hoje, os determinantes estão mais distantes do centro da álgebra linear do que estavam há um século. A matemática continua mudando de direção! Ainda assim, um único número é capaz de dizer muito sobre uma matriz; é surpreendente o que esse número pode fazer.

Um dos aspectos é o seguinte: o determinante fornece uma "fórmula" explícita para cada elemento de A^{-1} e $A^{-1}b$. Esta fórmula não mudará o modo como calculamos; o próprio determinante é encontrado por eliminação. De fato, a eliminação pode ser considerada o modo mais eficiente de substituir os elementos de uma matriz n por n dentro da fórmula. O que a fórmula faz é mostrar como A^{-1} depende dos elementos n^2 de A e como ela varia quando esses elementos variam.

Podemos listar quatro usos principais dos determinantes:

1. Eles testam a invertibilidade. ***Se o determinante de* A *é nulo, então* A *é singular. Se det* A $\neq$ 0, *então* A *é invertível*** (e A^{-1} envolve $1/\det A$).

A aplicação mais importante deste princípio e o motivo por que este capítulo é essencial para o livro são encontrados na família de matrizes $A - \lambda I$. O parâmetro λ é subtraído de toda a diagonal principal e o problema é encontrar os *autovalores* para os quais $A - \lambda I$ é singular. O teste é $\det(A - \lambda I) = 0$. Esse polinômio de grau n em λ possui exatamente n raízes. A matriz possui n autovalores. Trata-se de um fato que decorre da fórmula de determinantes, e não de um computador.

2. O determinante de A é igual ao ***volume*** de uma caixa no espaço de n dimensões. As arestas da caixa surgem a partir das linhas de A (Figura 4.1). As colunas de A resultariam em uma caixa completamente diferente com o mesmo volume.

A caixa mais simples é um pequeno cubo de $dV = dx\,dy\,dz$, como em $\iiint f(x, y, z)dV$. Suponha que o alteremos para coordenadas cilíndricas por meio de $x = r\cos\theta$, $y = r\,\text{sen}\theta$, $z = z$. Assim como um pequeno intervalo dx é estendido para $(dx/du)du$ – em que u substitui x em uma integral simples –, o elemento do volume se torna $J\,dr\,d\theta\,dz$. O *determinante Jacobiano* é o análogo tridimensional do fator de extensão dx/du:

Matriz Jacobiana
$$J = \begin{vmatrix} \partial x/\partial r & \partial x/\partial \theta & \partial x/\partial z \\ \partial y/\partial r & \partial y/\partial \theta & \partial y/\partial z \\ \partial z/\partial r & \partial z/\partial \theta & \partial z/\partial z \end{vmatrix} = \begin{vmatrix} \cos\theta & -r\,\text{sen}\,\theta & 0 \\ \text{sen}\,\theta & r\cos\theta & 0 \\ 0 & 0 & 1 \end{vmatrix}.$$

O valor deste determinante é $J = r$. Trata-se do r do elemento de volume cilíndrico $r\,dr\,d\theta\,dz$; este elemento é a nossa pequena caixa (ela parecerá curvada se tentarmos desenhá-la, mas provavelmente será reta conforme as arestas se tornem infinitesimais).

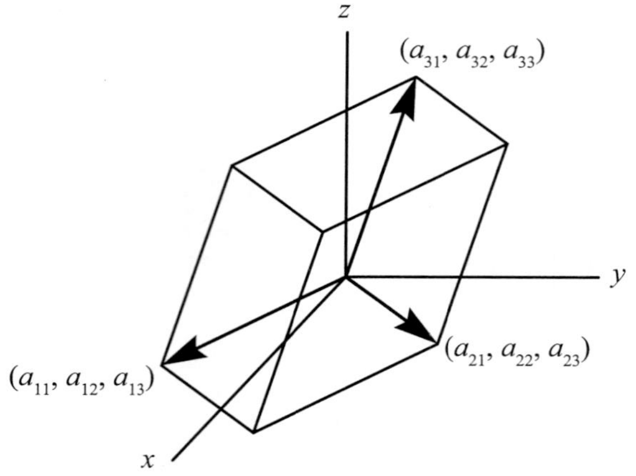

Figura 4.1 A caixa formada a partir das linhas de A: volume = |determinante|.

3. O determinante fornece a fórmula para cada pivô. Teoricamente, podemos prever quando um elemento do pivô será zero, exigindo uma troca de linha. A partir da fórmula ***determinante*** = ± (***produto dos pivôs***), conclui-se que *independentemente da ordem de eliminação, o produto dos pivôs permanecerá o mesmo, com exceção do sinal.*

Há alguns anos, isto levou à crença de que era inútil escapar de um pivô muito pequeno por troca de linhas, já que, eventualmente, o pequeno pivô iria nos encontrar. Mas o que geralmente acontece na prática, se um pivô excepcionalmente pequeno não for evitado, é que ele logo será seguido por um pivô excepcionalmente grande. Isto traz o produto de volta ao normal, mas prejudica a solução numérica.

4. O determinante mede a dependência de $A^{-1}b$ em relação a cada elemento de b. Se um parâmetro for alterado experimentalmente ou se uma observação for corrigida, o "coeficiente de influência" em A^{-1} é uma razão de determinantes.

Há mais um problema em relação ao determinante. É difícil determinar sua importância e seu lugar adequado na teoria da álgebra linear, além de escolher a melhor definição. Obviamente, det A não será uma função muito simples de n^2 variáveis; do contrário, A^{-1} seria muito mais fácil de encontrar do que de fato o é.

Os aspectos simples sobre os determinantes não são suas fórmulas explícitas, mas as propriedades que eles possuem. Isso sugere um lugar natural de onde partir. O determinante pode ser (e será) definido por três propriedades básicas: *det* I = 1, **o sinal é invertido por uma troca de linhas, o determinante é linear em cada linha separadamente.** O problema, então, é mostrar, utilizando-se essas propriedades de maneira sistemática, como os determinantes podem ser calculados. Isto nos trará de volta ao assunto dos pivôs.

A Seção 4.2 explica essas três propriedades específicas dos determinantes e suas consequências mais importantes. A Seção 4.3 fornece mais duas fórmulas para os determinantes – a "fórmula extensa", com $n!$ termos, e a fórmula "por indução". Na Seção 4.4, o determinante é aplicado para se encontrar A^{-1}. Então, calculamos $x = A^{-1}b$ pela ***Regra de Cramer***. Finalmente, em um comentário opcional sobre permutações, mostramos que, independentemente da ordem em que as propriedades são utilizadas, o resultado é sempre o mesmo – as propriedades específicas são consistentes entre si.

Uma questão simples sobre permutações é a seguinte: ***quantas trocas são necessárias para transformar VISA em AVIS?*** Essa permutação é ímpar ou par?

4.2 PROPRIEDADES DOS DETERMINANTES

Esta seção apresentará uma lista bem longa. Felizmente, todas as regras são fáceis de compreender e simples de ilustrar com exemplos 2 por 2. Portanto, verificaremos que a definição familiar do caso 2 por 2

$$\det \begin{bmatrix} a & b \\ c & d \end{bmatrix} = \begin{vmatrix} a & b \\ c & d \end{vmatrix} = ad - bc$$

apresenta todas as propriedades da lista (observe as duas notações aceitas para o determinante, det A ou $|A|$). As propriedades de 4 a 10 serão deduzidas a partir das primeiras. **Todas as demais propriedades são consequência das três primeiras**. Enfatizamos que as regras se aplicam a matrizes quadradas *de quaisquer dimensões*.

1. *O determinante da matriz identidade é* 1.

$$\textbf{det } \boldsymbol{I} \mathbf{= 1} \qquad \begin{vmatrix} 1 & 0 \\ 0 & 1 \end{vmatrix} = 1 \quad \text{e} \quad \begin{vmatrix} 1 & 0 & 0 \\ 0 & 1 & 0 \\ 0 & 0 & 1 \end{vmatrix} = 1 \quad \text{e...}$$

2. *O determinante muda de sinal quando duas linhas são trocadas.*

$$\textbf{Troca de linhas} \qquad \begin{vmatrix} c & d \\ a & b \end{vmatrix} = cb - ad = -\begin{vmatrix} a & b \\ c & d \end{vmatrix}.$$

O determinante de qualquer *matriz de permutação* é det $P = \pm 1$. Por trocas de linhas, podemos transformar P na matriz identidade. Cada troca de linha muda o sinal do determinante, até que cheguemos a det $I = 1$. Agora, surgem todas as outras matrizes!

3. *O determinante depende linearmente da primeira linha.* Suponha que A, B e C são iguais da segunda linha para baixo – e a linha 1 de A é uma combinação linear das primeiras linhas de B e C. Então, a regra diz que: *det* A *é a mesma combinação de det* B *e det* C.

A combinação linear envolve duas operações – adição de vetores e multiplicação por escalares. Portanto, essa regra pode ser dividida em duas partes:

$$\textbf{Adição de vetores na linha 1} \qquad \begin{vmatrix} a+a' & b+b' \\ c & d \end{vmatrix} = \begin{vmatrix} a & b \\ c & d \end{vmatrix} + \begin{vmatrix} a' & b' \\ c & d \end{vmatrix}.$$

$$\textbf{Multiplicação por } \boldsymbol{t} \textbf{ na linha 1} \qquad \begin{vmatrix} ta & tb \\ c & d \end{vmatrix} = t\begin{vmatrix} a & b \\ c & d \end{vmatrix}.$$

Observe que a primeira parte *não* corresponde à afirmação falsa det $(B + C) = \det B + \det C$. Não é possível somar todas as linhas: é permitido mudar apenas uma linha. Ambos os lados dão a resposta $ad + a'd - bc - b'c$.

A segunda parte não corresponde à afirmação falsa det $(tA) = t \det A$. A matriz tA possui um fator t em *todas* as linhas (e o determinante é multiplicada por t^n). É como no volume de uma caixa, em que todos os lados são estendidos em 4. Em dimensões n, o volume e o determinante aumentam em 4^n. Se apenas um lado for estendido, o volume e o determinante aumentam em 4; esta é a regra 3. Pela regra 2, não há nada específico sobre a primeira coluna.

Assim, o determinante está estabelecido, mas este fato não é, de modo algum, evidente. Portanto, usamos gradualmente essas regras para encontrar o determinante de qualquer matriz.

4. *Se duas linhas de A são iguais, então* $\det A = 0$.

$$\textbf{Linhas iguais} \qquad \begin{vmatrix} a & b \\ a & b \end{vmatrix} = ab - ba = 0.$$

Isso decorre da regra 2, já que, se linhas iguais forem trocadas, o determinante deve mudar de sinal. Mas ela também tem de continuar a mesma, pois a matriz continua a mesma. O único número que pode apresentar essas características é zero; portanto, $\det A = 0$ (o raciocínio falha se $1 = -1$, que é o caso da álgebra booleana; desse modo, a regra 4 deveria substituir a regra 2 como uma das propriedades definidoras).

5. *Subtraindo-se o múltiplo de uma linha de outra linha, obtém-se o mesmo determinante.*

$$\textbf{Operação de linhas} \qquad \begin{vmatrix} a-\ell c & b-\ell d \\ c & d \end{vmatrix} = \begin{vmatrix} a & b \\ c & d \end{vmatrix}.$$

Pela regra 3, haveria um termo adicional $-\ell\begin{bmatrix} c & d \\ c & d \end{bmatrix}$, mas este termo é nulo pela regra 4. As etapas usuais de eliminação não afetam o determinante!

6. *Se* A *possui uma linha nula, então det* $\text{A} = 0$.

$$\textbf{Linha nula} \qquad \begin{vmatrix} 0 & 0 \\ c & d \end{vmatrix} = 0.$$

Uma prova é somar outra linha à linha nula. O determinante fica inalterado pela regra 5. Como a matriz terá duas linhas idênticas, pela regra 4: $\det A = 0$.

7. *Se* A *for triangular, então det* A *é o produto* $\mathrm{a}_{11}\mathrm{a}_{22}\cdots\mathrm{a}_{nn}$ *dos elementos da diagonal. Se a triangular* A *possuir apenas números* 1 *ao longo da diagonal, então det* $\text{A} = 1$.

$$\textbf{Matriz triangular} \qquad \begin{vmatrix} a & b \\ 0 & d \end{vmatrix} = ad \qquad \begin{vmatrix} a & 0 \\ c & d \end{vmatrix} = ad.$$

Prova Suponha que os elementos da diagonal sejam não nulos. Então, a eliminação pode remover todos os elementos da diagonal sem alterar o determinante (pela regra 5). Se A é triangular inferior, as etapas são para daqui em diante da maneira normal. Se A for triangular superior, a *última* coluna é apagada primeiro utilizando-se múltiplos de a_{nn}. Seja qual for o modo pelo qual obtenhamos a matriz D:

$$D = \begin{bmatrix} a_{11} & & \\ & \ddots & \\ & & a_{nn} \end{bmatrix} \qquad \text{possui} \qquad \det D = a_{11}a_{12}\cdots a_{nn} \det I = a_{11}a_{12}\cdots a_{nn}.$$

Para encontrar o determinante, aplicamos pacientemente a regra 3. Pela fatoração de a_{11}, a_{22} até, finalmente, a_{nn}, chegamos à matriz identidade. Por fim, temos uma utilização da regra 1: $\det I = 1$. ■

Se um elemento diagonal for nulo, então a eliminação produzirá uma linha nula. Pela regra 5, as etapas de eliminação não alteram o determinante. Pela regra 6, a linha nula implica um determinante nula. Isto significa que, quando uma matriz triangular for *singular* (por causa de um zero em uma diagonal principal), seu determinante será *zero*.

Esta é uma propriedade fundamental. **Todas as matrizes singulares possuem um determinante nulo.**

8. *Se* A *for singular, então det* A $= 0$. *Se* A *for invertível, então det* A $\neq 0$.

Matriz singular $\begin{bmatrix} a & b \\ c & d \end{bmatrix}$ não é invertível se, e somente se, $ad - bc = 0$.

Se A for singular, a eliminação leva a uma linha nula em U. Então $\det A = \det U = 0$. Se A for não singular, a eliminação coloca o pivô $d_1, ..., d_n$ na diagonal principal. Temos a fórmula do "produto de pivôs" para $\det A$! O sinal depende de o número de trocas de linha ser par ou ímpar:

$$\textbf{Produto de pivôs} \qquad \det A = \pm \det U = \pm\, d_1 d_2 \ldots d_n. \qquad (1)$$

A nona propriedade é a regra do produto. Eu diria que ela é a mais surpreendente.

9. *O determinante de* AB *é o produto de det* A *por det* B.

$$\textbf{Regra do produto} \,|A||B| = |AB| \qquad \begin{vmatrix} a & b \\ c & d \end{vmatrix} \begin{vmatrix} e & f \\ g & h \end{vmatrix} = \begin{vmatrix} ae+bg & af+bh \\ ce+dg & cf+dh \end{vmatrix}.$$

Um caso particular desta regra nos dá o determinante de A^{-1}. Ela deve ser $1/\det A$:

$$\det A^{-1} = \frac{1}{\det A}, \qquad \text{pois} \qquad (\det A)(\det A^{-1}) = \det AA^{-1} = \det I = 1. \qquad (2)$$

No caso 2 por 2, a regra do produto pode ser pacientemente verificada:

$$(ad - bc)(eh - fg) = (ae + bg)(cf + dh) - (af + bh)(ce + dg).$$

No caso n por n, sugerimos duas provas possíveis – já que esta é a regra menos óbvia. Ambas as provas assumem que A e B são não singulares; de outro modo, AB seria singular e a equação $\det AB = (\det A)(\det B)$ seria facilmente verificável. Pela regra 8, ela se tornaria $0 = 0$.

(i) Provamos que a razão $d(A) = \det AB/\det B$ apresenta as propriedades de 1 a 3. Portanto, $d(A)$ deve ser igual a $\det A$. Por exemplo, $d(I) = \det B/\det B = 1$; a regra 1 está satisfeita. Se duas linhas de A forem trocadas, as mesmas duas linhas de AB também o serão e o sinal de d mudará conforme exigido pela regra 2. Uma combinação linear na primeira linha de A resulta na mesma combinação linear na primeira linha de AB. Então, a regra 3 para o determinante de AB, dividido pela quantidade fixa $\det B$, leva a regra 3 para a razão $d(A)$. Assim, $d(A) = \det AB/\det B$ *coincide com* $\det A$, que é nossa fórmula de produto.

(ii) Esta segunda prova é menos elegante. Para a matriz diagonal, segue-se que $\det DB = (\det D)(\det B)$ pela fatoração de cada d_i de sua linha. Por eliminação, reduza uma matriz geral de A para D – de A para U da maneira normal e de U para D por eliminação para cima. O determinante não muda, exceto pela inversão de sinal quando há trocas de linhas. As mesmas etapas reduzem AB a DB, com, exatamente, o mesmo efeito sobre o determinante. Mas, para DB, já se confirmou que a regra 9 está correta.

10. *A transposta de* A *possui o mesmo determinante de* A: *det* A^T = *det* A.

$$\textbf{Regra da transposta} \qquad |A| = \begin{vmatrix} a & b \\ c & d \end{vmatrix} = \begin{vmatrix} a & c \\ b & d \end{vmatrix} = |A^T|.$$

Novamente, o caso singular é exceção; A é singular se, e somente se, A^T for singular; temos $0 = 0$. Se A for não singular, então é possível a fatoração $PA = LDU$, aplicando-se a regra 9 para o determinante de um produto:

$$\det P \det A = \det L \det D \det U. \tag{3}$$

Transpondo-se $PA = LDU$, obtém-se $A^TP^T = U^TD^TL^T$ e, novamente, pela regra 9,

$$\det A^T \det P^T = \det U^T \det D^T \det L^T. \tag{4}$$

Isto é mais simples do que parece, pois L, U, L^T e U^T são triangulares com diagonal unitária. Pela regra 7, seus determinantes são iguais a 1. Além disso, qualquer matriz diagonal é igual à sua transposta: $D = D^T$. Só temos que mostrar que $\det P = \det P^T$.

Certamente, $\det P$ é 1 ou –1, pois P surge a partir de trocas de linhas de I. Observe também que $PP^T = I$ (o número 1 na primeira linha de P coincide com o número 1 na primeira coluna de P^T, e não encontra 1 em outras colunas). Portanto, $\det P \det P^T = \det I = 1$, e P e P^T deve ter o mesmo determinante 1 ou –1.

Concluímos que os produtos (3) e (4) são os mesmos e $\det A = \det A^T$. Este fato praticamente dobra nossa lista de propriedades, pois todas as regras que se aplicam a linhas podem agora ser aplicadas a colunas: *os determinantes mudam de sinal quando duas colunas são trocadas; duas colunas iguais (ou uma coluna nula) produzem um determinante nulo; o determinante depende linearmente de cada coluna*. A prova consiste simplesmente em transpor a matriz e trabalhar com as linhas.

É o momento de pararmos e dizer que a lista está completa. Resta apenas encontrar uma fórmula definitiva para o determinante e colocá-la em uso.

Conjunto de problemas 4.2

1. *Troca de linhas*: some a linha 1 de A à linha 2 e subtraia a linha 2 da linha 1. Em seguida, some a linha 1 à linha 2 e multiplique a linha 1 por –1 para obter B. Que regras mostram o que se segue?

$$\det B = \begin{vmatrix} c & d \\ a & b \end{vmatrix} \quad \text{é igual a} \quad -\det A = -\begin{vmatrix} a & b \\ c & d \end{vmatrix}.$$

Estas regras poderiam substituir a regra 2 na definição do determinante.

2. Se uma matriz 4 por 4 possui $\det A = \frac{1}{2}$, encontre $\det(2A)$, $\det(-A)$, $\det(A^2)$ e $\det(A^{-1})$.

3. Se uma matriz 3 por 3 possui $\det A = -1$, encontre $\det(\frac{1}{2}A)$, $\det(-A)$, $\det(A^2)$ e $\det(A^{-1})$.

4. Aplicando operações de linha para produzir uma triangular superior U, calcule:

$$\det \begin{bmatrix} 1 & 2 & -2 & 0 \\ 2 & 3 & -4 & 1 \\ -1 & -2 & 0 & 2 \\ 0 & 2 & 5 & 3 \end{bmatrix} \quad \text{e} \quad \det \begin{bmatrix} 2 & -1 & 0 & 0 \\ -1 & 2 & -1 & 0 \\ 0 & -1 & 2 & -1 \\ 0 & 0 & -1 & -2 \end{bmatrix}.$$

Troque as linhas 3 e 4 da segunda matriz e recalcule os pivôs e o determinante.

Observação Alguns leitores já conhecem a fórmula para determinantes 3 por 3. Ela possui seis termos (equação (2) da próxima seção), três na direção paralela à diagonal principal e três na direção oposta e com sinal de subtração. Há uma fórmula similar para determinantes 4 por 4, ***mas ela contém* 4! = 24 *termos*** (*não apenas oito*). Não se pode sequer ter a certeza de que o sinal de subtração aparece nas diagonais inversas, como o próximo exercício nos mostra.

5. Encontre os determinantes de:

(a) uma matriz de posto um

$$A = \begin{bmatrix} 1 \\ 4 \\ 2 \end{bmatrix} \begin{bmatrix} 2 & -1 & 2 \end{bmatrix}.$$

(b) a matriz triangular superior

$$U = \begin{bmatrix} 4 & 4 & 8 & 8 \\ 0 & 1 & 2 & 2 \\ 0 & 0 & 2 & 6 \\ 0 & 0 & 0 & 2 \end{bmatrix}.$$

(c) a matriz triangular inferior U^{T}.

(d) a matriz inversa U^{-1}.

(e) a matriz "triangular reversa" que resulta de trocas de linhas,

$$M = \begin{bmatrix} 0 & 0 & 0 & 2 \\ 0 & 0 & 2 & 6 \\ 0 & 1 & 2 & 2 \\ 4 & 4 & 8 & 8 \end{bmatrix}.$$

6. Suponha que você faça duas operações de linha *de uma vez*, passando de

$$\begin{bmatrix} a & b \\ c & d \end{bmatrix} \quad \text{para} \quad \begin{bmatrix} a - mc & b - md \\ c - \ell a & d - \ell b \end{bmatrix}.$$

Encontre o determinante da nova matriz pela regra 3 ou por cálculo direto.

7. Conte as trocas de linha para encontrar os seguintes determinantes:

$$\det \begin{bmatrix} 0 & 0 & 0 & 1 \\ 0 & 0 & 1 & 0 \\ 0 & 1 & 0 & 0 \\ 1 & 0 & 0 & 0 \end{bmatrix} = +1 \quad \text{e} \quad \det \begin{bmatrix} 0 & 1 & 0 & 0 \\ 0 & 0 & 1 & 0 \\ 0 & 0 & 0 & 1 \\ 1 & 0 & 0 & 0 \end{bmatrix} = -1.$$

8. Se Q é uma matriz ortogonal, de modo que $Q^{\mathrm{T}}Q = I$, prove que det Q é igual a $+1$ ou -1. Que tipo de caixa é formada a partir das linhas ou colunas de Q?

9. Para cada n, quantas trocas colocarão (linha n, linha $n - 1$, ..., linha 1) na ordem normal (linha 1, ..., linha $n - 1$, linha n)? Encontre det P para a permutação n por n com 1 na diagonal secundária. O problema 7 possui $n = 4$.

10. Prove novamente que det $Q = 1$ ou -1, utilizando apenas a regra do produto. Se $|\det Q| > 1$, então det Q^n aumenta. Como é possível saber que isto não pode acontecer para Q^n?

11. Mostre como a regra 6 (det = 0 se uma linha for nula) surge diretamente a partir das regras 2 e 3.

12. Diga se as afirmações a seguir são verdadeiras ou falsas, dando o motivo se verdadeira, ou um contraexemplo se falsa:

(a) Se A e B são idênticas, exceto por $b_{11} = 2a_{11}$, então $\det B = 2\det A$.

(b) O determinante é o produto dos pivôs.

(c) Se A for invertível e B for singular, então $A + B$ é invertível.

(d) Se A for invertível e B for singular, então AB é singular.

(e) O determinante de $AB - BA$ é nulo.

13. Encontre os determinantes de

$$A = \begin{bmatrix} 4 & 2 \\ 1 & 3 \end{bmatrix}, \qquad A^{-1} = \frac{1}{10}\begin{bmatrix} 3 & -2 \\ -1 & 4 \end{bmatrix}, \qquad A - \lambda I = \begin{bmatrix} 4-\lambda & 2 \\ 1 & 3-\lambda \end{bmatrix}.$$

Para quais valores de λ, $A - \lambda I$ é uma matriz singular?

14. Se a soma de qualquer linha de A é nula, prove que $\det A = 0$. Se a soma de qualquer linha é 1, prove que $\det (A - I) = 0$. Mostre, por meio de exemplo, que isto não implica que $\det A = 1$.

15. (a) Uma matriz antissimétrica satisfaz $K^{T} = -K$, como em

$$K = \begin{bmatrix} 0 & a & b \\ -a & 0 & c \\ -b & -c & 0 \end{bmatrix}.$$

No caso 3 por 3, por que o $\det(-K) = (-1)^3 \det K$? Por outro lado, $\det K^{T} = \det K$ (sempre). Suponha que o determinante seja nulo.

(b) Apresente uma matriz antissimétrica 4 por 4 com $\det K$ *não nulo*.

16. Avalie $\det A$, reduzindo a matriz à forma triangular (regras 5 e 7).

$$A = \begin{bmatrix} 1 & 1 & 3 \\ 0 & 4 & 6 \\ 1 & 5 & 8 \end{bmatrix}, \qquad B = \begin{bmatrix} 1 & 1 & 3 \\ 0 & 4 & 6 \\ 0 & 0 & 1 \end{bmatrix}, \qquad C = \begin{bmatrix} 1 & 1 & 3 \\ 0 & 4 & 6 \\ 1 & 5 & 9 \end{bmatrix}.$$

Quais são os determinantes de B, C, AB, $A^{T}A$ e C^{T}?

17. Suponha que $CD = -DC$ e encontre a falha no seguinte argumento: extraindo-se os determinantes tem-se que $(\det C)(\det D) = -(\det D)(\det C)$, de modo que $\det C = 0$ ou $\det D = 0$. Assim, $CD = -DC$ só é possível se C ou D for singular.

18. Utilize operações de linha para verificar que o "determinante de Vandermonde" 3 por 3 é

$$\det \begin{bmatrix} 1 & a & a^2 \\ 1 & b & b^2 \\ 1 & c & c^2 \end{bmatrix} = (b-a)(c-a)(c-b).$$

19. Encontre, por eliminação de Gauss, as seguintes determinantes 4 por 4:

$$\det \begin{bmatrix} 11 & 12 & 13 & 14 \\ 21 & 22 & 23 & 24 \\ 31 & 32 & 33 & 34 \\ 41 & 41 & 43 & 44 \end{bmatrix} \quad \text{e} \quad \det \begin{bmatrix} 1 & t & t^2 & t^3 \\ t & 1 & t & t^2 \\ t^2 & t & 1 & t \\ t^3 & t^2 & t & 1 \end{bmatrix}.$$

20. A inversa de uma matriz 2 por 2 parece ter determinante = 1:

$$\det A^{-1} = \det\frac{1}{ad-bc}\begin{bmatrix} d & -b \\ -c & a \end{bmatrix} = \frac{ad-bc}{ad-bc} = 1.$$

O que está errado neste cálculo? Qual é a det A^{-1} correta?

21. Essas matrizes possuem determinante 0, 1, 2 ou 3?

$$A = \begin{bmatrix} 0 & 0 & 1 \\ 1 & 0 & 0 \\ 0 & 1 & 0 \end{bmatrix} \qquad B = \begin{bmatrix} 0 & 1 & 1 \\ 1 & 0 & 1 \\ 1 & 1 & 0 \end{bmatrix} \qquad C = \begin{bmatrix} 1 & 1 & 1 \\ 1 & 1 & 1 \\ 1 & 1 & 1 \end{bmatrix}.$$

Os problemas 22 a 28 utilizam as regras vistas na Seção 4.2 para calcular determinantes específicos.

22. Se a_{ij} é i vezes j, mostre que det $A = 0$ (exceção se $A = [1]$).

23. Utilize operações de linha para simplificar e calcular esses determinantes:

$$\det\begin{bmatrix} 101 & 201 & 301 \\ 102 & 202 & 302 \\ 103 & 203 & 303 \end{bmatrix} \quad \text{e} \quad \det\begin{bmatrix} 1 & t & t^2 \\ t & 1 & t \\ t^2 & t & 1 \end{bmatrix}.$$

24. Se a_{ij} é $i + j$, mostre que det $A = 0$ (exceção se $n = 1$ ou 2).

25. Reduza A a U e encontre det A = produto dos pivôs:

$$A = \begin{bmatrix} 1 & 1 & 1 \\ 1 & 2 & 2 \\ 1 & 2 & 3 \end{bmatrix} \quad \text{e} \quad A = \begin{bmatrix} 1 & 2 & 3 \\ 2 & 2 & 3 \\ 3 & 3 & 3 \end{bmatrix}.$$

26. Calcule, por operações de linhas, os determinantes das seguintes matrizes:

$$A = \begin{bmatrix} 0 & a & 0 \\ 0 & 0 & b \\ c & 0 & 0 \end{bmatrix}, \quad B = \begin{bmatrix} 0 & a & 0 & 0 \\ 0 & 0 & b & 0 \\ 0 & 0 & 0 & c \\ d & 0 & 0 & 0 \end{bmatrix} \quad \text{e} \quad C = \begin{bmatrix} a & a & a \\ a & b & b \\ a & b & c \end{bmatrix}.$$

27. A eliminação reduz A a U. Então $A = LU$:

$$A = \begin{bmatrix} 3 & 3 & 4 \\ 6 & 8 & 7 \\ -3 & 5 & -9 \end{bmatrix} = \begin{bmatrix} 1 & 0 & 0 \\ 2 & 1 & 0 \\ -1 & 4 & 1 \end{bmatrix} \begin{bmatrix} 3 & 3 & 4 \\ 0 & 2 & -1 \\ 0 & 0 & -1 \end{bmatrix} = LU$$

Encontre os determinantes de L, U, A, $U^{-1}L^{-1}$ e $U^{-1}L^{-1}A$.

28. Aplicando operações de linha para produzir uma triangular superior U, calcule:

$$\det\begin{bmatrix} 1 & 2 & 3 & 0 \\ 2 & 6 & 6 & 1 \\ -1 & 0 & 0 & 3 \\ 0 & 2 & 0 & 7 \end{bmatrix} \quad \text{e} \quad \det\begin{bmatrix} 2 & 1 & 1 & 1 \\ 1 & 2 & 1 & 1 \\ 1 & 1 & 2 & 1 \\ 1 & 1 & 1 & 2 \end{bmatrix}.$$

29. O que está errado nesta prova de que matrizes de projeção possuem det $P = 1$?

$$P = A(A^T A)^{-1} A^T \qquad \text{portanto} \qquad |P| = |A| \frac{1}{|A^T||A|} |A^T| = 1.$$

30. (MATLAB) Qual é o determinante típico (experimentalmente) de **rand** (n) e **randn** (n) para $n = 50, 100, 200, 400$? (E o que significa "Inf" no MATLAB?)

31. Utilizando o MATLAB, encontre o maior determinante de uma matriz 4 por 4 com apenas 0 e 1.

32. Suponha que a matriz M, 4 por 4, possua quatro linhas iguais, todas contendo a, b, c, d. Sabemos que det $(M) = 0$. O problema é encontrar det $(I + M)$ por qualquer método:

$$\det(I + M) = \begin{vmatrix} 1+a & b & c & d \\ a & 1+b & c & d \\ a & b & 1+c & d \\ a & b & c & 1+d \end{vmatrix}$$

Crédito parcial se você encontrar esse determinante quando $a = b = c = d = 1$. Morte súbita se você disser que det $(I + M) =$ det $I +$ det M.

33. Se det $A = 6$, qual é o determinante de B?

$$\det A = \begin{vmatrix} \text{linha 1} \\ \text{linha 2} \\ \text{linha 3} \end{vmatrix} = 6 \qquad \det B = \begin{vmatrix} \text{linha 1 + linha 2} \\ \text{linha 2 + linha 3} \\ \text{linha 3 + linha 1} \end{vmatrix} = \_$$

34. (Questão de cálculo) Mostre que as derivadas parciais de ln (det A) resultam em A^{-1}:

$$f(a,b,c,d) = \ln(ad - bc) \qquad \text{leva a} \qquad \begin{bmatrix} \partial f/\partial a & \partial f/\partial c \\ \partial f/\partial b & \partial f/\partial d \end{bmatrix} = A^{-1}.$$

35. (MATLAB) A matriz de Hilbert **hilb** (n) possui o elemento i, j igual a $1/(i + j - 1)$. Imprima os determinantes de **hilb** (1), **hilb** (2), ..., **hilb** (10). É difícil trabalhar com matrizes de Hilbert! Quais são os pivôs?

4.3 FÓRMULAS PARA OS DETERMINANTES

A primeira fórmula já apareceu. As operações de linha produzem os pivôs de D:

4A Se A for invertível, então $PA = LDU$ e det $P = \pm 1$. A regra dos produtos resulta em

$$\det A = \pm \det L \det D \det U = \pm \textbf{(produto dos pivôs)}. \tag{1}$$

O sinal ± 1 depende de o número de trocas de linhas ser par ou ímpar. Os fatores triangulares possuem det $L =$ det $U = 1$ e det $D = d_1 \ldots d_n$.

No caso 2 por 2, a fatoração-padrão LDU é

$$\begin{bmatrix} a & b \\ c & d \end{bmatrix} = \begin{bmatrix} 1 & 0 \\ c/a & 1 \end{bmatrix} \begin{bmatrix} \boldsymbol{a} & 0 \\ 0 & \boldsymbol{(ad - bc)/a} \end{bmatrix} \begin{bmatrix} 1 & b/a \\ 0 & 1 \end{bmatrix}.$$

O produto dos pivôs é $ad - bc$. Este é o determinante da matriz diagonal D. Se a primeira etapa é uma troca de linhas, os pivôs são c e $(-\det A)/c$.

Exemplo 1 A matriz de segunda diferença –1, 2, –1 possui pivôs 2/1, 3/2, ... em D:

$$\begin{bmatrix} 2 & -1 & & & \\ -1 & 2 & -1 & & \\ & -1 & 2 & \cdot & \\ & & \cdot & \cdot & -1 \\ & & & -1 & 2 \end{bmatrix} = LDU = L \begin{bmatrix} 2 & & & & \\ & 3/2 & & & \\ & & 4/3 & & \\ & & & \cdot & \\ & & & & (n+1)/n \end{bmatrix} U.$$

Seu determinante é o produto de seus pivôs. Todos os números 2, ..., n se cancelam:

$$\det A = 2\left(\frac{3}{2}\right)\left(\frac{4}{3}\right)\cdots\left(\frac{n+1}{n}\right) = n+1.$$

O MATLAB calcula o determinante a partir dos pivôs. Mas a concentração de todas as informações nos pivôs torna impossível perceber como a troca de um elemento afeta o determinante. Queremos encontrar uma expressão explícita para o determinante em termos de n^2 elementos.

Para $n = 2$, assumiremos que $ad - bc$ está correto. Para $n = 3$, a fórmula do determinante é novamente muito bem conhecida (possui seis termos):

$$\begin{vmatrix} a_{11} & \boldsymbol{a_{12}} & a_{13} \\ a_{21} & a_{22} & \boldsymbol{a_{23}} \\ \boldsymbol{a_{31}} & a_{32} & a_{33} \end{vmatrix} = \begin{matrix} +a_{11}a_{22}a_{33} + \boldsymbol{a_{12}a_{23}a_{31}} + a_{13}a_{21}a_{32} \\ -a_{11}a_{23}a_{32} - a_{12}a_{21}a_{33} - a_{13}a_{22}a_{31}. \end{matrix} \tag{2}$$

Nossa meta é derivar essas fórmulas diretamente das propriedades definidoras de 1 a 3 de $\det A$. Se conseguirmos tratar $n = 2$ e $n = 3$ de modo organizado, você verá o padrão.

Para começar, cada linha pode ser separada em vetores nas direções das coordenadas:

$$[a \quad b] = [a \quad 0] + [0 \quad b] \quad \text{e} \quad [c \quad d] = [c \quad 0] + [0 \quad d].$$

Então, aplicamos a propriedade de linearidade, primeiro na linha 1 e depois na linha 2:

Separe em $n^n = 2^2$ determinantes fáceis

$$\begin{vmatrix} a & b \\ c & d \end{vmatrix} = \begin{vmatrix} a & 0 \\ c & d \end{vmatrix} + \begin{vmatrix} 0 & b \\ c & d \end{vmatrix}$$
$$= \begin{vmatrix} a & 0 \\ c & 0 \end{vmatrix} + \begin{vmatrix} a & 0 \\ 0 & d \end{vmatrix} + \begin{vmatrix} 0 & b \\ c & 0 \end{vmatrix} + \begin{vmatrix} 0 & b \\ 0 & d \end{vmatrix}. \tag{3}$$

Cada linha se separa em n direções de coordenadas, de modo que esta expansão possui n^n termos. A maioria desses termos (todos, exceto $n! = n$ fatorial) será automaticamente nula. Quando duas linhas estão na mesma direção de coordenadas, uma será múltipla da outra e

$$\begin{vmatrix} a & 0 \\ c & 0 \end{vmatrix} = 0, \qquad \begin{vmatrix} 0 & b \\ 0 & d \end{vmatrix} = 0.$$

Devemos prestar atenção *apenas quando as linhas apontarem para direções diferentes*. ***Os termos não nulos devem aparecer em colunas diferentes***. Suponha que a primeira linha possua um termo não nulo na coluna α, a segunda linha seja não nula na coluna β e, finalmente, a n-ésima linha seja não nula na coluna ν. Os números de coluna $\alpha, \beta, \ldots, \nu$ são todos diferentes. Eles são um reordenamento, ou uma **permutação**, dos números $1, 2, \ldots, n$. O caso 3 por 3 produz $3! = 6$ determinantes:

$$\begin{vmatrix} a_{11} & \mathbf{a_{12}} & a_{13} \\ a_{21} & a_{22} & \mathbf{a_{23}} \\ \mathbf{a_{31}} & a_{32} & a_{33} \end{vmatrix} = \begin{vmatrix} a_{11} & & \\ & a_{22} & \\ & & a_{33} \end{vmatrix} + \begin{vmatrix} & \mathbf{a_{12}} & \\ & & \mathbf{a_{23}} \\ \mathbf{a_{31}} & & \end{vmatrix} + \begin{vmatrix} & & a_{13} \\ a_{21} & & \\ & a_{32} & \end{vmatrix}$$

$$+ \begin{vmatrix} a_{11} & & \\ & & a_{23} \\ & a_{32} & \end{vmatrix} + \begin{vmatrix} & a_{12} & \\ a_{21} & & \\ & & a_{33} \end{vmatrix} + \begin{vmatrix} & & a_{13} \\ & a_{22} & \\ a_{31} & & \end{vmatrix}. \qquad (4)$$

Todos, exceto esses $n!$ determinantes, são nulos, pois uma coluna se repete (há n escolhas para a primeira coluna α, $n - 1$ escolhas remanescentes para β e, finalmente, apenas uma escolha para a última coluna ν; todas, exceto uma coluna, serão utilizadas neste momento, em que "corremos" as linhas da matriz para baixo). Em outras palavras, ***há* n! *modos de permutar os números* 1, 2, …, n**. Os números das colunas resultam nas permutações:

Números das colunas $(\alpha, \beta, \nu) = (1, 2, 3)$, **(2, 3, 1)**, $(3, 1, 2), (1, 3, 2), (2, 1, 3), (3, 2, 1)$.

Trata-se de $3! = 6$ permutações de $(1, 2, 3)$; a primeira é a identidade.

O determinante de A é, assim, reduzida a seis determinantes distintas e mais simples. Fatorando-se a_{ij}, há um termo para cada uma das seis permutações:

$$\det A = a_{11}a_{22}a_{33}\begin{vmatrix} 1 & & \\ & 1 & \\ & & 1 \end{vmatrix} + \mathbf{a_{12}a_{23}a_{31}}\begin{vmatrix} & \mathbf{1} & \\ & & \mathbf{1} \\ \mathbf{1} & & \end{vmatrix} + a_{13}a_{21}a_{32}\begin{vmatrix} & & 1 \\ 1 & & \\ & 1 & \end{vmatrix}$$

$$+ a_{11}a_{23}a_{32}\begin{vmatrix} 1 & & \\ & & 1 \\ & 1 & \end{vmatrix} + a_{12}a_{21}a_{33}\begin{vmatrix} & 1 & \\ 1 & & \\ & & 1 \end{vmatrix} + a_{13}a_{22}a_{31}\begin{vmatrix} & & 1 \\ & 1 & \\ 1 & & \end{vmatrix}. \qquad (5)$$

Cada termo é um produto de $n = 3$ elementos de a_{ij}, com *cada linha e coluna representada uma vez*. Se as colunas surgirem na ordem $(\alpha, \ldots, \nu)$, este termo é o produto $a_{1\alpha} \cdots a_{n\nu}$ multiplicado pelo determinante de uma matriz de permutação P. O determinante de uma matriz inteira é a soma desses $n!$ termos e ***esta soma é a fórmula explícita que procurávamos***:

Fórmula extensa $$\det A = \sum_{\text{all } P\text{'s}} (a_{1\alpha}a_{2\beta}\cdots a_{n\nu}) \det P. \qquad (6)$$

Para uma matriz n por n, esta soma é obtida em todas as permutações $n!$ $(\alpha, \ldots, \nu)$ dos números $(1, \ldots, n)$. A permutação resulta nos números de colunas conforme descemos na matriz. Os valores 1 aparecem em P nos mesmos locais em que os valores a apareceram em A.

Resta encontrar o determinante de P. As trocas de linhas transformam-na em matriz identidade, e cada troca inverte o sinal do determinante:

$\det P = +1$ *ou* -1 ***para números pares ou ímpares de trocas de linhas.***

$$(1, 3, 2) \text{ é ímpar, então } \begin{vmatrix} 1 & & \\ & & 1 \\ & 1 & \end{vmatrix} = -1 \qquad (3, 1, 2) \text{ é par, então } \begin{vmatrix} & & 1 \\ 1 & & \\ & 1 & \end{vmatrix} = 1$$

(1, 3, 2) exige uma troca e (3, 1, 2) exige duas trocas para recuperar (1, 2, 3). Estes são dois dos seis casos de sinais $\pm$. Para $n = 2$, temos apenas (1, 2) e (2, 1):

$$\det A = a_{11}a_{22} \det \begin{vmatrix} 1 & 0 \\ 0 & 1 \end{vmatrix} + a_{12}a_{21} \det \begin{vmatrix} 0 & 1 \\ 1 & 0 \end{vmatrix} = a_{11}a_{22} - a_{12}a_{21} \text{ (ou } ad - bc).$$

Ninguém pode reivindicar que a fórmula extensa (6) seja excepcionalmente simples. No entanto, é possível ver por que ela apresenta as propriedades de 1 a 3. Para $A = I$, cada produto de a_{ij} será nulo, exceto para a sequência de colunas (1, 2, ..., n). Esse termo resulta em $\det I = 1$. A propriedade 2 será verificada na próxima seção, pois no momento estamos mais interessados na propriedade 3: o determinante deve depender linearmente da primeira linha de $a_{11}, a_{12}, ..., a_{1n}$.

Observe todos os termos $a_{1\alpha}, a_{1\beta} \ldots a_{n\nu}$ envolvendo a_{11}. A primeira coluna é $\alpha = 1$. Isto deixa algumas permutações ($\beta, \ldots, \nu$) das colunas remanescentes (2, ..., n). Juntamos todos esses termos como $a_{11}C_{11}$, em que o coeficiente de a_{11} é um determinante menor – *com a linha* 1 *e a coluna* 1 *removidas*:

$$\textbf{Cofator de } a_{11} \qquad C_{11} = \sum (a_{2\beta} \cdots a_{n\nu}) \det P = \det(\text{submatriz de } A). \qquad (7)$$

De modo similar, o elemento a_{12} é multiplicado por um determinante menor C_{12}. Agrupando-se todos esses termos que começam com o mesmo a_{1j}, a fórmula (6) se torna

$$\textbf{Cofatores ao longo da linha 1} \qquad \det A = a_{11}C_{11} + a_{12}C_{12} + \cdots + a_{1n}C_{1n}. \qquad (8)$$

Isso mostra que $\det A$ depende linearmente dos elementos $a_{11}, \ldots, a_{1n}$ da primeira linha.

Exemplo 2 Para uma matriz 3 por 3, esse modo de reunir os termos resulta em

$$\det A = a_{11}(a_{22}a_{33} - a_{23}a_{32}) + a_{12}(a_{23}a_{31} - a_{21}a_{33}) + a_{13}(a_{21}a_{32} - a_{22}a_{31}). \qquad (9)$$

Os ***cofatores*** C_{11}, C_{12} e C_{13} são os determinantes 2 por 2 entre parênteses.

Expansão de det *A* em cofatores

Queremos mais uma fórmula para os determinantes. Se isso significasse começar tudo de novo, seria demais. Mas *a fórmula já foi descoberta – trata-se de* (8), *e o único problema é identificar os cofatores de* C_{1j} *que multiplicam* a_{1j}.

Sabemos que C_{1j} depende das linhas 2, ..., n. A linha 1 já foi considerada por a_{1j}. Além disso, a_{1j} já se considerou a j-ésima coluna, de modo que seu cofator C_{1j} deve depender inteiramente das *outras colunas*. Nenhuma linha ou coluna pode ser utilizada duas vezes no mesmo termo. O que realmente estamos fazendo é separar o determinante na seguinte soma:

$$\textbf{Separação de cofatores} \quad \begin{vmatrix} a_{11} & a_{12} & a_{13} \\ a_{21} & a_{22} & a_{23} \\ a_{31} & a_{32} & a_{33} \end{vmatrix} = \begin{vmatrix} a_{11} & & \\ & a_{22} & a_{23} \\ & a_{32} & a_{33} \end{vmatrix} + \begin{vmatrix} & a_{12} & \\ a_{21} & & a_{23} \\ a_{31} & & a_{33} \end{vmatrix} + \begin{vmatrix} & & a_{13} \\ a_{21} & a_{22} & \\ a_{31} & a_{32} & \end{vmatrix}.$$

Para um determinante de ordem n, essa separação resulta em n determinantes (os ***menores***) de ordem $n - 1$; veja as três submatrizes 2 por 2. A submatriz M_{1j} é formada *desprezando-se a* *linha* 1 *e a coluna* j. Seu determinante é multiplicado por a_{1j} – e por um sinal de adição ou de subtração. Esses sinais se alternam em det M_{11}, –det M_{12}, det M_{13}:

$$\textbf{Cofatores da linha 1} \qquad C_{1j} = (-1)^{1+j} \det M_{1j}.$$

O segundo cofator C_{12} é $a_{23}a_{31} - a_{21}a_{33}$, que é det$M_{12}$ multiplicado por –1. Esta mesma técnica funciona para qualquer matriz n por n. A separação acima confirma que C_{11} é o determinante do canto direito inferior M_{11}.

Há uma expansão similar em qualquer outra linha, digamos, na linha i. Isto pode ser provado, trocando-se a linha i pela linha 1. *Lembre-se de excluir a linha* i *e a coluna* j *de A para* M_{ij}:

4B O determinante de A é uma combinação de qualquer linha i multiplicada pelos seus cofatores:

$$\textbf{det } A \textbf{ por cofatores} \qquad \det A = a_{i1}C_{i1} + a_{i2}C_{i2} + \dots + a_{in}C_{in}. \tag{10}$$

O cofator C_{ij} é o determinante de M_{ij} com o sinal correto:

$$\textbf{exclua a linha } i \textbf{ e a coluna } j \qquad C_{ij} = (-1)^{i+j} \det M_{ij}. \tag{11}$$

Essas fórmulas expressam det A como uma combinação de determinantes de ordem $n - 1$. *Poderíamos ter definido o determinante por indução sobre* n. Uma matriz 1 por 1 possui det $A = a_{11}$, portanto, a equação (10) define os determinantes de matrizes 2 por 2, 3 por 3 e n por n. Preferimos definir o determinante por suas propriedades, que são muito mais simples de explicar. A fórmula explícita (6) e a fórmula de cofatores (10) decorrem diretamente dessas propriedades.

Há ainda mais uma consequência de det A = det A^T. Podemos expandir em cofatores de uma *coluna* de A, que é uma linha de A^T. Tomando-se a coluna j de A,

$$\det A = a_{1j}C_{1j} + a_{2j}C_{2j} + \dots + a_{nj}C_{nj}. \tag{12}$$

Exemplo 3 A matriz A_4 de segunda diferença 4 por 4 tem apenas dois elementos não nulos na linha 1:

$$\textbf{Uso de cofatores} \qquad A_4 = \begin{bmatrix} 2 & -1 & 0 & 0 \\ -1 & 2 & -1 & 0 \\ 0 & -1 & 2 & -1 \\ 0 & 0 & -1 & 2 \end{bmatrix}.$$

C_{11} surge a partir da exclusão da linha 1 e da coluna 1, o que deixa o padrão –1, 2, –1:

$$C_{11} = \det A_3 = \det \begin{bmatrix} 2 & -1 & 0 \\ -1 & 2 & -1 \\ 0 & -1 & 2 \end{bmatrix}.$$

Para $a_{12} = -1$, a coluna 2 é excluída, e precisamos de seu cofator C_{12}:

$$C_{12} = (-1)^{1+2} \det \begin{bmatrix} -1 & -1 & 0 \\ 0 & 2 & -1 \\ 0 & -1 & 2 \end{bmatrix} = +\det \begin{bmatrix} 2 & -1 \\ -1 & 2 \end{bmatrix} = \det A_2.$$

Isto nos deixa com o determinante 2 por 2. No total, a linha 1 produziu $2C_{11} - C_{12}$:

$$\det A_4 = 2(\det A_3) - \det A_2 = 2(4) - 3 = 5$$

A mesma ideia se aplica a A_5, A_6 e a qualquer A_n:

$$\textbf{Recursão por cofatores} \qquad \det A_n = 2(\det A_{n-1}) - \det A_{n-2}. \qquad (13)$$

Isto resulta em determinantes de matrizes cada vez maiores. Em cada etapa, o determinante de A_n é $n + 1$ a partir dos determinantes anteriores n e $n - 1$:

$$\textbf{matriz } -1, 2, -1 \qquad \det A_n = 2(n) - (n-1) = n + 1.$$

A resposta $n + 1$ concorda com o produto de pivôs no início desta seção.

Conjunto de problemas 4.3

1. *Verdadeiro ou falso?*

(a) O determinante de $S^{-1}AS$ é igual ao determinante de A.

(b) Se $\det A = 0$, então pelo menos um dos cofatores deve ser nulo.

(c) Uma matriz cujos elementos são apenas 0 e 1 possui determinante 1, 0 ou –1.

2. Suponha que F_n seja o determinante da matriz tridiagonal 1, 1, –1 (n por n):

$$F_n = \det \begin{bmatrix} 1 & -1 & & & \\ 1 & 1 & -1 & & \\ & 1 & 1 & -1 & \\ & & \cdot & \cdot & \cdot \\ & & & 1 & 1 \end{bmatrix}.$$

Expandindo em cofatores ao longo da linha 1, mostre que $F_n = F_{n-1} + F_{n-2}$. Isto resulta na *sequência de Fibonacci* 1, 2, 3, 5, 8, 13,... para os determinantes.

3. Para as matrizes abaixo, encontre apenas o termo não nulo na fórmula extensa (6):

$$A = \begin{bmatrix} 0 & 1 & 0 & 0 \\ 1 & 0 & 1 & 0 \\ 0 & 1 & 0 & 1 \\ 0 & 0 & 1 & 0 \end{bmatrix} \quad \text{e} \quad B = \begin{bmatrix} 0 & 0 & 1 & 2 \\ 0 & 3 & 4 & 5 \\ 6 & 7 & 8 & 9 \\ 0 & 0 & 0 & 1 \end{bmatrix}.$$

Há apenas um modo de escolher quatro elementos não nulos de diferentes linhas e diferentes colunas. Determinando se é par ou ímpar, calcule $\det A$ e $\det B$.

4. Expanda estes determinantes em cofatores da primeira linha. Encontre os cofatores (eles incluem os sinais $(-1)^{i+j}$) e os determinantes de A e B.

5. Suponha que A_n seja uma matriz tridiagonal n por n com números 1 nas três diagonais:

$$A_1 = [1], \qquad A_2 = \begin{bmatrix} 1 & 1 \\ 1 & 1 \end{bmatrix}, \qquad A_3 = \begin{bmatrix} 1 & 1 & 0 \\ 1 & 1 & 1 \\ 0 & 1 & 1 \end{bmatrix}, \quad \ldots$$

Assuma que D_n seja o determinante de A_n que queremos encontrar.

(a) Expanda-a em cofatores ao longo da primeira linha para mostrar que $D_n = D_{n-1} - D_{n-2}$.

(b) Começando a partir de $D_1 = 1$ e $D_2 = 0$, encontre $D_3, D_4, \ldots, D_8$. Observando como esses números se alternam (com que frequência?), encontre $D_{1.000}$.

6. (a) Encontre a fatoração LU, os pivôs e o determinante da matriz 4 por 4 cujos elementos são a_{ij} = menor elemento entre i e j (apresente a matriz).
(b) Encontre o determinante se a_{ij} = menor elemento entre i e j, em que $n_1 = 2$, $n_2 = 6$, $n_3 = 8$, $n_4 = 10$. Você consegue obter uma regra geral para qualquer $n_1 \le n_2 \le n_3 \le n_4$?

7. Em uma matriz 5 por 5, o termo $a_{15}a_{24}a_{33}a_{42}a_{51}$ ao longo da diagonal secundária apresenta um sinal + ou –? Em outras palavras, $P = (5, 4, 3, 2, 1)$ é par ou ímpar? O padrão quadriculado de sinais ± para os cofatores *não* resulta em det P.

8. Quantas multiplicações são necessárias para encontrar um determinante n por n a partir
(a) da fórmula extensa (6)?
(b) da fórmula de cofatores (10), construindo-se a partir da contagem para $n - 1$?
(c) da fórmula de produtos de pivôs (incluindo as etapas de eliminação)?

9. Suponha que a matriz A seja fixa, exceto se a_{11} variar de $-\infty$ a $+\infty$. Dê exemplos nos quais det A seja sempre nulo ou nunca seja nulo. Em seguida, a partir da expansão de cofatores (8), mostre que, por outro lado, det $A = 0$ para exatamente *um único valor* de a_{11}.

10. Calcule os determinantes de A_2, A_3 e A_4. Você é capaz de prever A_n?

$$A_2 = \begin{bmatrix} 0 & 1 \\ 1 & 0 \end{bmatrix} \quad A_3 = \begin{bmatrix} 0 & 1 & 1 \\ 1 & 0 & 1 \\ 1 & 1 & 0 \end{bmatrix} \quad A_4 = \begin{bmatrix} 0 & 1 & 1 & 1 \\ 1 & 0 & 1 & 1 \\ 1 & 1 & 0 & 1 \\ 1 & 1 & 1 & 0 \end{bmatrix}.$$

Utilize operações de linha para produzir zeros, ou utilize cofatores da linha 1.

11. (a) Calcule o determinante abaixo por cofatores da linha 1:

$$\begin{vmatrix} 4 & 4 & 4 & 4 \\ 1 & 2 & 0 & 1 \\ 2 & 0 & 1 & 2 \\ 1 & 1 & 0 & 2 \end{vmatrix}.$$

(b) Verifique subtraindo a coluna 1 das outras colunas e recalculando.

12. Se A é m por n e B é n por m, explique por quê:

$$\det \begin{bmatrix} 0 & A \\ -B & I \end{bmatrix} = \det AB. \qquad \left(\textit{Dica}\text{: faça pós-multiplicação por } \begin{bmatrix} I & 0 \\ B & I \end{bmatrix}. \right)$$

Dê um exemplo com $m < n$ e outro com $m > n$. Por que o seu segundo exemplo apresenta automaticamente $AB = 0$?

Os problemas 13 a 23 utilizam a fórmula extensa com $n!$ termos: $|A| = \Sigma \pm a_{1\alpha}a_{2\beta}\dots a_{n\nu}$.

13. Calcule os determinantes de A, B e C. Suas colunas são independentes?

$$A = \begin{bmatrix} 1 & 1 & 0 \\ 1 & 0 & 1 \\ 0 & 1 & 1 \end{bmatrix} \quad B = \begin{bmatrix} 1 & 2 & 3 \\ 4 & 5 & 6 \\ 7 & 8 & 9 \end{bmatrix} \quad C = \begin{bmatrix} A & 0 \\ 0 & B \end{bmatrix}.$$

14. Calcule os determinantes de A, B e C a partir de seis termos. Suas linhas são independentes?

$$A = \begin{bmatrix} 1 & 2 & 3 \\ 3 & 1 & 2 \\ 3 & 2 & 1 \end{bmatrix} \qquad B = \begin{bmatrix} 1 & 2 & 3 \\ 4 & 4 & 4 \\ 5 & 6 & 7 \end{bmatrix} \qquad C = \begin{bmatrix} 1 & 1 & 1 \\ 1 & 1 & 0 \\ 1 & 0 & 0 \end{bmatrix}.$$

15. Posicione o menor número de zeros em uma matriz 4 por 4 que garanta $\det A = 0$. Insira o maior número possível de zeros que ainda admita $\det A \neq 0$.

16. Quantas matrizes de permutação 5 por 5 possuem $\det P = +1$? Estas são permutações pares. Encontre uma que precise de quatro trocas para obter a matriz identidade.

17. Este problema mostra de duas maneiras que $\det A = 0$ (os xs são números quaisquer):

$$A = \begin{bmatrix} x & x & x & x & x \\ x & x & x & x & x \\ 0 & 0 & 0 & x & x \\ 0 & 0 & 0 & x & x \\ 0 & 0 & 0 & x & x \end{bmatrix}.$$

matriz 5 por 5
matriz nula 3 por 3
Sempre singular

(a) Como é possível saber que as linhas são linearmente dependentes?

(b) Explique por que todos os 120 termos são nulos na fórmula extensa para $\det A$.

18. Prove que 4 é o maior determinante para uma matriz 3 por 3 com apenas números 1 e –1.

19. Se $\det A \neq 0$, pelo menos um dos $n!$ termos na fórmula extensa (6) é não nulo. Suponha que um reordenamento das linhas de A não deixa valores nulos na diagonal (não utilize P da eliminação; aquela matriz PA pode ter zeros na diagonal).

20. Mostre que $\det A = 0$, independentemente dos cinco valores não nulos representados por x:

$$A = \begin{bmatrix} x & x & x \\ 0 & 0 & x \\ 0 & 0 & x \end{bmatrix}. \qquad \text{(Qual é o posto de } A\text{?)}$$

21. (a) Se $a_{11} = a_{22} = a_{33} = 0$, quantos dos seis termos de $\det A$ serão nulos?
(b) Se $a_{11} = a_{22} = a_{33} = a_{44} = 0$, quantos dos 24 produtos $a_{1j}a_{2k}a_{3\ell}a_{4m}$ certamente serão nulos?

22. Quantas permutações de (1, 2, 3, 4) são pares e quais são elas? Quais são todos os determinantes 4 por 4 possíveis de $I + P_{\text{par}}$?

23. Encontre dois modos de escolher valores não nulos de quatro linhas e colunas diferentes:

$$A = \begin{bmatrix} 1 & 0 & 0 & 1 \\ 0 & 1 & 1 & 1 \\ 1 & 1 & 0 & 1 \\ 1 & 0 & 0 & 1 \end{bmatrix} \qquad B = \begin{bmatrix} 1 & 0 & 0 & 2 \\ 0 & 3 & 4 & 5 \\ 5 & 4 & 0 & 3 \\ 2 & 0 & 0 & 1 \end{bmatrix}. \quad \text{(} B \text{ possui os mesmos zeros que } A\text{.)}$$

Det A é igual a $1 + 1$, $1 - 1$ ou $-1 - 1$? Quanto é det B?

Os problemas 24 a 33 utilizam cofatores $C_{ij} = (-1)^{i+j} \det M_{ij}$. Exclua a linha i e a coluna j.

24. Encontre cofatores e, em seguida, transponha. Multiplique C_A^T e C_B^T por A e B!

$$A = \begin{bmatrix} 2 & 1 \\ 3 & 6 \end{bmatrix} \qquad B = \begin{bmatrix} 1 & 2 & 3 \\ 4 & 5 & 6 \\ 7 & 0 & 0 \end{bmatrix}.$$

25. Explique por que o seguinte determinante de Vandermonde contém x^3 mas não x^4 ou x^5:

$$V_4 = \det \begin{bmatrix} 1 & a & a^2 & a^3 \\ 1 & b & b^2 & b^3 \\ 1 & c & c^2 & c^3 \\ 1 & x & x^2 & x^3 \end{bmatrix}.$$

O determinante é nulo em $x =$ ____, ____ e ____. O cofator de x^3 é $V_3 = (b-a)(c-a)(c-b)$. Então, $V_4 = (x-a)(x-b)(x-c)V_3$.

26. B_n é igual a A_n exceto por $b_{11} = 1$. Utilize a linearidade da primeira linha, em que $[1 \;\; -1 \;\; 0]$ é igual a $[2 \;\; -1 \;\; 0]$ menos $[1 \;\; 0 \;\; 0]$:

$$|B_n| = \begin{vmatrix} 1 & -1 & & 0 \\ -1 & & & \\ & & A_{n-1} & \\ 0 & & & \end{vmatrix} = \begin{vmatrix} 2 & -1 & & 0 \\ -1 & & & \\ & & A_{n-1} & \\ 0 & & & \end{vmatrix} - \begin{vmatrix} 1 & 0 & & 0 \\ -1 & & & \\ & & A_{n-1} & \\ 0 & & & \end{vmatrix}.$$

A linearidade da linha 1 resulta em $|B_n| = |A_n| - |A_{n-1}| =$ ____.

27. Encontre a matriz de cofatores C e compare AC^{T} com A^{-1}:

$$A = \begin{bmatrix} 2 & -1 & 0 \\ -1 & 2 & -1 \\ 0 & -1 & 2 \end{bmatrix} \qquad A^{-1} = \frac{1}{4}\begin{bmatrix} 3 & 2 & 1 \\ 2 & 4 & 2 \\ 1 & 2 & 3 \end{bmatrix}.$$

28. O problema 30 apresenta números 1 imediatamente acima e abaixo da diagonal principal. Descendo a matriz, que ordem de colunas (se houver) apresenta apenas números 1? Explique por que essa permutação é *par* para $n = 4, 8, 12, \ldots$ e *ímpar* para $n = 2, 6, 10, \ldots$

$$C_n = 0 \ (n \text{ ímpar}) \qquad C_n = 1 \ (n = 4, 8, \ldots) \qquad C_n = -1 \ (n = 2, 6, \ldots).$$

29. A matriz B_n é matriz A_n $-1, 2, -1$, exceto por $b_{11} = 1$, em vez de $a_{11} = 2$. Utilizando cofatores da *última* linha de B_4, mostre que $|B_4| = 2|B_3| - |B_2| = 1$:

$$B_4 = \begin{bmatrix} 1 & -1 & & \\ -1 & 2 & -1 & \\ & -1 & 2 & -1 \\ & & -1 & 2 \end{bmatrix} \qquad B_3 = \begin{bmatrix} 1 & -1 & \\ -1 & 2 & -1 \\ & -1 & 2 \end{bmatrix}.$$

A recursão $|B_n| = 2|B_{n-1}| - |B_{n-2}|$ é igual para as matrizes A. A diferença está nos valores iniciais 1, 1, 1 para $n = 1, 2, 3$. *Quais são os pivôs*?

30. O determinante n por n, C_n, possui números 1 acima e abaixo da diagonal principal:

$$C_1 = |0| \qquad C_2 = \begin{vmatrix} 0 & 1 \\ 1 & 0 \end{vmatrix} \qquad C_3 = \begin{vmatrix} 0 & 1 & 0 \\ 1 & 0 & 1 \\ 0 & 1 & 0 \end{vmatrix} \qquad C_4 = \begin{vmatrix} 0 & 1 & 0 & 0 \\ 1 & 0 & 1 & 0 \\ 0 & 1 & 0 & 1 \\ 0 & 0 & 1 & 0 \end{vmatrix}.$$

(a) Quais são os determinantes de C_1, C_2, C_3 e C_4?
(b) Por cofatores, encontre a relação entre C_n e C_{n-1} e C_{n-2}. Encontre C_{10}.

31. Troque 3 por 2 no canto superior esquerdo das matrizes do problema 33. Por que isso subtrai S_{n-1} do determinante S_n? Mostre que os determinantes se tornam os números de Fibonacci 2, 5, 13 (sempre F_{2n+1}).

32. Calcule os determinantes S_1, S_2 e S_3 das seguintes matrizes tridiagonais 1, 3, 1:

$$S_1 = |3| \qquad S_2 = \begin{vmatrix} 3 & 1 \\ 1 & 3 \end{vmatrix} \qquad S_3 = \begin{vmatrix} 3 & 1 & 0 \\ 1 & 3 & 1 \\ 0 & 1 & 3 \end{vmatrix}.$$

Encontre S_4 por Fibonacci e verifique se você está correto.

33. Os cofatores daquelas matrizes 1, 3, 1 resultam em $S_n = 3S_{n-1} - S_{n-2}$. Desafio: *mostre que* S_n *é o número de Fibonacci* F_{2n+2} *provando que* $F_{2n+2} = 3F_{2n} - F_{2n-2}$. Continue utilizando a regra de Fibonacci $F_k = F_{k-1} + F_{k-2}$.

Os problemas 34 a 36 abordam matrizes de blocos e determinantes de blocos.

34. A eliminação por blocos subtrai CA^{-1} vezes a primeira linha $[A \quad B]$ da segunda linha $[C \quad D]$. Isso faz com que o *complemento de Schur* $D - CA^{-1}B$ fique no canto:

$$\begin{bmatrix} I & 0 \\ -CA^{-1} & I \end{bmatrix} \begin{bmatrix} A & B \\ C & D \end{bmatrix} = \begin{bmatrix} A & B \\ 0 & D - CA^{-1}B \end{bmatrix}.$$

Descubra os determinantes dessas matrizes a fim de provar as regras corretas para blocos quadrados:

$$\begin{bmatrix} A & B \\ C & D \end{bmatrix} = \underset{\text{se } A^{-1} \text{ existir}}{|A||D - CA^{-1}B|} = \underset{\text{se } AC = CA}{|AD - CB|}.$$

35. Com blocos 2 por 2, nem sempre é possível utilizar determinantes de blocos!

$$\begin{vmatrix} A & B \\ 0 & D \end{vmatrix} = |A||D| \quad \text{mas} \quad \begin{vmatrix} A & B \\ C & D \end{vmatrix} \neq |A||D| - |C||B|.$$

(a) Por que a primeira afirmação é verdadeira? De algum modo B não se inclui.
(b) Mostre, por meio de exemplo, que a igualdade falha (como demonstrado) quando C é incluído.
(c) Mostre, por meio de exemplo, que a resposta det $(AD - CB)$ também está incorreta.

36. Com multiplicação de blocos, $A = LU$ possui $A_k = L_k U_k$ no canto superior esquerdo:

$$A = \begin{bmatrix} A_k & * \\ * & * \end{bmatrix} = \begin{bmatrix} L_k & 0 \\ * & * \end{bmatrix} \begin{bmatrix} U_k & * \\ 0 & * \end{bmatrix}.$$

(a) Suponha que os três primeiros pivôs de A sejam 2, 3, –1. Quais são os determinantes de L_1, L_2 e L_3 (com diagonal de números 1), U_1, U_2, U_3 e A_1, A_2, A_3?
(b) Se A_1, A_2 e A_3 possuem determinantes 5, 6 e 7, encontre os três pivôs.

37. Um determinante 3 por 3 possui três produtos "embaixo à direita" e três "embaixo à esquerda" com sinais negativos. Calcule os seis termos na figura abaixo para encontrar D. Em seguida, explique, sem usar determinantes, por que essa matriz é ou não invertível:

$$D = \begin{vmatrix} 1 & 2 & 3 \\ 4 & 5 & 6 \\ 7 & 8 & 9 \end{vmatrix} \begin{matrix} 1 & 2 \\ 4 & 5 \\ 7 & 8 \end{matrix}$$

$$- \quad - \quad - \quad + \quad + \quad +$$

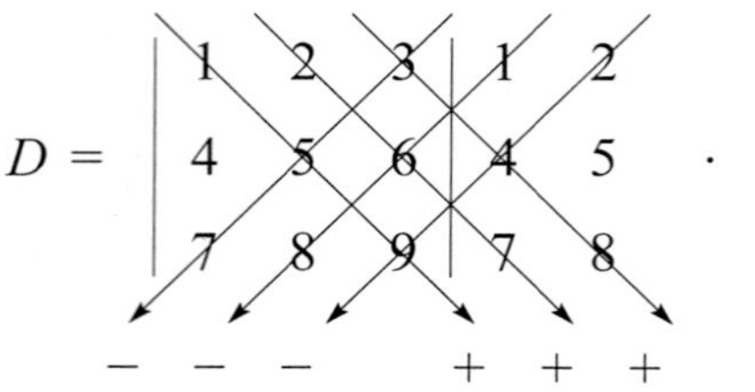

38. $A = 2*\text{eye}(n) - \text{diag}(\text{ones}(n-1,1),1) - \text{diag}(\text{ones}(n-1,1),-1)$ é a matriz $-1, 2, -1$. Altere $A(1,1)$ para 1 de modo que $\det A = 1$. Preveja os elementos de A^{-1} com base em $n = 3$ e teste sua previsão para $n = 4$.

39. Para A_4 no problema 5, cinco dos $4! = 24$ termos da fórmula extensa (6) são não nulos. Encontre esses cinco termos para mostrar que $D_4 = -1$.

40. Para a matriz tridiagonal 4 por 4 (elementos $-1, 2, -1$), encontre os cinco termos da fórmula extensa que resultem em $\det A = 16 - 4 - 4 - 4 + 1$.

41. Todas as **matrizes de Pascal** possuem determinante 1. Se subtrairmos 1 do elemento n, n, por que o determinante se torna nulo? Utilize a regra 3 ou um cofator.

$$\det \begin{bmatrix} 1 & 1 & 1 & 1 \\ 1 & 2 & 3 & 4 \\ 1 & 3 & 6 & 10 \\ 1 & 4 & 10 & \mathbf{20} \end{bmatrix} = 1 \text{ (conhecido)} \qquad \det \begin{bmatrix} 1 & 1 & 1 & 1 \\ 1 & 2 & 3 & 4 \\ 1 & 3 & 6 & 10 \\ 1 & 4 & 10 & \mathbf{19} \end{bmatrix} = \mathbf{0} \text{ (explique)}.$$

42. Encontre o determinante da seguinte matriz P cíclica por cofatores da linha 1. Quantas trocas reordenam 4, 1, 2, 3 para 1, 2, 3, 4? $|P^2| = +1$ ou -1?

$$P = \begin{bmatrix} 0 & 0 & 0 & 1 \\ 1 & 0 & 0 & 0 \\ 0 & 1 & 0 & 0 \\ 0 & 0 & 1 & 0 \end{bmatrix} \qquad P^2 = \begin{bmatrix} 0 & 0 & 1 & 0 \\ 0 & 0 & 0 & 1 \\ 1 & 0 & 0 & 0 \\ 0 & 1 & 0 & 0 \end{bmatrix} = \begin{bmatrix} 0 & I \\ I & 0 \end{bmatrix}.$$

43. (MATLAB) As matrizes $-1, 2, -1$ apresentam determinante $n + 1$. Calcule $(n+1)A^{-1}$ para $n = 3$ e 4, e verifique sua previsão para $n = 5$ (inversas de matrizes tridiagonais apresentam a forma de posto um uv^T sobre a diagonal).

4.4 APLICAÇÕES DOS DETERMINANTES

Esta seção apresenta quatro aplicações principais: *inversa de* A, *resolução de* Ax = b, *volumes de sólidos* e *pivôs*. Essas aplicações estão entre os cálculos fundamentais de álgebra linear (feitos por eliminação). Os determinantes fornecem fórmulas para as respostas.

1. Cálculo de A^{-1}. O caso 2 por 2 ilustra como os cofatores levam a A^{-1}:

$$\begin{bmatrix} a & b \\ c & d \end{bmatrix}^{-1} = \frac{1}{ad - bc} \begin{bmatrix} d & -b \\ -c & a \end{bmatrix} = \frac{1}{\det A} \begin{bmatrix} C_{11} & C_{21} \\ C_{12} & C_{22} \end{bmatrix}.$$

Estamos dividindo pelo determinante e A é invertível exatamente quando det A é não nulo. O número $C_{11} = d$ é o cofator de a. O número $C_{12} = -c$ é o cofator de b (observe o sinal de menos). Esse número C_{12} aparece na linha 2, coluna 1!

A linha a, b vezes a coluna C_{11}, C_{12} produz $ad - bc$. Trata-se da expansão do cofator de det A. Essa é a pista de que precisamos: **A^{-1} divide os cofatores por det A.**

Matriz de cofatores
***C* é transposta**

$$A^{-1} = \frac{C^{\mathrm{T}}}{\det A} \quad \text{implica} \quad (A^{-1})_{ij} = \frac{C_{ji}}{\det A}. \tag{1}$$

Nossa meta é verificar essa fórmula para A^{-1}. Temos que ver por que $AC^{\mathrm{T}} = (\det A)I$:

$$\begin{bmatrix} a_{11} & \cdots & a_{1n} \\ \vdots & & \vdots \\ a_{n1} & \cdots & a_{nn} \end{bmatrix} \begin{bmatrix} C_{11} & \cdots & C_{n1} \\ \vdots & & \vdots \\ C_{1n} & \cdots & C_{nn} \end{bmatrix} = \begin{bmatrix} \det A & \cdots & 0 \\ \vdots & & \vdots \\ 0 & \cdots & \det A \end{bmatrix}. \tag{2}$$

Com os cofatores $C_{11}, \ldots, C_{1n}$ na primeira *coluna* e não na primeira linha, multiplicam-se $a_{11}, \ldots, a_{1n}$ e obtém-se o elemento diagonal det A. Cada linha de A multiplica seus cofatores (*o cofator de expansão*) para obter a mesma resposta det A da diagonal.

A questão principal é: *por que obtemos zeros fora da diagonal*? Se combinarmos os elementos a_{1j} da linha 1 com os cofatores C_{2j} da linha 2, por que o resultado é zero?

$$\textbf{linha 1 de } \boldsymbol{A}\textbf{, linha 2 de } \boldsymbol{C} \qquad a_{11}C_{21} + a_{12}C_{22} + \cdots + a_{1n}C_{2n} = 0. \tag{3}$$

A resposta é: estamos calculando o determinante de uma nova matriz B, com uma nova linha 2. A primeira linha de A é copiada na segunda linha de B. Então B possui duas linhas iguais e det $B = 0$. A equação (3) é a expansão de det B ao longo de sua linha 2, em que B possui exatamente os mesmos cofatores de A (pois a segunda linha é desprezada para se encontrar esses cofatores). A notável multiplicação de matrizes (2) está correta.

Essa multiplicação $AC^{\mathrm{T}} = (\det A)I$ resulta imediatamente em A^{-1}. Lembre-se de que o cofator da exclusão da linha i e da coluna j de A aparece na *linha* j *e na coluna* i de C^{T}. A divisão pelo número det A (quando não é zero!) resulta em $A^{-1} = C^{\mathrm{T}}/\det A$.

Exemplo 1 A inversa de uma matriz de soma é a matriz das diferenças:

$$A = \begin{bmatrix} 1 & 1 & 1 \\ 0 & 1 & 1 \\ 0 & 0 & 1 \end{bmatrix} \quad \text{possui} \quad A^{-1} = \frac{C^{\mathrm{T}}}{\det A} = \begin{bmatrix} 1 & -1 & 0 \\ 0 & 1 & -1 \\ 0 & 0 & 1 \end{bmatrix}.$$

Os sinais de subtração aparecem porque os cofatores sempre incluem $(-1)^{i+j}$.

2. A solução de $Ax = b$. A multiplicação $x = A^{-1}b$ é simplesmente $C^{\mathrm{T}}b$ dividido por det A. Há um modo conhecido de apresentar a resposta $(x_1, \ldots, x_n)$:

4C ***Regra de Cramer*:** o j-ésimo componente de $x = A^{-1}b$ é a razão

$$x_j = \frac{\det B_j}{\det A}, \quad \text{em que} \quad B_j = \begin{bmatrix} a_{11} & a_{12} & \boldsymbol{b_1} & a_{1n} \\ \vdots & \vdots & \vdots & \vdots \\ a_{n1} & a_{n2} & \boldsymbol{b_n} & a_{nm} \end{bmatrix} \text{ possui } b \text{ na coluna } j. \tag{4}$$

Prova Expanda det B_j em cofatores de sua j-ésima coluna (que é b). Como os cofatores desprezam essa coluna, det B_j é exatamente o j-ésimo componente no produto $C^{\mathrm{T}}b$:

$$\det B_j = b_1C_{1j} + b_2C_{2j} + \cdots + b_nC_{nj}.$$

A divisão por det A resulta em x_j. Cada componente de x é a *razão de dois determinantes*. Este fato poderia ter sido reconhecido pela eliminação de Gauss, mas nunca foi. ■

Exemplo 2 A solução de

$$\begin{aligned} x_1 + 3x_2 &= 0 \\ 2x_1 + 4x_2 &= 6 \end{aligned}$$

apresenta 0 e 6 na primeira coluna para x_1 e na segunda coluna para x_2:

$$x_1 = \frac{\begin{vmatrix} 0 & 3 \\ 6 & 4 \end{vmatrix}}{\begin{vmatrix} 1 & 3 \\ 2 & 4 \end{vmatrix}} = \frac{-18}{-2} = 9, \qquad x_2 = \frac{\begin{vmatrix} 1 & 0 \\ 2 & 6 \end{vmatrix}}{\begin{vmatrix} 1 & 3 \\ 2 & 4 \end{vmatrix}} = \frac{6}{-2} = -3.$$

Os denominadores são sempre det A. Para 1.000 equações, a Regra de Cramer precisaria de 1.001 determinantes. Para meu desânimo, descobri no livro *Mathematics for the Millions* [Matemática para Milhões] que o uso da Regra de Cramer é, na verdade, recomendado (enquanto a eliminação é desprezada):

> Para lidar com um conjunto que envolva as quatro variáveis u, v, w, z, primeiro precisamos eliminar uma delas em cada um dos três pares para obter três equações de três variáveis e, em seguida, prosseguir com o conjunto triplo do lado esquerdo a fim de obter valores para duas delas. O leitor que fizer isto como um exercício começará a perceber quão extraordinariamente trabalhoso se torna o método de eliminação quando temos de lidar com mais de três variáveis. Essa consideração nos convida a explorar a possibilidade de um *método mais rápido*...

O "método mais rápido" é a Regra de Cramer! Se o autor planejasse calcular 1.001 determinantes, eu chamaria seu livro de *Matemática para Milionários*.

3. Volume de uma caixa. A conexão entre o determinante e o volume torna-se mais clara quando todos os ângulos são *retos* – as arestas são perpendiculares e a caixa é retangular. Assim, o volume é o produto dos comprimentos das arestas: *volume* $= \ell_1\ell_2 \ldots \ell_n$.

Queremos obter o mesmo produto $\ell_1\ell_2 \ldots \ell_n$ a partir da det A, *quando as arestas dessa caixa são as linhas de* A. Com ângulos retos, essas linhas são ortogonais e AA^{T} é diagonal:

Caixa de ângulos retos
Linhas ortogonais

$$AA^{\mathrm{T}} = \begin{bmatrix} \text{linha } 1 \\ \vdots \\ \text{linha } n \end{bmatrix} \begin{bmatrix} \text{l} & & \text{l} \\ \text{i} & & \text{i} \\ \text{n} & & \text{n} \\ \text{h} & \cdots & \text{h} \\ \text{a} & & \text{a} \\ & & \\ 1 & & n \end{bmatrix} = \begin{bmatrix} \ell_1^2 & & 0 \\ & \ddots & \\ 0 & & \ell_n^2 \end{bmatrix}.$$

Os ℓ_i são os comprimentos das linhas (as arestas), e os zeros fora da diagonal surgem porque as linhas são ortogonais. Utilizando-se as regras de produto e transposição,

$$\textbf{Caso de ângulo reto} \qquad \ell_1^2\ell_2^2 \dots \ell_n^2 = (\det AA^T) = (\det A)(\det A^T) = \det(A)^2.$$

A raiz quadrada desta equação diz que ***o determinante é igual ao volume***. O *sinal* de A indicará se as arestas formam um conjunto de coordenadas do "lado direito", como no sistema usual x-y-z, ou um sistema do "lado esquerdo", como em y-x-z.

Se os ângulos não forem 90°, o volume não é o produto dos comprimentos. No plano (Figura 4.2), o "volume" de um paralelogramo é igual à base ℓ multiplicada pela altura h. O vetor $b - p$ de comprimento h é a segunda linha $b = (a_{21}, a_{22})$, menos sua projeção p sobre a primeira linha. O ponto principal é que: pela regra 5, det A não é alterado quando um múltiplo da linha 1 é subtraído da linha 2. *Podemos transformar o paralelogramo em um retângulo*, em que já se provou que o volume = determinante.

Em n dimensões, leva mais tempo tornar cada caixa retangular, mas a ideia é a mesma. O volume e o determinante não são alterados se subtrairmos de cada linha sua projeção sobre o espaço gerado pelas linhas anteriores – deixando um "vetor-altura" perpendicular como pb. Esse processo de Gram-Schmidt produz linhas ortogonais, com volume = determinante. Assim, deve-se manter a mesma igualdade das linhas originais.

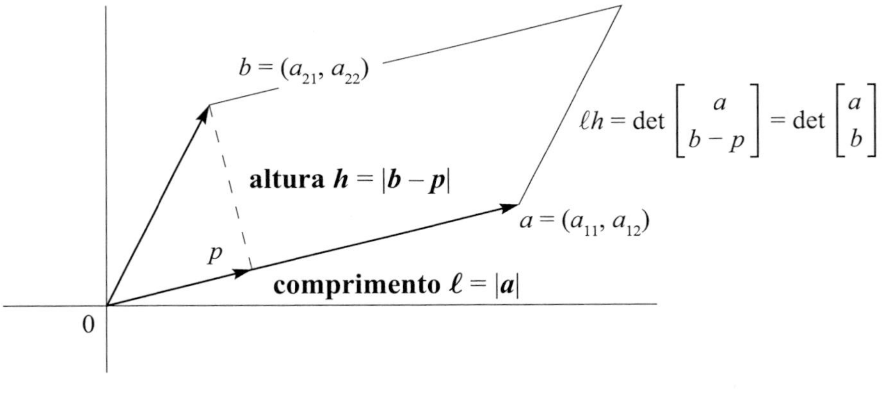

Figura 4.2 Volume (área) do paralelogramo = ℓ vezes $h = |\det A|$.

Isto completa a relação entre volumes e determinantes, mas vale a pena voltar mais uma vez ao caso mais simples. Sabemos que

$$\det\begin{bmatrix}1 & 0\\0 & 1\end{bmatrix} = 1, \qquad \det\begin{bmatrix}1 & 0\\c & 1\end{bmatrix} = 1.$$

Esses determinantes dão os volumes – ou as áreas, já que estamos em duas dimensões – descritos na Figura 4.3. O paralelogramo apresenta base unitária e altura unitária; sua área também é 1.

4. Uma fórmula para os pivôs. Podemos finalmente descobrir quando a eliminação é possível sem trocas de linhas. A observação principal é que os primeiros k pivôs são completamente determinados pela submatriz A_k no canto superior esquerdo de A. *As linhas e colunas restantes de* A *não têm qualquer efeito sobre este canto do problema*:

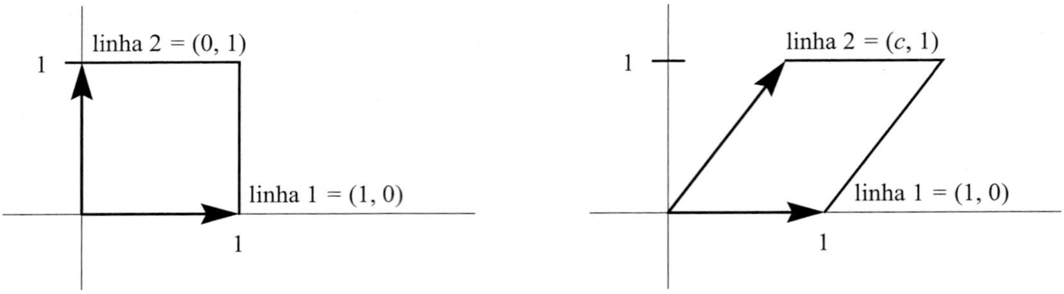

Figura 4.3 As áreas de um quadrado unitário e de um paralelogramo unitário são iguais a 1.

A eliminação em A inclui a eliminação em A_2 $\quad A = \begin{bmatrix} \boldsymbol{a} & \boldsymbol{b} & e \\ \boldsymbol{c} & \boldsymbol{d} & f \\ g & h & i \end{bmatrix} \rightarrow \begin{bmatrix} \boldsymbol{a} & \boldsymbol{b} & e \\ \boldsymbol{0} & \boldsymbol{(ad - bc)/a} & (af - ec)/a \\ g & h & i \end{bmatrix}.$

Certamente, o primeiro pivô depende apenas da primeira linha e da primeira coluna. O segundo pivô $(ad - bc)/a$ depende apenas da submatriz 2 por 2 de canto A_2. O resto de A não é relevante até o terceiro pivô. Na verdade, não apenas os pivôs, mas também todos os cantos superiores esquerdos de L, D e U são determinados pelo canto superior esquerdo de A:

$$A = LDU = \begin{bmatrix} 1 & & \\ c/a & 1 & \\ * & * & 1 \end{bmatrix} \begin{bmatrix} a & & \\ & (ad - bc)/a & \\ & & * \end{bmatrix} \begin{bmatrix} 1 & b/a & * \\ & 1 & * \\ & & 1 \end{bmatrix}.$$

O que vemos nas duas primeiras linhas de colunas é exatamente a fatoração da submatriz de canto A_2. Esta é uma regra geral se não houver trocas de linhas:

> **4D** Se A for fatorado em LDU, os cantos superiores esquerdos satisfazem $A_k = L_k D_k U_k$. Para cada k, a submatriz A_k passa por uma eliminação de Gauss de si mesma.

A prova é ver que este canto pode ser estabelecido primeiro, antes mesmo de prestar atenção nas outras eliminações. Ou, ainda, utilize as propriedades de ***multiplicação de blocos***:

$$LDU = \begin{bmatrix} \boldsymbol{L_k} & 0 \\ B & C \end{bmatrix} \begin{bmatrix} \boldsymbol{D_k} & 0 \\ 0 & E \end{bmatrix} \begin{bmatrix} \boldsymbol{U_k} & F \\ 0 & G \end{bmatrix} = \begin{bmatrix} \boldsymbol{L_k D_k U_k} & L_k D_k F \\ BD_k U_k & BD_k F + CEG \end{bmatrix}.$$

Comparando-se a última matriz com A, o canto $L_k D_k U_k$ coincide com A_k. Então:

$$\det A_k = \det L_k \det D_k \det U_k = \det D_k = d_1 d_2 \ldots d_k.$$

O produto dos primeiros k *pivôs é o determinante de* A_k. Trata-se da mesma regra que já conhecemos para toda a matriz. Como o determinante de A_{k-1} será dado por $d_1 d_2 \ldots d_{k-1}$, podemos isolar cada pivô d_k como uma ***razão de determinantes***:

$$\textbf{Fórmula para pivôs} \qquad \frac{\det A_k}{\det A_{k-1}} = \frac{d_1 d_2 \cdots d_k}{d_1 d_2 \cdots d_{k-1}} = d_k. \qquad (5)$$

Em nosso exemplo anterior, o segundo pivô era exatamente essa razão $(ad - bc)/a$. Trata-se do determinante de A_2 dividido pelo determinante de A_1 (por convenção, det $A_0 = 1$, de modo que o primeiro pivô é $a/1 = a$). Multiplicando-se todos os pivôs individuais, recuperamos

$$d_1 d_2 \cdots d_n = \frac{\det A_1}{\det A_0}\frac{\det A_2}{\det A_1} \cdots \frac{\det A_n}{\det A_{n-1}} = \frac{\det A_n}{\det A_0} = \det A.$$

A partir da equação (5), podemos finalmente confirmar a resposta à nossa questão original: ***os elementos pivôs são todos não nulos sempre que os números det*** $\mathbf{A_k}$ ***sejam todos não nulos***:

4E A eliminação pode ser completada sem trocas de linhas (assim, $P = I$ e $A = LU$), se, e somente se, as submatrizes precedentes $A_1, A_2, \ldots, A_n$ forem não singulares.

Isto funciona para os determinantes, exceto por um comentário opcional sobre a propriedade 2 – a inversão de sinal por trocas de linhas. O ***determinante de uma matriz de permutação*** **P** é o único ponto questionável na fórmula extensa. Independentemente das trocas de linhas específicas que levam de P a I, o número de trocas é sempre par ou é sempre ímpar? Se for este o caso, seu determinante é bem definido pela regra 2, como +1 ou –1.

Começando com (3, 2, 1), uma única troca de 3 e 1 atingiria a ordem natural (1, 2, 3). Assim seria também com uma troca de 3 e 2, seguida por 3 e 1 e, então, por 2 e 1. Em ambas as sequências, o número de trocas é ímpar. A afirmação é que *um número par de trocas nunca pode produzir a ordem natural, começando com* (3, 2, 1).

Aqui está uma prova. Olhe para cada par de números na permutação e assuma que N conte os pares nos quais o número maior vem primeiro. Certamente, $N = 0$ para a ordem natural (1, 2, 3). A ordem (3, 2, 1) possui $N = 3$, já que todos os pares (3, 2), (3, 1) e (2, 1) estão incorretos. Mostraremos que *toda troca altera* N *por um número ímpar*. Em seguida, para chegar a $N = 0$ (a ordem natural), utiliza-se um número de trocas que é par ou ímpar conforme N.

Quando linhas vizinhas são trocadas, N se altera de +1 ou –1. *Qualquer troca pode ser obtida por um número ímpar de trocas de vizinhos*. Isto completará a prova; um número ímpar de números ímpares é ímpar. Para trocar o primeiro e o quarto elementos abaixo, que são 2 e 3, utilizamos cinco trocas (um número ímpar) de vizinhos:

$$(\mathbf{2}, 1, 4, \mathbf{3}) \;\rightarrow\; (1, \mathbf{2}, 4, \mathbf{3}) \;\rightarrow\; (1, 4, \mathbf{2}, \mathbf{3}) \;\rightarrow\; (1, 4, \mathbf{3}, \mathbf{2}) \;\rightarrow\; (1, \mathbf{3}, 4, \mathbf{2}) \;\rightarrow\; (\mathbf{3}, 1, 4, \mathbf{2}).$$

Precisamos de $\ell - k$ trocas de vizinhos para mover o elemento na posição k para a posição ℓ. Em seguida, $\ell - k - 1$ trocas movem o elemento originalmente na posição ℓ (agora localizado na posição $\ell - 1$) de volta para a posição k. Como $(\ell - k) + (\ell - k - 1)$ é ímpar, a prova está completa. O determinante não apenas apresenta todas as propriedades encontradas anteriormente, ela realmente existe.

Conjunto de problemas 4.4

1. Encontre o determinante e todos os nove cofatores C_{ij} dessa matriz triangular:

$$A = \begin{bmatrix} 1 & 2 & 3 \\ 0 & 4 & 0 \\ 0 & 0 & 5 \end{bmatrix}.$$

Forme C^T e verifique se $AC^T = (\det A)I$. Quanto é A^{-1}?

2. (a) Desenhe o triângulo com vértices $A = (2, 2)$, $B = (-1, 3)$ e $C = (0, 0)$. Levando em consideração que ele possui metade da área de um paralelogramo, explique por que sua área é igual a:

$$\text{área } (ABC) = \frac{1}{2}\det\begin{bmatrix} 2 & 2 \\ -1 & 3 \end{bmatrix}.$$

(b) Mova o terceiro vértice para $C = (1, -4)$ e justifique a fórmula:

$$\text{área } (ABC) = \frac{\mathbf{1}}{\mathbf{2}}\mathbf{det}\begin{bmatrix} \boldsymbol{x_1} & \boldsymbol{y_1} & \mathbf{1} \\ \boldsymbol{x_2} & \boldsymbol{y_2} & \mathbf{1} \\ \boldsymbol{x_3} & \boldsymbol{y_3} & \mathbf{1} \end{bmatrix} = \frac{1}{2}\det\begin{bmatrix} 2 & 2 & 1 \\ -1 & 3 & 1 \\ 1 & -4 & 1 \end{bmatrix}.$$

Dica: Subtraindo-se a última linha de todas as outras, obtém-se:

$$\det\begin{bmatrix} 2 & 2 & 1 \\ -1 & 3 & 1 \\ 1 & -4 & 1 \end{bmatrix} = \det\begin{bmatrix} 1 & 6 & 0 \\ -2 & 7 & 0 \\ 1 & -4 & 1 \end{bmatrix} = \det\begin{bmatrix} 1 & 6 \\ -2 & 7 \end{bmatrix}.$$

Esboce $A' = (1, 6)$, $B' = (-2, 7)$, $C' = (0, 0)$ e suas relações com A, B, C.

3. Preveja e confirme por meio de eliminação os elementos pivôs de:

$$A = \begin{bmatrix} 2 & 1 & 2 \\ 4 & 5 & 0 \\ 2 & 7 & 0 \end{bmatrix} \quad \text{e} \quad B = \begin{bmatrix} 2 & 1 & 2 \\ 4 & 5 & 3 \\ 2 & 7 & 0 \end{bmatrix}.$$

4. Encontre todas as permutações ímpares dos números $\{1, 2, 3, 4\}$. Elas surgem a partir de um número ímpar de trocas e levam a $\det P = -1$.

5. Utilize a matriz de cofatores C para inverter as seguintes matrizes simétricas:

$$A = \begin{bmatrix} 2 & -1 & 0 \\ -1 & 2 & -1 \\ 0 & -1 & 2 \end{bmatrix} \quad \text{e} \quad B = \begin{bmatrix} 1 & 1 & 1 \\ 1 & 2 & 2 \\ 1 & 2 & 3 \end{bmatrix}.$$

6. Suponha que a permutação P transforme $(1, 2, 3, 4, 5)$ em $(5, 4, 1, 2, 3)$.
(a) O que P^2 faz com $(1, 2, 3, 4, 5)$?
(b) O que P^{-1} faz com $(1, 2, 3, 4, 5)$?

7. Encontre x, y e z pela Regra de Cramer na equação (4):

$$\begin{aligned} ax + by &= 1 \\ cx + dy &= 0 \end{aligned} \qquad \text{e} \qquad \begin{aligned} x + 4y - z &= 1 \\ x + y + z &= 0 \\ 2x \qquad + 3z &= 0. \end{aligned}$$

8. Explique, em termos de volumes, por que $\det 3A = 3^n \det A$ para uma matriz A n por n.

9. (a) Encontre o determinante quando o vetor x substitui a coluna j da identidade (considere $x_j = 0$ como um caso à parte):

$$\text{Se } M = \begin{bmatrix} 1 & & x_1 & & \\ & 1 & \cdot & & \\ & & x_j & & \\ & & \cdot & 1 & \\ & & x_n & & 1 \end{bmatrix} \quad \text{então } \det M = \underline{\qquad}.$$

(b) Se $Ax = b$, mostre que AM é a matriz B_j na equação (4), com b na coluna j.

(c) Obtenha a *Regra de Cramer*, extraindo os determinantes de $AM = B_j$.

10. Prove que, se você continuar multiplicando A pela mesma matriz de permutação P, a primeira linha eventualmente volta à sua posição original.

11. Se A é uma matriz 5 por 5 com todos os elementos $|a_{ij}| \leq 1$, então det $A \leq$ ____. Volumes ou fórmula extensa ou pivôs devem resultar em números maiores no determinante.

12. Se P for uma permutação ímpar, explique por que P^2 é par, mas P^{-1} é ímpar.

Os problemas 13 a 17 são sobre a Regra de Cramer para $x = A^{-1}b$.

13. *Prova rápida da Regra de Cramer*. O determinante é uma função linear da coluna 1. Ela é nula se duas colunas forem iguais. Quando $\boldsymbol{b} = A\boldsymbol{x} = x_1\boldsymbol{a}_1 + x_2\boldsymbol{a}_2 + x_3\boldsymbol{a}_3$ aparece na coluna 1 para produzir B_1, o determinante é

$$\left|\boldsymbol{b} \quad \boldsymbol{a}_2 \quad \boldsymbol{a}_3\right| = \left|x_1\boldsymbol{a}_1 + x_2\boldsymbol{a}_2 + x_3\boldsymbol{a}_3 \quad \boldsymbol{a}_2 \quad \boldsymbol{a}_3\right| = x_1\left|\boldsymbol{a}_1 \quad \boldsymbol{a}_2 \quad \boldsymbol{a}_3\right| = x_1 \ \det A.$$

(a) Qual fórmula para x_1 surge a partir de lado esquerdo = lado direito?

(b) Que etapas levam à equação do meio?

14. Resolva as seguintes equações lineares pela Regra de Cramer $x_j = \det B_j/\det A$:

(a) $\begin{aligned} 2x_1 + 5x_2 &= 1 \\ x_1 + 4x_2 &= 2. \end{aligned}$ (b) $\begin{aligned} 2x_1 + x_2 &= 1 \\ x_1 + 2x_2 + x_3 &= 0 \\ x_2 + 2x_3 &= 0. \end{aligned}$

15. Se o lado direito b é a *última coluna* de A, resolva o sistema 3 por 3 $Ax = b$. Explique como cada determinante da Regra de Cramer leva à sua solução x.

16. A Regra de Cramer falha quando det $A = 0$. O exemplo (a) não tem solução, ao passo que (b) tem infinitas soluções. Quais são as razões $x_j = \det B_j/\det A$?

(a) $\begin{aligned} 2x_1 + 3x_2 &= 1 \\ 4x_1 + 6x_2 &= 1. \end{aligned}$ (retas paralelas) (b) $\begin{aligned} 2x_1 + 3x_2 &= 1 \\ 4x_1 + 6x_2 &= 2. \end{aligned}$ (mesma reta)

17. Utilize a Regra de Cramer para resolver y (apenas). Aplique o determinante D 3 por 3:

(a) $\begin{aligned} ax + by &= 1 \\ cx + dy &= 0. \end{aligned}$ (b) $\begin{aligned} ax + by + cz &= 1 \\ dx + ey + fz &= 0 \\ gx + hy + iz &= 0. \end{aligned}$

Os problemas 18 a 26 são sobre $A^{-1} = C^{\mathrm{T}}/\det A$. Lembre-se de transpor C.

18. Se todos os cofatores são nulos, como é possível saber que A não possui inversa? Se nenhum dos cofatores for nulo, A certamente será invertível?

19. Encontre os cofatores de A e multiplique AC^{T} para encontrar det A:

$$A = \begin{bmatrix} 1 & 1 & 4 \\ 1 & 2 & 2 \\ 1 & 2 & 5 \end{bmatrix}, \qquad C = \begin{bmatrix} 6 & -3 & 0 \\ \cdot & \cdot & \cdot \\ \cdot & \cdot & \cdot \end{bmatrix} \quad \text{e} \quad AC^{\mathrm{T}} = \underline{\qquad}.$$

Se você alterar o elemento do canto de 4 para 100, por que det A fica inalterada?

20. Encontre A^{-1} a partir da fórmula de cofatores $C^T/\det A$. Utilize simetria no item (b):

$$\text{(a) } A = \begin{bmatrix} 1 & 2 & 0 \\ 0 & 3 & 0 \\ 0 & 4 & 1 \end{bmatrix}. \qquad \text{(b) } A = \begin{bmatrix} 2 & -1 & 0 \\ -1 & 2 & -1 \\ 0 & -1 & 2 \end{bmatrix}.$$

21. A partir da fórmula $AC^T = (\det A)I$, mostre que $\det C = (\det A)^{n-1}$.

22. Se todos os elementos de A são inteiros e $\det A = 1$ ou -1, prove que todos os elementos de A^{-1} são inteiros. Dê um exemplo 2 por 2.

23. Suponha que $\det A = 1$ e que você saiba todos os cofatores. Como é possível encontrar A?

24. Para $n = 5$, a matriz C contém ____ cofator (es), cada cofator 4 por 4 contém ____ termo (s) e cada termo precisa de ____ multiplicação (ões). Compare com $5^3 = 125$ para o cálculo de Gauss-Jordan de A^{-1}.

25. (Apenas para professores) Se você sabe todos os 16 cofatores de uma matriz invertível 4 por 4 A, como você encontraria A?

26. L é triangular inferior e S é simétrica. Assuma que elas sejam invertíveis:

$$L = \begin{bmatrix} a & 0 & 0 \\ b & c & 0 \\ d & e & f \end{bmatrix} \qquad S = \begin{bmatrix} a & b & d \\ b & c & e \\ d & e & f \end{bmatrix}.$$

(a) Quais três cofatores de L são nulos? Então, L^{-1} é triangular inferior.
(b) Quais três pares de cofatores de S são iguais? Então, S^{-1} é simétrica.

Os problemas 27 a 36 são sobre área e volume por determinantes.

27. O paralelogramo com lados (2, 1) e (2, 3) tem a mesma área que o paralelogramo com lados (2, 2) e (1, 3). Encontre essas áreas a partir de determinantes 2 por 2 e diga por que elas têm de ser iguais (eu não consigo verificar isto a partir de uma figura; por favor, demonstre por escrito, caso você consiga).

28. Se as colunas de uma matriz 4 por 4 possuem comprimentos L_1, L_2, L_3, L_4, qual é o maior valor possível do determinante (com base no volume)? Se todos os elementos são 1 ou –1, quais são esses comprimentos e o determinante máximo?

29. Uma caixa possui arestas de (0, 0, 0) a (3, 1, 1), (1, 3, 1) e (1, 1, 3). Encontre seu volume e a área de cada face do paralelogramo.

30. Quando os vetores-aresta $\boldsymbol{a}$, $\boldsymbol{b}$ e $\boldsymbol{c}$ são perpendiculares, o volume do sólido é $\|\boldsymbol{a}\|$ vezes $\|\boldsymbol{b}\|$ vezes $\|\boldsymbol{c}\|$. A matriz A^TA é ________. Encontre $\det A^TA$ e $\det A$.

31. Mostre, por meio de uma figura, como um retângulo com área x_1y_2 menos um retângulo com área x_2y_1 produz a área $x_1y_2 - x_2y_1$ de um paralelogramo.

32. (a) Os vértices de um triângulo são (2, 1), (3, 4) e (0, 5). Qual é sua área?
(b) Uma nova aresta em (–1, 0) torna a figura inclinada (quatro lados). Encontre sua área.

33. (a) Encontre a área do paralelogramo com arestas $v = (3, 2)$ e $w = (1, 4)$.
(b) Encontre a área do triângulo com lados v, w e $v + w$. Desenhe-o.
(c) Encontre a área do triângulo com lados v, w e $w - v$. Desenhe-o.

34. A matriz de Hadamard H possui linhas ortogonais. A caixa é um hipercubo!

$$\text{Qual é o } \det H = \begin{vmatrix} 1 & 1 & 1 & 1 \\ 1 & 1 & -1 & -1 \\ 1 & -1 & -1 & 1 \\ 1 & -1 & 1 & -1 \end{vmatrix} = \text{volume de um hipercubo em } \mathbf{R}^4?$$

35. O triângulo com vértices (0, 0), (1, 0), (0, 1) possui área $\frac{1}{2}$. A pirâmide com quatro vértices (0, 0, 0), (1, 0, 0), (0, 1, 0), (0, 0, 1) possui volume _______. A pirâmide em $\mathbf{R}^4$ com cinco vértices em (0, 0, 0, 0) e as linhas de I têm que volume?

36. Um cubo de n dimensões possui quantos vértices? Quantas arestas? Quantas faces de dimensão (n – 1)? O n-cubo cujas arestas são as linhas de $2I$ possui volume _______. Um computador de hipercubo possui processadores paralelos nos vértices com conexões ao longo das arestas.

Os problemas 37 a 40 abordam áreas dA e volumes dV em cálculo.

37. A matriz que relaciona r, θ a x, y está no problema 40. Inverta aquela matriz:

$$J^{-1} = \begin{vmatrix} \partial r/\partial x & \partial r/\partial y \\ \partial \theta/\partial x & \partial \theta/\partial y \end{vmatrix} = \begin{vmatrix} \cos\theta & ? \\ ? & ? \end{vmatrix} = ?$$

É surpreendente que $\partial r/\partial x = \partial x/\partial r$. O produto $JJ^{-1} = I$ resulta na regra da cadeia

$$\frac{\partial x}{\partial x} = \frac{\partial x}{\partial r}\frac{\partial r}{\partial x} + \frac{\partial x}{\partial \theta}\frac{\partial x}{\partial x} = 1.$$

38. O triângulo com vértices (0, 0), (6, 0) e (1, 4) possui área _______. Quando se gira o triângulo em $\theta = 60°$, a área é _______. A matriz de rotação possui

$$\text{determinante} = \begin{vmatrix} \cos\theta & -\text{sen}\,\theta \\ \text{sen}\,\theta & \cos\theta \end{vmatrix} = \begin{vmatrix} \frac{1}{2} & ? \\ ? & ? \end{vmatrix} = ?$$

39. As coordenadas esféricas ρ, ϕ, θ resultam em $x = \rho$ sen ϕ cos θ, $y = \rho$ sen ϕ sen θ, $z = \rho$ cos ϕ. Encontre a matriz Jacobiana de nove derivadas parciais: $\partial x/\partial \rho$, $\partial x/\partial \phi$, $\partial x/\partial \theta$ estão na linha 1. Simplifique seus determinantes para $J = \rho^2$ sen ϕ. Então, $dV = \rho^2$ sen $\phi\, d\rho\, d\phi\, d\theta$.

40. As coordenadas polares satisfazem $x = r \cos\theta$ e $y = r\,\text{sen}\theta$. A área polar $J\,dr\,d\theta$ inclui J:

$$J = \begin{vmatrix} \partial x/\partial r & \partial x/\partial \theta \\ \partial y/\partial r & \partial y/\partial \theta \end{vmatrix} = \begin{vmatrix} \cos\theta & -r\,\text{sen}\,\theta \\ \text{sen}\,\theta & r\cos\theta \end{vmatrix}.$$

As duas colunas são ortogonais. Seus comprimentos são _______. Assim, $J =$ _______.

41. Suponha que (x, y, z), (1, 1, 0) e (1, 2, 1) se localizem em um plano que passa através da origem. Que determinante é nulo? Qual é a equação do plano que resulta dessas condições?

42. (VISA para AVIS) Essa permutação utiliza um número ímpar de trocas (IVSA, AVSI, AVIS). Conte os pares de letras em VISA e AVIS que estejam no inverso da ordem alfabética. A diferença deve ser ímpar.

43. Assuma $P = (1, 0, -1)$, $Q = (1, 1, 1)$ e $R = (2, 2, 1)$. Escolha S de modo que $PQRS$ seja um paralelogramo e calcule sua área. Escolha T, U, V de modo que $OPQRSTUV$ seja um sólido fechado e calcule seu volume.

44. Suponha que (x, y, z) seja uma combinação linear de $(2, 3, 1)$ e $(1, 2, 3)$. Que determinante é nulo? Que equação isto fornece para o plano de todas as combinações?

45. Se $Ax = (1, 0, ..., 0)$, mostre como a Regra de Cramer resulta em x = *primeira coluna de* A^{-1}.

Capítulo 4 Exercícios de revisão

4.1 Encontre todos os cofatores – a inversa ou o espaço nulo – de:

$$\begin{bmatrix} 3 & 5 \\ 6 & 9 \end{bmatrix}, \quad \begin{bmatrix} \cos\theta & -\operatorname{sen}\theta \\ \operatorname{sen}\theta & \cos\theta \end{bmatrix}, \quad \text{e} \quad \begin{bmatrix} a & b \\ a & b \end{bmatrix}.$$

4.2 Começando com A, multiplique sua primeira linha por 3 para produzir B e subtraia a primeira linha de B da segunda para produzir C. Como det C está relacionado a det A?

4.3 Se os elementos de A e A^{-1} são todos inteiros, como é possível saber que ambos os determinantes são 1 ou –1? *Dica*: quanto é det A vezes det A^{-1}?

4.4 Se P_1 é uma matriz de permutação par e P_2 é ímpar, deduza, a partir de $P_1 + P_2 = P_1(P_1^T + P_2^T)P_2$, que det $(P_1 + P_2) = 0$.

4.5 Em analogia com o exercício anterior, qual é a equação para que (x, y, z) esteja no plano que passa por $(2, 0, 0)$, $(0, 2, 0)$ e $(0, 0, 4)$? Ela envolve um determinante 4 por 4.

4.6 Quantos termos aparecem na expansão de um determinante 5 por 5 e quantos são certamente nulos se $a_{21} = 0$?

4.7 Se toda linha de A possui um único +1 ou um único –1, ou um de cada (sendo, em outros casos, nula), mostre que det $A = 1$ ou –1 ou 0.

4.8 Resolva, pela Regra de Cramer, $3u + 2v = 7$, $4u + 3v = 11$.

4.9 Se $B = M^{-1}AM$, por que det B = det A? Mostre também que det $A^{-1}B = 1$.

4.10 Explique por que o ponto (x, y) está sobre a reta que passa por $(2, 8)$ e $(4, 7)$ se

$$\det \begin{bmatrix} x & y & 1 \\ 2 & 8 & 1 \\ 4 & 7 & 1 \end{bmatrix} = 0, \qquad \text{ou} \qquad x + 2y - 18 = 0.$$

4.11 Se os pontos (x, y, z), $(2, 1, 0)$ e $(1, 1, 1)$ se localizam sobre um plano que passa através da origem, qual determinante é nulo? Os vetores $(1, 0, -1)$, $(2, 1, 0)$, $(1, 1, 1)$ são independentes?

4.12 Encontre o determinante de:

$$\begin{bmatrix} 1 & 1 & 1 & 1 \\ 1 & 1 & 1 & 2 \\ 1 & 1 & 3 & 1 \\ 1 & 4 & 1 & 1 \end{bmatrix} \quad \text{e} \quad \begin{bmatrix} 2 & -1 & 0 & -1 \\ -1 & 2 & -1 & 0 \\ 0 & -1 & 2 & -1 \\ -1 & 0 & -1 & 2 \end{bmatrix}.$$

4.13 Se det $A > 0$, mostre que A pode ser conectado a I por uma cadeia contínua de matrizes $A(t)$, todas com determinantes positivos (o caminho direto $A(t) = A + t(I - A)$ vai de $A(0) = A$ a $A(1) = I$, mas alguma $A(t)$ pode ser singular; o problema não é tão fácil e o autor ficará feliz em receber soluções).

4.14 Qual é o volume do paralelepípedo com quatro de seus vértices em (0, 0, 0), (–1, 2, 2), (2, –1, 2) e (2, 2, –1)? Onde se encontram os outros quatro vértices?

4.15 A substituição circular permuta $(1, 2, \ldots, n)$ em $(2, 3, \ldots, 1)$. Qual é a matriz de permutação P correspondente e (dependendo de n) qual é seu determinante?

4.16 Encontre o determinante de $A =$ eye (5) + ones (5) e, se possível, eye (n) + ones (n).

4.17 Se $C = \begin{bmatrix} a & b \\ c & d \end{bmatrix}$ e $D = \begin{bmatrix} u & v \\ w & z \end{bmatrix}$, então $CD = -DC$ resulta em quatro equações $Ax = 0$:

$$CD + DC = 0 \quad \text{é} \quad \begin{bmatrix} 2a & c & b & 0 \\ b & a+d & 0 & b \\ c & 0 & a+d & c \\ 0 & c & b & 2d \end{bmatrix} \begin{bmatrix} u \\ v \\ w \\ z \end{bmatrix} = \begin{bmatrix} 0 \\ 0 \\ 0 \\ 0 \end{bmatrix}.$$

(a) Mostre que $\det A = 0$ se $a + d = 0$. Resolva para u, v, w, z os elementos de D.

(b) Mostre que $\det A = 0$ se $ad = bc$ (então C é singular).

Em todos os outros casos, $CD = -DC$ só é possível com $D =$ matriz nula.

Capítulo

5 Autovalores e autovetores

5.1 INTRODUÇÃO

Este capítulo inicia a "segunda metade" da álgebra linear. A primeira parte foi sobre $Ax = b$. O novo problema $Ax = \lambda x$ ainda será resolvido pela simplificação de matrizes – tornando-as diagonais, se possível. *A etapa básica não será mais subtrair um múltiplo de uma linha de outra linha.* A eliminação altera os autovalores, o que não desejamos.

Os determinantes fornecem uma transição de $Ax = b$ para $Ax = \lambda x$. Em ambos os casos, o determinante leva a uma "solução formal": à Regra de Cramer para $x = A^{-1}b$ e ao polinômio $\det(A - \lambda I)$, cujas raízes serão os autovalores (todas as matrizes são quadradas agora; os autovalores de uma matriz retangular não fazem mais sentido, tanto quanto o seu determinante). Na verdade, o determinante pode ser utilizado se $n = 2$ ou 3. Para um n maior, o cálculo de λ é mais difícil do que a resolução $Ax = b$.

A primeira etapa é compreender como os autovalores são úteis. Uma de suas aplicações é em equações diferenciais ordinárias. Não iremos pressupor que o leitor seja um especialista em equações diferenciais! Se você é capaz de diferenciar x^n, sen x e e^x, já possui conhecimentos suficientes. Como um exemplo específico, considere o seguinte par relacionado de equações

$$\begin{aligned} \frac{dv}{dt} &= 4v - 5w, \quad v = 8 \text{ para } t = 0, \\ \frac{dw}{dt} &= 2v - 3w, \quad w = 5 \text{ para } t = 0. \end{aligned} \tag{1}$$

Trata-se de um ***problema de valor inicial***. A incógnita é especificada no tempo $t = 0$, fornecendo-se valores iniciais 8 e 5. O problema é encontrar $v(t)$ e $w(t)$ para tempos posteriores $t > 0$.

É fácil apresentar o sistema em forma matricial. Assuma que o vetor de incógnitas seja $u(t)$, com valor inicial $u(0)$. A matriz de coeficientes é A:

$$\textbf{Vetor de incógnitas} \qquad u(t) = \begin{bmatrix} v(t) \\ w(t) \end{bmatrix}, \quad u(0) = \begin{bmatrix} 8 \\ 5 \end{bmatrix}, \quad A = \begin{bmatrix} 4 & -5 \\ 2 & -3 \end{bmatrix}.$$

As duas equações relacionadas tornam-se a equação vetorial que queremos:

$$\textbf{Forma matricial} \qquad \frac{du}{dt} = Au \quad \text{com} \quad u = u(0) \text{ em } t = 0. \tag{2}$$

Este é o enunciado básico do problema. Observe que se trata de equação de primeira ordem – nenhuma derivada superior aparece – e é *linear* nas incógnitas. Ela também possui *coeficientes constantes*; a matriz A é independente do tempo.

Como encontramos $u(t)$? Se houvesse apenas uma incógnita em vez de duas, a questão seria fácil de responder. Teríamos um escalar em vez de uma equação vetorial:

$$\textbf{Equação simples} \qquad \frac{du}{dt} = au \quad \text{com} \quad u = u(0) \quad \text{para} \quad t = 0. \tag{3}$$

A solução dessa equação é algo que você precisa saber:

$$\textbf{Exponencial pura} \qquad u(t) = e^{at}u(0). \tag{4}$$

No tempo inicial $t = 0$, u é igual a $u(0)$, pois $e^0 = 1$. A derivada de e^{at} possui o fator necessário a, de modo que $du/dt = au$. Assim, a condição inicial e a equação são igualmente satisfeitas.

Observe o comportamento de u para tempos maiores. A equação é instável se $a > 0$, neutramente estável se $a = 0$ ou instável se $a < 0$; o fator e^{at} tende ao infinito, fica limitado ou vai para zero. Se a fosse um número complexo $a = \alpha + i\beta$, o mesmo teste seria aplicado à parte real α. A parte complexa gera oscilações $e^{i\beta t} = \cos \beta t + i \operatorname{sen} \beta t$. O crescimento ou decrescimento é determinado pelo fator $e^{\alpha t}$.

Muita coisa para uma simples equação. Mostraremos uma abordagem direta de sistemas e procuraremos soluções com a *mesma dependência exponencial de* t que acabamos de encontrar no caso escalar:

$$\begin{aligned} v(t) &= e^{\lambda t} y \\ w(t) &= e^{\lambda t} z \end{aligned} \tag{5}$$

ou na notação vetorial

$$u(t) = e^{\lambda t} x. \tag{6}$$

Esta é a chave para as equações diferenciais $du/dt = Au$: ***procurar soluções exponenciais puras***. Substituindo $v = e^{\lambda t}y$ e $w = e^{\lambda t}z$ nas equações, encontramos

$$\begin{aligned} \lambda e^{\lambda t} y &= 4e^{\lambda t} y - 5e^{\lambda t} z \\ \lambda e^{\lambda t} z &= 2e^{\lambda t} y - 3e^{\lambda t} z. \end{aligned}$$

O fator $e^{\lambda t}$ é comum a todos os termos e pode ser removido. Este cancelamento é o motivo para se assumir o mesmo expoente λ para ambas as incógnitas; isto deixa

$$\textbf{Problema de autovalores} \qquad \begin{aligned} 4y - 5z &= \lambda y \\ 2y - 3z &= \lambda z. \end{aligned} \tag{7}$$

Trata-se da equação de autovalores. Em forma matricial, ela é $Ax = \lambda x$. Você pode vê-la novamente se utilizarmos $u = e^{\lambda t}x$ – um número $e^{\lambda t}$ que cresce ou decresce multiplicado por vetor fixo x. ***Substituindo-se em*** $\mathbf{du/dt = Au}$ ***fornece*** $\boldsymbol{\lambda} \mathbf{e^{\lambda t}x = Ae^{\lambda t}x}$. ***O cancelamento de*** $\mathbf{e^{\lambda t}}$ ***produz***

$$\textbf{Equação de autovalores} \qquad Ax = \lambda x. \tag{8}$$

Agora temos a equação fundamental deste capítulo. Ela envolve duas incógnitas: λ e x. Trata-se de um problema de álgebra e as equações diferenciais podem ser esquecidas! O número λ (lambda) é um ***autovalor*** da matriz A e o vetor x é o ***autovetor*** associado. Nossa meta é encontrar os autovalores e autovetores λ's e x's e utilizá-los.

As soluções de $Ax = \lambda x$

Observe que $Ax = \lambda x$ é uma equação não linear; λ multiplica x. Se pudermos descobrir λ, então a equação de x seria linear. De fato, poderíamos apresentar λIx em vez de λx e trazer esses termos para o lado esquerdo da equação:

$$(A - \lambda I)x = 0. \tag{9}$$

A matriz identidade mantém retas as matrizes e os vetores; a equação $(A - \lambda)x = 0$ é mais curta, mas mesclada. Esta é a chave do problema:

> ***O vetor* x *está no espaço nulo de* A − λI.**
> ***O número* λ *é escolhido de modo que* A − λI *possua espaço nulo.***

É claro que toda matriz possui um espaço nulo, seria impensável sugerir outra coisa, mas você entenderá este ponto. Queremos um autovetor *não nulo* x. O vetor $x = 0$ sempre satisfaz $Ax = \lambda x$, mas é inútil na solução de equações diferenciais. O objetivo é construir $u(t)$ a partir dos exponenciais $e^{\lambda t}x$ e *estamos interessados apenas nos valores particulares de* λ *para os quais haja um autovetor não nulo* x. Para ter alguma utilidade, o espaço nulo de $A - \lambda I$ deve conter vetores diferentes de zero. Em poucas palavras, $A - \lambda I$ ***deve ser singular***.

Por isto o determinante fornece o teste conclusivo.

> **5A** O número λ é um autovalor de A se, e somente se, $A - \lambda I$ for singular:
>
> $$\det(A - \lambda I) = 0. \tag{10}$$
>
> Esta é a equação característica. Todo λ é associado a autovetores x:
>
> $$(A - \lambda I)x = 0 \quad \text{ou} \quad Ax = \lambda x. \tag{11}$$

Em nosso exemplo, subtraímos A por λI para torná-la singular:

$$\textbf{Subtrair } \boldsymbol{\lambda I} \qquad A - \lambda I = \begin{bmatrix} 4-\lambda & -5 \\ 2 & -3-\lambda \end{bmatrix}.$$

Observe que λ é subtraído apenas da diagonal principal (pois multiplica I).

$$\textbf{Determinante} \qquad |A - \lambda I| = (4-\lambda)(-3-\lambda) + 10 \quad \text{ou} \quad \lambda^2 - \lambda - 2.$$

Este é o *polinômio característico*. Suas raízes, em que o determinante é nulo, são os autovalores. Elas surgem a partir da fórmula geral das raízes de uma quadrática, ou da fatoração $\lambda^2 - \lambda - 2 = (\lambda + 1)(\lambda - 2)$. Isto será nulo se $\lambda = -1$ ou $\lambda = 2$, como confirmado pela fórmula geral:

$$\textbf{Autovalores} \qquad \lambda = \frac{-b \pm \sqrt{b^2 - 4ac}}{2a} = \frac{1 \pm \sqrt{9}}{2} = -1 \text{ e } 2.$$

Há dois autovalores, pois um polinômio do segundo grau possui duas raízes. Toda matriz 2 por 2 $A - \lambda I$ possui λ^2 (e nenhuma potência maior de λ) em seu determinante.

Os valores $\lambda = -1$ e $\lambda = 2$ levam à solução de $Ax = \lambda x$ ou $(A - \lambda I)x = 0$. Uma matriz com determinante nulo é singular, de modo que deve haver vetores não nulos x em seu espaço nulo. De fato, o espaço nulo contém uma *reta* inteira de autovetores; trata-se de um subespaço!

$$\lambda_1 = -1: \qquad (A - \lambda_1 I)x = \begin{bmatrix} 5 & -5 \\ 2 & -2 \end{bmatrix} \begin{bmatrix} y \\ z \end{bmatrix} = \begin{bmatrix} 0 \\ 0 \end{bmatrix}.$$

A solução (o primeiro autovetor) é qualquer múltiplo não nulo de x_1:

$$\textbf{Autovetor de } \boldsymbol{\lambda_1} \qquad x_1 = \begin{bmatrix} 1 \\ 1 \end{bmatrix}.$$

O cálculo de λ_2 é feito separadamente:

$$\lambda_2 = 2: \qquad (A - \lambda_2 I)x = \begin{bmatrix} 2 & -5 \\ 2 & -5 \end{bmatrix} \begin{bmatrix} y \\ z \end{bmatrix} = \begin{bmatrix} 0 \\ 0 \end{bmatrix}.$$

O segundo autovetor é qualquer múltiplo não nulo de x_2:

$$\textbf{Autovetor de } \boldsymbol{\lambda_2} \qquad x_2 = \begin{bmatrix} 5 \\ 2 \end{bmatrix}.$$

Você pode notar que as colunas de $A - \lambda_1 I$ resultam em x_2 e as colunas de $A - \lambda_2 I$ são múltiplos de x_1. Isto é específico (e útil) para matrizes 2 por 2.

No caso de matrizes 3 por 3, geralmente estabelecemos um componente de x igual a 1 e resolvemos $(A - \lambda I)x = 0$ para os outros componentes. É claro que se x for um autovetor, então, $7x$ e $-x$ também serão. Todos os vetores no espaço nulo de $A - \lambda I$ (que chamamos de *autoespaço*) irão satisfazer $Ax = \lambda x$. Em nosso exemplo, os autoespaços são as curvas que passam por $x_1 = (1, 1)$ e $x_2 = (5, 2)$.

Antes de voltar para a aplicação (a equação diferencial), enfatizamos as etapas na solução de $Ax = \lambda x$:

1. ***Calcule o determinante de* A – λI.** Com λ subtraído ao longo da diagonal, esse determinante é um polinômio de grau n. Ele começa com $(-\lambda)^n$.
2. ***Encontre as raízes desse polinômio.*** As n raízes são os autovalores de A.
3. ***Para todos os autovalores, resolva a equação* (A – λI)x = 0.** Como o determinante é nulo, existem soluções diferentes de $x = 0$. Estes são os autovetores.

Na equação diferencial, isto gera as soluções especiais $u = e^{\lambda t}x$. Elas são as *soluções exponenciais puras* para $du/dt = Au$. Observe e^{-t} e e^{2t}:

$$u(t) = e^{\lambda_1 t}x_1 = e^{-t}\begin{bmatrix} 1 \\ 1 \end{bmatrix} \qquad \text{e} \qquad u(t) = e^{\lambda_2 t}x_2 = e^{2t}\begin{bmatrix} 5 \\ 2 \end{bmatrix}.$$

Essas duas soluções especiais fornecem a solução completa. Elas podem ser multiplicadas por quaisquer números c_1 e c_2 e podem ser somadas. Quando u_1 e u_2 satisfazem a equação $du/dt = Au$, sua solução $u_1 + u_2$ também a satisfaz:

$$\textbf{Solução completa} \qquad u(t) = c_1 e^{\lambda_1 t} x_1 + c_2 e^{\lambda_2 t} x_2 \qquad (12)$$

Trata-se do **princípio da *sobreposição*** e aplica-se a equações diferenciais (homogêneas e lineares), assim como se aplicava a equações matriciais $Ax = 0$. O espaço nulo será sempre um subespaço e as combinações de soluções ainda serão soluções.

Agora temos dois parâmetros livres c_1 e c_2, e é razoável imaginar que eles possam ser escolhidos para satisfazer a condição inicial $u = u(0)$ em $t = 0$:

$$\textbf{Condição inicial} \qquad c_1 x_1 + c_2 x_2 = u(0) \quad \text{ou} \quad \begin{bmatrix} 1 & 5 \\ 1 & 2 \end{bmatrix} \begin{bmatrix} c_1 \\ c_2 \end{bmatrix} = \begin{bmatrix} 8 \\ 5 \end{bmatrix}. \qquad (13)$$

As constantes são $c_1 = 3$ e $c_2 = 1$ e ***a solução para a equação original é***

$$u(t) = 3e^{-t} \begin{bmatrix} 1 \\ 1 \end{bmatrix} + e^{2t} \begin{bmatrix} 5 \\ 2 \end{bmatrix}. \qquad (14)$$

Apresentando os dois componentes separadamente, temos $v(0) = 8$ e $w(0) = 5$:

$$\textbf{Solução} \qquad v(t) = 3e^{-t} + 5e^{2t}, \qquad w(t) = 3e^{-t} + 2\,e^{2t}.$$

A chave eram os autovalores λ e os autovetores x. Os autovalores são importantes por si mesmos, não são apenas parte do truque para encontrar u. Provavelmente, o exemplo mais conhecido é o dos soldados atravessando uma ponte.* Como de costume, eles param de marchar e simplesmente caminham sobre ela. Se os soldados marcharem a uma frequência igual à dos autovalores da ponte, ela começará a oscilar (exatamente como um balanço infantil; logo você perceberá a frequência natural de um balanço e, atingindo-a, será possível fazer com que o balanço oscile mais). Os engenheiros tentam manter as frequências naturais de suas pontes e de seus foguetes diferentes das do vento ou do movimento do combustível. E, no outro extremo, um corretor de ações passa a vida toda tentando se alinhar às frequências naturais do mercado. Os autovalores são o aspecto mais importante de, praticamente, todo sistema dinâmico.

Resumo e exemplos

Resumindo, esta introdução mostrou como λ e x aparecem natural e automaticamente ao se resolver $du/dt = Au$. Esta equação possui *soluções exponenciais puras* $u = e^{\lambda t}x$; o autovalor fornece a taxa de crescimento ou decrescimento e o autovetor x se desenvolve nessa taxa. As outras soluções serão *misturas* dessas soluções, e a mistura é ajustada para se adequar às condições iniciais.

A equação principal era $Ax = \lambda x$. A maioria dos vetores x não satisfará essa equação. Eles mudam de direção quando multiplicados por A, de modo que Ax não é um múltiplo de x. Isto significa que ***apenas certos números especiais* $\boldsymbol{\lambda}$ *são autovalores e apenas certos vetores especiais* x *são autovetores***. Podemos observar o comportamento de cada autovetor e, em seguida, combinar esses "modos normais" para encontrar a solução. Em outras palavras: *a matriz subjacente pode ser diagonalizada.*

* Na qual eu realmente não acreditava – mas uma ponte, de fato, rompeu-se dessa maneira em 1831.

A diagonalização na Seção 5.2 será aplicada a equações das diferenças, números de Fibonacci, processos de Markov, além de equações diferenciais. Em todos os exemplos, começaremos calculando os autovalores e os autovetores; não existe um meio de evitar isto. Matrizes simétricas são excepcionalmente fáceis. "Matrizes incompletas" não dispõem de um conjunto completo de autovetores; portanto, não são diagonalizáveis. Certamente devem ser discutidas, mas não permitiremos que elas assumam o foco principal deste livro.

Comecemos com exemplos de matrizes especialmente adequadas.

Exemplo 1 Tudo está claro quando A é uma ***matriz diagonal***:

$$A = \begin{bmatrix} 3 & 0 \\ 0 & 2 \end{bmatrix} \quad \text{possui} \quad \lambda_1 = 3 \quad \text{com} \quad x_1 = \begin{bmatrix} 1 \\ 0 \end{bmatrix}, \quad \lambda_2 = 2 \quad \text{com} \quad x_2 = \begin{bmatrix} 0 \\ 1 \end{bmatrix}.$$

Em cada autovetor, A atua como um múltiplo da identidade: $Ax_1 = 3x_1$ e $Ax_2 = 2x_2$. Outros vetores como $x = (1, 5)$ são misturas $x_1 + 5x_2$ dos dois autovetores e, quando A multiplica x_1 e x_2, ela gera os autovalores $\lambda_1 = 3$ e $\lambda_2 = 2$:

$$A \quad \text{multiplicado por} \quad x_1 + 5x_2 \quad \text{é} \quad 3x_1 + 10x_2 = \begin{bmatrix} 3 \\ 10 \end{bmatrix}.$$

Este é Ax para um vetor típico x – não um autovetor. Mas a ação de A é determinada por autovetores e autovalores.

Exemplo 2 Os autovalores de uma ***matriz de projeção*** são 1 ou 0!

$$P = \begin{bmatrix} \frac{1}{2} & \frac{1}{2} \\ \frac{1}{2} & \frac{1}{2} \end{bmatrix} \quad \text{possui} \quad \lambda_1 = 1 \quad \text{com} \quad x_1 = \begin{bmatrix} 1 \\ 1 \end{bmatrix}, \quad \lambda_2 = 0 \quad \text{com} \quad x_2 = \begin{bmatrix} 1 \\ -1 \end{bmatrix}.$$

Temos $\lambda = 1$ quando x projeta a si mesmo e $\lambda = 0$ quando x projeta para o vetor nulo. O espaço-coluna de P é preenchido com autovetores, bem como o espaço nulo. Se esses espaços possuírem dimensões r e $n - r$, então $\lambda = 1$ será repetido r vezes e $\lambda = 0$ é repetido $n - r$ vezes (*sempre* n *valores de* λ):

$$\textbf{Quatro autovalores que permitem repetição} \qquad P = \begin{bmatrix} 1 & 0 & 0 & 0 \\ 0 & 0 & 0 & 0 \\ 0 & 0 & 0 & 0 \\ 0 & 0 & 0 & 1 \end{bmatrix} \quad \text{possui} \quad \lambda = 1, 1, 0, 0.$$

Não há nada de excepcional em relação a $\boldsymbol{\lambda = 0}$. Como qualquer outro número, o zero pode ou não ser um autovalor. Se for, então seus autovetores satisfazem $Ax = 0x$. Assim, x está no espaço nulo de A. Um autovalor nulo sinaliza que A é singular (não invertível); seu determinante é nulo. Todas as matrizes invertíveis possuem $\lambda \neq 0$.

Exemplo 3 Os autovalores estão na diagonal principal quando A é ***triangular***:

$$\det(A - \lambda I) = \begin{vmatrix} 1 - \lambda & 4 & 5 \\ 0 & \frac{3}{4} - \lambda & 6 \\ 0 & 0 & \frac{1}{2} - \lambda \end{vmatrix} = (1 - \lambda)\left(\tfrac{3}{4} - \lambda\right)\left(\tfrac{1}{2} - \lambda\right).$$

O determinante é simplesmente o produto dos elementos da diagonal. Ele será nulo se $\lambda = 1$, $\lambda = \frac{3}{4}$ ou $\lambda = \frac{1}{2}$; os autovalores já estão posicionados ao longo da diagonal.

Este exemplo, no qual os autovalores podem ser encontrados por inspeção, aponta para um dos temas principais do capítulo: transformar A em uma matriz diagonal ou triangular *sem alterar seus autovalores*. Enfatizamos, uma vez mais, que a fatoração de Gauss $A = LU$ não é adequada para este propósito. Os autovalores de U podem ser visíveis na diagonal, mas ***não*** são os autovalores de A.

Para a maioria das matrizes, não há dúvida de que o problema dos autovalores, do ponto de vista de seu cálculo, é mais difícil do que o de $Ax = b$. Com os sistemas lineares, um número finito de etapas de eliminação produziu a resposta precisa em um tempo finito (ou, de modo equivalente, a Regra de Cramer forneceu uma fórmula exata para a solução). Nenhuma fórmula desse tipo pode fornecer os autovalores; Galois se reviraria em sua cova. Para uma matriz 5 por 5, det $(A - \lambda I)$ envolve λ^5. Galois e Abel provaram que não pode haver fórmula algébrica para as raízes de um polinômio de grau cinco.

Todos eles permitiram algumas poucas verificações sobre os autovalores, *após* serem calculados; mencionamos duas boas verificações: ***soma e produto***.

5B A ***soma*** dos n autovalores é igual à soma dos n elementos diagonais:

$$\textbf{Traço de } A = \lambda_1 + \cdots + \lambda_n = a_{11} + \cdots + a_{nn}. \tag{15}$$

Além disso, o ***produto*** dos n autovalores é igual ao ***determinante*** de A.

A matriz de projeção P possui elementos diagonais $\frac{1}{2}$, $\frac{1}{2}$ e autovalores 1, 0. Então, $\frac{1}{2} + \frac{1}{2}$ corresponde a $1 + 0$ como esperado. Assim como o determinante, que é $0 \times 1 = 0$. Uma matriz singular, com determinante nulo, possui um ou mais de seus autovalores iguais a zero.

Não se deve confundir os elementos diagonais com os autovalores. Para uma matriz triangular, eles são iguais – mas isto é uma particularidade. Normalmente, os pivôs, os elementos diagonais e os autovalores são completamente diferentes. E para uma matriz 2 por 2, o traço e o determinante nos dizem tudo:

$$\begin{bmatrix} a & b \\ c & d \end{bmatrix} \quad \text{possui traço } a + d \text{ e determinante } ad - bc$$

$$\det\,(A - \lambda I) = \det \begin{vmatrix} a - \lambda & b \\ c & d - \lambda \end{vmatrix} = \lambda^2 - (\text{traço})\lambda + \text{determinante}$$

$$\text{Os autovalores são } \lambda = \frac{\text{traço} \pm \left[(\text{traço})^2 - 4 \det \right]^{1/2}}{2}.$$

Esses dois λ são somados ao traço; o problema 10 fornece $\sum \lambda_i =$ traço para todas as matrizes.

Eigshow

Há uma demonstração do MATLAB (simplesmente digite eigshow) que mostra o problema dos autovalores para uma matriz 2 por 2. Ela começa com o vetor unitário $x = (1, 0)$. *O mouse faz com que esse vetor se mova ao redor do círculo unitário.* Ao mesmo tempo, a tela mostra Ax em cores e também em movimento. É possível que Ax esteja à frente de x. É possível que Ax esteja atrás de x. *Às vezes,* Ax *é paralelo a* x. Nesse momento paralelo, $Ax = \lambda x$ (duas vezes na segunda figura).

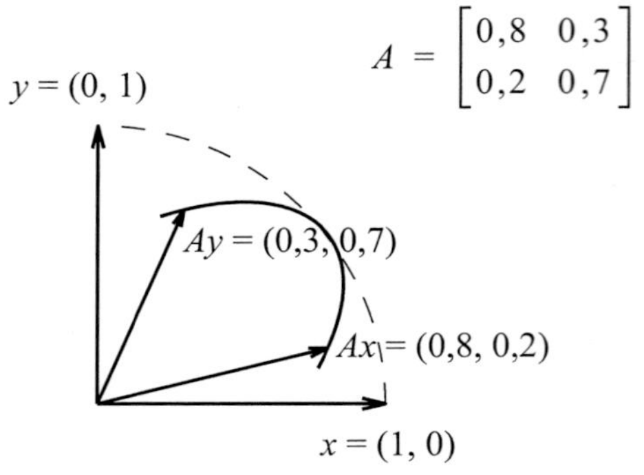

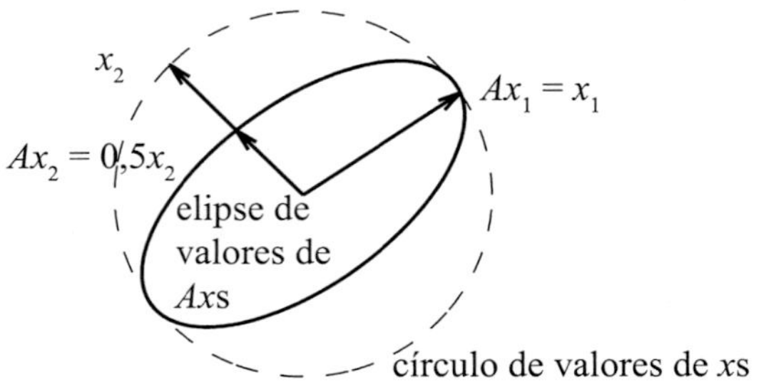

O autovalor λ é o comprimento de Ax, quando o autovetor unitário x é paralelo. As escolhas construídas para A ilustram três possibilidades: 0, 1 ou 2 autovetores reais.

1. *Não há autovetores reais.* Ax *permanece atrás ou à frente de* x. Isto significa que os autovalores e os autovetores são complexos, da maneira que eles são para a rotação Q.
2. Há apenas *uma* reta de autovetores (incomum). As direções de movimentação Ax e x se encontram, mas não se cruzam. Isto ocorre com a última matriz 2 por 2 abaixo.
3. Há autovetores em *duas* direções independentes. Isto é comum! Ax cruza x no primeiro autovetor x_1 e cruza novamente no segundo autovetor x_2.

Suponha que A seja singular (posto 1). Seu espaço-coluna é uma reta. O vetor Ax tem de permanecer nessa reta enquanto x circula ao redor. Um autovetor x está ao longo da reta. Outro autovetor aparece quando $Ax_2 = 0$. Zero é um autovalor de uma matriz singular.

Você pode seguir mentalmente x e Ax para essas seis matrizes. Quantos autovetores e onde? Quando Ax movimenta-se no sentido horário, em vez de no sentido anti-horário com x?

$$A = \begin{bmatrix} 2 & 0 \\ 0 & 1 \end{bmatrix} \quad \begin{bmatrix} 2 & 0 \\ 0 & -1 \end{bmatrix} \quad \begin{bmatrix} 0 & 1 \\ 1 & 0 \end{bmatrix} \quad \begin{bmatrix} 0 & 1 \\ -1 & 0 \end{bmatrix} \quad \begin{bmatrix} 1 & 1 \\ 1 & 1 \end{bmatrix} \quad \begin{bmatrix} 1 & 1 \\ 0 & 1 \end{bmatrix}$$

Conjunto de problemas 5.1

1. Encontre os autovalores e os autovetores da matriz $A = \begin{bmatrix} 1 & -1 \\ 2 & 4 \end{bmatrix}$. Verifique que o traço é igual à soma dos autovalores e o determinante é igual ao seu produto.

2. Com a mesma matriz A, resolva a equação diferencial $du/dt = Au$, $u(0) = \begin{bmatrix} 0 \\ 6 \end{bmatrix}$. Quais são as duas soluções exponenciais puras?

3. Se mudarmos para $A - 7I$, quais serão os autovalores e os autovetores e como eles estão relacionados aos de A?

$$B = A - 7I = \begin{bmatrix} -6 & -1 \\ 2 & -3 \end{bmatrix}.$$

4. Dê um exemplo para demonstrar que os autovalores podem ser alterados quando um múltiplo de uma linha é subtraído de outra. Por que um autovalor nulo *não* é alterado pelas etapas de eliminação?

5. Resolva $du/dt = Pu$, quando P é uma projeção:

$$\frac{du}{dt} = \begin{bmatrix} \frac{1}{2} & \frac{1}{2} \\ \frac{1}{2} & \frac{1}{2} \end{bmatrix} u \quad \text{com} \quad u(0) = \begin{bmatrix} 5 \\ 3 \end{bmatrix}.$$

Parte de $u(0)$ aumenta exponencialmente, enquanto a parte do espaço nulo permanece fixa.

6. Mostre que o determinante é igual ao produto dos autovalores, imaginando que o polinômio característico seja fatorado em

$$\det(A - \lambda I) = (\lambda_1 - \lambda)(\lambda_2 - \lambda) \cdots (\lambda_n - \lambda), \tag{16}$$

e fazendo uma escolha conveniente de λ.

7. Encontre os autovalores e os autovetores de:

$$A = \begin{bmatrix} 3 & 4 & 2 \\ 0 & 1 & 2 \\ 0 & 0 & 0 \end{bmatrix} \quad \text{e} \quad B = \begin{bmatrix} 0 & 0 & 2 \\ 0 & 2 & 0 \\ 2 & 0 & 0 \end{bmatrix}.$$

Verifique que $\lambda_1 + \lambda_2 + \lambda_3$ é igual ao traço e $\lambda_1\lambda_2\lambda_3$ é igual ao determinante.

8. Suponha que λ seja um autovalor de A e x seja seu autovetor: $Ax = \lambda x$.

(a) Mostre que esse mesmo x é um autovetor de $B = A - 7I$ e encontre o autovalor. Isto deve confirmar o problema 3.

(b) Considerando $\lambda \neq 0$, mostre que x também é um autovetor de A^{-1} – e encontre o autovalor.

9. ***Os autovalores de* A *são iguais aos autovalores de* A^T.** Isto se deve a $\det(A - \lambda I)$ ser igual a $\det(A^T - \lambda I)$. Isso é verdadeiro porque ________. Mostre, por meio de um exemplo, que os autovetores de A e A^T *não* são iguais.

10. Mostre que o traço é igual à soma dos autovalores em duas etapas. Primeiro, encontre o coeficiente de $(-\lambda)^{n-1}$ do lado direito da equação (16). Em seguida, encontre todos os termos de

$$\det\,(A - \lambda I) = \det \begin{bmatrix} a_{11} - \lambda & a_{12} & \cdots & a_{1n} \\ a_{21} & a_{22} - \lambda & \cdots & a_{2n} \\ \vdots & \vdots & & \vdots \\ a_{n1} & a_{n2} & \cdots & a_{nn} - \lambda \end{bmatrix}$$

que envolvam $(-\lambda)^{n-1}$. Todos eles aparecem na diagonal principal! Encontre aquele coeficiente de $(-\lambda)^{n-1}$ e faça uma comparação.

11. (a) Construa matrizes 2 por 2 de modo que os autovalores de AB não sejam os produtos dos autovalores de A e B, e os autovalores de $A + B$ não sejam a soma dos autovalores individuais.

(b) Verifique, no entanto, que a soma dos autovalores de $A + B$ é igual à soma de todos os autovalores individuais de A e B, assim como seus produtos. Por que isto é verdadeiro?

12. Se B possui autovalores 1, 2, 3, C possui autovalores 4, 5, 6 e D possui autovalores 7, 8, 9, quais são os autovalores da matriz 6 por 6 $A = \begin{bmatrix} B & C \\ 0 & D \end{bmatrix}$?

13. Escolha a terceira linha da "matriz companheira"

$$A = \begin{bmatrix} 0 & 1 & 0 \\ 0 & 0 & 1 \\ \cdot & \cdot & \cdot \end{bmatrix}$$

de modo que seu polinômio característico $|A - \lambda I|$ seja $-\lambda^3 + 4\lambda^2 + 5\lambda + 6$.

14. Quais são o posto e os autovalores quando A e C do problema anterior são n por n? Lembre-se de que o autovalor $\lambda = 0$ é repetido $n - r$ vezes.

15. Encontre os autovalores e os autovetores de:

$$A = \begin{bmatrix} 3 & 4 \\ 4 & -3 \end{bmatrix} \quad \text{e} \quad A = \begin{bmatrix} a & b \\ b & a \end{bmatrix}.$$

16. Encontre o posto e todos os quatro autovalores da matriz de um e da matriz quadriculada:

$$A = \begin{bmatrix} 1 & 1 & 1 & 1 \\ 1 & 1 & 1 & 1 \\ 1 & 1 & 1 & 1 \\ 1 & 1 & 1 & 1 \end{bmatrix} \quad \text{e} \quad C = \begin{bmatrix} 0 & 1 & 0 & 1 \\ 1 & 0 & 1 & 0 \\ 0 & 1 & 0 & 1 \\ 1 & 0 & 1 & 0 \end{bmatrix}.$$

Quais autovetores correspondem aos autovalores não nulos?

17. As potências de A^k dessa matriz A tendem a um limite quando $k \to \infty$:

$$A = \begin{bmatrix} 0{,}8 & 0{,}3 \\ 0{,}2 & 0{,}7 \end{bmatrix}, \quad A^2 = \begin{bmatrix} 0{,}70 & 0{,}45 \\ 0{,}30 & 0{,}55 \end{bmatrix}, \quad \text{e} \quad A^\infty = \begin{bmatrix} 0{,}6 & 0{,}6 \\ 0{,}4 & 0{,}4 \end{bmatrix}.$$

A matriz A^2 está na metade do caminho entre A e A^∞. Explique por que $A^2 = \frac{1}{2}(A + A^\infty)$ a partir dos autovalores e dos autovetores dessas três matrizes.

18. Se A é a matriz 4 por 4 de números 1, encontre os autovalores e o determinante de $A - I$.

19. Encontre os autovalores e os autovetores das seguintes matrizes:

$$A = \begin{bmatrix} 1 & 4 \\ 2 & 3 \end{bmatrix} \quad \text{e} \quad A + I = \begin{bmatrix} 2 & 4 \\ 2 & 4 \end{bmatrix}.$$

$A + I$ possui os _______ autovetores de A. Seus autovalores são _______ de 1.

20. Suponha que A possua autovalores 0, 3, 5 com autovetores independentes u, v, w.

(a) Forneça uma base para o espaço nulo e uma base para o espaço-coluna.

(b) Encontre uma solução particular para $Ax = v + w$. Encontre todas as soluções.

(c) Mostre que $Ax = u$ não possui solução (se possuísse uma solução, então _______ estaria no espaço-coluna).

21. (a) Se você sabe que x é um autovetor, o modo de encontrar λ é _______.

(b) Se você sabe que λ é um autovalor, o modo de encontrar x é _______.

22. Calcule os autovalores e os autovetores de A e A^{-1}:

$$A = \begin{bmatrix} 0 & 2 \\ 2 & 3 \end{bmatrix} \quad \text{e} \quad A^{-1} = \begin{bmatrix} -3/4 & 1/2 \\ 1/2 & 0 \end{bmatrix}.$$

A^{-1} possui os _______ autovetores de A. Quando A possui autovalores λ_1 e λ_2, sua inversa possui autovalores _______.

23. A partir do vetor unitário $u = \left(\frac{1}{6}, \frac{1}{6}, \frac{3}{6}, \frac{5}{6}\right)$, construa a matriz de projeção de posto 1 $P = uu^T$.

(a) Mostre que $Pu = u$. Então, u é um autovetor com $\lambda = 1$.

(b) Se v é perpendicular a u, mostre que Pv = vetor nulo. Então, $\lambda = 0$.

(c) Encontre três autovetores independentes de P, todos com autovalor $\lambda = 0$.

24. Toda matriz de permutação deixa $x = (1, 1, ..., 1)$ inalterado. Então, $\lambda = 1$. Encontre mais dois λs para as seguintes permutações:

$$P = \begin{bmatrix} 0 & 1 & 0 \\ 0 & 0 & 1 \\ 1 & 0 & 0 \end{bmatrix} \quad \text{e} \quad P = \begin{bmatrix} 0 & 0 & 1 \\ 0 & 1 & 0 \\ 1 & 0 & 0 \end{bmatrix}.$$

25. Calcule os autovalores e os autovetores de A e A^2:

$$A = \begin{bmatrix} -1 & 3 \\ 2 & 0 \end{bmatrix} \quad \text{e} \quad A^2 = \begin{bmatrix} 7 & -3 \\ -2 & 6 \end{bmatrix}.$$

A^2 possui os mesmos _______ de A. Quando A possui autovalores λ_1 e λ_2, A^2 possui autovalores _______.

26. Se A possui $\lambda_1 = 4$ e $\lambda_2 = 5$, então $\det(A - \lambda I) = (\lambda - 4)(\lambda - 5) = \lambda^2 - 9\lambda + 20$. Encontre três matrizes que tenham traço $a + d = 9$, determinante 20 e $\lambda = 4, 5$.

27. O que você deve fazer com $Ax = \lambda x$ para provar (a), (b) e (c)?

(a) λ^2 é um autovalor de A^2, como no problema 25.

(b) λ^{-1} é um autovalor de A^{-1}, como no problema 22.

(c) $\lambda + 1$ é um autovalor de $A + I$, como no problema 19.

28. Resolva $\det(Q - \lambda I) = 0$ por meio da fórmula quadrática para obter $\lambda = \cos\theta \pm i \operatorname{sen}\theta$:

$$Q = \begin{bmatrix} \cos\theta & -\operatorname{sen}\theta \\ \operatorname{sen}\theta & \cos\theta \end{bmatrix} \quad \text{rotaciona o plano } xy \text{ por um ângulo } \theta.$$

Encontre os autovetores de Q, resolvendo $(Q - \lambda I)x = 0$. Utilize $i^2 = -1$.

29. Sabe-se que uma matriz B 3 por 3 possui autovalores 0, 1, 2. Esta informação é suficiente para encontrar três dos seguintes itens:

(a) o posto de B,

(b) o determinante de B^TB,

(c) os autovalores de B^TB, e

(d) os autovalores de $(B + I)^{-1}$.

30. Esta matriz é singular com posto 1. Encontre três valores de λ e três autovetores:

$$A = \begin{bmatrix} 1 \\ 2 \\ 1 \end{bmatrix} \begin{bmatrix} 2 & 1 & 2 \end{bmatrix} = \begin{bmatrix} 2 & 1 & 2 \\ 4 & 2 & 4 \\ 2 & 1 & 2 \end{bmatrix}.$$

31. (Revisão) Encontre os autovalores de A, B e C:

$$A = \begin{bmatrix} 1 & 2 & 3 \\ 0 & 4 & 5 \\ 0 & 0 & 6 \end{bmatrix}, \quad B = \begin{bmatrix} 0 & 0 & 1 \\ 0 & 2 & 0 \\ 3 & 0 & 0 \end{bmatrix} \quad \text{e} \quad C = \begin{bmatrix} 2 & 2 & 2 \\ 2 & 2 & 2 \\ 2 & 2 & 2 \end{bmatrix}.$$

32. Escolha a, b e c, de modo que det $(A - \lambda I) = 9\lambda - \lambda^3$. Então, os autovalores são -3, 0, 3:

$$A = \begin{bmatrix} 0 & 1 & 0 \\ 0 & 0 & 1 \\ a & b & c \end{bmatrix}.$$

33. Há seis matrizes de permutação P 3 por 3. Quais números podem ser os *determinantes* de P? Quais números podem ser os *pivôs*? Quais números podem ser o *traço* de P? Quais *quatro números* podem ser autovalores de P?

34. Quando P troca as *linhas* 1 e 2 e as *colunas* 1 e 2, os autovalores não se alteram. Encontre autovetores de A e PAP para $\lambda = 11$:

$$A = \begin{bmatrix} 1 & 2 & 1 \\ 3 & 6 & 3 \\ 4 & 8 & 4 \end{bmatrix} \quad \text{e} \quad PAP = \begin{bmatrix} 6 & 3 & 3 \\ 2 & 1 & 1 \\ 8 & 4 & 4 \end{bmatrix}.$$

35. Escolha a segunda linha de $A = \begin{bmatrix} 0 & 1 \\ * & * \end{bmatrix}$ de modo que A possua autovalores 4 e 7.

36. Encontre três matrizes 2 por 2 que tenham $\lambda_1 = \lambda_2 = 0$. O traço e o determinante são nulos. A matriz A pode não ser 0, mas verifique se $A^2 = 0$.

37. Desafio: *existe uma matriz real 2 por 2* (diferente de I) *com* $A^3 = I$? Seus autovalores devem satisfazer $\lambda^3 = 1$. Eles podem ser $e^{2\pi i/3}$ e $e^{-2\pi i/3}$. Em que traço e determinante isto resultaria? Construa A.

38. Suponha que A e B possuam os mesmos autovalores $\lambda_1, \ldots, \lambda_n$ com os mesmos autovetores independentes $x_1, \ldots, x_n$. Então $A = B$. *Motivo*: qualquer vetor x é uma combinação $c_1x_1 + \cdots + c_nx_n$. Qual é Ax? Qual é Bx?

39. Quando $a + b = c + d$, mostre que (1, 1) é um autovetor e encontre ambos os autovalores:

$$A = \begin{bmatrix} a & b \\ c & d \end{bmatrix}.$$

40. Construa qualquer matriz de Markov M 3 por 3: os elementos positivos ao longo de cada coluna somam 1. Se $e = (1, 1, 1)$, verifique que $M^Te = e$. Pelo problema 9, $\lambda = 1$ também é um autovalor de M. Desafio: uma matriz de Markov singular 3 por 3 com traço $\frac{1}{2}$ possui autovalores $\lambda =$ _______.

5.2 DIAGONALIZAÇÃO DE UMA MATRIZ

Comecemos diretamente com o cálculo essencial. Ele é perfeitamente simples e será utilizado em todas as seções deste capítulo. ***Os autovetores diagonalizam uma matriz***:

5C Suponha que a matriz A n por n possua n autovetores linearmente independentes. Se esses autovetores forem as colunas de uma matriz S, então $S^{-1}AS$ é uma matriz diagonal Λ. Os autovalores de A estão na diagonal de Λ:

Diagonalização $$S^{-1}AS = \Lambda = \begin{bmatrix} \lambda_1 & & & \\ & \lambda_2 & & \\ & & \ddots & \\ & & & \lambda_n \end{bmatrix}. \tag{1}$$

Chamamos S a "matriz de autovetores" e Λ a "matriz de autovalores" – utilizando um lambda maiúsculo por causa dos lambdas minúsculos dos autovalores em sua diagonal.

Prova Disponha os autovetores x_i nas colunas de S e calcule AS pelas colunas:

$$AS = A\begin{bmatrix} | & | & & | \\ x_1 & x_2 & \cdots & x_n \\ | & | & & | \end{bmatrix} = \begin{bmatrix} | & | & & | \\ \lambda_1 x_1 & \lambda_2 x_2 & \cdots & \lambda_n x_n \\ | & | & & | \end{bmatrix}.$$

Então, o segredo é separar esta última matriz em um produto diferente $S\Lambda$:

$$\begin{bmatrix} \lambda_1 x_1 & \lambda_2 x_2 & \cdots & \lambda_n x_n \end{bmatrix} = \begin{bmatrix} x_1 & x_2 & \cdots & x_n \end{bmatrix}\begin{bmatrix} \lambda_1 & & & \\ & \lambda_2 & & \\ & & \ddots & \\ & & & \lambda_n \end{bmatrix}.$$

É fundamental manter essas matrizes na ordem correta. Se Λ viesse antes de S (e não depois), então λ_1 multiplicaria os elementos na primeira linha. Queremos que λ_1 apareça na primeira coluna. Assim, $S\Lambda$ está correto. Portanto,

$$AS = S\Lambda, \quad \text{ou} \quad S^{-1}AS = \Lambda, \quad \text{ou} \quad A = S\Lambda S^{-1}. \tag{2}$$

S é invertível, pois supõe-se que suas colunas (os autovetores) são independentes.

Acrescentaremos quatro comentários antes de prosseguirmos com quaisquer exemplos ou aplicações: ■

Comentário 1 Se a matriz A não possuir autovalores repetidos – os números $\lambda_1, ..., \lambda_n$ são distintos –, então seus autovetores n são automaticamente independentes (ver 5D). Portanto, ***qualquer matriz com autovalores distintos pode ser diagonalizada***.

Comentário 2 A matriz de diagonalização S *não é única*. Um autovetor x pode ser multiplicado por uma constante, permanecendo um autovetor. Podemos multiplicar as colunas de S por quaisquer constantes não nulas e produzir uma nova matriz de diagonalização S.

Autovalores repetidos dão ainda mais liberdade para S. Para o exemplo trivial $A = I$, qualquer invertível S funcionará: $S^{-1}IS$ é sempre diagonal (Λ é simplesmente I). Todos os vetores são autovetores da matriz identidade.

Comentário 3 *Outras matrizes* S *não produzirão uma diagonal* Λ. Suponha que a primeira coluna de S seja y. Então, a primeira coluna de $S\Lambda$ será $\lambda_1 y$. Se isto deve concordar com a primeira coluna de AS, que, por multiplicação de matrizes, é Ay, então y deve ser um autovetor: $Ay = \lambda_1 y$. A *ordem* dos autovetores em S e dos autovalores em Λ é automaticamente igual.

Comentário 4 Nem todas as matrizes possuem n autovetores linearmente independentes; portanto, ***nem todas as matrizes são diagonalizáveis***. O exemplo padrão de uma "matriz incompleta" é

$$A = \begin{bmatrix} 0 & 1 \\ 0 & 0 \end{bmatrix}.$$

Seus autovalores são $\lambda_1 = \lambda_2 = 0$, já que ela é triangular com zeros na diagonal:

$$\det(A - \lambda I) = \det\begin{bmatrix} -\lambda & 1 \\ 0 & -\lambda \end{bmatrix} = \lambda^2.$$

Todos os autovetores desta matriz A são múltiplos do vetor (1, 0):

$$\begin{bmatrix} 0 & 1 \\ 0 & 0 \end{bmatrix} x = \begin{bmatrix} 0 \\ 0 \end{bmatrix}, \qquad \text{ou} \qquad x = \begin{bmatrix} c \\ 0 \end{bmatrix}.$$

$\lambda = 0$ é um autovalor duplo – sua *multiplicidade algébrica* é 2. Mas a *multiplicidade geométrica* é 1 – existe apenas um autovetor independente. Não podemos construir S.

Existe uma prova mais direta de que esta matriz A não é diagonalizável. Como $\lambda_1 = \lambda_2 = 0$, Λ teria de ser a matriz nula. Mas, se $\Lambda = S^{-1}AS = 0$, então multiplicamos previamente por S e posteriormente por S^{-1} para deduzir de maneira errônea que $A = 0$. Não há S invertível.

Esta falha da diagonalização ***não*** foi um resultado de $\lambda = 0$. Ela surgiu de $\lambda_1 = \lambda_2$:

$$\textbf{Autovalores repetidos} \qquad A = \begin{bmatrix} 3 & 1 \\ 0 & 3 \end{bmatrix} \quad \text{e} \quad A = \begin{bmatrix} 2 & -1 \\ 1 & 0 \end{bmatrix}.$$

Os autovalores são 3, 3 e 1, 1. Eles não são singulares! O problema é a falta de autovetores – dos quais precisamos para S. Isto precisa ser enfatizado:

> ***A diagonalizabilidade de* A *depende de autovetores suficientes.***
> ***A invertibilidade de* A *depende de autovalores não nulos.***

Não há relação entre a diagonalizabilidade (n autovetores independentes) e a invertibilidade (nenhum autovalor nulo). A única indicação fornecida pelos autovalores é a seguinte: *a diagonalização pode falhar somente se houver autovalores repetidos*. Mesmo assim, ela nem sempre falha. $A = I$ possui autovalores repetidos 1, 1, ..., 1, mas ela já é diagonal. Não há falta de autovetores neste caso.

O teste consiste em verificar se há p autovetores independentes para um autovalor que se repete p vezes – em outras palavras, se $A - \lambda I$ possui posto $n - p$. Para completar este ciclo de ideias, temos que mostrar que autovalores *distintos* não apresentam nenhum problema.

5D Se os autovetores $x_1, \ldots, x_k$ correspondem a *autovalores diferentes* $\lambda_1, \ldots, \lambda_k$, então esses autovetores são linearmente independentes.

Em primeiro lugar, suponha que $k = 2$ e que alguma combinação de x_1 e x_2 produza zero: $c_1x_1 + c_2x_2 = 0$. Multiplicando essa equação por A, encontramos $c_1\lambda_1x_1 + c_2\lambda_2x_2 = 0$. Subtraindo-se λ_2 vezes a equação anterior, o vetor x_2 desaparece:

$$c_1(\lambda_1 - \lambda_2)x_1 = 0.$$

Como $\lambda_1 \neq \lambda_2$ e $x_1 \neq 0$, é necessário que $c_1 = 0$. De modo similar, $c_2 = 0$ e os dois vetores são independentes; apenas a combinação trivial resulta em zero.

Este mesmo argumento se estende para qualquer número de autovetores: se alguma combinação gerar zero, multiplique por A, subtraia λ_k vezes a combinação original e x_k desaparece – deixando a combinação $x_1, \ldots, x_{k-1}$, que produz zero. Repetindo as mesmas etapas (isto é realmente uma *indução matemática*), terminamos com um múltiplo de x_1 que gera zero. Isso torna necessário que $c_1 = 0$ e, em última análise, que todo $c_i = 0$. Portanto, os autovetores que surgem a partir de autovalores distintos são automaticamente independentes.

Uma matriz com n autovalores distintos pode ser diagonalizada. Este é o caso típico.

Exemplo de diagonalização

O ponto central desta seção é $S^{-1}AS = \Lambda$. A matriz de autovetores S converte A em sua matriz de autovalores Λ (diagonal). Podemos ver isso em projeções e rotações.

Exemplo 1 A projeção $A = \begin{bmatrix} \frac{1}{2} & \frac{1}{2} \\ \frac{1}{2} & \frac{1}{2} \end{bmatrix}$ possui matriz de autovalores $\Lambda = \begin{bmatrix} 1 & 0 \\ 0 & 0 \end{bmatrix}$. Os autovetores seguem nas colunas de S:

$$S = \begin{bmatrix} 1 & 1 \\ 1 & -1 \end{bmatrix} \quad \text{e} \quad AS = S\Lambda = \begin{bmatrix} 1 & 0 \\ 1 & 0 \end{bmatrix}.$$

A última equação pode ser verificada imediatamente. Portanto, $S^{-1}AS = \Lambda$.

Exemplo 2 Os autovalores em si não são tão claros para uma ***rotação***:

$$\text{rotação de } 90^\circ \quad K = \begin{bmatrix} 0 & -1 \\ 1 & 0 \end{bmatrix} \quad \text{possui} \quad \det(K - \lambda I) = \lambda^2 + 1.$$

Como um vetor pode ser rotacionado e ainda manter sua direção inalterada? Aparentemente, não é possível – exceto para o vetor nulo, que não tem utilidade. Mas deve haver autovalores, e devemos ser capazes de resolver $du/dt = Ku$. O polinômio característico $\lambda^2 + 1$ ainda deve possuir duas raízes – mas essas raízes *não são reais*.

Você pode ver a saída. Os autovalores de K são *números imaginários*, $\lambda_1 = i$ e $\lambda_2 = -i$. Os autovetores não são reais. De algum modo, ao girá-los 90°, eles são multiplicados por i ou $-i$:

$$(K-\lambda_1 I)x_1 = \begin{bmatrix} -i & -1 \\ 1 & -i \end{bmatrix}\begin{bmatrix} y \\ z \end{bmatrix} = \begin{bmatrix} 0 \\ 0 \end{bmatrix} \quad \text{e} \quad x_1 = \begin{bmatrix} 1 \\ -i \end{bmatrix}$$

$$(K-\lambda_2 I)x_2 = \begin{bmatrix} i & -1 \\ 1 & i \end{bmatrix}\begin{bmatrix} y \\ z \end{bmatrix} = \begin{bmatrix} 0 \\ 0 \end{bmatrix} \quad \text{e} \quad x_2 = \begin{bmatrix} 1 \\ i \end{bmatrix}.$$

Os autovalores são distintos, ainda que imaginários, e os autovetores são independentes. Eles seguem nas colunas de S:

$$S = \begin{bmatrix} 1 & 1 \\ -i & i \end{bmatrix} \quad \text{e} \quad S^{-1}KS = \begin{bmatrix} i & 0 \\ 0 & -i \end{bmatrix}.$$

Estamos diante de um fato inevitável: ***números complexos são necessários mesmo para matrizes reais***. Se existem poucos autovalores reais, sempre há n autovalores complexos (complexo inclui os reais, nos quais a parte imaginária é nula). Existem poucos autovetores no mundo real $\mathbf{R}^3$ ou em $\mathbf{R}^n$, procuramos em $\mathbf{C}^3$ ou $\mathbf{C}^n$. O espaço $\mathbf{C}^n$ contém todos os vetores--colunas com componentes complexos e possui novas definições de módulo, produto escalar e ortogonalidade. Mas não é mais difícil do que $\mathbf{R}^n$ e, na Seção 5.5, faremos uma conversão fácil para o caso complexo.

Potências e produtos: A^k e AB

Há mais uma situação em que os cálculos são fáceis. ***Os autovalores de $\mathbf{A}^2$ são exatamente $\lambda_1^2, \ldots, \lambda_n^2$ e todo autovetor de $\mathbf{A}$ também é um autovetor de $\mathbf{A}^2$***. Comecemos com $Ax = \lambda_x$, multiplicando novamente por A:

$$A^2x = A\lambda x = \lambda Ax = \lambda^2 x. \tag{3}$$

Assim, λ^2 é um autovalor de A^2, com o mesmo autovetor x. Se a primeira multiplicação por A deixar inalterada a direção de x, a segunda também deixará.

O mesmo resultado decorre da diagonalização, elevando-se $S^{-1}AS = \Lambda$ ao quadrado:

$$\textbf{Autovalores de } A^2 \qquad (S^{-1}AS)(S^{-1}AS) = \Lambda^2 \quad \text{ou} \quad S^{-1}A^2S = \Lambda^2.$$

A matriz A^2 é diagonalizada pelo mesmo S, de modo que os autovetores permanecem inalterados. Os autovalores são elevados ao quadrado. Isso continua a valer para qualquer potência de A:

5E Os autovalores de A^k são $\lambda_1^k, ..., \lambda_n^k$ e todo autovetor de A ainda é um autovetor de A^k. Quando S diagonaliza A, ele também diagonaliza A^k:

$$\Lambda^k = (S^{-1}AS)(S^{-1}AS) \cdots (S^{-1}AS) = S^{-1}A^kS. \tag{4}$$

Cada S^{-1} cancela um S, exceto para o primeiro S^{-1} e o último S.

Se A for invertível, esta regra também se aplicará a sua inversa (a potência $k = -1$). ***Os autovalores de $\mathbf{A}^{-1}$ são $1/\lambda_i$***. Eles podem ser visualizados mesmo sem diagonalização:

$$\text{se} \quad Ax = \lambda x \quad \text{então} \quad x = \lambda A^{-1}x \quad \text{e} \quad \frac{1}{\lambda}x = A^{-1}x.$$

Exemplo 3 Se K é uma rotação de 90°, então K^2 é uma rotação de 180° (o que significa $-I$) e K^{-1} é uma rotação de $-90°$:

$$K = \begin{bmatrix} 0 & -1 \\ 1 & 0 \end{bmatrix}, \quad K^2 = \begin{bmatrix} -1 & 0 \\ 0 & -1 \end{bmatrix}, \quad \text{e} \quad K^{-1} = \begin{bmatrix} 0 & 1 \\ -1 & 0 \end{bmatrix}.$$

Os autovalores de K são i e $-i$; seus quadrados são -1 e -1; seus recíprocos são $1/i = -i$ e $1/(-i) = i$. Então K^4 é uma rotação completa de 360°:

$$K^4 = \begin{bmatrix} 1 & 0 \\ 0 & 1 \end{bmatrix} \quad \text{e também} \quad \Lambda^4 = \begin{bmatrix} i^4 & 0 \\ 0 & (-i)^4 \end{bmatrix} = \begin{bmatrix} 1 & 0 \\ 0 & 1 \end{bmatrix}.$$

Para um ***produto de duas matrizes***, podemos perguntar a respeito dos autovalores de AB – mas não obteremos uma boa resposta. É muito tentador adotar o mesmo raciocínio com o intuito de provar o que *não é verdadeiro em geral*. Se λ é um autovalor de A e μ é um autovalor de B, esta é uma prova falsa de que AB possui o autovalor $\mu\lambda$:

$$\textbf{Prova falsa} \qquad ABx = A\mu x = \mu Ax = \mu\lambda x.$$

O erro está em pressupor que A e B compartilham o *mesmo* autovetor x. Em geral, elas não compartilham. Podemos ter duas matrizes com autovalores nulos, ao passo que AB possui $\lambda = 1$.

$$AB = \begin{bmatrix} 0 & 1 \\ 0 & 0 \end{bmatrix} \begin{bmatrix} 0 & 0 \\ 1 & 0 \end{bmatrix} = \begin{bmatrix} 1 & 0 \\ 0 & 0 \end{bmatrix}.$$

Os autovetores dessas matrizes A e B são completamente diferentes, o que é comum. Pelo mesmo motivo, os autovalores de $A + B$ geralmente não têm relação com $\lambda + \mu$.

Esta prova falsa sugere o que *é* verdadeiro. Se o autovetor é igual para A e B, então os autovalores se multiplicam e AB possui o autovalor $\mu\lambda$. Mas existe algo mais importante. Há um modo fácil de reconhecer quando A e B compartilham um conjunto completo de autovetores, e esta é uma questão fundamental em mecânica quântica:

5F Matrizes diagonalizáveis compartilham a mesma matriz de autovetores S se, e somente se, $AB = BA$.

Prova Se a mesma matriz S diagonaliza tanto $A = S\Lambda_1 S^{-1}$ como $B = S\Lambda_2 S^{-1}$, podemos multiplicar em ambas as ordens:

$$AB = S\Lambda_1 S^{-1} S\Lambda_2 S^{-1} = S\Lambda_1\Lambda_2 S^{-1} \quad \text{e} \quad BA = S\Lambda_2 S^{-1} S\Lambda_1 S^{-1} = S\Lambda_2\Lambda_1 S^{-1}.$$

Como $\Lambda_1\Lambda_2 = \Lambda_2\Lambda_1$ (matrizes diagonais sempre comutam), temos $AB = BA$.
Na direção oposta, suponha que $AB = BA$. Começando com $Ax = \lambda x$, temos

$$ABx = BAx = B\lambda x = \lambda Bx.$$

Assim, ambos x e Bx são autovetores de A, compartilhando o mesmo λ (do contrário, $Bx = 0$). Se assumirmos por conveniência que os autovalores de A são distintos – os autoespaços serão todos unidimensionais – então Bx *deve ser um múltiplo de* x. Em outras palavras, x é tanto um autovetor de B como de A. A prova com autovalores repetidos é um pouco mais extensa. ■

O Princípio da Incerteza de Heisenberg surge de matrizes não comutativas, como a posição P e o momento Q. A posição é simétrica, o momento é antissimétrico e, juntos, eles satisfazem $QP - PQ = I$. O princípio da incerteza decorre diretamente da desigualdade de Schwarz $(Qx)^T(Px) \leq \|Qx\| \, \|Px\|$, da Seção 3.2:

$$\|x\|^2 = x^T x = x^T(QP - PQ)x \leq 2\,\|Qx\|\,\|Px\|.$$

O produto de $\|Qx\|/\|x\|$ e $\|Px\|/\|x\|$ – os erros de momento e posição, quando a função da onda é x – é, no mínimo, $\frac{1}{2}$. É impossível diminuir ambos os erros, pois, quando se tenta medir a posição de uma partícula, altera-se seu momento.

No final, voltamos a $A = S\Lambda S^{-1}$. Essa fatoração é especialmente adequada para se extrair potências de A, e o caso mais simples A^2 conclui o argumento. A fatoração LU é perdida quando é elevada ao quadrado, mas $S\Lambda S^{-1}$ é perfeita. O quadrado é $S\Lambda^2 S^{-1}$ e os autovetores permanecem inalterados. Seguindo esses autovetores, resolveremos equações das diferenças e equações diferenciais.

Conjunto de problemas 5.2

1. Se uma matriz triangular superior 3 por 3 possui elementos diagonais 1, 2, 7, como é possível saber se ela pode ser diagonalizada? Qual é Λ?

2. (a) Se $A^2 = I$, quais são os possíveis autovalores de A?

(b) Se essa matriz A for 2 por 2, e não I ou $-I$, encontre seu traço e seu determinante.

(c) Se a primeira linha for $(3, -1)$, qual será a segunda linha?

3. Fatore as seguintes matrizes em $S\Lambda S^{-1}$:

$$A = \begin{bmatrix} 1 & 1 \\ 1 & 1 \end{bmatrix} \quad \text{e} \quad A = \begin{bmatrix} 2 & 1 \\ 0 & 0 \end{bmatrix}.$$

4. Se $A = \begin{bmatrix} 4 & 3 \\ 1 & 2 \end{bmatrix}$, encontre A^{100} diagonalizando A.

5. Encontre a matriz A cujos autovalores sejam 1 e 4 e os autovetores sejam $\begin{bmatrix} 3 \\ 1 \end{bmatrix}$ e $\begin{bmatrix} 2 \\ 1 \end{bmatrix}$, respectivamente. (*Dica*: $A = S\Lambda S^{-1}$.)

6. Encontre *todos* os autovalores e os autovetores de

$$A = \begin{bmatrix} 1 & 1 & 1 \\ 1 & 1 & 1 \\ 1 & 1 & 1 \end{bmatrix}$$

e apresente duas matrizes de diagonalização diferentes S.

7. Suponha que $A = uv^T$ seja uma coluna multiplicada por uma linha (uma matriz de posto 1).

(a) Multiplicando-se A vezes u, mostre que u é um autovetor. Qual é o valor de λ?

(b) Quais são os outros autovalores de A? Justifique sua resposta.

(c) Calcule o traço (A) a partir da soma da diagonal e da soma dos valores de λs.

8. Quais dessas matrizes não podem ser diagonalizadas?

$$A = \begin{bmatrix} 2 & -2 \\ 2 & -2 \end{bmatrix} \quad A_2 = \begin{bmatrix} 2 & 0 \\ 2 & -2 \end{bmatrix} \quad A_3 = \begin{bmatrix} 2 & 0 \\ 2 & 2 \end{bmatrix}.$$

9. Suponha que A possua autovalores 1, 2, 4. Qual é o traço de A^2? Qual é o determinante de $(A^{-1})^T$?

10. Suponha que as matrizes de autovetores S possua $S^T = S^{-1}$. Mostre que $A = S\Lambda S^{-1}$ é simétrica e possui autovetores ortogonais.

11. Diagonalize a matriz $A = \begin{bmatrix} 5 & 4 \\ 4 & 5 \end{bmatrix}$ e encontre uma de suas raízes quadradas – uma matriz, tal que $R^2 = A$. Quantas raízes quadradas há nesta matriz?

12. Se os autovalores de A são 1, 1, 2, quais das seguintes alternativas são verdadeiras? Se a alternativa for verdadeira, justifique; se for falsa, dê um contraexemplo.

(a) A é invertível.
(b) A é diagonalizável.
(c) A não é diagonalizável.

13. Mostre, calculando diretamente, que AB e BA possuem o mesmo traço quando:

$$A = \begin{bmatrix} a & b \\ c & d \end{bmatrix} \quad \text{e} \quad B = \begin{bmatrix} q & r \\ s & t \end{bmatrix}.$$

Deduza que $AB - BA = I$ é impossível (exceto em dimensão infinita).

14. Suponha que os únicos autovetores de A sejam múltiplos de $x = (1, 0, 0)$. Verdadeiro ou falso:

(a) A não é invertível.
(b) A possui um autovalor repetido.
(c) A não é diagonalizável.

Os problemas 15 a 25 abordam matrizes de autovalores e de autovetores.

15. Se A possui $\lambda_1 = 2$ com autovetor $x_1 = \begin{bmatrix} 1 \\ 0 \end{bmatrix}$ e $\lambda_2 = 5$ com $x_2 = \begin{bmatrix} 1 \\ 1 \end{bmatrix}$, utilize $S\Lambda S^{-1}$ para encontrar A. Nenhuma outra matriz possui os mesmos λ's e x's.

16. Fatore as duas matrizes abaixo em $A = S\Lambda S^{-1}$:

$$A = \begin{bmatrix} 1 & 2 \\ 0 & 3 \end{bmatrix} \quad \text{e} \quad A = \begin{bmatrix} 1 & 1 \\ 2 & 2 \end{bmatrix}.$$

17. Verdadeiro ou falso? Se as n colunas de S (autovetores de A) são independentes, então:

(a) A é invertível.
(b) A é diagonalizável.
(c) S é invertível.
(d) S é diagonalizável.

18. Se os autovetores de A são as colunas de I, então A é uma matriz ________. Se a matriz de autovetores S é triangular, então S^{-1} é triangular e A é triangular.

19. Suponha que $A = S\Lambda S^{-1}$. Qual é a matriz de autovalores de $A + 2I$? Qual é a matriz de autovetores? Verifique se $A + 2I = (\ )(\ )(\ )^{-1}$.

20. Se $A = S\Lambda S^{-1}$, então $A^3 = (\ )(\ )(\ )$ e $A^{-1} = (\ )(\ )(\ )$.

21. Apresente a matriz mais geral que possua autovetores $\begin{bmatrix}1\\1\end{bmatrix}$ e $\begin{bmatrix}1\\-1\end{bmatrix}$.

22. Encontre os autovalores de A, B, AB e BA:

$$A=\begin{bmatrix}1&0\\1&1\end{bmatrix},\quad B=\begin{bmatrix}1&1\\0&1\end{bmatrix},\quad AB=\begin{bmatrix}1&1\\1&2\end{bmatrix}\quad \text{e}\quad BA=\begin{bmatrix}2&1\\1&1\end{bmatrix}.$$

Os autovalores de AB (são iguais aos) (não são iguais aos) autovalores de A multiplicados pelos autovalores de B. Os autovalores de AB (são) (não são) iguais aos autovalores de BA.

23. Descreva todas as matrizes S que diagonalizam a seguinte matriz A:

$$A=\begin{bmatrix}4&0\\1&2\end{bmatrix}.$$

Em seguida, descreva todas as matrizes que diagonalizam A^{-1}.

24. Encontre os autovalores de A, B e $A+B$:

$$A=\begin{bmatrix}1&0\\1&1\end{bmatrix},\quad B=\begin{bmatrix}1&1\\0&1\end{bmatrix},\quad A+B=\begin{bmatrix}2&1\\1&2\end{bmatrix}.$$

Os autovalores de $A+B$ (são iguais aos) (não são iguais aos) autovalores de A mais os autovalores de B.

Os problemas 25 a 28 abordam a diagonalizabilidade de A.

25. Se os autovalores de A forem 1 e 0, mostre tudo o que é possível saber sobre as matrizes A e A^2.

26. A matriz $A=\begin{bmatrix}3&1\\0&3\end{bmatrix}$ não é diagonalizável, pois o posto de $A-3I$ é ____. Altere um elemento para tornar A diagonalizável. Que elementos você poderia alterar?

27. Verdadeiro ou falso? Se os autovalores de A são 2, 2, 5, então a matriz certamente é:

(a) invertível.

(b) diagonalizável.

(b) não diagonalizável.

28. Complete as matrizes abaixo de modo que det $A=25$. Então, traço $=10$, e $\lambda=5$ seja repetido! Encontre um autovetor com $Ax=5x$. Essas matrizes não serão diagonalizáveis, pois não há uma segunda linha de autovetores.

$$A=\begin{bmatrix}8&\\&2\end{bmatrix},\quad A=\begin{bmatrix}9&4\\&1\end{bmatrix}\quad \text{e}\quad A=\begin{bmatrix}10&5\\-5&\end{bmatrix}.$$

Os problemas 29 a 33 abordam potências de matrizes.

29. (Recomendado) Encontre Λ e S para diagonalizar A no problema 30. Qual é o limite de Λ^k quando $k\rightarrow\infty$? Qual é o limite de $S\Lambda^kS^{-1}$? Nas colunas desta matriz de limite, é possível visualizar ________.

30. $A^k=S\Lambda^kS^{-1}$ tende à matriz nula como $k\rightarrow\infty$ se, e somente se, todo λ possuir valor absoluto menor que ____. Neste caso, $A^k\rightarrow 0$ ou $B^k\rightarrow 0$?

$$A=\begin{bmatrix}0{,}6&0{,}4\\0{,}4&0{,}6\end{bmatrix}\quad \text{e}\quad B=\begin{bmatrix}0{,}6&0{,}9\\0{,}1&0{,}6\end{bmatrix}.$$

31. Diagonalize A e calcule $S\Lambda^kS^{-1}$ para provar esta fórmula para A^k:

$$A = \begin{bmatrix} 2 & 1 \\ 1 & 2 \end{bmatrix} \quad \text{possui} \quad A^k = \frac{1}{2}\begin{bmatrix} 3^k+1 & 3^k-1 \\ 3^k-1 & 3^k+1 \end{bmatrix}.$$

32. Diagonalize B e calcule $S\Lambda^kS^{-1}$ para provar esta fórmula para B^k:

$$B = \begin{bmatrix} 3 & 1 \\ 0 & 2 \end{bmatrix} \quad \text{possui} \quad B^k = \begin{bmatrix} 3^k & 3^k-2 \\ 0 & 2^k \end{bmatrix}.$$

33. Encontre Λ e S para diagonalizar B no problema 30. Quanto é $B^{10}u_0$ para esses vetores u_0?

$$u_0 = \begin{bmatrix} 3 \\ 1 \end{bmatrix}, \quad u_0 = \begin{bmatrix} 3 \\ -1 \end{bmatrix}, \quad \text{e} \quad u_0 = \begin{bmatrix} 6 \\ 0 \end{bmatrix}.$$

Os problemas 34 a 45 mostram novas aplicações de $A = S\Lambda S^{-1}$.

34. Se $A = S\Lambda S^{-1}$, diagonalize a matriz de bloco $B = \begin{bmatrix} A & 0 \\ 0 & 2A \end{bmatrix}$. Encontre suas matrizes de autovalores e autovetores.

35. Teste o Teorema de Cayley-Hamilton sobre matriz de Fibonacci $A = \begin{bmatrix} 1 & 1 \\ 1 & 0 \end{bmatrix}$. O teorema prevê que $A^2 - A - I = 0$, já que det $(A - \lambda I)$ é $\lambda^2 - \lambda - 1$.

36. Suponha que $A = S\Lambda S^{-1}$. Empregue os determinantes para provar que det $A = \lambda_1\lambda_2 ... \lambda_n$ = produto dos valores de λ's. Esta prova rápida só funciona quando A é ________.

37. Se $A = \begin{bmatrix} a & b \\ 0 & d \end{bmatrix}$, então det $(A - \lambda I)$ é $(\lambda - a)(\lambda - d)$. Verifique a afirmação de Cayley--Hamilton quanto a $(A - aI)(A - dI) =$ *matriz nula*.

38. Substitua $A = S\Lambda S^{-1}$ na equação $(A - \lambda_1 I)(A - \lambda_2 I) \cdots (A - \lambda_n I)$ e explique por que isto gera a *matriz nula*. Estamos substituindo a matriz A pelo número λ no polinômio $p(\lambda) =$ det $(A - \lambda I)$. O ***Teorema de Cayley-Hamilton*** afirma que este produto é sempre $p(A) =$ *matriz nula*, mesmo que A não seja diagonalizável.

39. O traço de S multiplicado por ΛS^{-1} iguala o traço de ΛS^{-1} multiplicado por S. Assim, o traço de uma matriz diagonalizável A iguala o traço de Λ, que é ________.

40. Suponha que $Ax = \lambda x$. Se $\lambda = 0$, então x está no espaço nulo. Se $\lambda \neq 0$, então x está no espaço-coluna. Esses espaços possuem dimensões $(n - r) + r = n$. Então, por que nem toda matriz quadrada possui n autovetores linearmente independentes?

41. Considere todas as matrizes A 4 por 4 que são diagonalizadas pela mesma matriz fixa de autovetores. Mostre que as matrizes A formam um subespaço (cA e $A_1 + A_2$ possuem esse mesmo S). Qual é o subespaço quando $S = I$? Qual é sua dimensão?

42. Suponha que $A^2 = A$. No lado esquerdo, A multiplica todas as colunas de A. Qual dos nossos quatro subespaços contém autovetores com $\lambda = 1$? Qual subespaço contém autovetores com $\lambda = 0$? A partir das dimensões desses subespaços, A possui um conjunto completo de autovetores independentes e pode ser diagonalizada.

43. Se $A = \begin{bmatrix} 1 & 0 \\ 0 & 2 \end{bmatrix}$ e $AB = BA$, mostre que $B = \begin{bmatrix} \mathbf{a} & \mathbf{b} \\ \mathbf{c} & \mathbf{d} \end{bmatrix}$ também é diagonal. B possui os mesmos auto ________ de A, mas diferentes auto ________. Essas matrizes diagonais B formam um subespaço bidimensional do espaço matricial. $AB - BA = 0$ fornece quatro equações para as incógnitas **a**, **b**, **c** e **d** – encontre o posto da matriz 4 por 4.

44. Encontre os autovalores e autovetores de ambas as matrizes de Markov A e A^∞ abaixo. Explique por que A^{100} está próxima de A^∞:

$$A = \begin{bmatrix} 0,6 & 0,2 \\ 0,4 & 0,8 \end{bmatrix} \quad \text{e} \quad A^\infty = \begin{bmatrix} 1/3 & 1/3 \\ 2/3 & 2/3 \end{bmatrix}.$$

45. Se A for 5 por 5, então $AB - BA$ = matriz nula fornece 25 equações para os 25 elementos de B. Mostre que a matriz 25 por 25 é singular exibindo uma solução não nula B.

5.3 EQUAÇÕES DAS DIFERENÇAS E POTÊNCIAS A^k

As equações das diferenças $u_{k+1} = Au_k$ são desenvolvidas em um número finito de etapas finitas. Uma equação diferencial utiliza um número infinito de etapas infinitesimais, mas ambas as teorias permanecem absolutamente paralelas. Trata-se da mesma analogia entre o discreto e o contínuo que aparece por toda a matemática. Uma boa exemplificação são os juros compostos quando o período é reduzido.

Suponha que você invista \$ 1.000 a juros de 6%. Compondo-se uma vez por ano, o principal P é multiplicado por 1,06. *Esta é uma equação das diferenças* $P_{k+1} = AP_k = 1{,}06P_k$ *com período de um ano*. Após cinco anos, o original $P_0 = 1.000$ foi multiplicado cinco vezes:

$$\textbf{Anual} \qquad P_5 = (1{,}06)^5 P_0, \quad \text{que é} \quad (1{,}06)^5\, 1.000 = \$\ 1.338.$$

Agora, suponha que o período seja reduzido para um mês. A nova equação das diferenças é $p_{k+1} = (1 + 0{,}06/12)p_k$. Após cinco anos, ou 60 meses, haverá \$ 11 extras:

$$\textbf{Mensal} \qquad p_{60} = \left(1 + \frac{0{,}06}{12}\right)^{60} p_0, \quad \text{que é} \quad (1{,}005)^{60}\, 1.000 = \$\ 1.349.$$

A próxima etapa é compor todos os dias, em 5 (365) dias. Isso ajuda um pouco:

$$\textbf{Composição diária} \qquad \left(1 + \frac{0{,}06}{365}\right)^{5\times 365} 1.000 = \$\ 1.349{,}83.$$

Finalmente, para manter seus funcionários realmente em ação, os bancos oferecem *composição contínua*. Os juros são adicionados a todo instante e a equação das diferenças falha. Pode-se esperar que o tesoureiro não saiba o cálculo (que aborda limites do tipo $\Delta t \to 0$). O banco pode compor os juros N vezes por ano, de modo que $\Delta t = 1/N$:

$$\textbf{Contínuo} \qquad \left(1 + \frac{0{,}06}{N}\right)^{5N} 1.000 \quad \longrightarrow \quad e^{0{,}30}\, 1.000 = \$\ 1.349{,}87.$$

Ou o banco pode mudar para uma equação diferencial – o limite da equação das diferenças $p_{k+1} = (1 + 0{,}06\Delta t)p_k$. Movendo-se p_k para o lado esquerdo e dividindo-se por Δt,

$$\textbf{Discreto para contínuo} \qquad \frac{p_{k+1} - p_k}{\Delta t} = 0{,}06 p_k \quad \text{tende a} \quad \frac{dp}{dt} = 0{,}06p. \tag{1}$$

A solução é $p(t) = e^{0{,}06t}p_0$. Após $t = 5$ anos, isso novamente equivale a \$ 1.349,87. O principal permanece finito, mesmo que seja composto em todos os instantes – e o aumento sobre a composição diária é de apenas quatro centavos.

Números de Fibonacci

O principal objetivo desta seção é resolver $u_{k+1} = Au_k$. Isto nos leva a A^k e a **potências de matrizes**. Nosso segundo exemplo é a famosa ***sequência de Fibonacci***:

$$\textbf{Números de Fibonacci} \qquad 0, 1, 1, 2, 3, 5, 8, 13, \ldots$$

Veja o padrão: todo número de Fibonacci é a soma dos dois Fs anteriores:

$$\textbf{Equação de Fibonacci} \qquad F_{k+2} = F_{k+1} + F_k. \tag{2}$$

Esta é a equação das diferenças. Ela se transforma na mais fantástica variedade de aplicações e merece um livro próprio. As folhas crescem em um padrão espiral e, em macieiras ou carvalhos, você encontrará cinco padrões de crescimento para cada duas voltas ao redor do talo. A pereira possui oito padrões para cada três voltas e o salgueiro apresenta 13:5. O campeão parece ser o girassol, cujas sementes escolheram, incrivelmente, uma razão de $F_{12}/F_{13} = 144/233$.*

Como podemos encontrar o milionésimo número de Fibonacci, sem começar de $F_0 = 0$ e $F_1 = 1$, trabalhando todo o processo a partir de $F_{1.000}$? A meta é resolver a equação das diferenças $F_{k+2} = F_{k+1} + F_k$. **Isto pode ser reduzido a uma equação de uma etapa $u_{k+1} = Au_k$. Toda etapa multiplica $u_k = (F_{k+1}, F_k)$ por uma matriz A:**

$$\begin{aligned} F_{k+2} &= F_{k+1} + F_k \\ F_{k+1} &= F_{k+1} \end{aligned} \quad \text{torna-se} \quad u_{k+1} = \begin{bmatrix} \mathbf{1} & \mathbf{1} \\ \mathbf{1} & \mathbf{0} \end{bmatrix} \begin{bmatrix} F_{k+1} \\ F_k \end{bmatrix} = Au_k. \tag{3}$$

O sistema de uma etapa $u_{k+1} = Au_k$ é fácil de ser resolvido. Ele começa com u_0. Após uma etapa, gera $u_1 = Au_0$. Em seguida, u_2 é Au_1, que, por sua vez, é A^2u_0. *Toda etapa traz uma multiplicação por* A e, após k etapas, há k multiplicações:

> ***A solução para uma equação das diferenças*** $\mathbf{u_{k+1} = Au_k}$ ***é*** $\mathbf{u_k = A^k u_0}$.

O verdadeiro problema é encontrar um modo rápido de calcular as potências A^k e, a partir daí, encontrar o milionésimo número de Fibonacci. A chave está nos autovalores e nos autovetores:

5G Se A pode ser diagonalizada, $A = S\Lambda S^{-1}$, então A^k surge a partir de Λ^k:

$$u_k = A^k u_0 = (S\Lambda S^{-1})(S\Lambda S^{-1})\ldots(S\Lambda S^{-1})u_0 = S\Lambda^k S^{-1}u_0. \tag{4}$$

As colunas de S são os autovetores de A. Apresentando-se $S^{-1}u_0 = c$, a solução torna-se

$$u^k = S\Lambda^k c = \begin{bmatrix} & & \\ x_1 & \cdots & x_n \\ & & \end{bmatrix} \begin{bmatrix} \lambda_1^k & & \\ & \ddots & \\ & & \lambda_n^k \end{bmatrix} \begin{bmatrix} c_1 \\ \vdots \\ c_n \end{bmatrix} = c_1\lambda_1^k x_1 + \cdots + c_n\lambda_n^k x_n. \tag{5}$$

Após k etapas, u_k é uma combinação das n "soluções puras" $\lambda^k x$.

---

* Para estas aplicações botânicas, consulte o livro de D'Arcy Thompson *On Growth and Form* (Cambridge University Press, 1942) ou o belo livro de Peter Steven *Patterns in Nature* (Little, Brown, 1974). Centenas de outras propriedades de F_n foram publicadas no periódico *Fibonacci Quarterly*. Ao que parece, Fibonacci trouxe os números arábicos para a Europa por volta de 1200 d. C.

Estas fórmulas fornecem duas abordagens diferentes para a mesma solução $u_k = S\Lambda^k S^{-1}u_0$. A primeira fórmula reconheceu que A^k é idêntico a $S\Lambda^k S^{-1}$, e poderíamos ter parado aí. Mas a segunda abordagem revela a analogia com uma equação diferencial: ***as soluções exponenciais puras*** $\mathbf{e^{\lambda_i t}x_i}$ ***são agora as potências puras*** $\boldsymbol{\lambda_i^k x_i}$. Os autovetores x_i são ampliados pelos autovalores λ_i. Ao combinar essas soluções especiais para coincidir com u_0 – que é de onde c surgiu –, recuperamos a solução correta $u_k = S\Lambda^k S^{-1}u_0$.

Em qualquer exemplo específico, como o de Fibonacci, a primeira etapa é encontrar os autovalores:

$$A - \lambda I = \begin{bmatrix} 1-\lambda & 1 \\ 1 & -\lambda \end{bmatrix} \quad \text{possui} \quad \det(A-\lambda I) = \lambda^2 - \lambda - 1$$

$$\textbf{Dois autovalores} \qquad \lambda_1 = \frac{1+\sqrt{5}}{2} \quad \text{e} \quad \lambda_2 = \frac{1-\sqrt{5}}{2}.$$

A segunda linha de $A - \lambda I$ é $(1, -\lambda)$. Para obter $(A - \lambda I)x = 0$, o autovetor é $x = (\lambda, 1)$. Os primeiros números de Fibonacci $F_0 = 0$ e $F_1 = 1$ vão em u_0 e $S^{-1}u_0 = c$:

$$S^{-1}u_0 = \begin{bmatrix} \lambda_1 & \lambda_2 \\ 1 & 1 \end{bmatrix}^{-1} \begin{bmatrix} 1 \\ 0 \end{bmatrix} \quad \text{resulta em} \quad c = \begin{bmatrix} 1/(\lambda_1 - \lambda_2) \\ -1/(\lambda_1 - \lambda_2) \end{bmatrix} = \frac{1}{\sqrt{5}} \begin{bmatrix} 1 \\ -1 \end{bmatrix}.$$

Estas são as constantes em $u_k = c_1\lambda_1^k x_1 + c_2\lambda_2^k x_2$. Ambos os autovetores x_1 e x_2 possuem 1 como segundo componente. Isso deixa $Fk = c_1\lambda_1^k + c_2\lambda_2^k$ no segundo componente de u_k:

$$\textbf{Números de Fibonacci} \qquad F_k = \frac{1}{\sqrt{5}} \left[\left(\frac{1+\sqrt{5}}{2} \right)^k - \left(\frac{1-\sqrt{5}}{2} \right)^k \right].$$

Esta é a resposta que queríamos. As frações e raízes quadradas parecem surpreendentes, pois a regra de Fibonacci $F_{k+2} = F_{k+1} + F_k$ deve produzir números inteiros. De algum modo, essa fórmula para F_k deve produzir um inteiro. De fato, como o segundo termo $[(1-\sqrt{5})/2]^k/\sqrt{5}$ é sempre menor do que $\frac{1}{2}$, deve-se simplesmente mover o primeiro termo para o inteiro mais próximo:

$$F_{1.000} = \text{inteiro mais próximo de } \frac{1}{\sqrt{5}} \left(\frac{1+\sqrt{5}}{2} \right)^{1.000}.$$

Este é um número enorme e $F_{1.001}$ será ainda maior. As frações vão se tornando insignificantes e a razão $F_{1.001}/F_{1.000}$ deve estar muito próxima de $(1+\sqrt{5})/2 \approx 1.618$. Como λ_2^k é insignificante em relação a λ_1^k, a razão F_{k+1}/F_k tende a λ_1.

Esta é uma típica equação das diferenças, levando às potências de $A = \begin{bmatrix} 1 & 1 \\ 1 & 0 \end{bmatrix}$. Ela envolvia $\sqrt{5}$, pois os autovalores também envolviam. Se escolhermos uma matriz com $\lambda_1 = 1$ e $\lambda_2 = 6$, podemos enfatizar a simplicidade do cálculo – *após* A *ter sido diagonalizada*:

$$A = \begin{bmatrix} -4 & -5 \\ 10 & 11 \end{bmatrix} \quad \text{possui} \quad \lambda = 1 \text{ e } 6, \quad \text{com } x_1 = \begin{bmatrix} 1 \\ -1 \end{bmatrix} \quad \text{e} \quad x_2 = \begin{bmatrix} -1 \\ 2 \end{bmatrix}$$

$$A^k = S\Lambda^k S^{-1} \quad \text{é} \quad \begin{bmatrix} 1 & -1 \\ -1 & 2 \end{bmatrix} \begin{bmatrix} \mathbf{1}^k & 0 \\ 0 & \mathbf{6}^k \end{bmatrix} \begin{bmatrix} 2 & 1 \\ 1 & 1 \end{bmatrix} = \begin{bmatrix} 2-6^k & 1-6^k \\ -2+2\times 6^k & -1+2\times 6^k \end{bmatrix}.$$

As potências 6^k e 1^k aparecem na última matriz A^k, misturada pelos autovetores.

Para a equação das diferenças $u_{k+1} = Au_k$, enfatizamos o ponto principal. Todo autovetor x produz uma "solução pura" com potências de λ:

Uma solução é $\quad u_0 = x, \quad u_1 = \lambda x, \quad u_2 = \lambda^2 x, \ldots$

Quando o u_0 inicial é um autovetor x, esta é ***a*** solução: $u_k = \lambda^k x$. Em geral, u_0 não é um autovetor. Mas, se u_0 for uma *combinação* de autovetores, a solução u_k será a mesma combinação dessas soluções especiais.

5H Se $u_0 = c_1x_1 + \cdots + c_nx_n$, então, após k etapas, $u_k = c_1\lambda_1^k x_1 + \cdots + c_n\lambda_n^k x_n$. Escolha os c's adequados ao vetor inicial u_0:

$$u_0 = \begin{bmatrix} & & \\ x_1 & \cdots & x_n \\ & & \end{bmatrix}\begin{bmatrix} c_1 \\ \vdots \\ c_n \end{bmatrix} = Sc \quad \text{e} \quad c = S^{-1}u_0. \tag{6}$$

Matrizes de Markov

No Capítulo 1 havia um problema sobre mudar-se para e da Califórnia que merece mais uma olhada. Estas eram as regras:

Todo ano $\frac{1}{10}$ de pessoas de fora da Califórnia se mudam para lá, e $\frac{2}{10}$ dos habitantes do Estado se mudam para outros lugares. Começamos com y_0 pessoas de fora da Califórnia e z_0 habitantes do Estado.

No fim do primeiro ano, os números de pessoas que se mudam para a Califórnia e de pessoas que deixam o Estado são y_1 e z_1:

Equações das diferenças

$$\begin{aligned} y_1 &= 0{,}9y_0 + 0{,}2z_0 \\ z_1 &= 0{,}1y_0 + 0{,}8z_0 \end{aligned} \quad \text{ou} \quad \begin{bmatrix} y_1 \\ z_1 \end{bmatrix} = \begin{bmatrix} 0{,}9 & 0{,}2 \\ 0{,}1 & 0{,}8 \end{bmatrix}\begin{bmatrix} y_0 \\ z_0 \end{bmatrix}.$$

Este problema e sua matriz possuem as duas propriedades essenciais de um ***processo de Markov***:

1. O número total de pessoas permanece fixo: ***cada coluna da matriz de Markov soma*** **1**. Não se ganha nem se perde ninguém.
2. Os números de pessoas que se mudam para a Califórnia e de pessoas que deixam o Estado nunca poderão ser negativos: ***a matriz não tem elementos negativos***. As potências A^k são todas não negativas.*

Resolvemos a equação das diferenças de Markov utilizando $uk = S\Lambda^k S^{-1}u_0$. Em seguida, mostramos que a população tende a um "estado estacionário". Primeiro, A precisa ser diagonalizado:

$$A - \lambda I = \begin{bmatrix} 0{,}9-\lambda & 0{,}2 \\ 0{,}1 & 0{,}8-\lambda \end{bmatrix} \quad \text{possui} \quad \det(A-\lambda I) = \lambda^2 - 1{,}7\lambda + 0{,}7$$

$$\boldsymbol{\lambda_1 = 1 \text{ e } \lambda_2 = 0{,}7}: \qquad A = S\Lambda S^{-1} = \begin{bmatrix} \frac{2}{3} & \frac{1}{3} \\ \frac{1}{3} & -\frac{1}{3} \end{bmatrix}\begin{bmatrix} 1 & \\ & 0{,}7 \end{bmatrix}\begin{bmatrix} 1 & 1 \\ 1 & -2 \end{bmatrix}.$$

* Além disso, a história é totalmente desconsiderada; cada novo u_{k+1} depende apenas do u_k atual. Talvez, até mesmo nossas vidas sejam exemplos dos processos de Markov, mas espero que isto não seja verdade.

Para encontrar A^k e a distribuição após k anos, altere $S\Lambda S^{-1}$ para $S\Lambda^k S^{-1}$:

$$\begin{bmatrix} y_k \\ z_k \end{bmatrix} = A^k \begin{bmatrix} y_0 \\ z_0 \end{bmatrix} = \begin{bmatrix} \frac{2}{3} & \frac{1}{3} \\ \frac{1}{3} & -\frac{1}{3} \end{bmatrix} \begin{bmatrix} 1^k & \\ & 0{,}7^k \end{bmatrix} \begin{bmatrix} 1 & 1 \\ 1 & -2 \end{bmatrix} \begin{bmatrix} y_0 \\ z_0 \end{bmatrix}$$

$$= (y_0 + z_0) \begin{bmatrix} \frac{2}{3} \\ \frac{1}{3} \end{bmatrix} + (y_0 - 2z_0)(0{,}7)^k \begin{bmatrix} \frac{1}{3} \\ -\frac{1}{3} \end{bmatrix}.$$

Esses dois termos são $c_1\lambda_1^k x_1 + c_2\lambda_2^k x_2$. O fator $\lambda_1^k = 1$ está oculto no primeiro termo. A longo prazo, o outro fator $(0{,}7)^k$ se torna extremamente pequeno. ***A solução tende a um estado limite*** $\mathbf{u}_\infty = (\mathbf{y}_\infty, \mathbf{z}_\infty)$:

$$\textbf{Estado estacionário} \qquad \begin{bmatrix} y_\infty \\ z_\infty \end{bmatrix} = (y_0 + z_0) \begin{bmatrix} \frac{2}{3} \\ \frac{1}{3} \end{bmatrix}.$$

A população total ainda é $y_0 + z_0$, mas, no limite, $\frac{2}{3}$ dessa população está fora da Califórnia e $\frac{1}{3}$ está dentro. Isto é verdadeiro, independente de qual possa ser a distribuição inicial! Se o ano começa com $\frac{2}{3}$ de pessoas fora da Califórnia e $\frac{1}{3}$ de moradores do Estado, então termina do mesmo modo:

$$\begin{bmatrix} 0{,}9 & 0{,}2 \\ 0{,}1 & 0{,}8 \end{bmatrix} \begin{bmatrix} \frac{2}{3} \\ \frac{1}{3} \end{bmatrix} = \begin{bmatrix} \frac{2}{3} \\ \frac{1}{3} \end{bmatrix}, \qquad \text{ou} \qquad Au_\infty = u_\infty.$$

O estado estacionário é o autovetor de $\mathbf{A}$ ***correspondente a*** $\boldsymbol{\lambda = 1}$. A multiplicação por A, de um período para o seguinte, deixa u_∞ inalterado.

A teoria dos processos de Markov é ilustrada pelo exemplo da Califórnia:

5I Uma matriz de Markov A possui todos os $a_{ij} \geq 0$, com cada coluna somando 1.

(a) $\lambda_1 = 1$ é um autovalor de A.
(b) Seu autovetor x_1 é não negativo – e é um estado estacionário, já que $Ax_1 = x_1$.
(c) Os outros autovalores satisfazem $|\lambda_i| \leq 1$.
(d) Se A ou qualquer potência de A possuir todos os elementos *positivos*, esses outros $|\lambda_i|$ serão menores do que 1. A solução $A^k u_0$ tende a um múltiplo de x_1 – que é o estado estacionário u_∞.

Para encontrar o múltiplo correto de x_1, leve em consideração o fato de que a população total permanece a mesma. Se a Califórnia começou com 90 milhões de pessoas fora do Estado, ela terminou com 60 milhões fora e 30 milhões dentro. A conta terminaria da mesma maneira se todos os 90 milhões estivessem originalmente dentro do Estado.

Observamos que muitos autores transpõem a matriz, de modo que suas *linhas* somem um.

Comentário A descrição de um processo de Markov foi determinista; as populações se moveram em proporções fixas. Mas, se analisarmos um único indivíduo, as frações de movimentação tornam-se *probabilidades*. A probabilidade de um indivíduo de fora da Califórnia mudar-se para o Estado é de $\frac{1}{10}$. E a probabilidade de um morador da Califórnia deixar o Estado é de $\frac{2}{10}$. O movimento torna-se um *processo aleatório* e A é chamada ***matriz de transição***.

Os componentes de $u_k = A^k u_0$ especificam a probabilidade de o indivíduo estar fora do Estado ou ser um morador dele. Essas probabilidades nunca são negativas e somam 1 – todo mundo deve estar em algum lugar. Isso nos leva de volta às duas propriedades fundamentais de uma matriz de Markov: toda coluna soma 1 e nenhum elemento é negativo.

Por que $\lambda = 1$ é sempre um autovalor? Cada coluna de $A - I$ soma $1 - 1 = 0$. Portanto, as linhas de $A - I$ somam a linha nula, elas são linearmente dependentes e det $(A - I) = 0$.

Exceto em casos muito especiais, u_k tenderá ao autovetor correspondente.* Na fórmula $u_k = c_1\lambda_1^k x_1 + \cdots + c_n\lambda_n^k x_n$, nenhum autovalor pode ser maior do que 1 (senão as probabilidades u_k aumentariam). Se todos os outros autovalores forem estritamente menores do que $\lambda_1 = 1$, então o primeiro termo da fórmula será dominante. Os outros λ_i^k serão nulos e $u_k \rightarrow c_1x_1 = u_\infty =$ estado estacionário.

Este é um exemplo de um dos temas centrais deste capítulo: dadas as informações sobre A, encontrar informações sobre seus autovalores. Aqui encontramos $\lambda_{\text{máx}} = 1$.

Estabilidade de $u_{k+1} = Au_k$

Há uma diferença óbvia entre os números de Fibonacci e os processos de Markov. Os números F_k se tornam cada vez maiores, enquanto, por definição, qualquer "probabilidade" situa-se entre 0 e 1. A equação de Fibonacci é *instável*, assim como a equação de juros compostos $P_{k+1} = 1{,}06P_k$; o principal continua crescendo eternamente. Se as probabilidades de Markov decrescessem a zero, essa equação seria estável; mas elas não decrescem, uma vez que devem somar 1. Portanto, um processo de Markov é *neutramente estável*.

Queremos estudar o comportamento de $u_{k+1} = Au_k$ conforme $k \rightarrow \infty$. Assumindo-se que A possa ser diagonalizado, u_k será uma combinação de soluções puras:

$$\textbf{Solução no tempo } k \qquad u_k = S\Lambda^k S^{-1}u_0 = c_1\lambda_1^k x_1 + \cdots + c_n\lambda_n^k x_n.$$

O crescimento de u_k é determinado por λ_i^k. ***A estabilidade depende dos autovalores***:

5J A equação das diferenças $u_{k+1} = Au_k$ é

estável se todos os autovalores satisfizerem $|\lambda_i| < 1$;

neutramente estável se algum $|\lambda_i| = 1$ e todos os outros $|\lambda_i| < 1$; e

instável se pelo menos um autovalor possuir $|\lambda_i| > 1$.

No caso estável, as potências de A^k tendem a zero, assim como $u_k = A^k u_0$.

Exemplo 1 Esta matriz A certamente é estável:

$$A = \begin{bmatrix} 0 & 4 \\ 0 & \frac{1}{2} \end{bmatrix} \quad \text{possui autovalores 0 e } \tfrac{1}{2}.$$

Os valores de λ estão na diagonal principal, pois A é triangular. Começando a partir de qualquer u_0 e seguindo a regra $u_{k+1} = Au_k$, a solução deve eventualmente tender a zero:

$$u_0 = \begin{bmatrix} 0 \\ 1 \end{bmatrix}, \quad u_1 = \begin{bmatrix} 4 \\ \frac{1}{2} \end{bmatrix}, \quad u_2 = \begin{bmatrix} 2 \\ \frac{1}{4} \end{bmatrix}, \quad u_3 = \begin{bmatrix} 1 \\ \frac{1}{8} \end{bmatrix}, \quad u_4 = \begin{bmatrix} \frac{1}{2} \\ \frac{1}{16} \end{bmatrix}, \cdots$$

* Se todas as pessoas de fora da Califórnia se mudarem para o Estado e todos os moradores desse Estado se mudarem para fora da Califórnia, então as populações serão invertidas todos os anos e não haverá estado estacionário. A matriz de transição será $A = \begin{bmatrix} 0 & 1 \\ 1 & 0 \end{bmatrix}$ e -1 é um autovalor, assim como $+1$ – o que não pode acontecer se todo $a_{ij} > 0$.

O maior autovalor $\lambda = \frac{1}{2}$ determina a queda; após a primeira etapa, todo u_k é $\frac{1}{2}u_{k-1}$. O efeito real da primeira etapa é separar u_0 em dois autovetores de A:

$$u_0 = \begin{bmatrix} 8 \\ 1 \end{bmatrix} + \begin{bmatrix} -8 \\ 0 \end{bmatrix} \quad \text{e então} \quad u_k = \left(\frac{1}{2}\right)^k \begin{bmatrix} 8 \\ 1 \end{bmatrix} + (0)^k \begin{bmatrix} -8 \\ 0 \end{bmatrix}.$$

Matrizes positivas e suas aplicações na Economia

Desenvolvendo as ideias de Markov, podemos encontrar uma pequena mina de ouro (*totalmente opcional*) de aplicações de matrizes em Economia.

Exemplo 2 ***Matriz de insumo-produto de Leontief***
Esta é uma das primeiras conquistas da Economia Matemática. Para ilustrá-la, construímos uma *matriz de consumo* – na qual a_{ij} fornece a quantidade do produto j que é necessária para criar uma unidade do produto i:

$$A = \begin{bmatrix} 0{,}4 & 0 & 0{,}1 \\ 0 & 0{,}1 & 0{,}8 \\ 0{,}5 & 0{,}7 & 0{,}1 \end{bmatrix}. \quad \begin{matrix} \text{(aço)} \\ \text{(alimento)} \\ \text{(trabalho)} \end{matrix}$$

A primeira questão é: podemos produzir y_1 unidades de aço, y_2 unidades de alimento e y_3 unidades de trabalho? Temos de começar com quantidades maiores p_1, p_2 e p_3, pois uma parte é consumida pela própria produção. A quantidade consumida é Ap e deixa uma produção líquida de $p - Ap$.

Problema *Encontrar um vetor* p, *tal que* $\mathrm{p} - \mathrm{Ap} = \mathrm{y}$, *ou* $\mathrm{p} = (\mathrm{I} - \mathrm{A})^{-1}\mathrm{y}$.

Aparentemente, estamos apenas perguntando se $I - A$ é invertível. Mas há uma guinada não negativa no problema. A demanda e a produção, y e p, são não negativas. Como p é $(I - A)^{-1}y$, a questão real é sobre a matriz que multiplica y:

Quando* $(\mathbf{I} - \mathbf{A})^{-1}$ *é uma matriz não negativa?

Grosso modo, A não pode ser muito grande. Se a produção consumir muito, nada será deixado como produto. A chave está no maior valor λ_1 de A, que deve ser menor do que 1:

Se $\lambda_1 > 1$, $(I - A)^{-1}$ não é não negativo.
Se $\lambda_1 = 1$, $(I - A)^{-1}$ não existe.
Se $\lambda_1 < 1$, $(I - A)^{-1}$ é uma soma convergente de matrizes não negativas:

$$\textbf{Série geométrica} \quad (I - A)^{-1} = I + A + A^2 + A^3 + \cdots. \tag{7}$$

O exemplo 3 por 3 possui $\lambda_1 = 0{,}9$ e o produto excede o insumo. A produção pode prosseguir.

Isso é fácil de provar, uma vez que conhecemos o aspecto principal de matrizes não negativas como A: ***não apenas o maior autovalor* λ_1 *é positivo, mas também o autovetor* $\mathbf{x}_1$**. Então, $(I - A)^{-1}$ possui o mesmo autovetor com autovalor $1/(1 - \lambda_1)$.

Se λ_1 excede 1, o último número é negativo. A matriz $(I - A)^{-1}$ transformará o **vetor positivo x_1 no vetor negativo $x_1/(1 - \lambda_1)$**. Neste caso, $(I - A)^{-1}$ é definitivamente não negativo. Se $\lambda_1 = 1$, então $I - A$ é singular. O caso produtivo é $\lambda_1 < 1$, em que as potências de A vão a zero (estabilidade) e a série infinita $I + A + A^2 + \cdots$ converge.

A multiplicação dessa série por $I - A$ deixa a matriz identidade – todas as potências maiores se cancelam –, de modo que $(I - A)^{-1}$ é uma soma de matrizes não negativas. Abaixo, damos dois exemplos:

$$A = \begin{bmatrix} 0 & 2 \\ 2 & 0 \end{bmatrix} \text{ possui } \lambda_1 = 2 \text{ e a aplicação econômica é perdida}$$

$$A = \begin{bmatrix} 0{,}5 & 2 \\ 0 & 0{,}5 \end{bmatrix} \text{ possui } \lambda_1 = \frac{1}{2} \text{ e podemos produzir qualquer coisa.}$$

As matrizes $(I - A)^{-1}$ nesses dois casos são $-\frac{1}{3}\begin{bmatrix} 1 & 2 \\ 2 & 1 \end{bmatrix}$ e $\begin{bmatrix} 2 & 8 \\ 0 & 2 \end{bmatrix}$.

A inspiração de Leontief era encontrar um modelo que utilizasse dados genuínos da economia real. A tabela para 1958 continha 83 setores industriais dos Estados Unidos, com a "tabela de transações" de consumo e produção de cada um. A teoria vai além de $(I - A)^{-1}$ para determinar preços naturais e questões de otimização. Normalmente, o trabalho tem uma oferta limitada e deve ser minimizado. E, é claro, a economia nem sempre é estável.

Exemplo 3 ***Os preços em um modelo fechado de insumo-produto***

O modelo é chamado "fechado" quando tudo o que é produzido também é consumido. Nada sai do sistema. Neste caso, A volta a ser uma *matriz de Markov*. ***As colunas somam* 1**. Poderíamos estar falando sobre o *valor* do aço, do alimento e do trabalho, em vez do número de unidades. O vetor p representa preços em vez de níveis de produção.

Suponha que p_0 seja um vetor de preços. Então Ap_0 multiplica preços por quantidades para fornecer o valor de cada produto. Trata-se de um novo conjunto de preços que o sistema utiliza para o próximo conjunto de valores A^2p_0. A questão é se os preços tendem a um equilíbrio. Existem preços tais que $p = Ap$? O sistema nos leva até eles?

Você pode reconhecer p como o autovetor **(não negativo)** da matriz de Markov A, com $\lambda = 1$. Trata-se do estado estacionário p_∞, ao qual tende qualquer ponto de partida p_0. Repetindo-se uma transação muitas vezes, o preço tende ao equilíbrio.

O "teorema de Perron-Frobenius" fornece as propriedades fundamentais de uma ***matriz positiva*** – não confundir com matriz *definida positiva*, que é simétrica e possui todos os autovalores positivos. Aqui, todos os elementos a_{ij} são positivos.

5K Se A é uma matriz positiva, então seu maior autovalor: $\lambda_1 >$ todos os outros $|\lambda_i|$. Todo componente do autovetor correspondente a x_1 também é positivo.

Prova Suponha que $A > 0$. A ideia fundamental é olhar para todos os números t, tal que $Ax \geq tx$ para algum vetor não negativo x (diferente de $x = 0$). Estamos permitindo a desigualdade em $Ax \geq tx$ para ter muitos candidatos positivos t. Para o maior valor $t_{\text{máx}}$ (que é obtido), mostraremos que a ***igualdade se mantém***: $Ax = t_{\text{máx}}x$.

Do contrário, se $Ax \geq t_{\text{máx}}x$ não for uma igualdade, multiplique por A. Como A é positivo, isto produz uma desigualdade estrita $A^2x > t_{\text{máx}}Ax$. Portanto, o vetor positivo $y = Ax$ satisfaz $Ay > t_{\text{máx}}y$, e $t_{\text{máx}}$ poderia ser maior. Esta contradição força a igualdade $Ax = t_{\text{máx}}x$ e temos um autovalor. Seu autovetor x é **positivo** (não apenas não negativo), pois o lado esquerdo da igualdade Ax certamente é positivo.

Para verificar que nenhum autovalor pode ser maior do que $t_{\text{máx}}$, suponha que $Az = \lambda z$. Como λ e z podem envolver números negativos e complexos, tomemos valores absolutos:

$|\lambda|\,|z| = |Az| \leq A|z|$ por "desigualdade triangular". Este $|z|$ é um vetor não negativo, de modo que $|\lambda|$ é um dos possíveis candidatos t. Portanto, $|\lambda|$ não pode exceder λ_1 que era $t_{\text{máx}}$. ■

Exemplo 4 ***Modelo de Von Neumann de uma economia em expansão***

Voltemos à matriz A 3 por 3 que forneceu o consumo de aço, alimento e trabalho. Se os produtos são s_1, f_1, ℓ_1, então os insumos necessários são

$$u_0 = \begin{bmatrix} 0{,}4 & 0 & 0{,}1 \\ 0 & 0{,}1 & 0{,}8 \\ 0{,}5 & 0{,}7 & 0{,}1 \end{bmatrix} \begin{bmatrix} s_1 \\ f_1 \\ \ell_1 \end{bmatrix} = Au_1.$$

Em Economia, as equações das diferenças vão no sentido inverso! Em vez de $u_1 = Au_0$, temos $u_0 = Au_1$. Se A for pequena (e ela é), então a produção não consome tudo – e a economia pode crescer. Os autovalores de A^{-1} governarão esse crescimento. Mas, novamente, há uma guinada não negativa, já que aço, alimento e trabalho não podem vir em quantidades negativas. Von Neumann questionou a taxa máxima t à qual uma economia pode expandir e *ainda permanecer não negativa*, o que significa que $u_1 \geq tu_0 \geq 0$.

Assim, o problema exige que $u_1 \geq tAu_1$. Isto se assemelha ao teorema de Perron-Frobenius, com A do outro lado. Como antes, a igualdade se mantém quando t atinge $t_{\text{máx}}$ – que é o autovalor associado ao autovetor positivo de A^{-1}. Neste exemplo, o fator de expansão é $\frac{10}{9}$:

$$x = \begin{bmatrix} 1 \\ 5 \\ 5 \end{bmatrix} \quad \text{e} \quad Ax = \begin{bmatrix} 0{,}4 & 0 & 0{,}1 \\ 0 & 0{,}1 & 0{,}8 \\ 0{,}5 & 0{,}7 & 0{,}1 \end{bmatrix} \begin{bmatrix} 1 \\ 5 \\ 5 \end{bmatrix} = \begin{bmatrix} 0{,}9 \\ 4{,}5 \\ 4{,}5 \end{bmatrix} = \frac{9}{10}x.$$

Com aço-alimento-trabalho na razão 1–5–5, a economia cresce tão rápido quanto possível: ***a taxa de crescimento máxima é* $1/\lambda_1$.**

Conjunto de problemas 5.3

1. Bernardelli estudou um besouro "que vive apenas três anos e se reproduz em seu último ano de vida". Eles sobrevivem o primeiro ano com probabilidade $\frac{1}{2}$, o segundo com probabilidade $\frac{1}{3}$ e, então, produzem seis fêmeas antes de morrer:

$$\textbf{Matriz do besouro} \qquad A = \begin{bmatrix} 0 & 0 & 6 \\ \frac{1}{2} & 0 & 0 \\ 0 & \frac{1}{3} & 0 \end{bmatrix}.$$

Mostre que $A^3 = I$ e siga a distribuição de 3.000 besouros num período de seis anos.

2. Para a matriz de Fibonacci $A = \begin{bmatrix} 1 & 1 \\ 1 & 0 \end{bmatrix}$, calcule A^2, A^3 e A^4. Em seguida, utilize os conceitos vistos neste capítulo e uma calculadora para encontrar F_{20}.

3. Prove que todo terceiro número de Fibonacci F_{3k} ($K \geq 0$) em 0, 1, 1, 2, 3, ... é par.

4. Diagonalize a matriz de Fibonacci completando S^{-1}:

$$\begin{bmatrix} 1 & 1 \\ 1 & 0 \end{bmatrix} = \begin{bmatrix} \lambda_1 & \lambda_2 \\ 1 & 1 \end{bmatrix} \begin{bmatrix} \lambda_1 & 0 \\ 0 & \lambda_2 \end{bmatrix} \begin{bmatrix} & \\ & \end{bmatrix}.$$

Faça a multiplicação $S\Lambda^k S^{-1}\begin{bmatrix} 1 \\ 0 \end{bmatrix}$ para encontrar seu segundo componente. Este é o k-ésimo número de Fibonacci $F_k = (\lambda_1^k - \lambda_2^k)(\lambda_1 - \lambda_2)$.

5. Suponha que cada número de "Gibonacci" G_{k+2} seja a *média* dos dois números anteriores G_{k+1} e G_k. Então, $G_{k+2} = \frac{1}{2}(G_{k+1} + G_k)$:

$$\begin{aligned} G_{k+2} &= \tfrac{1}{2}G_{k+1} + \tfrac{1}{2}G_k \\ G_{k+1} &= G_{k+1} \end{aligned} \qquad \text{é} \qquad \begin{bmatrix} G_{k+2} \\ G_{k+1} \end{bmatrix} = \begin{bmatrix} & A & \end{bmatrix} \begin{bmatrix} G_{k+1} \\ G_k \end{bmatrix}.$$

(a) Encontre os autovalores e os autovetores de A.
(b) Encontre o limite conforme $n \to \infty$ das matrizes $A^n = S\Lambda^n S^{-1}$.
(c) Se $G_0 = 0$ e $G_1 = 1$, mostre que os números de Gibonacci tendem a $\frac{2}{3}$.

6. Suponha que haja uma epidemia em que todo mês metade das pessoas saudáveis fique doente e um quarto das que estão doentes morra. Encontre o estado estacionário do processo de Markov correspondente:

$$\begin{bmatrix} d_{k+1} \\ s_{k+1} \\ w_{k+1} \end{bmatrix} = \begin{bmatrix} 1 & \frac{1}{4} & 0 \\ 0 & \frac{3}{4} & \frac{1}{2} \\ 0 & 0 & \frac{1}{2} \end{bmatrix} \begin{bmatrix} d_k \\ s_k \\ w_k \end{bmatrix}.$$

7. Os números λ_1^k e λ_2^k satisfazem a regra de Fibonacci $F_{k+2} = F_{k+1} + F_k$:

$$\lambda_1^{k+2} = \lambda_1^{k+1} + \lambda_1^k \quad \text{e} \quad \lambda_2^{k+2} = \lambda_2^{k+1} + \lambda_2^k.$$

Prove isto utilizando a equação original para os λ (multiplique por λ^k). Em seguida, qualquer combinação de λ_1^k e λ_2^k satisfaz a regra. A combinação $F_k = (\lambda_1^k - \lambda_2^k/(\lambda_1 - \lambda_2)$ fornece o ponto de partida certo de $F_0 = 0$ e $F_1 = 1$.

8. Lucas começou com $L_0 = 2$ e $L_1 = 1$. A regra $L_{k+2} = L_{k+1} + L_k$ é a mesma, de modo que A ainda é uma matriz de Fibonacci. Some seus autovetores $x_1 + x_2$:

$$\begin{bmatrix} \lambda_1 \\ 1 \end{bmatrix} + \begin{bmatrix} \lambda_2 \\ 1 \end{bmatrix} = \begin{bmatrix} \frac{1}{2}(1+\sqrt{5}) \\ 1 \end{bmatrix} + \begin{bmatrix} \frac{1}{2}(1-\sqrt{5}) \\ 1 \end{bmatrix} = \begin{bmatrix} 1 \\ 2 \end{bmatrix} = \begin{bmatrix} L_1 \\ L_0 \end{bmatrix}.$$

Multiplicando-se por A^k, o segundo componente é $L_k = \lambda_1^k + \lambda_2^k$. Calcule o número de Lucas L_{10} lentamente por $L_{k+2} = L_{k+1} + L_k$ e aproximadamente por λ_1^{10}.

9. Encontre os valores-limites de y_k e $z_k (k \to \infty)$ se:

$$\begin{aligned} y_{k+1} &= 0{,}8y_k + 0{,}3z_k \qquad & y_0 &= 0 \\ z_{k+1} &= 0{,}2y_k + 0{,}7z_k \qquad & z_0 &= 5. \end{aligned}$$

Encontre também as fórmulas para y_k e z_k a partir de $A^k = S\Lambda^k S^{-1}$.

10. Apresente a matriz de transição 3 por 3 para um curso de Química que é ministrado em dois turnos, se a cada semana $\frac{1}{4}$ das pessoas no turno A e $\frac{1}{3}$ das no turno B desistem do curso e $\frac{1}{6}$ de cada turno se transfere para o outro.

11. Empresas multinacionais na América, Ásia e Europa possuem bens de US$ 4 trilhões. No princípio, US$ 2 trilhões estão na América e US$ 2 trilhões na Europa. A cada ano, $\frac{1}{2}$ do dinheiro na América é mantida e $\frac{1}{4}$ vai para a Ásia e Europa. Para a Ásia e Europa, $\frac{1}{2}$ é mantida e $\frac{1}{2}$ é enviada para a América.

(a) Encontre a matriz que forneça:

$$\begin{bmatrix} \text{América} \\ \text{Ásia} \\ \text{Europa} \end{bmatrix}_{\text{ano } k+1} = A \begin{bmatrix} \text{América} \\ \text{Ásia} \\ \text{Europa} \end{bmatrix}_{\text{ano k}}.$$

(b) Encontre os autovalores e os autovetores de A.

(c) Encontre a distribuição limite dos US$ 4 trilhões quando o mundo acabar.

(d) Encontre a distribuição dos US$ 4 trilhões no ano k.

12. Se A é uma matriz de Markov, mostre que a soma dos componentes de Ax é igual à soma dos componentes de x. Suponha que, se $Ax = \lambda x$ com $\lambda \neq 1$, os componentes do autovetor são nulos.

13. Suponha que haja três centros principais para caminhões do tipo "faça a mudança você mesmo". Todo mês, metade desses caminhões em Boston e Los Angeles vai para Chicago, a outra metade permanece onde está e os caminhões de Chicago se dividem entre Boston e Los Angeles. Determine a matriz de transição A 3 por 3 e encontre o estado estacionário u_∞ que corresponde ao autovalor $\lambda = 1$.

14. (a) A partir do fato de que coluna 1 + coluna 2 = 2 (coluna 3), de modo que as colunas são linearmente dependentes, encontre um autovalor e um autovetor de A:

$$A = \begin{bmatrix} 0{,}2 & 0{,}4 & 0{,}3 \\ 0{,}4 & 0{,}2 & 0{,}3 \\ 0{,}4 & 0{,}4 & 0{,}4 \end{bmatrix}.$$

(b) Encontre os outros autovalores de A (ela é de Markov).

(c) Se $u_0 = (0, 10, 0)$, encontre o limite de $A^k u_0$ conforme $k \to \infty$.

15. A solução para $du/dt = Au = \begin{bmatrix} 0 & -1 \\ 1 & 0 \end{bmatrix} u$ (autovalores i e $-i$) gira em um círculo: $u = (\cos t, \text{sen } t)$. Suponha que aproximemos du/dt por diferenças progressivas, regressivas e centralizadas **P**, **R**, **C**:

(P) $u_{n+1} - u_n = Au_n$ ou $u_{n+1} = (I + A)u_n$ (este é o método de Euler).

(R) $u_{n+1} - u_n = Au_{n+1}$ ou $u_{n+1} = (I - A)^{-1}u_n$ (Euler regressivo).

(C) $u_{n+1} - u_n = \frac{1}{2}A(u_{n+1} + u_n)$ ou $u_{n+1} = \left(I - \frac{1}{2}A\right)^{-1}\left(I + \frac{1}{2}A\right)u_n$.

Encontre os autovalores de $I + A$, $(I - A)^{-1}$ e $\left(I - \frac{1}{2}A\right)^{-1}\left(I + \frac{1}{2}A\right)$. Para qual equação das diferenças a solução u_n permanece no círculo?

16. (a) Em que faixa de a e b a equação abaixo é um processo de Markov?

$$u_{k+1} = Au_k = \begin{bmatrix} a & b \\ 1-a & 1-b \end{bmatrix} u_k, \qquad u_0 = \begin{bmatrix} 1 \\ 1 \end{bmatrix}.$$

(b) Calcule $u_k = S\Lambda^k S^{-1} u_0$ para qualquer a e b.

(c) Em que condição de a e b, u_k tende a um limite infinito conforme $k \to \infty$, e qual é este limite? A precisa ser uma matriz de Markov?

17. Multiplicando termo por termo, verifique se $(I - A)(I + A + A^2 + \cdots) = I$. Esta série representa $(I - A)^{-1}$. Ela é não negativa quando A é não negativa, contanto que ela possua uma soma finita; a condição para isto é $\lambda_{\text{máx}} < 1$. Some as séries infinitas e confirme se ela é igual a $(I - A)^{-1}$ para a matriz de consumo:

$$A = \begin{bmatrix} 0 & 1 & 1 \\ 0 & 0 & 1 \\ 0 & 0 & 0 \end{bmatrix} \qquad \text{que possui } \lambda_{\text{máx}} = 0.$$

18. Explique matemática ou economicamente por que o aumento da "matriz de consumo" A deve aumentar $t_{\text{máx}} = \lambda_1$ (e desacelerar a expansão).

19. Quais valores de α produzem instabilidade em $v_{n+1} = \alpha(v_n + w_n)$, $w_{n+1} = \alpha(v_n + w_n)$?

20. Quais são os limites conforme $k \to \infty$ (o estado estacionário) das seguintes matrizes?

$$\begin{bmatrix} 0{,}4 & 0{,}2 \\ 0{,}6 & 0{,}8 \end{bmatrix}^k \begin{bmatrix} 1 \\ 0 \end{bmatrix}, \quad \begin{bmatrix} 0{,}4 & 0{,}2 \\ 0{,}6 & 0{,}8 \end{bmatrix}^k \begin{bmatrix} 0 \\ 1 \end{bmatrix}, \quad \begin{bmatrix} 0{,}4 & 0{,}2 \\ 0{,}6 & 0{,}8 \end{bmatrix}^k.$$

21. Encontre os maiores valores de a, b e c para os quais essas matrizes sejam estáveis ou neutramente estáveis:

$$\begin{bmatrix} a & -0{,}8 \\ 0{,}8 & 0{,}2 \end{bmatrix}, \quad \begin{bmatrix} b & 0{,}8 \\ 0 & 0{,}2 \end{bmatrix}, \quad \begin{bmatrix} c & 0{,}8 \\ 0{,}2 & c \end{bmatrix}.$$

22. Para $A = \begin{bmatrix} 0 & 0{,}2 \\ 0 & 0{,}5 \end{bmatrix}$, encontre as potências A^k (incluindo A^0) e mostre explicitamente que suas somas são compatíveis com $(I - A)^{-1}$.

Os problemas 23 a 29 são sobre $A = S\Lambda S^{-1}$ e $A^k = S\Lambda^k S^{-1}$

23. Os autovalores de A são 1 e 9, os de B são –1 e 9:

$$A = \begin{bmatrix} 5 & 4 \\ 4 & 5 \end{bmatrix} \quad \text{e} \quad B = \begin{bmatrix} 4 & 5 \\ 5 & 4 \end{bmatrix}.$$

Encontre uma raiz quadrada matricial de A a partir de $R = S\sqrt{\Lambda}S^{-1}$. Por que não existe raiz quadrada matricial real de B?

24. Suponha que A e B possuam o mesmo conjunto completo de autovetores, de modo que $A = S\Lambda_1 S^{-1}$ e $B = S\Lambda_2 S^{-1}$. Prove que $AB = BA$.

25. Diagonalize B e calcule $S\Lambda^k S^{-1}$ para provar essa fórmula para B^k:

$$B = \begin{bmatrix} 3 & 1 \\ 0 & 2 \end{bmatrix} \qquad \text{possui} \qquad B^k = \begin{bmatrix} 3^k & 3^k - 2^k \\ 0 & 2^k \end{bmatrix}.$$

26. (a) Quando o autovetor de $\lambda = 0$ gera o espaço nulo $\boldsymbol{N}(A)$?

(b) Quando todos os autovetores de $\lambda \neq 0$ geram o espaço-coluna $\boldsymbol{C}(A)$?

27. Diagonalize A e calcule $S\Lambda^k S^{-1}$ para provar essa fórmula para A^k:

$$A = \begin{bmatrix} 3 & 2 \\ 2 & 3 \end{bmatrix} \qquad \text{possui} \qquad A^k = \frac{1}{2}\begin{bmatrix} 5^k + 1 & 5^k - 1 \\ 5^k - 1 & 5^k + 1 \end{bmatrix}.$$

28. Se A e B possuem os mesmos valores de λ com o mesmo conjunto completo de autovetores independentes, suas fatorações em _______ são as mesmas. Portanto $A = B$.

29. As potências Ak tendem a zero se todos os $|\lambda_i| < 1$ e aumentam se qualquer $|\lambda_i| > 1$. Peter Lax fornece quatro exemplos notáveis em seu livro *Linear Algebra.*

$$A=\begin{bmatrix}3 & 2\\ 1 & 4\end{bmatrix} \qquad B=\begin{bmatrix}3 & 2\\ -5 & -3\end{bmatrix} \qquad C=\begin{bmatrix}5 & 7\\ -3 & -4\end{bmatrix} \qquad D=\begin{bmatrix}5 & 6{,}9\\ -3 & -4\end{bmatrix}$$

$$\|A^{1.024}\| > 10^{700} \qquad B^{1.024} = I \qquad C^{1.024} = -C \qquad \|D^{1.024}\| < 10^{-78}$$

Encontre os autovalores $\lambda = e^{i\theta}$ de B e C para mostrar que $B^4 = I$ e $C^3 = -I$.

5.4 EQUAÇÕES DIFERENCIAIS E e^{At}

Onde quer que você encontre um sistema de equações, em vez de uma única equação, a teoria das matrizes tem um papel a desempenhar. Para as equações das diferenças, a solução $u_k = A^k u_0$ depende das potências de A. Para as equações diferenciais, a solução $u(t) = e^{At}u(0)$ depende da ***exponencial*** de A. Para definir e compreender essa exponencial, vamos direto a um exemplo:

$$\textbf{Equação diferencial} \qquad \frac{du}{dt} = Au = \begin{bmatrix}-2 & 1\\ 1 & -2\end{bmatrix}u. \tag{1}$$

A primeira etapa é sempre encontrar os autovalores (–1 e –3) e os autovetores:

$$A\begin{bmatrix}1\\1\end{bmatrix} = (-1)\begin{bmatrix}1\\1\end{bmatrix} \quad \text{e} \quad A\begin{bmatrix}1\\-1\end{bmatrix} = (-3)\begin{bmatrix}1\\-1\end{bmatrix}.$$

Em seguida, diversas abordagens levam a $u(t)$. Entre elas, provavelmente a melhor é aplicar a solução geral ao vetor inicial $u(0)$ em $t = 0$.

A solução geral é uma combinação de soluções exponenciais puras. Essas são soluções da forma especial $ce^{\lambda t}x$, em que λ é um autovalor de A e x é um autovetor. Essas soluções puras satisfazem a equação diferencial, já que $d/dt(ce^{\lambda t}x) = A(ce^{\lambda t}x)$ (ela foi nossa introdução aos autovalores no início do capítulo). No exemplo 2 por 2 abaixo há duas exponenciais puras a serem combinadas:

$$\textbf{Solução} \qquad u(t) = c_1e^{\lambda_1 t}x_1 + c_2e^{\lambda_2 t}x_2 \quad \text{ou} \quad u = \begin{bmatrix}1 & 1\\ 1 & -1\end{bmatrix}\begin{bmatrix}e^{-t} & \\ & e^{-3t}\end{bmatrix}\begin{bmatrix}c_1\\ c_2\end{bmatrix}. \tag{2}$$

No tempo zero, quando os exponenciais são $e^0 = 1$, $u(0)$ determina c_1 e c_2:

$$\textbf{Condição inicial} \qquad u(0) = c_1x_1 + c_2x_2 = \begin{bmatrix}1 & 1\\ 1 & -1\end{bmatrix}\begin{bmatrix}c_1\\ c_2\end{bmatrix} = Sc.$$

Você pode reconhecer S, a matriz de autovetores. As constantes $c = S^{-1}u(0)$ são as mesmas das equações das diferenças. Substituindo-as de volta na equação (2), a solução é

$$u(t) = \begin{bmatrix}1 & 1\\ 1 & -1\end{bmatrix}\begin{bmatrix}e^{-t} & \\ & e^{-3t}\end{bmatrix}\begin{bmatrix}c_1\\ c_2\end{bmatrix} = S\begin{bmatrix}e^{-t} & \\ & e^{-3t}\end{bmatrix}S^{-1}u(0). \tag{3}$$

Esta é a fórmula fundamental desta seção: $Se^{\Lambda t}S^{-1}u(0)$ resolve a equação diferencial, assim como $S\Lambda^kS^{-1}u_0$ resolvia a equação das diferenças:

$$u(t) = Se^{\Lambda t}S^{-1}u(0) \quad \text{com} \quad \Lambda = \begin{bmatrix}-1 & \\ & -3\end{bmatrix} \quad \text{e} \quad e^{\Lambda t} = \begin{bmatrix}e^{-t} & \\ & e^{-3t}\end{bmatrix}. \tag{4}$$

Há mais duas coisas a serem feitas com este exemplo. Uma é concluir a matemática, fornecendo uma definição direta da ***exponencial de uma matriz***. A outra é fornecer uma interpretação física da equação e de sua solução. Este é o tipo de equação diferencial que possui aplicações úteis.

A exponencial de uma matriz diagonal Λ é fácil; $e^{\Lambda t}$ tem apenas os n números $e^{\lambda t}$ na diagonal. Para uma matriz geral A, a ideia natural é imitar a série de potências $e^x = 1 + x + x^2/2! + x^3/3! + \cdots$. Se substituirmos x por At e 1 por I, esta soma será uma matriz n por n:

Exponencial matricial $$e^{At} = I + At + \frac{(At)^2}{2!} + \frac{(At)^3}{3!} + \cdots. \qquad (5)$$

A série sempre converge e sua soma e^{At} possui propriedades adequadas:

$$(e^{As})(e^{At}) = e^{A(s+t)}, \qquad (e^{At})(e^{-At}) = I, \qquad \text{e} \qquad \frac{d}{dt}(e^{At}) = Ae^{At}. \qquad (6)$$

A partir da última, $u(t) = e^{At}u(0)$ resolve a equação diferencial. Essa solução deve ser a mesma que a forma $Se^{\Lambda t}S^{-1}u(0)$ utilizada para o cálculo. Para provar diretamente que essas soluções são compatíveis, lembre-se de que cada potência $(S\Lambda S^{-1})^k$ se encaixa em $A^k = S\Lambda^k S^{-1}$ (pois S^{-1} cancela S). Todo o exponencial é diagonalizado por S:

$$\begin{aligned} e^{At} &= I + S\Lambda S^{-1}t + \frac{S\Lambda^2 S^{-1}t^2}{2!} + \frac{S\Lambda^3 S^{-1}t^3}{3!} + \cdots \\ &= S\left(I + \Lambda t + \frac{(\Lambda t)^2}{2!} + \frac{(\Lambda t)^3}{3!} + \cdots\right)S^{-1} = Se^{\Lambda t}S^{-1}. \end{aligned}$$

Exemplo 1 Na equação (1), o exponencial de $A = \begin{bmatrix} -2 & 1 \\ 1 & -2 \end{bmatrix}$ possui $\Lambda = \begin{bmatrix} -1 & \\ & -3 \end{bmatrix}$:

$$e^{At} = Se^{\Lambda t}S^{-1} = \begin{bmatrix} 1 & 1 \\ 1 & -1 \end{bmatrix} \begin{bmatrix} e^{-t} & \\ & e^{-3t} \end{bmatrix} \begin{bmatrix} 1 & 1 \\ 1 & -1 \end{bmatrix}^{-1} = \frac{1}{2} \begin{bmatrix} e^{-t} + e^{-3t} & e^{-t} - e^{-3t} \\ e^{-t} - e^{-3t} & e^{-t} + e^{-3t} \end{bmatrix}.$$

Em $t = 0$, obtemos $e^0 = I$. A série infinita e^{At} fornece a resposta para todos os t, mas uma série pode ser difícil de calcular. A forma $Se^{\Lambda t}S^{-1}$ fornece a mesma resposta quando A pode ser diagonalizada; isto exige n autovetores independentes em S. A forma mais simples leva a uma *combinação de n exponenciais* $e^{\lambda t}x$ – que é a melhor solução de todas:

5L Se A pode ser diagonalizada, $A = S\Lambda S^{-1}$, então $du/dt = Au$ tem a solução:

$$u(t) = e^{At}u(0) = Se^{\Lambda t}S^{-1}u(0). \qquad (7)$$

As colunas de S são os autovetores $x_1, \ldots, x_n$ de A. A multiplicação dá

$$\begin{aligned} u(t) &= \begin{bmatrix} & & \\ x_1 & \cdots & x_n \\ & & \end{bmatrix} \begin{bmatrix} e^{\lambda_1 t} & & \\ & \ddots & \\ & & e^{\lambda_n t} \end{bmatrix} S^{-1}u(0) \\ &= c_1 e^{\lambda_1 t}x_1 + \cdots + c_n e^{\lambda_n t}x_n = \text{combinação de } e^{\lambda t}x. \end{aligned} \qquad (8)$$

As constantes c_i que atendem às condições iniciais $u(0)$ são $c = S^{-1}u(0)$.

Isto fornece uma analogia completa com as equações das diferenças e $S\Lambda S^{-1}u_0$. Em ambos os casos, supomos que A pode ser diagonalizada, já que, de outro modo, ela possuiria menos do que n autovetores e não teríamos encontrado soluções especiais suficientes. As soluções que faltam existem, mas são mais complicadas do que as exponenciais puras $e^{\lambda t}x$. Elas envolvem "autovetores generalizados" e fatores como $te^{\lambda t}$ (para calcular este caso defectivo, podemos utilizar a forma de Jordan no Apêndice B e encontrar e^{Jt}). **A fórmula $u(t) = e^{At}u(0)$ permanece totalmente correta.**

A matriz e^{At} ***nunca é singular***. Para obter uma prova disto basta olhar para seus autovalores; se λ é um autovalor de A, então $e^{\lambda t}$ é o autovalor correspondente de e^{At} – e $e^{\lambda t}$ nunca pode ser nulo. Outra abordagem é calcular o determinante da exponencial:

$$\det e^{At} = e^{\lambda_1 t} e^{\lambda_2 t} \cdots e^{\lambda_n t} = e^{\text{traço}\,(At)}. \tag{9}$$

Prove rapidamente que e^{At} é invertível: *simplesmente reconheça* e^{-At} *como sua inversa.*

Esta invertibilidade é fundamental para as equações diferenciais. Se n soluções são linearmente independentes em $t = 0$, *elas permanecem linearmente independentes para sempre*. Se os vetores iniciais forem $v_1, ..., v_n$, podemos colocar as soluções $e^{At}v$ em uma matriz:

$$\left[e^{At}v_1 \cdots e^{At}v_n \right] = e^{At}\left[v_1 \cdots v_n \right].$$

O determinante do lado esquerdo é o *Wronskiano*. Ele nunca se torna nulo, pois é o produto de dois determinantes não nulos. Ambas as matrizes do lado direito são invertíveis.

Comentário Nem todas as equações diferenciais aparecem como um sistema de primeira ordem $du/dt = Au$. Podemos começar a partir de uma única equação de ordem maior, como $y''' - 3y'' + 2y' = 0$. Para convertê-la em um sistema 3 por 3, introduza $v = y'$ e $w = v'$ como incógnitas adicionais a y. Em seguida, essas duas equações são combinadas às originais para se obter $u' = Au$:

$$\begin{aligned} y' &= v \\ v' &= w \\ w' &= 3w - 2v \end{aligned} \qquad \text{ou} \qquad u' = \begin{bmatrix} 0 & 1 & 0 \\ 0 & 0 & 1 \\ 0 & -2 & 3 \end{bmatrix} \begin{bmatrix} y \\ v \\ w \end{bmatrix} = Au.$$

Voltamos para um sistema de primeira ordem. O problema pode ser resolvido de dois modos. Em um curso sobre equações diferenciais, você substituiria $y = e^{\lambda t}$ em $y''' - 3y'' + 2y' = 0$:

$$(\lambda^3 - 3\lambda^2 + 2\lambda)e^{\lambda t} = 0 \qquad \text{ou} \qquad \lambda(\lambda - 1)(\lambda - 2)e^{\lambda t} = 0. \tag{10}$$

As três soluções exponenciais puras são $y = e^{0t}$, $y = e^{t}$ e $y = e^{2t}$. Nenhum autovetor está envolvido. Em um curso de álgebra linear, encontramos os autovalores de A:

$$\det(A - \lambda I) = \begin{bmatrix} -\lambda & 1 & 0 \\ 0 & -\lambda & 1 \\ 0 & -2 & 3-\lambda \end{bmatrix} = -\lambda^3 + 3\lambda^2 - 2\lambda = 0. \tag{11}$$

As equações (10) e (11) são a mesma! Nelas, os mesmos três expoentes: $\lambda = 0$, $\lambda = 1$ e $\lambda = 2$ aparecem. Trata-se de uma regra geral que torna os dois métodos consistentes; as taxas de crescimento das soluções permanecem fixas quando as equações mudam de forma. Parece-nos um método rápido de resolver equações de terceira ordem.

O significado físico de $du/dt = \begin{bmatrix} -2 & 1 \\ 1 & -2 \end{bmatrix} u$ é fácil de explicar e, ao mesmo tempo, muito importante. Esta equação diferencial descreve um processo de *difusão*.

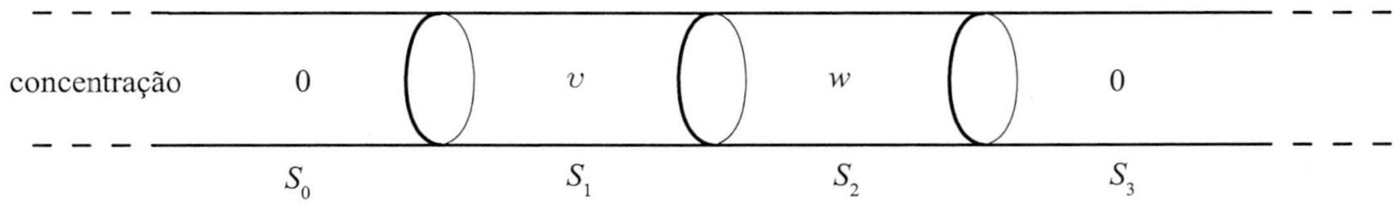

Figura 5.1 Um modelo de difusão entre quatro segmentos.

Divida um tubo infinito em quatro segmentos (Figura 5.1). No tempo $t = 0$, os segmentos do meio contêm concentrações $v(0)$ e $w(0)$ de um produto químico. ***Em cada tempo* t, *a taxa de difusão entre dois segmentos adjacentes é a diferença das concentrações*.** Dentro de cada segmento, a concentração permanece uniforme (zero em infinitos segmentos). O processo é contínuo no tempo, mas discreto no espaço; as incógnitas são $v(t)$ e $w(t)$ nos dois segmentos internos S_1 e S_2.

A concentração $v(t)$ em S_1 está se alterando de dois modos. Há difusão para dentro de S_0 e para dentro ou para fora de S_2. A taxa líquida de alteração é dv/dt, e dw/dt é similar:

Taxa de fluxo para dentro de S_1 $$\frac{dv}{dt} = (w - v) + (0 - v)$$

Taxa de fluxo para dentro de S_2 $$\frac{dw}{dt} = (0 - w) + (v - w).$$

Essa lei de difusão coincide exatamente com nosso exemplo $du/dt = Au$:

$$u = \begin{bmatrix} v \\ w \end{bmatrix} \quad \text{e} \quad \frac{du}{dt} = \begin{bmatrix} -2v + w \\ v - 2w \end{bmatrix} = \begin{bmatrix} -2 & 1 \\ 1 & -2 \end{bmatrix} u.$$

Os autovalores –1 e –3 determinarão a solução. Eles fornecem a taxa à qual as concentrações caem e λ_1 é mais importante, pois apenas um conjunto excepcional de condições iniciais pode levar a "sobrequeda" à taxa e^{-3t}. Na verdade, essas condições devem decorrer do autovetor (1, –1). Se o experimento admite apenas concentrações não negativas, a sobrequeda é impossível e a taxa de limite deve ser e^{-t}. A solução que cai a essa taxa mais lenta corresponde ao autovetor (1, 1). Portanto, as duas concentrações se tornarão quase iguais (típico em difusão), conforme $t \to \infty$.

Mais um comentário sobre este exemplo: trata-se de uma aproximação discreta, com apenas duas incógnitas, da difusão contínua descrita por esta equação diferencial parcial:

Equação do calor $$\frac{\partial u}{\partial t} = \frac{\partial^2 u}{\partial x^2}.$$

A equação do calor é obtida dividindo-se o tubo em segmentos cada vez menores, de comprimento $1/N$. O sistema discreto com N incógnitas é determinado por

$$\frac{d}{dt}\begin{bmatrix} u_1 \\ \cdot \\ \cdot \\ uN \end{bmatrix} = \begin{bmatrix} -2 & 1 & & \\ 1 & -2 & \cdot & \\ & \cdot & \cdot & 1 \\ & & 1 & -2 \end{bmatrix}\begin{bmatrix} u_1 \\ \cdot \\ \cdot \\ u_N \end{bmatrix} = Au. \tag{12}$$

Esta é a matriz das diferenças finitas com o padrão 1, –2, 1. O lado direito Au tende à segunda derivada d^2u/dx^2, após um fator de escala N^2 surgir do problema do fluxo. No limite em que

$N \to \infty$, atingimos a ***equação do calor*** $\partial u/\partial t = \partial^2 u/\partial x^2$. Suas soluções ainda são combinações de exponenciais puros, mas agora são infinitas. Em vez dos autovetores de $Ax = \lambda x$, temos *autofunções* de $d^2u/dx^2 = \lambda u$. Elas são $u(x) = \text{sen}\, n\pi x$ com $\lambda = -n^2\pi^2$. Então a solução para a equação do calor é

$$u(t) = \sum_{n=1}^{\infty} c_n e^{-n^2\pi^2 t} \text{ sen } n\pi x.$$

As constantes c_n são determinadas pela condição inicial. A novidade é que os autovetores são funções $u(x)$, pois o problema é contínuo e não discreto.

Estabilidade de equações diferenciais

Assim como para equações das diferenças, os autovalores determinam como $u(t)$ se comporta quando $t \to \infty$. Contanto que A possa ser diagonalizada, haverá n soluções exponenciais puras para a equação diferencial e qualquer solução específica $u(t)$ é alguma combinação

$$u(t) = Se^{\Lambda t} S^{-1} u_0 = c_1 e^{\lambda_1 t} x_1 + \cdots + c_n e^{\lambda_n t} x_n.$$

A estabilidade é determinada por esses fatores $e^{\lambda_i t}$. Se eles tenderem a zero, então $u(t)$ tenderá a zero; se eles permanecerem limitados, então $u(t)$ permanecerá limitado; se um deles aumentar, então, exceto para condições iniciais muito específicas, a solução irá aumentar. Além disso, o tamanho de $e^{\lambda t}$ depende apenas da parte real de λ. ***Apenas as partes reais dos autovalores determinam a estabilidade***: se $\lambda = a + ib$, então

$$e^{\lambda t} = e^{at}e^{ibt} = e^{at}(\cos bt + i \text{ sen } bt) \qquad \text{e a magnitude é} \qquad |e^{\lambda t}| = e^{at}.$$

Ele cai para $a < 0$, é constante para $a = 0$ e explode para $a > 0$. A parte imaginária produz oscilações, mas a amplitude decorre da parte real.

5M A equação diferencial $du/dt = Au$ é

estável e $e^{At} \to 0$, sempre que todo $\text{Re}\,\lambda_i < 0$,

neutramente estável, quando todo $\text{Re}\,\lambda_i \le 0$ e $\text{Re}\,\lambda_1 = 0$, e

instável e e^{At} não é limitado se qualquer autovalor possuir $\text{Re}\,\lambda_i > 0$.

Em alguns textos, a condição $\text{Re}\,\lambda < 0$ é chamada estabilidade *assintótica*, pois garante a queda para grandes tempos t. Nosso argumento depende de haver n soluções exponenciais puras, mas, mesmo se A não for diagonalizável (e houver termos como $te^{\lambda t}$), o resultado ainda é verdadeiro: ***todas as soluções tendem a zero se, e somente se, todos os autovalores possuírem*** **Re $\boldsymbol{\lambda} < 0$.**

A estabilidade é excepcionalmente fácil de determinar para sistemas 2 por 2 (que são bem comuns em aplicações). A equação é

$$\frac{du}{dt} = \begin{bmatrix} a & b \\ c & d \end{bmatrix} u,$$

e precisamos saber quando ambos os autovalores desta matriz possuem partes reais negativas (observe novamente que os autovalores podem ser números complexos). Os testes de estabilidade são

Re $\lambda_1 < 0$	***O traço* a + d *deve ser negativo.***
Re $\lambda_2 < 0$	***O determinante* ad – bc *precisa ser negativo.***

Quando os autovalores são reais, estes testes garantem que os autovalores sejam negativos. Seu produto é o determinante, que é positivo quando os autovalores possuem o mesmo sinal. Sua soma é o traço; este é negativo quando ambos os autovalores são negativos.

Mesmo quando os autovalores são um par complexo $x \pm iy$, os testes são bem-sucedidos. O traço é a sua soma $2x$ (que é < 0) e o determinante é $(x + iy)(x - iy) = x^2 + y^2 > 0$. A Figura 5.2 mostra o quadrante estável, traço < 0 e determinante > 0. Também mostra a curva de limite entre os autovalores reais e complexos. O motivo para ser uma parábola é a equação quadrática dos autovalores:

$$\det \begin{bmatrix} a-\lambda & b \\ c & d-\lambda \end{bmatrix} = \lambda^2 - (\text{traço})\lambda + (\det) = 0. \tag{13}$$

A fórmula quadrática para λ leva à parábola $(\text{traço})^2 = 4\,(\det)$:

$$\lambda_1 \text{ e } \lambda_2 = \frac{1}{2}\left[\text{traço} \pm \sqrt{(\text{traço})^2 - 4(\det)}\,\right]. \tag{14}$$

Acima da parábola, o número sob a raiz quadrada é negativo – portanto, λ não é real. Sobre a parábola, a raiz quadrada é nula e λ é repetido. Abaixo da parábola, as raízes quadradas são reais. *Toda matriz simétrica possui autovalores reais*, desde que $b = c$, então

$$(\text{traço})^2 - 4(\det) = (a + d)^2 - 4(ad - b^2) = (a - d)^2 + 4b^2 \geq 0.$$

Para autovalores complexos, b e c possuem sinais opostos e são suficientemente grandes.

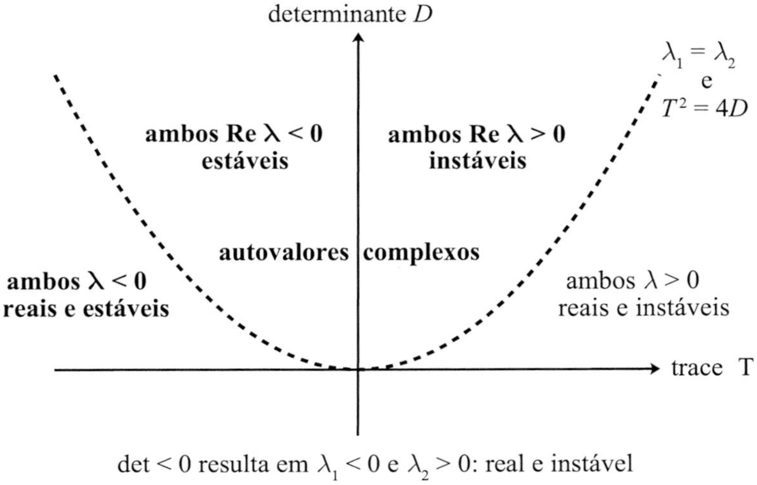

Figura 5.2 Regiões de estabilidade e instabilidade para uma matriz 2 por 2.

Exemplo 2 Um de cada quadrante: apenas o segundo é estável:

$$\begin{bmatrix}1 & 0\\0 & 2\end{bmatrix} \quad \begin{bmatrix}-1 & 0\\0 & -2\end{bmatrix} \quad \begin{bmatrix}1 & 0\\1 & -2\end{bmatrix} \quad \begin{bmatrix}-1 & 0\\0 & 2\end{bmatrix}$$

Nos limites do segundo quadrante, a equação é neutramente estável. No eixo horizontal, um autovalor é nulo (pois o determinante é $\lambda_1\lambda_2 = 0$). No eixo vertical, acima da origem, ambos os autovalores são puramente imaginários (pois o traço é nulo). Os cruzamentos desses eixos são os dois casos em que a estabilidade se perde.

O caso n por n é mais difícil. Um teste para Re $\lambda i < 0$ surgiu com Routh e Hurwitz, que encontraram uma série de desigualdades nos elementos a_{ij}. Não considero essa abordagem muito boa para uma matriz grande; um computador provavelmente é capaz de encontrar os autovalores com mais precisão do que este método seja capaz de testar essas desigualdades. A ideia de Lyapunov foi descobrir uma *matriz de ponderação* W, *de modo que a extensão da ponderação* $\|Wu(t)\|$ *seja sempre decrescente*. Se existir uma W assim, então $\|Wu\|$ decrescerá diretamente até zero e, após algumas subidas e descidas, u também chegará a esse ponto (estabilidade). A utilidade real do método de Lyapunov pode ser comprovada na resolução de equações não lineares – assim, a estabilidade pode ser provada sem se conhecer uma fórmula para $u(t)$.

Exemplo 3 $du/dt = \begin{bmatrix}0 & -1\\1 & 0\end{bmatrix} u$ lança $u(t)$ ao redor de um círculo, começando a partir de $u(0) = (1, 0)$.

Como o traço = 0 e det = 1, temos autovalores puramente imaginários:

$$\begin{bmatrix}-\lambda & -1\\1 & -\lambda\end{bmatrix} = \lambda^2 + 1 = 0 \quad \text{de modo que} \quad \lambda = +i \text{ e } -i.$$

Os autovetores são $(1, -i)$ e $(1, i)$ e a solução é

$$u(t) = \frac{1}{2}e^{it}\begin{bmatrix}1\\-i\end{bmatrix} + \frac{1}{2}e^{-it}\begin{bmatrix}1\\i\end{bmatrix}.$$

Isto é correto, mas não elegante. Substituindo-se cos $t \pm i$ sen t *por* e^{it} e e^{-it}, *reaparecerão números reais*: a solução periódica será $u(t) = (\cos t, \text{sen } t)$.

Partindo de um $u(0) = (a, b)$ diferente, a solução $u(t)$ termina como

$$u(t) = \begin{bmatrix}a\cos t - b \text{ sen } t\\b\cos t + a \text{ sen } t\end{bmatrix} = \begin{bmatrix}\cos t & -\text{sen } t\\\text{sen } t & \cos t\end{bmatrix}\begin{bmatrix}a\\b\end{bmatrix}. \tag{15}$$

Aí encontramos algo importante! A última matriz está multiplicando $u(0)$, de modo que ela deve ser o exponencial e^{At} (lembre-se de que $u(t) = e^{At}u(0)$). Esta matriz de senos e cossenos é nosso exemplo principal de *matriz ortogonal*. As colunas possuem comprimento 1, seu produto escalar é nulo e temos a confirmação de algo maravilhoso:

Se A é antissimétrica ($A^T = -A$), então e^{At} é uma matriz ortogonal.

$A^T = -A$ fornece um sistema conservativo. Nenhuma energia se perde por amortecimento ou difusão:

$$A^T = -A, \qquad (e^{At})^T = e^{-At} \qquad \text{e} \qquad \|e^{At}u(0)\| = \|u(0)\|.$$

A última equação expressa uma propriedade essencial de matrizes ortogonais. Quando elas multiplicam um vetor, o módulo não é alterado. O vetor $u(0)$ é apenas rotacionado, e isto descreve a solução para $du/dt = Au$: *ele forma um círculo.*

Neste caso bem incomum, e^{At} também pode ser reconhecido diretamente a partir da série infinita. Observe que $A = \begin{bmatrix} 0 & -1 \\ 1 & 0 \end{bmatrix}$ possui $A^2 = -I$ e utilize isto nas séries de e^{At}:

$$I + At + \frac{(At)^2}{2} + \frac{(At)^3}{6} + \cdots = \begin{bmatrix} \left(1 - \frac{t^2}{2} + \cdots\right) & \left(-t + \frac{t^3}{6} - \cdots\right) \\ \left(t - \frac{t^3}{6} + \cdots\right) & \left(1 - \frac{t^2}{2} + \cdots\right) \end{bmatrix}$$

$$= \begin{vmatrix} \cos t & -\text{sen}\, t \\ \text{sen}\, t & \cos t \end{vmatrix}$$

Exemplo 4 A equação de difusão é estável: $A = \begin{bmatrix} -2 & 1 \\ 1 & -2 \end{bmatrix}$ possui $\lambda = -1$ e $\lambda = -3$.

Exemplo 5 Se contivermos os segmentos infinitos, nada pode escapar:

$$\frac{du}{dt} = \begin{bmatrix} -1 & 1 \\ 1 & -1 \end{bmatrix} u \qquad \text{ou} \qquad \begin{array}{l} dv/dt = w - v \\ dw/dt = v - w. \end{array}$$

Este é um *processo de Markov contínuo*. Em vez de se moverem a cada ano, as partículas se movem a cada instante. Seu número total $v + w$ é constante. Isso decorre da soma das duas equações do lado direito: a derivada de $v + w$ é nula.

Uma matriz de Markov discreta possui somas de suas colunas iguais a $\lambda_{\text{máx}} = 1$. Uma matriz de Markov *contínua*, para equações diferenciais, possui somas de suas colunas iguais a $\lambda_{\text{máx}} = 0$. A é uma matriz de Markov discreta se, e somente se, $B = A - I$ for uma matriz de Markov contínua. O estado estacionário de ambas é o autovetor de $\lambda_{\text{máx}}$. Ele é multiplicado por $1^k = 1$ nas equações das diferenças e por $e^{0t} = 1$ nas equações diferenciais e não se move.

No exemplo, o estado estacionário possui $v = w$.

Exemplo 6 Em engenharia nuclear, um reator é chamado *crítico* quando está neutramente estável; a fissão equilibra a queda. Fissões mais baixas o tornam estável ou *subcrítico* e, eventualmente, ele para de funcionar. Uma fissão instável é uma bomba.

Equações de segunda ordem

As leis de difusão levaram a um sistema de primeira ordem $du/dt = Au$. Muitas outras aplicações em Química, Biologia, entre outras, levam a isso, porém, a mais importante lei da Física não. Trata-se da *lei de Newton* $F = ma$ e a aceleração a é uma segunda derivada. Expressões de inércia produzem equações de segunda ordem (temos de resolver $d^2u/dt^2 = Au$ em vez de

$du/dt = Au$) e a meta é compreender como esta mudança para segundas derivadas altera a solução.* Isto é opcional em Álgebra Linear, mas não em Física.

A comparação será perfeita se mantivermos a mesma A:

$$\frac{d^2u}{dt^2} = Au = \begin{bmatrix} -2 & 1 \\ 1 & -2 \end{bmatrix} u. \tag{16}$$

Duas condições iniciais dão início ao sistema – o "deslocamento" $u(0)$ e a "velocidade" $u'(0)$. Para atender a essas condições, haverá duas soluções exponenciais puras.

Suponha que utilizemos ω em vez de λ e apresentemos esta solução especial como $u = e^{i\omega t}x$. A substituição deste exponencial na equação diferencial deve satisfazer

$$\frac{d^2}{dt^2}(e^{i\omega t}x) = A(e^{i\omega t}x), \qquad \text{ou} \qquad -\omega^2 x = Ax. \tag{17}$$

***O vetor* x *deve ser um autovetor de* A*, exatamente como antes*.** O autovalor correspondente agora é $-\omega^2$, de modo que a frequência ω está relacionada à taxa de queda λ pela lei $-\omega^2 = \lambda$. Toda solução especial $e^{\lambda t}x$ da equação de primeira ordem leva a *duas* soluções especiais $e^{i\omega t}x$ da equação de segunda ordem e os dois expoentes são $\omega = \pm\sqrt{-\lambda}$. Isto falha apenas quando $\lambda = 0$, que possui apenas uma raiz quadrada; se o autovetor for x, as duas soluções especiais serão x e tx.

Para uma matriz de difusão genuína, os autovalores λ são todos negativos e as frequências ω são todas reais: *a difusão pura é convertida em oscilação pura*. Os fatores $e^{i\omega t}$ produzem estabilidade neutra; a solução nem cresce nem decresce e a energia total permanece precisamente constante. Ela simplesmente continua circulando pelo sistema. A solução geral para $d^2u/dt^2 = Au$, se A possuir autovalores negativos $\lambda_1, \ldots, \lambda_n$ e se $\omega_j = \sqrt{-\lambda_j}$, é

$$u(t) = (c_1 e^{i\omega_1 t} + d_1 e^{-\omega_1 t})x_1 + \cdots + (c_n e^{i\omega_n t} + d_n e^{-i\omega_n t})x_n \tag{18}$$

Como sempre, as constantes são encontradas a partir das condições iniciais. Isto é mais fácil de fazer (à custa de mais uma fórmula) trocando-se de exponenciais oscilantes para seno e cosseno, que são mais familiares:

$$u(t) = (a_1 \cos \omega_1 t + b_1 \operatorname{sen} \omega_1 t)x_1 + \cdots (a_n \cos \omega_n t + b_n \operatorname{sen} \omega_n t)x_n. \tag{19}$$

O deslocamento inicial $u(0)$ é fácil de manter separado: $t = 0$ significa que sen $\omega t = 0$ e cos $\omega t = 1$, deixando apenas

$$u(0) = a_1x_1 + \cdots + a_nx_n, \qquad \text{ou} \qquad u(0) = Sa, \qquad \text{ou} \qquad a = S^{-1}u(0).$$

Então, diferenciando-se $u(t)$ e estabelecendo-se $t = 0$, os valores de b são determinados pela velocidade inicial: $u'(0) = b_1\omega_1x_1 + \cdots + b_n\omega_nx_n$. Substituindo-se os valores de a e b na fórmula de $u(t)$, a equação é resolvida.

A matriz $A = \begin{bmatrix} -2 & 1 \\ 1 & -2 \end{bmatrix}$ possui $\lambda_1 = -1$ e $\lambda_2 = -3$. As frequências são $\omega_1 = 1$ e $\omega_2 = \sqrt{3}$. Se o sistema partir do repouso, $u'(0) = 0$, os termos em b sen ωt desaparecerão:

$$\textbf{Solução a partir de } \boldsymbol{u(0)} = \begin{bmatrix} \mathbf{1} \\ \mathbf{0} \end{bmatrix} \qquad u(t) = \frac{1}{2}\cos t \begin{bmatrix} 1 \\ 1 \end{bmatrix} + \frac{1}{2}\cos\sqrt{3}t \begin{bmatrix} 1 \\ -1 \end{bmatrix}.$$

* Quartas derivadas também são possíveis, na flexão de vigas, mas a natureza parece resistir a ir além de quatro.

Do ponto de vista físico, dois pesos são ligados um ao outro e a muros estacionários por três molas idênticas (Figura 5.3). O primeiro peso é mantido a $v(0) = 1$, o segundo, a $w(0) = 0$, e em $t = 0$ permitimos que se movam. Seu movimento $u(t)$ se torna uma média de duas oscilações puras, que correspondem aos dois autovetores. No primeiro modo $x_1 = (1, 1)$, os pesos se movem juntos e a mola do meio nunca é esticada (Figura 5.3a). A frequência $\omega_1 = 1$ é igual à de uma única mola e à de um único peso. No modo mais rápido $x_2 = (1, -1)$ com frequência $\sqrt{3}$, os pesos se movem em direções opostas, mas com velocidades iguais. A solução geral é uma combinação desses dois modos normais. Nossa solução particular é uma mistura de ambos.

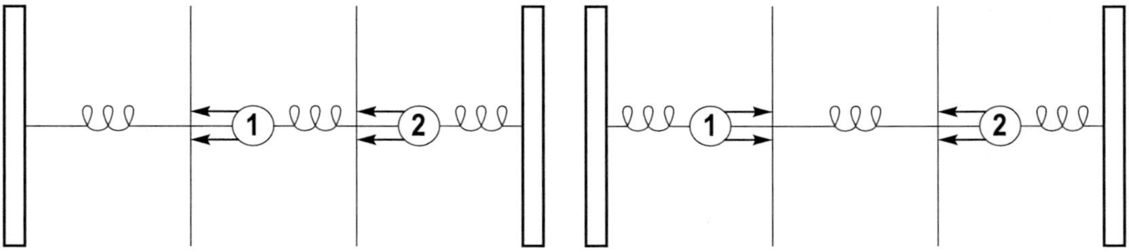

(a) $\omega_1 = 1, x_1 = \begin{bmatrix} 1 \\ 1 \end{bmatrix}$ (b) $\omega_2 = \sqrt{3}, x_2 = \begin{bmatrix} 1 \\ -1 \end{bmatrix}$

Figura 5.3 Os modos lento e rápido de oscilação.

Conforme o tempo passa, o movimento torna-se "quase periódico". Se a razão ω_1/ω_2 fosse uma fração como 2/3, os pesos eventualmente retornariam a $u(0) = (1, 0)$ e começariam novamente. Uma combinação de sen $2t$ e sen $3t$ teria um período de 2π. Mas $\sqrt{3}$ é irracional. O melhor que podemos dizer é que os pesos chegarão *arbitrariamente próximos* de (1, 0) e também (0, 1). Como em uma bola de bilhar saltando para sempre sobre uma mesa perfeitamente plana, a energia total é fixa. Mais cedo ou mais tarde, os pesos se aproximarão de algum estado com esta energia.

Novamente, não podemos sair do problema sem fazer um paralelo com o caso contínuo. Como as molas e os pesos discretos se fundem em uma haste sólida, as "segundas diferenças" fornecidas pela matriz A 1, –2, 1 se tornam segundas derivadas. Este limite é descrito pela célebre ***equação da onda*** $\partial^2 u/\partial t^2 = \partial^2 u/\partial x^2$.

Conjunto de problemas 5.4

1. Seguindo o primeiro exemplo desta seção, encontre os autovalores, os autovetores e a exponencial e^{At} para

$$A = \begin{bmatrix} -1 & 1 \\ 1 & -1 \end{bmatrix}.$$

2. Para a matriz anterior, apresente a solução geral de $du/dt = Au$ e a solução específica que coincida com $u(0) = (3, 1)$. Qual é o *estado estacionário* quando $t \to \infty$ (trata-se de um processo contínuo de Markov; $\lambda = 0$ em uma equação diferencial corresponde a $\lambda = 1$ em uma equação das diferenças, já que $e^{0t} = 1$)?

3. Suponha que a direção do tempo seja invertida para obter a matriz $-A$:

$$\frac{du}{dt} = \begin{bmatrix} 1 & -1 \\ -1 & 1 \end{bmatrix} u \qquad \text{com} \qquad u_0 = \begin{bmatrix} 3 \\ 1 \end{bmatrix}.$$

Encontre $u(t)$ e mostre que ele *aumenta* em vez de cair quando $t \to \infty$ (a difusão é irreversível e a equação do calor não pode ir para trás).

4. A partir de seus traços e determinantes, determine em que tempo t as matrizes abaixo alternam entre estáveis com autovalores reais, estáveis com autovalores complexos e instáveis?

$$A_1 = \begin{bmatrix} 1 & -1 \\ t & -1 \end{bmatrix}, \quad A_2 = \begin{bmatrix} 0 & 4-t \\ 1 & -2 \end{bmatrix}, \quad A_3 = \begin{bmatrix} t & -1 \\ 1 & t \end{bmatrix}.$$

5. Determine a estabilidade ou instabilidade de $dv/dt = w$, $dw/dt = v$. Há uma solução que decresça?

6. Determine a estabilidade de $u' = Au$ para as seguintes matrizes:

(a) $A = \begin{bmatrix} 2 & 3 \\ 4 & 5 \end{bmatrix}$. (b) $A = \begin{bmatrix} 1 & 2 \\ 3 & -1 \end{bmatrix}$.

(c) $A = \begin{bmatrix} 1 & 1 \\ 1 & -2 \end{bmatrix}$. (d) $A = \begin{bmatrix} -1 & -1 \\ -1 & -1 \end{bmatrix}$.

7. Suponha que a população de coelhos r e a população de lobos w sejam determinadas por

$$\frac{dr}{dt} = 4r - 2w$$
$$\frac{dw}{dt} = r + w.$$

(a) Esse sistema é estável, neutramente estável ou instável?
(b) Se inicialmente $r = 300$ e $w = 200$, qual é a população no tempo t?
(c) Após um longo tempo, qual é a proporção de coelhos em relação a lobos?

8. Converta $y'' = 0$ em um sistema de primeira ordem $du/dt = Au$:

$$\frac{d}{dt}\begin{bmatrix} y \\ y' \end{bmatrix} = \begin{bmatrix} y' \\ 0 \end{bmatrix} = \begin{bmatrix} 0 & 1 \\ 0 & 0 \end{bmatrix}\begin{bmatrix} y \\ y' \end{bmatrix}.$$

Essa matriz A 2 por 2 possui apenas um autovetor e não pode ser diagonalizada. Calcule e^{At} a partir da série $I + At + \ldots$ e apresente a solução $e^{At}u(0)$, começando a partir de $y(0) = 3$, $y'(0) = 4$. Verifique se o seu (y, y') satisfaz $y'' = 0$.

9. A equação de ordem superior $y'' + y = 0$ pode ser apresentada como um sistema de primeira ordem introduzindo-se a velocidade y' como outra incógnita:

$$\frac{d}{dt}\begin{bmatrix} y \\ y' \end{bmatrix} = \begin{bmatrix} y' \\ y'' \end{bmatrix} = \begin{bmatrix} y^1 \\ -y \end{bmatrix}.$$

Se isso for $du/dt = Au$, qual é a matriz A 2 por 2? Encontre seus autovalores e seus autovetores e calcule a solução que começa a partir de $y(0) = 2$, $y'(0) = 0$.

10. Uma matriz diagonal como $\Lambda = \begin{bmatrix} 1 & 0 \\ 0 & 2 \end{bmatrix}$ satisfaz a regra usual $e^{\Lambda(t+T)} = e^{\Lambda t}e^{\Lambda T}$, pois a regra se mantém para todos os elementos diagonais.

(a) Explique por que $e^{A(t+T)} = e^{At}e^{AT}$ utilizando a fórmula $e^{At} = Se^{\Lambda t}S^{-1}$.
(b) Mostre que $e^{A+B} = e^A e^B$ *não é verdadeiro* para matrizes a partir do seguinte exemplo

$$A = \begin{bmatrix} 0 & 0 \\ 1 & 0 \end{bmatrix} \quad B = \begin{bmatrix} 0 & -1 \\ 0 & 0 \end{bmatrix} \quad \text{(utilize série para } e^A \text{ e } e^B\text{)}.$$

11. Se P for uma matriz de projeção, a partir da série infinita, mostre que

$$e^P \approx I + 1{,}718P.$$

12. Quais são os autovalores λ, as frequências ω e a solução geral da seguinte equação?

$$\frac{d^2u}{dt^2} = \begin{bmatrix} -5 & 4 \\ 4 & -5 \end{bmatrix} u.$$

13. Com uma matriz de fricção F na equação $u'' + Fu' - Au = 0$, substitua um exponencial puro $u = e^{\lambda t}x$ e encontre um problema de autovalores quadráticos para λ.

14. Encontre os autovalores e autovetores de

$$\frac{du}{dt} = Au = \begin{bmatrix} 0 & 3 & 0 \\ -3 & 0 & 4 \\ 0 & -4 & 0 \end{bmatrix} u.$$

Por que é possível saber, sem cálculos, que e^{At} será uma matriz ortogonal e $\|u(t)\|^2 = u_1^2 + u_2^2 + u_3^3$ será constante?

15. Para a equação (16) no texto, com $\omega = 1$ e $\sqrt{3}$, encontre o deslocamento se o primeiro peso for lançado em $t = 0$; $u(0) = (0, 0)$ e $u'(0) = (1, 0)$.

16. Por retrossubstituição ou cálculo de autovetores, resolva

$$\frac{du}{dt} = \begin{bmatrix} 1 & 2 & 1 \\ 0 & 3 & 6 \\ 0 & 0 & 4 \end{bmatrix} u \quad \text{com} \quad u(0) = \begin{bmatrix} 1 \\ 0 \\ 1 \end{bmatrix}.$$

17. Na maioria das aplicações, a equação de segunda ordem se parece com $Mu'' + Ku = 0$, com uma *matriz de massa* multiplicando as segundas derivadas. Substitua a exponencial pura $u = e^{i\omega t}x$ e encontre o "problema dos autovalores generalizado" que deve ser resolvido para a frequência ω e o vetor x.

18. Toda matriz 2 por 2 com traço nulo pode ser apresentada como

$$A = \begin{bmatrix} a & b+c \\ b-c & -a \end{bmatrix}.$$

Mostre que seus autovalores são reais exatamente quando $a^2 + b^2 \geq c^2$.

19. Para a seguinte equação antissimétrica

$$\frac{du}{dt} = Au = \begin{bmatrix} 0 & c & -b \\ -c & 0 & a \\ b & -a & 0 \end{bmatrix} \begin{bmatrix} u_1 \\ u_2 \\ u_3 \end{bmatrix},$$

(a) apresente u'_1, u'_2, u'_3, e confirme que $u'_1u_1 + u'_2u_2 + u'_3u_3 = 0$

(b) deduza que o módulo $u_1^2 + u_2^2 + u_3^2$ é uma constante.

(c) encontre os autovalores de A.

A solução girará ao redor do eixo $w = (a, b, c)$, pois Au é o "produto vetorial" $u \times w$ – que é perpendicular a u e w.

20. Resolva a seguinte equação de segunda ordem

$$\frac{d^2u}{dt^2} = \begin{bmatrix} -5 & -1 \\ -1 & -5 \end{bmatrix} u \quad \text{com} \quad u(0) = \begin{bmatrix} 1 \\ 0 \end{bmatrix} \quad \text{e} \quad u'(0) = \begin{bmatrix} 0 \\ 0 \end{bmatrix}.$$

21. Uma porta é aberta entre salas que contêm $v(0) = 30$ pessoas e $w(0) = 10$ pessoas. O movimento entre as salas é proporcional à diferença $v - w$:

$$\frac{dv}{dt} = w - v \quad \text{e} \quad \frac{dw}{dt} = v - w.$$

Mostre que o total $v + w$ é constante (40 pessoas). Encontre a matriz em $du/dt = Au$ e seus autovalores e autovetores. Quais são v e w em $t = 1$?

22. Encontre os valores de λ e x de modo que $u = e^{\lambda t}x$ resolva

$$\frac{du}{dt} = \begin{bmatrix} 4 & 3 \\ 0 & 1 \end{bmatrix} u.$$

Que combinação $u = c_1 e^{\lambda_1 t} x_1 + c_2 e^{\lambda_2 t} x_2$ começa a partir de $u(0) = (5, -2)$?

23. A solução para $y'' = 0$ é uma linha reta $y = C + Dt$. Converta para equação matricial:

$$\frac{d}{dt}\begin{bmatrix} y \\ y' \end{bmatrix} = \begin{bmatrix} 0 & 1 \\ 0 & 0 \end{bmatrix}\begin{bmatrix} y \\ y' \end{bmatrix} \quad \text{possui a solução} \quad \begin{bmatrix} y \\ y' \end{bmatrix} = e^{At}\begin{bmatrix} y(0) \\ y'(0) \end{bmatrix}.$$

Essa matriz A não pode ser diagonalizada. Encontre A^2 e calcule $e^{At} = I + At + \frac{1}{2}A^2t^2 + \cdots$. Multiplique seu e^{At} por $(y(0), y'(0))$ para verificar a linha reta $y(t) = y(0) + y'(0)t$.

24. Substitua $y = e^{\lambda t}$ em $y'' = 6y' - 9y$ para mostrar que $\lambda = 3$ é uma raiz repetida. Isto é um problema; precisamos de uma segunda solução após e^{3t}. A equação matricial é

$$\frac{d}{dt}\begin{bmatrix} y \\ y' \end{bmatrix} = \begin{bmatrix} 0 & 1 \\ -9 & 6 \end{bmatrix}\begin{bmatrix} y \\ y' \end{bmatrix}.$$

Mostre que essa matriz possui $\lambda = 3, 3$ e apenas uma reta de autovetores. *Aqui também temos um problema*. Mostre que a segunda solução é $y = te^{3t}$.

25. Encontre A para alterar $y'' = 5y' + 4y$ em uma equação vetorial para $u(t) = (y(t), y'(t))$:

$$\frac{du}{dt} = \begin{bmatrix} y' \\ y'' \end{bmatrix} = \begin{bmatrix} & \\ & \end{bmatrix}\begin{bmatrix} y \\ y' \end{bmatrix} = Au.$$

Quais são os autovalores de A? Encontre-os também substituindo $y = e^{\lambda t}$ na equação escalar $y'' = 5y' + 4y$.

26. Resolva o problema 22 para $u(t) = (y(t), z(t))$, por retrossubstituição:

Primeiro, resolva $\dfrac{dz}{dt} = z$, partindo de $z(0) = -2$.

Em seguida, resolva $\dfrac{dy}{dt} = 4y + 3z$, partindo de $y(0) = 5$.

A solução para y será uma combinação de e^{4t} e e^t.

27. Reverta a difusão de pessoas do problema 21 para $du/dt = -Au$:

$$\frac{dv}{dt} = v - w \quad \text{e} \quad \frac{dw}{dt} = w - v.$$

O total $v + w$ permanece constante. Como os valores de λ se alteram agora que A é modificada para $-A$? Mostre, no entanto, que $v(t)$ cresce até o infinito a partir de $v(0) = 30$.

28. Uma solução particular para $du/dt = Au - b$ é $u_p = A^{-1}b$, se A for invertível. As soluções para $du/dt = Au$ fornecem u_n. Encontre a solução completa $u_p + u_n$ para

(a) $\dfrac{du}{dt} = 2u - 8$. (b) $\dfrac{du}{dt} = \begin{bmatrix} 2 & 0 \\ 0 & 3 \end{bmatrix} u - \begin{bmatrix} 8 \\ 6 \end{bmatrix}$.

29. Se c não for um autovalor de A, substitua $u = e^{ct}v$ e encontre v para resolver $du/dt = Au - -e^{ct}b$. Este $u = e^{ct}v$ é uma solução particular. Como ela falha quando c é um autovalor?

30. Explique um modo de apresentar $my'' + by' + ky = 0$ como uma equação vetorial $Mu' = Au$.

31. Encontre uma matriz A para ilustrar cada uma das regiões instáveis da Figura 5.2:

(a) $\lambda_1 < 0$ e $\lambda_2 > 0$.
(b) $\lambda_1 > 0$ e $\lambda_2 > 0$.
(c) Valores de λ complexos com parte real $a > 0$.

32. (a) Encontre duas funções familiares que resolvam a equação $d^2y/dt^2 = -y$. Qual começa com $y(0) = 1$ e $y'(0) = 0$?

(b) Essa equação de segunda ordem $y'' = -y$ produz uma equação vetorial $u' = Au$:

$$u = \begin{bmatrix} y \\ y' \end{bmatrix} \qquad \frac{du}{dt} = \begin{bmatrix} y' \\ y'' \end{bmatrix} = \begin{bmatrix} 0 & 1 \\ -1 & 0 \end{bmatrix} \begin{bmatrix} y \\ y' \end{bmatrix} = Au.$$

Coloque $y(t)$ do item (a) em $u(t) = (y, y')$. Isto resolve novamente o problema 9.

Os problemas 33 a 43 abordam o exponencial matricial e^{At}.

33. Partindo de $u(0)$, a solução no tempo T é $e^{AT}u(0)$. Execute um tempo adicional t para obter $e^{At}(e^{AT}u(0))$. Esta solução no tempo $t + T$ também pode ser apresentada como _______. Conclusão: e^{At} vezes e^{AT} é igual a _______.

34. Em geral, e^Ae^B é diferente de e^Be^A. Ambas são diferentes de e^{A+B}. Verifique isto utilizando os problemas 36, 37 e 34:

$$A = \begin{bmatrix} 1 & 1 \\ 0 & 0 \end{bmatrix} \qquad B = \begin{bmatrix} 0 & -1 \\ 0 & 0 \end{bmatrix} \qquad A + B = \begin{bmatrix} 1 & 0 \\ 0 & 0 \end{bmatrix}.$$

35. Apresente $A = \begin{bmatrix} 1 & 1 \\ 0 & 0 \end{bmatrix}$ na forma $S\Lambda S^{-1}$. Encontre e^{At} a partir de $Se^{\Lambda t}S^{-1}$.

36. Apresente $A = \begin{bmatrix} 1 & 1 \\ 0 & 3 \end{bmatrix}$ como $S\Lambda S^{-1}$. Multiplique $Se^{\Lambda t}S^{-1}$ para encontrar a matriz exponencial e^{At}. Verifique $e^{At} = I$ quando $t = 0$.

37. A matriz $B = \begin{bmatrix} 0 & -1 \\ 0 & 0 \end{bmatrix}$ possui $B^2 = 0$. Encontre e^{Bt} a partir da série infinita (curta). Verifique que a derivada de e^{Bt} é Be^{Bt}.

38. Apresente cinco termos da série infinita para e^{At}. Extraia a derivada em relação a t de cada termo. Mostre que você possui quatro termos de Ae^{At}. Conclusão: $e^{At}u(0)$ resolve $u' = Au$.

39. Se $A^2 = A$, mostre que a série infinita produz $e^{At} = I + (e^t - 1)A$. Para $A = \begin{bmatrix} 1 & 1 \\ 0 & 0 \end{bmatrix}$ do problema 36, isto resulta em $e^{At} =$ ______.

40. Encontre uma solução $x(t)$, $y(t)$ do primeiro sistema que aumenta quando $t \to \infty$. Para evitar essa instabilidade, um cientista pensou em trocar as duas equações!

$$\begin{aligned} dx/dt &= \ \ 0x - 4y \\ dy/dt &= -2x + 2y \end{aligned} \quad \text{torna-se} \quad \begin{aligned} dy/dt &= -2x + 2y \\ dx/dt &= \ \ 0x - 4y. \end{aligned}$$

Agora a matriz $\begin{bmatrix} -2 & 2 \\ 0 & -4 \end{bmatrix}$ é estável. Ela possui $\lambda < 0$. Comente essa loucura.

41. Coloque $A = \begin{bmatrix} 1 & 3 \\ 0 & 0 \end{bmatrix}$ em uma série finita para encontrar e^{At}. Primeiro, calcule A^2:

$$e^{At} = \begin{bmatrix} 1 & 0 \\ 0 & 1 \end{bmatrix} + \begin{bmatrix} t & 3t \\ 0 & 0 \end{bmatrix} + \frac{1}{2}\begin{bmatrix} & \\ & \end{bmatrix} + \cdots = \begin{bmatrix} e^t & \\ 0 & \end{bmatrix}.$$

42. A partir desta solução geral para $du/dt = Au$, encontre a matriz A:

$$u(t) = c_1 e^{2t}\begin{bmatrix} 2 \\ 1 \end{bmatrix} + c_2 e^{5t}\begin{bmatrix} 1 \\ 1 \end{bmatrix}.$$

43. Apresente duas razões para o fato de que o exponencial matricial e^{At} nunca é singular:

(a) Apresente sua inversa.

(b) Apresente seus autovalores. Se $Ax = \lambda x$, então $e^{At}x =$ ______x.

5.5 MATRIZES COMPLEXAS

Não é mais possível trabalhar apenas com vetores e matrizes reais. Na primeira metade deste livro, quando o problema básico era $Ax = b$, a solução era real quando A e b eram reais. Números complexos podiam ser permitidos, mas não contribuíam com nenhuma novidade. Agora, não podemos evitá-los. Uma matriz real possui coeficientes reais em det $(A - \lambda I)$, mas os autovalores (como em rotações) podem ser complexos.

Introduzimos, agora, o espaço $\mathbf{C}^n$ de vetores com n componentes *complexos*. A adição e a multiplicação de matrizes seguem as mesmas regras de antes. ***O módulo é calculado de maneira diferente***. No modo antigo, o vetor $\mathbf{C}^2$ com componentes $(1, i)$ teria módulo nulo: $1^2 + i^2 = 0$, nada bom. O módulo correto elevado ao quadrado é $1^2 + |i|^2 = 2$.

Essa alteração para $\|x\|^2 = |x_1|^2 + ... + |x_n|^2$ prova toda uma série de outras alterações. O produto escalar, a transposta, as definições de matrizes simétricas e ortogonais, tudo isto precisa ser modificado para os números complexos. As novas definições coincidem com a antiga quando os vetores e as matrizes são reais. Listamos essas alterações em uma tabela no fim da seção e as explicaremos conforme progredirmos.

A tabela corresponde virtualmente a um dicionário para traduzir reais em complexos. Esperamos que ela seja útil ao leitor. Nós, particularmente, desejamos compreender ***as matrizes simétricas e as matrizes hermitianas***: *onde estão seus autovalores e o que há de específico para seus autovetores*? Para fins práticos, estas são as questões mais importantes da teoria dos autovalores. Chamamos a atenção para as respostas, adiantando-as:

1. ***Toda matriz simétrica (e toda matriz hermitiana) possui autovalores reais.***
2. ***Seus autovetores podem ser escolhidos para serem ortonormais.***

Estranhamente, para provar que os autovalores são reais começaremos com a possibilidade oposta – e isto nos levará a números complexos, vetores complexos e matrizes complexas.

Números complexos e seus conjugados

Provavelmente o leitor já se deparou com números complexos; uma revisão é fácil de fazer. As ideias importantes são o *conjugado complexo* $\overline{x}$ e o *valor absoluto* $|x|$. Todos sabem que qualquer i existente satisfaz a equação $i^2 = -1$. Trata-se de um número imaginário puro, assim como seus múltiplos ib; b é real. A soma $a + ib$ é um número complexo e é representado de modo natural no plano complexo (Figura 5.4).

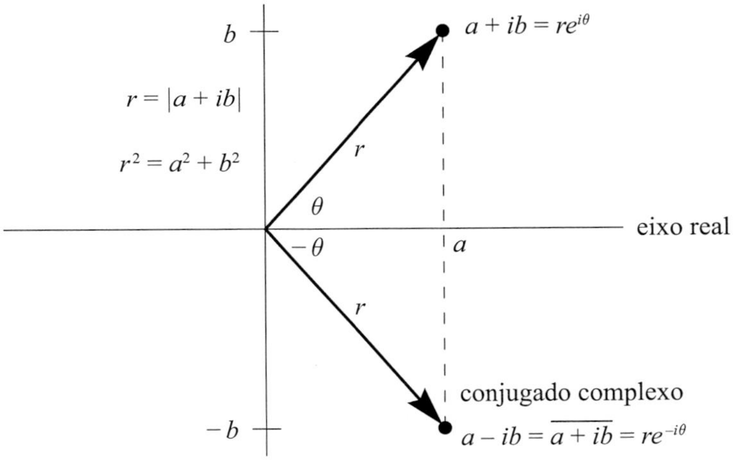

Figura 5.4 Plano complexo, com $a + ib = re^{i\theta}$ e seu conjugado $a - ib = re^{-i\theta}$.

Os números reais a e os números imaginários ib são casos especiais de números complexos; eles se localizam nos eixos. Dois números complexos são fáceis de somar:

$$\textbf{Adição complexa} \qquad (a + ib) + (c + id) = (a + c) + i(b + d).$$

A multiplicação de $a + ib$ por $c + id$ utiliza a regra de que $i^2 = -1$:

$$\textbf{Multiplicação} \qquad \begin{aligned}(a + ib) + (c + id) &= ac + ibc + iad + i^2bd \\ &= (ac - bd) + i(bc + ad).\end{aligned}$$

O ***conjugado complexo*** de $a + ib$ é o número $a - ib$. *O sinal da parte imaginária é invertido.* Trata-se da imagem em espelho em relação ao eixo real; qualquer número real é seu próprio conjugado, já que $b = 0$. O conjugado é denotado por uma barra ou um asterisco: $(a + ib)^* = \overline{a + ib} = a - ib$. Ele possui três propriedades importantes:

1. O conjugado de um produto é igual ao produto dos conjugados:

$$\overline{(a+ib)(c+id)} = (ac - bd) - i(bc + ad) = \overline{(a + ib)}\,\overline{(c + id)}. \qquad (1)$$

2. O conjugado de uma soma é igual à soma dos conjugados:

$$\overline{(a+c)+i(b+d)} = (a+c)-i(b+d) = \overline{(a+ib)} + \overline{(c+id)}.$$

3. A multiplicação de qualquer $a + ib$ por seu conjugado $a - ib$ produz um número real $a^2 + b^2$:

$$\textbf{Valor absoluto} \qquad (a+ib)(a-ib) = a^2 + b^2 = r^2. \qquad (2)$$

Essa distância r é o ***valor absoluto*** $|a + ib| = \sqrt{a^2 + b^2}$.

Por fim, a trigonometria relaciona os lados a e b à hipotenusa r por $a = r\cos\theta$ e $b = r \operatorname{sen}\theta$. A combinação destas duas equações nos leva a coordenadas polares:

$$\textbf{Forma polar} \qquad a + ib = r(\cos\theta + i\operatorname{sen}\theta) = re^{i\theta}. \qquad (3)$$

O caso especial mais importante é quando $r = 1$. Então, $a + ib$ é $e^{i\theta} = \cos\theta + i\operatorname{sen}\theta$. Isto recai no ***círculo unitário*** no plano complexo. Como θ varia de 0 a 2π, este número $e^{i\theta}$ circula ao redor de zero a uma distância radial constante $|e^{1\theta}| = \sqrt{\cos^2\theta + \operatorname{sen}^2\theta} = 1$.

Exemplo 1 $x = 3 + 4i$ vezes seu conjugado $\overline{x} = 3 - 4i$ é o valor absoluto elevado ao quadrado:

$$x\overline{x} = (3+4i)(3-4i) = 25 = |x|^2 \qquad \text{de modo que} \qquad r = |x| = 5.$$

Para fazer a divisão por $3 + 4i$, multiplique o numerador e o denominador por seu conjugado $3 - 4i$:

$$\frac{2+i}{3+4i} = \frac{2+i}{3+4i}\,\frac{3-4i}{3-4i} = \frac{10-5i}{25}.$$

Com coordenadas polares, a multiplicação e a divisão são fáceis:

$re^{i\theta}$ vezes $Re^{i\alpha}$ possui valor absoluto rR e ângulo $\theta + \alpha$.
$re^{i\theta}$ dividido por $Re^{i\alpha}$ possui valor absoluto r/R e ângulo $\theta - \alpha$.

Módulos e transposições no caso complexo

Retornemos à álgebra e façamos a conversão de reais para complexos. Por definição, *o espaço* $\mathbf{C}^n$ *dos vetores complexos contém todos os vetores* x *com* n *componentes complexos*:

$$\textbf{Vetor complexo} \qquad x = \begin{bmatrix} x_1 \\ x_2 \\ \vdots \\ x_n \end{bmatrix} \qquad \text{com componentes } x_j = a_j + ib_j.$$

Vetores x e y ainda são somados componente por componente. A multiplicação escalar cx agora é feita com números complexos c. Os vetores $v_1, \ldots, v_k$ são linearmente *dependentes* se alguma combinação não trivial fornecer $c_1v_1 + \cdots + c_kv_k = 0$; o c_j agora pode ser complexo. Os vetores coordenados unitários ainda estão em $\mathbf{C}^n$; eles ainda são independentes; e ainda formam uma base. Portanto, $\mathbf{C}^n$ é um espaço vetorial complexo de dimensão n.

Com a nova definição de módulo, cada x_j^2 é substituído por seu módulo $|x_j|^2$:

$$\textbf{Módulo ao quadrado} \qquad \|x\|^2 = |x_1|^2 + \cdots + |x_n|^2. \qquad (4)$$

Exemplo 2 $x = \begin{bmatrix} 1 \\ i \end{bmatrix}$ e $||x||^2 = 2$; $y = \begin{bmatrix} 2+i \\ 2-4i \end{bmatrix}$ e $||y||^2 = 25$.

Para vetores reais, havia uma relação próxima entre o módulo e o produto escalar: $||x||^2 = x^{T}x$. Queremos preservar esta relação. O produto escalar deve ser modificado para concordar com a nova definição de módulo e iremos *conjugar o primeiro vetor do produto escalar*. Substituindo-se x por $\overline{x}$, ***o produto escalar se torna***

$$\textbf{Produto escalar} \qquad \overline{x}^{T} y = \overline{x}_1 y_1 + \cdots + \overline{x}_n y_n. \tag{5}$$

Se extrairmos o produto escalar de $x = (1 + i, 3i)$ em relação a ele mesmo, voltaremos a $||x||^2$:

$$\textbf{Módulo ao quadrado} \qquad \overline{x}^{T} x = \overline{(1+i)}(1+i) + \overline{(3i)}(3i) = 2 + 9 \quad \text{e} \quad ||x||^2 = 11.$$

Observe que $\overline{y}^{T}x$ é diferente de $\overline{x}^{T}y$; temos que observar a ordem dos vetores.

Isto deixa apenas mais uma alteração de notação, condensando dois símbolos em um. Em vez de uma barra para o conjugado e T para a transposta, eles são combinados em uma ***transposta conjugada***. Para vetores e matrizes, o H sobrescrito (ou um asterisco) combina ambas as operações. Essa matriz $\overline{A}^{T} = A^{H} = A^*$ é chamada "hermitiana de A":

$$\textbf{“Hermitiana de } A\textbf{”} \qquad A^{H} = \overline{A}^{T} \quad \text{possui elementos} \quad (A^{H})_{ij} = \overline{A_{ji}}. \tag{6}$$

Você tem de prestar atenção para distinguir este nome da expressão "*A é* hermitiana", o que significa que *A é igual a* A^{H}. Se A for uma matriz m por n, então A^{H} será n por m:

$$\textbf{Transposta conjugada} \qquad \begin{bmatrix} 2+i & 3i \\ 4-i & 5 \\ 0 & 0 \end{bmatrix}^{H} = \begin{bmatrix} 2-i & 4+i & 0 \\ -3i & 5 & 0 \end{bmatrix}.$$

Este símbolo A^{H} reconhece oficialmente o fato de que, com elementos complexos, é muito raro termos apenas a transposta de A. É transposta *conjugada* A^{H} que se torna adequada, e x^{H} é o vetor linha $[\overline{x}_1 \ldots \overline{x}_n]$.

5N **1.** O produto escalar de x e y é $x^{H}y$. Os vetores ortogonais possuem $x^{H}y = 0$.
2. O módulo ao quadrado de x é $||x||^2 = x^{H}x = |x_1|^2 + \cdots + |x_n|^2$.
3. A conjugação de $(AB)^{T} = B^{T}A^{T}$ produz $(AB)^{H} = B^{H}A^{H}$.

Matrizes hermitianas

Falamos em capítulos anteriores sobre matrizes simétricas: $A = A^{T}$. Com elementos complexos, essa ideia de simetria tem de ser estendida. A generalização correta não é para matrizes que sejam iguais a suas transpostas, mas para ***matrizes que sejam iguais a sua transposta conjugada***. Estas são as matrizes hermitianas, e um exemplo típico é A:

$$\textbf{Matriz hermitiana} \qquad A = \begin{bmatrix} 2 & 3-3i \\ 3+3i & 5 \end{bmatrix} = A^{H}. \tag{7}$$

Os elementos diagonais devem ser reais; eles ficam inalterados na conjugação. Cada elemento fora da diagonal coincide com sua imagem em espelho em relação à diagonal principal e $3 - 3i$ é o conjugado de $3 + 3i$. *Em todos os casos,* $a_{ij} = \overline{a_{ji}}$.

Nossa meta principal é estabelecer três propriedades básicas das matrizes hermitianas. Essas propriedades aplicam-se igualmente bem a matrizes simétricas. *Uma matriz simétrica real é certamente hermitiana* (para matrizes reais não há diferença entre A^T e A^H). **Os autovalores de A são reais** – como provamos agora.

Propriedade 1 Se $A = A^H$, então para todos os vetores complexos x, o número $x^H Ax$ é real.

Todos os elementos de A contribuem para $x^H Ax$. Tente o caso 2 por 2 com $x = (u, v)$:

$$\begin{aligned} x^H Ax &= [\,\overline{u} \quad \overline{v}\,] \begin{bmatrix} 2 & 3-3i \\ 3+i & 5 \end{bmatrix} \begin{bmatrix} u \\ v \end{bmatrix} \\ &= 2\overline{u}u + 5\overline{v}v + (3-3i)\overline{u}v + (3+3i)u\overline{v} \\ &= \textbf{real} + \textbf{real} + (\textbf{soma de conjugados complexos}). \end{aligned}$$

Para uma prova geral, $(x^H Ax)^H$ é o conjugado da matriz 1 por 1 $x^H Ax$, mas, na verdade, obtemos o mesmo número de volta: $(x^H Ax)^H = x^H A^H x^{HH} = x^H Ax$. Desse modo, o número deve ser real.

Propriedade 2 Se $A = A^H$, todo autovalor é real.

Prova Suponha que $Ax = \lambda x$. ***O truque é multiplicar por* $\mathbf{x^H}$: $\mathbf{x^H Ax = \lambda x^H x}$**. O lado esquerdo é real pela Propriedade 1 e o lado direito $x^H x = \|x\|^2$ é real e positivo, pois $x \neq 0$. Portanto, $\lambda = x^H Ax / x^H x$ deve ser real. Nosso exemplo possui $\lambda = 8$ e $\lambda = -1$:

$$\begin{aligned} |A - \lambda I| &= \begin{vmatrix} 2-\lambda & 3-3i \\ 3+3i & 5-\lambda \end{vmatrix} = \lambda^2 - 7\lambda + 10 - |3-3i|^2 \\ &= \lambda^2 - 7\lambda - 8 = (\lambda - 8)(\lambda + 1). \end{aligned} \tag{8}$$

■

Observação Esta prova de autovalores reais parece correta para qualquer matriz real:

Prova falsa $Ax = \lambda x$ fornece $x^T Ax = \lambda x^T x$, de modo que $\lambda = \dfrac{x^T Ax}{x^T x}$ é real.

Deve haver uma falha: *o autovetor* x *pode ser complexo*. É apenas quando $A = A^T$ que podemos ter certeza de que λ e x permanecem reais. Mais do que isso, *os autovetores são perpendiculares*: $x^T y = 0$ no caso simétrico real e $x^H y = 0$ no caso complexo hermitiano.

Propriedade 3 Dois autovetores de uma matriz simétrica real ou de uma matriz hermitiana, se vierem de autovalores diferentes, são ortogonais um em relação ao outro.

A prova começa com $Ax = \lambda_1 x$, $Ay = \lambda_2 y$ e $A = A^H$:

$$(\lambda_1 x)^H y = (Ax)^H y = x^H Ay = x^H (\lambda_2 y). \tag{9}$$

Os números de fora são $\lambda_1 x^H y = \lambda_2 x^H y$, já que os valores de λ são reais. Agora, utilizamos o pressuposto de que $\lambda_1 \neq \lambda_2$, *que força a conclusão de que* $x^H y = 0$. Em nosso exemplo,

$$(A-8I)x=\begin{bmatrix}-6 & 3-3i\\ 3+3i & -3\end{bmatrix}\begin{bmatrix}x_1\\ x_2\end{bmatrix}=\begin{bmatrix}0\\ 0\end{bmatrix},\qquad x=\begin{bmatrix}1\\ 1+i\end{bmatrix}$$

$$(A+I)y=\begin{bmatrix}3 & 3-3i\\ 3+3i & 6\end{bmatrix}\begin{bmatrix}y_1\\ y_2\end{bmatrix}=\begin{bmatrix}0\\ 0\end{bmatrix},\qquad y=\begin{bmatrix}1-i\\ -1\end{bmatrix}.$$

Esses dois autovetores são ortogonais:

$$x^{\mathrm{H}}y=\begin{bmatrix}1 & 1-i\end{bmatrix}\begin{bmatrix}1-i\\ -1\end{bmatrix}=0.$$

Claro que quaisquer múltiplos x/α e y/β são igualmente adequados como autovetores. O MATLAB escolhe $\alpha=\|x\|$ e $\beta=\|y\|$, de modo que x/α e y/β são vetores unitários; os autovetores são normalizados para ter módulo 1. Eles são agora *ortonormais*. Se esses autovetores forem escolhidos para ser colunas de S, então teremos $S^{-1}AS=\Lambda$, como sempre. ***A matriz de diagonalização pode ser escolhida com colunas ortonormais quando*** $\mathbf{A}=\mathbf{A}^{\mathrm{H}}$.

Caso A seja real e simétrica, seus autovalores são reais de acordo com a Propriedade 2. Seus autovetores unitários são ortogonais de acordo com a Propriedade 3. Esses autovetores são também reais; eles resolvem $(A-\lambda I)x=0$. *Esses autovetores ortonormais vão em uma matriz ortogonal* Q, com $Q^{\mathrm{T}}Q=I$ e $Q^{\mathrm{T}}=Q^{-1}$. Então, $S^{-1}AS=\Lambda$ se torna especial – ela é $Q^{-1}AQ=\Lambda$ ou $A=Q\Lambda Q^{-1}=Q\Lambda Q^{\mathrm{T}}$. Podemos estabelecer um dos grandes teoremas da álgebra linear:

50 Uma matriz simétrica real pode ser fatorada em $A=Q\Lambda Q^{\mathrm{T}}$. Seus autovetores ortonormais estão na matriz ortogonal Q e seus autovalores estão em Λ.

Em geometria ou mecânica, este é o *teorema dos eixos principais*. Ele fornece a escolha correta de eixos para uma elipse. Esses eixos são perpendiculares e apontam a direção dos autovetores da matriz correspondente (a Seção 6.2 relaciona matrizes simétricas a elipses de n dimensões). Em mecânica, os autovetores fornecem as direções principais ao longo das quais há compressão pura ou tensão pura – sem cisalhamento.

Em matemática, a fórmula $A=Q\Lambda Q^{\mathrm{T}}$ é conhecida como o *teorema espectral*. Se multiplicarmos colunas por linhas, a matriz A se torna uma combinação de projeções unidimensionais – que são as matrizes especiais xx^{T} de posto 1, multiplicadas por λ:

$$A=Q\Lambda Q^{\mathrm{T}}=\begin{bmatrix} | & & | \\ x_1 & \cdots & x_n \\ | & & | \end{bmatrix}\begin{bmatrix}\lambda_1 & & \\ & \ddots & \\ & & \lambda_n\end{bmatrix}\begin{bmatrix}\text{---}\ x_1^{\mathrm{T}}\ \text{---}\\ \vdots \\ \text{---}\ x_n^{\mathrm{T}}\ \text{---}\end{bmatrix}$$

$$=\lambda_1x_1x_1^{\mathrm{T}}+\lambda_2x_2x_2^{\mathrm{T}}+\cdots+\lambda_nx_nx_n^{\mathrm{T}}. \tag{10}$$

Nosso exemplo 2 por 2 possui autovalores 3 e 1:

Exemplo 3 $A=\begin{bmatrix}2 & -1\\ -1 & 2\end{bmatrix}=3\begin{bmatrix}\frac{1}{2} & -\frac{1}{2}\\ -\frac{1}{2} & \frac{1}{2}\end{bmatrix}+\begin{bmatrix}\frac{1}{2} & \frac{1}{2}\\ \frac{1}{2} & \frac{1}{2}\end{bmatrix}=$ **combinação de duas projeções.**

Os autovetores, com módulo normalizado, são

$$x_1=\frac{1}{\sqrt{2}}\begin{bmatrix}1\\ -1\end{bmatrix}\quad \text{e} \quad x_2=\frac{1}{\sqrt{2}}\begin{bmatrix}1\\ 1\end{bmatrix}.$$

Então, as matrizes do lado direito são $x_1x_1^T$ e $x_2x_2^T$ – colunas multiplicadas por linhas – e constituem projeções sobre a reta que passa por x_1 e sobre a que passa por x_2.

Todas as matrizes simétricas são combinações de projeções unidimensionais – matrizes simétricas de posto 1.

Comentário Se A for real e seus autovalores forem eventualmente reais, então seus autovetores também serão reais. Eles resolvem $(A - \lambda I)x = 0$ e podem ser calculados por eliminação. Mas eles não serão ortogonais a menos que A seja simétrico: $A = Q\Lambda Q^T$ leva a $A^T = A$.

Se A é real, todos os autovalores complexos aparecem em pares conjugados: $Ax = \lambda x$ e $A\bar{x} = \bar{\lambda}\bar{x}$. *Se* a + ib *for um autovalor de uma matriz real,* a – ib *também será* (se $A = A^T$, então $b = 0$).

Mais precisamente falando, o teorema espectral $A = Q\Lambda Q^T$ foi provado apenas para o caso de os autovalores de A serem distintos. Então, certamente há n autovetores independentes e A pode ser diagonalizado com segurança. No entanto, é verdade (consulte a Seção 5.6) que *mesmo com autovalores repetidos, uma matriz simétrica ainda possui um conjunto completo de autovetores ortonormais*. O caso extremo é a matriz identidade, que possui $\lambda = 1$ repetido n vezes, não havendo falta de autovetores.

Para encerrar o caso complexo, precisamos do análogo de uma matriz ortogonal real – e você pode adivinhar o que acontece ao requisito $Q^TQ = I$. A transposta será substituída pela transposta conjugada. A condição se tornará $U^HU = I$. A nova letra U reflete o novo nome: ***uma matriz complexa com colunas ortonormais é chamada matriz unitária.***

Matrizes unitárias

Podemos propor duas análises? ***Uma matriz hermitiana (ou simétrica) pode ser comparada a um número real. Uma matriz unitária (ou ortogonal) pode ser comparada a um número no círculo unitário*** – um número complexo de valor absoluto 1. Os valores de λ são reais se $A^H = A$ e estão no círculo unitário se $U^HU = I$. Os autovetores podem ser normalizados e tornados ortonormais.*

Essas afirmações ainda não foram provadas para as matrizes unitárias (incluindo as ortogonais). Portanto, vamos diretamente às três propriedades de U que correspondam às propriedades 1 a 3 de A mostradas anteriormente. Lembre-se de que U possui colunas ortonormais:

Matriz unitária $\quad U^HU = I, \quad UU^H = I \quad$ e $\quad U^H = U^{-1}.$

Isto leva diretamente à Propriedade 1′, que diz que a multiplicação por U não tem efeito sobre produtos escalares, ângulos ou módulos. A prova é feita em uma linha, exatamente como para Q:

Propriedade 1′ $(Ux)^H(Uy) = x^HU^HUy = x^Hy$ e módulos são preservados por U:

Módulo inalterado $\quad \|Ux\|^2 = x^HU^HUx = \|x\|^2. \quad (11)$

Propriedade 2′ Todo autovalor de U possui valor absoluto $|\lambda| = 1$.

* Mais adiante compararemos matrizes "anti-hermitianas" com números imaginários puros e matrizes "normais" com todos os números complexos $a + ib$. Uma matriz não normal sem autovetores ortogonais não pertence a nenhuma dessas classes e está fora de qualquer analogia.

Isso decorre diretamente de que $Ux = \lambda x$, comparando-se os módulos dos dois lados: $\|Ux\| = \|x\|$ pela Propriedade 1′ e sempre $\|\lambda x\| = |\lambda|\,\|x\|$. Portanto $|\lambda| = 1$.

Propriedade 3′ Os autovetores que correspondem a autovalores diferentes são ortonormais.

Comece com $Ux = \lambda_1 x$ e $Uy = \lambda_2 y$ e extraia os produtos escalares por meio da Propriedade 1′:

$$x^{H}y = (Ux)^{H}(Uy) = (\lambda_1 x)^{H}(\lambda_2 y) = \overline{\lambda}_1\lambda_2 x^{H}y.$$

Comparando o lado esquerdo com o direito, $\overline{\lambda}_1\lambda_2 = 1$ ou $x^{H}y = 0$. Mas a Propriedade 2′ é $\overline{\lambda}_1\lambda_1 = 1$, de modo que também não podemos ter $\overline{\lambda}_1\lambda_2 = 1$. Assim, $x^{H}y = 0$ e os autovetores são ortogonais.

Exemplo 4 $U = \begin{bmatrix} \cos t & -\text{sen}\, t \\ \text{sen}\, t & \cos t \end{bmatrix}$ possui autovalores e^{it} e e^{-it}.

Os autovetores ortogonais são $x = (1, -i)$ e $y = (1, i)$ (lembre-se de extrair os conjugados em $x^{H}y = 1 + i^2 = 0$). Após a divisão por $\sqrt{2}$, eles são ortonormais.

Aqui está a *matriz unitária* que é, de longe, a mais importante.

Exemplo 5 $U = \dfrac{1}{\sqrt{n}} \begin{bmatrix} 1 & 1 & \cdot & 1 \\ 1 & w & \cdot & w^{n-1} \\ \cdot & \cdot & \cdot & \cdot \\ 1 & w^{n-1} & \cdot & w^{(n-1)^2} \end{bmatrix} = \dfrac{\textbf{Matriz de Fourier}}{\sqrt{n}}.$

O número complexo w está sobre o círculo unitário no ângulo $\theta = 2\pi/n$. Ele iguala $e^{2\pi i/n}$. Suas potências são dispostas regularmente ao redor do círculo. Esta disposição assegura que a soma de todas as n potências de w – todas as raízes n-ésimas de 1 – seja nula. Algebricamente, a soma $1 + w + \ldots + w^{n-1}$ é $(w^n - 1)/(w - 1)$. E $w^n - 1$ é nulo!

$$\text{linha 1 de } U^{H} \text{ vezes coluna 2 de } U \text{ é } \frac{1}{n}\left(1 + w + w^2 + \cdots + w^{n-1}\right) = \frac{w^n - 1}{w - 1} = 0.$$

$$\text{linha } i \text{ de } U^{H} \text{ vezes coluna } j \text{ de } U \text{ é } \frac{1}{n}\left(1 + W + W^2 + \cdots + W^{n-1}\right) = \frac{W^n - 1}{W - 1} = 0.$$

No segundo caso, $W = w^{j-i}$. Todo elemento da F original possui valor absoluto 1. O fator $\sqrt{n}$ reduz as colunas de U a vetores unitários. ***A identidade fundamental da transformada finita de Fourier transforma*** $\mathbf{U^{H}U = I}$.

Assim, U é uma matriz unitária. Sua inversa parece a mesma, exceto pelo fato de que w é substituído por $w^{-1} = e^{-i\theta} = \overline{w}$. Como U é unitário, sua inversa é encontrada por transposição (que não altera nada) e conjugação (que transforma w em $\overline{w}$). A inversa de U é $\overline{U}$. Ux pode ser calculado rapidamente pela ***Transformada Rápida de Fourier***, como pôde ser visto na Seção 3.5.

Pela Propriedade 1′ de matrizes unitárias, o módulo de um vetor x é igual ao módulo de Ux. A energia no espaço de estado iguala a energia no espaço de transformação. A energia é a soma de $|x_j|^2$ e é também a soma das energias nas frequências separadas. O vetor $x = (1, 0, \ldots, 0)$ contém quantias iguais de todos os componentes de frequência e sua transformada discreta de Fourier $Ux = (1, 1, \ldots, 1)/\sqrt{n}$ também possui módulo 1.

Exemplo 6

$$P = \begin{bmatrix} 0 & 1 & 0 & 0 \\ 0 & 0 & 1 & 0 \\ 0 & 0 & 0 & 1 \\ 1 & 0 & 0 & 0 \end{bmatrix}.$$

Trata-se de uma matriz ortogonal; portanto, pela Propriedade 3′ ela deve possuir autovetores ortogonais. Eles são as colunas da matriz de Fourier! Seus autovalores devem ter valor absoluto 1. Eles são os números 1, $w, \ldots, w^{n-1}$ (ou 1, i, i^2, i^3 no caso 4 por 4). Trata-se de uma matriz real, mas seus autovalores e autovetores são complexos.

Uma observação final. As matrizes "anti-hermitianas" satisfazem $K^H = -K$, assim como as matrizes simétricas satisfazem $K^T = -K$. Suas propriedades decorrem imediatamente de sua ligação próxima às matrizes hermitianas:

> ***Se* A *for hermitiana, então* K = iA *é anti-hermitiana.***

Os autovalores de K são imaginários puros, em vez de reais puros; multiplicamos por i. Os autovetores não se alteram. O exemplo hermitiano nas páginas anteriores levaria a

$$K = iA = \begin{bmatrix} 2i & 3+3i \\ -3+3i & 5i \end{bmatrix} = -K^H.$$

Os elementos diagonais são múltiplos de i (permitindo zero). Os autovalores são $8i$ e $-i$. Os autovetores ainda são ortogonais e temos ainda $K = U\Lambda U^H$ – com U unitário em vez de um ortogonal real Q e como $8i$ e $-i$ na diagonal de Λ.

Esta seção é resumida por uma tabela de paralelos entre real e complexo.

Real × Complexo

$\mathbf{R}^n$ (n componentes reais)	$\leftrightarrow$	$\mathbf{C}^n$ (n componentes complexos)
módulo: $\|x\|^2 = x_1^2 + \cdots + x_n^2$	$\leftrightarrow$	módulo: $\|x\|^2 = \|x_1\|^2 + \ldots + \|x_n\|^2$
transposta: $A_{ij}^T = A_{ji}$	$\leftrightarrow$	transposta hermitiana: $A_{ij}^H = \overline{A_{ji}}$
$(AB)^T = B^T A^T$	$\leftrightarrow$	$(AB)^H = B^H A^H$
produto escalar: $x^T y = x_1 y_1 + \cdots + x_n y_n$	$\leftrightarrow$	$x^H y = \overline{x}_1 y_1 + \cdots + \overline{x}_n y_n$
$(Ax)^T y = x^T (A^T y)$	$\leftrightarrow$	$(Ax)^H y = x^H (A^H y)$
ortogonalidade: $x^T y = 0$	$\leftrightarrow$	ortogonalidade: $x^H y = 0$
matrizes simétricas: $A^T = A$	$\leftrightarrow$	matrizes hermitianas: $A^H = A$
$A = Q\Lambda Q^{-1} = Q\Lambda Q^T$ (Λ real)	$\leftrightarrow$	$A = U\Lambda U^{-1} = U\Lambda U^H$ (Λ real)
antissimétrica $K^T = -K$	$\leftrightarrow$	anti-hermitiana $K^H = -K$
ortogonal $Q^T Q = I$ ou $Q^T = Q^{-1}$	$\leftrightarrow$	unitária $U^H U = I$ ou $U^H = U^{-1}$
$(Qx)^T (Qy) = x^T y$ e $\|Qx\| = \|x\|$	$\leftrightarrow$	$(Ux)^H (Uy) = x^H y$ e $\|Ux\| = \|x\|$

As colunas, as linhas e os autovetores de Q e U são ortonormais e todo $|\lambda| = 1$

Conjunto de problemas 5.5

1. Para os números complexos $3 + 4i$ e $1 - i$,

(a) encontre suas posições no plano complexo.

(b) encontre sua soma e seu produto.

(c) encontre seus conjugados e seus valores absolutos.

Os números originais se localizam dentro ou fora do círculo unitário?

2. Apresente a matriz A^{H} e calcule $C = A^{\mathrm{H}}A$ se

$$A = \begin{bmatrix} 1 & i & 0 \\ i & 0 & 1 \end{bmatrix}.$$

Qual é a relação entre C e C^{H}? Ela se mantém sempre que C é construída para algum $A^{\mathrm{H}}A$?

3. (a) Se $x = re^{i\theta}$, quais são x^2, x^{-1} e $\overline{x}$ nas coordenadas polares? Onde estão os números complexos que possuem $x^{-1} = \overline{x}$?

(b) Em $t = 0$, o número complexo $e^{(-1\,+\,i)t}$ é igual a um. Esboce seu percurso no plano complexo conforme t aumente de 0 para 2π.

4. Apresente P, Q e R na forma $\lambda_1 x_1 x_1^{\mathrm{H}} + \lambda_2 x_2 x_2^{\mathrm{H}}$ do teorema espectral:

$$P = \begin{bmatrix} \frac{1}{2} & \frac{1}{2} \\ \frac{1}{2} & \frac{1}{2} \end{bmatrix}, \qquad Q = \begin{bmatrix} 0 & 1 \\ 1 & 0 \end{bmatrix}, \qquad R = \begin{bmatrix} 3 & 4 \\ 4 & -3 \end{bmatrix}.$$

5. (a) Quantos graus de liberdade existem em uma matriz simétrica real, uma matriz diagonal real e uma matriz ortogonal real (a primeira resposta é a soma das outras duas, pois $A = Q\Lambda Q^{\mathrm{T}}$)?

(b) Mostre que matrizes hermitianas A 3 por 3 e também matrizes unitárias U possuem 9 graus reais de liberdade (as colunas de U podem ser multiplicadas por quaisquer $e^{i\theta}$).

6. O que você pode dizer sobre:

(a) a soma de um número complexo e seu conjugado?

(b) o conjugado de um número no círculo unitário?

(c) o produto de dois números no círculo unitário?

(d) a soma de dois números no círculo unitário?

7. (a) Como o determinante de A^{H} está relacionado ao determinante de A?

(b) Prove que o determinante de qualquer matriz hermitiana é real.

8. Se $x = 2 + i$ e $y = 1 + 3i$, encontre $\overline{x}$, $x\overline{x}$, xy, $1/x$ e x/y. Verifique se o valor absoluto $|xy|$ é igual a $|x|$ vezes $|y|$ e o valor absoluto $|1/x|$ é igual a 1 dividido por $|x|$.

9. (a) Com a matriz A precedente, utilize a eliminação para resolver $Ax = 0$.

(b) Mostre que o espaço nulo que você acabou de calcular é ortogonal a $\boldsymbol{C}(A^{\mathrm{H}})$ *e não ao espaço-linha usual* $\boldsymbol{C}(A^{\mathrm{T}})$. Os quatro espaços fundamentais no caso complexo são $\boldsymbol{N}(A)$ e $\boldsymbol{C}(A)$, como antes, e, agora, $\boldsymbol{N}(A^{\mathrm{H}})$ e $\boldsymbol{C}(A^{\mathrm{H}})$.

10. Encontre os módulos e o produto escalar de

$$x = \begin{bmatrix} 2 - 4i \\ 4i \end{bmatrix} \quad \text{e} \quad y = \begin{bmatrix} 2 + 4i \\ 4i \end{bmatrix}.$$

11. Encontre a e b para os números complexos $a + ib$ nos ângulos $\theta = 30°$, $60°$ e $90°$ no círculo unitário. Verifique por multiplicação direta que o quadrado do primeiro é o segundo e o cubo do primeiro é o terceiro.

12. Mostre que uma matriz unitária possui $|\det U| = 1$, mas possivelmente $\det U$ é diferente de $\det U^{\mathrm{H}}$. Descreva todas as matrizes 2 por 2 que são unitárias.

13. Apresente um fato relevante sobre os autovalores de cada uma das seguintes matrizes:

(a) Uma matriz simétrica real.

(b) Uma matriz estável: todas as soluções de $du/dt = Au$ tendem a zero.

(c) Uma matriz ortogonal.

(d) Uma matriz de Markov.

(e) Uma matriz defectiva (não diagonalizável).

(f) Uma matriz singular.

14. Suponha que A seja uma matriz simétrica 3 por 3 com autovetores 0, 1, 2.

(a) Quais propriedades são asseguradas para os autovalores unitários correspondentes u, v, w?

(b) Em termos de u, v e w, descreva o espaço nulo, o espaço nulo à esquerda, o espaço-linha e o espaço-coluna de A.

(c) Encontre um vetor x que satisfaça $Ax = v + w$. Este vetor x é único?

(d) Sob quais condições de b, $Ax = b$ possui uma solução?

(e) Se u, v e w são colunas de S, quais são S^{-1} e $S^{-1}AS$?

15. Mostre que, se U e V são unitários, UV também será. Utilize o critério $U^{\mathrm{H}}U = I$.

16. Encontre uma terceira coluna de modo que U seja unitária. Quanta liberdade há na coluna 3?

$$U = \begin{bmatrix} 1/\sqrt{3} & i/\sqrt{2} & \\ 1/\sqrt{3} & 0 & \\ i/\sqrt{3} & 1/\sqrt{2} & \end{bmatrix}.$$

17. Na lista abaixo, quais classes de matrizes contêm A e quais contêm B?

$$A = \begin{bmatrix} 0 & 1 & 0 & 0 \\ 0 & 0 & 1 & 0 \\ 0 & 0 & 0 & 1 \\ 1 & 0 & 0 & 0 \end{bmatrix} \quad \text{e} \quad B = \frac{1}{4}\begin{bmatrix} 1 & 1 & 1 & 1 \\ 1 & 1 & 1 & 1 \\ 1 & 1 & 1 & 1 \\ 1 & 1 & 1 & 1 \end{bmatrix}.$$

Ortogonal, *invertível*, *de projeção*, *de permutação*, *hermitiana*, *de posto* 1, *diagonalizável*, *de Markov*. Encontre os autovalores de A e B.

18. Verdadeiro ou falso? Dê um motivo se for verdadeiro, ou um contraexemplo se falso:

(a) Se A for hermitiana, então $A + iI$ será invertível.

(b) Se Q for ortogonal, então $Q + \frac{1}{2}I$ será invertível.

(c) Se A for real, então $A + iI$ será invertível.

19. Qual é a dimensão do espaço S de todas as matrizes simétricas reais n por n? O teorema espectral diz que toda matriz simétrica é uma combinação de n matrizes de projeção. Uma vez que a dimensão excede n, como essa diferença pode ser explicada?

20. Diagonalize a matriz anti-hermitiana 2 por 2 $K = \begin{bmatrix} i & i \\ i & i \end{bmatrix}$, cujos elementos são todos $\sqrt{-1}$. Calcule $e^{Kt} = Se^{\Lambda t}S^{-1}$ e verifique se e^{Kt} é unitário. Qual é a derivada de e^{Kt} em $t = 0$?

21. Mostre que as colunas da matriz de Fourier F 4 por 4 do exemplo 5 são autovetores da matriz de permutação P do exemplo 6.

22. Prove que $A^{H}A$ é sempre uma matriz hermitiana. Calcule $A^{H}A$ e AA^{H}:

$$A = \begin{bmatrix} i & 1 & i \\ 1 & i & i \end{bmatrix}.$$

23. Para uma circulante $C = F\Lambda F^{-1}$, por que é mais rápido multiplicar por F^{-1}, em seguida Λ e em seguida F (a regra da convolução) do que multiplicar diretamente por C?

24. Calcule P^2, P^3 e P^{100} no problema 29. Quais são os autovalores de P?

25. Quando se multiplica uma matriz hermitiana por um número real c, cA ainda é hermitiana? Se $c = i$, mostre que iA é anti-hermitiana. As matrizes hermitianas 3 por 3 são um subespaço, contanto que os "escalares" sejam números reais.

26. Descreva todas as matrizes 3 por 3 que são simultaneamente hermitianas, unitárias e diagonais. Quantas existem?

27. Para a permutação do Exemplo 6, apresente a *matriz circulante* $C = c_0I + c_1P + c_2P^2 + c_3P^3$ (sua matriz de autovetores é novamente uma matriz de Fourier). Apresente também os quatro componentes do produto matriz-vetor Cx, que é a *convolução* de $c = (c_0, c_1, c_2, c_3)$ e $x = (x_0, x_1, x_2, x_3)$.

28. Encontre os comprimentos de $u = (1 + i, 1 - i, 1 + 2i)$ e $v = (i, i, i)$. Encontre também $u^{H}v$ e $v^{H}u$.

29. A quais classes de matrizes P pertence: ortogonal, invertível, hermitiana, unitária, fatorável em LU, fatorável em QR?

$$P = \begin{bmatrix} 0 & 1 & 0 \\ 0 & 0 & 1 \\ 1 & 0 & 0 \end{bmatrix}.$$

30. Encontre os autovetores unitários P no problema 29 e posicione-os nas colunas de uma matriz unitária U. Que propriedade de P torna esses autovetores ortogonais?

31. Toda matriz Z pode ser dividida em uma parte hermitiana e uma parte anti-hermitiana, $Z = A + K$, assim como um número complexo z é dividido em $a + ib$. A parte real de z é metade de $z + \bar{z}$, e a "parte real" de Z é metade de $Z + Z^{H}$. Encontre uma fórmula similar para a "parte imaginária" K e separe estas matrizes em $A + K$:

$$Z = \begin{bmatrix} 3+i & 4+2i \\ 0 & 5 \end{bmatrix} \quad \text{e} \quad Z = \begin{bmatrix} i & i \\ -i & i \end{bmatrix}.$$

32. Se $Az = 0$, então $A^{H}Az = 0$. Se $A^{H}Az = 0$, multiplique por z^{H} para provar que $Az = 0$. Os espaços nulos de A e $A^{H}A$ são ________. $A^{H}A$ é uma matriz hermitiana invertível quando o espaço nulo de A contém apenas $z =$ ________.

33. Diagonalize A (λ reais) e K (λ imaginários) para obter $U\Lambda U^H$:

$$A = \begin{bmatrix} 0 & 1-i \\ i+1 & 1 \end{bmatrix} \qquad K = \begin{bmatrix} 0 & -1+i \\ 1+i & i \end{bmatrix}$$

34. Como os autovalores de A^H (matriz quadrada) estão relacionados aos autovalores de A?

35. Se $v_1, \ldots, v_n$ é uma base ortonormal de $\mathbf{C}^n$, a matriz com essas colunas é uma matriz _______. Mostre que qualquer vetor z é igual a $(v_1^H z)v_1 + \cdots + (v_n^H z)v_n$.

36. Se $A + iB$ é uma matriz unitária (A e B são reais), mostre que $Q = \begin{bmatrix} A & -B \\ B & A \end{bmatrix}$ é uma matriz ortogonal.

37. Os vetores $v = (1, i, 1)$, $w = (i, 1, 0)$ e $z =$ _______ são uma base ortogonal para _______.

38. Se $A + iB$ é uma matriz hermitiana (A e B são reais), mostre que $\begin{bmatrix} A & -B \\ B & A \end{bmatrix}$ é simétrica.

39. Se $u^H u = 1$, mostre que $I - 2uu^H$ é hermitiana e também unitária. A matriz de posto 1 uu^H é a projeção sobre qual reta em $\mathbf{C}^n$?

40. Apresente a *matriz circulante* 3 por 3 $C = 2I + 5P + 4P^2$. Ela possui os mesmos autovetores de P no problema 29. Encontre seus autovalores.

41. Diagonalize esta matriz construindo sua matriz de autovalores Λ e sua matriz de autovetores S:

$$A = \begin{bmatrix} 2 & 1-i \\ 1+i & 3 \end{bmatrix} = A^H.$$

42. Diagonalize essa matriz unitária V para obter $V = U\Lambda U^H$. Novamente, todos os $|\lambda| = 1$:

$$V = \frac{1}{\sqrt{3}} \begin{bmatrix} 1 & 1-i \\ 1+i & -1 \end{bmatrix}.$$

43. Uma matriz com autovetores ortonormais tem a forma $A = U\Lambda U^{-1} = U\Lambda U^H$. *Prove que* $AA^H = A^H A$. Essas são justamente as *matrizes normais*.

44. Prove que a inversa de uma matriz hermitiana também é uma matriz hermitiana.

45. As funções e^{-ix} e e^{ix} são ortogonais no intervalo $0 \leq x \leq 2\pi$, pois seu produto escalar complexo é $\int_0^{2\pi}$ _______ $= 0$.

46. Se U for unitária e Q for uma matriz ortogonal real, mostre que U^{-1} é unitária, assim como UQ. Inicie com $U^H U = I$ e $Q^T Q = I$.

47. A dimensão (complexa) de $\mathbf{C}^n$ é _______. Encontre a base não real de $\mathbf{C}^n$.

48. Descreva todas as matrizes 1 por 1 que sejam hermitianas e também unitárias. Faça o mesmo para matrizes 2 por 2.

49. Se $A = R + iS$ for uma matriz hermitiana, as matrizes reais R e S serão simétricas?

50. Diagonalize essa matriz ortogonal para obter $Q = U\Lambda U^H$. Agora, todos os λ são _______:

$$Q = \begin{bmatrix} \cos\theta & -\text{sen}\,\theta \\ \text{sen}\,\theta & \cos\theta \end{bmatrix}.$$

5.6 TRANSFORMAÇÕES DE SEMELHANÇA

Virtualmente, todas as etapas deste capítulo envolveram a combinação $S^{-1}AS$. Os autovetores de A entraram nas colunas de S e isso tornou $S^{-1}AS$ uma matriz diagonal (chamada Λ). Quando A era simétrica, apresentávamos Q em vez de S, escolhendo os autovalores para ser ortonormal. No caso complexo, quando A é hermitiana, apresentamos U, que ainda é uma matriz de autovetores. Agora, veremos todas as combinações $M^{-1}AM$ – *formada com qualquer* M *invertível à direita e sua inversa à esquerda*. A matriz de autovetores invertíveis S pode não existir (caso defectivo), pode não ser conhecida ou podemos não querer utilizá-la.

Primeiro, uma novidade: ***as matrizes* A *e* $\mathbf{M^{-1}AM}$ *são "semelhantes"***. Passar de uma a outra constitui uma ***transformação de semelhança***. Trata-se da etapa natural para equações diferenciais, potências matriciais ou autovalores – assim como as etapas de eliminação eram naturais para $Ax = b$. A eliminação multiplicava A à esquerda por L^{-1}, mas não à direita por L. Assim, U não era semelhante a A e os pivôs *não* eram autovalores.

Uma família inteira de matrizes $M^{-1}AM$ é semelhante a A e surgem duas questões:

1. O que essas matrizes semelhantes $M^{-1}AM$ têm em comum?
2. Com uma escolha especial de M, que forma especial pode ser alcançada por $M^{-1}AM$?

A resposta final é fornecida pela ***forma de Jordan***, com a qual o capítulo se encerra.

Essas combinações $M^{-1}AM$ aparecem em equações diferenciais ou das diferenças, quando uma "troca de variáveis" $u = Mv$ introduz a nova incógnita v:

$$\frac{du}{dt} = Au \quad \text{torna-se} \quad M\frac{dv}{dt} = AMv, \quad \text{ou} \quad \frac{dv}{dt} = M^{-1}AMv$$
$$u_{n+1} = Au_n \quad \text{torna-se} \quad Mv_{n+1} = AMv_n \quad \text{ou} \quad v_{n+1} = M^{-1}AMv_n.$$

A nova matriz na equação é $M^{-1}AM$. No caso especial $M = S$, o sistema é desacoplado, pois $\Lambda = S^{-1}AS$ é diagonal. Os autovetores se desenvolvem de modo independente. Esta é a simplificação máxima, mas outras matrizes M também são úteis. Tentamos tornar $M^{-1}AM$ mais fácil de trabalhar do que A.

A família de matrizes $M^{-1}AM$ inclui a própria matriz A, escolhendo-se $M = I$. Qualquer uma dessas matrizes semelhantes pode aparecer em equações diferenciais ou equações das diferenças, pela troca $u = Mv$, de modo que eles devem possuir algo em comum; e, de fato, possuem: ***matrizes semelhantes compartilham os mesmos autovalores***.

> 5P Suponha que $B = M^{-1}AM$. Então, A e B possuem os **mesmos autovalores. Todo autovetor x de A corresponde a um autovetor $M^{-1}x$ de B.**

Comece a partir de $Ax = \lambda x$ e substitua $A = MBM^{-1}$:

$$\textbf{Mesmo autovalor} \qquad MBM^{-1}x = \lambda x \qquad \text{que é} \qquad B(M^{-1}x) = \lambda(M^{-1}x). \tag{1}$$

O autovalor de B ainda é λ. O autovetor se alterou de x para $M^{-1}x$.

Também podemos verificar que $A - \lambda I$ e $B - \lambda I$ possuem o mesmo determinante:

Produto de matrizes	$B - \lambda I = M^{-1}AM - \lambda I = M^{-1}(A - \lambda I)M$
Regra do produto	$\det(B - \lambda I) = \det M^{-1} \det(A - \lambda I) \det M = \det(A - \lambda I).$

Os polinômios $\det(A - \lambda I)$ e $\det(B - \lambda I)$ são iguais. Suas raízes – os autovalores de A e B – são as mesmas. Aqui, as matrizes B são semelhantes a A.

Exemplo 1 $A = \begin{bmatrix} 1 & 0 \\ 0 & 0 \end{bmatrix}$ possui autovalores 1 e 0. Cada B é $M^{-1}AM$:

Se $M = \begin{bmatrix} 1 & b \\ 0 & 1 \end{bmatrix}$, então $B = \begin{bmatrix} 1 & b \\ 0 & 0 \end{bmatrix}$: triangular com $\lambda = 1$ e 0.

Se $M = \begin{bmatrix} 1 & 1 \\ -1 & 1 \end{bmatrix}$, então $B = \begin{bmatrix} \frac{1}{2} & \frac{1}{2} \\ \frac{1}{2} & \frac{1}{2} \end{bmatrix}$: de projeção com $\lambda = 1$ e 0.

Se $M = \begin{bmatrix} a & b \\ c & d \end{bmatrix}$, então $B =$ uma matriz arbitrária com $\lambda = 1$ e 0.

Neste caso, podemos produzir qualquer matriz B que possua os autovalores corretos. Trata-se de um caso fácil, pois os autovalores 1 e 0 são distintos. A matriz diagonal A era, na verdade, Λ, membro notável desta família de matrizes semelhantes (o *patriarca*). A forma de Jordan terá problemas com autovalores repetidos e uma possível falta de autovetores. Tudo o que diremos por ora é que toda $M^{-1}AM$ possui o mesmo número de autovetores independentes que A (cada autovetor é multiplicado por M^{-1}).

A primeira etapa é olhar as transformações lineares que se localizam por trás das matrizes. As rotações, reflexões e projeções atuam sobre o espaço de n dimensões. A transformação pode ocorrer sem álgebra linear, mas esta a transforma em uma multiplicação matricial.

Mudança de base = Transformação de semelhança

A matriz semelhante $B = M^{-1}AM$ está intimamente relacionada a A, se voltarmos às transformações lineares. Lembre-se da ideia fundamental: ***toda transformação linear é representada por uma matriz***. A matriz depende da escolha da base! *Se alterarmos a base* M, *alteraremos a matriz* A *para uma matriz semelhante* B.

Matrizes semelhantes representam a mesma transformação* T *com relação a bases diferentes. A álgebra é praticamente direta. Suponha que tenhamos uma base $v_1, \ldots, v_n$. A j-ésima coluna de A decorrerá da aplicação de T a v_j:

$$Tv_j = \text{combinação dos vetores-bases} = a_{1j}v_1 + \cdots + a_{nj}v_n. \tag{2}$$

Para uma nova base $V_1, \ldots, V_n$, a nova matriz B é construída da mesma maneira: $TV_j =$ combinação dos $V = b_{1j}V_1 + \ldots + b_{nj}V_n$. Mas também todo V deve ser uma combinação dos vetores da antiga base: $V_j = \sum m_{ij}v_i$. A matriz M realmente está representando a *transformação identidade* (!) quando a única coisa que ocorre é a troca de base (T é I). A matriz inversa M^{-1} também representa a transformação identidade quando a base é alterada de v de volta para V. Agora, a regra do produto fornece o resultado que desejamos:

5Q As matrizes A e B que representam a mesma transformação linear T com relação a duas bases diferentes (os v e os V) são ***semelhantes***:

$$\begin{array}{cccc} [T]_{V \text{ a } V} & = [I]_{v \text{ a } V} & [T]_{v \text{ a } v} & [I]_{V \text{ a } v} \\ B & = M^{-1} & A & M. \end{array} \qquad (3)$$

Acredito que a melhor forma de explicar $B = M^{-1}AM$ é dando um exemplo. Suponha que T seja a *projeção sobre a reta* L no ângulo θ. Essa transformação linear é completamente descrita sem a ajuda de uma base. Mas, para representar T por uma matriz, precisamos de uma base. A Figura 5.5 oferece duas escolhas, a base-padrão $v_1 = (1, 0)$, $v_2 = (0, 1)$ e uma base V_1, V_2 escolhida especificamente para T.

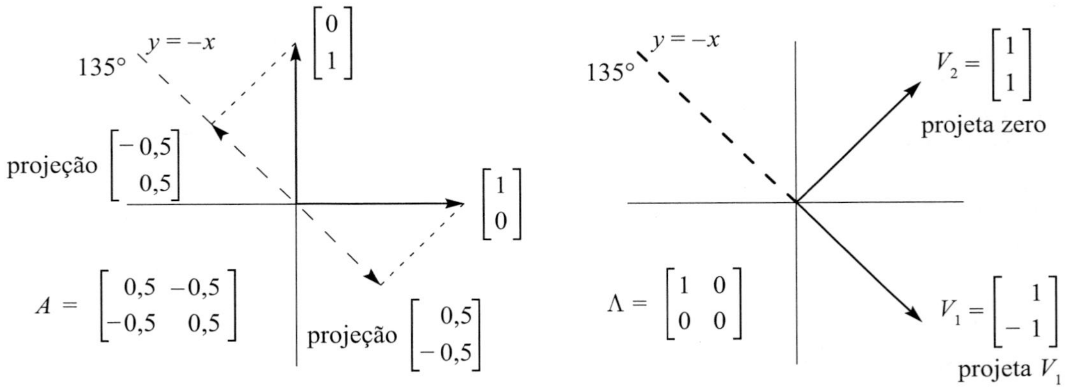

Figura 5.5 Mudança de base para criar a diagonal da matriz de projeção.

Na verdade, $TV_1 = V_1$ (já que V_1 já está sobre a reta L) e $TV_2 = 0$ (já que V_2 é perpendicular à reta). Nesta base de autovetores, a matriz é diagonal:

$$\textbf{Base de autovetores} \qquad B = [T]_{V \text{ a } V} = \begin{bmatrix} 1 & 0 \\ 0 & 0 \end{bmatrix}.$$

O outro aspecto é a matriz de mudança de base M. Para esta, expressamos V_1 como uma combinação de $v_1 \cos\theta + v_2 \operatorname{sen}\theta$ e posicionamos esses coeficientes na coluna 1. Da mesma maneira, V_2 (ou IV_2, a transformação é a identidade) é $-v_1 \operatorname{sen}\theta + v_2 \cos\theta$, produzindo a coluna 2:

$$\textbf{Mudança de base} \qquad M = [I]_{V \text{ a } v} = \begin{bmatrix} c & -s \\ s & c \end{bmatrix}.$$

A matriz inversa M^{-1} (que aqui é a transposta) vai de v a V. Combinada com B e M, ela fornece a matriz de projeção na base-padrão de v:

$$\textbf{Base-padrão} \qquad A = MBM^{-1} = \begin{bmatrix} c^2 & cs \\ cs & s^2 \end{bmatrix}.$$

Podemos resumir o ponto principal. Para simplificar esta matriz A – na verdade, para diagonalizá-la – é preciso encontrar seus autovetores. Eles entram nas colunas de M (ou S) e $M^{-1}AM$ é diagonal. O algebrista diz a mesma coisa na linguagem de transformações lineares:

escolha uma base que consista de autovetores. A base-padrão levava a A, que não era simples. A base correta levava a B, que era diagonal.

Enfatizamos novamente que $M^{-1}AM$ não aparece na solução de $Ax = b$. Lá, a operação básica era multiplicar A (apenas do lado esquerdo!) por uma matriz que subtraísse um múltiplo de uma linha de outra linha. Uma transformação assim preservava o espaço nulo e o espaço-linha de A; normalmente ela altera os autovalores.

Os autovalores são, na verdade, calculados por uma sequência de semelhanças simples. A matriz vai gradualmente em direção à forma triangular e os autovalores aparecem gradualmente na diagonal principal (uma sequência desse tipo será descrita no Capítulo 7).

Isto é muito melhor do que tentar calcular det $(A - \lambda I)$, cujas raízes deveriam ser autovalores. Para uma matriz grande, é numericamente impossível concentrar todas as informações no polinômio e, então, sair dele.

Formas triangulares com M unitária

Nosso primeiro movimento para além da matriz de autovetores $M = S$ é um tanto inusitado: em vez de uma M mais geral, seguiremos o caminho oposto e *restringiremos* M, *deixando-a unitária*. $M^{-1}AM$ pode atingir uma forma triangular T sob esta restrição. As colunas de $M = U$ são ortonormais (no caso real, apresentaríamos $M = Q$). A menos que os autovetores de A sejam ortogonais, uma diagonal $U^{-1}AU$ é impossível. Mas o "lema de Schur" em **5R** é muito útil – pelo menos para a teoria (o resto deste capítulo é dedicado mais à teoria do que às aplicações; a forma de Jordan é independente desta forma triangular).

5R Há uma matriz unitária $M = U$, tal que $U^{-1}AU = T$ é triangular. Os autovalores de A aparecem ao longo da diagonal dessa matriz semelhante T.

Prova Toda matriz, digamos 4 por 4, tem pelo menos um autovalor λ_1. Na pior das hipóteses, ele pode ser repetido quatro vezes. Portanto, A tem pelo menos um autovetor unitário x_1, que posicionamos na *primeira coluna de U*. Nesse estágio, as outras três colunas são impossíveis de determinar, de maneira que completaremos a matriz de qualquer modo que a deixe unitária e a chamaremos U_1 (o processo de Gram-Schmidt garante que isto pode ser feito). $Ax_1 = \lambda_1 x_1$ na coluna 1 significa que o produto $U_1^{-1}AU_1$ começa de forma correta:

$$AU_1 = U_1 \begin{bmatrix} \lambda_1 & * & * & * \\ 0 & * & * & * \\ 0 & * & * & * \\ 0 & * & * & * \end{bmatrix} \quad \text{leva a} \quad U_1^{-1}\, AU_1 = \begin{bmatrix} \lambda_1 & * & * & * \\ 0 & * & * & * \\ 0 & * & * & * \\ 0 & * & * & * \end{bmatrix}.$$

Agora, trabalhe com a submatriz 3 por 3 no canto inferior direito. Ela possui um autovetor unitário x_2, que se torna a primeira coluna de uma matriz unitária M_2:

$$\text{Se} \quad U_2 = \begin{bmatrix} 1 & 0 & 0 & 0 \\ 0 & & & \\ 0 & & M_2 & \\ 0 & & & \end{bmatrix} \quad \text{então} \quad U_2^{-1}(U_1^{-1}AU_1)U_2 = \begin{bmatrix} \lambda_1 & * & * & * \\ 0 & \lambda_2 & * & * \\ 0 & 0 & * & * \\ 0 & 0 & * & * \end{bmatrix}.$$

Na última etapa, um autovetor da matriz 2 por 2 no canto inferior direito entra na unitária M_3, que é posicionada no canto de U_3:

$$\textbf{Triangular} \qquad U_3^{-1}(U_2^{-1}\,U_1^{-1}\,AU_1U_2)U_3 = \begin{bmatrix} \lambda_1 & * & * & * \\ 0 & \lambda_2 & * & * \\ 0 & 0 & \lambda_3 & * \\ 0 & 0 & 0 & * \end{bmatrix} = T.$$

O produto $U = U_1U_2U_3$ ainda é uma matriz unitária e $U^{-1}AU = T$. ■

Este lema aplica-se a todas as matrizes, sem a pressuposição de que A é diagonalizável. Poderíamos utilizar isso para provar que ***as potências*** $\mathbf{A^k}$ ***tendem a zero quando todos*** $|\lambda_i| < 1$, ***e os exponenciais*** $\mathbf{e^{At}}$ ***tendem a zero quando todos os*** **Re** $\lambda_i < 0$ – mesmo sem o conjunto completo de autovetores que foi assumido nas Seções 5.3 e 5.4.

Exemplo 2 $A = \begin{bmatrix} 2 & -1 \\ 1 & 0 \end{bmatrix}$ possui o autovalor $\lambda = 1$ (duas vezes).

A única reta de autovetores passa por (1, 1). Após a divisão por $\sqrt{2}$, esta é a primeira coluna de U e a triangular $U^{-1}AU = T$ possui os autovalores em suas diagonais:

$$U^{-1}AU = \begin{bmatrix} 1/\sqrt{2} & 1/\sqrt{2} \\ 1/\sqrt{2} & -1/\sqrt{2} \end{bmatrix} \begin{bmatrix} 2 & -1 \\ 1 & 0 \end{bmatrix} \begin{bmatrix} 1/\sqrt{2} & 1/\sqrt{2} \\ 1/\sqrt{2} & -1/\sqrt{2} \end{bmatrix} = \begin{bmatrix} 1 & 2 \\ 0 & 1 \end{bmatrix} = T. \qquad (4)$$

Diagonalização de matrizes simétricas e hermitianas

Esta forma triangular mostrará que qualquer matriz simétrica ou hermitiana – sejam seus autovalores *distintos ou não* – possui um conjunto completo de autovetores ortonormais. Precisamos de uma matriz unitária, tal que $U^{-1}AU$ seja *diagonal*. O lema de Schur acabou de encontrá-la. Esta triangular T deve ser diagonal, pois ela também é hermitiana quando $A = A^H$:

$$\boldsymbol{T = T^H} \qquad (U^{-1}AU)^H = U^HA^H(U^{-1})^H = U^{-1}AU.$$

A matriz diagonal $U^{-1}AU$ representa um teorema fundamental da álgebra linear.

5S (Teorema espectral) Toda simétrica real A pode ser diagonalizada por uma matriz ortogonal Q. Toda matriz hermitiana pode ser diagonalizada por uma unitária U:

$$\textbf{(real)} \quad Q^{-1}AQ = \Lambda \quad \text{ou} \quad A = Q\Lambda Q^T$$

$$\textbf{(complexo)} \quad U^{-1}AU = \Lambda \quad \text{ou} \quad A = U\Lambda U^H$$

As colunas de Q (ou U) contêm autovetores ortonormais de A.

Comentário 1 No caso de simetria real, os autovalores e os autovetores são reais em todas as etapas. Isto produz uma unitária *real* U – uma matriz ortogonal.

Comentário 2 A é o limite de matrizes simétricas com autovalores *distintos*. Conforme o limite tenha uma tendência, os autovetores permanecem perpendiculares. Isto pode falhar se $A \neq A^T$:

$$A(\theta) = \begin{bmatrix} 0 & \cos\theta \\ 0 & \operatorname{sen}\theta \end{bmatrix} \quad \text{possui autovetores} \quad \begin{bmatrix} 1 \\ 0 \end{bmatrix} \text{ e } \begin{bmatrix} \cos\theta \\ \operatorname{sen}\theta \end{bmatrix}.$$

Conforme $\theta \to 0$, o *único* autovetor da matriz não diagonalizável $\begin{bmatrix} 0 & 1 \\ 0 & 0 \end{bmatrix}$ é $\begin{bmatrix} 1 \\ 0 \end{bmatrix}$.

Exemplo 3 O teorema espectral diz que esta matriz $A = A^T$ pode ser diagonalizada:

$$A = \begin{bmatrix} 0 & 1 & 0 \\ 1 & 0 & 0 \\ 0 & 0 & 1 \end{bmatrix} \quad \text{com autovalores repetidos} \quad \lambda_1 = \lambda_2 = 1 \text{ e } \lambda_3 = -1.$$

$\lambda = 1$ possui um plano de autovetores e escolhemos um par ortonormal x_1 e x_2:

$$x_1 = \frac{1}{\sqrt{2}} \begin{bmatrix} 1 \\ 1 \\ 0 \end{bmatrix} \quad \text{e} \quad x_2 = \begin{bmatrix} 0 \\ 0 \\ 1 \end{bmatrix}; \quad \text{e} \quad x_3 = \frac{1}{\sqrt{2}} \begin{bmatrix} 1 \\ -1 \\ 0 \end{bmatrix} \quad \text{para } \lambda_3 = 1.$$

Essas são as colunas de Q. A separação de $A = Q\Lambda Q^T$ em 3 colunas multiplicadas por 3 linhas fornece

$$A = \begin{bmatrix} 0 & 1 & 0 \\ 1 & 0 & 0 \\ 0 & 0 & 1 \end{bmatrix} = \lambda_1 \begin{bmatrix} \frac{1}{2} & \frac{1}{2} & 0 \\ \frac{1}{2} & \frac{1}{2} & 0 \\ 0 & 0 & 0 \end{bmatrix} + \lambda_2 \begin{bmatrix} 0 & 0 & 0 \\ 0 & 0 & 0 \\ 0 & 0 & 1 \end{bmatrix} + \lambda_3 \begin{bmatrix} \frac{1}{2} & -\frac{1}{2} & 0 \\ -\frac{1}{2} & \frac{1}{2} & 0 \\ 0 & 0 & 0 \end{bmatrix}.$$

Como $\lambda_1 = \lambda_2$, essas duas primeiras projeções $x_1x_1^T$ e $x_2\,x_2^T$ (cada uma de posto 1) combinam-se para fornecer uma projeção P_1 de posto 2 (sobre o plano de autovetores). Então, A é

$$\begin{bmatrix} 0 & 1 & 0 \\ 1 & 0 & 0 \\ 0 & 0 & 1 \end{bmatrix} = \lambda_1 P_1 + \lambda_3 P_3 = (+1) \begin{bmatrix} \frac{1}{2} & \frac{1}{2} & 0 \\ \frac{1}{2} & \frac{1}{2} & 0 \\ 0 & 0 & 1 \end{bmatrix} + (-1) \begin{bmatrix} \frac{1}{2} & -\frac{1}{2} & 0 \\ -\frac{1}{2} & \frac{1}{2} & 0 \\ 0 & 0 & 0 \end{bmatrix}. \qquad (5)$$

Toda matriz hermitiana com k *autovalores diferentes possui uma* ***decomposição espectral*** *em* A $= \lambda_1 P_1 + \cdots + \lambda_k P_k$, *em que* P_i *é a projeção sobre o autoespaço de* λ_i. Como há um conjunto completo de autovetores, a soma das projeções é a identidade. E, como os autoespaços são ortogonais, duas projeções produzem zero: $P_j P_i = 0$.

Estamos muito próximos de responder a uma questão importante. Portanto, continuemos. **Para quais matrizes $T = \Lambda$?** As matrizes T simétricas, antissimétricas e ortogonais são todas diagonais! As hermitianas, anti-hermitianas e unitárias são também desta classe. Elas correspondem a números sobre o *eixo real*, o *eixo imaginário* e o *círculo unitário*. Agora, queremos a classe inteira, que corresponde a todos os números complexos. As matrizes são chamadas "normais".

5T A matriz N é ***normal*** se comutar com N^H: $NN^H = N^HN$. Para estas matrizes, e nenhuma outra, a triangular $T = U^{-1}NU$ é a diagonal Λ. Matrizes normais são exatamente aquelas que possuem um ***conjunto completo de autovetores ortonormais***.

Matrizes simétricas e hermitianas são certamente normais: se $A = A^H$, então AA^H e A^HA são ambas iguais a A^2. Matrizes ortogonais e unitárias também são normais: UU^H e U^HU são ambas iguais a I. Duas etapas funcionarão para qualquer matriz normal:

1. Se N é normal, então a triangular $T = U^{-1}NU$ também será:

$$TT^H = U^{-1}NUU^HN^HU = U^{-1}NN^HU = U^{-1}N^HNU = U^HN^HUU^{-1}NU = T^HT.$$

2. Uma triangular T que seja normal deve ser diagonal (ver os problemas 19 e 20 no fim desta seção).

Assim, se N for normal, a triangular $T = U^{-1}NU$ deve ser diagonal. Como T possui os mesmos autovalores que N, ela deve ser Λ. Os autovetores de N são as colunas de U e são ortonormais. Este é um caso adequado. Passamos agora das melhores matrizes possíveis (*normais*) para as piores possíveis (*defectivas*).

$$\textbf{Normal} \quad N = \begin{bmatrix} 2 & 1 \\ -1 & 2 \end{bmatrix} \qquad \textbf{Defectiva} \quad A = \begin{bmatrix} 2 & 1 \\ 0 & 2 \end{bmatrix}.$$

A Forma de Jordan

A última seção fez o seu melhor ao exigir que M fosse uma matriz unitária U. Obtivemos $M^{-1}AM$ em uma forma triangular T. Agora, suspenderemos esta restrição de M. Qualquer matriz é permitida e a meta é tornar $M^{-1}AM$ *o mais diagonal possível*.

O resultado deste esforço enorme de diagonalização é a ***forma de Jordan J***. Se A possuir um conjunto completo de autovetores, tomamos $M = S$ e chegamos a $J = S^{-1}AS = \Lambda$. Então, a forma de Jordan coincide com a diagonal Λ. Isto é impossível para uma matriz defectiva (não diagonalizável). *Para cada vetor que falte, a forma de Jordan terá um número* 1 *exatamente acima de sua diagonal principal*. Os autovalores aparecem na diagonal, pois J é triangular. E autovalores distintos sempre podem ser desacoplados.

É apenas um λ repetido que pode (ou não!) exigir um número 1 fora da diagonal de J.

5U Se A possui s autovetores independentes, ela é semelhante a uma matriz com s blocos:

$$\textbf{Forma de Jordan} \qquad J = M^{-1}AM \begin{bmatrix} J_1 & & & \\ & \cdot & & \\ & & \cdot & \\ & & & \cdot \\ & & & & J_s \end{bmatrix}. \tag{6}$$

Cada bloco de Jordan J_i é uma matriz triangular que possui apenas um único autovalor λ_i e apenas um autovetor:

$$\textbf{Bloco de Jordan} \qquad J_i = \begin{bmatrix} \lambda_i & 1 & & \\ & \lambda_i & \cdot & \\ & & \cdot & 1 \\ & & & \lambda_i \end{bmatrix}. \tag{7}$$

O mesmo λ_i aparecerá em vários blocos, se ele tiver muitos autovetores independentes. Duas matrizes são semelhantes se, e somente se, compartilharem a mesma forma de Jordan J.

Muitos autores transformaram este teorema no ponto alto de seus cursos de álgebra linear. Francamente, acho que isto é um erro. Certamente é verdadeiro que nem todas as matrizes são diagonalizáveis e que a forma de Jordan é o caso mais geral. Por esta mesma razão, sua construção é tanto técnica como extremamente instável (uma ligeira alteração em A pode devolver todos os autovetores que faltam e remover os valores 1 fora da diagonal). Portanto, o lugar certo para os detalhes é o apêndice do livro, e a melhor forma de começar com a forma de Jordan é olhar alguns exemplos específicos e manejáveis.

Exemplo 4 $T = \begin{bmatrix} 1 & 2 \\ 0 & 1 \end{bmatrix}$ e $A = \begin{bmatrix} 2 & -1 \\ 1 & 0 \end{bmatrix}$ e $B = \begin{bmatrix} 1 & 0 \\ 1 & 1 \end{bmatrix}$, todas levam a $J = \begin{bmatrix} 1 & 1 \\ 0 & 1 \end{bmatrix}$.

Estas quatro matrizes possuem autovalores 1 e 1 com apenas *um autovetor* – assim, J consiste de *um bloco*. Verificaremos isto agora. Todos os determinantes são iguais a 1. Os traços (as somas ao longo da diagonal principal) são 2. Os autovalores satisfazem $1 \times 1 = 1$ e $1 + 1 = 2$. Para T, B e J, que são triangulares, os autovalores estão na diagonal. Queremos mostrar que *essas matrizes são semelhantes* – todas elas pertencem à mesma família.

(T) De T a J, o trabalho está em alterar 2 para 1 e uma diagonal M fará isso:

$$M^{-1}TM = \begin{bmatrix} 1 & 0 \\ 0 & 2 \end{bmatrix} \begin{bmatrix} 1 & 2 \\ 0 & 1 \end{bmatrix} \begin{bmatrix} 1 & 0 \\ 0 & \frac{1}{2} \end{bmatrix} = \begin{bmatrix} 1 & 1 \\ 0 & 1 \end{bmatrix} = J.$$

(B) De B a J, o trabalho está em transpor a matriz. Uma permutação faz isso:

$$P^{-1}BP = \begin{bmatrix} 0 & 1 \\ 1 & 0 \end{bmatrix} \begin{bmatrix} 1 & 0 \\ 1 & 1 \end{bmatrix} \begin{bmatrix} 0 & 1 \\ 1 & 0 \end{bmatrix} = \begin{bmatrix} 1 & 1 \\ 0 & 1 \end{bmatrix} = J.$$

(A) De A a J, vamos primeiro a T, como na equação (4). Em seguida, alteramos 2 para 1:

$$U^{-1}AU = \begin{bmatrix} 1 & 2 \\ 0 & 1 \end{bmatrix} = T \qquad \text{e, em seguida,} \qquad M^{-1}TM = \begin{bmatrix} 1 & 1 \\ 0 & 1 \end{bmatrix} = J.$$

Exemplo 5 $A = \begin{bmatrix} 0 & 1 & 2 \\ 0 & 0 & 1 \\ 0 & 0 & 0 \end{bmatrix}$ e $B = \begin{bmatrix} 0 & 0 & 1 \\ 0 & 0 & 0 \\ 0 & 0 & 0 \end{bmatrix}$.

Zero é um autovalor triplo para A e B; portanto, ele aparecerá em todos os seus blocos de Jordan. Pode haver um único bloco 3 por 3, um bloco 2 por 2 e um 1 por 1, ou três blocos 1 por 1. Então A e B possuem três possíveis formas de Jordan:

$$J_1 = \begin{bmatrix} \mathbf{0} & \mathbf{1} & \mathbf{0} \\ \mathbf{0} & \mathbf{0} & \mathbf{1} \\ \mathbf{0} & \mathbf{0} & \mathbf{0} \end{bmatrix}, \quad J_2 = \begin{bmatrix} \mathbf{0} & \mathbf{1} & 0 \\ \mathbf{0} & \mathbf{0} & 0 \\ 0 & 0 & \mathbf{0} \end{bmatrix}, \quad J_3 = \begin{bmatrix} \mathbf{0} & 0 & 0 \\ 0 & \mathbf{0} & 0 \\ 0 & 0 & \mathbf{0} \end{bmatrix}. \tag{8}$$

O único autovetor de A é (1, 0, 0). Sua forma de Jordan possui apenas um bloco e A deve ser semelhante a J_1. A matriz B possui o autovetor adicional (0, 1, 0) e sua forma de Jordan é J_2 com dois blocos. Como J_3 = *matriz nula*, ela já está em uma família por si mesma; a única matriz semelhante para J_3 é $M^{-1}0M = 0$. Uma contagem dos autovetores determinará J se o caso não for mais complicado do que o de um autovalor triplo.

Exemplo 6 ***Aplicações a equações das diferenças e diferenciais*** (*potências e exponenciais*). Se A pode ser diagonalizada, as potências $A = S\Lambda S^{-1}$ são fáceis: $A^k = S\Lambda^k S^{-1}$. Em todos os casos, temos semelhança de Jordan $A = MJM^{-1}$, de modo que, agora, precisamos das potências de J:

$$A^k = (MJM^{-1})(MJM^{-1}) \cdots (MJM^{-1}) = MJ^kM^{-1}.$$

J é bloco-diagonal e as potências de cada bloco podem ser extraídas separadamente:

$$(J_i)^k = \begin{bmatrix} \lambda & 1 & 0 \\ 0 & \lambda & 1 \\ 0 & 0 & \lambda \end{bmatrix}^k = \begin{bmatrix} \lambda^k & k\lambda^{k-1} & \frac{1}{2}k(k-1)\lambda^{k-2} \\ 0 & \lambda^k & k\lambda^{k-1} \\ 0 & 0 & \lambda^k \end{bmatrix}. \qquad (9)$$

Este bloco J_i aparecerá quando λ for um autovalor triplo com um único autovetor. Seu exponencial está na solução da equação diferencial correspondente:

$$\textbf{Exponencial} \qquad e^{J_i t} = \begin{bmatrix} e^{\lambda t} & te^{\lambda t} & \frac{1}{2}t^2e^{\lambda t} \\ 0 & e^{\lambda t} & te^{\lambda t} \\ 0 & 0 & e^{\lambda t} \end{bmatrix}. \qquad (10)$$

Aqui, $I + J_i t + (J_i t)^2/2! + \cdots$ produz $1 + \lambda t + \lambda^2 t^2/2! + \cdots = e^{\lambda t}$ na diagonal.

A terceira coluna deste exponencial decorre diretamente da resolução de $du/dt = J_i u$:

$$\frac{d}{dt}\begin{bmatrix} u_1 \\ u_2 \\ u_3 \end{bmatrix} = \begin{bmatrix} \lambda & 1 & 0 \\ 0 & \lambda & 1 \\ 0 & 0 & \lambda \end{bmatrix}\begin{bmatrix} u_1 \\ u_2 \\ u_3 \end{bmatrix} \quad \text{partindo de} \quad u_0 = \begin{bmatrix} 0 \\ 0 \\ 1 \end{bmatrix}.$$

Isto pode ser resolvido por retrossubstituição (pois J_i é triangular). A última equação $du_3/dt = \lambda u_3$ resulta em $u_3 = e^{\lambda t}$. A equação de u_2 é $du_2/dt = \lambda u_2 + u_3$ e sua solução é $te^{\lambda t}$. A equação culminante é $du_1/dt = \lambda u_1 + u_2$ e sua solução é $\frac{1}{2}t^2e^{\lambda t}$. Quando λ possui multiplicidade m com apenas um autovetor, o fator extra t aparece $m - 1$ vez.

Essas potências e exponenciais de J são uma parte das soluções u_k e $u(t)$. A outra parte é a M que relaciona a original A à matriz mais conveniente J:

$$\begin{array}{llll} \text{se} & u_{k+1} = Au_k & \text{então} & u_k = A^k u_0 = MJ^kM^{-1}u_0 \\ \text{se} & du/dt = Au & \text{então} & u(t) = e^{At}u(0) = Me^{Jt}M^{-1}u(0). \end{array}$$

Quando M e J são S e Λ (o caso diagonalizável), essas são as fórmulas das Seções 5.3 e 5.4. O Apêndice B retorna ao caso não diagonalizável e mostra como a forma de Jordan pode ser obtida. Espero que a tabela abaixo forneça um resumo adequado.

Transformações de semelhança

1. A é ***diagonalizável***: as colunas de S são autovetores e $S^{-1}AS = \Lambda$.
2. A é ***arbitrária***: as colunas de M incluem "autovetores generalizados" de A e a forma de Jordan $M^{-1}AM = J$ é um *bloco diagonal*.
3. A é ***arbitrária***: a unitária U pode ser escolhida de modo que $U^{-1}AU = T$ seja *triangular*.
4. A é ***normal***, $AA^H = A^HA$: então U pode ser escolhida de modo que $U^{-1}AU = \Lambda$.

Casos especiais de matrizes normais, todas com autovetores ortonormais:

(a) Se $A = A^H$ é hermitiana, então todo λ_i é real.
(b) Se $A = A^T$ é simétrica real, então Λ é real e $U = Q$ é ortogonal.
(c) Se $A = -A^H$ é anti-hermitiana, então todo λ_i é imaginário puro.
(d) Se A é ortogonal ou unitária, então todo $|\lambda_i| = 1$ está no círculo unitário.

Conjunto de problemas 5.6

1. Mostre que (se B for invertível) BA é semelhante a AB.

2. Explique por que A nunca é semelhante a $A + I$.

3. Descreva em palavras todas as matrizes que são semelhantes a $\begin{bmatrix} 1 & 0 \\ 0 & -1 \end{bmatrix}$, e encontre duas delas.

4. Se B for semelhante a A e se C for semelhante a B, mostre que C é semelhante a A (assuma que $B = M^{-1}AM$ e $C = N^{-1}BN$). Quais matrizes são semelhantes a I?

5. Considere qualquer A e uma "rotação de Givens" M no plano 1-2:

$$A = \begin{bmatrix} a & b & c \\ d & e & f \\ g & h & i \end{bmatrix}, \qquad M = \begin{bmatrix} \cos\theta & -\operatorname{sen}\theta & 0 \\ \operatorname{sen}\theta & \cos\theta & 0 \\ 0 & 0 & 1 \end{bmatrix}.$$

Escolha o ângulo de rotação θ para produzir zero no elemento (3, 1) de $M^{-1}AM$.

Observação Esta "anulação" não é fácil de continuar, pois as rotações que produzem zero na posição de d e h comprometem o zero no canto. Temos que deixar uma diagonal abaixo da principal e terminar o cálculo do autovalor de uma maneira diferente. De outro modo, se pudéssemos tornar A diagonal e ver seus autovalores, estaríamos encontrando as raízes do polinômio det $(A - \lambda I)$ utilizando apenas as raízes quadradas que determinam $\cos\theta$ – e isto é impossível.

6. Encontre uma diagonal M, composta de valores 1 e –1 para mostrar que

$$A = \begin{bmatrix} 2 & 1 & & \\ 1 & 2 & 1 & \\ & 1 & 2 & 1 \\ & & 1 & 2 \end{bmatrix} \quad \text{é semelhante a} \quad B = \begin{bmatrix} 2 & -1 & & \\ -1 & 2 & -1 & \\ & -1 & 2 & -1 \\ & & -1 & 2 \end{bmatrix}.$$

7. (a) Se $CD = -DC$ (e D é invertível), mostre que C é semelhante a $-C$.
(b) Deduza que os autovalores de C devem surgir em pares positivos-negativos.
(c) Mostre diretamente que, se $Cx = \lambda x$, então $C(Dx) = -\lambda(Dx)$.

8. Que matriz M altera a base $V_1 = (1, 1)$, $V_2 = (1, 4)$ para a base $v_1 = (2, 5)$, $v_2 = (1, 4)$? As colunas de M surgem da expressão de V_1 e V_2 como combinações $\sum m_{ij} v_i$ dos valores de v.

9. Para as mesmas duas bases, expresse o vetor (3, 9) como uma combinação $c_1V_1 + c_2V_2$ e também como $d_1v_1 + d_2v_2$. Verifique numericamente que M relaciona c a d: $Mc = d$.

10. Confirme o último exercício: se $V_1 = m_{11}v_1 + m_{21}v_2$ e $V_2 = m_{12}v_1 + m_{22}v_2$ e $m_{11}c_1 + m_{12}c_2 = d_1$ e $m_{21}c_1 + m_{22}c_2 = d_2$, os vetores $c_1V_1 + c_2V_2$ e $d_1v_1 + d_2v_2$ são os mesmos. Esta é a "mudança de fórmula de base" $Mc = d$.

11. Se a transformação T é uma reflexão em relação à reta de 45° no platô, encontre sua matriz relacionada à base-padrão $v_1 = (1, 0)$, $v_2 = (0, 1)$ e também relacionada a $V_1 = (1, 1)$, $V_2 = (1, -1)$. Mostre que essas matrizes são semelhantes.

12. A *transformação identidade* leva todo vetor a si mesmo: $Tx = x$. Encontre a matriz correspondente se a primeira base for $v_1 = (1, 2)$, $v_2 = (3, 4)$ e a segunda for $w_1 = (1, 0)$, $w_2 = (0, 1)$ (esta não é a matriz identidade!).

13. No espaço das matrizes 2 por 2, assuma que T seja a transformação que *transpõe todas as matrizes*. Encontre os autovalores e "automatrizes" de $A^T = \lambda A$.

14. Encontre uma matriz normal ($NN^H = N^H N$) que não seja hermitiana, anti-hermitiana, unitária ou diagonal. Mostre que todas as matrizes de permutação são normais.

15. Mostre que todo número é um autovalor de $Tf(x) = df/dx$, mas a transformação $Tf(x) = \int_0^x f(t)dt$ não possui autovalores (aqui, $-\infty < x < \infty$).

16. A derivada de $a + bx + cx^2$ é $b + 2cx + 0x^2$.

(a) Apresente a matriz D 3 por 3, tal que

$$D\begin{bmatrix} a \\ b \\ c \end{bmatrix} = \begin{bmatrix} b \\ 2c \\ 0 \end{bmatrix}.$$

(b) Calcule D^3 e interprete os resultados em termos de derivadas.

(c) Quais são os autovalores e autovetores de D?

17. (a) Encontre uma ortogonal Q de modo que $Q^{-1}AQ = \Lambda$ se

$$A = \begin{bmatrix} 1 & 1 & 1 \\ 1 & 1 & 1 \\ 1 & 1 & 1 \end{bmatrix} \quad \text{e} \quad \Lambda = \begin{bmatrix} 0 & 0 & 0 \\ 0 & 0 & 0 \\ 0 & 0 & 3 \end{bmatrix}.$$

Em seguida, encontre um segundo par de autovetores ortonormais x_1, x_2 para $\lambda = 0$.

(b) Verifique se $P = x_1x_1^T + x_2x_2^T$ é igual para ambos os pares.

18. Prove que toda matriz *unitária* A é diagonalizável em duas etapas:

(i) Se A for unitária e U também, então $T = U^{-1}AU$ também será.

(ii) Uma matriz triangular superior T que seja unitária deve ser diagonal. Assim, $T = \Lambda$.

Qualquer matriz unitária A (autovalores distintos ou não) possui um conjunto completo de autovetores ortonormais. Todos os autovalores satisfazem $|\lambda| = 1$.

19. Prove que uma matriz com autovetores ortonormais deve ser normal, conforme afirmado em **5T**:

Se $U^{-1}NU = \Lambda$ ou $N = U\Lambda U^H$, então $NN^H = N^H N$.

20. Encontre uma unitária U e uma triangular T de modo que $U^{-1}AU = T$ para

$$A = \begin{bmatrix} 5 & -3 \\ 4 & -2 \end{bmatrix} \quad \text{e} \quad A = \begin{bmatrix} 0 & 1 & 0 \\ 0 & 0 & 0 \\ 1 & 0 & 0 \end{bmatrix}.$$

21. Suponha que T seja uma matriz triangular superior 3 por 3 com elementos t_{ij}. Compare os elementos de TT^H e $T^H T$ e mostre que, se eles forem iguais, então T deve ser diagonal. Todas as matrizes triangulares normais são diagonais.

22. Se A possuir autovalores 0, 1, 2, quais são os autovalores de $A(A - I)(A - 2I)$?

23. Se N é normal, mostre que $||Nx|| = ||N^H x||$ para cada vetor x. Deduza que a i-ésima linha de N possui o mesmo comprimento da i-ésima coluna. *Observação*: se N é também triangular superior, isto leva novamente à conclusão de que ela deve ser diagonal.

24. O polinômio característico de $A = \begin{bmatrix} a & b \\ c & d \end{bmatrix}$ é $\lambda^2 - (a + d)\lambda + (ad - bc)$. Por substituição direta, verifique o teorema de Cayley-Hamilton: $A^2 - (a + d)A + (ad - bc)I = 0$.

25. Resolva $u' = Ju$ por retrossubstituição, resolvendo primeiro para $u_2(t)$:

$$\frac{du}{dt} = Ju = \begin{bmatrix} 5 & 1 \\ 0 & 5 \end{bmatrix} \begin{bmatrix} u_1 \\ u_2 \end{bmatrix} \quad \text{com valor inicial} \quad u(0) = \begin{bmatrix} 1 \\ 2 \end{bmatrix}.$$

Observe te^{5t} no primeiro componente $u_1(t)$.

26. Mostre que A e B são semelhantes, encontrando M, tal que $B = M^{-1}AM$:

(a) $A = \begin{bmatrix} 1 & 0 \\ 1 & 0 \end{bmatrix}$ e $B = \begin{bmatrix} 0 & 1 \\ 0 & 1 \end{bmatrix}$.

(b) $A = \begin{bmatrix} 1 & 1 \\ 1 & 1 \end{bmatrix}$ e $B = \begin{bmatrix} 1 & -1 \\ -1 & 1 \end{bmatrix}$.

(c) $A = \begin{bmatrix} 1 & 2 \\ 3 & 4 \end{bmatrix}$ e $B = \begin{bmatrix} 4 & 3 \\ 2 & 1 \end{bmatrix}$.

27. Se $a_{ij} = 1$ acima da diagonal principal e $a_{ij} = 0$ em todas as outras posições, obtenha a forma de Jordan (digamos 4 por 4), encontrando todos os autovetores.

28. (a) Mostre por multiplicação direta que toda matriz triangular T, digamos 3 por 3, satisfaz sua própria equação característica: $(T - \lambda_1 I)(T - \lambda_2 I)(T - \lambda_3 I) = 0$.

(b) Substituindo $U^{-1}AU$ por T, deduza o famoso ***teorema de Cayley-Hamilton: toda matriz satisfaz sua própria equação característica***. Para uma matriz 3 por 3, ela é $(A - \lambda_1 I)(A - \lambda_2 I)(A - \lambda_3 I) = 0$.

29. Há dezesseis matrizes 2 por 2 cujos elementos são 0 e 1. Matrizes semelhantes entram na mesma família. Quantas famílias são? Quantas matrizes (do total de 16) estão em cada família?

30. Mostre, por tentativa e erro com uma matriz M, que nenhuma dupla das três formas de Jordan da equação (8) é semelhante: $J_1 \neq M^{-1}J_2M$, $J_1 \neq M^{-1}J_3M$ e $J_2 \neq M^{-1}J_3M$.

31. Calcule A^{10} e e^A se $A = MJM^{-1}$:

$$A = \begin{bmatrix} 14 & 9 \\ -16 & -10 \end{bmatrix} = \begin{bmatrix} 3 & -2 \\ -4 & 3 \end{bmatrix} \begin{bmatrix} 2 & 1 \\ 0 & 2 \end{bmatrix} \begin{bmatrix} 3 & 2 \\ 4 & 3 \end{bmatrix}.$$

32. (a) Se x está no espaço nulo de A, mostre que $M^{-1}x$ está no espaço nulo de $M^{-1}AM$.

(b) Os espaços nulos de A e $M^{-1}AM$ têm o(s) mesmo(s) (vetores) (base) (dimensão).

33. Se A e B possuem exatamente os mesmos autovalores e autovetores, $A = B$? Com n autovetores independentes, temos efetivamente $A = B$. Encontre $A \neq B$ quando $\lambda = 0, 0$ (repetido), mas com apenas uma reta de autovetores $(x_1, 0)$.

34. Quais das matrizes A_1 a A_6 são semelhantes? Verifique seus autovalores.

$$\begin{bmatrix} 1 & 0 \\ 0 & 1 \end{bmatrix} \quad \begin{bmatrix} 0 & 1 \\ 1 & 0 \end{bmatrix} \quad \begin{bmatrix} 1 & 1 \\ 0 & 0 \end{bmatrix} \quad \begin{bmatrix} 0 & 0 \\ 1 & 1 \end{bmatrix} \quad \begin{bmatrix} 1 & 0 \\ 1 & 0 \end{bmatrix} \quad \begin{bmatrix} 0 & 1 \\ 0 & 1 \end{bmatrix}.$$

Os problemas 35 a 39 abordam a forma de Jordan.

35. Prove em três etapas que A^T *é sempre semelhante a* A (sabemos que os valores de λs são os mesmos, os autovetores é que são o problema):

(a) Para A = um bloco, encontre M_i = permutação, de modo que $M_i^{-1}J_iM_i = J_i^{\mathrm{T}}$.
(b) Para A = qualquer J, construa M_0 a partir dos blocos, de modo que $M_0^{-1}JM_0 = J^{\mathrm{T}}$.
(c) Para qualquer $A = MJM^{-1}$: mostre que A^{T} é semelhante a J^{T} e também a J e a A.

36. Essas matrizes de Jordan possuem autovalores 0, 0, 0, 0. Elas possuem dois autovetores (encontre-os). Mas as dimensões dos blocos não coincidem e J *não é semelhante a* K:

$$J = \left[\begin{array}{cc|cc} 0 & 1 & 0 & 0 \\ 0 & 0 & 0 & 0 \\ \hline 0 & 0 & 0 & 1 \\ 0 & 0 & 0 & 0 \end{array}\right] \quad \text{e} \quad K = \left[\begin{array}{ccc|c} 0 & 1 & 0 & 0 \\ 0 & 0 & 1 & 0 \\ 0 & 0 & 0 & 0 \\ \hline 0 & 0 & 0 & 0 \end{array}\right].$$

Para qualquer matriz M, compare JM a MK. Se elas forem iguais, mostre que M não é invertível. Então $M^{-1}JM = K$ é impossível.

37. Se J é o bloco de Jordan 5 por 5, com $\lambda = 0$, encontre J^2, conte seus autovetores e encontre sua forma de Jordan (dois blocos).

38. Por multiplicação direta, encontre J^2 e J^3 quando

$$J = \begin{bmatrix} c & 1 \\ 0 & c \end{bmatrix}.$$

Deduza a forma de J^K. Estabeleça $k = 0$ para encontrar J^0. Estabeleça $k = -1$ para encontrar J^{-1}.

39. O texto resolve $du/dt = Ju$ para um bloco de Jordan J 3 por 3. Adicione uma quarta equação $dw/dt = 5w + x$. Siga o padrão das soluções de z, y, x para encontrar w.

40. Prove que AB *possui os mesmos autovalores de* BA.

41. Quais pares são semelhantes? Escolha a, b, c e d para provar que os outros pares não são:

$$\begin{bmatrix} a & b \\ c & d \end{bmatrix} \quad \begin{bmatrix} b & a \\ d & c \end{bmatrix} \quad \begin{bmatrix} c & d \\ a & b \end{bmatrix} \quad \begin{bmatrix} d & c \\ b & a \end{bmatrix}.$$

42. Se A for 6 por 4 e B for 4 por 6, AB e BA possuirão dimensões diferentes. No entanto,

$$\begin{bmatrix} I & -A \\ 0 & I \end{bmatrix} \begin{bmatrix} AB & 0 \\ B & 0 \end{bmatrix} \begin{bmatrix} I & A \\ 0 & I \end{bmatrix} = \begin{bmatrix} 0 & 0 \\ B & BA \end{bmatrix} = G.$$

(a) Quais dimensões terão os blocos de G? Elas são as mesmas em cada matriz.
(b) Esta equação é $M^{-1}FM = G$, então F e G possuem os mesmos 10 autovalores. F possui os autovalores de AB mais 4 zeros; G possui os autovalores de BA mais 6 zeros. **AB *possui os mesmos autovalores de* BA *mais* ____ *zeros*.**

43. Verdadeiro ou falso? Justifique suas respostas:
(a) Uma matriz invertível não pode ser semelhante a uma matriz singular.
(b) Uma matriz simétrica não pode ser semelhante a uma matriz assimétrica.
(c) A não pode ser semelhante a $-A$ a menos que $A = 0$.
(d) $A - I$ não pode ser semelhante a $A + I$.

44. Por que todas essas afirmações são verdadeiras?
(a) Se A é semelhante a B, então A^2 é semelhante a B^2.
(b) A^2 e B^2 podem ser semelhantes quando A e B não são semelhantes (tente $\lambda = 0, 0$).

(c) $\begin{bmatrix} 3 & 0 \\ 0 & 4 \end{bmatrix}$ é semelhante a $\begin{bmatrix} 3 & 1 \\ 0 & 4 \end{bmatrix}$.

(d) $\begin{bmatrix} 3 & 0 \\ 0 & 3 \end{bmatrix}$ não é semelhante a $\begin{bmatrix} 3 & 1 \\ 0 & 3 \end{bmatrix}$.

(e) Se trocarmos as linhas 1 e 2 de A e, em seguida, as colunas 1 e 2, **os autovalores permanecem os mesmos.**

Propriedades de autovalores e autovetores

Como as propriedades de uma matriz se refletem em seus autovalores e autovetores? Esta questão é fundamental para todo o Capítulo 5. Uma tabela que organize os aspectos principais pode ser útil. Aqui, para cada classe de matrizes são apresentadas propriedades especiais dos autovalores λ_i e dos autovetores x_i.

Simétrica: $A^T = A$	λs reais	$x_i^T x_j = 0$ ortogonal
Ortogonal: $Q^T = Q^{-1}$	todo $\|\lambda\| = 1$	$\bar{x}_i^T x_j = 0$ ortogonal
Antissimétrica: $A^T = -A$	λs imaginários	$\bar{x}_i^T x_j = 0$ ortogonal
Hermitiana complexa: $\bar{A}^T = A$	λs reais	$\bar{x}_i^T x_j = 0$ ortogonal
Definida positiva: $x^T A x > 0$	todo $\lambda > 0$	ortogonal
Matriz semelhante: $B = M^{-1}AM$	$\lambda(B) = \lambda(A)$	$x(B) = M^{-1}x(A)$
Projeção: $P = P^2 = P^T$	$\lambda = 1; 0$	espaço-coluna; espaço nulo
Reflexão: $I - 2uu^T$	$\lambda = -1; 1, \ldots, 1$	$u; u^{\perp}$
Matriz de posto 1: uv^T	$\lambda = v^T u; 0, \ldots, 0$	$u; v^{\perp}$
Inversa: A^{-1}	$1/\lambda(A)$	autovetores de A
Desvio: $A + cI$	$\lambda(A) + c$	autovetores de A
Potências estáveis: $A^n \to 0$	todo $\|\lambda\| < 1$	
Exponencial estável: $e^{At} \to 0$	todo Re $\lambda < 0$	
Markov: $m_{ij} > 0$, $\sum_{i=1}^{n} = 1$	$\lambda_{\text{máx}} = 1$	estado estacionário $x > 0$
Permutação cíclica: $P^n = I$	$\lambda_k = e^{2\pi ik/n}$	$x_k = (1, \lambda_k, \ldots, \lambda_k^{n-1})$
Diagonalizável: $S\Lambda S^{-1}$	diagonal de Λ	colunas de S são independentes
Simétrica: $Q\Lambda Q^T$	diagonal de Λ (real)	colunas de Q são ortonormais
Jordan: $J = M^{-1}AM$	diagonal de J	cada bloco fornece 1 autovetor
Toda matriz: $A = U\Sigma V^T$	posto (A) = posto (Σ)	autovetores de $A^T A$, AA^T em V, U

Capítulo 5 Exercícios de revisão

5.1 Se A possuir autovalores 0 e 1 que correspondam aos autovetores

$$\begin{bmatrix}1\\2\end{bmatrix} \quad \text{e} \quad \begin{bmatrix}2\\-1\end{bmatrix},$$

como você pode dizer antecipadamente que A é simétrica? Qual é o seu traço e determinante? Qual é A?

5.2 No problema anterior, quais serão os autovalores e os autovetores de A^2? Qual é a relação de A^2 para A?

5.3 Você preferiria ter juros compostos trimestralmente a 40% ao ano ou anualmente a 50%?

5.4 Encontre os autovalores, os autovetores e a matriz de diagonalização S para

$$A = \begin{bmatrix}1 & 0\\2 & 3\end{bmatrix} \quad \text{e} \quad B = \begin{bmatrix}7 & 2\\-15 & -4\end{bmatrix},$$

5.5 Resolva para ambos os valores iniciais e, em seguida, encontre e^{At}:

$$\frac{du}{dt} = \begin{bmatrix}3 & 1\\1 & 3\end{bmatrix} u \quad \text{se} \quad u(0) = \begin{bmatrix}1\\0\end{bmatrix} \quad \text{e se} \quad u(0) = \begin{bmatrix}0\\1\end{bmatrix}.$$

5.6 Encontre os determinantes de A e A^{-1} se

$$A = S\begin{bmatrix}\lambda_1 & 2\\0 & \lambda_2\end{bmatrix}S^{-1}.$$

5.7 Encontre a solução geral para $du/dt = Au$ se

$$A = \begin{bmatrix}0 & -1 & 0\\1 & 0 & -1\\0 & 1 & 0\end{bmatrix}.$$

Você é capaz de localizar um tempo T em que a solução $u(T)$ certamente retorne ao valor inicial $u(0)$?

5.8 O que acontece à sequência de Fibonacci se voltarmos no tempo? Como F_{-k} está relacionada a F_k? A lei $F_{k+2} = F_{k+1} + F_k$ ainda está em vigor, de modo que $F_{-1} = 1$.

5.9 Verdadeiro ou falso? Se for falso, dê um contraexemplo:

(a) Se B é formada a partir de A trocando-se duas linhas, então B é semelhante a A.

(b) Se uma matriz triangular é semelhante a uma matriz diagonal, ela já é diagonal.

(c) Duas afirmações quaisquer entre as seguintes implicam a terceira: A é hermitiana, A é unitária, $A^2 = I$.

(d) Se A e B são diagonalizáveis, AB também é.

5.10 Existe uma matriz A tal que a família inteira $A + cI$ seja invertível para todos os números complexos c? Encontre uma matriz real com $A + rI$ invertível para todo real r.

5.11 Se os autovalores de A são 1 e 3 com autovetores (5, 2) e (2, 1), encontre as soluções de $du/dt = Au$ e $u_{k+1} = Au_k$, partindo de $u = (9, 4)$.

5.12 (a) Encontre os autovalores e os autovetores de $A = \begin{bmatrix} 0 & 4 \\ \frac{1}{4} & 0 \end{bmatrix}$.

(b) Resolva $du/dt = Au$ partindo de $u(0) = (100, 100)$.

(c) Se $v(t)$ = renda de corretores de ações e $w(t)$ = renda do cliente, e ambos se beneficiam mutuamente por $dv/dt = 4w$ e $dw/dt = \frac{1}{4}v$, para onde tende a razão v/w conforme $t \to \infty$?

5.13 Se P é a matriz que projeta $\mathbf{R}^n$ sobre um subespaço **S**, explique por que todo vetor em **S** é um autovetor, assim como todo vetor em $\mathbf{S}^\perp$. Quais são os autovalores (observe a relação a $P^2 = P$, o que significa $\lambda^2 = \lambda$)?

5.14 Verdadeiro ou falso? Se for verdadeiro, justifique; se for falso, dê um contraexemplo:

(a) Para toda matriz A, há uma solução de $du/dt = Au$ partindo de $u(0) = (1, \ldots, 1)$.

(b) Toda matriz invertível pode ser diagonalizada.

(c) Toda matriz diagonalizável pode ser invertida.

(d) A troca de linhas de uma matriz 2 por 2 inverte os sinais de seus autovalores.

(e) Se os autovetores x e y correspondem a autovalores distintos, então $x^{\mathrm{H}}y = 0$.

5.15 Mostre que toda matriz de ordem > 1 é a soma de duas matrizes singulares.

5.16 Se K é uma matriz antissimétrica, mostre que $Q = (I - K)(I + K)^{-1}$ é uma matriz ortogonal. Encontre Q se $K = \begin{bmatrix} 0 & 2 \\ -2 & 0 \end{bmatrix}$.

5.17 Encontre os autovalores e os autovetores de:

$$A = \begin{bmatrix} 0 & -i & 0 \\ i & 1 & i \\ 0 & -i & 0 \end{bmatrix}.$$

Que propriedade você espera para os autovetores? Ela é verdadeira?

5.18 (a) Mostre que a equação diferencial matricial $dX/dt = AX + XB$ possui a solução $X(t) = e^{At}X(0)e^{Bt}$.

(b) Prove que as soluções de $dX/dt = AX - XA$ mantêm os mesmos valores para todos os tempos.

5.19 Tentando resolver

$$\begin{bmatrix} a & b \\ c & d \end{bmatrix}\begin{bmatrix} a & b \\ c & d \end{bmatrix} = \begin{bmatrix} 0 & 1 \\ 0 & 0 \end{bmatrix} = A$$

mostre que A não possui raiz quadrada. Altere os elementos diagonais de A para 4 e encontre uma raiz quadrada.

5.20 Se $K^{\mathrm{H}} = -K$ (anti-hermitiana), os autovalores são imaginários e os autovetores ortogonais.

(a) Como é possível saber que $K - I$ é invertível?

(b) Como é possível saber que $K = U\Lambda U^{\mathrm{H}}$ para uma unitária U?

(c) Por que $e^{\Lambda t}$ é unitária?

(d) Por que e^{Kt} é unitária?

5.21 (a) Encontre uma matriz não nula N tal que $N^3 = 0$.

(b) Se $Nx = \lambda x$, mostre que λ deve ser nulo.

(c) Prove que N (chamada de matriz "nilpotente") não pode ser simétrica.

5.22 Suponha que a primeira linha de A seja 7, 6, e seus autovalores sejam i, $-i$. Encontre A.

5.23 Se os vetores x_1 e x_2 estiverem nas colunas de S, quais são os autovalores e os autovetores de

$$A = S\begin{bmatrix} 2 & 0 \\ 0 & 1 \end{bmatrix}S^{-1} \quad \text{e} \quad B = S\begin{bmatrix} 2 & 3 \\ 0 & 1 \end{bmatrix}S^{-1}?$$

5.24 Se $A^2 = -I$, quais são os autovalores de A? Se A é uma matriz real n por n, mostre que n deve ser par e dê um exemplo.

5.25 (a) Para quais números c e d, A possui autovalores reais e autovetores ortogonais?

$$A = \begin{bmatrix} 1 & 2 & 0 \\ 2 & d & c \\ 0 & 5 & 3 \end{bmatrix}.$$

(b) Para quais c e d podemos encontrar três vetores ortonormais que sejam combinações das colunas (não faça isso!)?

5.26 Uma variação na matriz de Fourier é a "matriz dos senos":

$$S = \frac{1}{\sqrt{2}}\begin{bmatrix} \operatorname{sen}\theta & \operatorname{sen}2\theta & \operatorname{sen}3\theta \\ \operatorname{sen}2\theta & \operatorname{sen}4\theta & \operatorname{sen}6\theta \\ \operatorname{sen}3\theta & \operatorname{sen}6\theta & \operatorname{sen}9\theta \end{bmatrix} \quad \text{com} \quad \theta = \frac{\pi}{4}.$$

Verifique que $S^T = S^{-1}$ (as colunas são os autovetores da matriz tridiagonal $-1, 2, -1$).

5.27 Qual é o limite conforme $k \to \infty$ (o estado estacionário de Markov) de $\begin{bmatrix} 0{,}4 & 0{,}3 \\ 0{,}6 & 0{,}7 \end{bmatrix}^k \begin{bmatrix} a \\ b \end{bmatrix}$?

5.28 Se M é a matriz diagonal com elementos d, d^2, d^3, qual é $M^{-1}AM$? Quais são seus autovalores no caso abaixo?

$$A = \begin{bmatrix} 1 & 1 & 1 \\ 1 & 1 & 1 \\ 1 & 1 & 1 \end{bmatrix}.$$

5.29 (a) Encontre a matriz $P = aa^T/a^Ta$ que projete qualquer vetor sobre a reta que passa por $a = (2, 1, 2)$.
(b) Qual é o único autovalor não nulo de P e qual é o autovetor correspondente?
(c) Resolva $u_{k+1} = Pu_k$, partindo de $u_0 = (9, 9, 0)$.

5.30 Se $Ax = \lambda_1 x$ e $A^Ty = \lambda_2 y$ (todos reais), mostre que $x^Ty = 0$.

Capítulo

6 Matrizes definidas positivas

6.1 MÍNIMOS, MÁXIMOS E PONTOS DE SELA

Até aqui, raramente levamos em conta **os sinais dos autovalores.** Não podíamos perguntar se λ era positivo antes de ser conhecido como real. O Capítulo 5 determinou que cada matriz simétrica possui autovalores reais. Agora, encontraremos um teste que pode ser aplicado diretamente a A, sem calcular seus autovalores, ***o qual garantirá que todos esses autovalores serão positivos.*** O teste apresenta conjuntamente três dos conceitos mais básicos do livro – *pivôs*, *determinantes* e *autovalores*.

Os sinais dos autovalores são frequentemente cruciais. Para a estabilidade em equações diferenciais, precisaríamos de autovalores negativos, de modo que $e^{\lambda t}$ decresceria. O novo problema, bem interessante, é reconhecer um ***ponto mínimo***. Ele surge na Engenharia em todo problema de otimização. O problema matemático é aplicar o segundo teste de derivada $F'' > 0$ em dimensão n. Seguem dois exemplos:

$$F(x,y) = 7 + 2(x+y)^2 - y \operatorname{sen} y - x^3 \qquad f(x,y) = 2x^2 + 4xy + y^2.$$

$F(x, y)$ ou $f(x, y)$ tem um mínimo no ponto $x = y = 0$?

Comentário 1 Os *termos de ordem zero* $F(0, 0) = 7$ e $f(0, 0) = 0$ não têm nenhum efeito sobre a resposta. Eles simplesmente aumentam ou diminuem os gráficos de F e f.

Comentário 2 Os *termos lineares* fornecem uma condição necessária: para que se tenha alguma chance de obter um mínimo, as primeiras derivadas devem desaparecer em $x = y = 0$:

$$\frac{\partial F}{\partial x} = 4(x+y) - 3x^2 = 0 \quad \text{e} \quad \frac{\partial F}{\partial y} = 4(x+y) - y\cos y - \operatorname{sen} y = 0$$

$$\frac{\partial f}{\partial x} = 4x + 4y = 0 \quad \text{e} \quad \frac{\partial f}{\partial y} = 4x + 2y = 0. \quad \textit{Todas são nulas.}$$

Com isso, $(x, y) = (0, 0)$ é um *ponto estacionário* para ambas as funções. A superfície $z = F(x, y)$ é tangente ao plano horizontal $z = 7$ e a superfície $z = f(x, y)$ é tangente ao plano $z = 0$. A dúvida é se os gráficos vão *acima desses planos ou não* à medida que nos deslocamos do ponto de tangência $x = y = 0$.

Comentário 3 ***As segundas derivadas em (0, 0) são decisivas:***

$$\frac{\partial^2 F}{\partial x^2} = 4 - 6x = 4 \qquad \frac{\partial^2 f}{\partial x^2} = 4$$
$$\frac{\partial^2 F}{\partial x \partial y} = \frac{\partial^2 F}{\partial y \partial x} = 4 \qquad \frac{\partial^2 f}{\partial x \partial y} = \frac{\partial^2 f}{\partial y \partial x} = 4$$
$$\frac{\partial^2 F}{\partial y^2} = 4 + y \operatorname{sen} y - 2\cos y = 2 \qquad \frac{\partial^2 f}{\partial y^2} = 2.$$

Essas segundas derivadas 4, 4, 2 contêm a resposta. Como elas são as mesmas para F e f, devem conter a mesma resposta. As duas funções se comportam exatamente da mesma forma, quando estão próximas da origem. ***F possui um mínimo se, e somente se, f possuir um mínimo.*** Vou demonstrar que isto não ocorre com essas funções!

Comentário 4 Os termos de *alto grau* em F não apresentam efeito na questão de um mínimo *local*, mas podem evitar que seja um mínimo *global*. Em nosso exemplo, o termo $-x^3$ deve, mais cedo ou mais tarde, atrair F em direção a $-\infty$. Para $f(x, y)$, sem termos mais elevados, toda ação está em (0, 0).

Toda forma quadrática $f = ax^2 + 2bxy + cy^2$ *possui um ponto estacionário na origem, em que* $\partial f/\partial x = \partial f/\partial y = 0$. Um mínimo local também seria um mínimo global. A superfície $z = f(x, y)$ será, então, moldada como um côncavo, permanecendo na origem (Figura 6.1). Se o ponto estacionário de F for $x = \alpha$, $y = \beta$, a única alteração seria o uso das segundas derivadas em α e β:

Parte quadrática de F

$$f(x, y) = \frac{x^2}{2}\frac{\partial^2 F}{\partial x^2}(\alpha, \beta) + xy\frac{\partial^2 F}{\partial x \partial y}(\alpha, \beta) + \frac{y^2}{2}\frac{\partial^2 F}{\partial y^2}(\alpha, \beta). \quad (1)$$

Essa $f(x, y)$ comporta-se perto de (0, 0) da mesma maneira que $F(x, y)$ *se comporta perto de* (α, β).

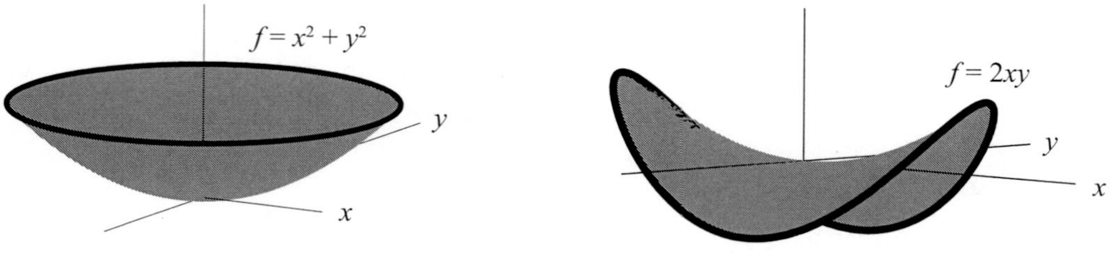

Figura 6.1 Uma concavidade e uma sela: $A = \begin{bmatrix} 1 & 0 \\ 0 & 1 \end{bmatrix}$ definida e $A = \begin{bmatrix} 0 & 1 \\ 1 & 0 \end{bmatrix}$ indefinida.

As terceiras derivadas são desenhadas dentro do problema quando as segundas derivadas falham em fornecer uma decisão definida. Isto acontece quando a parte quadrática é singular. Para um mínimo verdadeiro, permite-se que f desapareça *somente em* $x = y = 0$. Quando $f(x, y)$ for estritamente positiva em todos os outros pontos (a concavidade se eleva), será chamada ***definida positiva.***

Definida *versus* indefinida: concavidade *versus* sela

O problema aponta para a seguinte questão: para uma função de duas variáveis x e y, qual é a substituição correta para a condição $\partial^2 F/\partial x^2 > 0$? Com apenas uma variável, o sinal da segunda derivada decide entre um mínimo e um máximo. Agora temos três segundas derivadas: F_{xx}, F_{xy} e F_{yy}. Esses três números (como 4, 4, 2) devem determinar se F (assim como f) tem um mínimo ou não.

Que condições em *a, b* e *c* garantem que a função quadrática $f(x, y) = ax^2 + 2bxy + cy^2$ será definida positiva? Uma condição necessária é simples:

(i) *Se* $ax^2 + 2bxy + cy^2$ *é positiva definida, então necessariamente* $\mathbf{a > 0}$.

Observamos $x = 1, y = 0$, em que $ax^2 + 2bxy + cy^2$ é igual a a. Esta deve ser positiva. Traduzindo novamente para F, isso significa que $\partial^2 F/\partial x^2 > 0$. O gráfico deve subir na direção de x. De modo similar, determine $x = 0$ e olhe na direção em que $f(0, y) = cy^2$:

(ii) *Se* $f(x, y)$ *é definida positiva, então necessariamente* $\mathbf{c > 0}$.

Realizar essas condições $a > 0$ e $c > 0$ garante que $f(x, y)$ seja sempre positiva? A resposta é **não**. Um grande termo cruzado $2bxy$ pode puxar o grafo abaixo de zero.

Exemplo 1 $f(x, y) = x^2 - 10xy + y^2$. Aqui, $a = 1$ e $c = 1$ são positivos. Mas f não é uma positiva definida, porque $f(1, 1) = -8$. As condições $a > 0$ e $c > 0$ garantem que $f(x, y)$ é positiva nos eixos x e y. Porém essa função é negativa na reta $x = y$, pois $b = -10$ subjuga a e c.

Exemplo 2 Em nossa f original, o coeficiente $2b = 4$ era positivo. Isso garante um mínimo? Novamente a resposta é **não**; o sinal de b não tem nenhuma importância! *Embora suas segundas derivadas sejam positivas,* $2x^2 + 4xy + y^2$ *não é definida positiva.* ***Nem* F *nem* f *têm um mínimo em (0, 0) porque*** $\mathbf{f(1, -1) = 2 - 4 + 1 = -1}$.

É o tamanho de* b*, comparado com* a *e* c*, que deve ser controlado. Agora queremos uma condição necessária e suficiente para a definição positiva. A técnica mais simples consiste em completar o quadrado:

Função expressa $f(x, y)$ utilizando quadrados

$$f = ax^2 + 2bxy + cy^2 = a\left(x + \frac{b}{a}y\right)^2 + \left(c - \frac{b^2}{a}\right)y^2. \quad (2)$$

O primeiro termo à direita nunca será negativo quando o quadrado for multiplicado por $a > 0$. Mas este quadrado pode ser zero e o segundo termo pode ser positivo. Este termo possui coeficiente $(ac - b^2)/a$. O último requisito para a definição positiva é que esse coeficiente seja positivo:

(iii) *Se* $ax^2 + 2bxy + cy^2$ *permanecer positiva, então necessariamente* $\mathbf{ac > b^2}$.

Teste para um mínimo: as condições $a > 0$ e $ac > b^2$ estão corretas. Elas garantem que $c > 0$. O lado direito de (2) é positivo e encontramos um mínimo:

6A $ax^2 + 2bxy + cy^2$ é positiva definida se, e somente se, $a > 0$ e $ac > b^2$. Qualquer $F(x, y)$ tem um mínimo em um ponto em que $\partial F/\partial x = \partial F/\partial y = 0$ com

$$\frac{\partial^2 F}{\partial x^2} > 0 \quad \text{e} \quad \left[\frac{\partial^2 F}{\partial x^2}\right]\left[\frac{\partial^2 F}{\partial y^2}\right] > \left[\frac{\partial^2 F}{\partial x \partial y}\right]^2. \tag{3}$$

Teste para um máximo: Já que f possuirá um máximo sempre que $-f$ possuir um mínimo, apenas inverteremos os sinais de a, b e c. Isso realmente faz $ac > b^2$ permanecer inalterado. A forma quadrática é ***definida negativa*** se, e somente se, $a < 0$ e $ac > b^2$. A mesma alteração aplica-se para um máximo de $F(x, y)$.

Caso singular $ac = b^2$. O segundo termo na equação (2) desaparece para deixar apenas o primeiro quadrado – que é ***semidefinido positivo***, quando $a > 0$, ou ***semidefinido negativo***, quando $a < 0$. O prefixo *semi* permite que f se iguale a zero, como acontecerá no ponto $x = b$, $y = -a$. A superfície $z = f(x, y)$ degenera-se de uma concavidade para um vale. Para $f = (x + y)^2$, o vale percorre a reta $x + y = 0$.

Ponto de sela $ac < b^2$: Em uma dimensão, $F(x)$ tem um mínimo ou um máximo, ou $F'' = 0$. Em duas dimensões, permanece ainda uma possibilidade muito importante: *a combinação $ac - b^2$ pode ser negativa.* Isso ocorreu em ambos os exemplos, quando b dominou a e c. Isso também ocorre se a e c tiverem sinais opostos. Então, duas direções fornecem resultados opostos – f aumenta em uma direção e diminui na outra. É útil considerar dois casos especiais:

Pontos de sela em (0, 0) $\quad f_1 = 2xy \quad$ e $\quad f_2 = x^2 - y^2 \quad$ e $\quad ac - b^2 = -1.$

No primeiro, $b = 1$ domina $a = c = 0$. No segundo, $a = 1$ e $c = -1$ apresentam sinais opostos. Os pontos de sela $2xy$ e $x^2 - y^2$ são praticamente os mesmos; se girarmos um em 45° obteremos o outro. Eles também são muito difíceis de ser desenhados.

Essas formas quadráticas são ***indefinidas*** porque podem receber tanto um sinal quanto o outro. Então temos um ponto estacionário que não é nem um máximo nem um mínimo. É o chamado ***ponto de sela***. A superfície $z = x^2 - y^2$ desce na direção do eixo y, onde as "pernas" se encaixam (como se você estivesse montando a cavalo). Se você optar por um carro, pense em uma estrada passando entre montanhas. O topo das montanhas é um mínimo quando você observa a cadeia, mas torna-se um máximo à medida que você percorre a estrada.

Dimensões maiores: álgebra linear

Um cálculo seria o suficiente para encontrar nossas condições $F_{xx} > 0$ e $F_{xx}F_{yy} > F^2_{xy}$ para um mínimo. Mas a álgebra linear está pronta para fazer mais, pois as segundas derivadas se encaixam numa matriz A simétrica. Os termos ax^2 e cy^2 aparecem na *diagonal.* A derivada cruzada $2bxy$ está dividida entre o elemento b acima e abaixo. Uma função quadrática $f(x, y)$ surge diretamente de uma matriz simétrica 2 por 2!

$$\boldsymbol{x}^{\mathrm{T}}\boldsymbol{A}\boldsymbol{x}\ \textbf{em}\ \mathbf{R}^2 \qquad ax^2+2bxy+cy^2=\begin{bmatrix} x & y \end{bmatrix}\begin{bmatrix} a & b \\ b & c \end{bmatrix}\begin{bmatrix} x \\ y \end{bmatrix}. \tag{4}$$

Essa identidade (multiplique-a) é a chave de todo o capítulo. Ela se generaliza imediatamente a n dimensões e é uma taquigrafia perfeita para estudar máximos e mínimos. Quando as variáveis são $x_1, \ldots, x_n$, elas passam por um vetor-coluna x. ***Para qualquer matriz simétrica* A, *o produto* $\mathbf{x}^{\mathrm{T}}\mathbf{A}\mathbf{x}$ *é uma forma quadrática pura* $\mathbf{f}(\mathbf{x}_1, \ldots, \mathbf{x}_n)$:**

$$\boldsymbol{x}^{\mathrm{T}}\boldsymbol{A}\boldsymbol{x}\ \textbf{em}\ \mathbf{R}^n \qquad \begin{bmatrix} x_1 & x_2 & \cdot & x_n \end{bmatrix}\begin{bmatrix} a_{11} & a_{12} & \cdot & a_{1n} \\ a_{21} & a_{22} & \cdot & a_{2n} \\ \cdot & \cdot & \cdot & \cdot \\ a_{n1} & a_{n2} & \cdot & a_{nn} \end{bmatrix}\begin{bmatrix} x_1 \\ x_2 \\ \cdot \\ x_n \end{bmatrix} = \sum_{i=1}^{n}\sum_{j=1}^{n} a_{ij}x_ix_j. \tag{5}$$

Os elementos diagonais a_{11} a a_{nn} multiplicam x_1^2 a x_n^2. O par $a_{ij} = a_{ji}$ combina-se em $2a_{ij}x_iy_j$. Então, $f = a_{11}x_1^2 + 2a_{12}x_1x_2 + \cdots + a_{nn}x_n^2$.

Não há termos de ordem superior ou inferior – apenas de segunda ordem. A função é zero em $x = (0, \ldots, 0)$, e suas primeiras derivadas são zero. A tangente é plana; esse é um ponto estacionário. Temos que decidir se $x = 0$ é um mínimo, máximo ou ponto de sela de uma função $f = x^TAx$.

Exemplo 3 $f = 2x^2 + 4xy + y^2$ e $A = \begin{bmatrix} 2 & 2 \\ 2 & 1 \end{bmatrix} \rightarrow$ *ponto de sela.*

Exemplo 4 $f = 2xy$ e $A = \begin{bmatrix} 0 & 1 \\ 1 & 0 \end{bmatrix} \rightarrow$ *ponto de sela.*

Exemplo 5 A é 3 por 3 para $2x_1^2 - 2x_1x_2 + 2x_2^2 - 2x_2x_3 + 2x_3^2$:

$$f = \begin{bmatrix} x_1 & x_2 & x_3 \end{bmatrix}\begin{bmatrix} 2 & -1 & 0 \\ -1 & 2 & -1 \\ 0 & -1 & 2 \end{bmatrix}\begin{bmatrix} x_1 \\ x_2 \\ x_3 \end{bmatrix} \rightarrow \textit{mínimo em } (0,0,0).$$

Qualquer função $F(x_1, \ldots, x_n)$ é obtida da mesma maneira. Em um ponto estacionário, todas as primeiras derivadas são zero. A é a **"matriz da segunda derivada"** com elementos $a_{ij} = \partial^2F/\partial x_i\partial x_j$. Isso automaticamente se iguala a $a_{ji} = \partial^2F/\partial x_j\partial x_i$, portanto, A é simétrica. **Então, *F* possui um mínimo quando x^TAx quadrática pura for uma definida positiva.** Os termos de segunda ordem controlam F perto do ponto estacionário:

$$\textbf{Série de Taylor} \qquad F(x) = F(0) + x^{\mathrm{T}}(\text{grad } F) + \frac{1}{2}x^{\mathrm{T}}Ax + \text{termos de ordem superior.} \tag{6}$$

Em um ponto estacionário, $F = (\partial F/\partial x_1, \ldots, \partial F/\partial x_n)$ é um vetor de zeros. As segundas derivadas em x^TAx sobem e descem o gráfico (ou sela). Se o ponto estacionário estiver em x_0, em vez de estar em 0, $F(x)$ e todas as suas derivadas forem calculadas em x_0. Então, x muda para $x - x_0$ à direita.

A próxima seção contém testes para determinar se x^TAx é positiva (a concavidade se eleva de $x = 0$). De modo equivalente, **os testes determinam se a matriz *A* é definida positiva** – que é o principal objetivo deste capítulo.

Conjunto de problemas 6.1

1. Suponha que os coeficientes positivos a e c dominem b quando $a + c > 2b$. Encontre um exemplo que tenha $ac < b^2$, de modo que a matriz não seja definida positiva.

2. Se uma matriz simétrica 2 por 2 passar nos testes de $a > 0$, $ac > b^2$, resolva a equação quadrática det $(A - \lambda I) = 0$ e demonstre que os dois autovalores são positivos.

3. (a) Que matrizes simétricas 3 por 3 A_1 e A_2 correspondem a f_1 e f_2?

$$f_1 = x_1^2 + x_2^2 + x_3^2 - 2x_1x_2 - 2x_1x_3 + 2x_2x_3$$
$$f_2 = x_1^2 + 2x_2^2 + 11x_3^2 - 2x_1x_2 - 2x_1x_3 - 4x_2x_3.$$

(b) Demonstre que f_1 é quadrado perfeito *único* e não uma definida positiva. Onde f_1 se iguala a 0?

(c) Fatore A_2 em LL^T. Escreva $f_2 = x^TA_2x$ como uma soma dos três quadrados.

4. (a) Se $A = \begin{bmatrix} a & b \\ \bar{b} & c \end{bmatrix}$ é uma matriz hermitiana (*complexo* b), encontre seus pivôs e determinante.

(b) Complete o quadrado para x^HAx. Agora, $x^H = [\,\bar{x}_1 \quad \bar{x}_2\,]$ pode ser complexa.

$$a|x_1|^2 + 2\text{Re } b\bar{x}_1x_2 + c|x_2|^2 = a|x_1 + (b/a)x_2|^2 + \underline{\qquad}|x_2|^2.$$

(c) Demonstre que $a > 0$ e $ac > |b|^2$ garantem que A seja uma definida positiva.

(d) As matrizes $\begin{bmatrix} 1 & 1+i \\ 1-i & 2 \end{bmatrix}$ e $\begin{bmatrix} 3 & 4+i \\ 4-i & 6 \end{bmatrix}$ são definidas positivas?

5. A função quadrática $f = x^2 + 4xy + 2y^2$ possui um ponto de sela na origem, apesar de seus coeficientes serem positivos. Escreva f como uma *diferença de dois quadrados*.

6. A função quadrática $f(x_2, x_2) = 3\,(x_1 + 2x_2)^2 = 4x_2^2$ é positiva. Encontre a matriz A, fatore-a em LDL^T e conecte os elementos em D e L para 3, 2, 4 em f.

7. (a) Para quais números b a matriz $A = \begin{bmatrix} 1 & b \\ b & 9 \end{bmatrix}$ é positiva definida?

(b) Fatore $A = LDL^T$ quando b estiver na sequência para a definição positiva.

(c) Encontre, nesta imagem, o valor mínimo de $\frac{1}{2}(x^2 + 2bxy + 9y^2) - y$ para b.

(d) Qual é o mínimo se $b = 3$?

8. Decida a favor ou contra a definição positiva das matrizes abaixo e escreva a função $f = x^TAx$ correspondente:

(a) $\begin{bmatrix} 1 & 3 \\ 3 & 5 \end{bmatrix}$. (b) $\begin{bmatrix} 1 & -1 \\ -1 & 1 \end{bmatrix}$. (c) $\begin{bmatrix} 2 & 3 \\ 3 & 5 \end{bmatrix}$. (d) $\begin{bmatrix} -1 & 2 \\ 2 & -8 \end{bmatrix}$.

O determinante em (b) é zero; em que linha se encontra $F(x, y) = 0$?

9. Decida entre um mínimo, um máximo ou um ponto de sela para as seguintes funções:

(a) $F = -1 + 4(e^x - x) - 5x \text{ sen } y + 6y^2$ no ponto $x = y = 0$.

(b) $F = (x^2 - 2x) \cos y$ com ponto estacionário em $x = 1, y = \pi$.

10. Se $A = \begin{bmatrix} a & b \\ b & c \end{bmatrix}$ é definida positiva, teste $A^{-1} = \begin{bmatrix} p & q \\ q & r \end{bmatrix}$ quanto a sua definição positiva.

11. Se $R = \begin{bmatrix} p & q \\ q & r \end{bmatrix}$, escreva R^2 e verifique se é definida positiva, a menos que R seja singular.

12. Sob quais condições, a, b e c são $ax^2 + 2bxy + cy^2 > x^2 + y^2$ para todos os x, y?

13. Decida se $F = x^2y^2 - 2x - 2y$ tem um mínimo no ponto $x = y = 1$ (após demonstrar que as primeiras derivadas são zero nesse ponto).

Os problemas 14 a 18 abordam testes para a definição positiva.

14. (*Importante*) Se A tem *colunas independentes*, então, A^TA é uma matriz quadrada, simétrica e invertível (ver Seção 4.2). ***Reescreva*** $\mathbf{x}^T\mathbf{A}^T\mathbf{A}\mathbf{x}$ ***para demonstrar por que a matriz é positiva, exceto quando*** $\mathbf{x} = \mathbf{0}$. Então, A^TA será definida positiva.

15. Demonstre que $f(x, y) = x^2 + 4xy + 3y^2$ não tem um mínimo em (0, 0), apesar de apresentar coeficientes positivos. Escreva f como uma *diferença de quadrados* e encontre um ponto (x, y) em que f é negativa.

16. Entre A_1, A_2, A_3 e A_4 qual tem autovalores positivos? Teste $a > 0$ e $ac > b^2$, não calcule os autovalores. Encontre um x, de modo que $x^TA_1x < 0$.

$$A_1 = \begin{bmatrix} 5 & 6 \\ 6 & 7 \end{bmatrix} \quad A_2 = \begin{bmatrix} -1 & -2 \\ -2 & -5 \end{bmatrix} \quad A_3 = \begin{bmatrix} 1 & 10 \\ 10 & 100 \end{bmatrix} \quad A_4 = \begin{bmatrix} 1 & 10 \\ 10 & 101 \end{bmatrix}.$$

17. Faça um teste para verificar se A^TA é uma matriz definida positiva em cada um dos seguintes casos:

$$A = \begin{bmatrix} 1 & 2 \\ 0 & 3 \end{bmatrix}, \quad A = \begin{bmatrix} 1 & 1 \\ 1 & 2 \\ 2 & 1 \end{bmatrix}, \quad \text{e} \quad A = \begin{bmatrix} 1 & 1 & 2 \\ 1 & 2 & 1 \end{bmatrix}.$$

18. Qual é a função quadrática $f = ax^2 + 2bxy + cy^2$ para cada uma das matrizes abaixo? Complete o quadrado para escrever f como a soma de um ou dois quadrados $d_1(\ \ )^2 + d_2(\ \ )^2$.

$$A = \begin{bmatrix} 1 & 2 \\ 2 & 9 \end{bmatrix} \quad \text{e} \quad A = \begin{bmatrix} 1 & 3 \\ 3 & 9 \end{bmatrix}.$$

19. O gráfico de $z = x^2 + y^2$ é uma concavidade que se abre para cima. *O grafo de* $z = x^2 - y^2$ *é uma sela.* O gráfico de $z = x^2 - y^2$ é uma concavidade que se abre para baixo. Qual é o teste para $F(x, y)$ que fornece ponto de sela em (0, 0)?

20. Quais valores de c fornecem uma concavidade e quais fornecem um ponto de sela para o gráfico de $z = 4x^2 + 12xy + cy^2$? Descreva esse gráfico no valor-limite de c.

21. Encontre a matriz A, 3 por 3, e seus pivôs, posto, autovalores e determinante:

$$\begin{bmatrix} x_1 & x_2 & x_3 \end{bmatrix} \begin{bmatrix} & & \\ & A & \\ & & \end{bmatrix} \begin{bmatrix} x_1 \\ x_2 \\ x_3 \end{bmatrix} = 4(x_1 - x_2 + 2x_3)^2.$$

22. Para $F_1(x, y) = \frac{1}{4}x^4 + x^2y + y^2$ e $F_2(x, y) = x^3 + xy - x$, encontre as matrizes A_1 e A_2 de segundas derivadas:

$$A = \begin{bmatrix} \partial^2F/\partial x^2 & \partial^2F/\partial x\partial y \\ \partial^2F/\partial y\partial x & \partial^2F/\partial y^2 \end{bmatrix}.$$

A_1 é uma definida positiva, então F_1 tem o côncavo voltado para cima (= convexa). Encontre o ponto mínimo de F_1 e o ponto de sela de F_2 (observe onde as primeiras derivadas são zero).

6.2 TESTES PARA A DEFINIÇÃO POSITIVA

Que matrizes simétricas têm a propriedade de $x^{\mathrm{T}}Ax > 0$ para todos os vetores não nulos x? Há quatro ou cinco formas diferentes de responder a essa pergunta, e esperamos encontrar todas elas. A seção anterior iniciou com algumas dicas sobre os sinais de autovalores, mas isso abriu espaço para os testes em a, b e c:

$$A = \begin{bmatrix} a & b \\ b & c \end{bmatrix} \quad \text{é positiva definida quando} \quad a > 0 \quad \text{e} \quad ac - b^2 > 0.$$

A partir dessas condições, ***ambos os autovalores são positivos.*** Seu produto $\lambda_1\lambda_2$ é determinante $ac - b^2 > 0$, de forma que os autovalores sejam ambos positivos ou ambos negativos. Eles devem ser positivos porque sua soma é o traço $a + c > 0$.

Observando a e $ac - b^2$, chega a ser possível determinar o aspecto dos **pivôs**. Eles apareceram quando decompomos $x^{\mathrm{T}}Ax$ em uma soma de quadrados:

$$\textbf{Soma de quadrados} \qquad ax^2 + 2bxy + cy^2 = a\left(x + \frac{b}{a}y\right)^2 + \frac{ac - b^2}{a}y^2. \tag{1}$$

Esses coeficientes a e $(ac - b^2)/a$ são os pivôs para a matriz 2 por 2. Para matrizes maiores, os pivôs ainda oferecem um teste simples para a definição positiva: $x^{\mathrm{T}}Ax$ permanece positiva quando n quadrados independentes são multiplicados por ***pivôs positivos***.

Mais um comentário preliminar. As duas partes deste livro foram interligadas pelo capítulo sobre determinantes. Portanto, perguntamos: que papel os determinantes desempenham? ***Não é suficiente exigir que o determinante de* A *seja positivo.*** Se $a = c = -1$ e $b = 0$, então $\det A = 1$ mas $A = -I =$ definida negativa. O teste determinante é aplicado não apenas para o próprio A, fornecendo $ac - b^2 > 0$, mas também para a submatriz a 1 por 1. A generalização natural envolve todas as n submatrizes superiores esquerdas:

$$A_1 = [a_{11}], \quad A_2 = \begin{bmatrix} a_{11} & a_{12} \\ a_{21} & a_{22} \end{bmatrix}, \quad A_3 = \begin{bmatrix} a_{11} & a_{12} & a_{13} \\ a_{21} & a_{22} & a_{23} \\ a_{31} & a_{32} & a_{33} \end{bmatrix}, \ldots, \quad A_n = A.$$

Aqui está o principal teorema sobre definição positiva e um teste razoavelmente detalhado:

6B Cada um dos seguintes testes é uma condição necessária e suficiente para que a matriz simétrica real A seja ***definida positiva***:

(I) $x^{\mathrm{T}}Ax > 0$ para todos os vetores reais x não nulos.

(II) Todos os autovalores de A satisfazem $\lambda_i > 0$.

(III) Todas as submatrizes superiores A_k à esquerda têm determinantes positivos.

(IV) Todos os pivôs (sem alterações de linha) satisfazem $d_k > 0$.

Prova A condição I define uma matriz definida positiva. Nosso primeiro passo demonstra que cada autovalor será positivo:

$$\text{Se} \qquad Ax = \lambda x, \qquad \text{então} \qquad x^{\mathrm{T}}Ax = x^{\mathrm{T}}\lambda x = \lambda\|x\|^2.$$

Uma matriz definida positiva tem autovalores positivos, desde que $\mathbf{x}^{\mathrm{T}}\mathbf{A}\mathbf{x} > 0$.

Agora tomaremos outra direção. Se todos os $\lambda_i > 0$, devemos provar que $x^TAx > 0$ para cada vetor x (e não apenas os autovalores). Visto que as matrizes simétricas possuem um conjunto completo de autovetores ortonormais, todo x é uma combinação de $c_1x_1 + \cdots + c_nx_n$. Então

$$Ax = c_1Ax_1 + \cdots + c_nAx_n = c_1\lambda_1x_1 + \cdots + c_n\lambda_nx_n.$$

Por causa da ortogonalidade $x_i^Tx_j = 0$ e a normalização $x_i^Tx_i = 1$,

$$\begin{aligned} x^TAx &= \left(c_1x_1^T + \cdots + c_nx_n^T\right)(c_1\lambda_1x_1 + \cdots + c_n\lambda_nx_n) \\ &= c_1^2\lambda_1 + \cdots + c_n^2\lambda_n. \end{aligned} \tag{2}$$

Se cada $\lambda_i > 0$, então a equação (2) demonstra que $x^TAx > 0$. Portanto, a condição II implica a condição I.

Se a condição I permanece, então a equação III também permanece: o determinante de A é o produto dos autovalores. E, se a condição I permanecer, saberemos que esses autovalores serão positivos. Mas também devemos lidar com toda submatriz A_k superior esquerda. O truque é observar todos os vetores não nulos cujos últimos componentes $n - k$ são zero:

$$x^TAx = \begin{bmatrix} x_k^T & 0 \end{bmatrix}\begin{bmatrix} A_k & * \\ * & * \end{bmatrix}\begin{bmatrix} x_k \\ 0 \end{bmatrix} = x_k^TA_kx_k > 0.$$

Portanto, A_k é definida positiva. Seus autovalores (não os mesmos λ_i!) devem ser positivos. Seu determinante é seu produto, então todos os determinantes superiores à esquerda são positivos.

Se a condição III permanece, do mesmo modo permanece a condição IV: de acordo com a Seção 4.4, o k-ésimo pivô d_k é a razão de A_k para det A_{k-1}. Se os determinantes forem todos positivos, os pivôs também serão.

Se a condição IV permanece, então a condição I também permanece: são fornecidos pivôs positivos e devemos deduzir que $x^TAx > 0$. Foi isso que fizemos no caso 2 por 2, ao completar o quadrado. Os pivôs eram os números fora dos quadrados. Para constatar como isso acontece nas matrizes simétricas de qualquer tamanho, retornaremos para a *eliminação de uma matriz simétrica:* $A = LDL^T$.

Exemplo 1 Pivôs positivos 2, $\frac{3}{2}$ e $\frac{4}{3}$:

$$A = \begin{bmatrix} 2 & -1 & 0 \\ -1 & 2 & -1 \\ 0 & -1 & 2 \end{bmatrix} = \begin{bmatrix} 1 & 0 & 0 \\ -\frac{1}{2} & 1 & 0 \\ 0 & -\frac{2}{3} & 1 \end{bmatrix}\begin{bmatrix} 2 & & \\ & \frac{3}{2} & \\ & & \frac{4}{3} \end{bmatrix}\begin{bmatrix} 1 & -\frac{1}{2} & 0 \\ 0 & 1 & -\frac{2}{3} \\ 0 & 0 & 1 \end{bmatrix} = LDL^T.$$

Quero dividir x^TAx em x^TLDL^Tx:

$$\text{Se } x = \begin{bmatrix} u \\ v \\ w \end{bmatrix}, \text{ então } L^Tx = \begin{bmatrix} 1 & -\frac{1}{2} & 0 \\ 0 & 1 & -\frac{2}{3} \\ 0 & 0 & 1 \end{bmatrix}\begin{bmatrix} u \\ v \\ w \end{bmatrix} = \begin{bmatrix} u - \frac{1}{2}v \\ v - \frac{2}{3}w \\ w \end{bmatrix}.$$

Portanto, x^TAx é a soma dos quadrados com os pivôs, 2, $\frac{3}{2}$ e $\frac{4}{3}$ como coeficientes:

$$x^TAx = (L^Tx)^TD(L^Tx) = \mathbf{2}\left(u - \frac{\mathbf{1}}{\mathbf{2}}v\right)^2 + \frac{\mathbf{3}}{\mathbf{2}}\left(v - \frac{\mathbf{2}}{\mathbf{3}}w\right)^2 + \frac{\mathbf{4}}{\mathbf{3}}(w)^2.$$

Esses pivôs positivos em D multiplicam quadrados perfeitos para tornar x^TAx positiva. Consequentemente, a condição IV implica a condição I, e a prova está completa. ■

É muito bom verificar que eliminar e completar o quadrado representa exatamente a mesma coisa. A eliminação remove x_1 de todas as últimas equações. De modo similar, os primeiros quadrados respondem por todos os termos em x^TAx que envolvem x_1.

A soma dos quadrados possui os pivôs externos. *Os multiplicadores* ℓ_{ij} *são internos*! Você pode enxergar os números $-\frac{1}{2}$ e $-\frac{2}{3}$ dentro dos quadrados no exemplo.

Cada elemento diagonal a_{ii} *deve ser positivo*. No entanto, como sabemos pelos exemplos, não basta observar apenas os elementos diagonais.

Os pivôs d_i não devem ser confundidos com os autovalores. Para uma típica matriz definida positiva, eles são dois conjuntos de números positivos completamente diferentes. Em nosso exemplo 3 por 3, o teste de determinante é provavelmente o mais fácil:

$$\textbf{Teste de determinante} \qquad \det A_1 = 2, \qquad \det A_2 = 3, \qquad \det A_3 = \det A = 4.$$

Os pivôs são as razões $d_1 = 2$, $d_2 = \frac{3}{2}$ e $d_3 = \frac{4}{3}$. Normalmente, o teste de autovalores representa o cálculo mais extenso. Para essa matriz A, sabemos que os λ's são todos positivos:

$$\textbf{Teste de autovalores} \qquad \lambda_1 = 2 - \sqrt{2}, \qquad \lambda_2 = 2, \qquad \lambda_3 = 2 + \sqrt{2}.$$

Apesar de ser o mais difícil de ser aplicado a uma única matriz, o teste de autovalores pode ser o mais útil para fins teóricos. ***Qualquer teste não é suficiente por si só.***

Matrizes definidas positivas e mínimos quadrados

Veremos mais um teste para a definição positiva. Já estamos quase lá. Conectamos matrizes definidas positivas a pivôs (Capítulo 1), determinantes (Capítulo 4) e autovalores (Capítulo 5). Agora as vemos nos problemas de mínimos quadrados mostrados no Capítulo 3, surgindo das matrizes retangulares abordadas no Capítulo 2.

A matriz retangular será R e o problema de mínimos quadrados será $Rx = b$. Ela possui m equações com $m \geq n$ (sistemas de quadrado estão incluídos). *A escolha de mínimos* $\hat{x}$ *quadrados é a solução de* $R^TR\hat{x} = R^Tb$. Essa matriz $A = R^TR$ não é apenas simétrica, mas também definida positiva, conforme demonstraremos agora – contanto que as n colunas de R sejam linearmente independentes:

> **6C** A matriz simétrica de A é uma definida positiva se, e somente se,
>
> (V) Houver uma matriz R com colunas independentes tais como. $A = R^TR$.

O segredo está em reconhecer x^TAx *como* x^TR^TRx $(xR)^T(Rx)$. Esse módulo ao quadrado $||Rx||^2$ é positivo (a menos que $x = 0$), pois R possui colunas independentes. (Se x for não nulo, então Rx será não nulo.) Portanto, $x^TR^TRx > 0$ e R^TR é positiva definida.

Resta encontrar um R para cada $A = R^TR$. Já fizemos isso quase duas vezes:

$$\textbf{Eliminação} \qquad A = LDL^T = \left(L\sqrt{D}\right)\left(\sqrt{D}L^T\right), \text{ então, tome } R = \sqrt{D}L^T.$$

Essa ***decomposição de Cholesky*** tem os pivôs divididos igualmente entre L e L^T.

$$\textbf{Autovalores} \qquad A = Q\Lambda Q^T = (Q\sqrt{\Lambda})\,(\sqrt{\Lambda}Q^T). \text{ Então, tome } R = \sqrt{\Lambda}Q^T. \qquad (3)$$

Uma terceira possibilidade é $R = Q\sqrt{\Lambda}Q^T$, a ***raiz quadrada definida positiva simétrica*** de A. Há muitas outras escolhas, quadrados ou retângulos, e podemos verificar o porquê. Se você multiplicar R por *uma matriz Q com colunas ortonormais*, então $(QR)^T\,(QR) = R^TQ^TR = R^TIR = A$. Portanto, QR é outra escolha.

As aplicações de matrizes definidas positivas foram desenvolvidas em meu livro anterior, *Introduction to Applied Mathematics* [Introdução à Matemática Aplicada], além de meu recente *Applied Mathematics and Scientific Computing* [Matemática Aplicada e Computação Científica] (para mais detalhes, consulte <www.wellesleycambridge.com>). Mencionamos que $Ax = \lambda Mx$ surge constantemente em análise de Engenharia. Se A e M são definidas positivas, esse problema generalizado é paralelo aos familiares $Ax = \lambda x$ e $\lambda > 0$. M é uma **matriz de massa** para o *método dos elementos finitos* que será mostrado na Seção 6.4.

Matrizes semidefinidas

Os testes para semidefinição irão amenizar $x^TAx > 0$, $\lambda > 0$, $d > 0$ e det > 0, para permitir o aparecimento de zeros. O ponto principal é enxergar as analogias com o caso das definidas positivas.

6D Cada um dos seguintes testes é uma condição necessária e suficiente para que uma matriz simétrica A seja ***semidefinida positiva***:

(I′) $x^TAx \geq 0$ para todos os vetores x (isso define uma semidefinida positiva).

(II′) Todos os autovalores de A satisfazem $\lambda_i \geq 0$.

(III′) Nenhuma submatriz principal possui determinantes negativos.

(IV′) Nenhum pivô é negativo.

(V′) Há uma matriz R, possivelmente com colunas dependentes, de modo que $A = R^TR$.

A diagonalização $A = Q\Lambda Q^T$ leva a $x^TAx = x^TQ\Lambda Q^Tx = y^T\Lambda y$. Se A tiver posto r, haverá r, λ's não nulos e r quadrados perfeitos em $y^T\Lambda y = \lambda_1 y_1^2 + \cdots + \lambda_r y_r^2$.

Observação A novidade é que a condição III′ se aplica a todas as submatrizes principais, não apenas àquelas no canto superior esquerdo. De outra maneira, não poderíamos distinguir entre duas matrizes cujos determinantes superiores esquerdos fossem todos nulos:

$$\begin{bmatrix} 0 & 0 \\ 0 & 1 \end{bmatrix} \text{ é uma semidefinida positiva e } \begin{bmatrix} 0 & 0 \\ 0 & -1 \end{bmatrix} \text{ é uma semidefinida negativa.}$$

Uma troca de linha acontece juntamente com a troca de coluna, a fim de manter a simetria.

Exemplo 2

$$A = \begin{bmatrix} 2 & -1 & -1 \\ -1 & 2 & -1 \\ -1 & -1 & 2 \end{bmatrix} \quad \text{é uma semidefinida positiva, de acordo com todos os cinco testes:}$$

(I′) $x^TAx = (x_1 - x_2)^2 + (x_1 - x_3)^2 + (x_2 + x_3)^2 \geq 0$ (zero se $x_1 = x_2 = x_3$).

(II′) Os autovalores são $\lambda_1 = 0$, $\lambda_2 = \lambda_3 = 3$ (um autovalor nulo).

(III′) det $A = 0$ e os determinantes menores são positivos.

$$(\mathrm{IV}')\ A = \begin{bmatrix} 2 & -1 & -1 \\ -1 & 2 & -1 \\ -1 & -1 & 2 \end{bmatrix} \rightarrow \begin{bmatrix} 2 & 0 & 0 \\ 0 & \frac{3}{2} & -\frac{3}{2} \\ 0 & -\frac{3}{2} & \frac{3}{2} \end{bmatrix} \rightarrow \begin{bmatrix} 2 & 0 & 0 \\ 0 & \frac{3}{2} & 0 \\ 0 & 0 & \mathbf{0} \end{bmatrix} \quad \text{(pivô faltando).}$$

(V′) $A = R^{\mathrm{T}}R$ com colunas dependentes em R:

$$\begin{bmatrix} 2 & -1 & -1 \\ -1 & 2 & -1 \\ -1 & -1 & 2 \end{bmatrix} = \begin{bmatrix} 1 & -1 & 0 \\ 0 & 1 & -1 \\ -1 & 0 & 1 \end{bmatrix} \begin{bmatrix} 1 & 0 & -1 \\ -1 & 1 & 0 \\ 0 & -1 & 1 \end{bmatrix} \quad \text{(1, 1, 1) no espaço nulo.}$$

Comentário As condições para semidefinição também poderiam ser deduzidas das condições originais I a V para definição por meio do seguinte truque: adicione um múltiplo pequeno da identidade, obtendo uma matriz definida positiva $A + \epsilon I$. Então, que ϵ se aproxime de zero. Já que os determinantes e os autovalores dependem continuamente de ϵ, eles serão positivos até o último momento. Em $\epsilon = 0$, eles ainda devem ser não negativos.

Meus alunos frequentemente me perguntam a respeito de matrizes definidas positivas *assimétricas*. Nunca utilizo este termo. Uma definição razoável é que a parte simétrica $\frac{1}{2}(A + A^{\mathrm{T}})$ deve ser definida positiva. Isso garante que *as partes reais dos autovalores sejam positivas*. Não é necessário que: $A = \begin{bmatrix} 1 & 4 \\ 0 & 1 \end{bmatrix}$ tenha $\lambda > 0$, mas que $\frac{1}{2}(A + A^{\mathrm{T}}) = \begin{bmatrix} 1 & 2 \\ 2 & 1 \end{bmatrix}$ seja indefinida.

Se $Ax = \lambda x$, então $x^{\mathrm{H}}Ax = \lambda x^{\mathrm{H}}x$ e $x^{\mathrm{H}}A^{\mathrm{H}}x = \overline{\lambda}x^{\mathrm{H}}x$.

Somando, $\frac{1}{2}x^{\mathrm{H}}(A + A^{\mathrm{H}})x = (Re\lambda)x^{\mathrm{H}}x > 0$, de modo que $\mathrm{Re}\lambda > 0$.

Elipsoides em *n* dimensões

Ao longo deste livro, a geometria tem auxiliado a álgebra de matrizes (ou "álgebra matricial"). Uma equação linear produz um plano. O sistema $Ax = b$ fornece uma interseção de planos. Mínimos quadrados proporcionam uma projeção perpendicular. O determinante é o volume de uma caixa. Agora, para uma matriz definida positiva e sua forma $x^{\mathrm{T}}Ax$, finalmente obtemos uma figura curvada. É uma *elipse* em duas dimensões e um *elipsoide* em n dimensões.

A equação a ser considerada é $x^{\mathrm{T}}Ax = 1$. Se A for a matriz identidade, isso será simplificado para $x_1^2 + x_2^2 + \cdots + x_n^2 = 1$. Esta é a equação da "esfera unitária" em $\mathbf{R}^n$. Se $A = 4I$, a esfera se torna menor. A equação muda para $4x_1^2 + \cdots + 4x_n^2 = 1$. Em vez de $(1, 0, \ldots, 0)$, ela passa por $(\frac{1}{2}, 0, \ldots, 0)$. O centro é a origem, porque, se x satisfaz $x^{\mathrm{T}}Ax = 1$, o mesmo é válido para o vetor oposto $-x$. O passo importante é partir da matriz identidade para a *matriz diagonal*:

$$\textbf{Elipsoide} \qquad \text{Para } A = \begin{bmatrix} 4 & & \\ & 1 & \\ & & \frac{1}{9} \end{bmatrix}, \text{ a equação é } x^{\mathrm{T}}Ax = 4x_1^2 + x_2^2 + \tfrac{1}{9}x_3^2 = 1.$$

Visto que os valores são desiguais (e positivos!), a esfera muda para um elipsoide.

Uma solução é $x = (\frac{1}{2}, 0, 0)$ ao longo do primeiro eixo. Outra é $x = (0, 1, 0)$. O eixo principal tem o ponto mais distante, $x = (0, 0, 3)$. Funciona como uma bola de futebol ou *rugby*, mas não muito – estas estão perto de $x_1^2 + x_2^2 + \frac{1}{2}x_3^2 = 1$. Os dois coeficientes iguais as tornam circulares no plano $x_1 - x_2$, e muito mais fáceis de chutar!

Agora surge a etapa final, fazer com que os não nulos fiquem longe da diagonal de A.

Exemplo 3 $A = \begin{bmatrix} 5 & 4 \\ 4 & 5 \end{bmatrix}$ e $x^TAx = 5u^2 + 8uv + 5v^2 = 1$. Essa elipse está centrada em $u = v = 0$, mas os eixos não estão tão evidentes. Os números 4 que estão fora da diagonal deixam a matriz definida positiva, mas giram a elipse – seus eixos não se alinham mais com os eixos das coordenadas (Figura 6.2). Demonstraremos que ***os eixos da elipse apontam para os autovetores de* A.** Como $A = A^T$, esses autovetores e eixos são ortogonais. O eixo *principal* da elipse corresponde ao *menor* autovalor de A.

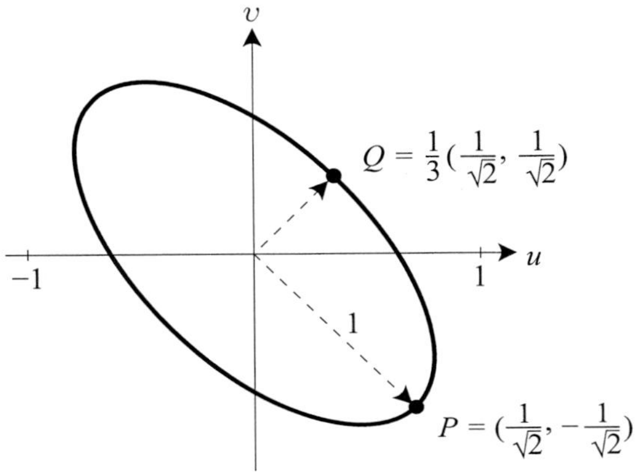

Figura 6.2 A elipse $x^TAx = 5u^2 + 8uv + 5v^2 = 1$ e seus eixos principais.

Para localizar a elipse, calculamos $\lambda_1 = 1$e $\lambda_2 = 9$. Os autovetores da unidade são $(1, -1)/\sqrt{2}$ e $(1, 1)/\sqrt{2}$. Esses estão em ângulos de 45° com os eixos u-v e alinhados com os eixos da elipse. A forma de visualizar a elipse apropriadamente é *reescrever* $x^TAx = 1$:

$$\textbf{Novos quadrados} \qquad 5u^2 + 8uv + v^2 = \left(\frac{u}{\sqrt{2}} - \frac{v}{\sqrt{2}}\right)^2 + 9\left(\frac{u}{\sqrt{2}} + \frac{v}{\sqrt{2}}\right)^2 = 1. \qquad (4)$$

$\lambda = 1$ e $\lambda = 9$ estão fora dos quadrados. Os autovetores encontram-se dentro. Isso é diferente de completar o quadrado para $5\left(u + \frac{4}{5}v\right)^2 + \frac{9}{5}v^2$, com os *pivôs* do lado de fora.

O primeiro quadrado se iguala a 1 em $(1/\sqrt{2}, -1/\sqrt{2})$, no fim do eixo principal. O comprimento do eixo secundário equivale a um terço do principal, pois precisamos de $\left(\frac{1}{3}\right)^2$ para cancelar o 9.

Qualquer elipsoide $x^TAx = 1$ pode ser simplificado da mesma maneira. *A etapa principal é diagonalizar* $A = Q\Lambda Q^T$. Retificamos a composição ao girar os eixos. De forma algébrica, a alteração para $y = Q^Tx$ gera uma soma de quadrados:

$$x^TAx = (x^TQ)\,\Lambda\,(Q^Tx) = y^T\Lambda y = \lambda_1 y_1^2 + \cdots + \lambda_n y_n^2 = 1. \qquad (5)$$

O eixo principal tem $y_1 = 1/\sqrt{\lambda_1}$ ao longo do autovetor com menor autovalor.

Os outros eixos estão ao longo dos autovetores. Suas extensões são $1/\sqrt{\lambda_2}, \ldots, 1/\sqrt{\lambda_n}$. Observe que os λs devem ser positivos – *a matriz deve ser definida positiva* – ou essas raízes quadradas serão comprometidas. Uma equação indefinida $y_1^2 - 9y_2^2 = 1$ descreve uma hipérbole, não uma elipse. Uma hipérbole é uma seção transversal através de uma sela, e uma elipse é uma seção transversal através de uma concavidade.

A alteração de x para $y = Q^{\mathrm{T}}x$ gira os eixos do espaço, para igualar os eixos de um elipsoide. Nas variáveis de y, podemos notar que se trata de um elipsoide, pois a equação se torna demasiadamente controlável:

6E Suponha que $A = Q\Lambda Q^{\mathrm{T}}$ com $\lambda_i > 0$. Girar $y = Q^{\mathrm{T}}x$ simplifica $x^{\mathrm{T}}Ax = 1$:

$$x^{\mathrm{T}}Q\Lambda Q^{\mathrm{T}}x = 1, \quad \boxed{y^{\mathrm{T}}\Lambda y = 1} \quad \text{e} \quad \lambda_1 y_1^2 + \ldots + \lambda_n y_n^2 = 1.$$

Esta é a equação de um elipsoide. Seus eixos têm comprimento $1/\sqrt{\lambda_1}, \ldots, 1/\sqrt{\lambda_n}$ a partir do centro. No espaço x original, eles apontam na direção dos autovetores de A.

A lei da inércia

Para eliminação de autovalores, as matrizes se tornam mais simples com operações básicas. O essencial é saber quais propriedades da matriz permanecem inalteradas. Quando um múltiplo de uma linha é subtraído de outro, o espaço-linha, espaço nulo, posto e determinante permanecem os mesmos. Para os autovalores, a operação básica foi uma transformação de similaridade $A \to S^{-1}AS$ (ou $A \to M^{-1}AM$). Os autovalores permanecem inalterados (assim como a forma de Jordan). Agora, faremos a mesma pergunta com relação às matrizes simétricas: *quais são as operações básicas e suas invariantes para* $\mathrm{x^TAx}$*?*

A operação básica em uma forma quadrática é a mudança das variáveis. Um novo vetor y está relacionado com x por algumas matrizes não singulares, $x = Cy$. A forma quadrática se torna $y^{\mathrm{T}}C^{\mathrm{T}}ACy$. Isso demonstra a operação fundamental em A:

Transformação de congruência $\quad A \to C^{\mathrm{T}}AC$ para algum C não singular. (6)

A simetria de A é preservada, desde que $C^{\mathrm{T}}AC$ permaneça simétrica. A verdadeira pergunta é "Quais outras propriedades são compartilhadas por A e $C^{\mathrm{T}}AC$?". A resposta é dada pela ***lei da inércia*** de Sylvester.

6F $C^{\mathrm{T}}AC$ tem o mesmo número de autovalores positivos, autovalores negativos e autovalores nulos que A.

Os *sinais* dos autovalores (e não os autovalores em si) são preservados por uma transformação de congruência. Na prova, consideremos que A seja não singular. Então $C^{\mathrm{T}}AC$ também será não singular e não haverá autovalores nulos para se preocupar. (Caso contrário, poderemos trabalhar com as $A + \in I$ e $A - \in I$ não singulares e, no fim, fazer que $\in \to 0$).

Prova Queremos pegar emprestado um truque da topologia. Suponha que C esteja vinculado à matriz ortogonal Q por meio de uma cadeia contínua de matrizes não singulares $C(t)$. Em $t = 0$ e $t = 1$, $C(0) = C$ e $C(1) = Q$. Então, os autovalores de $C(t)^{\mathrm{T}}AC(t)$ mudarão gradualmente, à medida que t vai de 0 a 1, dos autovalores de $C^{\mathrm{T}}AC$ para os autovalores de $Q^{\mathrm{T}}AQ$. Como $C(t)$ nunca é singular, *nenhum dos autovalores podem tocar zero* (o que dirá cruzá-lo!). Portanto, o número de autovalores à direita de zero, e o número à esquerda, é o mesmo para $C^{\mathrm{T}}AC$ e $Q^{\mathrm{T}}AQ$. E A tem exatamente os mesmos autovalores que uma matriz similar $Q^{-1}AQ = Q^{\mathrm{T}}AQ$.

Uma boa escolha para Q é aplicar o processo de Gram-Schmidt às colunas de C. Então, $C = QR$ e a cadeia de matrizes é $C(t) = tQ + (1 - t)QR$. A família $C(t)$ passa lentamente pelo processo de Gram-Schmidt, de QR a Q. Ela é inversa, pois Q é inverso e o fator triangular $tI + +(1 - t)R$ tem diagonal positiva. Isso finaliza a prova.

Exemplo 4 Suponha $A = 1$. Então, $C^TAC = C^TC$ é definida positiva. Tanto I como C^TC tem n autovalores positivos, confirmando a lei da inércia.

Exemplo 5 Se $A = \begin{bmatrix} 1 & 0 \\ 0 & -1 \end{bmatrix}$, então C^TAC tem determinante negativo:

$$\det C^TAC = (\det C^T)\,(\det A)\,(\det C) = -(\det C)^2 < 0.$$

Então, C^TAC deve apresentar um autovalor positivo e um negativo, assim como A.

Exemplo 6 Esta aplicação é a que importa:

> **6G** Para qualquer matriz simétrica A, ***os sinais dos pivôs estão de acordo com os sinais dos autovalores.*** A matriz de autovalor Λ e a matriz de pivô D têm o mesmo número de elementos positivos, negativos e nulos.

Suponhamos que A permita a fatoração simétrica $A = LDL^T$ (sem troca de linha). Pela lei da inércia, A tem o mesmo número de autovalores positivos que D. Mas os autovalores de D são apenas seus elementos diagonais (os pivôs). Com isso, o número de pivôs positivos equivale ao número de autovalores positivos de A.

Isso é lindo e prático. É lindo porque reúne (para matrizes simétricas) as duas partes deste livro que foram previamente separadas: *pivôs* e *autovalores*. Também é prático porque os pivôs podem localizar os autovalores:

A tem pivôs positivos
$A - 2I$ tem um pivô negativo

$$A = \begin{bmatrix} 3 & 3 & 0 \\ 3 & 10 & 7 \\ 0 & 7 & 8 \end{bmatrix} \qquad A - 2I = \begin{bmatrix} 1 & 3 & 0 \\ 3 & 8 & 7 \\ 0 & 7 & 6 \end{bmatrix}.$$

A tem autovalores positivos, de acordo com o nosso teste. Mas sabemos que λ_{min} é *menor que* 2, pois subtrair 2 o deixou abaixo de zero. O próximo passo direciona-se a $A - I$, para verificar se $\lambda_{min} < 1$. (Sim, pois $A - I$ tem um pivô negativo.) Esse intervalo contendo λ é dividido ao meio a cada passo, verificando-se os sinais dos pivôs.

Esse foi praticamente o primeiro método prático de cálculo de autovalores. O método prevaleceu até 1960, após uma importante melhoria – tornar A tridiagonal primeiramente. Então, os pivôs são calculados em $2n$ passos em vez de $\frac{1}{6}n^3$. A eliminação torna-se rápida e a busca por autovalores (por meio da divisão ao meio dos intervalos) torna-se simples. O atual favorito é o método QR do Capítulo 7.

O problema do autovalor generalizado

Física, Engenharia e Estatística são normalmente generosas o bastante para produzir matrizes simétricas em seus problemas de autovalor. ***Mas, às vezes,* Ax $=\lambda$x *é substituído por* Ax $=\lambda$Mx*.*** *Há duas matrizes, em vez de uma.*

Um exemplo disso é o deslocamento de duas massas desiguais numa fileira de molas:

$$\begin{aligned} m_1\frac{d^2v}{dt^2} + 2v - w &= 0 \\ m_2\frac{d^2w}{dt^2} - v + 2w &= 0 \end{aligned} \quad \text{ou} \quad \begin{bmatrix} m_1 & 0 \\ 0 & m_2 \end{bmatrix}\frac{d^2u}{dt^2} + \begin{bmatrix} 2 & -1 \\ -1 & 2 \end{bmatrix}u = 0. \qquad (7)$$

Quando as massas eram iguais, $m_1 = m_2 = 1$, este era o antigo sistema $u'' + Au = 0$. Agora é $Mu'' + Au = 0$, com uma *matriz de massa M*. O problema do autovalor surge quando observamos as soluções exponenciais $e^{i\omega t}x$:

$$Mu'' + Au = 0 \text{ torna-se } M(i\omega)^2 e^{i\omega t}x + Ae^{i\omega t}x = 0. \tag{8}$$

Cancelando $e^{i\omega t}$ e escrevendo λ para ω^2 este é um problema de autovalor:

$$\textbf{Problema generalizado } \boldsymbol{Ax = \lambda Mx} \qquad \begin{bmatrix} 2 & -1 \\ -1 & 2 \end{bmatrix} x = \lambda \begin{bmatrix} m_1 & 0 \\ 0 & m_2 \end{bmatrix} x. \tag{9}$$

Há uma solução quando $A - \lambda M$ é singular. A escolha especial $M = I$ traz de volta o usual $\det(A - \lambda I) = 0$. Desenvolvemos $\det(A - \lambda M)$ com $m_1 = 1$ e $m_2 = 2$:

$$\det \begin{bmatrix} 2-\lambda & -1 \\ -1 & 2-2\lambda \end{bmatrix} = 2\lambda^2 - 6\lambda + 3 = 0 \quad \text{resulta em} \quad \lambda = \frac{3 \pm \sqrt{3}}{2}.$$

Para o autovalor $x_1 = (\sqrt{3} - 1,\ 1)$, as duas massas oscilam em conjunto – mas a primeira massa somente se move até $\sqrt{3} - 1 \approx .73$. No modo mais rápido, os componentes de $x_2 = (1 + \sqrt{3}, -1)$ têm sinais opostos e as massas se movimentam em direções contrárias. Dessa vez, a massa menor vai muito além.

A teoria fundamental é mais fácil de ser explicada se M for dividido em R^TR. (*Supõe-se que* M *seja uma positiva definida.*) Então, a substituição $y = Rx$ é alterada.

$$Ax = \lambda Mx = \lambda R^TRx \qquad \text{em} \qquad AR^{-1}y = \lambda R^Ty.$$

Escrevendo C para R^{-1} e multiplicando por $(R^T)^{-1} = C^T$, este se torna um problema de autovalor padrão para a matriz simétrica *única* C^TAC:

$$\textbf{Problema equivalente} \qquad C^TACy = \lambda y. \tag{10}$$

Os autovalores λ_j são os mesmos para o $Ax = \lambda Mx$ original, e os autovetores são relacionados por $y_j = Rx_j$. As propriedades de C^TAC levam diretamente às propriedades de $Ax = \lambda Mx$, quando $A = A^T$ e M são positivas definidas:

1. Os autovalores para $Ax = \lambda Mx$ são reais, pois C^TAC é simétrica.
2. Os λ's têm os mesmos sinais que os autovalores de A, de acordo com lei da inércia.
3. C^TAC tem autovetores ortogonais y_j. Portanto, os autovetores de $Ax = \lambda Mx$ têm

$$\textbf{“Ortogonalidade de M”} \qquad x^T_i Mx_j = x^T_i R^TRx_j = y^T_i y_j = 0. \tag{11}$$

A e M estão sendo *simultaneamente diagonalizadas*. Se S tem o x_j em suas colunas, então $S^TAS = \Lambda$ e $S^TMS = I$. Esta é uma transformação de *congruência*, com S^T à esquerda, e não uma transformação de similaridade, com S^{-1}. O ponto principal é fácil de ser resumido: contanto que M seja uma positiva definida, o problema de autovalor generalizado $Ax = \lambda Mx$ se comporta exatamente como $Ax = \lambda x$.

Conjunto de problemas 6.2

1. Decida a favor ou contra a definição positiva de:

$$A = \begin{bmatrix} 2 & -1 & -1 \\ -1 & 2 & -1 \\ -1 & -1 & 2 \end{bmatrix}, \quad B = \begin{bmatrix} 2 & -1 & -1 \\ -1 & 2 & 1 \\ -1 & 1 & 2 \end{bmatrix}, \quad C = \begin{bmatrix} 0 & 1 & 2 \\ 1 & 0 & 1 \\ 2 & 1 & 0 \end{bmatrix}^2.$$

2. Para qual série de números a e b as matrizes A e B são definidas positivas:

$$A = \begin{bmatrix} a & 2 & 2 \\ 2 & a & 2 \\ 2 & 2 & a \end{bmatrix} \quad B = \begin{bmatrix} 1 & 2 & 4 \\ 2 & b & 8 \\ 4 & 8 & 7 \end{bmatrix}.$$

3. *Se* A *e* B *são definidas positivas, então* A + B *é positiva definida.* Pivôs e autovalores não são convenientes para $A + B$. É muito melhor demonstrar $x^T (A + B)x > 0$.

4. Construa uma *matriz indefinida* com os maiores valores na diagonal principal:

$$A = \begin{bmatrix} 1 & b & -b \\ b & 1 & b \\ -b & b & 1 \end{bmatrix} \quad \text{com } |b| < 1 \quad \text{possuindo } \det A <$$

5. Se $A = Q\Lambda Q^T$ é uma matriz definida positiva simétrica, então $R = Q\sqrt{\Lambda}Q^T$ é sua *raiz quadrada definida positiva simétrica.* Por que R tem autovalores positivos? Calcule R e verifique $R^2 = A$ para

$$A = \begin{bmatrix} 10 & 6 \\ 6 & 10 \end{bmatrix} \quad \text{e} \quad A = \begin{bmatrix} 10 & -6 \\ -6 & 10 \end{bmatrix}$$

6. A elipse $u^2 + 4v^2 = 1$ corresponde a $A = \begin{bmatrix} 1 & 0 \\ 0 & 4 \end{bmatrix}$. Escreva os autovalores e os autovetores e esboce uma elipse.

7. Demonstre a partir dos autovalores que, se A for definida positiva, do mesmo modo será A^2 e A^{-1}.

8. Reduza a equação $3u^2 - 2\sqrt{2}uv + 2v^2 = 1$ para uma soma de quadrados, encontrando os autovalores da A correspondente e esboce uma elipse.

9. A partir dos pivôs, autovalores e autovetores de $A = \begin{bmatrix} 5 & 4 \\ 4 & 5 \end{bmatrix}$, escreva A como R^TR em três formas: $(L\sqrt{D})\ (\sqrt{D}L^T)$,$(Q\sqrt{\Lambda})\ (\sqrt{\Lambda}Q^T)$ e $(Q\sqrt{\Lambda}Q^T)\ (Q\sqrt{\Lambda}Q^T)$.

10. Escreva as cinco condições para que uma matriz 3 por 3 seja *definida negativa* ($-A$ é definida positiva) com atenção especial à condição III: de que forma det ($-A$) é relacionado a det A?

11. Se A $= R^TR$, comprove a desigualdade generalizada de Schwarz $|x^TAy|^2 \leq (x^TAx)(y^TAy)$.

12. Decida se as seguintes matrizes são definidas positivas, definidas negativas, semidefinidas ou indefinidas:

$$A = \begin{bmatrix} 1 & 2 & 3 \\ 2 & 5 & 4 \\ 3 & 4 & 9 \end{bmatrix}, \quad B = \begin{bmatrix} 1 & 2 & 0 & 0 \\ 2 & 6 & -2 & 0 \\ 0 & -2 & 5 & -2 \\ 0 & 0 & -2 & 3 \end{bmatrix}, \quad C = -B, \quad D = A^{-1}.$$

Há uma solução real para $-x^2 - 5y^2 - 9z^2 - 4xy - 6xz - 8yz = 1$?

13. Se A é uma matriz definida positiva simétrica e C é não singular, prove que $B = C^{\mathrm{T}}AC$ também é definida positiva simétrica.

14. Em três dimensões, $\lambda_1 y_1^2 + \lambda_2 y_2^2 + \lambda_3 y_3^2 = 1$ representa um elipsoide quando todos $\lambda_i > 0$. Descreva todos os diferentes tipos de superfícies que aparecem no caso da semidefinida positiva quando um ou mais autovalores forem nulos.

15. Verdadeiro ou falso? Suponha que A seja uma matriz definida positiva simétrica e Q seja uma matriz ortogonal.

(a) $Q^{\mathrm{T}}AQ$ é uma matriz diagonal.
(b) $Q^{\mathrm{T}}AQ$ é uma definida positiva simétrica.
(c) $Q^{\mathrm{T}}AQ$ tem os mesmos autovalores de A.
(d) e^{-A} é uma matriz definida positiva simétrica.

16. Uma matriz definida positiva não pode ter um zero (ou, ainda pior, um número negativo) em sua diagonal. Mostre que essa matriz não consegue ter $x^{\mathrm{T}}Ax > 0$:

$$\begin{bmatrix} x_1 & x_2 & x_3 \end{bmatrix} \begin{bmatrix} 4 & 1 & 1 \\ 1 & 0 & 2 \\ 1 & 2 & 5 \end{bmatrix} \begin{bmatrix} x_1 \\ x_2 \\ x_3 \end{bmatrix} \text{ não é positiva quando } (x_1, x_2, x_3) = (\quad,\quad,\quad).$$

17. (Teste de Lyapunov para a estabilidade de M) Suponha que $AM + M^{\mathrm{H}}A = -I$ com A definida positiva. Se $Mx = \lambda x$, mostre que Re $\lambda < 0$. (Dica: multiplique a primeira equação por x^{H} e x).

18. Se A é definida positiva e a_{11} é elevada, prove a partir dos cofatores que o determinante aumenta. Demonstre, por meio de exemplo, que isso pode falhar caso A seja uma matriz indefinida.

19. Dê uma razão imediata para o motivo de cada uma dessas afirmações serem verdadeiras:

(a) Toda matriz definida positiva é invertível.
(b) A única matriz de projeção definida positiva é $P = I$
(c) Uma matriz diagonal com elementos diagonais positivos é definida positiva.
(d) Uma matriz simétrica com um determinante positivo pode não ser definida positiva!

20. A partir de $A = R^{\mathrm{T}}R$, demonstre para matrizes definidas positivas que $\det A \le a_{11}a_{22} \cdots a_{nn}$. (O comprimento elevado ao quadrado da coluna j de R é a_{jj}. Use determinante = volume.)

21. Para quais s e t, A e B têm todos os $\lambda > 0$ (sendo, portanto, definidas positivas)?

$$A = \begin{bmatrix} s & -4 & -4 \\ -4 & s & -4 \\ -4 & -4 & s \end{bmatrix} \quad \text{e} \quad B = \begin{bmatrix} t & 3 & 0 \\ 3 & t & 4 \\ 0 & 4 & t \end{bmatrix}.$$

22. Calcule os três determinantes superiores à esquerda para estabelecer a definição positiva. Verifique se suas razões fornecem o segundo e o terceiro pivôs.

$$A = \begin{bmatrix} 2 & 2 & 0 \\ 2 & 5 & 3 \\ 0 & 3 & 8 \end{bmatrix}.$$

23. Você verificou a equação para uma elipse como $\left(\frac{x}{a}\right)^2 + \left(\frac{y}{b}\right)^2 = 1$. Quais são os valores a e b quando a equação é escrita como $\lambda_1 x^2 + \lambda_2 y^2 = 1$? A elipse $9x^2 + 16y^2 = 1$ possui semieixos com comprimentos $a =$ ____ e $b =$ ____.

24. Um elemento diagonal a_{jj} de uma matriz simétrica não pode ser menor do que todos os λ. Se fosse assim, então $A - a_{jj}I$ teria _______ autovalores e seria definida positiva. Mas $A - a_{jj}I$ tem um _______ sobre a diagonal principal.

25. Que matrizes simétricas A do tipo 3 por 3 geram funções $f = x^{\mathrm{T}}Ax$? Por que a primeira matriz é definida positiva, mas a segunda não?

(a) $f = 2(x_1^2 + x_2^2 + x_3^2 - x_1x_2 - x_2x_3)$.

(b) $f = 2(x_1^2 + x_2^2 + x_3^2 - x_1x_2 - x_1x_3 - x_2x_3)$.

26. Com pivôs positivos em D, a fatoração $A = LDL^{\mathrm{T}}$ torna-se $L\sqrt{D}\sqrt{D}L^{\mathrm{T}}$. (Raízes quadradas de pivôs resultam em $D = \sqrt{D}\sqrt{D}$). Então, $C = L\sqrt{D}$ gera a ***Fatoração de Cholesky*** $A = CC^{\mathrm{T}}$, que é a "LU simetrizada":

$$\text{A partir de } C = \begin{bmatrix} 3 & 0 \\ 1 & 2 \end{bmatrix} \text{ encontre } A. \quad \text{A partir de } A = \begin{bmatrix} 4 & 8 \\ 8 & 25 \end{bmatrix} \text{ encontre } C.$$

27. Sem multiplicar $A = \begin{bmatrix} \cos\theta & -\operatorname{sen}\theta \\ \operatorname{sen}\theta & \cos\theta \end{bmatrix} \begin{bmatrix} 2 & 0 \\ 0 & 5 \end{bmatrix} \begin{bmatrix} \cos\theta & \operatorname{sen}\theta \\ -\operatorname{sen}\theta & \cos\theta \end{bmatrix}$, encontre:

(a) o determinante de A.

(b) os autovalores de A.

(c) os autovetores de A.

(d) uma razão para A ser uma matriz definida positiva simétrica.

28. Para as matrizes semidefinidas

$$A = \begin{bmatrix} 2 & -1 & -1 \\ -1 & 2 & -1 \\ -1 & -1 & 2 \end{bmatrix} \text{ (posto 2)} \quad \text{e} \quad B = \begin{bmatrix} 1 & 1 & 1 \\ 1 & 1 & 1 \\ 1 & 1 & 1 \end{bmatrix} \text{ (posto 1)},$$

escreva $x^{\mathrm{T}}Ax$ como uma soma de dois quadrados e $x^{\mathrm{T}}Bx$ como um quadrado.

29. Para $C = \begin{bmatrix} 2 & 0 \\ 0 & -1 \end{bmatrix}$ e $A = \begin{bmatrix} 1 & 1 \\ 1 & 1 \end{bmatrix}$, confirme que $C^{\mathrm{T}}AC$ tenha autovalores do mesmo sinal de A. Construa uma cadeia de matrizes não singulares $C(t)$ vinculando C a uma matriz Q ortogonal. Por que é impossível construir uma cadeia não singular vinculando C a uma matriz identidade?

30. Desenhe a elipse inclinada $x^2 + xy + y^2 = 1$ e encontre os semicomprimentos de seus eixos a partir dos autovalores de A correspondente.

31. A fatoração simétrica $A = LDL^{\mathrm{T}}$ significa que $x^{\mathrm{T}}Ax = x^{\mathrm{T}}LDL^{\mathrm{T}}x$:

$$\begin{bmatrix} x & y \end{bmatrix} \begin{bmatrix} a & b \\ b & c \end{bmatrix} \begin{bmatrix} x \\ y \end{bmatrix} = \begin{bmatrix} x & y \end{bmatrix} \begin{bmatrix} 1 & 0 \\ b/a & 1 \end{bmatrix} \begin{bmatrix} a & 0 \\ 0 & (ac - b^2)/a \end{bmatrix} \begin{bmatrix} 1 & b/a \\ 0 & 1 \end{bmatrix} \begin{bmatrix} x \\ y \end{bmatrix}.$$

O lado esquerdo *é* $ax^2 + 2bxy + cy^2$. O lado esquerdo é $\left(x + \frac{b}{a}y\right)^2 +$ _______ y^2. O segundo pivô completa o quadrado! Teste com $a = 2$, $b = 4$, $c = 10$.

32. Na fatoração de Cholesky, $A = CC^{\mathrm{T}}$, com $C = L\sqrt{D}$, as raízes quadradas dos pivôs estão na diagonal de C. Encontre C (triangular inferior) para

$$A = \begin{bmatrix} 9 & 0 & 0 \\ 0 & 1 & 2 \\ 0 & 2 & 8 \end{bmatrix} \quad \text{e} \quad A = \begin{bmatrix} 1 & 1 & 1 \\ 1 & 2 & 2 \\ 1 & 2 & 7 \end{bmatrix}.$$

33. Se os pivôs de uma matriz são todos maiores que 1, os autovalores são todos maiores que 1? Teste nas matrizes tridiagonais –1, 2, –1.

34. Aplique qualquer um dos três testes para cada uma das matrizes

$$A = \begin{bmatrix} 1 & 1 & 1 \\ 1 & 1 & 1 \\ 1 & 1 & 0 \end{bmatrix} \quad \text{e} \quad B = \begin{bmatrix} 2 & 1 & 2 \\ 1 & 1 & 1 \\ 2 & 1 & 2 \end{bmatrix},$$

para decidir se elas são definidas positivas, semidefinidas positivas ou indefinidas.

35. Uma prova algébrica da *lei da inércia* começa com os autovetores ortonormais $x_1, \ldots, x_p$ de A, correspondendo aos autovalores de $\lambda_i > 0$, e os autovalores ortonormais $y_1, \ldots, y_q$ de C^TAC correspondendo aos autovalores $\mu_i < 0$.

(a) Para provar que os vetores $p + q$, $x_1, \ldots, x_p$, $Cy_1, \ldots, Cy_q$ são independentes, suponha que algumas combinações forneçam zero:

$$a_1x_1 + \ldots + a_px_p = b_1Cy_1 + \ldots + b_qCy_q \ (= z, \text{ digamos}).$$

Demonstre que $z^T Az = \lambda_1 a^2_1 + \ldots + \lambda_p a^2_p \geq 0$ e $z^T Az = \mu_1 b^2_1 + \ldots + \mu_q b^2_q \leq 0$.

(b) Deduza que os *as* e os *bs* sejam nulos (demonstrando independência linear). A partir daí, deduza $p + q \leq n$.

(c) O mesmo argumento para os λ's negativos $n - p$ e para os μs positivos $n - q$ resultam em $n - p + n - q \leq n$. (Novamente supomos autovalores não nulos – que são trabalhados separadamente). Demonstre que $p + q = n$, de modo que o número p de valores λ seja igual ao número $n - q$ de μ's positivos – que representa a lei da inércia.

36. Se C é não singular, demonstre que A e C^TAC têm o mesmo posto. Com isso, eles apresentam os mesmos números de autovalores nulos.

37. Na equação (9), com $m_1 = 1$ e $m_2 = 2$, verifique se os modos normais são ortogonais M: $x_1^TMx_2 = 0$.

38. Um *grupo* de matrizes não singulares inclui AB e A^{-1}, se incluir A e B. "Produtos e inversos permanecem no grupo." Quais desses conjuntos são grupos? *Matrizes definidas positivas simétricas* A, *matrizes ortogonais* Q, *todos os exponenciais* e^{tA} *de uma matriz fixa* A, *matrizes* P *com autovalores positivos, matrizes* D *com determinante* 1. Crie um grupo que contenha somente matrizes definidas positivas.

39. Use os pivôs de $A - \frac{1}{2}I$ para decidir se A tem autovalor menor que $\frac{1}{2}$:

$$A - \frac{1}{2}I = \begin{bmatrix} 2{,}5 & 3 & 0 \\ 3 & 9{,}5 & 7 \\ 0 & 7 & 7{,}5 \end{bmatrix}.$$

40. A e C^TAC sempre satisfazem a lei da inércia quando C não é quadrada?

41. Se as matrizes simétricas A e M são indefinidas, $Ax = \lambda Mx$ pode não conter autovalores reais. Construa um exemplo do tipo 2 por 2.

42. Encontre, por meio de um experimento, o número de autovalores positivos, negativos e nulos de

$$A = \begin{bmatrix} I & B \\ B^T & 0 \end{bmatrix}$$

quando o bloco B (de ordem $\frac{1}{2}\,n$) é não singular.

43. Encontre os autovalores e os autovetores de $Ax = \lambda Mx$:

$$\begin{bmatrix} 6 & -3 \\ -3 & 6 \end{bmatrix} x = \frac{\lambda}{18} \begin{bmatrix} 4 & 1 \\ 1 & 4 \end{bmatrix} x.$$

6.3 DECOMPOSIÇÃO DE VALOR SINGULAR

Uma excelente fatoração de matriz foi reservada para o fim do curso básico. $U\Sigma V^{T}$ se associa a LU a partir da eliminação e QR, da ortogonalização (Gauss e Gram-Schmidt). O nome de ninguém é vinculado; $A = U\Sigma V^{T}$ é conhecida como "SVD" ou a ***decomposição de valor singular*** (*singular value decomposition*). Queremos descrevê-la, prová-la e discutir suas aplicações – que são muitas e cada vez mais numerosas.

A SVD está intimamente associada com a fatoração de autovalores e autovetores $Q\Lambda Q^{T}$ de uma matriz definida positiva. Os autovalores estão em uma matriz diagonal Λ. A matriz de autovetores Q é *ortogonal* ($Q^{T}Q = I$) porque os autovetores de uma matriz simétrica podem ser escolhidos para que sejam ortonormais. Para a maioria das matrizes isto não é verdadeiro, e para as matrizes retangulares é ridículo (autovalores indefinidos). Mas agora permitimos que Q, à esquerda, e Q^{T}, à direita, sejam *quaisquer uma das duas matrizes ortogonais* U e V^{T} – não necessariamente transpostas uma da outra. Então, cada matriz se dividirá em $A = U\Sigma V^{T}$.

A matriz diagonal (mas retangular) Σ tem autovalores de $A^{T}A$, não de A! Esses valores positivos (também chamados de sigma) serão $\sigma_1, \ldots, \sigma_r$. Eles são ***valores singulares*** de A e preenchem as primeiras r posições na diagonal principal de Σ – quando A tem posto r. O resto de Σ é zero.

Com matrizes retangulares, a chave é quase sempre considerar $A^{T}A$ *e* AA^{T}.

Decomposição de valor singular: Qualquer matriz A do tipo m por n pode ser fatorada em

$$A = U\Sigma V^{T} = \textbf{(ortogonal)(diagonal)(ortogonal)}.$$

As colunas de U (m por m) são autovetores de AA^{T} e as colunas de V (n por n) são autovetores de $A^{T}A$. Os r valores singulares na diagonal de Σ (m por n) são as raízes quadradas de autovalores não nulos de AA^{T} *e* $A^{T}A$.

Comentário 1 Para matrizes definidas positivas, Σ é Λ e $U\Sigma V^{T}$ é idêntico a $Q\Lambda Q^{T}$. Para outras matrizes simétricas, quaisquer autovalores negativos em Λ se tornam positivos em Σ. Para matrizes complexas, Σ permanece real, mas U e V se tornam *unitários* (a versão complexa de ortogonal). Tomamos conjugados complexos em $U^{H}U = I$, $V^{H}V = I$ e $A = U\Sigma V^{H}$.

Comentário 2 U e V fornecem bases ortonormais para *todos os quatros subespaços fundamentais*:

Primeiras	r	colunas de U:	**espaço-coluna** de A
Últimas	$m - r$	colunas de U:	**espaço nulo esquerdo** de A
Primeiras	r	colunas de V:	**espaço-linha** de A
Últimas	$n - r$	colunas de V:	**espaço nulo** de A

Comentário 3 A SVD escolhe as bases de forma extremamente especial. Elas são mais do que apenas ortonormais. *Quando* A *multiplica uma coluna* v_j *de* V, *produz* σ_j *vezes uma coluna de* U. Isso se origina diretamente de $AV = U\Sigma$, observado em uma coluna por vez.

Comentário 4 Os autovetores de AA^{T} e $A^{\mathrm{T}}A$ devem estar dentro das colunas de U e V:

$$AA^{\mathrm{T}} = (U\Sigma V^{\mathrm{T}})(V\Sigma^{\mathrm{T}}U^{\mathrm{T}}) = U\Sigma\Sigma^{\mathrm{T}}U^{\mathrm{T}} \quad \text{e, de modo similar,} \quad A^{\mathrm{T}}A = V\Sigma^{\mathrm{T}}\Sigma V^{\mathrm{T}}. \qquad (1)$$

U *deve ser a matriz de autovetores para* AA^{T}. A matriz de autovalores no meio é $\Sigma\Sigma^{\mathrm{T}}$ – que é m por m com $\sigma_1^2, \ldots, \sigma_r^2$ na diagonal.

A partir de $A^{\mathrm{T}}A = V\Sigma^{\mathrm{T}}\Sigma V^{\mathrm{T}}$, a matriz V *deve ser a matriz de autovetores para* A^{T}A. A matriz diagonal $\Sigma^{\mathrm{T}}\Sigma$ tem o mesmo $\sigma_1^2, \ldots, \sigma_r^2$, mas é n por n.

Comentário 5 Aqui está o porquê $Av_j = \sigma_j u_j$. Comece com $A^{\mathrm{T}}Av_j = \sigma_j^2 v_j$:

$$\textbf{Multiplique por } A \qquad AA^{\mathrm{T}}Av_j = \sigma_j^2 Av_j \qquad (2)$$

Este diz que Av_j é um autovetor de AA^{T}! Só temos que mudar os parênteses para $(AA^{\mathrm{T}})(Av_j)$. O comprimento desse autovetor Av_j é σ_j, porque

$$v^{\mathrm{T}}A^{\mathrm{T}}Av_j = \sigma_j^2 v_j^{\mathrm{T}}v_j \qquad \text{resulta em} \qquad ||Av_j||^2 = \sigma_j^2.$$

Então, o autovetor da unidade é $Av_j/\sigma_j = u_j$. **Em outras palavras, $AV = U\Sigma$.**

Exemplo 1 Esta A tem apenas uma coluna: posto $r = 1$. Então Σ tem apenas $\sigma_1 = 3$:

$$\textbf{SVD} \qquad A = \begin{bmatrix} -1 \\ 2 \\ 2 \end{bmatrix} = \begin{bmatrix} -\frac{1}{3} & \frac{2}{3} & \frac{2}{3} \\ \frac{2}{3} & -\frac{1}{3} & \frac{2}{3} \\ \frac{2}{3} & \frac{2}{3} & -\frac{1}{3} \end{bmatrix} \begin{bmatrix} 3 \\ 0 \\ 0 \end{bmatrix} [1] = U_{3\times3}\Sigma_{3\times1}V^{\mathrm{T}}_{1\times1}$$

$A^{\mathrm{T}}A$ é 1 por 1, ao passo que AA^{T} é 3 por 3. Ambas têm autovalor 9 (cuja raiz quadrada é 3 em Σ). Os dois autovalores nulos de AA^{T} reservam certa liberdade para os autovetores nas colunas 2 e 3 de U. Mantivemos essa matriz ortogonal.

Exemplo 2 Agora A tem posto 2, e $AA^{\mathrm{T}} = \begin{bmatrix} 2 & -1 \\ -1 & 2 \end{bmatrix}$ com $\lambda = 3$ e 1:

$$\begin{bmatrix} -1 & 1 & 0 \\ 0 & -1 & 1 \end{bmatrix} = U\Sigma V^{\mathrm{T}} = \frac{1}{\sqrt{2}}\begin{bmatrix} -1 & 1 \\ 1 & 1 \end{bmatrix} \begin{bmatrix} \sqrt{3} & 0 & 0 \\ 0 & 1 & 0 \end{bmatrix} \begin{bmatrix} 1 & -2 & 1 \\ -1 & 0 & 1 \\ 1 & 1 & 1 \end{bmatrix} \begin{matrix} /\sqrt{6} \\ /\sqrt{2}. \\ /\sqrt{3} \end{matrix}$$

Observe $\sqrt{3}$ e $\sqrt{1}$. As colunas de U são vetores singulares à esquerda (autovetores unitário de AA^{T}). As colunas de V são vetores singulares à direita (autovetores unitários de $A^{\mathrm{T}}A$).

Aplicações da SVD

Selecionaremos algumas aplicações importantes, após enfatizar um ponto-chave. A SVD é excelente para cálculos numericamente estáveis, pois U e V são matrizes ortogonais. Elas nunca alteram o módulo de um vetor. Desde que $||Ux||^2 = x^{\mathrm{T}}U^{\mathrm{T}}Ux = ||x||^2$, a multiplicação por U não pode destruir a escala.

Obviamente, Σ poderia se multiplicar por um grande σ ou (mais comumente) se dividir por um pequeno σ, e sobrecarregar o computador. Mas, ainda assim, Σ *é o melhor possível*. Revela exatamente o que é grande e o que é pequeno. A razão $\sigma_{\text{máx}}/\sigma_{\text{mín}}$ é o **número de condição** de uma matriz n por n **inversa**. A disponibilidade dessa informação é outra razão para a popularidade da SVD. Retornaremos a ela na segunda aplicação.

1. **Processamento de imagem** Suponha que um satélite faça uma foto e queira enviá-la à Terra. A foto pode conter 1.000 × 1.000 pixels – um milhão de pequenos quadrados, cada um com uma cor definida. Podemos codificar as cores e enviar de volta 1.000.000 de números. É melhor encontrar as informações *essenciais* dentro da matriz 1.000 por 1.000 e enviar somente isso.

Suponha que conheçamos a SVD. A chave está nos valores singulares (em Σ). Em geral, alguns σ's são significativos e outros são extremamente pequenos. Se mantivermos 20 e nos livrarmos de 980, então enviamos somente as 20 colunas correspondentes de U e V. As outras 980 colunas são multiplicadas em $U\Sigma V^{\mathrm{T}}$ pelos pequenos σ's que estão sendo ignorados. *Podemos realizar a multiplicação de matrizes como colunas vezes linhas:*

$$A = U\Sigma V^{\mathrm{T}} = u_1\sigma_1 v_1^{\mathrm{T}} + u_2\sigma_2 v_2^{\mathrm{T}} + \cdots + u_r\sigma_r v_r^{\mathrm{T}}. \tag{3}$$

Qualquer matriz é a soma de r matrizes de posto 1. Se apenas 20 termos forem mantidos, enviaremos 20 vezes os números em vez de um milhão (compressão de 25 a 1).

As fotos se tornarão realmente impressionantes à medida que cada vez mais valores singulares forem incluídos. À primeira vista, não se vê nada e, de repente, você reconhece tudo. O custo é calcular a SVD – isso se tornou muito mais eficiente, mas é trabalhoso para uma matriz grande.

2. **O posto efetivo** O posto de uma matriz é o número de linhas independentes e o número de colunas independentes. Pode ser difícil decidir em cálculos! Na aritmética exata, contar os pivôs está correto. A aritmética real pode ser enganosa – mas descartar os pivôs pequenos não é a resposta. Considere o seguinte:

$$\boldsymbol{\varepsilon \text{ é pequeno}} \qquad \begin{bmatrix} \varepsilon & 2\varepsilon \\ 1 & 2 \end{bmatrix} \quad \text{e} \quad \begin{bmatrix} \varepsilon & 1 \\ 0 & 0 \end{bmatrix} \quad \text{e} \quad \begin{bmatrix} \varepsilon & 1 \\ \varepsilon & 1+\varepsilon \end{bmatrix}.$$

A primeira tem posto 1, embora o erro de arredondamento provavelmente produzirá um segundo pivô. Ambos os pivôs serão pequenos; quantos devemos ignorar? A segunda tem um pequeno pivô, mas não podemos fingir que sua linha seja insignificante. A terceira tem dois pivôs e seu posto é 2, mas seu "posto efetivo" deve ser 1.

Vamos a uma medida mais estável de posto. O primeiro passo é utilizar $A^{\mathrm{T}}A$ ou AA^{T}, que são simétricas, mas dividem o mesmo posto como A. Seus autovalores – os quadrados dos valores singulares – *não* são enganosos. Com base na exatidão dos dados, decidimos sobre uma tolerância, como 10^{-6}, e contamos os valores singulares acima desta – este é o posto efetivo. Os exemplos acima têm posto efetivo 1 (quando ε é muito pequeno).

3. **Decomposição polar** Cada número z complexo diferente de zero é um número positivo r multiplicado pelo número $e^{i\theta}$ no círculo da unidade: $z = re^{i\theta}$. Isso expressa z em "coordenadas polares". Se pensarmos a respeito de z com uma matriz 1 por 1, r corresponde a uma *matriz definida positiva* e $e^{i\theta}$ corresponde a uma *matriz ortogonal*. Para ser mais exato, contanto que $e^{i\theta}$ seja complexo e satisfaça $e^{-i\theta}\, e^{i\theta} = 1$, forma uma *matriz unitária* 1 por 1: $U^{\mathrm{H}}U = 1$. Tomamos um conjugado complexo, assim como uma transposta, para U^{H}.

A SVD estende essa "fatoração polar" para matrizes de qualquer tamanho:

> Cada matriz quadrática real pode ser fatorada em $A = QS$, onde Q é ***ortogonal*** e S é uma ***semidefinida positiva simétrica***. Se A for invertível, então S é definida positiva.

Para provar, inserimos apenas $V^TV = I$ no meio da SVD:

$$A = U\Sigma V^T = (UV^T)(V\Sigma V^T). \tag{4}$$

O fator $S = V\Sigma V^T$ é uma matriz simétrica e semidefinida (pois Σ é). O fator $Q = UV^T$ é uma matriz ortogonal (porque $Q^TQ = VU^TUV^T = I$). No caso complexo, S se torna uma matriz hermitiana, em vez de simétrica, e Q se torna uma matriz unitária em vez de ortogonal. No caso invertível, Σ é definida, da mesma forma que S.

Exemplo 3 Decomposição polar:

$$A = QS \qquad \begin{bmatrix} 1 & -2 \\ 3 & -1 \end{bmatrix} = \begin{bmatrix} 0 & -1 \\ 1 & 0 \end{bmatrix} \begin{bmatrix} 3 & -1 \\ -1 & 2 \end{bmatrix}.$$

Exemplo 4 Decomposição polar reversa:

$$A = S'Q \qquad \begin{bmatrix} 1 & -2 \\ 3 & -1 \end{bmatrix} = \begin{bmatrix} 2 & 1 \\ 1 & 3 \end{bmatrix} \begin{bmatrix} 0 & -1 \\ 1 & 0 \end{bmatrix}.$$

Os exercícios demonstram como, na ordem inversa, S muda, mas Q permanece igual. S e S' são matrizes definidas positivas simétricas porque esse A é invertível.

Aplicação de $A = QS$: Um uso importante da decomposição polar acontece na mecânica dos meios contínuos (e, mais recentemente, na robótica). Em qualquer deformação, é importante separar o alongamento da rotação, e é exatamente isso que QS consegue fazer. A matriz ortogonal Q é uma rotação e, possivelmente, uma reflexão. O material não sofre tensão. A matriz simétrica S tem autovalores $\sigma_1, \ldots, \sigma_r$, que são os fatores de alongamento (ou fatores de compressão). A diagonalização que exibe esses autovalores é a escolha natural de eixos – chamado ***eixos principais:*** como nas elipses da Seção 6.2. É o S que requer trabalho sobre o material e que armazena a energia elástica.

Notamos que S^2 é A^TA, que é uma definida positiva simétrica quando A é invertível. S é uma raiz quadrada definida positiva simétrica de A^TA, e Q é AS^{-1}. De fato, A *poderia ser retangular, contanto que* A^TA *fosse definida positiva.* (Esta é a condição com a qual nos encontramos frequentemente: que A deve ter colunas independentes.) Na ordem inversa, $A = S'Q$, a matriz S' é a raiz quadrada definida positiva simétrica de AA^T.

4. Mínimos quadrados Para um sistema retangular $Ax = b$, a solução dos mínimos quadrados surge das equações normais $A^TA\hat{x} = A^Tb$. ***Se* A *tem colunas independentes, então* A^TA *não é invertível e* $\hat{x}$ *não é determinado.*** Qualquer vetor no espaço nulo poderia ser adicionado a $\hat{x}$. Agora podemos completar o Capítulo 3 escolhendo o "melhor" (mais curto) $\hat{x}$ para cada $Ax = b$.

Podem aparecer duas dificuldades para $Ax = b$: *linhas dependentes ou colunas dependentes.* Com linhas dependentes, $Ax = b$ pode não ter nenhuma solução. Isso acontece quando b está fora do espaço-coluna de A. Em vez de $Ax = b$, resolvemos $A^TA\hat{x} = A^Tb$. Mas, se A tem *colunas dependentes*, esse $\hat{x}$ não será exclusivo. Temos que escolher uma solução particular de $A^TA\hat{x} = A^Tb$, e optamos pela mais curta.

***A solução ideal de* $\mathbf{Ax = b}$ *é solução de comprimento mínimo de* $\mathbf{A^TA\hat{x} = A^Tb}$.**

A solução de comprimento mínimo será chamada de x^+. É a nossa escolha preferida como melhor solução para $Ax = b$ (que não teve solução), assim como para $A^TA\hat{x} = A^Tb$ (que teve muitas soluções). Começaremos com um exemplo diagonal.

Exemplo 5 A matriz A é diagonal, com linhas e colunas dependentes:

$$A\hat{x} = p \quad \text{é} \quad \begin{bmatrix} \sigma_1 & 0 & 0 & 0 \\ 0 & \sigma_2 & 0 & 0 \\ 0 & 0 & 0 & 0 \end{bmatrix} \begin{bmatrix} \hat{x}_1 \\ \hat{x}_2 \\ \hat{x}_3 \\ \hat{x}_4 \end{bmatrix} = \begin{bmatrix} b_1 \\ b_2 \\ 0 \end{bmatrix}.$$

Todas as colunas terminam com zero. No espaço-coluna, o vetor mais próximo de $b = (b_1, b_2, b_3)$ é $p = (b_1, b_2, 0)$. O melhor a fazer com $Ax = b$ é solucionar as duas primeiras equações, visto que a primeira equação é $0 = b_3$. Esse erro não pode ser reduzido, mas os erros nas duas primeiras equações serão nulos. Então

$$\hat{x}_1 = b_1/\sigma_1 \quad \text{e} \quad \hat{x}_2 = b_2/\sigma_2.$$

Agora nos deparamos com a segunda dificuldade. Para tornar $\hat{x}$ o mais curto possível, escolhemos que os totalmente arbitrários $\hat{x}_3$ e $\hat{x}_4$ sejam zero. ***A solução de comprimento mínimo é x^+:***

A^+ é a pseudoinversa
$x^+ = A^+b$ é o mais curto

$$x^+ = \begin{bmatrix} b_1/\sigma_1 \\ b_2/\sigma_2 \\ 0 \\ 0 \end{bmatrix} = \begin{bmatrix} 1/\sigma_1 & 0 & 0 \\ 0 & 1/\sigma_2 & 0 \\ 0 & 0 & 0 \\ 0 & 0 & 0 \end{bmatrix} \begin{bmatrix} b_1 \\ b_2 \\ b_3 \end{bmatrix}. \tag{5}$$

Essa equação encontra x^+ e também exibe *a matriz que produz x^+ a partir de b*. Essa matriz é a ***pseudoinversa*** A^+ de nossa diagonal A. Com base nesse exemplo, conhecemos Σ^+ e x^+ para qualquer matriz diagonal Σ:

$$\Sigma = \begin{bmatrix} \sigma_1 & & \\ & \ddots & \\ & & \sigma_r \end{bmatrix} \qquad \Sigma^+ = \begin{bmatrix} 1/\sigma_1 & & \\ & \ddots & \\ & & 1/\sigma_r \end{bmatrix} \qquad \Sigma^+ b = \begin{bmatrix} b_1/\sigma_1 \\ \vdots \\ b_r/\sigma_r \end{bmatrix}.$$

A matriz Σ é m por n, com r valores não nulos σ_i. Sua pseudoinversa Σ^+ é do tipo n por m, com r valores não nulos $1/\sigma_i$. **Todos os espaços em branco são nulos.** Observe que $(\Sigma^+)^+$ é Σ novamente. Isso funciona como $(A^{-1})^{-1} = A$, mas aqui A não é invertível.

Agora encontramos x^+ no caso geral. Afirmamos que ***a solução mais curta para* x$^+$ *é sempre no espaço-linha de* A**. Lembre-se de que qualquer vetor $\hat{x}$ pode ser dividido em um componente de espaço-linha e em um componente de espaço nulo: $\hat{x} = x_r + x_n$. Há três pontos importantes sobre essa divisão:

1. O componente do espaço-linha também resolve $A^TA\hat{x} = A^Tb$, porque $Ax_n = 0$.
2. Os componentes são ortogonais e obedecem à lei de Pitágoras:

$$\|\hat{x}\|^2 = \|x_r\|^2 + \|x_n\|^2, \text{ de modo que } \hat{x} \text{ seja o mais curto quando } x_n = 0.$$

3. Todas as soluções de $A^TA\hat{x} = A^Tb$ têm o mesmo x_r. ***Esse vetor é x^+.***

O teorema fundamental de álgebra linear foi mostrado na Figura 3.4. Cada p no espaço-coluna vem de um, e apenas um, vetor x_r no espaço-linha. *Tudo o que fazemos é escolher esse vetor,* $x^+ = x_r$, *como a melhor solução para* $Ax = b$.

A pseudoinversa na Figura 6.3 começa com b e retorna para x^+. *Ela inverte* A *onde* A *é invertível* – entre o espaço-linha e o espaço-coluna. A pseudoinversa neutraliza o espaço nulo esquerdo quando o manda para zero e neutraliza o espaço nulo ao escolher x_r como x^+.

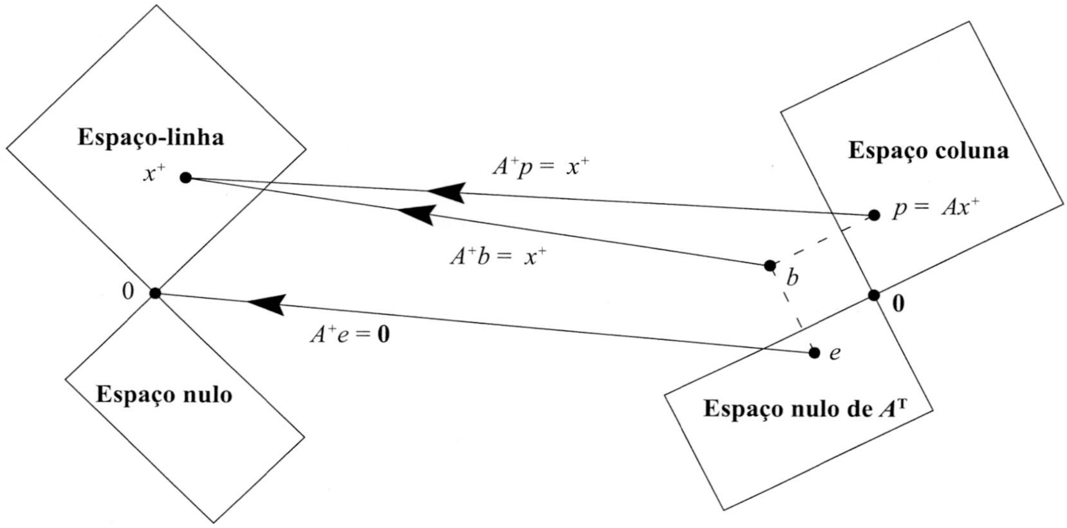

Figura 6.3 A pseudoinversa A^+ inverte A onde é possível no espaço-coluna.

Ainda não demonstramos que há uma matriz A^+ que sempre resulta em x^+, mas ela existe e será n por m, porque leva b e p em $\mathbf{R}^m$ de volta para x^+ em $\mathbf{R}^n$. Veremos outro exemplo antes de encontrar A^+ no caso geral.

Exemplo 6 $Ax = b$ é $-x_1 + 2x_2 + 2x_3 = 18$, com um plano inteiro de soluções.

De acordo com a nossa teoria, a solução mais curta deve estar no espaço-linha de $A = [-1 \;\; 2 \;\; 2]$. O múltiplo dessa linha que satisfaz a equação é $x^+ = (-2, 4, 4)$. Há soluções mais extensas, como $(-2, 5, 3)$, $(-2, 7, 1)$ ou $(-6, 3, 3)$, mas todas elas têm componentes diferentes de zero a partir do espaço nulo. A matriz que produz x^+ a partir de $b = [18]$ é a pseudoinversa A^+. Enquanto A era do tipo 1 por 3, esta matriz A^+ é do tipo 3 por 1:

$$A^+ = [-1 \;\; 2 \;\; 2]^+ = \begin{bmatrix} -\frac{1}{9} \\ \frac{2}{9} \\ \frac{2}{9} \end{bmatrix} \quad \text{e} \quad A^+[18] = \begin{bmatrix} -2 \\ 4 \\ 4 \end{bmatrix}. \tag{6}$$

O espaço-linha de A é o espaço coluna de A^+. Segue abaixo uma fórmula para A^+:

Se $A = U\Sigma V^T$ (a SVD), então sua pseudoinversa é $A^+ = V\Sigma^+ U^T$. (7)

O exemplo 6 tinha $\sigma = 3$ – a raiz quadrada do autovalor de $AA^T = [9]$. Aqui está novamente com Σ e Σ^+:

$$A = [-1 \quad 2 \quad 2] = U\Sigma V^{\mathrm{T}} = [1]\,[3 \quad 0 \quad 0]\begin{bmatrix} -\frac{1}{3} & \frac{2}{3} & \frac{2}{3} \\ \frac{2}{3} & -\frac{1}{3} & \frac{2}{3} \\ \frac{2}{3} & \frac{2}{3} & -\frac{1}{3} \end{bmatrix}$$

$$V\Sigma^{+}U^{\mathrm{T}} = \begin{bmatrix} -\frac{1}{3} & \frac{2}{3} & \frac{2}{3} \\ \frac{2}{3} & -\frac{1}{3} & \frac{2}{3} \\ \frac{2}{3} & \frac{2}{3} & -\frac{1}{3} \end{bmatrix}\begin{bmatrix} \frac{1}{3} \\ 0 \\ 0 \end{bmatrix}[1] = \begin{bmatrix} -\frac{1}{9} \\ \frac{2}{9} \\ \frac{2}{9} \end{bmatrix} = A^{+}.$$

A solução de mínimos quadrados de comprimento mínimo é $x^{+} = A^{+}b = V\Sigma^{+}U^{\mathrm{T}}b$.

Prova A multiplicação pela matriz ortogonal U^{T} deixa os comprimentos inalterados:

$$\|Ax - b\| = \|U\Sigma V^{\mathrm{T}}x - b\| = \|\Sigma\, V^{\mathrm{T}}x - U^{\mathrm{T}}b\|.$$

Introduza a nova incógnita $y = V^{\mathrm{T}}x = V^{-1}x$, a qual possui o mesmo comprimento que x. Desse modo, minimizar $\|Ax - b\|$ é o mesmo que minimizar $\|\Sigma y - U^{\mathrm{T}}b\|$. Agora Σ é diagonal e conhecemos o melhor y^{+}. É $y^{+} = \Sigma^{+}U^{\mathrm{T}}b$, então, o melhor x^{+} é Vy^{+}:

$$\textbf{Solução mais curta} \qquad x^{+} = Vy^{+} = V\Sigma^{+}U^{\mathrm{T}}b = A^{+}b.$$

Vy^{+} está no espaço-linha e $A^{\mathrm{T}}Ax^{+} = A^{\mathrm{T}}b$ a partir da **SVD**. ∎

Conjunto de problemas 6.3

Os problemas 1 e 2 calculam a SVD de uma matriz A quadrada singular.

1. (a) Calcule AA^{T} e seus autovalores σ_1^2, 0 e autovetores de unidade u_1, u_2.

(b) Escolha sinais de modo que $Av_1 = \sigma_1 u_1$ e verifique a SVD:

$$\begin{bmatrix} 1 & 4 \\ 2 & 8 \end{bmatrix} = [u_1 \quad u_2]\begin{bmatrix} \sigma_1 & \\ & 0 \end{bmatrix}[v_1 \quad v_2]^{\mathrm{T}}.$$

(c) Quais dos quatro vetores fornecem bases ortonormais para $\boldsymbol{C}(A)$, $\boldsymbol{N}(A)$, $\boldsymbol{C}(A^{\mathrm{T}})$, $\boldsymbol{N}(A^{\mathrm{T}})$?

2. Calcule $A^{\mathrm{T}}A$ e seus autovalores σ_1^2, 0 e autovetores de unidade v_1, v_2:

$$A = \begin{bmatrix} 1 & 4 \\ 2 & 8 \end{bmatrix}.$$

Os problemas 3 a 5 buscam a SVD de matrizes de posto 2.

3. Calcule $A^{\mathrm{T}}A$ e AA^{T} e seus autovalores e autovetores de unidade para:

$$A = \begin{bmatrix} 1 & 1 & 0 \\ 0 & 1 & 1 \end{bmatrix}.$$

Multiplique as três matrizes $U\Sigma V^{\mathrm{T}}$ para recuperar A.

4. Encontre a SVD a partir dos autovetores v_1, v_2 de $A^{T}A$ e $Av_i = \sigma_i u_i$:

$$\textbf{Matriz de Fibonacci} \qquad A = \begin{bmatrix} 1 & 1 \\ 1 & 0 \end{bmatrix}.$$

5. Use a parte SVD do demo **eigshow** do MATLAB (ou o Java, na página web.mit.edu/18.06) para encontrar os mesmos vetores v_1 e v_2 graficamente.

Os problemas 6 a 13 trabalham com os conceitos fundamentais da decomposição em valores singulares SVD (ou *Singular Value Decomposition*).

6. Encontre $U\Sigma V^T$ se A tiver colunas ortogonais $w_1, \ldots, w_n$ de comprimentos $\sigma_1, \ldots, \sigma_n$.

7. Explique de que forma $U\Sigma V^T$ expressa A como uma soma de r matrizes de posto 1 na equação (3):

$$A = \sigma_1 u_1 v_1^T + \cdots + \sigma_r u_r v_r^T.$$

8. Construa a matriz de posto 1 que possui $Av = 12u$ para $v = \frac{1}{2}(1, 1, 1, 1)$ e $u = \frac{1}{3}(2, 2, 1)$. Seu único valor singular é $\sigma_1 =$ ____.

9. Suponha $u_1, \ldots, u_n$ e $v_1, \ldots, v_n$ são bases ortonormais para $\mathbf{R}^n$. Construa a matriz A que transforma cada v_j em u_j para obter $Av_1 = u_1, \ldots, Av_n = u_n$.

10. (a) Se A se altera para $4A$, o que muda na SVD?
(b) Qual é a SVD para A^T e para A^{-1}?

11. Suponha que A seja uma matriz simétrica 2 por 2 com autovetores de unidade u_1 e u_2. Se seus autovalores forem $\lambda_1 = 3$ e $\lambda_2 = -2$, quais serão seus U, Σ e V^T?

12. Por que a SVD para $A + I$ não usa apenas $\Sigma + I$?

13. Suponha que A seja inversa (com $\sigma_1 > \sigma_2 > 0$). Mude A para uma matriz que seja a mais reduzida possível para gerar uma matriz *singular* A_0. Dica: U e V não mudam:

$$\text{Encontre } A_0 \text{ a partir de} \quad A = \begin{bmatrix} u_1 & u_2 \end{bmatrix} \begin{bmatrix} \sigma_1 & \\ & \sigma_2 \end{bmatrix} \begin{bmatrix} v_1 & v_2 \end{bmatrix}^T.$$

14. Encontre a SVD e o pseudoinverso $V\Sigma^+U^T$ de:

$$A = \begin{bmatrix} 1 & 1 & 1 & 1 \end{bmatrix}, \quad B = \begin{bmatrix} 0 & 1 & 0 \\ 1 & 0 & 0 \end{bmatrix}, \quad \text{e} \quad C = \begin{bmatrix} 1 & 1 \\ 0 & 0 \end{bmatrix}.$$

15. $(AB)^+ = B^+A^+$ é sempre verdadeiro para pseudoinversos? Acredito que não.

16. (a) Se A tem colunas independentes, sua inversa à esquerda $(A^TA)^{-1}A^T$ é A^+.
(b) Se A tem linhas independentes, sua inversa à direita $A^T(AA^T)^{-1}$ é A^+.
Nos dois casos, verifique se $x^+ = A^+b$ está no espaço linha e se $A^TAx^+ = A^Tb$.

17. Encontre a SVD e o pseudoinverso 0^+ da *matriz nula m* por *n*.

18. Se uma matriz Q m por n tem colunas ortonormais, o que é o Q^+?

19. Explique por que AA^+ e A^+A são matrizes de projeção (e, portanto, simétricas). Que subespaços fundamentais elas projetam?

20. Diagonalize A^TA para encontrar sua raiz quadrada definida positiva $S = V\Sigma^{1/2}V^T$ e sua decomposição polar $A = QS$:

$$A = \frac{1}{\sqrt{10}} \begin{bmatrix} 10 & 6 \\ 0 & 8 \end{bmatrix}.$$

21. Remover linhas nulas de U torna $A = \underline{L}\,\underline{U}$, em que as r colunas de $\underline{L}$ geram o espaço-coluna de A e as r linhas de $\underline{U}$ geram o espaço-linha. Então, A^+ tem a fórmula explícita $\underline{U}^T(\underline{U}\,\underline{U}^T)^{-1}(\underline{L}^T\underline{L})^{-1}\underline{L}^T$.

Por que A^+b está no espaço-linha com $\underline{U}^T$ à frente? Por que $A^TAA^+b = A^Tb$, de forma que $x^+ = A^+b$ satisfaça a equação normal como deveria?

22. Divida $A = U\Sigma V^T$ em sua decomposição polar reversa QS'.

23. Qual é a solução para os mínimos quadrados de comprimento mínimo $x^+ = A^+b$ para o seguinte sistema:

$$Ax = \begin{bmatrix} 1 & 0 & 0 \\ 1 & 0 & 0 \\ 1 & 1 & 1 \end{bmatrix} \begin{bmatrix} C \\ D \\ E \end{bmatrix} = \begin{bmatrix} 0 \\ 2 \\ 2 \end{bmatrix}.$$

Você pode calcular A^+, ou encontrar a solução geral para $A^TA\hat{x} = A^Tb$ e optar pela solução que estiver no espaço-linha de A. Este problema se adapta ao melhor plano $C + Dt + Ez$ para $b = 0$ e *também* $b = 2$ em $t = z = 0$ (e $b = 2$ em $t = z = 1$).

6.4 PRINCÍPIOS MÍNIMOS

Nesta seção, fugimos pela primeira vez das equações lineares. A incógnita x não será fornecida como a solução para $Ax = b$ ou $Ax = \lambda x$. Em vez disso, o vetor x será determinado por um princípio mínimo.

É impressionante quantas leis naturais podem ser expressas como princípios mínimos. O fato de líquidos densos afundarem é uma consequência da minimização de sua energia potencial. E, quando você se senta em uma cadeira ou se deita em uma cama, as molas se ajustam para que a energia seja minimizada. Um canudo em um copo de água parece estar dobrado porque a luz chega a seus olhos o mais rápido possível. Certamente há mais exemplos conhecidos: O princípio fundamental da engenharia estrutural é a minimização da energia total.*

Devemos dizer imediatamente que essas "energias" nada mais são que funções quadráticas definidas positivas. E a derivada de uma função quadrática é linear. Retornamos para as familiares equações lineares, quando ajustamos as primeiras derivadas para zero. Nosso primeiro objetivo nesta seção ***é encontrar o princípio mínimo que seja equivalente a*** $\mathbf{Ax = b}$ ***e a minimização equivalente a*** $\mathbf{Ax = \lambda x}$. Estaremos fazendo em dimensão finita exatamente o que a teoria da otimização faz em um problema contínuo, em que as "primeiras derivadas = 0" fornecem uma equação diferencial. Em cada problema, temos a liberdade de resolver a equação linear ou minimizar a quadrática.

O primeiro passo é: queremos encontrar a "parábola" $P(x)$, cujo mínimo ocorra quando $Ax = b$. Se A for apenas escalar, fica fácil fazer isso:

$$\text{O gráfico de } P(x) = \frac{1}{2}Ax^2 - bx \text{ tem inclinação zero quando } \frac{dP}{dx} = Ax - b = 0.$$

Este ponto $x = A^{-1}b$ será um mínimo se a matriz A for positiva. Então, a parábola $P(x)$ se abre para cima (Figura 6.4). Em dimensões maiores, essa parábola se transforma numa concavidade parabólica (um paraboloide). Para garantir um mínimo de $P(x)$, e não um máximo nem um ponto de sela, A deve ser definida positiva!

6H Se A for definida positiva simétrica, então $P(x) = \frac{1}{2}x^TAx - x^Tb$ chega ao seu mínimo no ponto em que $Ax = b$. No ponto $P_{mín} = -\frac{1}{2}b^TA^{-1}b$.

* Estou convencido de que plantas e pessoas também se desenvolvem de acordo com princípios mínimos. Talvez a civilização esteja fundamentada na lei da mínima ação. Deve haver novas leis (e princípios mínimos) a serem descobertas nas ciências sociais e da vida.

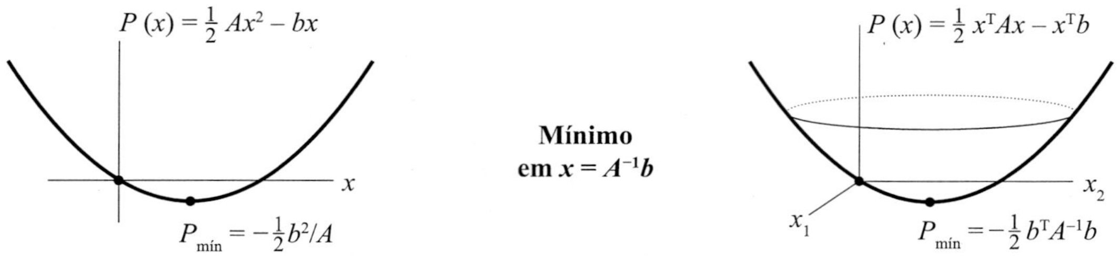

Figura 6.4 O gráfico de uma função quadrática positiva $P(x)$ é uma concavidade parabólica.

Prova Suponha que $Ax = b$. Para qualquer vetor y, demonstramos que $P(y) \geq P(x)$:

$$\begin{aligned} P(y) - P(x) &= \frac{1}{2}y^{\mathrm{T}}Ay - y^{\mathrm{T}}b - \frac{1}{2}x^{\mathrm{T}}Ax + x^{\mathrm{T}}b \\ &= \frac{1}{2}y^{\mathrm{T}}Ay - y^{\mathrm{T}}Ax + \frac{1}{2}x^{\mathrm{T}}Ax \quad (\text{set } b = Ax) \\ &= \frac{1}{2}(y - x)^{\mathrm{T}}\, A(y - x). \end{aligned} \tag{1}$$

Esta não pode ser negativa, já que A é definida positiva – e é nula somente se $y - x = 0$. Em todos os outros pontos, $P(y)$ é maior que $P(x)$, portanto, o mínimo ocorre em x. ■

Exemplo 1 Minimize $P(x) = x_1^2 - x_1x_2 + x_2^2 - b_1x_1 - b_2x_2$. A abordagem comum, feita por cálculo, é definir as derivadas parciais em zero. Isso fornece $Ax = b$:

$$\begin{aligned} \partial P/\partial x_1 &= 2x_1 - x_2 - b_1 = 0 \\ \partial P/\partial x_2 &= -x_1 + 2x_2 - b_2 = 0 \end{aligned} \quad \text{significa} \quad \begin{bmatrix} 2 & -1 \\ -1 & 2 \end{bmatrix}\begin{bmatrix} x_1 \\ x_2 \end{bmatrix} = \begin{bmatrix} b_1 \\ b_2 \end{bmatrix}. \tag{2}$$

A álgebra linear reconhece esse $P(x)$ como $\frac{1}{2}x^{\mathrm{T}}Ax - x^{\mathrm{T}}b$, e sabe de imediato que $Ax = b$ resulta no mínimo. Substitua $x = A^{-1}b$ por $P(x)$:

$$\textbf{Valor mínimo} \qquad P_{\min} = \frac{1}{2}(A^{-1}b)^{\mathrm{T}}\, A(A^{-1}b) - (A^{-1}b)^{\mathrm{T}}b = -\frac{1}{2}b^{\mathrm{T}}A^{-1}b. \tag{3}$$

Nas aplicações, $\frac{1}{2}x^{\mathrm{T}}Ax$ é a energia interna e $-x^{\mathrm{T}}b$ é o trabalho externo. O sistema vai automaticamente para $x = A^{-1}b$, onde a energia total $P(x)$ é um mínimo.

Minimização com restrições

Muitas aplicações somam equações adicionais $Cx = d$ acima do problema de minimização. Essas equações são **restrições**. Minimizamos $P(x)$ submetendo-o à exigência adicional $Cx = d$. Normalmente, x não pode satisfazer n equações $Ax = b$, assim como ℓ restrições adicionais $Cx = d$. Temos demasiadas equações e necessitamos de ℓ incógnitas a mais.

Essas novas incógnitas $y_1, \ldots, y_\ell$ são chamadas de **multiplicadores de Lagrange.** Elas constroem a restrição dentro de uma função $L(x, y)$. A ideia brilhante de Lagrange foi a seguinte:

$$L(x,y) = P(x) + \boldsymbol{y^T (Cx - d)} = \frac{1}{2}x^{\mathrm{T}}Ax - x^{\mathrm{T}}b + x^{\mathrm{T}}b + x^{\mathrm{T}}C^{\mathrm{T}}y - y^{\mathrm{T}}d.$$

Esse termo em L é escolhido exatamente para que $\partial L/\partial y = 0$ traga de volta $Cx = d$. Quando definimos as derivadas de L em zero, temos $n + \ell$ equações para $n + \ell$ incógnitas x e y:

$$\textbf{A minimização com restrições} \qquad \begin{array}{ll} \partial L/\partial x = 0: & Ax + C^{\mathrm{T}}y = b \\ \partial L/\partial y = 0: & Cx \qquad\quad = d \end{array} \tag{4}$$

As primeiras equações envolvem as misteriosas incógnitas y. Você pode estar se perguntando o que elas representam. Essas "incógnitas duais" y revelam quanto o mínimo restrito $P_{C/\text{mín}}$ (que permite apenas x quando $Cx = d$) excede o $P_{\text{mín}}$ irrestrito (permitindo todos os x):

$$\textbf{Sensibilidade do mínimo} \qquad P_{C/\text{mín}} = P_{\text{mín}} + \frac{1}{2}y^{\mathrm{T}}(CA^{-1}b - d) \geq P_{\text{mín}}. \tag{5}$$

Exemplo 2 Suponha que $P(x_1, x_2) = \frac{1}{2}x_1^2 + \frac{1}{2}x_2^2$. Seu menor valor é certamente $P_{\text{mín}} = 0$. Esse problema irrestrito tem $n = 2$, $A = I$ e $b = 0$. Então, a equação de minimização $Ax = b$ fornece apenas $x_1 = 0$ e $x_2 = 0$.

Agora adicione uma restrição $c_1x_1 + c_2x_2 = d$. Isso coloca x numa linha reta no plano x_1-x_2. O antigo minimizador $x_1 = x_2 = 0$ não está na reta. A função de Lagrange $L(x, y) = \frac{1}{2}x_1^2 + \frac{1}{2}x_2^2 + y(c_1x_1 + c_2x_2 - d)$ tem $n + \ell = 2 + 1$ derivadas parciais:

$$\begin{array}{ll} \partial L/\partial x_1 = 0 & x_1 + c_1y = 0 \\ \partial L/\partial x_2 = 0 & x_2 + c_2y = 0 \\ \partial L/\partial y \ = 0 & c_1x_1 + c_2x_2 = d. \end{array} \tag{6}$$

Substituir $x_1 = -c_1y$ e $x_2 = -c_2y$ na terceira equação resulta em $-c_1^2y - c_2^2y = d$.

$$\textbf{Solução} \qquad y = \frac{-d}{c_1^2 + c_2^2} \qquad x_1 = \frac{c_1d}{c_1^2 + c_2^2} \qquad x_2 = \frac{c_2d}{c_1^2 + c_2^2}. \tag{7}$$

O mínimo restrito de $P = \frac{1}{2}x^{\mathrm{T}}x$ é alcançado no ponto de solução:

$$P_{C/\text{min}} = \frac{1}{2}x_1^2 + \frac{1}{2}x_2^2 = \frac{1}{2}\frac{c_1^2d^2 + c_2^2d^2}{\left(c_1^2 + c_2^2\right)^2} = \frac{1}{2}\frac{d^2}{c_1^2 + c_2^2}. \tag{8}$$

Isso se iguala a $-\frac{1}{2}yd$, conforme previsto na equação (5), desde que $b = 0$ e $P_{\text{mín}} = 0$.

A Figura 6.5 mostra qual problema a álgebra linear solucionou, se a restrição mantém x em uma linha reta $2x_1 - x_2 = 5$. Estamos procurando **o ponto mais próximo a (0, 0) nesta reta**. A solução é $x = (2, -1)$. Esperamos que o vetor mais curto x seja perpendicular à reta, e estamos certos.

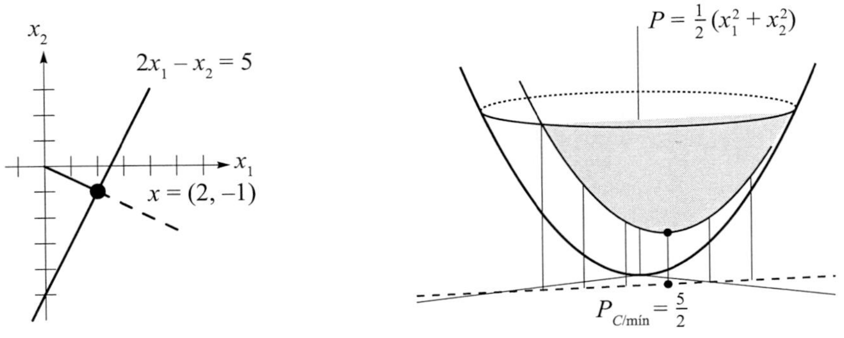

Figura 6.5 Minimização de $\frac{1}{2}\|x\|^2$ para todos os x na reta de restrições $2x_1 - x_2 = 5$.

Mínimos quadrados novamente

Na minimização, nossa grande aplicação são os mínimos quadrados. O melhor $\hat{x}$ é o vetor que minimiza o erro quadrado $E^2 = ||Ax - b||^2$. Este é quadrático e se encaixa em nossa estrutura! Destacarei as partes que parecem novas:

$$\textbf{Erro quadrado} \qquad E^2 = (Ax - b)^{\mathrm{T}}(Ax - b) = x^{\mathrm{T}}\boldsymbol{A}^{\mathrm{T}}\boldsymbol{A}x - 2x^{\mathrm{T}}\boldsymbol{A}^{\mathrm{T}}\boldsymbol{b} + \boldsymbol{b}^{\mathrm{T}}\boldsymbol{b}. \tag{9}$$

Compare com $\frac{1}{2}x^{\mathrm{T}}Ax - x^{\mathrm{T}}b$ no início da seção, que levou a $Ax = b$:

$$[A \text{ muda para } \boldsymbol{A}^{\mathrm{T}}\boldsymbol{A}] \qquad [b \text{ muda para } \boldsymbol{A}^{\mathrm{T}}\boldsymbol{b}] \qquad [\boldsymbol{b}^{\mathrm{T}}\boldsymbol{b} \text{ é adicionado}].$$

A constante $b^{\mathrm{T}}b$ eleva o gráfico inteiro – isto não tem nenhum efeito sobre o melhor $\hat{x}$. As outras duas alterações, A para $A^{\mathrm{T}}A$ e b para $A^{\mathrm{T}}b$, oferecem uma nova forma para se chegar à equação dos mínimos quadrados (equação normal). A equação de minimização $Ax = b$ se altera para a:

$$\textbf{Equação dos mínimos quadrados} \qquad A^{\mathrm{T}}A\hat{x} = A^{\mathrm{T}}b. \tag{10}$$

A otimização precisa de um livro inteiro para ser explicada. Vamos parar enquanto ainda estamos tratando de álgebra linear pura.

O quociente de Rayleigh

Nosso segundo objetivo é encontrar o problema de minimização equivalente a $Ax = \lambda x$. Isto não é muito fácil. A função a ser minimizada não pode ser quadrática, caso contrário sua derivada seria linear – e o problema do autovalor é não linear (λ vezes x). O truque a seguir é dividir uma função quadrática por outra:

$$\textbf{Quociente de Rayleigh} \qquad \text{Minimize} \quad R(x) = \frac{x^{\mathrm{T}}Ax}{x^{\mathrm{T}}x}.$$

6I Princípio de Rayleigh: o valor mínimo do quociente de Rayleigh é o menor autovalor λ_1. $R(x)$ chega a esse mínimo no primeiro autovetor x_1 de A:

$$\textbf{Mínimo, quando } \boldsymbol{Ax_1 = \lambda x_1} \qquad \boxed{R(x_1) = \frac{x_1^{\mathrm{T}}Ax_1}{x_1^{\mathrm{T}}x_1} = \frac{x_1^{\mathrm{T}}\lambda_1 x_1}{x_1^{\mathrm{T}}x_1} = \lambda_1.}$$

Se mantivermos $x^{\mathrm{T}}Ax = 1$, então $R(x)$ será um mínimo quando $x^{\mathrm{T}}x = ||x||^2$ for o maior possível. Estamos procurando o ponto no elipsoide $x^TAx = 1$ mais distante da origem – o vetor x de maior comprimento. A partir de nossa descrição mais recente do elipsoide, seu eixo mais comprido aponta na direção do primeiro autovetor. Então, $R(x)$ é um mínimo em x_1.

Algebricamente, podemos diagonalizar a matriz simétrica A por uma matriz ortogonal: $Q^{\mathrm{T}}AQ = \Lambda$. Então, defina $x = Qy$ e o quociente se torna simples:

$$R(x) = \frac{(Qy)^{\mathrm{T}}\ A(Qy)}{(Qy)^{\mathrm{T}}\ (Qy)} = \frac{y^{\mathrm{T}}\Lambda y}{y^{\mathrm{T}}y} = \frac{\boldsymbol{\lambda_1 y_1^2 + \cdots + \lambda_n y_n^2}}{\boldsymbol{y_1^2 + \cdots + y_n^2}}. \tag{11}$$

O mínimo de R é λ_1, no ponto em que $y_1 = 1$ e $y_2 = \cdots = y_n = 0$:

$$\textbf{Em todos os pontos} \qquad \lambda_1(y_1^2 + y_2^2 + \cdots + y_n^2) \leq (\lambda_1 y_1^2 + \lambda_2 y_2^2 + \cdots + \lambda_n y_n^2).$$

O quociente de Rayleigh na equação (11) ***nunca estará abaixo de*** $\boldsymbol{\lambda_1}$ e ***nunca estará acima de*** $\boldsymbol{\lambda_n}$ (o maior autovalor). Seu mínimo está no autovetor x_1 e seu máximo está em x_n:

$$\textbf{Máximo quando } Ax_n = \lambda_n x_n \qquad R(x_n) = \frac{x_n^{\mathrm{T}} A x_n}{x_n^{\mathrm{T}} x_n} = \frac{x_n^{\mathrm{T}} \lambda_n x_n}{x_n^{\mathrm{T}} x_n} = \lambda_n.$$

Um pequeno mas importante ponto: o quociente de Rayleigh se iguala a a_{11} quando o vetor experimental de aproximação é $x = (1, 0, \ldots, 0)$. Então, a_{11} (na diagonal principal) está entre λ_1 e λ_n. Isso pode ser observado na Figura 6.6, na qual a distância horizontal até a elipse (em que $a_{11}x^2 = 1$) está entre a distância mais curta e a mais longa:

$$\frac{1}{\sqrt{\lambda_n}} \le \frac{1}{\sqrt{a_{11}}} \le \frac{1}{\sqrt{\lambda_1}} \quad \text{que é} \quad \lambda_1 \le a_{11} \le \lambda_n.$$

Os valores diagonais de qualquer matriz simétrica estão entre λ_1 e λ_n. Para verificar isso claramente, desenhamos a Figura 6.6 para uma matriz definida positiva 2 por 2.

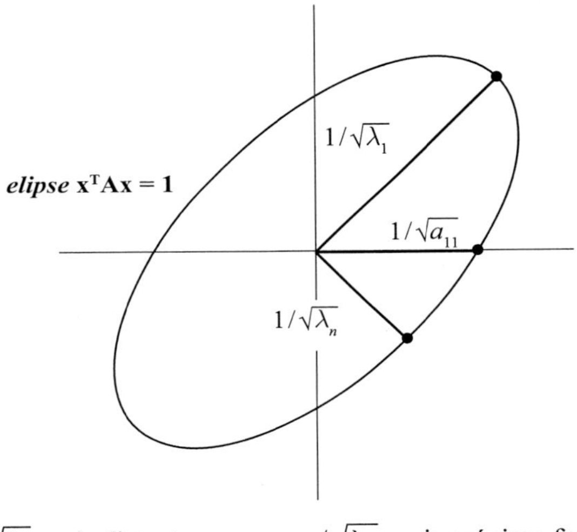

Figura 6.6 O $x = x_1/\sqrt{\lambda_1}$ mais distante e o $x = x_n/\sqrt{\lambda_n}$ mais próximo fornecem $x^{\mathrm{T}}Ax = x^{\mathrm{T}}\lambda x = 1$. Estes são os eixos maior e menor da elipse.

Cruzamento de autovalores

Os autovetores intermediários $x_2, \ldots, x_{n-1}$ são ***pontos de sela*** do quociente de Rayleigh (derivadas iguais a zero, mas não mínimos nem máximos). A dificuldade com pontos de sela é que não fazemos a mínima ideia se $R(x)$ está acima ou abaixo deles. Isso torna os autovalores intermediários $\lambda_2, \ldots, \lambda_{n-1}$ mais difíceis de serem calculados.

Para este tópico opcional, a solução é encontrar um mínimo ou um máximo restrito. As restrições surgem da propriedade básica das matrizes simétricas: x_j é perpendicular aos outros autovetores.

6J O mínimo de $R(x)$ sujeito a $x^{\mathrm{T}}x_1 = 0$ é λ_2. O mínimo de $R(x)$ sujeito a qualquer outra restrição $x^{\mathrm{T}}v = 0$ não está acima de λ_2:

$$\lambda_2 = \min_{x^{\mathrm{T}}x_1=0} R(x) \qquad \lambda_2 \ge \min_{x^{\mathrm{T}}v=0} R(x). \tag{12}$$

Esse "princípio do *maximin*" torna λ_2 o *máximo sobre todos os* v *do mínimo* de R(x) com $x^{\mathrm{T}}v = 0$. Isto proporciona uma forma de calcular λ_2 sem conhecer λ_1.

Exemplo 3 Descarte a última linha e coluna de qualquer matriz simétrica:

$$\begin{aligned}\lambda_1(A) &= 2-\sqrt{2}\\ \lambda_2(A) &= 2\\ \lambda_3(A) &= 2+\sqrt{2}\end{aligned} \qquad A=\begin{bmatrix}2&-1&0\\-1&2&-1\\0&-1&2\end{bmatrix} \quad \text{torna-se} \quad B=\begin{bmatrix}2&-1\\-1&2\end{bmatrix} \quad \begin{aligned}\lambda_1(B)&=1\\ \lambda_2(B)&=3.\end{aligned}$$

O *segundo autovalor* λ_2(A) = 2 *está acima do mais baixo autovalor* λ_1(B) = 1. O mais baixo autovalor $\lambda_1(A) = 2 - \sqrt{2}$ está *abaixo de* $\lambda_1(B)$. Então, $\lambda_1(B)$ é obtido no intermédio.

Este exemplo escolheu $v = (0, 0, 1)$ para que a restrição $x^{\mathrm{T}}v = 0$ neutralizasse o terceiro componente de x (reduzindo, portanto, A para B).

A representação completa é um ***entrelaçamento de autovalores***:

$$\lambda_1(A) \le \lambda_1(B) \le \lambda_2(A) \le \lambda_2(B) \le \cdots \le \lambda_{n-1}(B) \le \lambda_n(A). \tag{13}$$

Ela apresenta uma interpretação natural de um elipsoide quando cortado por um plano através da origem. A seção transversal é um elipsoide de dimensão mais baixa. O eixo principal dessa seção transversal não pode ser maior do que o eixo principal do elipsoide completo: $\lambda_1(B) \ge \lambda_1(A)$. Mas o eixo principal da seção transversal tem *pelo menos o mesmo comprimento que o segundo eixo* do elipsoide original: $\lambda_1(B) \le \lambda_2(A)$. Do mesmo modo, o eixo menor da seção transversal é menor que o segundo eixo, e maior que o eixo menor original: $\lambda_2(A) \le \lambda_2(B) \le \lambda_3(A)$.

É possível observar a mesma condição na mecânica. Quando molas e massas estão oscilando, suponha que a massa seja mantida em equilíbrio. Então, a frequência mais baixa aumenta, mas não ultrapassa λ_2. A frequência mais alta diminui, mas não abaixo de λ_{n-1}.

Encerramos esta seção com três comentários. Espero que sua intuição lhe diga que eles estão corretos.

Comentário 1 O **princípio do *maximin*** se estende para subespaços j-dimensionais S_j:

$$\textbf{Máximo dos mínimos} \qquad \lambda_{j+1} = \max_{\text{todos } S_j} \left[\min_{x \perp S_j} R(x) \right]. \tag{14}$$

Comentário 2 Há também um **princípio *minimax*** para λ_{n-j}:

$$\textbf{Mínimo dos máximos} \qquad \lambda_{n-j} = \min_{\text{todos } S_j} \left[\max_{x \perp S_j} R(x) \right]. \tag{15}$$

Se $j = 1$, maximizamos $R(x)$ sobre uma restrição $x^{\mathrm{T}}v = 0$. Esse máximo está entre os λ_{n-1} e λ_n ilimitados. A restrição mais rígida torna x perpendicular à parte superior do autovetor $v = x_n$. Então, o melhor x é o próximo autovetor x_{n-1}. O "mínimo do máximo" é λ_{n-1}.

Comentário 3 Para o problema generalizado $Ax = \lambda Mx$, os mesmos princípios permanecem se M for uma definida positiva. No quociente de Rayleigh, $x^{\mathrm{T}}x$ torna-se $x^{\mathrm{T}}Mx$:

$$\textbf{Quociente de Rayleigh} \qquad \text{Minimizar } R(x) = \frac{x^{\mathrm{T}}Ax}{x^{\mathrm{T}}Mx} \quad \text{fornece } \lambda_1 \quad (M^{-1}A). \tag{16}$$

Até mesmo para *massas desiguais* em um sistema oscilante ($M \ne I$), manter uma massa em equilíbrio aumentará a frequência mais baixa e diminuirá a frequência mais alta.

Conjunto de problemas 6.4

1. Considere o sistema $Ax = b$ dado por:

$$\begin{bmatrix} 2 & -1 & 0 \\ -1 & 2 & -1 \\ 0 & -1 & 2 \end{bmatrix} \begin{bmatrix} x_1 \\ x_2 \\ x_3 \end{bmatrix} = \begin{bmatrix} 4 \\ 0 \\ 4 \end{bmatrix}.$$

Construa a função quadrática correspondente $P(x_1, x_2, x_3)$, calcule suas derivadas parciais $\partial P/\partial x_i$ e verifique se elas desaparecem justamente na solução desejada.

2. Encontre o mínimo, se houver um, de $P_1 = \frac{1}{2}x^2 + xy + y^2 - 3y$ e $P_2 = \frac{1}{2}x^2 - 3y$. Que matriz A está associada com P_2?

3. Para qualquer matriz simétrica A, calcule a razão $R(x)$ para a escolha especial $x = (1, \ldots, 1)$. Como a soma de todos os elementos a_{ij} está relacionada a λ_1 e a λ_n?

4. Se B é uma definida positiva, mostre a partir do quociente de Rayleigh que o menor autovalor de $A + B$ é maior que o menor autovalor de A.

5. Se B é definida positiva, demonstre a partir do princípio do "minimax" (12) que o *segundo* menor autovalor aumenta ao somar B: $\lambda_2(A + B) > \lambda_2(A)$.

6. Encontre os valores mínimos de:

$$R(x) = \frac{x_1^2 - x_1x_2 + x_2^2}{x_1^2 + x_2^2} \quad \text{e} \quad R(x) = \frac{x_1^2 - x_1x_2 + x_2^2}{2x_1^2 + x_2^2}$$

7. O princípio do "minimax" para λ_j envolve subespaços j-dimensionais S_j:

Equivalente à equação (17) $\quad \lambda_j = \min_{S_j} \left[\max_{x \text{ em } S_j} R(x) \right].$

(a) Se λ_j é positivo, infira que cada S_j contém um vetor x com $R(x) > 0$.
(b) Deduza que S_j contém um vetor $y = C^{-1}x$ com $y^TC^TACy/y^Ty > 0$.
(c) Conclua que o j-ésimo autovalor de C^TAC, a partir de seu princípio do "minimax", também é positivo – fornecendo novamente a *lei da inércia* da seção 6.2.

8. Prove, a partir da equação (11), que $R(x)$ nunca é maior que o seu maior autovalor λ_n.

9. Se você descartar *duas* linhas e colunas de A, que desigualdades espera encontrar entre o menor autovalor μ da nova matriz e os λs originais?

10. Complete o quadrado em $P = \frac{1}{2}x^T Ax - x^Tb = \frac{1}{2}(x - A^{-1}b)^TA(x - A^{-1}b) +$ constante. Essa constante equivale a $P_{mín}$ porque o termo anterior a ela nunca é negativo. (Justifique)

11. Se λ_1 e μ_1 são os menores autovalores de A e B, demonstre que o menor autovalor θ_1 de $A + B$ é, pelo menos, do mesmo tamanho que $\lambda_1 + \mu_1$. (Experimente o autovetor correspondente x nos quocientes de Rayleigh.)

Observação: os problemas 7 e 8 talvez sejam os resultados mais típicos e importantes que surgem facilmente do princípio de Rayleigh; por outro lado, esses resultados surgem com grande dificuldade das próprias equações de autovalor.

12. Com $A = \begin{bmatrix} 2 & -1 \\ -1 & 2 \end{bmatrix}$, encontre uma escolha de x que forneça uma função $R(x)$ menor que o limite $\lambda_1 \leq 2$ originário dos valores elementos diagonais. Qual é o valor mínimo de $R(x)$?

13. (Revisão) Outra função quadrática que certamente tem seu mínimo em $Ax = b$ é

$$Q(x) = \frac{1}{2}\| Ax - b \|^2 = \frac{1}{2}x^T A^T Ax - x^T A^T b + \frac{1}{2}b^T b.$$

Comparando Q com P e ignorando a constante $\frac{1}{2} b^T b$, que sistema de equações obtemos no mínimo de Q? Como são chamadas essas equações na teoria dos mínimos quadrados?

14. (Recomendado) A partir da seguinte submatriz nula, decida os sinais dos n autovalores:

$$A = \begin{bmatrix} 0 & \cdot & 0 & 1 \\ \cdot & \cdot & 0 & 2 \\ 0 & 0 & 0 & \cdot \\ 1 & 2 & \cdot & n \end{bmatrix}.$$

15. Demonstre que o menor autovalor λ_1 de $Ax = \lambda Mx$ não é maior que a razão a_{11}/m_{11} dos elementos dos cantos.

16. (Mínimo restrito) Suponha que o mínimo irrestrito ilimitado $x = A^{-1}b$ acabe satisfazendo a restrição $Cx = d$. Verifique se a equação (5) fornece corretamente $P_{C/\text{mín}} = P_{\text{mín}}$; o termo de correção é zero.

17. Que subespaço particular S_2 no Problema 7 fornece o valor mínimo λ_2? Em outras palavras, sobre qual S_2 o máximo de $R(x)$ se iguala a λ_2?

6.5 MÉTODO DOS ELEMENTOS FINITOS

A seção anterior apresentou duas ideias principais sobre princípios mínimos:

(i) Resolver $Ax = b$ equivale a minimizar $P(x) = \frac{1}{2} x^T Ax - x^T b$.
(ii) Resolver $Ax = \lambda_1 x$ equivale a minimizar $R(x) = x^T Ax / x^T x$.

Agora, tentaremos explicar como essas ideias podem ser aplicadas.

A história é longa, porque esses princípios são conhecidos há mais de um século. Em problemas de engenharia, que envolvem flexão de placas, ou problemas de física, que abordam o estado fundamental (autofunção) de um átomo, a minimização foi utilizada para obter uma aproximação grosseira da verdadeira solução. As aproximações *precisavam* ser grosseiras; os computadores eram humanos. Os princípios (i) e (ii) estavam lá, mas não puderam ser implementados.

Obviamente, o computador originaria uma revolução. Foi o método das diferenças finitas que deu um salto à frente, por ser fácil "discretizar" uma equação diferencial. Já na Seção 1.7, as derivadas foram substituídas por diferenças. A região física é coberta por uma malha, e $u'' = f(x)$ tornou-se $u_{j+1} - 2u_j + u_{j-1} = h^2 f_j$. A década de 1950 trouxe novas formas de resolver sistemas $Au = f$, que são muito grandes e raros – e os algoritmos e *hardware* estão muito mais rápidos agora.

O que nós não reconhecemos por completo foi que mesmo as diferenças finitas se tornariam incrivelmente complicadas para problemas de engenharia reais, como problemas em uma aeronave. *A verdadeira dificuldade não é resolver as equações, mas criá-las*. Para uma região irregular, reconstituímos a malha de triângulos, quadriláteros ou tetraedros. Então, precisamos de um modo sistemático para aproximar as leis físicas fundamentais. O computador deve ajudar não apenas na solução de $Au = f$ e $Ax = \lambda x$, mas em sua formulação.

Você pode supor o que aconteceu. Os antigos métodos retornaram com um novo conceito e um novo nome. Esse nome é ***método dos elementos finitos***. O novo conceito utiliza mais da capacidade do computador – na construção de uma aproximação discreta, resolvendo-a e exibindo os resultados – do que qualquer outra técnica da computação científica.* Se a ideia básica é simples, as aplicações podem ser complicadas. Para problemas nessa escala, um ponto indiscutível é o seu custo – temo que um bilhão de dólares seria uma estimativa conservadora dos gastos até então. Espero que alguns leitores sejam firmes o suficiente para dominar o método dos elementos finitos e utilizá-lo bem.

Funções de aproximação

Começando pelo clássico **princípio de Rayleigh-Ritz**, apresentarei o novo conceito de elementos finitos. A equação pode ser $-u'' = f(x)$ com condições-limite $u(0) = u(1) = 0$. Esse problema é *dimensional infinito* (o vetor b é substituído por uma função f, e a matriz A torna-se $-d^2/dx^2$). Podemos representar por escrito a energia cujo mínimo é exigido, substituindo os produtos internos escalares $v^{\mathrm{T}}f$ por integrais de $v(x)f(x)$:

$$\textbf{Energia total} \qquad P(v) = \frac{1}{2}v^{\mathrm{T}}Av - v^{\mathrm{T}}f = \frac{1}{2}\int_0^1 v(x)(-v''(x))dx - \int_0^1 v(x)f(x)dx. \qquad (1)$$

$P(v)$ deve ser minimizada sobre todas as funções $v(x)$ que satisfazem $v(0) = v(1) = 0$. ***A função que fornece o mínimo será a solução* u(x)**. A equação diferencial foi convertida para um princípio mínimo, e somente permanece para a integração por partes:

$$\int_0^1 v(-v'')\,dx = \int_0^1 (v')^2 dx - \left[vv'\right]_{x=0}^{x=1} \quad \text{então} \quad P(v) = \int_0^1 \left[\frac{1}{2}(v'(x))^2 + v(x)f(x)\right] dx.$$

O termo vv' é nulo em ambos os limites, porque v também é. Agora $\int(v'(x))^2$ é *positiva* como $x^{\mathrm{T}}Ax$. Estamos garantidos em um mínimo.

Calcular o mínimo de forma exata equivale a resolver precisamente a solução diferencial. *O princípio de Rayleigh-Ritz gera um problema* n*-dimensional com a escolha de apenas n funções de aproximação* $V_1(x), \ldots, V_n(x)$. De todas as combinações $V = y_1V_1(x) + \cdots + y_nV_n(x)$, buscamos a combinação particular (chame-a de U) que minimize $P(V)$. Esta é a ideia-chave, minimizar sobre um subespaço de Vs em vez de minimizar sobre todos os $v(x)$ possíveis. A função que fornece o mínimo é $U(x)$. Esperamos que $U(x)$ esteja próxima do $u(x)$ correto.

Substituindo V por v, a função quadrática se transforma em

$$P(V) = \frac{1}{2}\int_0^1 (y_1V_1'(x) + \cdots + y_nV_n'(x))^2 dx - \int_0^1 (y_1V_1(x) + \cdots + y_nV_n(x))f(x)dx. \qquad (2)$$

As funções de aproximação V são escolhidas previamente. Este é o passo principal! As incógnitas $y_1, \ldots, y_n$ entram em um vetor y. Então, $P(V) = \frac{1}{2}y^{\mathrm{T}}Ay - y^{\mathrm{T}}b$ é reconhecida como uma das funções quadráticas às quais estamos acostumados. Os valores elementos da matriz A_{ij} são $\int V_i'V_j'dx$ = coeficiente de y_iy_j. Os componentes b_j são $\int V_jf\,dx$. Podemos certamente encontrar o mínimo de $\frac{1}{2}y^{\mathrm{T}}Ay - y^{\mathrm{T}}b$ ao solucionar $Ay = b$. Portanto, o método de Rayleigh-Ritz apresenta três passos:

1. *Escolha as funções de aproximação* $V_1, \ldots, V_n$.
2. *Calcule os coeficientes* A_{ij} *e* b_j.
3. *Resolva* $Ay = b$ *para encontrar* $U(x) = y_1V_1(x) + \cdots + y_nV_n(x)$.

Tudo depende do passo 1. A menos que as funções $V_j(x)$ sejam extremamente simples, os outros passos serão praticamente impossíveis. E, a menos que alguma combinação do V_j esteja próxima da verdadeira solução $u(x)$, esses passos serão inúteis. Para combinar o cálculo e a

* Por favor, perdoe meu entusiasmo; sei que o método pode não ser imortal.

exatidão, ***a ideia-chave que torna os elementos finitos bem-sucedidos é o uso de polinômios definidos por partes como as funções de aproximação* V (x).**

Elementos finitos lineares

O elemento finito mais simples e amplamente utilizado é o **linear por partes**. Coloque nós nos pontos internos $x_1 = h, x_2 = 2h, ..., x_n = nh$, assim como para as diferenças finitas. Então, V_j é a "função triangular" que se iguala a 1 no nó x_j e a zero em todos os outros nós (Figura 6.7a). Está concentrada em um pequeno intervalo ao redor de seu nó, sendo zero em todos os demais pontos (incluindo $x = 0$ e $x = 1$). Qualquer combinação $y_1V_1 + \cdots + y_nV_n$ deve ter o valor y_j no nó j (os outros Vs são zero nesse ponto), portanto, seu gráfico é fácil de ser desenhado (Figura 6.7b).

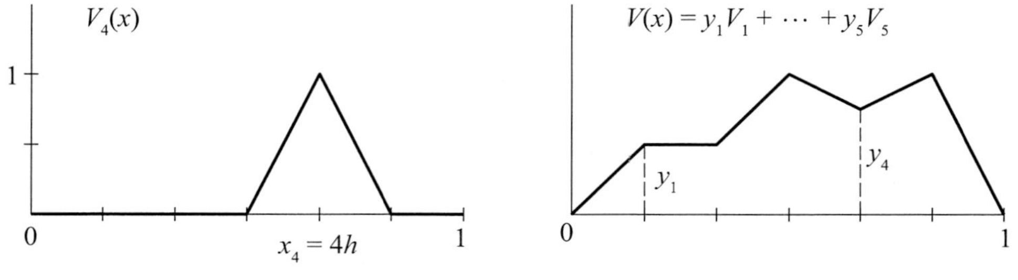

Figura 6.7 Funções triangulares e suas combinações lineares.

O passo 2 calcula os coeficientes $A_{ij} = \int V_i'V_j'dx$ na "matriz de rigidez" A. A inclinação V_j' se iguala a $1/h$ no pequeno intervalo à esquerda de x_j, e $-1/h$ no intervalo à direita. *Se esses "intervalos duplos" não se sobrepuserem, o produto* $V_i'V_j'$ *será zero e* $A_{ij} = 0$. Cada função triangular sobrepõe-se a si própria e apenas duas adjacentes:

$$\textbf{Diagonal} \qquad i = j \qquad A_{ii} = \int V_i'V_i'dx = \int \left(\frac{1}{h}\right)^2 dx + \int \left(-\frac{1}{h}\right)^2 dx = \frac{2}{h}.$$

$$\textbf{Fora da diagonal} \qquad i = j \pm 1 \qquad A_{ij} = \int V_i'V_j'\,dx = \int \left(\frac{1}{h}\right)\left(\frac{-1}{h}\right) dx = \frac{-1}{h}.$$

Então, a matriz de rigidez é, na verdade, tridiagonal:

$$\textbf{Matriz de rigidez} \qquad A = \frac{1}{h}\begin{bmatrix} 2 & -1 & & & \\ -1 & 2 & -1 & & \\ & -1 & 2 & -1 & \\ & & -1 & 2 & -1 \\ & & & -1 & 2 \end{bmatrix}.$$

Isso parece exatamente o mesmo que as diferenças finitas! Levou a milhares de discussões sobre a relação entre esses dois métodos. Elementos finitos mais complicados – polinômios de grau maior, definidos em triângulos ou quadriláteros para equações diferenciais parciais – também produzem matrizes A esparsas. Você pode pensar que elementos finitos são como um modo sistemático de construir equações diferenciais precisas em malhas irregulares. O essencial é a *simplicidade* desses polinômios por partes. Dentro de cada elemento, suas inclinações coeficientes angulares são fáceis de encontrar e integrar.

Os componentes b_j à direita são novos. Em vez de apenas o valor de f em x_j, como para as diferenças finitas, eles são agora uma média de f ao redor desse ponto: $b_j = \int V_jf\,dx$. Então, no passo 3, resolvemos o sistema tridiagonal $Ay = b$, que fornece os coeficientes de uma função tentativa de aproximação minimizadora $U = y_1V_1 + \cdots + y_nV_n$. Conectando todas essas alturas y_j por uma reta "quebrada", obtemos a solução aproximadora estimada $U(x)$.

Exemplo 1 $-u'' = 2$ com $u(0) = u(1) = 0$, e solução $u(x) = x - x^2$.

A aproximação utilizará esses três intervalos e duas funções triangulares, com $h = \frac{1}{3}$. A matriz A é 2 por 2. A lateral direita exige a integração dessa função triangular vezes $f(x) = 2$. Isso produz duas vezes a área $\frac{1}{3}$ sob esse triângulo:

$$A = 3\begin{bmatrix} 2 & -1 \\ -1 & 2 \end{bmatrix} \quad \text{e} \quad b = \begin{bmatrix} \frac{2}{3} \\ \frac{2}{3} \end{bmatrix}.$$

A solução para $Ay = b$ é $y = (\frac{2}{9}, \frac{2}{9})$. O melhor $U(x)$ é $\frac{2}{9}V_1 + \frac{2}{9}V_2$, que se iguala a $\frac{2}{9}$ nos pontos de malha. *Isso está de acordo com a solução exata* $u(x) = x - x^2 = \frac{1}{3} - \frac{1}{9}$.

Em um exemplo mais complicado, a aproximação não será exata nos nós. Mas fica notavelmente perto. A teoria fundamental é explicada no livro *An Analysis of the Finite Element Method* (para mais informações, consulte o site <www.wellesleycambridge.com>) escrito juntamente com George Fix. Outros livros oferecem explicações mais detalhadas, e a matéria sobre os elementos finitos tornou-se parte importante do ensino da engenharia. Ela é abordada em *Introduction to Applied Mathematics*, bem como em meu novo livro *Applied Mathematics and Scientific Computing*. Nesta obra, discutimos equações diferenciais parciais, cujo método realmente ganha independência.

Problemas de autovalores

O conceito de Rayleigh-Ritz – minimizar sobre uma família de dimensão finita de V's em vez de fazê-lo sobre todos os v's admissíveis – também é útil para problemas de autovalores. O verdadeiro mínimo do quociente de Rayleigh é a frequência fundamental λ_1. Seu mínimo aproximado Λ_1 será maior – porque a classe de funções de aproximação está restrita aos V's. Este passo completamente natural e inevitável: aplicar as novas ideias de elementos finitos a esta forma variacional, há muito estabelecida, do problema de autovalores.

O melhor exemplo de um problema de autovalores tem $u(x) = \text{sen}\, \pi x$ e $\lambda_1 = \pi^2$:

$$\textbf{Autofunção } \boldsymbol{u(x)} \qquad -u'' = \lambda u, \quad \text{com} \quad u(0) = u(1) = 0.$$

Essa função sen πx minimiza o quociente de Rayleigh $v^{\mathrm{T}}Av/v^{\mathrm{T}}v$:

$$\textbf{Quociente de Rayleigh} \qquad R(v) = \frac{\int_0^1 v(x)\,(-v''(x))\,dx}{\int_0^1 (v(x))^2\,dx} = \frac{\int_0^1 (v'(x))^2\,dx}{\int_0^1 (v(x))^2\,dx}.$$

Esta é uma razão de energia potencial para a energia cinética e está em equilíbrio no autovetor. Normalmente, esse autovetor seria desconhecido e, para aproximá-lo, admitimos apenas os candidatos de tentativa aproximação $V = y_1V_1 + \cdots + y_nV_n$:

$$R(V) = \frac{\int_0^1 (y_1V_1' + \cdots + y_nV_n')^2\,dx}{\int_0^1 (y_1V_1 + \cdots + y_nV_n)^2\,dx} = \frac{y^{\mathrm{T}}Ay}{y^{\mathrm{T}}My}.$$

Agora, nos deparamos com um problema de matriz: minimizar $y^{\mathrm{T}}Ay/y^{\mathrm{T}}My$. Com $M = I$, isso leva ao problema de autovalor padrão $Ay = \lambda y$. Mas nossa matriz M será tridiagonal, pois as funções triangulares adjacentes se sobrepõem. É exatamente essa situação que aciona o *problema de autovalor generalizado*. **O valor mínimo Λ_1 será o menor autovalor de $Ay = \lambda My$.** Esse Λ_1 estará próximo de (e acima de) π^2. O autovetor y fornecerá a aproximação $U = y_1V_1 + + \cdots + y_nV_n$ para a autofunção.

Assim como no problema estático, o método pode ser resumido em três passos: (1) escolha o V_j, (2) calcule A e M, e (3) resolva $Ay = \lambda My$. Não sei por que isso custa um bilhão de dólares.

Conjunto de problemas 6.5

1. O *método de Galerkin* começa com a equação diferencial (digamos, $-u'' = f(x)$), em vez da energia P. A solução de aproximação ainda é $u = y_1V_1 + y_2V_2 + ... + y_nV_n$, e os y's são escolhidos para criar uma diferença entre $-u''$ e f ortogonal para cada V_j:

$$\textbf{Galerkin} \qquad \int(-y_1 V_1'' - y_2 V_2'' - \cdots - y_nV_n'')\, V_j\, dx = \int f(x)V_j(x)dx.$$

Integre o lado esquerdo por partes para chegar a $Ay = f$, provando que o método de *Galerkin fornece a mesma função* A *e* f *que Rayleigh-Ritz para problemas simétricos.*

2. Suponha $-u'' = 2$, com a condição limite $u(1) = 0$ alterada para $u'(1) = 0$. Essa condição "natural" em u' não precisa ser imposta nas funções de aproximação V. Com $h = \frac{1}{3}$, há mais uma função V_3 *semitriangular* V_3 adicional, que vai de 0 a 1 entre $x = \frac{2}{3}$ e $x = 1$. Calcule $A_{33} = \int (V_3')^2\, dx$ e $f_3 = \int 2V_3 dx$. Resolva $Ay = f$ para a solução de elementos finitos $y_1V_1 + y_2V_2 + y_3V_3$.

3. Resolva $-u'' = 2$ com uma única função triangular, mas posicione seu nó em $x = \frac{1}{4}$ em vez de em $x = \frac{1}{2}$. (Esboce essa função V_1.) Com condições-limite $u(0) = u(1) = 0$, compare a aproximação de elementos finitos com o verdadeiro $u = x - x^2$.

4. Para as funções triangulares V_1 e V_2 centradas em $x = h = \frac{1}{3}$ e $x = 2h = \frac{2}{3}$, calcule a matriz de massa, do tipo 2 por 2, $M_{ij} = \int V_iV_j\, dx$, e resolva o problema do autovalor $Ax = \lambda Mx$.

5. Para uma única função triangular $V(x)$ centrada em $x = \frac{1}{2}$, calcule $A = \int (V')^2\, dx$ e $M = \int V^2\, dx$. No problema de autovalores 1 por 1, $\lambda = A/M$ é maior ou menor que o verdadeiro autovalor $\lambda = \pi^2$?

6. Qual é a matriz de massa $M_{ij} = \int V_iV_j\, dx$ para n funções triangulares com $h = \frac{1}{n+1}$? ?

7. Utilize três funções triangulares, com $h = \frac{1}{4}$, para resolver $-u'' = 2$ com $u(0) = u(1) = 0$. Verifique se a aproximação U equivale a $u = x - x^2$ nos nós.

8. Resolva $-u'' = x$ com $u(0) = u(1) = 0$. Em seguida, resolva aproximadamente com duas funções triangulares $h = \frac{1}{3}$. Onde se encontra o maior erro?

9. Uma identidade básica para funções quadráticas mostra $y = A^{-1}b$ minimizando:

$$P(y) = \frac{1}{2}y^{\mathrm{T}}Ay - y^{\mathrm{T}}b = \frac{1}{2}(y - A^{-1}b)^{\mathrm{T}}A(y - A^{-1}b) - \frac{1}{2}b^{\mathrm{T}}A^{-1}b.$$

O mínimo sobre um *subespaço* de funções de aproximação está no *y mais próximo* de $A^{-1}b$. (Isso torna o primeiro termo à direita o menor possível; e é a chave para a convergência de U para u.) Se $A = I$ e $b = (1, 0, 0)$, que múltiplo de $V = (1, 1, 1)$ fornece o menor valor de $P(y) = \frac{1}{2}y^{\mathrm{T}}y - y_1$?

Capítulo

7 Cálculos com matrizes

7.1 INTRODUÇÃO

Um dos objetivos deste livro é explicar os aspectos práticos da teoria das matrizes. Em comparação com textos mais antigos sobre álgebra linear abstrata, a teoria subjacente não foi alterada de modo radical. Uma das melhores coisas desta disciplina é que sua teoria é realmente essencial para as aplicações. A diferença é a *mudança de foco* que surge com um novo ponto de vista. A eliminação torna-se mais do que um simples modo de encontrar uma base para o espaço-linha, e o processo de Gram-Schmidt não é simplesmente uma prova de que todo subespaço possui uma base ortonormal. Muito pelo contrário, nós realmente *precisamos* desses algoritmos. E precisamos de uma descrição conveniente, $A = LU$ ou $A = QR$, do que eles fazem.

Este capítulo avançará mais algumas etapas na mesma direção. Suponho que essas etapas são governadas mais pela necessidade de cálculo do que pela elegância; isso faria com que elas soassem muito superficiais, o que não é verdade. Essas etapas lidam com os problemas mais antigos e mais fundamentais da disciplina, $Ax = b$ e $Ax = \lambda x$, mas estão mudando e se aprimorando continuamente. Na análise numérica o mais adequado sobrevive, por isso queremos descrever algumas ideias que sobreviveram até agora. Elas se dividem em três grupos:

1. Técnicas de resolução de $Ax = b$. A eliminação é um algoritmo perfeito, exceto quando o problema particular apresenta propriedades especiais – como acontece com quase todos os problemas. A Seção 7.4 se concentrará na propriedade da *dispersão*, quando a maioria dos elementos de A forem nulos. Desenvolveremos ***métodos iterativos em vez de métodos diretos*** para resolver $Ax = b$. Um método iterativo é "autocorretivo" e nunca atinge a resposta exata. O objetivo é chegar próximo de modo mais rápido do que por eliminação. Em alguns problemas, isso pode ser feito; em muitos outros, a eliminação é mais segura e mais rápida se ela aproveitar os zeros. A competição está longe de terminar e identificaremos o *raio espectral* que controla a velocidade de convergência para $x = A^{-1}b$.

2. Técnicas de resolução de $Ax = \lambda x$. O problema dos autovalores é um dos sucessos mais evidentes da análise numérica. Ele é definido de forma clara e sua importância é óbvia, mas, até recentemente, ninguém sabia resolvê-lo. Dezenas de algoritmos foram sugeridos e tudo depende da dimensão e das propriedades de A (e do número de autovalores desejados). Você pode solicitar ao LAPACK uma sub-rotina de autovalores, sem saber seu conteúdo, mas é melhor sabê-lo. Escolhemos duas ou três ideias que superaram quase todos os seus predecessores: ***o algoritmo QR***, a família dos "***métodos de potência***" e o pré-processamento de uma matriz simétrica para torná-la ***tridiagonal***.

Os dois primeiros métodos são iterativos e o último é direto. Ele executa seu trabalho em um número finito de etapas, mas não termina nos autovalores. Ele produz uma matriz muito mais simples para ser utilizada em etapas iterativas.

3. **Número de condição de uma matriz.** A Seção 7.2 tenta mensurar a "sensibilidade" de um problema: se A e b são ligeiramente alterados, qual é a dimensão do efeito sobre $x = A^{-1}b$? Antes de responder a essa questão, precisamos de um modo de mensurar A e a mudança ΔA. O módulo de um vetor já foi definido e agora precisamos da ***norma de uma matriz***. Então, o ***número de condição*** e a sensibilidade de A decorrerão da multiplicação das normas de A e A^{-1}. *As matrizes deste capítulo são quadradas.*

7.2 NORMA DA MATRIZ E NÚMERO DE CONDIÇÃO

Erro e Equívoco são coisas muito diferentes. Um erro é uma pequena incorreção, provavelmente inevitável, mesmo por um matemático ou por um computador perfeito. Um equívoco é muito mais sério e maior em, pelo menos, uma ordem de magnitude. Um erro ocorre quando um computador arredonda um número após 16 bits. Mas quando um problema é extremamente sensível, fazendo que este erro de arredondamento altere completamente a solução, é quase certo que alguém cometeu um equívoco. Nossa meta nesta seção é analisar o efeito dos erros, de modo que os equívocos possam ser evitados.

Na verdade, daremos prosseguimento a uma discussão que começou no Capítulo 1 com

$$A = \begin{bmatrix} 1 & 1 \\ 1 & 1{,}0001 \end{bmatrix} \quad \text{e} \quad B = \begin{bmatrix} 0{,}0001 & 1 \\ 1 & 1 \end{bmatrix}.$$

Argumentamos que B está bem condicionada e não é tão sensível ao arredondamento; mas, se a eliminação de Gauss for aplicada de maneira imprópria, a matriz se torna completamente vulnerável. É um equívoco aceitar 0,0001 como o primeiro pivô, e temos de insistir em uma escolha maior e mais segura: trocar as linhas de B. Quando o "pivotamento parcial" é construído no algoritmo de eliminação, o computador procura automaticamente o *maior pivô*. Então, a resistência natural ao erro de arredondamento não é mais comprometida.

Como podemos medir essa resistência natural e determinar se a matriz está bem ou mal condicionada? Se houver uma pequena alteração em b ou em A, quão grande será a alteração produzida na solução x?

Comecemos por *uma alteração no lado direito*, de b para $b + \delta b$. Esse erro pode surgir dos dados experimentais ou do arredondamento. Podemos supor que δb seja pequeno, mas sua direção está fora de nosso controle. A solução é alterada de x para $x + \delta x$:

Equação de erro $\quad A(x + \delta x) = b + \delta b$, assim, por subtração $\quad A(\delta x) = \delta b. \qquad (1)$

Um erro δb leva a $\delta x = A^{-1}\delta b$. Haverá uma grande alteração na solução x quando A^{-1} for grande – A é quase singular. A alteração em x será grande quando δb apontar na direção que for amplificada principalmente por A^{-1}.

Suponha que A seja simétrica e que seus autovalores sejam positivos: $0 < \lambda_1 \leq \cdots \leq \lambda_n$. Qualquer vetor δb é uma combinação dos autovetores unitários correspondentes $x_1, \ldots, x_n$. O pior erro δb, que surge de A^{-1}, é na direção do primeiro autovetor x_1:

Pior Erro $\quad$ Se $\delta b = \in x_1$, então $\delta n = \dfrac{\delta b}{\lambda_1}. \qquad (2)$

O erro $\|\delta b\|$ ***é amplificado por*** $1/\lambda_1$***, que é o maior autovalor de*** A^{-1}. Essa amplificação é a maior quando λ_1 está próximo de zero e A é *quase singular*.

Medir a sensibilidade exclusivamente por λ_1 apresenta uma séria desvantagem. Suponha que multipliquemos todos os elementos de A por 1.000; então, λ_1 será multiplicado por 1.000 e a matriz parecerá muito menos singular. Isso contrariaria nosso senso de jogo limpo; um reescalonamento tão simples não pode tornar boa uma matriz mal condicionada. É verdade que δx será 1.000 vezes menor, mas também o será a solução $x = A^{-1}b$. O erro relativo $\|\delta x\|/\|x\|$ será o mesmo. A divisão por $\|x\|$ normaliza o problema em relação a uma alteração trivial de escala. Ao mesmo tempo, há uma normalização para δb; nosso problema é comparar a ***alteração relativa*** $\|\delta b\|/\|b\|$ com o ***erro relativo*** $\|\delta b\|/\|x\|$.

O pior caso é aquele quando $\|\delta x\|$ é grande – com δb na direção do autovetor x_1 – e quando $\|x\|$ é pequeno. A verdadeira solução x deve ser tão pequena quanto possível, em comparação ao verdadeiro b. Isso significa que *o problema original* $Ax = b$ *deveria estar no outro extremo*, na direção do último autovetor x_n: se $b = x_n$, então $x = A^{-1}b = b/\lambda_n$.

É esta combinação, $b = x_n$ e $\delta b = \epsilon x_1$, que torna o erro relativo o maior possível. Estes são os casos extremos das seguintes desigualdades:

7A Para uma matriz definida positiva, a solução $x = A^{-1}b$ e o erro $\delta x = A^{-1}\delta b$ sempre satisfazem

$$\|x\| \geq \frac{\|b\|}{\lambda_{\text{máx}}} \quad \text{e} \quad \|\delta x\| \leq \frac{\|\delta b\|}{\lambda_{\text{mín}}} \quad \text{e} \quad \frac{\|\delta x\|}{\|x\|} \leq \frac{\lambda_{\text{máx}}}{\lambda_{\text{mín}}} \frac{\|\delta b\|}{\lambda_{\text{mín}}}. \tag{3}$$

A razão $c = \lambda_{\text{máx}}/\lambda_{\text{mín}}$ é o ***número de condição*** de uma matriz definida positiva A.

Exemplo 1 Os autovalores de A são aproximadamente $\lambda_1 = 10^{-4}/2$ e $\lambda_2 = 2$:

$$A = \begin{bmatrix} 1 & 1 \\ 1 & 1{,}0001 \end{bmatrix} \text{ tem número de condição por volta de } c = 4 \times 10^4.$$

Devemos esperar uma alteração radical na solução a partir de alterações normais nos dados. O Capítulo 1 comparou as equações $Ax = b$ e $Ax' = b'$:

$$\begin{aligned} u + \quad\quad v &= 2 \\ u + 1{,}0001v &= 2 \end{aligned} \qquad \begin{aligned} u + \quad\quad v &= 2 \\ u + 1{,}0001v &= 2{,}0001. \end{aligned}$$

Os lados direitos são alterados apenas por $\|\delta b\| = 0{,}0001 = 10^{-4}$. Ao mesmo tempo, a solução vai de $u = 2$, $v = 0$ para $u = v = 1$. Este é o erro relativo de

$$\frac{\|\delta x\|}{\|x\|} = \frac{\|(-1,1)\|}{\|(2,0)\|} = \frac{\sqrt{2}}{2}, \quad \text{que é igual a} \quad 2 \times 10^4 \frac{\|\delta b\|}{\|b\|}.$$

Sem ter feito nenhuma escolha especial da perturbação, houve uma alteração relativamente grande na solução. Nossos x e δb formam ângulos de 45° com os piores casos, o que dá conta dos dois erros entre 2×10^4 e a possibilidade extrema $c = 4 \times 10^4$.

Se $A = I$ ou mesmo se $A = I/10$, seu número de condição é $c = \lambda_{\text{máx}}/\lambda_{\text{mín}} = 1$. Em comparação, *o determinante é uma medida terrível de mau condicionamento*. Ele depende não apenas do escalonamento, mas também da ordem n; se $A = I/10$, então o determinante de A é 10^{-n}. De fato, essa matriz "quase singular" é tão bem condicionada quanto possível.

Exemplo 2 A matriz A de diferenças finitas n por n possui $\lambda_{\text{máx}} \approx 4$ e $\lambda_{\text{mín}} \approx \pi^2/n^2$:

$$A = \begin{bmatrix} 2 & -1 & & & \\ -1 & 2 & -1 & & \\ & -1 & 2 & \cdot & \\ & & \cdot & \cdot & -1 \\ & & & -1 & 2 \end{bmatrix}.$$

O número de condição é de aproximadamente $c(A) = \frac{1}{2}n^2$, e desta vez a dependência da ordem n é genuína. Quanto mais aproximarmos $-u'' = f$, aumentando o número de incógnitas, mais difícil será calcular a aproximação. Em um determinado ponto de passagem, um aumento em n produzirá, na verdade, uma resposta pior.

Felizmente para o engenheiro, essa passagem ocorre quando a precisão já está muito boa. Trabalhando com precisão simples, um computador típico pode cometer erros de arredondamento da ordem 10^{-9}. Com $n = 100$ incógnitas e $c = 5.000$, o erro é amplificado ao máximo até a ordem 10^{-5} – que ainda é mais precisa do que qualquer medida comum. Mas haverá um problema com 10.000 incógnitas, ou com uma aproximação de 1, –4, 6, –4, 1 de $d^4u/dx^4 = f(x)$ – para a qual o número de condição cresce conforme n^4.*

Matrizes assimétricas

Até agora nossa análise aplicou-se a matrizes simétricas com autovalores positivos. Poderíamos facilmente eliminar o pressuposto positivo e utilizar valores absolutos $|\lambda|$. Mas, para ir além da simetria, como certamente queremos fazer, será necessário haver uma mudança maior. Isto é fácil de verificar em matrizes muito assimétricas

$$A = \begin{bmatrix} 1 & 100 \\ 0 & 1 \end{bmatrix} \quad \text{e} \quad A^{-1} = \begin{bmatrix} 1 & -100 \\ 0 & 1 \end{bmatrix}. \tag{4}$$

Todos os autovalores são iguais a 1, mas o número de condição adequado *não* é $\lambda_{\text{máx}}/\lambda_{\text{mín}} = 1$. A alteração relativa em x *não* está vinculada à alteração relativa em b. Compare

$$x = \begin{bmatrix} 0 \\ 1 \end{bmatrix} \quad \text{quando} \quad b = \begin{bmatrix} 100 \\ 1 \end{bmatrix}; \quad x' = \begin{bmatrix} 100 \\ 0 \end{bmatrix} \quad \text{quando} \quad b' = \begin{bmatrix} 100 \\ 0 \end{bmatrix}.$$

Uma alteração de 1% em b produziu a alteração da ordem das centenas em x; o fator de amplificação é 100^2. Como c representa um limite superior, o número de condição deve ser de pelo menos 10.000. A dificuldade, neste caso, é que um grande elemento fora da diagonal de A implica um elemento igualmente grande em A^{-1}. Esperar que A^{-1} fique menor conforme A se torna maior é, de modo geral, incorreto.

Para uma definição adequada do número de condição, olhemos novamente para a equação (3). Estávamos tentando tornar x pequeno e $b = Ax$ grande. Quando A não for simétrica, *o máximo de* $\|Ax\|/\|x\|$ *pode ser encontrado em um vetor* x *que não é um dos autovetores*. Esse máximo é uma medida excelente da dimensão de A. Ele é a ***norma*** de A.

* A regra prática, experimentalmente verificada, é que o computador pode perder log c casas decimais por erros de arredondamento na eliminação de Gauss.

7B A ***norma*** de A é o número $||A||$ definido por

$$\| A \| = \text{máx}_{x \neq 0} \frac{\| Ax \|}{\| x \|}. \tag{5}$$

Em outras palavras, $||A||$ limita o "poder de amplificação" da matriz

$$||Ax|| \leq ||A|| \, ||x|| \quad \text{para todos os vetores } x. \tag{6}$$

As matrizes A e A^{-1} da equação (4) possuem normas em algum ponto entre 100 e 101. Elas podem ser calculadas com exatidão, mas primeiro queremos concluir a relação entre normas e números de condição. Como $b = Ax$ e $\delta x = A^{-1}\delta b$, a equação (6) resulta em

$$||b|| \leq ||A|| \, ||x|| \qquad \text{e} \qquad ||\delta x|| \leq ||A^{-1}|| \, ||\delta b||. \tag{7}$$

Essa é a substituta da equação (3), quando A não é simétrica. No caso simétrico, $||A||$ é igual a $\lambda_{\text{máx}}$, e $||A^{-1}||$ é igual a $1/\lambda_{\text{mín}}$. *O substituto correto de* $\lambda_{\text{máx}}/\lambda_{\text{mín}}$ *é o produto* $||A|| \, ||A^{-1}||$ *– que é o número de condição.*

7C O ***número de condição*** de A é $c = ||A|| \, ||A^{-1}||$. O erro relativo satisfaz

δx a partir de δb $\quad \dfrac{\| \delta x \|}{\| x \|} \leq c \dfrac{\| \delta b \|}{\| b \|}$ $\quad$ diretamente a partir da equação (7). (8)

Se alterarmos a matriz A em vez do lado direito b, então

δx a partir de δA $\quad \dfrac{\| \delta x \|}{\| x + \delta x \|} \leq c \dfrac{\| \delta A \|}{\| A \|}$ $\quad$ a partir da equação (10) abaixo. (9)

O que se deve notar é que o mesmo número de condição aparece na equação (9), em que a própria matriz é alterada: se $Ax = b$ e $(A + \delta A)(x + \delta x) = b$, então, por subtração

$$A\delta x + \delta A(x + \delta x) = 0 \qquad \text{ou} \qquad \delta x = -A^{-1}(\delta A)(x + \delta x).$$

A multiplicação por δA amplifica um vetor em não mais que $||\delta A||$, e a multiplicação por A^{-1} amplifica em não mais que $||A^{-1}||$. Então, $||\delta x|| < ||A^{-1}|| \, ||\delta A|| \, ||x + \delta x||$, que é

$$\frac{\| \delta x \|}{\| x + \delta x \|} \leq \| A^{-1} \| \, \| \delta A \| = c \frac{\| \delta A \|}{\| A \|}. \tag{10}$$

Essas desigualdades implicam que o erro de arredondamento surge a partir de duas fontes. Uma é a *sensibilidade natural* do problema, medida por c. A outra é o erro real δb ou δA. Esta era a base da análise de erro de Wilkinson. Como a eliminação produz, na verdade, fatores aproximados L' e U', ela resolve a equação com a matriz errada $A + \delta A = L'U'$, em vez da matriz correta $A = LU$. Wilkinson provou que o pivotamento parcial controla δA – assim, *o equívoco do erro de arredondamento é levado pelo número de condição* c.

Uma fórmula para a norma

A norma de A mede a maior quantia pela qual qualquer vetor (autovetor ou não) é amplificado por multiplicação de matrizes: $\|A\| = \text{máx}(\|Ax\| / \|x\|)$. A norma da matriz identidade é 1. Para calcular a norma, eleve os dois lados ao quadrado para obter a matriz simétrica A^TA:

$$\|A\|^2 = \max \frac{\|Ax\|^2}{\|x\|^2} = \max \frac{x^TA^TAx}{x^Tx}. \tag{11}$$

7D $\|A\|$ é a raiz quadrada do maior autovalor de A^TA: $\|A\|^2 = \lambda_{\text{máx}}(A^TA)$. O vetor que A mais amplifica é o autovetor correspondente de A^TA:

$$\frac{x^TA^TAx}{x^Tx} = \frac{x^T(\lambda_{\text{máx}}x)}{x^Tx} = \lambda_{\text{máx}}(A^TA) = \|A\|^2. \tag{12}$$

A Figura 7.1 mostra uma matriz assimétrica com autovalores $\lambda_1 = \lambda_2 = 1$ e norma $\|A\| = 1{,}618$. Neste caso, A^{-1} possui a mesma norma. Os pontos mais distantes e mais próximos Ax sobre a elipse surgem a partir dos autovetores x de A^TA, e não de A.

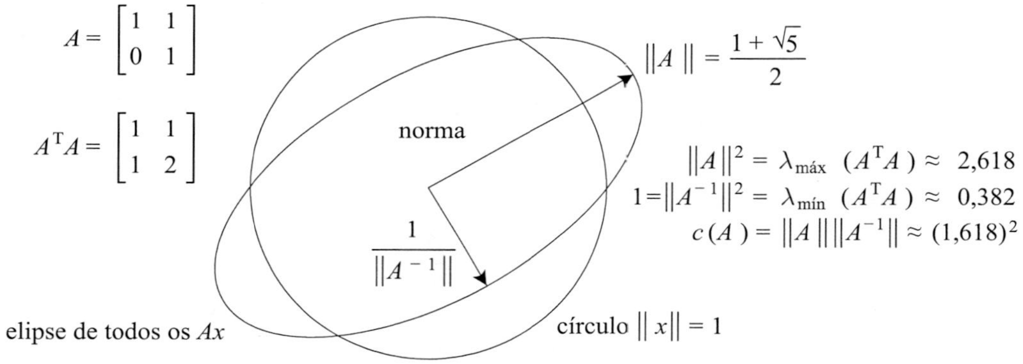

Figura 7.1 As normas de A e A^{-1} surgem a partir do mais curto e mais longo Ax.

Observação 1 A norma e o número de condição, na verdade, não são calculados na prática, apenas estimados. Não há tempo para resolver um problema de autovalor para $\lambda_{\text{máx}}(A^TA)$.

Observação 2 Na equação de mínimos quadrados $A^TAx = A^Tb$, o número de condição $c(A^TA)$ é o *quadrado* de $c(A)$. A formação de A^TA pode transformar um problema saudável em um problema comprometido. Pode ser necessário ortogonalizar A por Gram-Schmidt, em vez de se fazer cálculos com A^TA.

Observação 3 Os ***valores singulares*** de A na SVD são *as raízes quadradas dos autovalores de* A^TA. Pela equação (12), outra fórmula para a norma é $\|A\| = \sigma_{\text{máx}}$. U e V ortogonais deixam os comprimentos inalterados em $\|Ax\| = \|U\Sigma V^Tx\|$. Assim, o maior valor de $\|Ax\|/\|x\|$ surge a partir do maior σ na matriz diagonal Σ.

Observação 4 O erro de arredondamento também aparece em $Ax = \lambda x$. Qual é o número de condição do problema do autovalor? *O número de condição da diagonalização* S *mede a sensibilidade dos autovalores*. Se μ é um autovalor de $A + E$, então sua distância de um dos autovalores de A é

$$|\mu - \lambda| \leq \|S\| \, \|S^{-1}\| \, \|E\| = c(S)\|E\|. \tag{13}$$

Com autovetores ortonormais e $S = Q$, o problema dos autovalores está perfeitamente condicionado: $c(Q) = 1$. A alteração $\delta\lambda$ nos autovalores não é maior do que a alteração δA. Portanto, o melhor caso é quando A é simétrica, ou, de modo mais genérico, quando $AA^{\mathrm{T}} = A^{\mathrm{T}}A$. Então A é uma matriz normal; sua diagonalização S é um ortogonal Q (Seção 5.6).

Se x_k é a k-ésima coluna de S e y_k é a k-ésima linha de S^{-1}, então λ_k se altera em

$$\delta\lambda_k = y_k E x_k + \text{termos de ordem } \|E\|^2. \tag{14}$$

Na prática, $y_k E x_k$ é uma estimativa realista de $\delta\lambda$. Todo bom algoritmo deve manter a matriz de erro E a menor possível – normalmente insistindo, como veremos na próxima seção, em matrizes ortogonais em todas as etapas do cálculo de λ.

Conjunto de problemas 7.2

1. Mostre que os autovalores de $B = \begin{bmatrix} 0 & A \\ A^{\mathrm{T}} & 0 \end{bmatrix}$ são $\pm\sigma_i$, os valores singulares de A. *Dica*: tente B^2.

2. Para a matriz definida positiva $A = \begin{bmatrix} 2 & -1 \\ -1 & 2 \end{bmatrix}$, calcule $\|A^{-1}\| = 1/\lambda_1$, $\|A\| = \lambda_2$ e $c(A) = \lambda_2/\lambda_1$. Encontre um lado direito b e uma perturbação δb de modo que o erro seja o pior possível, $\|\delta x\|/\|x\| = c\|\delta b\|/\|b\|$.

3. As matrizes da equação (4) possuem normas entre 100 e 101. Por quê?

4. Explique por que $\|ABx\| \leq \|A\| \, \|B\| \, \|x\|$ e deduza a partir da equação (5) que $\|AB\| \leq \|A\| \, \|B\|$. Mostre que isso também implica que $c(AB) \leq c(A)c(B)$.

5. Para uma matriz ortogonal Q, mostre que $\|Q\| = 1$ e também $c(Q) = 1$. As matrizes ortogonais (e seus múltiplos αQ) são as únicas perfeitamente condicionadas.

6. (a) A e A^{-1} têm o mesmo número de condição c?

(b) Analogamente ao limite superior (8) de um erro, prove o limite inferior:

$$\frac{\|\delta x\|}{\|x\|} \geq \frac{1}{c}\frac{\|\delta b\|}{\|b\|}. \qquad \text{(Considere } A^{-1}b = x\text{, em vez de } Ax = b.)$$

7. Para uma matriz definida positiva A, a decomposição de Cholesky é $A = LDL^{\mathrm{T}} = R^{\mathrm{T}}R$, em que $R = \sqrt{D}L^{\mathrm{T}}$. Mostre diretamente a partir da equação (12) que o número de condição de $c(R)$ é a raiz quadrada de $c(A)$. A eliminação sem trocas de linhas não pode prejudicar uma matriz definida positiva, já que $c(A) = c(R^{\mathrm{T}})c(R)$.

8. Qual desigualdade "famosa" resulta em $\|(A + B)x\| \leq \|Ax\| + \|Bx\|$ e por que decorre da equação (5) que $\|A + B\| \leq \|A\| + \|B\|$?

9. Mostre que, se λ é qualquer autovalor de A, $Ax = \lambda x$, então $|\lambda| \leq \|A\|$.

10. Comparando os autovalores de $A^{\mathrm{T}}A$ e AA^{T}, prove que $\|A\| = \|A^{\mathrm{T}}\|$.

11. Mostre que máx $|\lambda|$ não é uma norma verdadeira, encontrando contraexemplos 2 por 2 para $\lambda_{máx}(A+B) \leq \lambda_{máx}(A) + \lambda_{máx}(B)$ e $\lambda_{máx}(AB) \leq \lambda_{máx}(A)\lambda_{máx}(B)$.

12. Prove que o número de condição $\|A\|\,\|A^{-1}\|$ é no mínimo 1.

13. Matrizes ortogonais têm norma $\|Q\| = 1$. Se $A = QR$, mostre que $\|A\| \leq \|R\|$ e também que $\|R\| \leq \|A\|$. Então, $\|A\| = \|Q\|\,\|R\|$. Encontre um exemplo de $A = LU$ com $\|A\| < \|L\|\,\|U\|$.

14. (Sugerido por Moler e Van Loan) Calcule $b - Ay$ e $b - Az$ quando

$$b = \begin{bmatrix} 0{,}217 \\ 0{,}254 \end{bmatrix} \quad A = \begin{bmatrix} 0{,}780 & 0{,}563 \\ 0{,}913 & 0{,}659 \end{bmatrix} \quad y = \begin{bmatrix} 0{,}341 \\ -0{,}087 \end{bmatrix} \quad z = \begin{bmatrix} 0{,}999 \\ -1{,}0 \end{bmatrix}.$$

y está mais próximo que z da solução de $Ax = b$? Responda de duas maneiras: compare os *residuais* $b - Ay$ com $b - Az$. Em seguida, compare y e z com o verdadeiro $x = (1, -1)$. Às vezes, queremos um residual pequeno; outras, um δx pequeno.

15. Encontre as normas $\lambda_{máx}$ e os números de condição $\lambda_{máx}/\lambda_{mín}$ das seguintes matrizes definidas positivas:

$$\begin{bmatrix} 100 & 0 \\ 0 & 2 \end{bmatrix} \quad \begin{bmatrix} 2 & 1 \\ 1 & 2 \end{bmatrix} \quad \begin{bmatrix} 3 & 1 \\ 1 & 1 \end{bmatrix}.$$

16. Por que I é a única matriz definida positiva simétrica que possui $\lambda_{máx} = \lambda_{mín} = 1$? Então, as únicas matrizes com $\|A\| = 1$ e $\|A^{-1}\| = 1$ têm de ser $A^TA = I$. Elas são matrizes ________.

17. Encontre as normas e os números de condição a partir das raízes quadradas de $\lambda_{máx}(A^TA)$ e $\lambda_{mín}(A^TA)$:

$$\begin{bmatrix} -2 & 0 \\ 0 & 2 \end{bmatrix} \quad \begin{bmatrix} 1 & 1 \\ 0 & 0 \end{bmatrix} \quad \begin{bmatrix} 1 & 1 \\ -1 & 1 \end{bmatrix}.$$

Os problemas 18 a 20 abordam normas de vetores diferentes da usual $\|x\| = \sqrt{x \cdot x}$.

18. Prove que $\|x\|_\infty \leq \|x\| \leq \|x\|_1$. Mostre, a partir da desigualdade de Schwarz, que as razões $\|x\|/\|x\|_\infty$ e $\|x\|_1/\|x\|$ nunca são maiores que $\sqrt{n}$. Qual vetor $(x_1, \ldots, x_n)$ resulta em razões iguais a $\sqrt{n}$?

19. Todas as normas de vetores devem satisfazer a *desigualdade triangular*. Prove que

$$\|x + y\|_\infty \leq \|x\|_\infty + \|y\|_\infty \quad \text{e} \quad \|x + y\|_1 \leq \|x\|_1 + \|y\|_1.$$

20. A "norma de ℓ_1" é $\|x\|_1 = |x_1| + \ldots + |x_n|$. A "norma de ℓ^∞" é $\|x\|_\infty = \text{máx}\,|x_i|$. Calcule $\|x\|$, $\|x\|_1$ e $\|x\|_\infty$ para os vetores

$$x = (1, 1, 1, 1, 1) \quad \text{e} \quad x = (0{,}1,\ 0{,}7,\ 0{,}3,\ 0{,}4,\ 0{,}5).$$

21. Para a mesma matriz A, calcule $b = Ax$ para $x = (1, 1, 1)$ e $x = (0, 6, -3, 6)$. Uma pequena alteração em Δb produz uma grande alteração em Δx.

22. Calcule, por eliminação, a inversa exata da matriz A de Hilbert. Em seguida, calcule A^{-1} novamente arredondando todos os números para três dígitos:

$$\text{No MATLAB: } A = \text{hilb(3)} = \begin{bmatrix} 1 & \frac{1}{2} & \frac{1}{3} \\ \frac{1}{2} & \frac{1}{3} & \frac{1}{4} \\ \frac{1}{3} & \frac{1}{4} & \frac{1}{5} \end{bmatrix}.$$

23. Escolhendo o maior pivô disponível em cada coluna (pivotamento parcial), fatore cada matriz A em $PA = LU$:

$$A = \begin{bmatrix} 1 & 0 \\ 2 & 2 \end{bmatrix} \quad \text{e} \quad A = \begin{bmatrix} 1 & 0 & 1 \\ 2 & 2 & 0 \\ 0 & 2 & 0 \end{bmatrix}.$$

24. Calcule $\lambda_{\text{máx}}$ e $\lambda_{\text{mín}}$ para a matriz de Hilbert 8 por 8 $a_{ij} = 1/(i + j - 1)$. Se $Ax = b$, com $\|b\| = 1$, quão grande pode ser $\|x\|$? Se b possui erro de arredondamento inferior a 10^{-16}, quão grande pode ser o erro causado em x?

25. Encontre a fatoração LU de $A = \begin{bmatrix} \epsilon & 1 \\ 1 & 1 \end{bmatrix}$. Em seu computador, resolva por eliminação quando $\epsilon = 10^{-3}, 10^{-6}, 10^{-9}, 10^{-12}, 10^{-15}$:

$$\begin{bmatrix} \epsilon & 1 \\ 1 & 1 \end{bmatrix} \begin{bmatrix} x_1 \\ x_2 \end{bmatrix} = \begin{bmatrix} 1+\epsilon \\ 2 \end{bmatrix}.$$

O x verdadeiro é $(1, 1)$. Elabore uma tabela para mostrar o erro para cada ϵ. Troque as duas equações e resolva novamente – os erros devem praticamente desaparecer.

26. Se você conhece L, U, Q e R, é mais rápido resolver $LUx = b$ ou $QRx = b$?

7.3 CÁLCULO DE AUTOVALORES

Não há um único bom modo para se encontrar os autovalores de uma matriz. Mas há, certamente, alguns modos mais complicados, que nunca devem ser tentados, e também algumas ideias que realmente merecem um lugar permanente. Comecemos por descrever uma abordagem já disponível e bastante rudimentar, o ***método de potência***, cujas propriedades de convergência são fáceis de compreender.

Passamos diretamente a um algoritmo mais sofisticado, que começa tornando tridiagonal uma matriz simétrica e termina por transformá-la em algo virtualmente diagonal. Essa segunda etapa é feita repetindo-se Gram-Schmidt, portanto, ela é conhecida como ***método QR***.

O método de potência comum opera sobre o princípio de uma equação das diferenças. Ele começa com uma suposição inicial u_0 e, em seguida, forma sucessivamente $u_1 = Au_0$, $u_2 = Au_1$ e, de modo geral, $u_{k+1} = Au_k$. Cada etapa é uma multiplicação matriz-vetor. Após k etapas, esse método produz $u_k = A^k u_0$, embora a matriz A^k nunca venha a aparecer. O aspecto essencial é que a multiplicação por A deve ser fácil – se a matriz for grande, é melhor que seja dispersa –, pois a convergência para o autovetor é frequentemente muito lenta. Assumindo que A possua um conjunto completo de autovetores $x_1, \ldots, x_n$, o vetor u_k será dado pela fórmula usual:

$$\textbf{Autovetores ponderados por } \boldsymbol{\lambda^k} \qquad u_k = c_1\lambda_1^k x_1 + \cdots + c_n\lambda_n^k x_n.$$

Suponha que o maior autovalor λ_n seja apenas o próprio λ_n; não há outro autovalor da mesma magnitude e $|\lambda_1| \leq \cdots \leq |\lambda_{n-1}| < |\lambda_n|$. Então, enquanto a suposição inicial u_0 contiver *algum* componente do autovetor x_n, de modo que $c_n \neq 0$, esse componente predominará gradualmente em u_k:

$$\frac{u_k}{\lambda_n^k} = c_1\left(\frac{\lambda_1}{\lambda_n}\right)^k x_1 + \cdots + c_{n-1}\left(\frac{\lambda_{n-1}}{\lambda_n}\right)^k x_{n-1} + c_n x_n. \tag{1}$$

Os vetores u_k *apontam cada vez mais com maior precisão na direção de* x_n. *Seu fator de convergência é a razão* $r = |\lambda_{n-1}|/|\lambda_n|$. É como a convergência para um estado estável da matriz de Markov, exceto que agora λ_n pode não ser igual a 1. O fator de escalonamento λ_n^k da equação (1) evita que u_k se torne muito grande ou muito pequeno, caso $|\lambda_n| > 1$ ou $|\lambda_n| < 1$.

Com frequência, podemos apenas dividir cada u_k por seu primeiro componente α_k antes de executar a próxima etapa. Com esse simples escalonamento, o método de potência $u_{k+1} = Au_k/\alpha_k$ converge para um múltiplo de x_n. ***Os fatores de escalonamento*** $\boldsymbol{\alpha_k}$ ***tenderão a*** $\boldsymbol{\lambda_n}$.

Exemplo 1 u_k tende para o autovetor $\begin{bmatrix} 2/3 \\ 1/3 \end{bmatrix} - \begin{bmatrix} 0{,}667 \\ 0{,}333 \end{bmatrix}$ quando $A = \begin{bmatrix} 0{,}9 & 0{,}2 \\ 0{,}1 & 0{,}8 \end{bmatrix}$ é a matriz de desvio de populações da Seção 1.3:

$$u_0 = \begin{bmatrix} 1 \\ 0 \end{bmatrix}, \quad u_1 = \begin{bmatrix} 0{,}9 \\ 0{,}1 \end{bmatrix}, \quad u_2 = \begin{bmatrix} 0{,}83 \\ 0{,}17 \end{bmatrix}, \quad u_3 = \begin{bmatrix} 0{,}781 \\ 0{,}219 \end{bmatrix}, \quad u_4 = \begin{bmatrix} 0{,}747 \\ 0{,}253 \end{bmatrix}.$$

Se $r = |\lambda_{n-1}|/|\lambda_n|$ estiver próximo de 1, então a convergência é muito lenta. Em muitas aplicações, $r > 0{,}9$, o que significa que mais de vinte iterações são necessárias para obter mais um dígito (o exemplo tinha $r = 0{,}7$, e ainda era lento). Se $r = 1$, o que significa que $|\lambda_{n-1}| = |\lambda_n|$, então a convergência provavelmente não acontecerá de modo algum. Isso ocorre (no aplicativo com som) para um par conjugado complexo $\lambda_{n-1} = \overline{\lambda}_n$. Há muitos modos de se contornar essa limitação; a seguir descreveremos três deles:

1. O ***método de potência de blocos*** funciona com muitos vetores de uma vez, no lugar de u_k. Se multiplicarmos p vetores ortonormais por A e, em seguida, aplicarmos Gram-Schmidt para ortogonalizá-los novamente – esta é apenas uma etapa do método – a razão de convergência se torna $r' = |\lambda_{n-p}|/|\lambda_n|$. Obteremos aproximações a p autovalores diferentes e seus autovetores.
2. O ***método de potência inversa*** opera com A^{-1} em vez de A. Uma única etapa é $v_{k+1} = A^{-1}v_k$, o que significa que resolvemos o sistema linear $Av_{k+1} = v_k$ (e poupamos os fatores L e U!). Agora, convergiremos para o *menor autovalor* λ_1 e seu autovetor x_1, contanto que $|\lambda_1| < |\lambda_2|$. Com frequência, desejamos obter λ_1 nas aplicações e, portanto, a iteração inversa é uma escolha automática.
3. O ***método de potência inversa desviada*** é o melhor de todos. Substitua A por $A - \alpha I$. Cada autovalor é desviado por α e o fator de convergência para o método inverso será alterado para $r'' = |\lambda_1 - \alpha| < |\lambda_2 - \alpha|$. Se α for uma boa aproximação de λ_1, r'' será muito pequeno e a convergência será consideravelmente acelerada. Cada etapa do método resolve $(A - \alpha I)$ $w_{k+1} = w_k$:

$$w_k = \frac{c_1x_1}{(\lambda_1 - \alpha)^k} + \frac{c_2x_2}{(\lambda_2 - \alpha)^k} + \cdots + \frac{c_nx_n}{(\lambda_n - \alpha)^k}.$$

Quando α está próximo de λ_1, o primeiro termo predomina após apenas uma ou duas etapas. Se λ_1 já tiver sido calculado por outro algoritmo (como QR), então α será esse valor calculado. Um procedimento padrão é fatorar $A - \alpha I$ em LU e resolver $Ux_1 = (1, 1, \ldots, 1)$ por retrossubstituição.

Se λ_1 ainda não estiver aproximado, o método de potência inversa desviada deve gerar sua própria escolha de α. Podemos variar $\alpha = \alpha_k$ em cada etapa se quisermos, de modo que $(A - \alpha_kI)w_{k+1} = w_k$. Quando A for simétrica, uma escolha muito precisa é o ***quociente de Rayleigh***:

$$\text{desvie por} \quad \alpha_k = R(w_k) = \frac{w_k^T A w_k}{w_k^T w_k}.$$

Esse quociente $R(x)$ possui mínimo no verdadeiro autovetor x_1. Seu gráfico é como o fundo de uma parábola, de modo que o erro $\lambda_1 - \alpha_k$ é aproximadamente o quadrado do erro do autovetor. Os próprios fatores de convergência $|\lambda_1 - \alpha_k|/|\lambda_2 - \alpha_k|$ convergem para zero. Portanto, esses desvios de quociente de Rayleigh resultam na *convergência cúbica* de α_k a λ_1.*

Formas tridiagonal e de Hessenberg

O método de potências é razoável apenas para uma matriz grande e dispersa. Quando muitos elementos são não nulos, este método é um erro. Portanto, questionamos se não há um modo simples de *criar zeros*. Este é o objetivo dos parágrafos abaixo.

É preciso dizer que, após o cálculo de uma matriz similar $Q^{-1}AQ$ com mais zeros do que A, não pretendemos voltar ao método de potências. Há variantes muito mais poderosas, e a melhor delas parece ser o algoritmo QR (o método de potências inversas desviadas ocupa um dos últimos lugares no cálculo de autovetores). A primeira etapa é produzir rapidamente tantos zeros quanto possível, utilizando uma matriz ortogonal Q. Se A for simétrica, então $Q^{-1}AQ$ também será. Nenhum elemento pode se tornar perigosamente grande, pois Q preserva os comprimentos.

Para ir de A a $Q^{-1}AQ$, há duas possibilidades principais: podemos produzir um zero em cada etapa (como na eliminação) ou podemos trabalhar com uma coluna inteira de uma vez. Para obter um único zero, é fácil utilizar uma rotação de plano como ilustrado na equação (7), encontrada quase no fim desta seção, que possui cos θ e sen θ em um bloco 2 por 2. Então, podemos alternar todos os elementos abaixo da diagonal, escolhendo, em cada etapa, uma rotação θ que produza um zero; trata-se do ***método de Jacobi***. Ele falha ao diagonalizar A após um número finito de rotações, já que os zeros de cada etapa anterior serão destruídos quando os zeros posteriores forem criados.

A fim de preservar os zeros e parar, temos que estabelecer forma inferior à triangular. ***A forma de Hessenberg aceita uma diagonal não nula abaixo da diagonal principal.*** Se uma matriz de Hessenberg for simétrica, ela terá apenas três diagonais não nulas.

Uma série de rotações nos planos corretos produzirá os zeros necessários. Householder encontrou uma nova maneira de realizar exatamente a mesma coisa. A ***transformação de Householder*** é uma matriz de reflexão determinada por um vetor v:

$$\textbf{matriz de Householder} \qquad H = I - 2\frac{vv^T}{\|v\|^2}.$$

Com frequência, v é normalizado para se tornar um vetor unitário $u = v/\|v\|$ e, assim, H se torna $I - 2uu^T$. Em qualquer caso, H é tanto *simétrica* como *ortogonal*:

$$H^T H = (I - 2uu^T)(I - 2uu^T) = I - 4uu^T + 4uu^T uu^T = I.$$

Assim, $H = H^T = H^{-1}$. O plano de Householder era produzir zeros com essas matrizes e seu sucesso dependia da seguinte identidade $Hx = -\sigma z$:

* Convergência linear significa que toda etapa multiplica o erro por um fator fixo $r < 1$. Convergência quadrática significa que o erro é elevado ao quadrado em cada etapa, como no método de Newton $x_{k+1} - x_k = -f(x_k)/f'(x_k)$ para resolver $f(x)$ 0. A convergência cúbica leva de 10^{-1} a 10^{-3} a 10^{-9}.

7E Suponha que z seja o vetor coluna $(1, 0, \ldots, 0)$, $\sigma = \|x\|$ e $v = x + \sigma z$. Então $Hx = -\sigma z = (-\sigma, 0, \ldots, 0)$. O vetor Hx termina em zero, como desejado.

A prova é calcular Hx e obter $-\sigma z$:

$$\begin{aligned} Hx = x - \frac{2vv^{\mathrm{T}}x}{\|v\|^2} &= x - (x+\sigma z)\frac{2(x+\sigma z)^{\mathrm{T}}x}{(x+\sigma z)^{\mathrm{T}}(x+\sigma z)} \\ &= x - (x+\sigma z) \qquad (\text{pois } x^{\mathrm{T}}x = \sigma^2) \\ &= -\sigma z. \end{aligned} \tag{2}$$

Essa identidade pode ser utilizada diretamente na primeira coluna de A. A matriz final $Q^{-1}AQ$ pode ter uma diagonal não nula abaixo da diagonal principal (forma de Hessenberg). Portanto, *apenas os elementos imediatamente abaixo da diagonal serão envolvidos*:

$$x = \begin{bmatrix} a_{21} \\ a_{31} \\ \vdots \\ a_{n1} \end{bmatrix}, \qquad z = \begin{bmatrix} 1 \\ 0 \\ \vdots \\ 0 \end{bmatrix}, \qquad Hx = \begin{bmatrix} -\sigma \\ 0 \\ \vdots \\ 0 \end{bmatrix}. \tag{3}$$

Nesse ponto, a matriz de Householder H é apenas de ordem $n - 1$; portanto, ela está embutida no canto inferior direito de uma matriz com dimensões completas U_1:

$$U_1 = \begin{bmatrix} 1 & 0 & 0 & 0 & 0 \\ 0 & & & & \\ 0 & & H & & \\ 0 & & & & \\ 0 & & & & \end{bmatrix} = U_1^{-1}, \qquad \text{e} \qquad U_1^{-1}AU_1 = \begin{bmatrix} a_{11} & * & * & * & * \\ -\sigma & * & * & * & * \\ \mathbf{0} & * & * & * & * \\ \mathbf{0} & * & * & * & * \\ \mathbf{0} & * & * & * & * \end{bmatrix}.$$

O primeiro estágio está completo e $U_1^{-1}AU_1$ possui a primeira coluna necessária. No segundo estágio, x consiste dos últimos $n - 2$ elementos da segunda coluna (três asteriscos em negrito). Então, H_2 é de ordem $n - 2$. Quando ela estiver embutida em U_2, produzirá:

$$U_2 = \begin{bmatrix} 1 & 0 & 0 & 0 & 0 \\ 0 & 1 & 0 & 0 & 0 \\ 0 & 0 & & & \\ 0 & 0 & & H_2 & \\ 0 & 0 & & & \end{bmatrix} = U_2^{-1}, \qquad U_2^{-1}(U_1^{-1}AU_1)U_2 = \begin{bmatrix} * & * & * & * & * \\ * & * & * & * & * \\ \mathbf{0} & * & * & * & * \\ \mathbf{0} & \mathbf{0} & * & * & * \\ \mathbf{0} & \mathbf{0} & * & * & * \end{bmatrix}.$$

U_3 cuidará da terceira coluna. Para uma matriz 5 por 5, obtém-se a forma de Hessenberg (ela possui seis zeros). Em geral, Q é o produto de todas as matrizes $U_1U_2 \cdots U_{n-2}$, e o número de operações necessárias para calculá-la é de ordem n^3.

Exemplo 2 (alterar $a_{13} = a_{31}$ para zero)

$$A = \begin{bmatrix} 1 & 0 & 1 \\ 0 & 1 & 1 \\ 1 & 1 & 0 \end{bmatrix}, \qquad x = \begin{bmatrix} 0 \\ 1 \end{bmatrix}, \qquad v = \begin{bmatrix} 1 \\ 1 \end{bmatrix}, \qquad H = \begin{bmatrix} 0 & -1 \\ -1 & 0 \end{bmatrix}.$$

Embutindo H em Q, o resultado $Q^{-1}AQ$ é tridiagonal:

$$Q = \begin{bmatrix} 1 & 0 & 0 \\ 0 & 0 & -1 \\ 0 & -1 & 0 \end{bmatrix}, \qquad Q^{-1}AQ = \begin{bmatrix} 1 & -1 & \mathbf{0} \\ -1 & 0 & 1 \\ \mathbf{0} & 1 & 1 \end{bmatrix}.$$

$Q^{-1}AQ$ é uma matriz que está pronta para revelar seus autovalores – o algoritmo QR está pronto para começar –, mas façamos uma pequena digressão a fim de mencionar duas outras aplicações dessas mesmas matrizes de Householder H.

1. *A fatoração de Gram-Schmidt $A = QR$.* Lembre-se de que R deve ser triangular superior. Não temos mais que aceitar uma diagonal não nula adicional abaixo da diagonal principal, já que nenhuma matriz está multiplicando a direita para comprometer os zeros. A primeira etapa na construção de Q é trabalhar com a primeira coluna inteira de A:

$$x = \begin{bmatrix} a_{11} \\ a_{21} \\ \vdots \\ a_{n1} \end{bmatrix}, \qquad z = \begin{bmatrix} 1 \\ 0 \\ \vdots \\ 0 \end{bmatrix}, \qquad v = x + \|x\|z, \qquad H_1 = I - 2\frac{vv^{\mathrm{T}}}{\|v\|^2}.$$

A primeira coluna de H_1A é igual a $-\|x\|z$. Ela é nula abaixo da diagonal principal e é a primeira coluna de R. A segunda etapa trabalha com a segunda coluna de H_1A, do pivô para baixo, e produz uma H_2H_1A que é nula abaixo desse pivô (o algoritmo inteiro é como a eliminação, mas ligeiramente mais lento). O resultado de $n - 1$ etapas é uma triangular superior R, mas a matriz que registra as etapas não é uma triangular inferior L. Em vez disso, ela é o produto $Q = H_1H_2 \cdots H_{n-1}$, que pode ser armazenada nessa forma fatorada (mantenha apenas os v's) e nunca ser calculada explicitamente. Isso conclui o processo de Gram-Schmidt.

2. *A decomposição em valores singulares* (SVD) $U^{\mathrm{T}}AV = \Sigma$. A matriz diagonal Σ possui a mesma forma que A e seus elementos (os valores singulares) são as raízes quadradas dos autovalores de $A^{\mathrm{T}}A$. Como as transformações de Householder só são capazes de *preparar* para o problema dos autovalores, não podemos esperar que elas produzam Σ. Em vez disso, elas produzem constantemente uma *matriz bidiagonal*, com zeros em todas as posições, exceto ao longo da diagonal principal e da diagonal acima.

A primeira etapa em direção à SVD é exatamente como em QR acima: x é a primeira coluna de A e H_1x é nula abaixo do pivô. A próxima etapa é multiplicar do lado direito por $H^{(1)}$, que produzirá zeros conforme indicado ao longo da primeira linha:

$$A \to H_1A = \begin{bmatrix} * & * & * & * \\ 0 & * & * & * \\ 0 & * & * & * \end{bmatrix} \to H_1AH^{(1)} = \begin{bmatrix} * & * & \mathbf{0} & \mathbf{0} \\ \mathbf{0} & * & * & * \\ \mathbf{0} & * & * & * \end{bmatrix}. \qquad (4)$$

Então, duas transformações finais de Householder obtêm facilmente a forma bidiagonal:

$$H_2H_1AH^{(1)} = \begin{bmatrix} * & * & 0 & 0 \\ 0 & * & * & * \\ 0 & 0 & * & * \end{bmatrix} \quad \text{e} \quad H_2H_1AH^{(1)}H^{(2)} = \begin{bmatrix} * & * & \mathbf{0} & \mathbf{0} \\ \mathbf{0} & * & * & \mathbf{0} \\ \mathbf{0} & \mathbf{0} & * & * \end{bmatrix}.$$

Algoritmo *QR* para o cálculo de autovalores

O algoritmo é tão simples que parece mágica. Ele começa com A_0, utiliza Gram-Schmidt em Q_0R_0 para fatoração e, então, *inverte os fatores*: $A_1 = R_0Q_0$. Essa nova matriz A_1 é *similar* à original, pois $Q_0^{-1}A_0Q_0 = Q_0^{-1}(Q_0R_0)Q_0 = A_1$. Assim, o processo continua sem nenhuma alteração dos autovalores:

$$\textbf{Todas as } A_k \textbf{ são similares} \qquad A_k = Q_kR_k \qquad \text{e, então,} \qquad A_{k+1} = R_kQ_k. \tag{5}$$

Essa equação descreve o *algoritmo* QR *não desviado* e quase sempre A_k tende a uma forma triangular. Seus elementos diagonais tendem a seus autovalores, que são também os autovalores de A_0. Se já houver algum processamento para obter uma forma tridiagonal, então A_0 estará conectado à matriz absolutamente original A por $Q^{-1}AQ = A_0$.

Do modo como foi exposto, o algoritmo QR é bom, mas não muito. Para torná-lo especial, são necessários dois refinamentos. Devemos permitir desvios para $A_k - \alpha_kI$ e assegurar que a fatoração QR em cada etapa seja muito rápida.

1. Algoritmo com desvio. Se o número α_k for próximo de um autovalor, a etapa da equação (5) deve ser desviada imediatamente por α_k (o que altera Q_k e R_k):

$$A_k - \alpha_kI = Q_kR_k \qquad \text{e, então,} \qquad A_{k+1} = R_kQ_k + \alpha_kI. \tag{6}$$

Essa matriz A_{k+1} é similar à A_k (sempre os mesmos autovalores):

$$Q_k^{-1}A_kQ_k = Q_k^{-1}(Q_kR_k + \alpha_kI)Q_k = A_{k+1}.$$

O que acontece na prática é que o elemento (n, n) de A_k – o do canto inferior esquerdo – é o primeiro que se aproxima de um autovalor. Este elemento é a escolha mais simples e popular para o desvio de α_k. Normalmente, isso produz uma convergência quadrática, e, no caso de simetria, até mesmo uma convergência cúbica para o menor autovalor. Após três ou quatro etapas do logaritmo desviado, a matriz A_k ficará assim:

$$A_k = \left[\begin{array}{ccc|c} * & * & * & * \\ * & * & * & * \\ 0 & * & * & * \\ \hline 0 & 0 & \varepsilon & \lambda_1' \end{array}\right], \qquad \text{com } \epsilon \ll 1$$

Aceitamos o λ_1' calculado como uma aproximação muito boa do verdadeiro λ_1. Para encontrar o próximo autovalor, o algoritmo QR continua com a menor matriz (3 por 3, na ilustração) no canto superior esquerdo. Seus elementos subdiagonais serão de algum modo reduzidos pelas primeiras etapas QR e outras duas etapas serão suficientes para encontrar λ_2. Isso fornece um procedimento sistemático para encontrar todos os autovalores. De fato, ***agora o método** QR*

encontra-se completamente descrito. Resta apenas obter os autovalores – esta é uma simples etapa de potência inversa – e utilizar os zeros criados por Householder.

2. Quando A_0 é tridiagonal ou de Hessenberg, todas as etapas QR são muito rápidas. O processo de Gram-Schmidt (fatoração em QR) utiliza $O(n^3)$ operações para uma matriz completa A. Para uma matriz de Hessenberg, o valor se torna $O(n^2)$, e para uma matriz tridiagonal, $O(n)$. Felizmente, cada nova matriz A_k apresenta, mais uma vez, a forma de Hessenberg ou tridiagonal:

$$\mathbf{Q_0} \textbf{ é de Hessenberg} \qquad Q_0 = A_0 R_0^{-1} = \begin{bmatrix} * & * & * & * \\ * & * & * & * \\ 0 & * & * & * \\ 0 & 0 & * & * \end{bmatrix} \begin{bmatrix} * & * & * & * \\ 0 & * & * & * \\ 0 & 0 & * & * \\ 0 & 0 & 0 & * \end{bmatrix}.$$

Você pode verificar facilmente que essa multiplicação deixa Q_0 com os mesmos três zeros que A_0. *Uma matriz de Hessenberg multiplicada por uma matriz triangular é uma matriz de Hessenberg*. O mesmo ocorre para uma matriz triangular multiplicada por uma de Hessenberg:

$$\mathbf{A_1} \textbf{ é de Hessenberg} \qquad A_1 = R_0 Q_0 = \begin{bmatrix} * & * & * & * \\ 0 & * & * & * \\ 0 & 0 & * & * \\ 0 & 0 & 0 & * \end{bmatrix} \begin{bmatrix} * & * & * & * \\ * & * & * & * \\ 0 & * & * & * \\ 0 & 0 & * & * \end{bmatrix}.$$

O caso simétrico é ainda melhor, já que $A_1 = Q_0^{-1} A_0 Q_0 = Q_0^{\mathrm{T}} A_0 Q_0$ permanece simétrica. Pelo raciocínio que acabamos de fazer, A_1 também é de Hessenberg. Portanto, A_1 deve ser *tridiagonal*. O mesmo se aplica a A_2, A_3, ... e, portanto, *toda etapa* QR *começa com uma matriz tridiagonal*.

O último ponto é a própria fatoração que produz Q_k e R_k a partir de cada A_k (ou, na verdade, de $A_k - \alpha_k I$). Podemos utilizar Householder novamente, no entanto é mais simples eliminar cada elemento abaixo da diagonal por uma "rotação de plano" P_{ij}. A primeira é P_{21}:

$$\textbf{Rotação para eliminar } \boldsymbol{a_{21}} \qquad P_{21} A_k = \begin{bmatrix} \cos\theta & -\operatorname{sen}\theta & & \\ \operatorname{sen}\theta & \cos\theta & & \\ & & 1 & \\ & & & 1 \end{bmatrix} \begin{bmatrix} a_{11} & * & * & * \\ a_{21} & * & * & * \\ 0 & * & * & * \\ 0 & 0 & * & * \end{bmatrix}. \tag{7}$$

O elemento (2, 1) nesse produto é $a_{11} \operatorname{sen}\theta + a_{21} \cos\theta$, escolhendo-se o ângulo θ que torna essa combinação zero. A próxima rotação P_{32} é escolhida de modo similar para remover o elemento (3, 2) de $P_{32}P_{21}A_k$. Após $n - 1$ rotações, temos R_0:

$$\textbf{Fator triangular} \qquad R_k = P_{nn-1} \cdots P_{32} P_{21} A_k. \tag{8}$$

Livros sobre álgebra linear numérica fornecem mais informações a respeito deste notável algoritmo de computação científica. Mencionaremos mais um método – o ***Arnoldi*** em ARPACK – para matrizes grandes e dispersas. Ele ortogonaliza a sequência de Krylov, x, Ax, A^2x, ... por Gram-Schmidt. Se você precisa de autovalores de uma matriz grande, não utilize det $(A - \lambda I)$!

Conjunto de problemas 7.3

1. Para a matriz $A = \begin{bmatrix} 2 & -1 \\ -1 & 2 \end{bmatrix}$, com autovalores $\lambda_1 = 1$ e $\lambda_2 = 3$, aplique o método de potências $u_{k+1} = Au_k$ três vezes para a suposição inicial $u_0 = \begin{bmatrix} 1 \\ 0 \end{bmatrix}$. Qual é o vetor-limite u_∞?

2. Explique por que $|\lambda_n/\lambda_{n-1}|$ controla a convergência do método de potência usual. Construa uma matriz A para a qual esse método *não convirja*.

3. Mostre que, para quaisquer dois vetores diferentes com o mesmo comprimento $||x|| = ||y||$, a transformação de Householder com $v = x - y$ resulta em $Hx = y$ e $Hy = x$.

4. Escolha sen θ e cos θ na rotação P para triangularizar A e encontrar R:

$$P_{21}A = \begin{bmatrix} \cos\theta & -\operatorname{sen}\theta \\ \operatorname{sen}\theta & \cos\theta \end{bmatrix} \begin{bmatrix} 1 & -1 \\ 3 & 5 \end{bmatrix} = \begin{bmatrix} * & * \\ 0 & * \end{bmatrix} = R.$$

5. Aplique à seguinte matriz A uma única etapa QR com o desvio $\alpha = a_{22}$ – que, neste caso, significa sem desvio, já que $a_{22} = 0$. Mostre que os elementos fora da diagonal vão de sen θ a $-\operatorname{sen}^3\theta$, o que caracteriza uma *convergência cúbica*.

$$A = \begin{bmatrix} \cos\theta & \operatorname{sen}\theta \\ \operatorname{sen}\theta & 0 \end{bmatrix}.$$

6. Para o mesmo A e a suposição inicial $u_0 = \begin{bmatrix} 3 \\ 4 \end{bmatrix}$, compare as três etapas de potência inversa a uma etapa de desvio por $\alpha = u_0^{\mathrm{T}}Au_0/u_0^{\mathrm{T}}u_0$:

$$u_{k+1} = A^{-1}u_k = \frac{1}{3}\begin{bmatrix} 2 & 1 \\ 1 & 2 \end{bmatrix} u_k \quad \text{ou} \quad u = (A - \alpha I)^{-1}u_0.$$

O vetor de limitação u_∞ é agora um múltiplo do outro autovetor (1, 1).

7. Mostre que, começando-se a partir de $A_0 = \begin{bmatrix} 2 & -1 \\ -1 & 2 \end{bmatrix}$, o algoritmo QR não desviado produz apenas a pequena melhoria $A_1 = \frac{1}{5}\begin{bmatrix} 14 & -3 \\ -3 & 6 \end{bmatrix}$.

8. Calcule $\sigma = ||x||$, $v = x + \sigma z$ e $H = I - 2vv^{\mathrm{T}}/v^{\mathrm{T}}v$. Verifique $Hx = -\sigma z$:

$$x = \begin{bmatrix} 3 \\ 4 \end{bmatrix} \quad \text{e} \quad z = \begin{bmatrix} 1 \\ 0 \end{bmatrix}.$$

9. Mostre por indução que, sem desvios, $(Q_0Q_1 \cdots Q_k)(R_k \cdots R_1R_0)$ é exatamente a fatoração QR de A_{k+1}. Essa identidade relaciona QR ao método de potência e leva a uma explicação de sua convergência. Se $|\lambda_1| > |\lambda_2| > \cdots > |\lambda_n|$, esses autovalores aparecerão gradativamente na diagonal principal.

10. Utilizando o Problema 8, encontre a matriz tridiagonal HAH^{-1} que é similar a

$$A = \begin{bmatrix} 1 & 3 & 4 \\ 3 & 1 & 0 \\ 4 & 0 & 0 \end{bmatrix}.$$

11. A matriz de Markov $A_1 = \begin{bmatrix} 0{,}9 & 0{,}3 \\ 0{,}1 & 0{,}7 \end{bmatrix}$ possui $\lambda - 1$ e 0,6, e o método de potências $u_k = A^ku_0$ converge para $\begin{bmatrix} 0{,}75 \\ 0{,}25 \end{bmatrix}$. Encontre os autovetores de A^{-1}. Para onde o método de potência inversa $u_{-k} = A^{-k}u_0$ converge (após multiplicá-lo por $(0{,}6)^k$)?

12. Comprove que a tridiagonal $A = \begin{bmatrix} 0 & 1 \\ 1 & 0 \end{bmatrix}$ é deixada inalterada pelo algoritmo QR. Trata-se de um dos (raros) contraexemplos de convergência (então utilizamos desvio).

13. Quando A é multiplicada por P_{ij} (rotação de plano), quais elementos são alterados? Quando $P_{ij}A$ é multiplicada à direita por P_{ij}^{-1}, quais elementos são alterados?

14. (Virar a mão de um robô) Um robô produz qualquer rotação A 3 por 3 a partir de rotações de planos ao redor dos eixos x, y e z. Se $P_{32}P_{31}P_{21}A = I$, as três voltas do robô estão em $A = P_{21}^{-1}P_{31}^{-1}P_{32}^{-1}$. Os três ângulos são ***ângulos de Euler***. Escolha o primeiro θ de modo que

$$P_{21}A = \begin{bmatrix} \cos\theta & -\operatorname{sen}\theta & 0 \\ \operatorname{sen}\theta & \cos\theta & 0 \\ 0 & 0 & 1 \end{bmatrix} \frac{1}{3} \begin{bmatrix} -1 & 2 & 2 \\ 2 & -1 & 2 \\ 2 & 2 & -1 \end{bmatrix} \quad \text{seja nula a posição (2, 1).}$$

15. Escolha sen θ e cos θ para tornar $P_{21}AP_{21}^{-1}$ triangular (igual a A). Quais são os autovalores?

16. Quantas multiplicações e quantas somas são utilizadas para se calcular PA? (Uma organização cuidadosa de todas as rotações resulta em $\frac{2}{3}n^3$ multiplicações e somas, o mesmo que em QR por refletores e o dobro de LU.)

7.4 MÉTODOS ITERATIVOS PARA $Ax = b$

Em comparação com os autovalores, para os quais não havia escolha, nós certamente não precisamos de um método iterativo para resolver $Ax = b$. A eliminação de Gauss obterá a solução x em um número finito de etapas ($n^3/3$ para uma matriz completa, menos do que isso para as grandes matrizes com que nos deparamos na prática). Em geral, esse número é razoável. Quando ele for enorme, talvez tenhamos que estabelecer um x aproximado que possa ser obtido mais rapidamente – e não é comum fazermos a eliminação parcialmente e depois pararmos.

Nossa meta é descrever métodos que comecem com qualquer suposição inicial x_0 e produzam uma aproximação melhorada x_{k+1} a partir do x_k anterior. Podemos parar quando quisermos.

Um método iterativo é fácil de criar por ***separação da matriz A***. Se $A = S - T$, então a equação $Ax = b$ é igual a $Sx = Tx + b$. Portanto, podemos tentar

$$\textbf{Iteração de } \boldsymbol{x_k} \textbf{ a } \boldsymbol{x_{k+1}} \qquad Sx_{k+1} = Tx_k + b. \tag{1}$$

Não há nenhuma garantia de que esse método seja bom. Uma separação bem-sucedida $S - T$ satisfaz dois requisitos diferentes:

1. O novo vetor x_{k+1} deve ser *fácil de calcular*. Portanto, S deve ser uma matriz simples (e invertível!); ela pode ser diagonal ou triangular.
2. A sequência x_k deve *convergir* para a verdadeira solução x. Se subtrairmos a iteração da equação (1) da equação verdadeira $Sx = Tx + b$, o resultado é uma fórmula que envolve apenas os erros $e_k = x - x_k$:

$$\textbf{Equação de erro} \qquad Se_{k+1} = Te_k. \tag{2}$$

Esta é apenas a equação das diferenças. Ela começa com o erro inicial e_0 e, após k etapas, produz o novo erro $e_k = (S^{-1}T)^k e_0$. A questão da convergência é exatamente a mesma questão da estabilidade: $x_k \to x$ exatamente quando $e_k \to 0$.

7F O método iterativo da equação (1) é ***convergente*** se, e somente se, todo autovalor de $S^{-1}T$ satisfizer $|\lambda| < 1$. Sua taxa de convergência depende do tamanho máximo de $|\lambda|$:

$$\textbf{Raio espectral “rô”} \qquad \rho(S^{-1}T) = \max_i |\lambda_i|. \qquad (3)$$

Lembre-se de que uma solução típica para $e_{k+1} = S^{-1}Te_k$ é uma combinação de autovetores:

$$\textbf{Erro após } k \textbf{ etapas} \qquad e_k = c_1\lambda_1^k x_1 + \ldots + c_n\lambda_n^k x_n. \qquad (4)$$

O maior $|\lambda_i|$ eventualmente será dominante, de modo que o raio espectral $\rho = |\lambda_{\text{máx}}|$ determinará a taxa em que e_k converge para zero. Certamente precisamos de $\rho < 1$.

Os requisitos **1** e **2** acima estão em conflito. Poderíamos obter convergência imediata com $S = A$ e $T = 0$; a primeira e única etapa da iteração seria $Ax_1 = b$. Neste caso, a matriz de erros $S^{-1}T$ é nula, seus autovalores e raios espectrais são nulos e a taxa de convergência (geralmente definida como $-\log \rho$) é infinita. Mas $Ax_1 = b$ pode ser difícil de resolver; este foi o motivo para a separação. Em geral, uma simples escolha de S pode ser bem-sucedida e começamos com três possibilidades:

1. $S =$ parte diagonal de A (**método de Jacobi**).
2. $S =$ parte triangular de A (**método de Gauss-Seidel**).
3. $S =$ combinação de 1 e 2 (**método sobrerrelaxação sucessiva** ou SOR).

S também é chamado um ***precondicionador*** e sua escolha é crucial em análise numérica.

Exemplo 1 (**Jacobi**) Aqui, S é a parte diagonal de A:

$$A = \begin{bmatrix} 2 & -1 \\ -1 & 2 \end{bmatrix}, \quad S = \begin{bmatrix} 2 & \\ & 2 \end{bmatrix}, \quad T = \begin{bmatrix} 0 & 1 \\ 1 & 0 \end{bmatrix}, \quad S^{-1}T = \begin{bmatrix} 0 & \frac{1}{2} \\ \frac{1}{2} & 0 \end{bmatrix}.$$

Se os componentes de x são v e w, a etapa de Jacobi $Sx_{k-1} = Tx_k + b$ é

$$\begin{aligned} 2v_{k+1} &= w_k + b_1 \\ 2w_{k+1} &= w_k + b_2 \end{aligned}, \quad \text{ou} \quad \begin{bmatrix} v \\ w \end{bmatrix}_{k+1} = \begin{bmatrix} 0 & \frac{1}{2} \\ \frac{1}{2} & 0 \end{bmatrix} \begin{bmatrix} v \\ w \end{bmatrix}_k + \begin{bmatrix} b_1/2 \\ b_2/2 \end{bmatrix}.$$

A matriz decisiva $S^{-1}T$ possui autovalores $\pm\frac{1}{2}$, o que significa que o erro é um corte na metade (um dígito binário a mais se torna correto) em cada etapa. Neste exemplo, que é muito pequeno para ser típico, a convergência é rápida.

Para uma matriz maior A, há uma dificuldade muito prática. **A iteração de Jacobi exige que mantenhamos todos os componentes de x_k até que o cálculo de x_{k+1} esteja completo.** Uma ideia muito mais natural, que exige apenas metade dessa quantidade de armazenagem, é começar utilizando cada componente do novo x_{k+1} assim que ele for calculado; x_{k+1} assume o lugar de x_k um componente por vez. Então, x_k pode ser desprezado assim que x_{k+1} é criado. O primeiro componente permanece como antes:

$$\textbf{Novo } x_1 \qquad a_{11}(x_1)_{k+1} = (-a_{12}x_2 - a_{13}x_3 - \cdots - a_{1n}x_n)_k + b_1.$$

A próxima etapa opera imediatamente com esse novo valor de x_1 para encontrar $(x_2)_{k+1}$:

$$\textbf{Novo } \boldsymbol{x_2} \qquad a_{22}(x_2)_{k+1} = -a_{21}(x_1)_{k+1} + (-a_{23}x_3 - \cdots - a_{2n}x_n)_k + b_2.$$

E a última equação na etapa de iteração utilizará apenas os novos valores:

$$\textbf{Novo } \boldsymbol{x_n} \qquad a_{nn}(x_n)_{k+1} = (-a_{n1}x_1 - a_{n2}x_2 - \cdots - a_{nn-1}x_{n-1})_{k+1} + b_n.$$

Esse é o chamado ***método de Gauss-Seidel***, embora, aparentemente, fosse desconhecido por Gauss e não fosse recomendado por Seidel. Trata-se de uma passagem surpreendente da história, pois não é um método ruim. Quando os termos x_{k+1} são movidos para o lado esquerdo, S *é visto como a menor parte triangular de* A. No lado direito, T é estritamente triangular superior.

Exemplo 2 **(Gauss-Seidel)** Aqui, $S^{-1}T$ possui autovalores menores:

$$A = \begin{bmatrix} 2 & -1 \\ -1 & 2 \end{bmatrix}, \quad S = \begin{bmatrix} 2 & 0 \\ -1 & 2 \end{bmatrix}, \quad T = \begin{bmatrix} 0 & 1 \\ 0 & 0 \end{bmatrix}, \quad S^{-1}T = \begin{bmatrix} 0 & \frac{1}{2} \\ 0 & \frac{1}{4} \end{bmatrix}.$$

Uma única etapa de Gauss-Seidel transforma os componentes v_k e w_k em

$$\begin{aligned} 2v_{k+1} &= w_k + b_1 \\ 2w_{k+1} &= w_{k+1} + b_2, \end{aligned} \qquad \text{ou} \qquad \begin{bmatrix} 2 & 0 \\ -1 & 2 \end{bmatrix} x_{k+1} = \begin{bmatrix} 0 & 1 \\ 0 & 0 \end{bmatrix} x_k + b.$$

Os autovalores de $S^{-1}T$ são $\frac{1}{4}$ e 0. O erro é dividido por 4 todas as vezes, de modo que *uma única etapa de Gauss-Seidel equivale a duas etapas de Jacobi.* Como ambos os métodos exigem o mesmo número de operações – utilizamos apenas o novo valor em vez do antigo e poupamos armazenagem –, o método de Gauss-Seidel é o melhor.

Essa regra se mantém em muitas aplicações, embora haja exemplos em que o método de Jacobi converge e o de Gauss-Seidel falha (ou o contrário). O caso simétrico é constante: quando $a_{ii} > 0$, o Gauss-Seidel converge se, e somente se, A for definida positiva.

Descobriu-se, na época dos cálculos feitos à mão (provavelmente por acidente), que a convergência é mais rápida se formos *além* da correção de Gauss-Seidel $x_{k+1} - x_k$. Grosso modo, essas aproximações permanecem do mesmo lado da solução x. Um ***fator de sobrerrelaxação*** $\boldsymbol{\omega}$ nos leva mais perto da solução. Com $\omega = 1$, recuperamos Gauss-Seidel; com $\omega > 1$, o método é conhecido como ***sobrerrelaxação sucessiva*** (ou **SOR**, da sigla em inglês para *successive overrelaxation*). A escolha ideal de ω nunca excede 2. Com frequência, ela se estabelece por volta de 1,9.

Para descrever a sobrerrelaxação assuma que D, L e U sejam as partes de A respectivamente sobre, acima e abaixo da diagonal (essa separação não tem qualquer relação com $A = LDU$ da eliminação; na verdade, agora temos $A = L + D + U$). O método de Jacobi possui $S = D$ no lado esquerdo e $T = -L - U$ do lado direito. O método de Gauss-Seidel escolhe $S = D + L$ e $T = -U$. Para acelerar a convergência, passamos para

$$\textbf{Sobrerrelaxação} \qquad [D + \omega L]\, x_{k+1} = [(1 - \omega)D - \omega U]x_k + \omega b. \tag{5}$$

Independentemente de ω, a matriz à esquerda é triangular inferior e a matriz à direita é triangular superior. Portanto, x_{k+1} ainda pode substituir x_k, componente por componente, assim que ele for calculado. Uma etapa comum é

$$a_{ii}(x_i)_{k+1} = a_{ii}(x_i)_k + \omega\,[(-a_{i1}x_1 - \ldots - a_{ii-1}x_{i-1})_{k+1} + (-a_{ii}x_{ii} - \ldots - a_{in}x_n)_k + b_i].$$

Se a antiga suposição x_k tivesse coincidido com a verdadeira solução x, então a nova suposição x_{k+1} permaneceria igual e o valor entre parênteses desapareceria.

Exemplo 3 **(SOR)** Para a mesma matriz $A = \begin{bmatrix} 2 & -1 \\ -1 & 2 \end{bmatrix}$, cada etapa de sobrerrelaxação é

$$\begin{bmatrix} 2 & 0 \\ -\omega & 2 \end{bmatrix} x_{k+1} = \begin{bmatrix} 2(1-\omega) & \omega \\ 0 & 2(1-\omega) \end{bmatrix} x_k + \omega b.$$

Se dividirmos por ω, essas duas matrizes serão S e T na separação $A = S - T$; a iteração voltará a $Sx_{k+1} = Tx_k + b$. A matriz crucial $L = S^{-1}T$ é

$$L = \begin{bmatrix} 2 & 0 \\ -\omega & 2 \end{bmatrix}^{-1} \begin{bmatrix} 2(1-\omega) & \omega \\ 0 & 2(1-\omega) \end{bmatrix} = \begin{bmatrix} 1-\omega & \frac{1}{2}\omega \\ \frac{1}{2}\omega(1-\omega) & 1-\omega+\frac{1}{4}\omega^2 \end{bmatrix}.$$

O ω ideal torna o maior autovalor de L (seu raio espectral) tão pequeno quanto possível. *O objetivo da sobrerrelaxação é descobrir esse ω ideal.* O produto dos autovalores é igual a $\det L = \det T/\det S$:

$$\lambda_1\lambda_2 = \det L = (1-\omega)^2.$$

Sempre $\det S = \det D$, pois L localiza-se abaixo da diagonal, e $\det T = \det (1-\omega)D$, pois U localiza-se acima da diagonal. Seu produto é $\det L = (1-\omega)^n$ (isto explica por que nunca vamos além de $\omega = 2$; o produto dos autovalores seria muito grande e a iteração poderia não convergir). Também conseguimos uma dica sobre o comportamento dos autovalores: *no ω ideal, os dois autovalores são iguais. Ambos devem ser iguais a $\omega - 1$, de modo que seu produto coincidirá com* $\det L$. Esse valor de ω é fácil de calcular, pois a soma dos autovalores sempre corresponde à soma dos elementos da diagonal (o traço de L):

$$\textbf{ω ideal} \qquad \lambda_1 + \lambda_2 = (\omega_{\text{ideal}} - 1) + (\omega_{\text{ideal}} - 1) = 2 - 2\omega_{\text{ideal}} + \frac{1}{4}\omega_{\text{ideal}}^2. \tag{6}$$

Esta equação quadrática resulta em $\omega_{\text{ideal}} = 4(2-\sqrt{3}) \approx 1{,}07$. Os dois autovalores iguais são aproximadamente $\omega - 1 = 0{,}07$, que é uma redução importante do valor de Gauss-Seidel $\lambda = \frac{1}{4}$ em $\omega = 1$. Neste exemplo, a escolha certa de ω dobrou novamente a taxa de convergência, pois $\left(\frac{1}{4}\right)^2 \approx 0{,}07$. Se ω for aumentado ainda mais, os autovalores se tornarão um par conjugado complexo, ambos tendo $|\lambda| = \omega - 1$, que agora estará aumentando com ω.

A descoberta de que uma melhoria assim poderia ser obtida tão facilmente, quase por mágica, foi o ponto de partida para 20 anos de intensa atividade em análise numérica. O primeiro problema foi resolvido com a tese de 1950 de Young – uma fórmula simples para ω ideal. A etapa fundamental era relacionar os autovalores λ de L aos autovalores μ da matriz de Jacobi original $D^{-1}(-L-U)$. Esta relação foi expressa por

$$\textbf{Fórmula de } \omega \qquad (\lambda + \omega - 1)^2 = \lambda\omega^2\mu^2. \tag{7}$$

Isso é válido para uma ampla classe de matrizes de diferenças finitas e, se tomarmos $\omega = 1$ (Gauss-Seidel), obteremos $\lambda^2 = \lambda\mu^2$. Portanto, $\lambda = 0$ e $\lambda = \mu^2$, como no Exemplo 2, em que $\mu = \pm\frac{1}{2}$ e $\lambda = 0$, $\lambda = \frac{1}{4}$. Todas as matrizes da classe de Young possuem autovalores μ que ocorrem em pares de mais ou menos e os λ correspondentes são 0 e μ^2. Assim, Gauss-Seidel dobra a taxa de convergência de Jacobi.

A questão importante é escolher ω de modo que $\lambda_{\text{máx}}$ seja minimizado. Felizmente, a equação de Young (7) é exatamente nosso exemplo 2 por 2! O melhor ω torna as duas raízes λ iguais a $\omega - 1$:

$$(\omega - 1) + (\omega - 1) = 2 - 2\omega + \mu^2\omega^2, \quad \text{ou} \quad \omega = \frac{2\left(1 - \sqrt{1-\mu^2}\right)}{\mu^2}.$$

Para uma matriz grande, este padrão será repetido por vários pares diferentes $\pm\mu_i$ – e só podemos fazer uma única escolha de ω. O maior μ fornece o maior valor de ω e de $\lambda = \omega - 1$. Como nossa meta é tornar $\lambda_{\text{máx}}$ o menor possível, esse par extremo especifica a melhor escolha de ω_{ideal}:

$$\boldsymbol{\omega}\ \textbf{ideal} \qquad \omega_{\text{ideal}} = \frac{2\left(1 - \sqrt{1-\mu^2_{\text{máx}}}\right)}{\mu^2_{\text{máx}}} \quad \text{e} \quad \lambda_{\text{máx}} = \omega_{\text{ideal}} - 1. \tag{8}$$

7G A separação da matriz –1, 2, –1 de ordem n resulta nos seguintes autovalores de B:

Jacobi ($S =$ matriz 0, 2, 0): $S^{-1}T$ possui $|\lambda|_{\text{máx}} = \cos\dfrac{\pi}{n+1}$

Gauss-Seidel ($S =$ matriz –1, 2, 0): $S^{-1}T$ possui $|\lambda|_{\text{máx}} = \left(\cos\dfrac{\pi}{n+1}\right)^2$

SOR (com o melhor ω) $\quad |\lambda|_{\text{máx}} = \left(\cos\dfrac{\pi}{n+1}\right)^2 \Big/ \left(1 + \operatorname{sen}\dfrac{\pi}{n+1}\right)^2.$

Isto só pode ser apreciado com um exemplo. Suponha que A seja de ordem 21, que é uma dimensão bastante modesta. Então, $h = \frac{1}{22}$, $\cos \pi h = 0{,}99$, e o método de Jacobi é lento; $\cos^2 \pi h = 0{,}98$ significa que mesmo Gauss-Seidel exigirá um grande número de iterações. Mas, como $\operatorname{sen} \pi h = \sqrt{0{,}02} = 0{,}14$, o método de sobrerrelaxação ideal terá fator de convergência

$$\lambda_{\text{máx}} = \frac{0{,}86}{1{,}14} = 0{,}75, \qquad \text{com} \qquad \omega_{\text{ideal}} = 1 + \lambda_{\text{máx}} = 1{,}75.$$

O erro é reduzido em 25% em cada etapa, e ***uma única etapa de SOR é equivalente a trinta etapas de Jacobi***: $(0{,}99)^{30} = 0{,}75$.

Trata-se de um resultado impressionante obtido de uma ideia simples. Suas aplicações reais não são em problemas unidimensionais, como $-u_{xx} = f$. Um sistema tridiagonal $Ax = b$ já é fácil. É para equações diferenciais parciais que a sobrerrelaxação (e outras ideias) será importante. A alteração para $-u_{xx} - u_{yy} = f$ leva ao "esquema de cinco pontos". Os elementos –1, 2, –1 na direção x combinam-se com –1, 2, –1 na direção y para obter uma diagonal principal de +4 e quatro elementos fora da diagonal de –1. *A matriz* A *não possui uma largura de banda pequena!* Não há nenhuma possibilidade de dispor os N^2 pontos de malha do conjunto em um quadrado de modo que cada ponto fique próximo de todos os quatro pontos vizinhos. Esta é a verdadeira ***maldição da dimensionalidade***, e os computadores paralelos irão aliviá-la parcialmente.

Se o ordenamento for feito uma linha por vez, todos os pontos devem esperar uma linha inteira para que o vizinho acima dele apareça. A "matriz de cinco pontos" possui largura de banda N:

$-1, 2, -1$ em x e y
resultam em $-1, -1, 4, -1, -1$

$A =$ 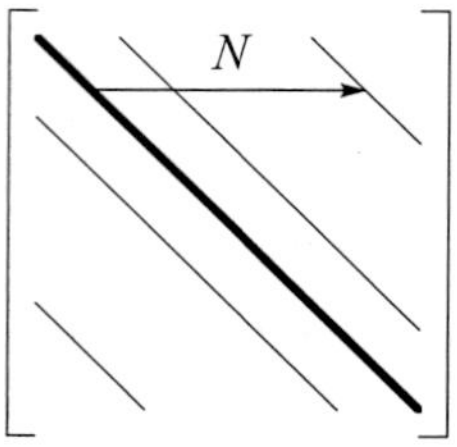

.

Esta matriz recebeu mais atenção e foi estudada de maneiras mais distintas do que qualquer outra equação linear $Ax = b$. A tendência atual é voltar aos métodos diretos, com base em uma ideia de Golub e Hockney; algumas matrizes especiais serão separadas se forem desenvolvidas do modo correto (o que é comparável à transformada rápida de Fourier). Antes disso, surgiram os métodos iterativos de ***direção alternante***, em que a separação desmembra a matriz tridiagonal na direção x da matriz na direção y. Uma escolha recente é $S = L_0U_0$, em que pequenos elementos das L e U verdadeiras são estabelecidos como zero durante a fatoração, o que é conhecido como o método ***LU incompleto***, e pode ser excelente.

Não podemos encerrar sem mencionar o ***método dos gradientes conjugados***, que parecia esquecido, mas, de repente, se tornou muito presente (o Problema 33 mostra as etapas). Ele é mais direto do que iterativo, mas, diferentemente da eliminação, pode ser encerrado parcialmente. E é desnecessário lembrar que uma ideia completamente nova ainda pode surgir e dar certo. Mas parece justo afirmar que foi a mudança de 0,99 para 0,75 que revolucionou a solução de $Ax = b$.

Conjunto de problemas 7.4

1. No Problema 3, mostre que $x_k = (\text{sen } k\pi h, \text{sen } 2k\pi h, \ldots, \text{sen } nk\pi h)$ é um autovetor de A. Multiplique x_k por A para encontrar o autovalor correspondente α_k. Comprove que, no caso 3 por 3, esses autovalores são $2 - \sqrt{2}, 2, 2 + \sqrt{2}$.

Observação Os autovalores da matriz de Jacobi $J = \frac{1}{2}(-L - U) = I - \frac{1}{2}A$ são $\lambda_k = 1 - \frac{1}{2}\alpha_k = \cos k\pi h$. Eles ocorrem em pares de mais ou menos e $\lambda_{máx}$ é $\cos \pi h$.

2. A matriz abaixo possui autovalores $2 - \sqrt{2}$, 2 e $2 + \sqrt{2}$:

$$A = \begin{bmatrix} 2 & -1 & 0 \\ -1 & 2 & -1 \\ 0 & -1 & 2 \end{bmatrix}.$$

Encontre as matrizes de Jacobi $D^{-1}(-L - U)$ e de Gauss-Seidel $(D + L)^{-1}(-U)$ e seus autovalores e números ω_{ideal} e $\lambda_{\text{máx}}$ para SOR.

3. Para a matriz n por n abaixo, descreva a matriz de Jacobi $J = D^{-1}(-L - U)$:

$$A = \begin{bmatrix} 2 & -1 & & \\ -1 & \cdot & \cdot & \\ & \cdot & \cdot & -1 \\ & & -1 & 2 \end{bmatrix}.$$

Mostre que o vetor $x_1 = (\text{sen } \pi h, \text{sen } 2\pi h, \ldots, \text{sen } n\pi h)$ é um autovetor de J com autovalor $\lambda_1 = \cos \pi h = \cos \pi/(n + 1)$.

Os Problemas 4 e 5 exigem o "teorema do círculo" de Gershgorin: *todo autovalor de* A *localiza-se em pelo menos um dos círculos* $C_1, \ldots, C_n$, *em que* C_i *possui centro no elemento diagonal* a_{ii}. *Seu raio* $r_i = \sum_{j \neq i} |a_{ij}|$ *é igual à soma absoluta ao longo do resto da linha.*

Prova Suponha que x_i é o maior componente de x. Então $Ax = \lambda x$ leva a

$$(\lambda - a_{ii})x_i = \sum_{j \neq i} a_{ij}x_j, \qquad \text{ou} \qquad |\lambda - a_{ii}| \leq \sum_{j \neq i} |a_{ij}| \frac{|x_j|}{|x_i|} \leq \sum_{j \neq i} |a_{ij}| = r_i.$$ ■

4. A matriz

$$A = \begin{bmatrix} 3 & 1 & 1 \\ 0 & 4 & 1 \\ 2 & 2 & 5 \end{bmatrix}$$

é chamada *dominante diagonal*, pois todo $|a_{ii}| > r_i$. Mostre que zero não pode estar em nenhum dos círculos e conclua que A é não singular.

5. Apresente a matriz de Jacobi J à diagonalmente dominante A do Problema 4 e encontre os três círculos de Gershgorin de J. Mostre que todos os raios satisfazem $r_i < 1$ e que a iteração de Jacobi converge.

6. Transforme $Ax = b$ em $x = (I - A)x + b$. Quais são S e T para essa separação? Que matriz $S^{-1}T$ determina a convergência de $x_{k+1} = (I - A)x_k + b$?

7. Mostre por que a iteração $x_{k+1} = (I - A)x_k + b$ não converge para $A = \begin{bmatrix} 2 & -1 \\ -1 & 2 \end{bmatrix}$.

8. Se λ é um autovalor de A, então _______ é um autovalor de $B = I - A$. Os autovalores reais de B possuem valor absoluto menor que 1 se os autovalores reais de A localizarem-se entre _______ e _______.

9. A verdadeira solução para $Ax = b$ é ligeiramente diferente da solução de eliminação para $LUx_0 = b$; $A - LU$ perde o zero por causa do arredondamento. Uma estratégia é fazer tudo com precisão dupla, mas um modo melhor e mais rápido é o *refinamento iterativo*: calcule apenas um vetor $r = b - Ax_0$ com precisão dupla, resolva $LUy = r$ e some a correção y a x_0. Problema: multiplique $x_1 = x_0 + y$ por LU, apresente o resultado como uma separação $Sx_1 = Tx_0 + b$ e explique por que T é extremamente pequeno. Essa simples etapa nos leva quase exatamente a x.

10. Por que a norma de B^k nunca é maior do que $\|B\|^k$? Então, $\|B\| < 1$ garante que a potência B^k tenda a zero (convergência). Isto não é uma surpresa, já que $|\lambda|_{máx}$ está abaixo de $\|B\|$.

11. Para a matriz genérica 2 por 2 abaixo

$$A = \begin{bmatrix} a & b \\ c & d \end{bmatrix},$$

encontre a matriz de iteração de Jacobi $S^{-1}T = -D^{-1}(L + U)$ e seus autovalores μ_i. Encontre também a matriz de Gauss-Seidel $-(D + L)^{-1}U$ e seus autovalores λ_i, e determine se $\lambda_{máx} = \mu^2_{máx}$.

12. Quando $A = A^T$, o *método de Arnoldi-Lanczos* encontra valores de q ortonormais de modo que $Aq_j = b_{j-1}q_{j-1} + a_jq_j + b_jq_{j+1}$ (com $q_0 = 0$). Multiplique q_j^T para encontrar uma fórmula a_j. A equação diz que $AQ = QT$, em que T é uma matriz _______.

13. A matriz S de separação **SOR** é igual à de Gauss-Seidel, exceto que sua diagonal é dividida por ω. Apresente um programa para **SOR** em uma matriz n por n. Aplique-o com $\omega = 1$; 1,4; 1,8; 2,2 se A for a matriz –1, 2, –1 de ordem 10.

14. Se A for singular, então todas as separações $A = S - T$ devem falhar. Partindo de $Ax = 0$, mostre que $S^{-1}Tx = x$. Assim, essa matriz $B = S^{-1}T$ possui $\lambda = 1$ e falha.

15. Que limite de $|\lambda|_{\text{máx}}$ Gershgorin fornece a essas matrizes? (Veja o Problema 4.) Quais são os três círculos de Gershgorin que contêm todos os autovalores?

$$A = \begin{bmatrix} 0,3 & 0,3 & 0,2 \\ 0,3 & 0,2 & 0,4 \\ 0,2 & 0,4 & 0,1 \end{bmatrix} \qquad A = \begin{bmatrix} 2 & -1 & 0 \\ -1 & 2 & -1 \\ 0 & -1 & 2 \end{bmatrix}.$$

16. Apresente um código de computador (MATLAB ou outro) para Gauss-Seidel. Você pode definir S e T a partir de A ou estabelecer a etapa de iteração diretamente a partir dos elementos a_{ij}. Teste o código para as matrizes A –1, 2, –1 de ordem 10, 20, 50, com $b = (1, 0, \ldots, 0)$.

17. Altere os 2 e 3 e encontre os autovalores de $S^{-1}T$ por ambos os métodos:

$$\textbf{(J)} \quad \begin{bmatrix} 3 & 0 \\ 0 & 3 \end{bmatrix} x_{k+1} = \begin{bmatrix} 0 & 1 \\ 1 & 0 \end{bmatrix} x_k + b \qquad \textbf{(GS)} \quad \begin{bmatrix} 3 & 0 \\ -1 & 3 \end{bmatrix} x_{k+1} = \begin{bmatrix} 0 & 1 \\ 0 & 0 \end{bmatrix} x_k + b.$$

O $|\lambda|_{\text{máx}}$ para Gauss-Seidel é igual ao $|\lambda|^2_{\text{máx}}$ para Jacobi?

O ponto principal para grandes matrizes é que a multiplicação matriz-vetor é muito mais rápida do que a multiplicação matriz-matriz. Uma construção crucial começa com um vetor b e calcula Ab, A^2b, ... (mas nunca A^2!). Os N primeiros vetores expandem o N-ésimo ***subespaço de Krylov***. Eles são colunas da ***matriz de Krylov*** $\boldsymbol{K_N}$:

$$K_N = [b \quad Ab \quad A^2b \quad \cdots \quad A^{N-1}b].$$

A iteração de Arnoldi-Lanczos ortogonaliza a coluna de K_N e a iteração de gradiente conjugado resolve $Ax = b$ quando A é simétrica definida positiva.

Iteração de Arnoldi	**Iteração de gradiente conjugado**	
$q_1 = b/\|b\|$	$x_0 = 0, r_0 = b, p_0 = r_0$	
para $n = 1$ a $N - 1$	para $n = 1$ a N	
$v = Aq_n$	$\alpha_n = (r_{n-1}^T r_{n-1}) / p_{n-1}^T A p_{n-1})$	comprimento da etapa x_{n-1} a x_n
para $j = 1$ a n	$x_n = x_{n-1} + \alpha_n p_{n-1}$	solução aproximada
$h_{jn} = q_j^T v$	$r_n = r_{n-1} - \alpha_n A p_{n-1}$	novo residual $b - Ax_n$
$v = v - h_{jn} q_j$	$\beta_n = (r_n^T r_n)/(r_{n-1}^T r_{n-1})$	aprimoramento dessa etapa
$h_{n+1,n} = \|v\|$	$p_n = r_n + \beta_n p_{n-1}$	direção da próxima busca
$q_{n+1} = v/h_{n+1,n}$	*Observação: apenas uma multiplicação matriz-vetor* Aq *e* Ap	

18. Com gradientes conjugados, mostre que r_1 é ortogonal a r_0 (residuais ortogonais) e $p_1^{\mathrm{T}}Ap_0 = 0$ (as direções de busca são A-ortogonais). A iteração resolve $Ax = b$ por minimização do erro $e^{\mathrm{T}}Ae$ no subespaço de Krylov. Este é um algoritmo fantástico.

19. Com Arnoldi, mostre que q_2 é ortogonal a q_1. O método de Arnoldi consiste na ortogonalização de Gram-Schmidt aplicada à matriz de Krylov: $K_N = Q_N R_N$. Os autovalores de $Q_N^{\mathrm{T}} A Q_N$ são, em geral, muito próximos dos de A, mesmo para $N \ll n$. A *iteração de Lanczos* é o método de Arnoldi para matrizes simétricas (todos codificados em ARPACK).

Capítulo

8 Programação linear e teoria dos jogos

8.1 DESIGUALDADES LINEARES

A álgebra trata de equações e a análise frequentemente diz respeito a desigualdades. A linha que separa ambas sempre pareceu evidente. Mas percebi que este capítulo é um contraexemplo: ***a programação linear aborda desigualdades***, mas inquestionavelmente é uma parte da álgebra linear. Também é extremamente útil – decisões de negócios têm mais probabilidade de envolver programação linear do que determinantes ou autovalores.

Há três formas de abordar a matemática subjacente: intuitivamente, por meio da geometria; computacionalmente, por meio do método simplex; ou algebricamente por meio da dualidade. Essas abordagens serão desenvolvidas nas Seções 8.1, 8.2 e 8.3. A Seção 8.4, por sua vez, abordará problemas (como o do casamento) em que a solução é um número inteiro. A Seção 8.5 discutirá sobre pôquer e outros jogos de matriz. Os alunos do MIT (Massachusetts Institute of Technology – Instituto de Tecnologia de Massachusetts), no livro *Bringing Down the House*, contaram cartas altas para ganhar no *blackjack** (Las Vegas segue regras fixas e um verdadeiro jogo de matriz envolve estratégias aleatórias).

A Seção 8.3 trará algo novo nesta edição. Atualmente, o método simplex está numa competição ativa com uma forma completamente diferente de fazer cálculos, conhecida como **método de pontos interiores**. Essa competição teve início quando Karmarkar declarou que seu método era cinquenta vezes mais rápido do que o simplex (seu algoritmo, que será resumido na Seção 8.2, foi um dos primeiros a ser patenteados – algo que, então, acreditávamos ser impossível, e não muito desejável). Essa declaração impulsionou a pesquisa sobre métodos que abordam a solução a partir do "interior", em que todas as desigualdades são estritas: $x \geq 0$ torna-se $x > 0$. O resultado é, agora, uma grande forma para obter ajuda do problema dual na resolução do problema primal.

Uma solução para este capítulo é verificar o significado geométrico de ***desigualdades lineares***. Uma desigualdade divide o espaço n-dimensional em um ***semiespaço*** em que a desigualdade é satisfeita e em um semiespaço no qual ela não é. Um exemplo típico é $x + 2y \geq 4$. O limite entre os dois semiespaços é a reta $x + 2y = 4$, em que a desigualdade é "apertada". A Figura 8.1 pareceria quase a mesma em três dimensões. O limite se torna um plano como $x + 2y + z = 4$ e, acima dele, está o semiespaço $x + 2y + z \geq 4$. Em n dimensões, o "plano" tem dimensão $n - 1$.

* Jogo de cartas também conhecido como vinte e um. (NT)

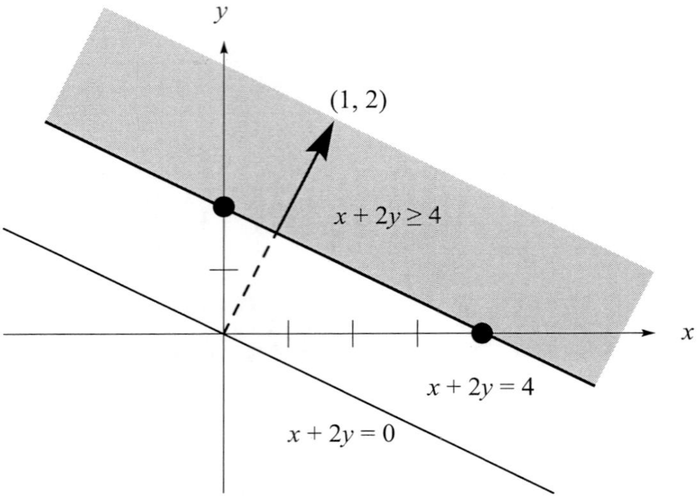

Figura 8.1 As equações fornecem as linhas e os planos. As desigualdades fornecem os semiespaços.

Outra restrição é fundamental para a programação linear: x e y devem ser ***não negativos***. Este par de desigualdades $x \geq 0$ e $y \geq 0$ produz mais dois semiespaços. A Figura 8.2 é limitada pelos eixos das coordenadas: $x \geq 0$ admite todos os pontos à direita de $x = 0$, e $y \geq 0$ é o semiespaço acima de $y = 0$.

Conjunto viável e a função custo

O passo importante é impor todas as três desigualdades de uma só vez. Elas se combinam para criar a região hachurada na Figura 8.2. Esse ***conjunto viável*** é a *interseção* dos três semiespaços $x + 2y \geq 4$, $x \geq 0$ e $y \geq 0$. Um conjunto viável é composto de soluções para uma família de desigualdades lineares como $Ax \geq b$ (a interseção de m semiespaços). Quando também exigimos que cada componente de x seja não negativo (a desigualdade de vetores $x \geq 0$), isto adiciona mais n semiespaços. Quanto mais restrições são impostas, menor o conjunto viável.

Pode facilmente ocorrer que um conjunto viável seja limitado ou até mesmo vazio. Se trocarmos nosso exemplo para o semiespaço $x + 2y \leq 4$, mantendo $x \geq 0$ e $y \geq 0$, obteremos o pequeno triângulo OAB. Ao combinar as duas desigualdades $x + 2y \geq 4$ e $x + 2y \leq 4$, o conjunto é reduzido para uma reta em que $x + 2y = 4$. Se adicionarmos uma restrição contraditória, como $x + 2y \leq -2$, o conjunto viável fica vazio.

A álgebra de desigualdades lineares (ou conjuntos viáveis) é uma parte de nossa matéria. Mas a programação linear tem outro ingrediente essencial: ela procura pelo *ponto viável que maximiza ou minimiza determinada* ***função custo,*** como $2x + 3y$. O problema na programação linear é encontrar o ponto que ***está no conjunto viável e minimiza o custo.***

O problema é ilustrado pela geometria da Figura 8.2. A família de custos $2x + 3y$ fornece uma família de retas paralelas. O custo mínimo surge quando a primeira reta intersecta o conjunto viável. Essa interseção ocorre em B, onde $x^* = 0$ e $y^* = 2$; o custo mínimo é $2x^* + 3y^* = 6$. O vetor $(0, 2)$ é ***viável*** porque fica no conjunto viável, é ***ideal*** porque minimiza a função custo, e o custo mínimo 6 é o ***valor*** do programa. Denotamos os vetores ideais com um asterisco.

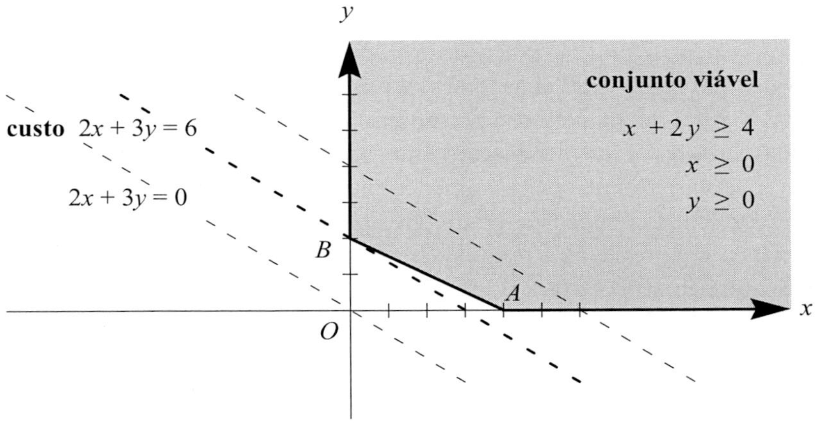

Figura 8.2 O conjunto viável com lados planos e os custos $2x + 3y$ atingindo o ponto B.

O vetor ideal ocorre em um vértice do conjunto viável. Isto é garantido pela geometria, porque as linhas que fornecem a função custo (ou os planos, quando chegamos a mais incógnitas) se movem constantemente para cima até intersectarem o conjunto viável. O primeiro contato deve ocorrer ao longo de seu limite! O "método simplex" irá de um vértice do conjunto viável ao próximo até encontrar o vértice com menor custo. Em contraste, "os métodos dos pontos interiores" aproximam-se dessa solução ideal de ***dentro*** do conjunto viável.

Observação Com uma função custo diferente, a interseção talvez não seja de apenas um único ponto. Se o custo fosse $x + 2y$, a aresta inteira entre B e A seria ideal. O custo mínimo seria $x^* + 2y^*$ e se igualaria a 4 para todos esses vetores ideais. Em nosso conjunto viável, o problema do máximo não teria nenhuma solução! O custo pode ser arbitrariamente alto e o custo máximo é infinito.

Cada problema de programação linear entra em uma das seguintes categorias:

1. O conjunto viável está *vazio.*
2. A função custo é *ilimitada* no conjunto viável.
3. O custo atinge seu *mínimo* (ou máximo) no conjunto viável: *o bom caso.*

Os casos vazios e ilimitados devem ser muito incomuns para um problema genuíno nas áreas de Economia ou Engenharia. Esperamos achar uma solução.

Variáveis de folga

Há uma maneira simples de alterar a desigualdade $x + 2y \geq 4$ para uma equação. Apenas introduza a diferença como uma ***variável de folga*** $w = x + 2y - 4$. Esta será a nossa equação! A antiga restrição $x + 2y \geq 4$ é convertida para $w \geq 0$, o que equivale perfeitamente às outras restrições de desigualdade $x \geq 0$, $y \geq 0$. Então temos apenas equações e restrições de não negatividade simples em x, y e w. As variáveis w que "preenchem a lacuna" são agora incluídas no vetor desconhecido x:

$$\textbf{Problema primal} \qquad \textit{Minimize } \mathbf{cx} \textit{ sujeito a } \mathbf{Ax} = \mathbf{b} \text{ e } \mathbf{x} \geq \mathbf{0}.$$

O vetor linha c contém os custos; em nosso exemplo, $c = [2 \quad 3 \quad 0]$. A condição $x \geq 0$ coloca o problema na parte não negativa de $\mathbf{R}^n$. Essas desigualdades reduzem as soluções para $Ax = b$. A eliminação corre risco e surge a necessidade de uma ideia completamente nova.

Problema da dieta e seu dual

Nosso exemplo com custo $2x + 3y$ pode ser expresso em palavras. Ele ilustra o "problema da dieta" na programação linear, com duas fontes de proteína – digamos, bife e manteiga de amendoim. Cada 500 gramas de manteiga de amendoim fornecem uma unidade de proteína e cada bife fornece duas unidades. Pelo menos quatro unidades são necessárias na dieta. Portanto, uma dieta contendo x gramas de manteiga de amendoim e y bifes é restrita por $x + 2y \geq 4$, assim como por $x \geq 0$ e $y \geq 0$ (não podemos ter um bife nem manteiga de amendoim negativos). Este é o conjunto viável, e o problema é minimizar o custo. Se 500 gramas de manteiga de amendoim custam \$ 2,00 e um bife custa \$ 3,00, então o custo total da dieta é $2x + 3y$. Felizmente, a dieta ideal deve ter dois bifes: $x^* = 0$ e $y^* = 2$.

Cada programa linear, incluindo este, tem um ***dual***. Se o problema original é uma minimização, seu dual é uma maximização. ***O mínimo em dado "problema primal" iguala-se ao máximo em seu dual.*** Esta é a solução para a programação linear, e será explicada na Seção 8.3. Aqui ficamos com o problema da dieta e com a interpretação de seu dual.

No lugar do comprador, que adquire proteína suficiente com custo mínimo, o problema dual é enfrentado por um farmacêutico. *As pílulas de proteína* competem com o bife e a manteiga de amendoim. Imediatamente encontramos os dois ingredientes de um programa linear típico: o farmacêutico maximiza o preço da pílula p, mas este preço está sujeito às restrições lineares. A proteína sintética não deve custar mais que a proteína da manteiga de amendoim (\$ 2,00 a unidade) ou a proteína contida no bife (\$ 3,00 por duas unidades). O preço deve ser não negativo ou o farmacêutico não conseguirá vender. Como são necessárias quatro unidades de proteína, a renda para o farmacêutico será $4p$:

Problema dual ***Maximize* 4p, *sujeito a* p $\leq$ 2, 2p $\leq$ 3 *e* p $\geq$ 0.**

Nesse exemplo, o dual é mais fácil de ser solucionado que o primal; ele tem apenas uma incógnita p. A restrição $2p \leq 3$ é rígida e realmente ativa, e o preço máximo da proteína sintética é $p = \$ 1{,}50$. A renda máxima é $4p = \$ 6{,}00$, e o comprador acaba pagando o mesmo pela proteína natural e pela sintética. Este é o teorema da dualidade: ***o máximo se iguala ao mínimo.***

Aplicações típicas

A próxima seção se concentrará na resolução de programas lineares. E tratará de descrever duas situações práticas em que *minimizamos ou maximizamos uma função custo linear sujeita a restrições lineares.*

1. Planejamento de produção. Suponha que a General Motors tenha um lucro de \$ 200,00 em cada Chevrolet produzido; \$ 300,00 em cada Buick; e \$ 500,00 em cada Cadillac. Esses automóveis fazem 20, 17 e 14 milhas por galão, respectivamente, mas o Congresso insiste que um carro comum deve fazer 18 milhas por galão. A fábrica pode produzir um Chevrolet a cada 1 minuto, um Buick a cada 2 minutos e um Cadillac a cada 3 minutos. Qual é o lucro máximo obtido em 8 horas (480 minutos)?

Problema *Maximize o lucro* $200x + 300y + 500z$ *sujeito a*

$$20x + 17y + 14z \geq 18(x + y + z), \quad x + 2y + 3z \leq 480, \quad x, y, z \geq 0.$$

2. **Seleção de carteira.** Títulos federais pagam 5%, municipais pagam 6% e *junk bonds* (títulos mobiliários de renda fixa) pagam 9%. Podemos comprar quantias x, y e z que não excedam um total de \$ 100.000. O problema é maximizar os juros, com duas restrições:

(i) não mais que \$ 20.000 podem ser investidos em *junk bonds*, e
(ii) a qualidade média da carteira não deve ser inferior à dos títulos municipais, de modo que $x \geq z$.

Problema *Maximize* 5x + 6y + 9z *sujeito a*

$$x + y + z \leq 100.000, \quad z \leq 20.000, \quad z \leq x, \; x, \; y, \; z \geq 0.$$

As três desigualdades fornecem três variáveis de folga com novas equações como $w = x - z$ e desigualdades $w \geq 0$.

Conjunto de problemas 8.1

1. Qual é o formato do conjunto viável $x \geq 0, y \geq 0, z \geq 0, x + y + z = 1$, e qual é o máximo de $x + 2y + 3z$?

2. No conjunto viável para o problema da General Motors, a não negatividade $x, y, z \geq 0$ deixa um oitavo de espaço tridimensional (o octante positivo). Como este é interceptado pelos dois planos das restrições, e qual é o formato do conjunto viável? De que modo seus ângulos demonstram que, com apenas essas duas restrições, haverá somente dois tipos de carros na solução ideal?

3. Adicione uma única restrição de desigualdade a $x \geq 0, y \geq 0$ de modo que o conjunto viável contenha apenas um ponto.

4. (Problema do transporte) Suponha que o Texas, a Califórnia e o Alasca produzam, cada um, 1 milhão de barris de petróleo. Oitocentos mil barris são necessários em Chicago, localizado a 1.000, 2.000 e 3.000 milhas de distância dos três produtores, respectivamente; e 2.200.000 barris são necessários na Nova Inglaterra, localizada a 1.500, 3.000 e 3.700 milhas de distância dos três produtores, respectivamente. Se os carregamentos custarem uma unidade para cada barril-milha, que programa linear com cinco restrições de igualdade deve ser resolvido a fim de minimizar o custo do transporte?

5. Esboce o conjunto viável com restrições $x + 2y \geq 6, 2x + y \geq 6, x \geq 0, y \geq 0$. Que pontos ficam nos três "vértices" desse conjunto?

6. Resolva o problema da carteira localizado no fim da seção anterior.

7. Demonstre que o seguinte problema é viável, mas ilimitado, ou seja, não tem nenhuma solução ideal: maximize $x + y$, sujeito a $x \geq 0, y \geq 0, -3x + 2y \leq -1, x - y \leq 2$.

8. Demonstre que o conjunto viável restrito por $2x + 5y \leq 3, -3x + 8y \leq -5, x \geq 0, y \geq 0$ é vazio.

9. (Recomendado) No conjunto viável do Problema 5, qual é o valor mínimo da função custo $x + y$? Desenhe a reta $x + y =$ constante que toca primeiro o conjunto viável. Que pontos minimizam as funções de custo $3x + y$ e $x - y$?

8.2 MÉTODO SIMPLEX

Esta seção abordará programação linear com n incógnitas $x \geq 0$ e m restrições $Ax \geq b$. Na seção anterior tínhamos duas variáveis e uma restrição $x + 2y \geq 4$. O problema completo não é difícil de explicar, mas também não é fácil de resolver.

A melhor aproximação é colocar o problema na forma de matriz. Temos A, b e c:

1. uma matriz A, do tipo m por n
2. um vetor coluna b com m componentes, e
3. um vetor linha c (**vetor de custo**) com n componentes.

Para ser "viável," o vetor x deve satisfazer $x \geq 0$ e $Ax \geq b$. O vetor ideal x^* é o *vetor viável de custo mínimo* – e o custo é $cx = c_1x_1 + \cdots + c_nx_n$.

Problema de mínimo *Minimize o custo* cx, *sujeito* a $x \geq 0$ e $Ax \geq b$.

A condição $x \geq 0$ restringe x para o quadrante positivo no espaço n-dimensional. Em $\mathbf{R}^2$, ele é um quarto do plano; é um oitavo de $\mathbf{R}^3$. Um vetor aleatório tem uma chance em 2^n de ser não negativo. $Ax \geq b$ produz m semiespaços adicionais, e os vetores viáveis atendem a todas as condições $m + n$. Em outras palavras, x fica na interseção de $m + n$ semiespaços. Este **conjunto viável** tem lados planos; pode ser ilimitado e vazio.

A função custo cx leva ao problema uma família de planos paralelos. Um plano $cx = 0$ passa pela origem. Os planos $cx =$ constante fornecem todos os custos possíveis. À medida que os custos variam, esses planos estendem-se por todo o espaço n-dimensional. *O* x^* *ideal* (*custo inferior*) *ocorre no ponto onde* ***os planos tocam pela primeira vez o conjunto viável.***

Nosso objetivo é calcular x^*. Não poderíamos fazer isso (em princípio) encontrando todos os vértices do conjunto viável e calculando seus custos. Na prática, isto é impossível. Poderia haver bilhões de vértices, e não conseguiríamos calcular todos eles. Em vez disso, focamos no ***método simplex***, uma das ideias mais célebres na matemática computacional. Ele foi desenvolvido por Dantzig como uma forma sistemática de resolver programas lineares e, seja por sorte ou genialidade, é um sucesso espantoso. Os passos do método simplex serão resumidos mais tarde, primeiramente tentaremos explicá-los.

Geometria: movimento ao longo das arestas

Penso que é a explicação geométrica que revela o método. A fase I simplesmente localiza um vértice do conjunto viável. ***A essência do método passa de vértice a vértice ao longo das arestas do conjunto viável.*** Em um vértice típico há n arestas para se escolher. Algumas arestas saem do x^* ideal, mas desconhecido, e outras seguem gradualmente na direção dele. Dantzig escolhe uma aresta que leva a um novo vértice com um *custo inferior*. Não há possibilidade de retornar para algo mais caro. Por fim, um vértice especial é alcançado, e a partir dele todas as arestas partem para o caminho errado: o custo foi minimizado. Esse ângulo é o vetor ideal x^*, então o método cessa.

O próximo problema é transformar as ideias sobre *vértice* e *aresta* em álgebra linear. **Um vértice é o ponto de encontro de n diferentes planos**. Cada plano é dado por uma equação – assim como três planos (parede frontal, parede lateral e piso) produzem um vértice em três dimensões. Cada vértice do conjunto viável surge da transformação de n das desigualdades, do tipo $n + m$, $Ax \geq b$ e $x \geq 0$ em equações, e da descoberta da interseção desses n planos.

Uma possibilidade é escolher as n equações $x_1 = 0, \ldots, x_n = 0$, e acabar na origem. Como todas as outras escolhas possíveis, *este ponto de interseção somente será um vértice genuíno se também satisfizer as* m *restrições de desigualdade restantes*. Caso contrário, nem mesmo estará no conjunto viável e será uma farsa completa. Nosso exemplo com variáveis $n = 2$ e restrições $m = 2$ tem seis interseções, ilustradas na Figura 8.3. Três delas são, na realidade, os vértices P, Q e R do conjunto viável. São os vetores (0, 6), (2, 2) e (6, 0). Uma delas deve ser o vetor ideal (a menos que o custo mínimo seja $-\infty$). As outras três, incluindo a origem, são falsas.

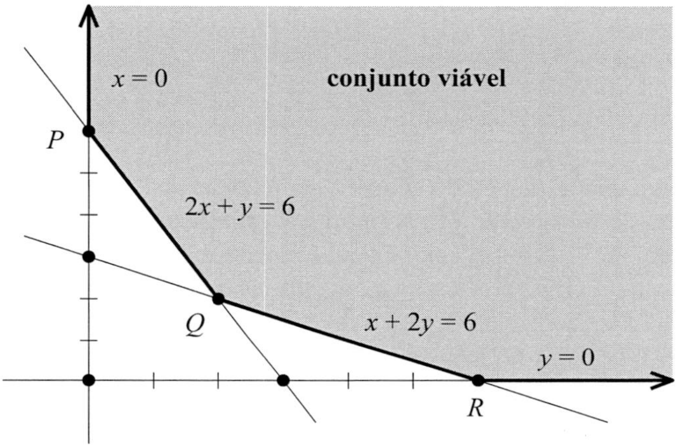

Figura 8.3 Os vértices P, Q e R e as arestas do conjunto viável.

Em geral, há $(n + m)!/n!m!$ interseções possíveis. Isto representa o número de formas de escolher n equações dos planos de $n + m$. O tamanho do coeficiente binomial torna totalmente impraticável a realização de todos os cálculos para fórmulas m por n grandes. É tarefa da Fase I encontrar um vértice genuíno ou determinar se o conjunto viável está vazio. Continuamos com a suposição de que um vértice foi encontrado.

Suponha que um dos n planos de interseção seja removido. **Os pontos que satisfazem as $n - 1$ equações remanescentes formam uma aresta que sai do vértice**. Essa aresta é a interseção dos $n - 1$ planos. Para permanecer no conjunto viável, só é permitida uma direção ao longo de cada aresta. No entanto, é necessário escolher entre n arestas diferentes, e a Fase II deve fazer essa escolha.

Para descrever essa fase, reescreva $Ax \geq b$ em uma forma completamente paralela às n restrições simples $x_j \geq 0$. Este é o papel das ***variáveis de folga*** $w = Ax - b$. As restrições $Ax \geq b$ são traduzidas em $w_1 \geq 0, ..., w_m \geq 0$, com uma variável de folga para cada linha de A. A equação $w = Ax - b$, ou $Ax - w = b$, entra na forma de matriz:

As variáveis de folga fornecem m equações $$\begin{bmatrix} A & -I \end{bmatrix} \begin{bmatrix} x \\ w \end{bmatrix} = b.$$

O conjunto viável é governado por essas m equações e pelas desigualdades simples, do tipo $n + m$, $x \geq 0$, $w \geq 0$. Agora temos ***restrições de igualdade, e não negatividade***.

O método simplex não observa nenhuma diferença entre x e w, então simplificamos:

$$\begin{bmatrix} A & -I \end{bmatrix} \text{ é renomeado } A \qquad \begin{bmatrix} x \\ w \end{bmatrix} \text{ é renomeado } x \qquad \begin{bmatrix} c & 0 \end{bmatrix} \text{ é renomeado } c.$$

As restrições de igualdade são agora $Ax = b$. As $n + m$ desigualdades tornam-se apenas $x \geq 0$. O único traço restante de folga w está no fato de que a nova matriz A é m por $n + m$, e o novo x tem $n + m$ componentes. Mantemos esse total da notação original, deixando m e n inalterados como um lembrete do que aconteceu. O problema tornou-se: ***Minimize* cx, *sujeito a* x $\geq$ 0 e Ax = b.**

Exemplo 1 O problema na Figura 8.3 tem restrições $x + 2y \geq 6$, $2x + y \geq 6$, e custo $x + y$. O novo sistema tem quatro incógnitas (x, y, e duas variáveis de folga):

$$A = \begin{bmatrix} 1 & 2 & -1 & 0 \\ 2 & 1 & 0 & -1 \end{bmatrix} \qquad b = \begin{bmatrix} 6 \\ 6 \end{bmatrix} \qquad c = \begin{bmatrix} 1 & 1 & 0 & 0 \end{bmatrix}.$$

Algoritmo simplex

Com restrições de igualdade, o método simplex pode começar. ***Um vértice é agora um ponto onde* n *componentes do novo vetor* x** (o antigo x e w) ***são zero***. Essas n componentes de x são as *variáveis livres* em $Ax = b$. As m componentes restantes são as *variáveis básicas* ou *variáveis pivô*. Ao definir as n variáveis livres como zero, as m equações $Ax = b$ determinam as m variáveis básicas. A "solução básica" x será um vértice genuíno se as suas m componentes não nulas forem *positivas*. Então, x pertencerá ao conjunto viável.

> 8A Os ***vértices do conjunto viável*** são as ***soluções viáveis básicas*** de $Ax = b$. Uma solução é *básica* quando n de suas $m + n$ componentes são nulas e é *viável* quando satisfaz $x \geq 0$. A Fase I do método simplex encontra uma solução viável básica. A Fase II se desloca passo a passo para o x^* ideal.

O ponto do vértice P na Figura 8.3 é a interseção de $x = 0$ com $2x + y - 6 = 0$.

Vértice **(0, 6, 6, 0)**
Básico **(2 zeros)**
Viável **(nulos positivos)**

$$Ax = \begin{bmatrix} 1 & 2 & -1 & 0 \\ 2 & 1 & 0 & -1 \end{bmatrix} \begin{bmatrix} 0 \\ 6 \\ 6 \\ 0 \end{bmatrix} = \begin{bmatrix} 6 \\ 6 \end{bmatrix} = b.$$

Para qual vértice vamos em seguida? Queremos percorrer uma aresta até um vértice adjacente. Como os dois vértices são adjacentes, as variáveis básicas $m - 1$ permanecerão básicas. *Apenas um dos 6 valores se tornará livre* (zero). Ao mesmo tempo, *uma variável se deslocará para cima a partir de zero a fim de se tornar básica*. Os outros componentes básicos $m - 1$ (neste caso, os outros 6 valores) serão alterados, mas permanecerão positivos. A escolha da aresta (veja o Exemplo 2 abaixo) decidirá que variável deixará a base e qual delas entrará. As variáveis básicas são calculadas com a resolução de $Ax = b$. Os componentes livres de x são ajustados para zero.

Exemplo 2 Uma variável de entrada e uma variável de saída nos levam a um novo vértice.

$$\text{Minimize} \quad 7x_3 - x_4 - 3x_5 \quad \text{sujeito a} \quad \begin{aligned} x_1 \qquad + x_3 + 6x_4 + 2x_5 &= 8 \\ + x_2 + x_3 \qquad\quad + 3x_5 &= 9. \end{aligned}$$

Comece a partir do vértice em que $x_1 = 8$ e $x_2 = 9$ são variáveis básicas. No vértice $x_3 = x_4 = x_5 = 0$. Este é viável, mas o custo zero não pode ser mínimo. Seria tolice tornar x_3 positivo, pois seu coeficiente de custo é $+7$ e estamos tentando reduzir o custo. Escolhemos x_5 por possuir o coeficiente de custo mais negativo: -3. ***A variável de entrada será*** $\mathbf{x}_5$.

Com x_5 entrando na base, x_1 ou x_2 devem sair. Na primeira equação, aumente x_5 e diminua x_1 enquanto mantém $x_1 + 2x_5 = 8$. Então, x_1 será reduzido a zero quando x_5 atingir 4. A segunda equação mantém $x_2 + 3x_5 = 9$. Nesse ponto, x_5 pode aumentar somente até 3. Ir além tornaria x_2 negativo, portanto, ***a variável de saída é*** $\mathbf{x}_2$. O novo vértice tem $x = (2, 0, 0, 0, 3)$. *O custo é reduzido para* -9.

Forma rápida Em $Ax = b$, os lados à direita divididos pelos coeficientes da variável de entrada são $\frac{8}{2}$ e $\frac{9}{3}$. A menor razão $\frac{9}{3}$ revela que variável atinge zero primeiro e, por isso, deve sair. Consideramos somente razões positivas, porque, se o coeficiente de x_5 fosse -3, então aumentar x_5 na verdade *aumentaria* x_2. (Em $x_5 = 10$, a segunda equação forneceria $x_2 = 39$.) ***A razão*** $\frac{9}{3}$ ***informa que a segunda variável sai***. Ela também fornece $x_5 = 3$.

Se todos os coeficientes de x_5 fossem negativos, este seria um caso *ilimitado*: podemos tornar x_5 arbitrariamente grande e reduzir o custo para $-\infty$.

O passo atual termina em um novo vértice $x = (2, 0, 0, 0, 3)$. O próximo passo somente será fácil se as variáveis básicas x_1 e x_5 se automantiverem (como x_1 e x_2 fizeram originalmente). Portanto, "pivoteamos" ao substituir $x_5 = \frac{1}{3}(9 - x_2 - x_3)$ na função custo e na primeira equação. O novo problema, começando pelo novo vértice, é:

$$\text{Minimize o custo com restrições} \quad \begin{aligned} &7x_3 - x_4 - (9 - x_2 - x_3) = x_2 + 8x_3 - x_4 - 9 \\ &x_1 - \tfrac{2}{3}x_2 + \tfrac{1}{3}x_3 + 6x_4 \qquad = 2 \\ &\tfrac{1}{3}x_2 + \tfrac{1}{3}x_3 \qquad\qquad + x_5 = 3. \end{aligned}$$

O próximo passo agora é fácil. O único coeficiente negativo -1 no custo torna x_4 a variável de entrada. As razões de $\frac{2}{6}$ e $\frac{3}{0}$, com os lados direitos divididos pela coluna x_4, tornam x_1 a variável de saída. O novo vértice é $x^* = (0, 0, 0, \frac{1}{3}, 3)$. O novo custo $-9\frac{1}{3}$ é o mínimo.

Em um problema grande, uma variável de saída deve entrar novamente na base em um momento posterior. No entanto, o custo continua baixando – exceto em um caso degenerado –, de modo que as m variáveis básicas não podem ser as mesmas de antes. Nenhum vértice é jamais revisitado! O método simplex deve terminar no vértice ideal (ou em $-\infty$ se o custo se tornar ilimitado). Notável é a velocidade com que x^* é encontrado.

Resumo Os coeficientes de custo 7, -1, -3, no primeiro ângulo, e 1, 8, -1, no segundo ângulo, decidiram as variáveis de entrada. (Esses números entram em r, o vetor crucial definido abaixo. Paramos quando todos forem positivos.) As razões decidiram as variáveis de saída.

Comentário sobre a degeneração Um vértice é *degenerado* se mais que as n componentes usuais de x forem zero. Mais que n planos passam pelo vértice, portanto, ocorre que uma variável básica desaparece. As razões que determinam a variável de saída incluirão zeros, e a base deve ser alterada sem ser deslocada do vértice. Teoricamente, poderíamos permanecer em um vértice e continuar andando para sempre em ciclos na escolha de uma base.

Felizmente, isso não ocorre. Ela é tão rara que os códigos comerciais a ignoram. Infelizmente, a degeneração é bastante comum em aplicações – se imprimir o custo após cada passo simplex, você o nota se repetindo várias vezes antes que o método simplex encontre uma boa aresta. Então, o custo diminui novamente.

Tableau

Cada passo simplex envolve decisões seguidas por operações de linhas – as variáveis de entrada e de saída devem ser escolhidas e deve-se fazer que elas venham e vão. Uma forma de organizar o passo é encaixar A, b e c em uma matriz grande, ou ***tableau***:

$$\textbf{\textit{Tableau} é } \boldsymbol{m+1} \textbf{ por } \boldsymbol{m+n+1} \qquad T = \begin{bmatrix} A & b \\ c & 0 \end{bmatrix}.$$

No início, as variáveis básicas podem ser mescladas com as variáveis livres. Renumerando se necessário, *suponha que* $x_1, ..., x_m$ *são as variáveis básicas (não nulas) no vértice atual*. As primeiras m colunas de A formam uma matriz quadrada B (a *matriz base* para esse vértice). As últimas n colunas fornecem uma matriz N, do tipo m por n. O vetor de custo c se divide em $[c_B \quad c_N]$, e a incógnita x se divide em (x_B, x_N).

No vértice, as variáveis livres são $x_N = 0$. Nesse local, $Ax = b$ se transforma em $Bx_B = b$:

$$\textbf{\textit{Tableau} no vértice} \qquad T = \left[\begin{array}{c|c|c} B & N & b \\ \hline c_B & c_N & 0 \end{array}\right] \quad x_N = 0 \quad x_B = B^{-1}b \quad \textbf{custo} = c_B B^{-1}b.$$

As variáveis básicas permanecerão sozinhas quando a eliminação multiplicar por B^{-1}:

$$\textbf{\textit{Tableau} reduzido} \qquad T' = \left[\begin{array}{c|c|c} I & B^{-1}N & B^{-1}b \\ \hline c_B & c_N & 0 \end{array}\right].$$

Para chegar à ***matriz linha totalmente reduzida à forma escalonada*** $R = \text{rref}(T)$, subtraia c_B vezes a linha superior do bloco da linha inferior:

$$\textbf{Totalmente reduzida} \qquad R = \left[\begin{array}{c|c|c} I & B^{-1}N & B^{-1}b \\ \hline 0 & \boldsymbol{c_N - c_B B^{-1} N} & -c_B B^{-1}b \end{array}\right].$$

Permita-me fazer uma revisão do significado de cada valor neste *tableau* e destacar o Exemplo 3 (a seguir, com números). Aqui está a álgebra:

$$\textbf{Restrições} \quad x_B + B^{-1}Nx_N = B^{-1}b \qquad \textbf{Vértice} \quad x_B = B^{-1}b, x_N = 0. \tag{1}$$

O custo $c_B x_B + c_N x_N$ foi transformado em

$$\textbf{Custo} \quad cx = (c_N - c_B B^{-1}N)x_N + c_B B^{-1}b \qquad \textbf{Custo neste vértice} = c_B B^{-1}b. \tag{2}$$

Cada quantidade importante aparece no *tableau* R totalmente reduzido. Podemos decidir se o vértice é ideal ou não ao observar $r = c_N - c_B B^{-1}N$ no meio da linha inferior. **Se cada valor em r for negativo, o custo ainda pode ser reduzido.** Podemos tornar rx_N negativo, no começo da equação (2), aumentando um componente de x_N. Este será nosso próximo passo. Mas, se $r \geq 0$, o melhor vértice foi encontrado. Este é o ***teste de parada***, ou a ***condição de idealidade***:

> **8B** O ângulo é ideal quando $r = c_N - c_B B^{-1}N \geq 0$. Seu custo é $c_B B^{-1}b$. Componentes negativos de r correspondem às arestas em que o custo é reduzido. **A variável de entrada x_i corresponde ao componente mais negativo de r.**

Os componentes de r são os ***custos reduzidos*** – o custo em c_N para utilizar uma variável livre *menos o que economiza*. Calcular r denomina-se o modo de ***calcular os preços*** das variáveis. Se o custo direto (em c_N) é menor que a economia (da redução das variáveis básicas), então $r_i < 0$, e ele pagará para aumentar essa variável livre.

Suponha que o custo reduzido mais negativo seja r_i. Então, o i-ésimo componente de x_N é a ***variável de entrada***, que aumenta de zero para um valor positivo α no vértice seguinte (a ponta da aresta).

À medida que x_i aumenta, outros componentes de x podem diminuir (para manter $Ax = b$). O x_k que atinge zero primeiro torna-se a ***variável de saída*** – ela muda de básica para livre. *Alcançamos o próximo vértice quando um componente de* x_B *cai para zero.*

Esse novo vértice é viável porque ainda temos $x \geq 0$. É básico porque novamente temos n componentes nulos. O i-ésimo componente de x_N foi de zero a α. O k-ésimo componente de x_B caiu para zero (os outros componentes de x_B permanecem positivos). O x_k de saída que cai para zero é o que fornece a razão mínima na equação (3):

8C Suponha que x_i seja a variável de entrada, e u a coluna i de N:

No novo vértice
$$x_i = \alpha = \text{menor razão } \frac{(B^{-1}b)_j}{(B^{-1}u)_j} = \frac{(B^{-1}b)_k}{(B^{-1}u)_k}. \quad (3)$$

Esse mínimo é tomado apenas sobre os componentes positivos de $B^{-1}u$. A k-ésima coluna do antigo B sai da base (x_k torna-se 0) e a nova coluna u entra.

$B^{-1}u$ é a coluna de $B^{-1}N$ no *tableau* R reduzido, acima do valor mais negativo na linha inferior r. Se $B^{-1}u \leq 0$, o próximo vértice está infinitamente longe e o custo mínimo é $-\infty$ (isto não acontece aqui). Nosso exemplo irá do ângulo P para Q e começará novamente em Q.

Exemplo 3 A função custo original $x + y$ e as restrições $Ax = b = (6, 6)$ fornecem

$$\begin{bmatrix} A & b \\ c & 0 \end{bmatrix} = \left[\begin{array}{cccc|c} 1 & 2 & -1 & 0 & 6 \\ 2 & 1 & 0 & -1 & 6 \\ \hline 1 & 1 & 0 & 0 & 0 \end{array}\right].$$

No vértice P, mostrado na Figura 8.3, $x = 0$ intersecta $2x + y = 6$. A fim de nos organizarmos, trocamos as colunas 1 e 3 para colocar as variáveis básicas antes das variáveis livres:

Tableau* em *P
$$T = \left[\begin{array}{cc|cc|c} -1 & 2 & 1 & 0 & 6 \\ 0 & 1 & 2 & -1 & 6 \\ \hline 0 & 1 & 1 & 0 & 0 \end{array}\right].$$

Então, a eliminação multiplica a primeira linha por -1 para fornecer um pivô de unidade, e utiliza a segunda linha a fim de produzir zeros na segunda coluna:

Totalmente reduzido em *P*
$$R = \left[\begin{array}{cc|cc|c} 1 & 0 & 3 & -2 & 6 \\ 0 & 1 & 2 & -1 & 6 \\ \hline 0 & 0 & -1 & 1 & -6 \end{array}\right].$$

Observe primeiro $\mathbf{r} = [-1 \quad 1]$ na linha inferior. Ela tem um valor negativo na coluna 3, de modo que a terceira variável entre na base. O ângulo atual P e seu custo $+6$ não são ideais. A coluna acima desse valor negativo é $B^{-1}u = (3, 2)$; suas razões com a última coluna são $\frac{6}{3}$ e $\frac{6}{2}$.

Como a primeira razão é menor, a primeira incógnita w (e a primeira coluna do *tableau*) é expelida da base. Percorremos o conjunto viável do vértice P para o ângulo Q na Figura 8.3.

O novo *tableau* troca a colunas 1 e 3, e, ao fazer o pivoteamento por meio da eliminação, fornece

$$\left[\begin{array}{cc|cc|c} 3 & 0 & 1 & -2 & 6 \\ 2 & 1 & 0 & -1 & 6 \\ \hline -1 & 0 & 0 & 1 & -6 \end{array}\right] \rightarrow \left[\begin{array}{cc|cc|c} 1 & 0 & \frac{1}{3} & -\frac{2}{3} & 2 \\ 0 & 1 & -\frac{2}{3} & \frac{1}{3} & 2 \\ \hline 0 & 0 & \frac{1}{3} & \frac{1}{3} & -4 \end{array}\right].$$

Nesse novo *tableau* em Q, $r = \left[\frac{1}{3} \quad \frac{1}{3}\right]$ é positivo. **Passou o teste de parada**. O ângulo $x = y = 2$ e seu custo $+4$ são ideais.

A organização de um passo simplex

A geometria do método simplex é agora expressa na álgebra – "vértices" são "soluções viáveis básicas". O vetor r e sua razão α são decisivos. Seu cálculo é a essência do método simplex e pode ser organizado de três formas diferentes:

1. Em um *tableau*, como acima.
2. Atualizando B^{-1} quando a coluna u proveniente de N substitui a coluna k de B.
3. Calculando $B = LU$ e atualizando esses fatores LU em vez de B^{-1}.

Esta lista é realmente um resumo do método simplex. De algumas maneiras, o estágio mais fascinante foi o primeiro – o *tableau* – que dominou a matéria por tantos anos. Para a maioria de nós, ele trouxe uma aura de mistério para a programação linear, principalmente porque conseguiu evitar a notação de matriz quase completamente (por meio do habilidoso dispositivo de escrever as matrizes por completo!). Para finalidades computacionais (exceto para problemas pequenos em livros didáticos), os dias do *tableau* acabaram.

Para constatar o porquê, lembre-se de que após o coeficiente mais negativo em r indicar que a coluna u entrará na base, nenhuma das outras colunas acima de r será utilizada. *Era um dispêndio de tempo fazer seus cálculos.* Em um problema maior, centenas de colunas seriam calculadas repetidamente, apenas esperando por sua vez para entrar na base. Fazer as eliminações de modo tão completo e chegar a R torna clara a teoria. Mas, na prática, isto não pode ser justificado.

É mais rápido, e no fim mais simples, verificar que cálculos são realmente necessários. Cada passo simplex troca uma coluna de N para uma coluna de B. Essas colunas são decididas por r e α. Este passo começa com a matriz base atual B e a solução atual $x_B = B^{-1}b$.

Um passo do método simplex

1. Calcule o vetor linha $\lambda = c_B B^{-1}$ e os custos reduzidos $r = c_N - \lambda N$.
2. Se $r \geq 0$, pare: a solução atual é ideal. Do contrário, se r_i é o componente mais negativo, escolha u = coluna i de N para entrar na base.
3. Calcule as razões de $B^{-1}b$ para $B^{-1}u$, admitindo somente os componentes positivos de $B^{-1}u$ (se $B^{-1}u < 0$, o custo mínimo é $-\infty$). Quando a menor razão ocorre no componente k, a k-ésima coluna do B atual sairá.
4. Atualize B, B^{-1}, ou LU, e a solução $x_B = B^{-1}b$. Retorne para o passo **1**.

Às vezes isso é chamado de ***método simplex revisado***, para distingui-lo das operações em um *tableau*. É o próprio método simplex, mas reduzido.

Essa discussão termina, uma vez que decidimos como calcular os passos **1**, **3** e **4**:

$$\lambda = c_B B^{-1},\ v = B^{-1}u, \qquad \text{e} \qquad x_B = B^{-1}b. \tag{4}$$

A forma mais popular é trabalhar diretamente com B^{-1}, calculando-o explicitamente no primeiro ângulo. Nos vértices seguintes, o passo do pivotamento é simples. Quando a coluna k da matriz identidade é substituída por u, a coluna k de B^{-1} é substituída por $v = B^{-1}u$. Para recuperar a matriz identidade, a eliminação multiplicará o antigo B^{-1} por

$$E^{-1} = \begin{bmatrix} 1 & & v_1 & & \\ & \cdot & \cdot & & \\ & & v_k & & \\ & & \cdot & \cdot & \\ & & v_n & & 1 \end{bmatrix}^{-1} = \begin{bmatrix} 1 & & -v_1/v_k & & \\ & \cdot & \cdot & & \\ & & 1/v_k & & \\ & & \cdot & \cdot & \\ & & -v_n/v_k & & 1 \end{bmatrix} \tag{5}$$

Muitos códigos simplex usam a ***forma de produto da inversa***, que conserva essas simples matrizes E^{-1} em vez de atualizar diretamente B^{-1}. Quando necessário, eles são aplicados a b e c_B. Em intervalos regulares (talvez todos os 40 passos simplex), B^{-1} é recalculado e os E^{-1} são apagados. A equação (5) é verificada no problema 5 no fim desta seção.

Uma abordagem mais recente usa os métodos comuns da álgebra linear numérica, com relação à equação (4), em que três equações dividem a mesma matriz B:

$$\lambda B = c_B, \qquad Bv = u, \qquad Bx_B = b. \tag{6}$$

A fatoração usual $B = LU$ (ou $PB = LU$, com as trocas de linhas para estabilidade) leva às três soluções. L e U podem ser atualizados em vez de recalculados.

Uma questão permanece: *quantos passos simplex temos que adotar*? Isto é impossível de responder antecipadamente. A experiência demonstra que o método afeta somente cerca de $3m/2$ vértices diferentes, o que significa uma operação de cerca de m^2n. Isto é comparável à eliminação comum para $Ax = b$, e justifica o sucesso do método simplex. Mas a matemática mostra que a extensão do caminho não pode ser sempre limitada por qualquer múltiplo fixo ou potência de m. Os piores conjuntos viáveis (Klee e Minty inventaram um cubo assimétrico) podem forçar o método simplex a tentar todos os vértices – com um custo exponencial.

Foi o ***método de Khachian*** que demonstrou que a programação linear poderia ser resolvida em tempo polinomial.* Seu algoritmo permaneceu *dentro* do conjunto viável e capturou x^* em uma série de elipsoides encolhendo. A programação linear está na bela classe ***P***, não na terrível ***NP*** (como no problema do vendedor ambulante). Para problemas ***NP***, acredita-se (mas não foi provado) que todos os algoritmos determinísticos devem levar um tempo exponencialmente longo para terminar, no pior caso.

Durante todo esse tempo o método simplex esteve fazendo o trabalho – em um tempo *médio* que agora está provado (para variantes do método comum) ser polinomial. Por alguma razão, escondidos na geometria de poliedros multidimensionais, são raros os conjuntos viáveis ruins e o método simplex torna-se propício.

---

* O número de operações é limitado por potências de m e n, como na eliminação. Para a programação e fatoração de números inteiros em números primos, todos os algoritmos conhecidos podem levar um tempo exponencialmente longo. A celebrada conjectura "$P \neq NP$" afirma que tais problemas não podem ter algoritmos polinomiais.

Método de Karmarkar

Chegamos agora ao acontecimento mais sensacional na história recente da programação linear. Karmarkar propôs um método baseado em duas ideias simples e, em seus experimentos, derrotou o método simplex. A escolha do problema e os detalhes do código são cruciais, e o debate ainda prossegue. Porém as ideias de Karmarkar eram tão naturais e se encaixaram tão perfeitamente na estrutura da álgebra linear aplicada que podem ser explicadas em poucos parágrafos.

A primeira ideia é começar de um ponto ***dentro do conjunto viável*** – vamos supor que seja $x^0 = (1, 1, ..., 1)$. Como o custo é cx, a melhor *direção de redução de custo* é em sentido $-c$. Normalmente isso nos tira do conjunto viável; ir nessa direção não mantém $Ax = b$. Se $Ax^0 = b$ e $Ax^1 = b$, então $\Delta x = x^1 - x^0$ tem que satisfazer $A\Delta x = 0$. ***O passo* $\boldsymbol{\Delta}$x *deve permanecer no espaço nulo de* A**. Portanto, *projetamos* $-c$ para o espaço nulo, a fim de encontrar a direção viável mais próxima da melhor direção. Este é o passo natural, mas caro, no método de Karmarkar.

O passo Δx é um múltiplo da projeção $-Pc$. Quanto mais demorado o passo, mais o custo é reduzido; porém, não podemos sair do conjunto viável. O múltiplo de $-Pc$ é escolhido de modo que x^1 esteja próximo, mas *um pouco dentro*, do limite em que uma componente de x atinge zero.

Isto completa a primeira ideia – a projeção que fornece a *descida viável mais inclinada*. O segundo passo precisa de uma nova ideia, pois continuar na mesma direção é inútil.

A sugestão de Karmarkar é ***transformar*** $\mathbf{x^1}$ ***de volta para* (1, 1, . . . , 1) *no centro***. Sua alteração de variáveis foi não linear, mas a transformação mais simples é apenas um ***reescalonamento*** por uma matriz diagonal D. Então, temos espaço para o deslocamento. O reescalonamento de x para $X = D^{-1}x$ altera a restrição e o custo:

$$Ax = b \text{ se torna } ADX = b \qquad c^{\mathrm{T}}x \text{ se torna } c^{\mathrm{T}}DX.$$

Portanto, *a matriz* AD *toma o lugar de* A *e o vetor* c^{T}D *toma o lugar de* c^{T}. O segundo passo projeta o novo c para o espaço nulo do novo A. Todo o trabalho está nesta projeção, a fim de resolver as equações normais ponderadas:

$$(AD^2A^{\mathrm{T}})y = AD^2c. \tag{7}$$

A forma normal de calcular y é por meio da eliminação. O método de Gram-Schmidt ortogonalizará as colunas DA^{T}, que podem ser caras (embora torne o resto do cálculo fácil). O favorito para grandes problemas esparsos é o ***método dos gradientes conjugados***, que fornece a resposta exata y de forma mais lenta que a eliminação, mas é possível seguir uma parte e, então, parar. No meio da eliminação não é possível parar.

Assim como outras ideias novas na computação científica, o método de Karmarkar foi bem-sucedido em alguns problemas, e em outros não. A ideia subjacente foi analisada e aperfeiçoada. Os mais novos **métodos de pontos interiores** (que permanecem dentro do conjunto viável) são um imenso sucesso – e serão mencionados na próxima seção. E o método simplex permanece tremendamente valioso, assim como toda a matéria da programação linear – que foi descoberta séculos depois de $Ax = b$, mas que compartilha das ideias fundamentais da álgebra linear. A mais poderosa dessas ideias é a dualidade, que será explicada mais adiante.

Conjunto de problemas 8.2

1. No Exemplo 3, suponha que o custo é $3x + y$. Com um rearranjo, o vetor de custo é $c = (0, 1, 3, 0)$. Demonstre que $r \geq 0$ e, portanto, que o vértice P é ideal.

2. Minimize $2x_1 + x_2$, sujeito a $x_1 + x_2 \geq 4$, $x_1 + 3x_2 \geq 12$, $x_1 - x_2 \geq 0$, $x \geq 0$.

3. Novamente no Exemplo 3, mude o custo para $x + 3y$. Certifique-se de que o método simplex o leve de P a Q a R, e que o vértice R seja ideal.

4. Se quiséssemos maximizar em vez de minimizar o custo (com $Ax = b$ e $x \geq 0$), qual seria o teste de parada r, e que regras escolheriam a coluna de N para tornar esse custo básico e a coluna de B para torná-lo livre?

5. Verifique a inversa na equação (5) e demonstre que BE tem $Bv = u$ em sua k-ésima coluna. Então, BE é a matriz base correta para a próxima parada, $E^{-1}B^{-1}$ é sua inversa e E^{-1} atualiza a matriz base corretamente.

6. Após o passo simplex anterior, prepare-se para o próximo passo e decida sobre ele.

7. Supondo que queiramos minimizar $cx = x_1 - x_2$, sujeito a

$$\begin{aligned} 2x_1 - 4x_2 + x_3 &= 6 \\ 3x_1 + 6x_2 + x_4 &= 12 \end{aligned} \qquad \text{(todos os } x_1, x_2, x_3, x_4 \geq 0\text{)}.$$

Começando de $x = (0, 0, 6, 12)$, x_1 ou x_2 deve ser aumentado a partir de seu valor atual de zero? Até que ponto pode ser aumentado para que as equações forcem x_3 ou x_4 para baixo até zero? Nesse ponto, qual é o novo x?

8. Minimize $x_1 + x_2 - x_3$, sujeito a

$$\begin{aligned} 2x_1 - 4x_2 + x_3 + x_4 &= 4 \\ 3x_1 + 5x_2 + x_3 + x_5 &= 2. \end{aligned}$$

Qual entre x_1, x_2 e x_3 deve entrar na base e qual entre x_4 e x_5 deve sair? Calcule o novo par de variáveis básicas e encontre o custo em cada novo vértice.

9. *A Fase I encontra uma solução viável básica para* Ax = b (um vértice). Após trocar os sinais para tornar $b \geq 0$, considere o problema auxiliar de minimização de $w_1 + w_2 + \cdots + w_m$, sujeito a $x \geq 0$, $w \geq 0$, $Ax + w = b$. Sempre que $Ax = b$ tiver uma solução não negativa, o custo mínimo nesse problema será zero – com $w^* = 0$.

(a) Demonstre que, para esse novo problema, o vértice $x = 0$, $w = b$ é básico e viável. Portanto, *sua* Fase I já está definida, e o método simplex pode prosseguir para encontrar o par ideal x^*, w^*. Se $w^* = 0$, então x^* é o vértice exigido no problema original.

(b) Com $A = [1 \;\; -1]$ e $b = [3]$, escreva o problema auxiliar, seu vetor da Fase I $x = 0$, $w = b$, e seu vetor ideal. Encontre o vértice do conjunto viável $x_1 - x_2 = 3$, $x_1 \geq x_2 \geq 0$, e desenhe esse conjunto.

10. Vamos supor que a função custo no Exemplo 3 seja $x - y$, de modo que, após o rearranjo, $c = (0, -1, 1, 0)$ no vértice P. Calcule r e decida que coluna u deve entrar na base. Calcule, então, $B^{-1}u$ e demonstre a partir de seu sinal que outro vértice jamais poderá ser encontrado. Estamos escalando o eixo y na Figura 8.3, e $x - y$ vai para $-\infty$.

11. (a) Minimize o custo $c^{\mathrm{T}}x = 5x_1 + 4x_2 + 8x_3$ no plano $x_1 + x_2 + x_3 = 3$, testando os vértices P, Q, R, onde o triângulo é interceptado pela exigência $x \geq 0$.

(b) Projete $c = (5, 4, 8)$ para o espaço nulo de $A = [1 \;\; 1 \;\; 1]$ e encontre o passo máximo s que mantém $e - sPc$ não negativo.

12. Para a matriz $P = I - A^{\mathrm{T}}(AA^{\mathrm{T}})^{-1}A$, demonstre que, se x está no espaço nulo de A, então $Px = x$. O espaço nulo permanece inalterado sob essa projeção.

8.3 PROBLEMA DUAL

A eliminação pode solucionar $Ax = b$, mas os quatro subespaços fundamentais demonstraram que uma compreensão diferente e mais profunda é possível. É exatamente a mesma coisa para a programação linear. A mecânica do método simplex resolverá um programa linear, mas a dualidade está realmente no centro da teoria subjacente. Apresentar o problema dual é uma ideia refinada e, ao mesmo tempo, fundamental para as aplicações. Explicaremos até onde conseguimos compreender.

A teoria começa com o *problema primal* determinado:

Primal (P)	*Minimize* cx, *sujeito a* $x \geq 0$ *e* $Ax \geq b$.

O problema dual começa a partir dos mesmos A, b *e* c, *e reverte tudo*. No primal, c está na função custo e b, na restrição. No dual, b e c são trocados. O dual desconhecido y é um *vetor linha* com m componentes, e o conjunto viável tem $yA \leq c$, em vez de $Ax \geq b$.

Em resumo, o dual de um problema de mínimo é um problema de máximo. Agora, $y \geq 0$:

Dual (D)	*Maximize* yb, *sujeito a* $y \geq 0$ *e* $yA \leq c$.

O dual *desse* problema é o problema de mínimo original. Há uma simetria completa entre os problemas primal e dual. O método simplex aplica-se igualmente bem para uma maximização – de qualquer modo, ambos os problemas são resolvidos de uma só vez.

É necessário oferecer uma interpretação de todas essas reversões. Elas escondem uma competição entre o minimizador e o maximizador. No problema da dieta, o minimizador tem n alimentos (manteiga de amendoim e bife, como foi visto na Seção 8.1). Eles inserem a dieta nas quantidades (não negativas) $x_1, \ldots, x_n$. As restrições representam *m vitaminas exigidas*, no lugar da restrição anterior de proteína suficiente. O elemento a_{ij} mede a i-ésima vitamina no j-ésimo alimento e a i-ésima linha de $Ax \geq b$ força a dieta a incluir pelo menos b_i dessa vitamina. Se c_j é o custo do j-ésimo alimento, então $c_1x_1 + \cdots + c_nx_n = cx$ é o custo da dieta. Esse custo deve ser minimizado.

No dual, o farmacêutico está vendendo pílulas de vitaminas com preços $y_i \geq 0$. Como o alimento j contém vitaminas nas quantidades a_{ij}, o preço do farmacêutico para a vitamina equivalente não pode exceder o preço do mercado c_j. Esta é a j-ésima restrição em $yA \leq c$. Trabalhando dentro dessa restrição para preços de vitaminas, o farmacêutico pode vender a quantidade exigida b_i de cada vitamina por uma renda total de $y_1b_1 + \cdots + y_mb_m = yb$ para ser maximizada.

Os conjuntos viáveis para os problemas primal e dual parecem completamente diferentes. O primeiro é um subconjunto de $\mathbf{R}^n$, assinalado por $x \geq 0$ e $Ax \geq b$. O segundo é um subconjunto de $\mathbf{R}^m$, determinado por $y \geq 0$, e A^T e c. A teoria inteira da programação linear depende da relação entre primal e dual. Aqui está o resultado fundamental:

8D Teorema da dualidade Quando ambos os problemas têm vetores viáveis, eles possuem x^* e y^* ideais. **O custo mínimo cx^* se iguala à renda máxima y^*b.**

Se vetores ideais não existirem, há duas possibilidades: os dois conjuntos viáveis são vazios ou um é vazio e o outro problema é ilimitado (o máximo é $+\infty$ ou o mínimo é $-\infty$).

O teorema da dualidade estabelece a competição entre o dono do mercado e o farmacêutico. *O resultado é sempre um laço*. Encontraremos um "teorema minimax" similar na teoria dos jogos. O cliente não tem nenhuma razão econômica para preferir vitaminas aos alimentos, mesmo que o farmacêutico garanta se equiparar ao dono do mercado em relação a todos os alimentos – e até reduzir o preço com relação a alimentos caros (como a manteiga de amendoim). Demonstraremos que, se alimentos caros são mantidos fora da dieta ideal, então o resultado pode ser (e é) um laço.

Isso pode parecer um impasse total, mas espero que você não se deixe enganar. Os vetores ideais contêm as informações cruciais. No problema primal, x^* revela ao comprador o que comprar. No dual, y^* fixa os preços naturais (***preços-sombra***) que deveriam ocorrer na economia. Na medida em que nosso modelo linear reflete a verdadeira economia, x^* e y^* representam as decisões essenciais a serem tomadas.

Queremos provar que $cx^* = y^*b$. Pode parecer óbvio que o farmacêutico possa aumentar os preços das vitaminas y^* para se equiparar aos do dono do mercado, mas somente algo está verdadeiramente claro: como cada alimento pode ser substituído por sua vitamina equivalente, sem aumento de custo todas as dietas adequadas de alimentos devem custar, pelo menos, tanto quanto as vitaminas. Esta é apenas uma desigualdade unilateral, *preço do farmacêutico* $\leq$ *preço do dono do mercado*. É chamada de ***dualidade fraca***, e é fácil prová-la qualquer programa linear e seu dual:

8E Se x e y forem viáveis nos problemas primal e dual, então $yb \leq cx$.

Prova Visto que os vetores são viáveis, eles satisfazem $Ax \geq b$ e $yA \leq c$. Como a viabilidade também inclui $x \geq 0$ e $y \geq 0$, podemos conseguir produtos internos sem estragar essas desigualdades (multiplicar por números negativos as inverteria):

$$yAx \geq yb \qquad \text{e} \qquad yAx \leq cx. \tag{1}$$

Como os lados esquerdos são idênticos, temos a dualidade fraca $yb \leq cx$. ■

Essa desigualdade unilateral impede que ambos os problemas sejam ilimitados. Se yb for arbitrariamente grande, um x viável contradiria $yb \leq cx$. De modo similar, se cx pode ser reduzido a $-\infty$, o dual não pode admitir um y viável.

Do mesmo modo, é igualmente importante que quaisquer vetores que atinjam $yb = cx$ sejam ideais. Nesse ponto, os preços do dono do mercado equivalem aos do farmacêutico. Reconhecemos uma dieta alimentar ideal e os preços ideais de vitaminas pelo fato de que o consumidor não tem escolha:

8F Se os vetores x e y forem viáveis e $cx = yb$, então x e y são ideais.

Como nenhum y viável pode tornar yb maior que cx, nosso y, que atinge esse valor, é ideal. De modo similar, qualquer x que atingir o custo $cx = yb$ deve ser um x^* ideal.

Fornecemos um exemplo com dois alimentos e duas vitaminas. Observe como A^{T} surge quando escrevemos o dual, uma vez que $yA \leq c$ para vetores linha significa $A^{\mathrm{T}} y^{\mathrm{T}} \leq c^{\mathrm{T}}$ para colunas.

Primal	Minimize $x_1 + 4x_2$	**Dual**	Minimize $6y_1 + 7y_2$
	sujeito a $x_1 \geq 0, x_2 \geq 0$		sujeito a $y_1 \geq 0, y_2 \geq 0$
	$2x_1 + x_2 \geq 6$		$2y_1 + 5y_2 \leq 1$
	$5x_1 + 3x_2 \geq 7.$		$y_1 + 3y_2 \leq 4.$

Solução $x_1 = 3$ e $x_2 = 0$ são viáveis, com custo $x_1 + 4x_2 = 3$. No dual, $y_1 = \frac{1}{2}$ e $y_2 = 0$ fornecem o mesmo valor $6y_1 + 7y_2 = 3$. Esses vetores devem ser ideais.

Observe atentamente para constatar o que realmente acontece no momento em que $yb = cx$. Algumas das restrições de desigualdade são **rígidas**, significando que a igualdade permanece. Outras restrições são fracas, e a regra-chave faz sentido econômico:

(i) A dieta tem $x_j^* = 0$ quando o alimento j tem preço *acima* de sua vitamina equivalente.

(ii) O preço é $y_i^* = 0$ quando a vitamina i é *fornecida excessivamente* na dieta x^*.

No exemplo, $x_2 = 0$, porque o segundo alimento é muito caro. Seu preço excede o preço do farmacêutico, visto que $y_1 + 3y_2 \leq 4$ é uma desigualdade rígida $\frac{1}{2} + 0 < 4$. De modo similar, a dieta exigia sete unidades da segunda vitamina, mas, na verdade, fornecia $5x_1 + 3x_2 = 15$. Portanto, encontramos $y_2 = 0$ e essa vitamina é uma *livre boa*. Você pode constatar como a dualidade se tornou completa.

Essas ***condições de idealidade*** são fáceis de entender em termos de matriz. A partir da equação (1) queremos $y^* Ax^* = y^*b$ no estado ideal. A viabilidade exige $Ax^* \geq b$, e procuramos quaisquer componentes em que *a igualdade falha*. Isso corresponde a uma vitamina que é ofertada em excesso, de modo que seu preço é $y_i^* = 0$.

Ao mesmo tempo, temos $y^*A \leq c$. Todas as desigualdades rígidas (alimentos caros) correspondem a $x_j^* = 0$ (omissão da dieta). Esta é a solução que precisamos para $y^* Ax^* = cx^*$. Estas são as ***condições de folga complementares*** da programação linear, e as ***condições de Kuhn--Tucker*** da programação não linear:

8G Os vetores ideais x^* e y^* satisfazem **a folga complementar**:

$$\text{Se } (Ax^*)_i > b_i, \text{ então } y_i^* = 0 \qquad \text{Se } (y^*A)_j < c_j, \text{ então } x_j^* = 0. \qquad (2)$$

Permita-me repetir a prova. Quaisquer vetores viáveis x e y satisfazem a dualidade fraca:

$$yb \leq y(Ax) = (yA)x \leq cx. \qquad (3)$$

Precisamos da igualdade e existe apenas uma forma em que y^*b pode se igualar a $y^*(Ax^*)$. *Qualquer tempo* $\text{b}_\text{i} < (\text{Ax}^*)_\text{i}$, *o fator* y_i^* *que multiplica esses componentes deve ser zero.*

De modo similar, a viabilidade fornece $yAx \leq cx$. Obtemos a igualdade somente quando a segunda condição de folga for atendida. Se houver um encarecimento dos preços $(y^*A)_j < c_j$, este deve ser cancelado pela multiplicação por $x_j^* = 0$. Isso nos deixa $y^*b = cx^*$ na equação (3). Essa igualdade garante a idealidade de x^* e y^*.

A prova da dualidade

A desigualdade unilateral $yb \leq cx$ foi fácil de provar; ela serviu como um teste rápido para os vetores ideais (eles a transformam numa igualdade) e forneceu as condições de folga na equação (2). A única coisa que não fez foi demonstrar que $y^*b = cx^*$ é realmente possível. Até que esses vetores ideais sejam verdadeiramente produzidos, o teorema da dualidade não estará completo.

A fim de produzir y^*, retornamos para o método simplex – que já calculou x^*. Nosso problema é demonstrar que o método parou no local certo para o problema dual (mesmo que tenha sido criado para resolver o primal). Lembre-se de que as m desigualdades $Ax \geq b$ foram alteradas para equações por meio da introdução de variáveis com folga $w = Ax - b$:

$$\textbf{Viabilidade primal} \qquad [A \quad -I]\begin{bmatrix} x \\ w \end{bmatrix} = b \quad \text{e} \quad \begin{bmatrix} x \\ w \end{bmatrix} \geq 0. \tag{4}$$

Cada passo simplex selecionou m colunas da matriz grande $[A \quad -I]$ para que sejam básicas e as deslocou (teoricamente) para a frente. Isso produziu $[B \quad N]$. O mesmo deslocamento reordenou o grande vetor de custo $[c \quad 0]$ para $[c_B \quad c_N]$. A condição de parada, que levou o método simplex ao fim, foi $r = c_N - c_B B^{-1} N \geq 0$.

Esta condição $r \geq 0$ *foi finalmente atendida*, visto que o número de vértices é finito. Nesse momento, o custo foi o mais baixo possível:

$$\textbf{Custo mínimo} \qquad cx^* = [c_B \quad c_N]\begin{bmatrix} B^{-1}b \\ 0 \end{bmatrix} = c_B B^{-1} b. \tag{5}$$

Se pudermos escolher $\mathbf{y}^* = \mathbf{c_B B^{-1}}$ ***no dual, certamente temos*** $\mathbf{y^*b = cx^*}$. O mínimo e o máximo se igualarão. Será necessário demonstrarmos que esse y^* satisfaz as restrições duais $yA \leq c$ e $y \geq 0$:

$$\textbf{Viabilidade dual} \qquad y[A \quad -I] \leq [c \quad 0]. \tag{6}$$

Quando o método simplex remanejar a grande matriz e o vetor para colocar as variáveis básicas primeiramente, isso rearranjará as restrições na equação (6) em

$$y[B \quad N] \leq [c_B \quad c_N]. \tag{7}$$

Para $y^* = c_B B^{-1}$, a primeira metade é uma igualdade e a segunda é $c_B B^{-1}N \leq c_N$. Esta é a condição de parada $r \geq 0$ que sabemos estar satisfeita! Portanto, nosso y^* é viável, e *o teorema da dualidade está provado*. Ao localizar a matriz B crítica, do tipo m por m, que é não singular, contanto que a degeneração seja proibida, o método simplex produziu o y^* ideal, assim com o x^*.

Preços-sombra

No cálculo, todos conhecem a condição para um máximo ou um mínimo: *as primeiras derivadas são zero*. Mas isso é completamente alterado pelas restrições. O exemplo mais simples é a reta $y = x$. Sua derivada nunca é zero, os cálculos parecem inúteis e o maior y certamente ocorrerá no fim do intervalo. É exatamente esta a situação na programação linear! Existem mais variáveis e um intervalo é substituído por um conjunto viável; mas, ainda assim, o máximo é sempre encontrado em um vértice do conjunto viável (com apenas m componentes não nulos).

O problema na programação linear é localizar esse vértice. Para isso, o cálculo ainda pode ser útil. Longe disso, porque "os multiplicadores de Lagrange" trarão de volta derivadas nulas no máximo e no mínimo. *As variáveis duais* y *são exatamente os multiplicadores de Lagrange*. E elas respondem à pergunta fundamental: **como o custo mínimo $cx^* = y^*b$ muda, se alterarmos b ou c?**

Esta é uma questão na ***análise de sensibilidade***. Permite-nos extrair informações adicionais do problema dual. Para um economista ou um executivo, as perguntas sobre ***custo marginal*** são as mais importantes.

Se permitirmos grandes mudanças em b ou c, a solução se comportará de maneira muito instável. Como o preço dos ovos aumenta, haverá um momento em que eles desaparecerão da dieta. A variável x_{ovo} mudará de básica para livre. Para acompanhar isso de maneira adequada teríamos que introduzir a programação "paramétrica". Mas, se as mudanças forem pequenas, ***o vértice que era ideal continua ideal***. A escolha das variáveis básicas não muda, B e N permanecem os mesmos. Geometricamente, deslocamos um pouco o conjunto viável (alterando b) e inclinamos os planos que sobem para encontrá-lo (alterando c). Quando essas alterações são pequenas, o contato ocorre no mesmo vértice (ligeiramente deslocado).

Ao fim do método simplex, quando as variáveis básicas da direita se tornam conhecidas, as m colunas correspondentes de A formam a matriz de base B. Nesse vértice, uma mudança de tamanho Δb altera o custo mínimo em $y^*\Delta b$. **A solução dual y^* fornece a taxa de mudança de custo mínimo** (suas derivadas), **com relação às mudanças na b.** Os componentes de y^* são os ***preços-sombra***. Se a exigência de uma vitamina sobe em Δ e o preço do farmacêutico é y_1^*, então o custo da dieta (do farmacêutico ou do dono do mercado) subirá até $y_1^*\Delta$. No caso de y_1^* ser igual a zero, essa vitamina é uma *livre boa* e a pequena alteração não tem efeito. A dieta já continha mais que b_1.

Agora vamos fazer uma pergunta diferente. Suponha que insistimos para que a dieta contenha uma *pequena* quantidade de ovos. A condição $x_{\text{ovo}} \geq 0$ é alterada para $x_{\text{ovo}} \geq \delta$. Como isto modifica o preço?

Se os ovos estavam na dieta x^*, não há nenhuma mudança. Mas, se $x^*_{\text{ovo}} = 0$, haverá um custo adicional para somar à quantia δ. O aumento não será o preço integral $c_{\text{ovo}}\delta$, uma vez que podemos reduzir em outros alimentos. O ***custo reduzido*** dos ovos é o seu próprio preço, *menos* o preço que estamos pagando pelo equivalente em alimentos mais baratos. Para calculá-lo, voltamos para a equação (2) da Seção 8.2:

$$\text{custo} = (c_N - c_B B^{-1}N)x_N + c_B B^{-1}b = rx_N + c_B B^{-1}b.$$

Se o ovo é a primeira variável livre, então aumentar o primeiro componente de x_N para δ aumentará o custo em $r_1\delta$. *O custo real do ovo é* r_1. Esta é a mudança no custo da dieta, à medida que o limite inferior nulo (restrição de não negatividade) sobe. Sabemos que $r \geq 0$, e a economia nos revela a mesma coisa: o custo reduzido dos ovos não pode ser negativo, caso contrário eles teriam entrado na dieta.

Métodos de pontos interiores

O método simplex segue ao longo das arestas do conjunto viável, chegando, por fim, ao vértice ideal x^*. Os métodos de pontos interiores começam ***dentro*** *do* conjunto viável (onde as restrições são todas as *des*igualdades). Esses métodos esperam passar mais diretamente para x^* (e também encontrar y^*). Quando estão muito próximos da resposta, eles param.

Uma forma de permanecer dentro é colocar um obstáculo no limite. Acrescente um custo adicional na forma de um logaritmo que se torne instável quando qualquer variável x ou qualquer variável de folga $w = Ax - b$ alcançar zero. O número θ é um pequeno parâmetro a ser escolhido:

Problema do obstáculo $P(\theta)$ Minimize $cx - \theta\left(\sum_{1}^{n} \ln x_i + \sum_{1}^{m} \ln w_i\right)$. (8)

Este custo é não linear (mas a programação linear já é não linear, a partir das desigualdades). A notação é mais simples se o grande vetor (x, w) for renomeado x e $[A \quad -I]$ for renomeado A. As restrições primais são agora $x \geq 0$ e $Ax = b$. A soma de $\ln x_i$ no obstáculo agora vai para $m + n$.

As restrições duais são $yA \leq c$ (não precisamos de $y \geq 0$ quando temos $Ax = b$ no primal). A variável de folga é $s = c - yA$, com $s \geq 0$. Quais são as condições de Kuhn-Tucker para que x e y sejam o x^* e y^* ideais? Junto às limitações, necessitamos da dualidade: $cx^* = y^*b$.

A inclusão de um obstáculo fornece um *problema de aproximação* P (θ). Para suas condições de idealidade, de Kuhn-Tucker, a derivada de $\ln x_i$ fornece $1/x_i$. Se criarmos uma matriz diagonal X a partir desses números positivos x_i e utilizarmos $e = [1 \;\; \ldots \;\; 1]$ para o vetor linha das matrizes $n + m$, então a idealidade em $P(\theta)$ será a seguinte:

Primal (vetores coluna) $Ax = b$ com $x \geq 0$ (9a)

Dual (vetores linha) $yA + \theta eX^{-1} = c$ (9b)

Como $\theta \longrightarrow 0$, esperamos que os x e y ideais se aproximem de x^* e y^* para o problema sem obstáculos original, e θeX^{-1} permanecerá não negativo. O plano é resolver as equações (9a, 9b) com obstáculos cada vez menores, fornecidos pelo tamanho de θ.

Na realidade, as equações não lineares são resolvidas de maneira aproximada pelo método de Newton (o que implica serem linearizadas). O termo não linear é $s = \theta eX^{-1}$. Para evitar $1/x_i$, reescreva-o como $sX = \theta e$. Criando a matriz diagonal S a partir de s, isso resultará em $eSX = \theta e$. Se mudarmos e, y, c e s para os vetores coluna, realizando a transposição, a idealidade apresentará três partes:

Primal $Ax = b, x \geq 0.$ (10a)

Dual $A^{\mathrm{T}}y + s = c.$ (10b)

Não linear $XSe - \theta e = 0.$ (10c)

O método de Newton adota um passo Δx, Δy, Δs a partir dos valores x, y, s atuais (estes resolvem as equações (10a) e (10b), mas não (10c)). Quando se ignora o termo de segunda ordem $\Delta X \Delta Se$, as correções têm sua origem nas equações lineares!

$$A\Delta x = 0. \qquad (11a)$$

Passo de Newton $A^{\mathrm{T}}\Delta y + \Delta s = 0.$ (11b)

$$S\,\Delta x + X\,\Delta s = \theta e - XSe. \qquad (11c)$$

As anotações de Robert Freund para suas aulas no MIT especificam a taxa de convergência (quadrática) e a complexidade de cálculo desse algoritmo. Independentemente das dimensões m e n, o *gap* de dualidade sx é geralmente inferior a 10^{-8} após 20 a 80 passos de Newton. Esse algoritmo é utilizado quase "como é" no *software* comercial de pontos interiores, assim como para uma extensa classe de problemas de otimização não linear.

A teoria das desigualdades

Há mais de uma forma de estudar a dualidade. Nós rapidamente provamos que $yb \leq cx$ e, então, utilizamos o método simplex para obter a igualdade. Esta foi uma *prova construtiva*; x^* e y^*

foram realmente calculados. Agora veremos brevemente uma aproximação diferente, que omite o algoritmo simplex e observa mais diretamente a geometria. Penso que as principais ideias ficarão claras (na verdade, provavelmente mais claras) se omitirmos alguns detalhes.

A melhor ilustração dessa aproximação apareceu no Teorema Fundamental da Álgebra Linear. O problema mostrado no Capítulo 2 foi encontrar b no espaço-coluna de A. Após a eliminação dos quatro subespaços, essa pergunta de solubilidade foi respondida de forma completamente diferente pelo Problema 11, na Seção 3.1:

8H $Ax = b$ tem uma solução ***ou*** existe uma y de modo que $ya = 0$ e $yb \neq 0$.

Este é o ***teorema da alternativa***, porque encontrar x e y é impossível: se $Ax = b$, então $yAx = yb \neq 0$, e isso contradiz $yAx = 0x = 0$. Na linguagem dos subespaços, b está no espaço-coluna ou tem um componente que adere ao espaço nulo à esquerda. Esse componente é o y exigido.

Para as desigualdades, queremos encontrar um teorema exatamente do mesmo tipo. Comece com o mesmo sistema $Ax = b$, mas adicione a restrição $x \geq 0$. Quando existe uma solução ***não negativa*** para $Ax = b$?

No Capítulo 2, b estava em qualquer lugar no espaço-coluna. Agora, permitimos apenas combinações ***não negativas*** e os b's já não preenchem um subespaço. Em vez disso, eles ocupam uma região em forma de cone. Para n colunas em $\mathbf{R}^m$, o cone torna-se uma pirâmide "ilimitada". A Figura 8.4 tem quatro vetores em $\mathbf{R}^2$, e A é do tipo 2 por 4. Se b está nesse cone, existe uma solução não negativa para $Ax = b$; caso contrário, ela não existe.

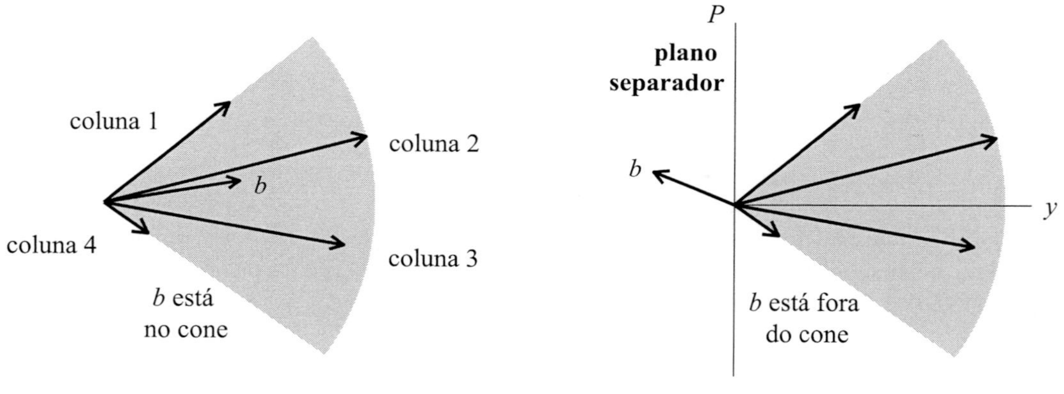

Figura 8.4 Cone de combinações não negativas das colunas: $b = Ax$ com $x \geq 0$. Quando b estiver fora do cone, ele é separado por um hiperplano (perpendicular a y).

Qual é a alternativa se b *estiver fora do cone?* A Figura 8.4 mostra também um "hiperplano separador", que tem o vetor b de um lado e o cone inteiro do outro. O plano consiste de todos os vetores perpendiculares a um vetor fixo y. O ângulo entre y e b é maior que 90°, de modo que $yb < 0$. O ângulo entre y e cada coluna de A é inferior a 90°, portanto, $yA \geq 0$. Esta é a alternativa que estamos procurando. Este *teorema do hiperplano separador* é fundamental para a economia matemática.

8I $Ax = b$ tem uma solução **não negativa** ***ou*** existe y com $yA \geq 0$ e $yb < 0$.

Exemplo 1 As combinações não negativas das colunas de $A = I$ preenchem o quadrante positivo $b \geq 0$. Para todos os outros b, a alternativa deve se manter para alguns y:

Não no cone Se $b = \begin{bmatrix} 2 \\ -3 \end{bmatrix}$, então $y = [0 \quad 1]$ dá $yI \geq 0$ mas $yb = -3$.

O eixo x, perpendicular a $y = [0 \quad 1]$, separa b do cone = quadrante.

Eis um curioso par de alternativas. É impossível para um subespaço S e seu complemento ortogonal $S^{\perp}$ conterem juntos os vetores positivos. Seu produto interno seria positivo, não zero. Mas S poderia ser o eixo x, e $S^{\perp}$ o eixo y, neste caso eles contêm os vetores "semipositivos" $[1 \quad 0]$ e $[0 \quad 1]$. Essa alternativa um pouco mais fraca funciona: S *contém um vetor positivo* $x > 0$ *ou* $S^{\perp}$ *contém um* $y \geq 0$ *diferente de zero*. Quando S e $S^{\perp}$ são linhas perpendiculares no plano, um deles deve entrar no primeiro quadrante. Não consigo ver isso claramente em três ou quatro dimensões.

Para a programação linear, as alternativas importantes surgem quando as restrições são desigualdades. Quando o conjunto viável é vazio (sem x)?

8J $Ax \geq b$ tem uma solução $x \geq 0$ ***ou*** existe $y \leq 0$ com $yA \geq 0$ e $yb < 0$.

Prova As variáveis de folga $w = Ax - b$ mudam $Ax \geq b$ para uma equação. Utilize 8I:

Primeira alternativa $[A \quad -I] \begin{bmatrix} x \\ w \end{bmatrix} = b$ para alguma $\begin{bmatrix} x \\ w \end{bmatrix} \geq 0$.

Segunda alternativa $y\,[A \quad -I] \geq [0 \quad 0] = b$ para algum y com $yb < 0$. ■

É este resultado que conduz a uma "prova não construtiva" do teorema da dualidade.

Conjunto de problemas 8.3

1. Qual é o dual do seguinte problema: maximize y_2, sujeito a $y_1 \geq 0$, $y_2 \geq 0$, $y_1 + y_2 \leq 3$? Resolva este problema e seu dual.

2. Qual é o dual do seguinte problema: minimize $x_1 + x_2$, sujeito a $x_1 \geq 0$, $x_2 \geq 0$, $2x_1 \geq 4$, $x_1 + 3x_2 \geq 11$? Encontre a solução para este problema e seu dual, e verifique se o mínimo é igual ao máximo.

3. Suponha que A seja a matriz identidade (de modo que $m = n$), e os vetores b e c sejam não negativos. Explique por que $x^* = b$ é ideal no problema de mínimo, encontre y^* no problema de máximo e verifique se os dois valores são os mesmos. Se o primeiro componente de b for negativo, quais são x^* e y^*?

4. Suponha que $A = \begin{bmatrix} 1 & 0 \\ 0 & 1 \end{bmatrix}$, $b = \begin{bmatrix} 1 \\ -1 \end{bmatrix}$, e $c = \begin{bmatrix} 1 \\ 1 \end{bmatrix}$. Encontre os x e y ideais, e verifique as condições de folga complementares (bem como $yb = cx$).

5. Construa um exemplo de matriz 1 por 1 em que $Ax \geq b$, $x \geq 0$ seja inviável e o problema dual seja ilimitado.

6. (a) Sem o método simplex, minimize os custos $5x_1 + 3x_2 + 4x_3$, sujeito a $x_1 + x_2 + x_3 \geq$ $\geq 1, x_1 \geq 0, x_2 \geq 0, x_3 \geq 0$.
   (b) Qual é a forma do conjunto viável?
   (c) Qual é o problema dual e qual é sua solução y?

7. Escreva o dual do seguinte problema: maximize $x_1 + x_2 + x_3$ sujeito a $2x_1 + x_2 \leq 4, x_3 \leq 6$. Quais são (se existirem!) os $x^* \; y^*$ ideais?

8. Se o primal tem uma única solução ideal x^* e, por isso, c é um pouco alterado, explique por que x^* continua a ser a solução ideal.

9. Se todos os valores de A, b e c são positivos, demonstre que tanto o primal como o dual são viáveis.

10. Verifique se os vetores no Problema 7 satisfazem as condições de folga complementares na equação (2) e encontre uma desigualdade de folga no primal e no dual.

11. Em três dimensões, você pode encontrar um conjunto de seis vetores cujo cone de combinações não negativas preencha todo o espaço? E quanto aos quatro vetores?

12. Começando pela matriz, do tipo 2 por 2, $A = \begin{bmatrix} 1 & 0 \\ 0 & -1 \end{bmatrix}$, escolha b e c para que os dois conjuntos viáveis $Ax \geq b, x \geq 0$ e $yA \leq c, y \geq 0$ sejam vazios.

13. Se $A = \begin{bmatrix} 1 & 1 \\ 0 & 1 \end{bmatrix}$, descreva o cone de combinações não negativas das colunas. Se b fica dentro desse cone, por exemplo, $b = (3, 2)$, qual é o vetor viável x? Se b fica fora, por exemplo, $b = (0, 1)$, qual vetor y satisfará a alternativa?

14. Demonstre que $x = (1, 1, 1, 0)$ e $y = (1, 1, 0, 1)$ são viáveis no primal e no dual, com:

$$A = \begin{bmatrix} 0 & 0 & 1 & 0 \\ 0 & 1 & 0 & 0 \\ 1 & 1 & 1 & 1 \\ 1 & 0 & 0 & 1 \end{bmatrix}, \quad b = \begin{bmatrix} 1 \\ 1 \\ 1 \\ 1 \end{bmatrix}, \quad c = \begin{bmatrix} 1 \\ 1 \\ 1 \\ 3 \end{bmatrix}.$$

Então, depois de calcular cx e yb, explique como você sabe que eles são ideais.

15. Se o problema primal é restrito por equações, em vez de desigualdades – *minimize* cx *sujeito a* Ax = b *e* x $\geq$ 0 – então a exigência $y \geq 0$ é deixada de fora do dual: *maximize* yb *sujeito a* yA $\leq$ c. Mostre que a desigualdade unilateral $yb \leq cx$ ainda permanece. Por que foi necessário $y \geq 0$ na equação (1), mas não aqui? Esta fraca dualidade pode ser completada, chegando à dualidade total.

16. Utilize 8I para mostrar que não existe uma solução $x \geq 0$ (a alternativa permanece):

$$\begin{bmatrix} 1 & 3 & -5 \\ 1 & -4 & -7 \end{bmatrix} x = \begin{bmatrix} 2 \\ 3 \end{bmatrix}.$$

17. Demonstre que as alternativas em 8J ($Ax \geq b$, $x \geq 0$, $yA \geq 0$, $yb < 0$, $y \leq 0$) não podem permanecer. *Dica*: yAx.

18. Utilize 8H para mostrar que a equação abaixo não tem solução, porque a alternativa permanece:

$$\begin{bmatrix} 2 & 2 \\ 4 & 4 \end{bmatrix} x = \begin{bmatrix} 1 \\ 1 \end{bmatrix}.$$

8.4 MODELOS DE REDE

Alguns problemas têm uma estrutura linear que torna sua solução muito rápida. As matrizes de banda têm todos os nulos próximos da diagonal principal, e $Ax = b$ é fácil de resolver. Em programação linear, estamos interessados na classe especial para a qual A é uma ***matriz de incidência***. Seus valores são -1 ou $+1$ ou (na maior parte) zero, e as etapas com pivôs envolvem apenas somas e subtrações. É possível resolver problemas muito maiores que o habitual.

As redes fazem parte de todas as aplicações. O tráfego passando por um cruzamento satisfaz a lei atual de Kirchhoff: o fluxo que entra é igual ao fluxo que sai. Para gás e petróleo, a programação de redes concebeu sistemas de gasoduto que são milhões de dólares mais baratos do que os projetos intuitivos (não otimizados). A reserva de pilotos, tripulações e aviões tornou-se um problema significativo de matemática aplicada! Nós até mesmo resolvemos o ***problema do casamento*** – para maximizar o número de casamentos quando as noivas têm algum impedimento. Este pode não ser o verdadeiro problema, mas é o que a programação de redes resolve.

O problema na Figura 8.5 é ***maximizar o fluxo desde a origem até o destino***. Os fluxos não podem exceder as capacidades marcadas nas arestas e as instruções dadas pelas setas não podem ser revertidas. O fluxo nas duas arestas para o destino não pode exceder $6 + 1 = 7$. Alcançar este total de 7 é possível? Qual é o ***fluxo máximo*** da esquerda para a direita?

As incógnitas são os fluxos x_{ij} do nó i ao nó j. As restrições de capacidade são $x_{ij} \leq c_{ij}$. Os fluxos são não negativos: $x_{ij} \geq 0$ acompanhando as setas. Ao maximizar a fluxo de retorno x_{61} (linha pontilhada), maximizamos o fluxo total para o destino.

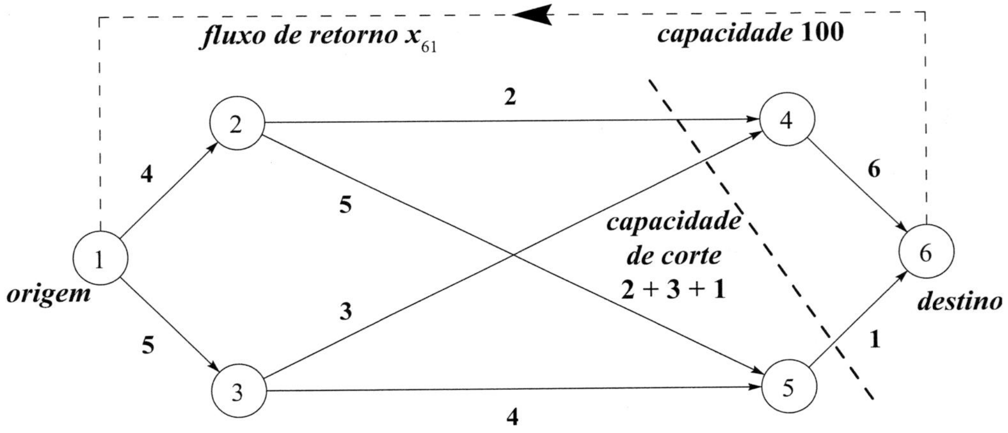

Figura 8.5 Uma rede de 6 nós com capacidades de arestas: o problema de fluxo máximo.

Outra limitação ainda será divulgada. É a "lei da conservação", de que *o fluxo para dentro de cada nó é igual ao fluxo para fora*. Essa é a lei atual de Kirchhoff:

$$\textbf{Lei atual} \qquad \sum_i x_{ij} - \sum_k x_{jk} = 0 \quad \text{para} \quad j = 1, 2, \ldots, 6. \tag{1}$$

Os fluxos x_{ij} entram no nó j a partir de nós i anteriores. Os fluxos x_{jk} deixam o nó j para os nós k posteriores. O equilíbrio na equação (1) pode ser escrito como $Ax = 0$, em que A é uma *matriz de incidência nó-aresta* (a transposta da Seção 2.5). A tem uma linha para cada nó e uma coluna $+1, -1$ para cada aresta:

$$\textbf{Matriz de incidência} \quad A = \begin{bmatrix} 1 & 1 & & & & & & & -1 \\ -1 & & 1 & 1 & & & & & \\ & -1 & & & 1 & 1 & & & \\ & & -1 & & -1 & & 1 & & \\ & & & -1 & & -1 & & 1 & \\ & & & & & & -1 & -1 & 1 \end{bmatrix} \begin{matrix} \textbf{nó } 1 \\ 2 \\ 3 \\ 4 \\ 5 \\ 6 \end{matrix}$$

$$\textbf{borda} \qquad 12 \quad 13 \quad 24 \quad 25 \quad 34 \quad 35 \quad 46 \quad 56 \quad 61$$

$$\textbf{Fluxo máximo} \qquad \textbf{Maximize } x_{61} \textbf{ sujeito a } Ax = 0 \textbf{ e } 0 \leq x_{ij} \leq c_{ij}.$$

Um fluxo de 2 pode entrar no caminho 1-2-4-6-1. Um fluxo de 3 pode percorrer 1-3-4-6-1.Um fluxo adicional de 1 pode ter o menor caminho 1-3-5-6-1. O total é de 6, e *não é possível mais que isso*. Como é possível provar que o fluxo máximo é 6 e não 7?

O método de tentativa e erro é convincente, mas a matemática é conclusiva: a solução está em encontrar um ***corte*** na rede através do qual todas as capacidades são preenchidas. Esse corte separa os nós 5 e 6 dos demais. As arestas que prosseguem através do corte têm capacidade total $2 + 3 + 1 = 6$ – e não podem mais atravessar! A dualidade fraca afirma que cada corte fornece um limite para o fluxo total e a dualidade total afirma que o corte de menor capacidade (*o corte mínimo*) é preenchido pelo fluxo máximo.

> 8K ***Teorema do fluxo máximo e do corte mínimo.*** O fluxo máximo em uma rede é igual à capacidade total que passa através do corte mínimo.

Um "corte" divide os nós em dois grupos S e T (origem em S e destino em T). Sua capacidade é a soma das capacidades de todas as arestas atravessando o corte (de S para T). Vários cortes podem ter a mesma capacidade. Certamente, o fluxo total nunca pode ser maior que a capacidade total através do corte mínimo. O problema, aqui e em toda a dualidade, é mostrar que a igualdade é atingida por meio do fluxo e do corte corretos.

Prova de que fluxo máximo = corte mínimo Suponha que um fluxo seja máximo. Alguns nós ainda podem ser obtidos, a partir da origem, com o fluxo adicional, sem que excedam nenhuma capacidade. Os nós são inseridos com a origem no conjunto S. O destino deve estar no conjunto T restante; caso contrário, pode receber mais fluxo! Cada aresta através do corte deve ser preenchida, ou um fluxo adicional pode prosseguir em direção a um nó em T. Desse modo, o fluxo máximo preenche este corte até sua capacidade máxima, e a igualdade é obtida.

Isto sugere um caminho para construir o fluxo máximo: verifique se algum caminho tem capacidade não utilizada. Em caso afirmativo, adicione fluxo por esse "caminho em expansão". Então, calcule as capacidades restantes e decida se o destino é desligado da origem, ou o fluxo adicional torna-se possível. Caso classifique cada nó em S pelo nó anterior, de onde o fluxo pode se originar, é possível retornar a fim de encontrar o caminho para o fluxo extra.

O problema do casamento

Suponha que tenhamos quatro mulheres e quatro homens. Alguns desses dezesseis casais são compatíveis, outros infelizmente não. Quando é possível encontrar uma ***compatibilidade completa***, com todos eles casados? Se a álgebra linear pode trabalhar em um espaço 20-dimensional, certamente ela pode lidar com o problema trivial do casamento.

Existem duas maneiras de apresentar o problema – em uma matriz ou em um grafo. A matriz contém $a_{ij} = 0$ se a i-ésima mulher e o j-ésimo homem não forem compatíveis, e $a_{ij} = 1$, se eles estiverem dispostos a tentar. Dessa maneira, a linha i fornece as escolhas da i-ésima mulher e a coluna j corresponde ao j-ésimo homem:

Matriz de compatibilidade $$A = \begin{bmatrix} 1 & 0 & 0 & 0 \\ 1 & 1 & 1 & 0 \\ 0 & 0 & 0 & 1 \\ 0 & 0 & 0 & 1 \end{bmatrix}$$ tem 6 pares compatíveis.

O gráfico à esquerda na Figura 8.6 mostra dois casamentos possíveis. Ignorando a origem s e o destino t, o gráfico apresenta quatro mulheres à esquerda e quatro homens à direita. *As arestas correspondem aos números* 1 *na matriz*, e as capacidades são de 1 casamento. Não existe nenhuma aresta entre a primeira mulher e o quarto homem, porque a matriz tem $a_{14} = 0$.

Pode parecer que o nó M_2 não pode ser alcançado por mais fluxo – mas isso não é verdade! O fluxo extra à direita retorna para cancelar um casamento existente. Esse fluxo extra realiza 3 casamentos, que é o máximo. O corte mínimo é atravessado por 3 arestas.

Um alinhamento completo (se for possível) é um conjunto de quatro números 1 na matriz. Eles seriam provenientes de quatro linhas e de quatro colunas diferentes, uma vez que a bigamia não é permitida. É como encontrar uma *matriz de permutação* dentro dos valores não nulos de A. No gráfico, isso significa quatro arestas sem nós em comum. O fluxo máximo é inferior a 4 exatamente quando uma compatibilidade completa é impossível.

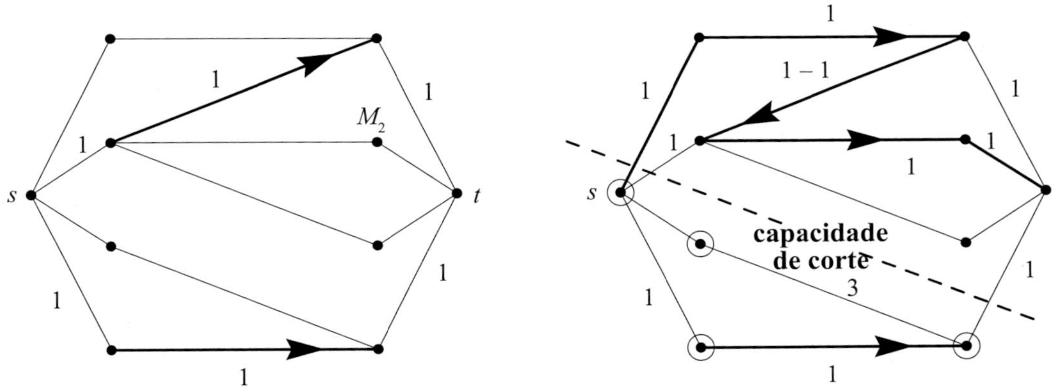

Figura 8.6 Dois casamentos à esquerda, três (máximo) à direita. O terceiro é criado acrescentando-se dois novos casamentos e um divórcio (fluxo de retorno).

No nosso exemplo, o fluxo máximo é 3, e não 4. Os casamentos 1-1, 2-2, 4-4 são permitidos (e vários outros conjuntos de três casamentos), mas não há como chegar a quatro. O corte mínimo à direita separa as duas mulheres na parte inferior dos três homens na parte superior. As duas mulheres têm apenas um homem à esquerda para escolher – não é o suficiente. A capacidade em todo o corte é de apenas 3.

Sempre que há um subconjunto de* k *mulheres que, entre si, gostam de menos que* k *homens, uma equivalência completa é impossível.

Este teste é decisivo. A mesma impossibilidade pode ser expressa de diferentes maneiras:

1. **(Para o xadrez)** É impossível colocar quatro torres em quadrados com números 1 em A de modo que nenhuma torre possa tirar qualquer outra torre.
2. **(Para matrizes de casamento)** Os números 1 na matriz podem ser atravessados por três linhas horizontais ou verticais. Isto equivale ao número máximo de casamentos.
3. **(Para a álgebra linear)** Cada matriz com os mesmos zeros, como A, é singular.

Lembre-se de que o determinante é uma soma de $4! = 24$ termos. Cada termo utiliza todas as quatro linhas e colunas. Os zeros de A tornam todos os 24 termos iguais a zero.

Um bloco de zeros está impedindo uma equiparação completa! A submatriz 2 por 3 nas linhas 3, 4 e nas colunas 1, 2, 3 de A é completamente nula. A regra geral para uma matriz n por n é que ***um bloco de zeros* p *por* q *impede uma equiparação se* p + q > n.** Aqui, as mulheres 3 e 4 poderiam se casar somente com o homem 4. Se p mulheres podem se casar somente com $n - q$ homens e $p > n - q$ (o mesmo que um bloco nulo com $p + q > n$), então uma equiparação completa torna-se impossível.

O problema matemático é provar o seguinte: ***se cada conjunto de* p *mulheres gostar de, pelo menos,* p *homens, uma equiparação completa torna-se possível. Esta é a condição de Hall.*** Nenhum bloco de zeros é grande demais. Cada mulher deve gostar de, pelo menos, um homem, cada duas mulheres devem gostar de, pelo menos, dois homens, e assim por diante, para que $p = n$.

8L Uma equiparação completa é possível se (e somente se) a condição de Hall for mantida.

A prova é mais simples se as capacidades forem n, em vez de 1, em todas as arestas no meio. As capacidades fora da origem e dentro do destino ainda são 1. Se o fluxo máximo é n, todas as arestas da origem e para o destino são preenchidas – o fluxo produz n casamentos. Quando uma equiparação completa é impossível, e o fluxo máximo está abaixo de n, algum corte deve ser o responsável.

Esse corte terá capacidade inferior a n, de forma que nenhuma aresta intermediária o atravesse. Suponha que p nós à esquerda e r nós à direita estejam no conjunto S, com a origem. A capacidade nesse corte é $n - p$, da origem para o restante das mulheres, e r desses homens até o destino. Como a capacidade de corte é inferior a n, *as* p *mulheres gostam apenas dos* r *homens*, e de nenhum outro. Mas a capacidade $n - p + r$ é inferior a n exatamente quando $p > r$; desse modo, a condição de Hall falha.

Árvores geradoras e o algoritmo guloso

Um modelo de rede fundamental é o ***problema do caminho mais curto*** – em que as arestas têm *módulos* em vez de capacidades. Queremos o caminho mais curto da origem ao destino. Se as arestas forem linhas telefônicas e os módulos forem tempos de espera, estamos encontrando o caminho mais rápido para uma chamada. Se os nós forem os computadores, estamos procurando o protocolo de troca de mensagens perfeito.

Um problema intimamente relacionado encontra a ***menor árvore*** geradora – um conjunto de $n - 1$ arestas conectando todos os nós da rede. Em vez de se fazer um percurso rápido entre uma origem e um destino, agora estamos minimizando o custo para conectar *todos* os nós. Não há ciclos, porque o custo para fechar um ciclo é desnecessário. *Uma árvore geradora conecta os nós sem o uso de ciclos*, e nós queremos o menor. Aqui está um possível algoritmo:

1. *Inicie a partir de qualquer nó* s *e repita o seguinte passo:*
Adicione a menor aresta que se conecta a árvore atual a um novo nó.

Na Figura 8.7, o módulo das arestas apareceria na ordem 1, 2, 7, 4, 3, 6. O último passo ignora a aresta de módulo 5, que fecha um ciclo. O módulo total é de 23 – mas este é mínimo? Aceitamos a aresta de módulo 7 muito antecipadamente; com isso, o segundo algoritmo permanece fora por mais tempo.

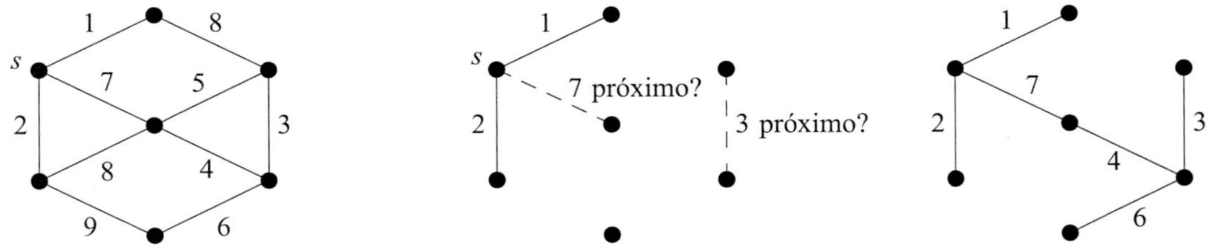

Figura 8.7 Uma rede e uma árvore geradora menor de módulo 23.

2. *Aceite as arestas em ordem crescente de módulo, rejeitando as arestas que completam um ciclo.*

Agora as arestas aparecem na ordem 1, 2, 3, 4, 6 (novamente rejeitando 5) e 7. Elas são as mesmas arestas, embora isto nem sempre aconteça. Seu comprimento total é o mesmo – e isto *sempre* acontece. ***O problema da árvore geradora é excepcional, porque pode ser resolvido em um único passo.***

Na linguagem da programação linear, estamos encontrando primeiro o vértice ideal. O problema da árvore geradora está sendo resolvido como um problema de retrossubstituição, *sem passos falsos*. Essa aproximação geral é chamada de ***algoritmo guloso***. Outra ideia gulosa é a seguinte:

3. *Construa árvores a partir de todos os* n *nós, repetindo o seguinte passo:*
Selecione qualquer árvore e adicione a aresta de módulo mínimo que sai dessa árvore.

Os passos dependem da ordem de seleção das árvores. Para permanecer com a mesma árvore o algoritmo **1** é utilizado. Para tirar o comprimento usa-se o algoritmo **2**. A fim de obter de forma bem-sucedida e alternada todas as árvores usa-se um novo algoritmo. Parece fácil, mas, para um problema grande, a estrutura dos dados torna-se crítica. Com mil nós poderá haver quase um milhão de arestas, e você não vai querer percorrer essa lista mil vezes.

Novos modelos de rede

Existem problemas importantes relacionados com a equiparação que apresentam praticamente a mesma facilidade:

1. ***O problema de atribuição ideal:*** a_{ij} mede o valor do candidato i para a tarefa j. Atribua tarefas para maximizar o valor total, a soma de a_{ij} para tarefas atribuídas (se todos os a_{ij} forem 0 ou 1, este é o problema do casamento).
2. O ***problema do transporte:*** dados os suprimentos em n pontos e a demanda em n mercados, escolha as remessas x_{ij} dos fornecedores para os mercados que minimizem o custo total $\sum C_{ij} x_{ij}$ (se todos os fornecedores e todas as exigências forem 1, este é o problema de atribuição ideal – enviar uma pessoa para cada tarefa).

3. ***Fluxo de custo mínimo***: agora as rotas têm capacidades c_{ij} bem como custos C_{ij}, misturando o problema de fluxo máximo com o problema de transporte. Qual é o fluxo mais barato, sujeito às restrições de capacidade?

Uma parte fascinante dessa matéria é o desenvolvimento de algoritmos. Em vez de uma prova teórica de dualidade, usamos a *busca em primeira largura ou busca em primeira profundidade* para encontrar a atribuição ideal, ou o fluxo mais barato. É como o método simplex, iniciando de um fluxo viável (um vértice) e somando um novo fluxo (para passar para o próximo vértice). Os algoritmos são especiais porque os problemas de rede envolvem matrizes de incidência.

A técnica de ***programação dinâmica*** baseia-se em uma ideia simples: se um caminho da origem ao destino for ideal, então *cada parte do caminho deve ser ideal.* A solução é construída em sentido reverso, a partir do destino, com um processo de decisão de múltiplas etapas. Em cada etapa, a distância até o destino é o mínimo de uma nova distância mais uma antiga distância:

Equação de Bellman distância $\boldsymbol{x}$-$\boldsymbol{t}$ = mínimo sobre y (distâncias $\boldsymbol{x}$-$\boldsymbol{y}$ + $\boldsymbol{y}$-$\boldsymbol{t}$).

Gostaria de que houvesse espaço para mais informações sobre redes. Elas são simples, mas encantadoras.

Conjunto de problemas 8.4

1. Desenhe uma rede de 5 nós com capacidade $|i-j|$ entre o nó i e o nó j. Encontre o maior fluxo possível do nó 1 até o nó 4.

2. Em um gráfico, o número máximo de caminhos de s para t sem nenhuma aresta comum é igual ao número mínimo de arestas, cuja remoção desconecta s de t. Relacione isto ao teorema do fluxo máximo e do corte mínimo.

3. Na Figura 8.5, some 3 a todas as capacidades. Inspecione para encontrar o fluxo máximo e o corte mínimo.

4. Se você pudesse aumentar a capacidade de qualquer um dos tubos na rede acima, que mudança produziria o maior aumento no fluxo máximo?

5. Encontre um fluxo máximo e um corte mínimo para a seguinte rede:

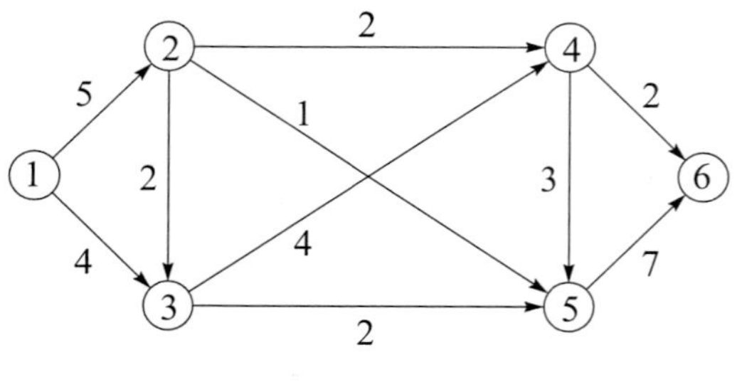

6. Quantas linhas (horizontais e verticais) são necessárias para incluir todos os números 1 em A no Problema 12? Para qualquer matriz, explique por que a dualidade fraca é verdadeira: se k casamentos são possíveis, então são necessárias, pelo menos, k linhas para incluir todos os números 1.

7. Se a Figura 8.5 mostra módulos em vez de capacidades, encontre o caminho mais curto de s para t, além de uma árvore geradora mínima.

8. Se uma matriz 7 por 7 tem 15 números 1, prove que ela permite, pelo menos, 3 casamentos.

9. O problema de fluxo máximo tem variáveis de folga $w_{ij} = c_{ij} - x_{ij}$ para a diferença entre capacidades e fluxos. Especifique o problema da Figura 8.5 como um programa linear.

10. Para *conjuntos infinitos*, uma equiparação completa pode ser impossível, mesmo que a condição de Hall seja aprovada. Se a primeira linha for composta exclusivamente de números 1 e, então, todos os componentes $a_{ii-1} = 1$, demonstre que quaisquer linhas p têm números 1 em, pelo menos, p colunas – e ainda assim não há equiparação completa.

11. Aplique os algoritmos 1 e 2 a fim de encontrar uma árvore geradora mais curta para a rede do Problema 5.

12. Encontre um conjunto máximo de casamentos (uma equiparação completa, se possível) para

$$A = \begin{bmatrix} 0 & 0 & 1 & 0 & 0 \\ 1 & 1 & 0 & 1 & 1 \\ 0 & 1 & 1 & 0 & 1 \\ 0 & 0 & 1 & 1 & 0 \\ 0 & 0 & 0 & 1 & 0 \end{bmatrix} \quad \text{e} \quad B = \begin{bmatrix} 1 & 1 & 0 & 0 & 0 \\ 0 & 1 & 0 & 1 & 0 \\ 0 & 0 & 1 & 0 & 1 \\ 1 & 1 & 1 & 0 & 0 \\ 1 & 0 & 0 & 0 & 0 \end{bmatrix}.$$

Desenhe a rede para B, com linhas mais densas sobre as arestas de sua equiparação.

13. (a) Por que o algoritmo guloso funciona para o problema da árvore geradora?

(b) Demonstre, como exemplo, que o algoritmo guloso poderia não conseguir encontrar o caminho mais curto de s para t, começando com a aresta mais curta.

14. Para a matriz A no Problema 12, que linhas violam a condição de Hall – contendo todos os seus números 1 em pouquíssimas colunas? Que submatriz de zeros, do tipo p por q, tem $p + q > n$?

15. (a) Suponha que todas as linhas e colunas contêm exatamente dois números 1. Prove que uma equiparação completa é possível (mostre que os números 1 não podem ser incluídos em menos que n linhas).

(b) Encontre um exemplo com *dois* ou *mais* números 1 em cada linha e em cada coluna e para o qual uma equiparação completa é impossível.

16. Se A é uma matriz 5 por 5, com números 1 bem acima e bem abaixo da diagonal principal, encontre:

(a) um conjunto de linhas com números 1 em pouquíssimas colunas.

(b) um conjunto de colunas com números 1 em pouquíssimas linhas.

(c) uma submatriz de zeros, do tipo p por q, com $p + q > 5$.

(d) quatro linhas que incluem todos os números 1.

8.5 TEORIA DOS JOGOS

A melhor maneira de se explicar um ***jogo de soma zero para duas pessoas*** é fornecendo um exemplo. Este possui dois jogadores X e Y e as regras são as mesmas para cada turno:

X levanta uma mão ou duas, e Y faz o mesmo. Se eles tomarem a mesma decisão, Y ganha \$ 10,00. Se ambos tomarem decisões opostas, X ganha \$ 10,00 para uma mão e \$ 20,00 para duas:

Matriz de compensação (pagamentos a X)

$$A = \begin{bmatrix} -10 & 20 \\ 10 & -10 \end{bmatrix} \begin{matrix} \text{uma mão de } Y \\ \text{duas mãos de } Y \end{matrix}$$

uma mão de X — duas mãos de X

Se X faz a mesma coisa todas as vezes, Y irá copiá-lo e vencerá. Do mesmo modo, Y não pode se prender a uma estratégia única, ou X fará o oposto. Os dois jogadores devem utilizar uma ***estratégia mista***, e a escolha, a cada vez, deve ser independente das vezes anteriores. Se existe algum padrão histórico, o adversário pode tirar partido dele. Mesmo a estratégia "fique com a mesma escolha até perder" é obviamente fatal. Depois de jogadas suficientes, seu adversário saberia exatamente o que esperar.

Em uma estratégia mista, X pode levantar uma mão com frequência x_1 e as duas mãos com frequência $x_2 = 1 - x_1$. A cada vez esta decisão é aleatória. Do mesmo modo, Y pode escolher as probabilidades y_1 e $y_2 = 1 - y_1$. Nenhuma dessas probabilidades deve ser 0 ou 1; caso contrário, o adversário se adapta e ganha. Se estas se igualam a $\frac{1}{2}$, Y perderia \$ 20,00 com muita frequência (ele perderia \$ 20,00 um quarto do tempo, \$ 10,00 outro quarto e ganharia \$ 10,00 metade do tempo – uma perda média de \$ 2,50. Isto é mais do que necessário). No entanto, quanto mais Y se direciona para uma estratégia básica de duas mãos, mais X avançará para uma estratégia de uma mão.

O problema fundamental é *encontrar as melhores estratégias mistas*. X pode escolher as probabilidades x_1 e x_2 que não apresentem a Y nenhuma razão para mudar de estratégia (e vice-versa)? Então, a compensação média terá alcançado um ***ponto de sela***: é um máximo, no que diz respeito a X, e um mínimo com relação a Y. Encontrar esse ponto de sela é solucionar o jogo.

X está combinando as duas colunas com pesos x_1 e $1 - x_1$ para produzir uma nova coluna "mista". Os pesos $\frac{3}{5}$ e $\frac{2}{5}$ produziriam nesta coluna:

Coluna mista $$\frac{3}{5}\begin{bmatrix} -10 \\ 10 \end{bmatrix} + \frac{2}{5}\begin{bmatrix} 20 \\ -10 \end{bmatrix} = \begin{bmatrix} 2 \\ 2 \end{bmatrix}.$$

***Diante dessa estratégia mista,* Y *sempre perderá* \$ 2,00**. Isso não significa que todas as estratégias são ideais para Y! Se Y for preguiçoso e permanecer usando uma mão, X mudará de estratégia e começará a ganhar \$ 20,00. Então, Y mudará e, assim, X mudará outra vez. Finalmente, como supomos que os dois jogadores são inteligentes, ambos assumirão misturas de estratégias ideais. Y combinará as *linhas* com as médias ponderadas y_1 e $1 - y_1$, tentando produzir uma nova linha, que é a *menor* possível:

Linha mista $$y_1[-10 \quad 20] + (1 - y_1)\,[10 \quad -10] = [10 - 20y_1 \quad -10 + 30y_1].$$

A combinação certa torna iguais os dois componentes, em $y_1 = \frac{2}{5}$. Então, os dois componentes se igualam a 2; a linha mista torna-se $[2 \quad 2]$. ***Com essa estratégia,* Y *não pode perder mais que \$ 2,00.*** Y minimizou a perda máxima e o *minimax* está de acordo com o *maximin* encontrado por X. O *valor do jogo* é minimax = maximin = \$ 2,00.

A combinação ideal de linhas nem sempre pode ter valores iguais! Suponha que X tenha permissão para uma terceira estratégia de levantar três mãos para ganhar \$ 60,00 quando Y levanta uma mão, e \$ 80,00 quando Y levanta ambas. A matriz de compensação torna-se

$$A = \begin{bmatrix} -10 & 20 & 60 \\ 10 & -10 & 80 \end{bmatrix}.$$

X irá escolher a estratégia de três mãos (coluna 3) todas as vezes e ganhará, pelo menos, \$ 60,00. Ao mesmo tempo, Y escolhe sempre a primeira linha; a perda máxima é de \$ 60,00. Temos ainda maximin = minimax = \$ 60,00, mas o ponto de sela acaba no vértice.

Na combinação ideal de linhas de Y, que era simplesmente a linha 1, \$ 60,00 aparece somente na coluna utilizada de fato por X. Na combinação ideal de colunas de X, que era coluna 3, \$ 60,00 aparece na linha que entra na melhor estratégia de Y. Essa regra corresponde exatamente à *condição de folga complementar* da programação linear.

Jogos de matriz

O "jogo de matriz m por n" mais geral é exatamente como nosso exemplo. X tem n possíveis movimentos (colunas de A). Y escolhe a partir de m linhas. O valor a_{ij} é o pagamento quando X escolhe a coluna j e Y escolhe a linha i. Um valor negativo significa um pagamento para Y. Trata-se de um ***jogo de soma zero***. Se um jogador perde, o outro ganha.

X é livre para escolher qualquer estratégia mista $x = (x_1, \ldots, x_n)$. Esses x_i fornecem as frequências para n colunas e acrescentam a 1. A cada turno, X usa um dispositivo aleatório para produzir a estratégia i com frequência x_i. Y escolhe um vetor $y = (y_1, \ldots, y_m)$, também com $y_i \geq 0$ e $\Sigma y_i = 1$, que fornece as frequências de seleção das linhas.

Uma única partida do jogo é aleatória. Em média, a combinação da coluna j para X e da linha i para Y surgirá com a probabilidade $x_j\, y_i$. Quando isso ocorre, a compensação é a_{ij}. A compensação esperada dessa combinação para X é $a_{ij} x_j y_i$, e ***a compensação total esperada de cada partida do mesmo jogo é*** $\Sigma\Sigma \mathbf{a}_{ij} \mathbf{x}_j\, \mathbf{y}_i = \mathbf{yAx}$:

$$\boldsymbol{y A x} = \begin{bmatrix} y_1 & \cdots & y_m \end{bmatrix} \begin{bmatrix} a_{11} & a_{12} & \cdots & a_{1n} \\ \vdots & \vdots & & \vdots \\ a_{m1} & a_{m2} & \cdots & a_{mn} \end{bmatrix} \begin{bmatrix} x_1 \\ x_2 \\ \vdots \\ x_n \end{bmatrix} \begin{aligned} &= a_{11}x_1y_1 + \cdots + a_{mn}x_ny_m \\ &= \textbf{compensação média.} \end{aligned}$$

É este retorno yAx que X deseja maximizar e Y quer minimizar.

Exemplo 1 Suponha que A é a matriz identidade n por n, $A = I$. A compensação esperada torna-se $yIx = x_1\, y_1 + \cdots + x_n\, y_n$. X espera fazer a mesma escolha que Y, para ganhar a_{ii} = \$ 1,00. Y tenta despistar X, para pagar a_{ij} = \$ 0,00. Se X escolhe qualquer coluna com mais frequência do que outra, Y pode escapar com mais frequência. *A combinação ideal* é $x^* = (1/n, 1/n, \ldots, 1/n)$. Do mesmo modo, Y não pode enfatizar demasiadamente qualquer linha – a combinação ideal é $y^* = (1/n, 1/n, \ldots, 1/n)$. A probabilidade de que ambos escolherão a estratégia i é $(1/n)^2$, e a soma sobre i é a compensação esperada para X. O valor total do jogo é n vezes $(1/n)^2$, ou $1/n$:

$$y^* A x^* = \begin{bmatrix} 1/n & \cdots & 1/n \end{bmatrix} \begin{bmatrix} 1 & & \\ & \ddots & \\ & & 1 \end{bmatrix} \begin{bmatrix} 1/n \\ \vdots \\ 1/n \end{bmatrix} = \left(\frac{1}{n}\right)^2 + \cdots + \left(\frac{1}{n}\right)^2 = \frac{1}{n}.$$

Como n aumenta, Y tem melhor chance de escapar. O valor $1/n$ desce.

A matriz simétrica $A = I$ não tornou o jogo justo. Uma *matriz antissimétrica*, $A^T = -A$, *significa um jogo completamente justo*. Então, uma escolha de estratégia j por X e i por Y ganha a_{ij} para X, e uma escolha de j por Y e i por X ganha a mesma quantia para Y (porque $a_{ji} = -a_{ij}$). As estratégias ideais x^* *e* y^* devem ser as mesmas, e a compensação esperada deve ser $y^* Ax^* = 0$. O valor do jogo, quando a $A^T = -A$, é igual a zero. Mas a estratégia ainda deve ser encontrada.

Exemplo 2

$$\textbf{Jogo justo} \qquad A = \begin{bmatrix} 0 & -1 & -1 \\ 1 & 0 & -1 \\ 1 & 1 & 0 \end{bmatrix}.$$

Em resumo, X e Y escolhem um número entre 1 e 3. A menor escolha ganha \$ 1,00 (se X escolher 2 e Y escolher 3, a compensação será $a_{32} =$ \$ 1,00; se escolherem o mesmo número, estamos na diagonal e ninguém ganha). Nenhum jogador pode escolher uma estratégia que envolva 2 ou 3. As estratégias puras $x^* = y^* = (1, 0, 0)$ são ideais – os dois jogadores escolhem 1 a cada vez. O valor é $y^*Ax^* = a_{11} = 0$.

A matriz que deixa todas as decisões inalteradas tem mn valores iguais, por exemplo α. Isso simplesmente significa que X ganha um montante adicional α em cada turno. O valor do jogo é aumentado por α, mas não há nenhuma razão para mudar x^* e y^*.

O teorema minimax

Ponha-se no lugar de X, que escolhe a estratégia mista $x = (x_1, \ldots, x_n)$. Y acabará reconhecendo essa estratégia e escolherá y para *minimizar* o pagamento yAx. Um jogador X inteligente selecionará x^* para ***maximizar esse mínimo***:

$$\textbf{\textit{X} ganha pelo menos} \qquad \min_y yAx^* = \max_x \min_y yAx. \tag{1}$$

O jogador Y faz o oposto. Para qualquer estratégia escolhida y, X *maximizará* yAx. Portanto, Y escolherá a combinação y^* que ***minimiza essa máxima***:

$$\textbf{\textit{Y} não perde mais do que} \qquad \max_x y^*Ax = \min_y \max_x yAx. \tag{2}$$

Espero que você veja qual será o resultado principal, se ele for verdadeiro. Queremos que o total na equação (1), garantido para a vitória de X, iguale-se ao total na equação (2), que Y deve se conformar em perder. Então, o jogo será solucionado: X só pode perder quando muda de x^* e Y só pode perder quando muda de y^*. A existência desse ponto de sela foi provada por Von Neumann:

8M Para qualquer matriz A, o minimax sobre todas as estratégias se iguala ao maximin:

$$\textbf{Teorema minimax} \qquad \max_x \min_y yAx = \min_y \max_x yAx = \text{valor do jogo}. \tag{3}$$

Se o máximo à esquerda for atingido em x^*, e o mínimo à direita for atingido em y^*, trata-se um ponto de sela, do qual ninguém quer sair:

$$y^* Ax \leq y^* Ax^* \leq yAx^* \qquad \text{para todos os } x \text{ e } y. \tag{4}$$

Neste ponto de sela, x^* é pelo menos tão bom quanto qualquer outro x (desde que $y^*Ax \leq y^* Ax^*$). E o segundo jogador Y só poderia pagar mais ao deixar y^*.

Como na teoria da dualidade, *maximin* $\leq$ *minimax* é fácil. Combinamos a definição na equação (1) de x^* e a definição na equação (2), de y^*:

$$\max_x \min_y yAx = \min_y yAx^* \leq y^*Ax^* \leq \max_x y^*Ax = \min_y \max_x yAx. \qquad (5)$$

Esta só afirma que se X pode garantir ganhar α, pelo menos, e se Y pode garantir perder não mais que β, então $\alpha \leq \beta$. A conquista de Von Neumann foi provar que $\alpha = \beta$. O teorema do minimax significa que a igualdade deve se manter por toda a equação (5).

Para nós, o notável sobre a prova é o fato de *ela utilizar exatamente a mesma matemática que a teoria da programação linear*. X e Y estão desempenhando papéis "duais". Eles escolhem estratégias a partir do "conjunto viável" de vetores de probabilidade: $x_i \geq 0$, $\Sigma x_i = 1$, $y_i \geq 0$, $\Sigma y_i = 1$.

O incrível é que mesmo Von Neumann não reconheceu imediatamente ambas as teorias como a mesma. (Ele provou o teorema minimax em 1928, a programação linear teve início antes de 1947, e Gale, Kuhn e Tucker publicaram a primeira prova de dualidade em 1951 – com base nas anotações de Von Neumann!) Estamos invertendo a história ao deduzir o teorema do minimax a partir da dualidade.

Em poucas palavras, o teorema minimax pode ser provado da seguinte maneira. Seja B o vetor coluna de m números 1, e c o vetor linha de n números 1. Esses programas lineares são duais:

(P) minimize cx
sujeito a $Ax \geq b, x \geq 0$

(D) maximize yb
sujeito a $yA \leq c, y \geq 0$.

Para ter certeza de que ambos os problemas são viáveis, some um número grande α a todos os valores de A. Isso não pode afetar as estratégias ideais, uma vez que cada compensação sobe até α. Para a matriz resultante, que continuamos denotando como A, $y = 0$ é viável no dual e qualquer x grande é viável no primal.

O teorema de dualidade da programação linear garante x^* e y^* ideais, com $cx^* = y^*b$. Por causa dos números 1 em b e c, isso significa que $\sum x_i^* = \sum y_i^* = S$. A divisão por S altera as somas para 1 – e as *estratégias mistas resultantes* $\mathbf{x}^*/\mathrm{S}$ *e* $\mathbf{y}^*/\mathrm{S}$ *são ideais*. Para quaisquer outras estratégias x e y,

$$Ax^* \geq b \quad \text{implica} \quad yAx^* \geq yb = 1 \qquad \text{e} \qquad y^*A \leq c \quad \text{implica} \quad y^*Ax \leq cx = 1.$$

O ponto principal é que $y^*Ax \leq 1 \leq yAx^*$. Dividindo por S, isso revela que o jogador X não pode ganhar mais que $1/S$, diante da estratégia y^*/S, e o jogador Y não pode perder menos que $1/S$, diante de x^*/S. Essas estratégias fornecem maximin = minimax = $1/S$.

Jogos reais

Isso completa a teoria, mas deixa uma pergunta: quais jogos comuns são, de fato, equivalentes aos "jogos de matriz"? ***O xadrez, o* bridge *e o pôquer se encaixam na teoria de Von Neumann?***

Penso que o xadrez não se encaixa muito bem, por duas razões. Uma estratégia para o preto deve incluir uma decisão sobre como reagir à primeira e à segunda jogada do branco, e assim por diante, até o fim do jogo. X e Y têm bilhões de estratégias puras. Não consigo perceber muito bem um papel para a sorte. Se o branco pode encontrar uma estratégia vencedora ou se o preto pode encontrar uma estratégia de projeção – nenhuma delas jamais foi descoberta – isto definitivamente acabaria com o jogo de xadrez. Você pode jogá-lo como o jogo da velha, mas a emoção do jogo sumiria.

O *bridge* contém certa trapaça, como em um truque. Ele é considerado um jogo de matriz, mas m e n são, de novo, fantasticamente grandes. Talvez partes distintas do *bridge* poderiam ser analisadas para uma estratégia ideal. O mesmo poderia ser feito no beisebol, quando o lançador e o rebatedor tentam adivinhar mutuamente o arremesso escolhido (ou quando o receptor tenta adivinhar quando o corredor vai interceptar. Um *pitchout* executado a toda hora fará o batedor ganhar a base, por isso deve haver uma frequência ideal – dependendo do corredor e da situação). Novamente, uma pequena parte do jogo poderia ser isolada e analisada.

Por outro lado, *o* blackjack *não é um jogo de matriz* (em um cassino), porque a casa segue regras fixas. Meu amigo, Ed Thorp, descobriu uma estratégia vencedora contando cartas altas – forçando mais o embaralho e mais deques de cartas em Las Vegas. Não havia qualquer elemento de sorte e nenhuma estratégia mista x^*. O *best-seller Bringing Down the House* revela como os alunos do MIT ganharam muito dinheiro (embora não fizessem seu dever de casa).

Há também o ***dilema do prisioneiro***, em que dois cúmplices recebem separadamente a mesma proposta: confesse e você está livre, desde que seu cúmplice não confesse (então, o cúmplice recebe uma pena de dez anos). Se os dois confessarem, cada um cumpre seis anos. Se nenhum confessar, apenas um crime de menor importância (com pena de dois anos para cada) pode ser provado. O que fazer? A tentação de confessar é muito grande, embora, se pudessem depender um do outro, resistiriam. Este não é um jogo de soma zero; ambos os jogadores podem perder.

Um exemplo de um jogo de matriz é o ***pôquer***. Blefar é essencial e, para ser eficaz, é preciso que seja imprevisível (se o seu adversário encontrar um padrão, você perde). As probabilidades a favor e contra o blefe dependerão das cartas que são mostradas, assim como das apostas.

Na verdade, o número de alternativas mais uma vez torna absolutamente impraticável encontrar uma estratégia ideal x^*. Um bom jogador de pôquer deve se aproximar bastante de x^*, e podemos calcular isso exatamente se aceitarmos a seguinte e enorme simplificação do jogo:

A X é dado um valete ou um rei, com a mesma probabilidade, e Y sempre recebe uma rainha. X pode recuar e perder a aposta de \$ 1,00 ou apostar mais \$ 2,00. Se X apostar, Y pode recuar e perder \$ 1,00, ou equiparar-se aos \$ 2,00 adicionais e ver se X está blefando. Então, a carta mais alta ganha os \$ 3,00 do adversário. Portanto, Y tem duas possibilidades, reagindo a X (que possui quatro estratégias):

Estratégias para Y		(Linha 1) Se X apostar, Y recua. (Linha 2) Se X apostar, Y iguala os \$ 2,00 adicionais.
Estratégias para X	(1) (2) (3) (4)	Apostar os \$ 2,00 adicionais em um rei e recuar com um valete. Apostar os \$ 2,00 adicionais nos dois casos (blefe). Recuar em ambos os casos, e perder \$ 1,00 (insensato) Recuar com um rei e apostar com um valete (insensato).

Calcular a matriz de compensação A exige um pouco de paciência:

$a_{11} = 0$: X perde \$ 1,00 metade do tempo com um valete e ganha com um rei (Y recua).

$a_{21} = 1$: em ambas as apostas, X perde \$ 1,00 metade do tempo e ganha \$ 3,00 na outra metade.

$a_{12} = 1$: X aposta e Y recua (o blefe é bem-sucedido).

$a_{11} = 0$: X ganha \$ 3,00 com o rei e perde \$ 3,00 com o valete (o blefe fracassa).

Matriz de compensação do pôquer $A = \begin{bmatrix} 0 & 1 & -1 & 0 \\ 1 & 0 & -1 & -2 \end{bmatrix}.$

A estratégia ideal para X é blefar metade do tempo, $x^* = \left(\frac{1}{2}, \frac{1}{2}, 0, 0\right)$. O coitado do Y deve escolher $y^* = \left(\frac{1}{2}, \frac{1}{2}\right)$. O valor do jogo é cinquenta centavos para X.

Essa é uma forma estranha de terminar este livro, ensinando ao leitor como jogar o moderado pôquer (*blackjack* dá muito mais dinheiro). Mas creio que até o pôquer tem seu lugar na álgebra linear e em suas aplicações. Espero que vocês tenham gostado do livro.

Conjunto de problemas 8.5

1. Com a mesma matriz A do Problema 6, encontre a melhor estratégia para X. Mostre que X usa apenas duas colunas (a primeira e a terceira) que se encontram no ponto do minimax no gráfico.

2. Suponha que $A = \begin{bmatrix} a & b \\ c & d \end{bmatrix}$. Quais x_1 e $1 - x_1$ ponderados fornecerão uma coluna da forma $[u \quad u]^T$, e quais y_1 e $1 - y_1$ ponderados nas duas linhas fornecerão uma nova linha $[v \quad v]$? Mostre que $u = v$.

3. Com a matriz de compensação $A = \begin{bmatrix} 1 & 2 \\ 3 & 4 \end{bmatrix}$, explique o cálculo feito por X do maximin e o cálculo feito por Y do minimax. Que estratégias x^* e y^* são ideais?

4. Como as estratégias ideais no jogo, que abrem esta seção, serão afetadas se os \$ 20,00 aumentarem para \$ 70,00? Qual é o valor (a média da vitória para X) desse novo jogo?

5. Encontre estratégias ideais, bem como o valor, se

$$A = \begin{bmatrix} 1 & 0 & -1 \\ -2 & -1 & 2 \end{bmatrix}.$$

6. Calcule a melhor estratégia de Y atribuindo ponderadas às linhas de $A = \begin{bmatrix} 3 & 4 & 1 \\ 2 & 0 & 3 \end{bmatrix}$ com y e $1 - y$. X irá se concentrar sobre o maior dos componentes $3y + 2(1 - y)$, $4y$ e $y + 3(1 - y)$. Encontre o maior desses três (dependendo de y) e, em seguida, localize o y^* entre 0 e 1, que faz desse maior componente o menor possível.

7. Se a_{ij} é o maior valor na sua linha e o menor em sua coluna, por que X sempre escolhe a coluna j e Y sempre escolhe a linha i (independentemente do resto da matriz)? Mostre que o problema anterior tinha esse elemento e, então, construa um A sem um dele.

8. Demonstre que $x^* = \left(\frac{1}{2}, \frac{1}{2}, 0, 0\right)$ e $y^* = \left(\frac{1}{2}, \frac{1}{2}\right)$ são estratégias ideais em nossa versão simplificada de pôquer, calculando yAx^* e y^*Ax e verificando as condições (4) para um ponto de sela.

9. Encontre x^*, y^* e o valor v para

$$A = \begin{bmatrix} 1 & 0 & 0 \\ 0 & 2 & 0 \\ 0 & 0 & 3 \end{bmatrix}.$$

10. Se X é um *quarterback* (o zagueiro do futebol americano), com a escolha de correr ou passar, e Y pode se preparar e defender contra uma corrida ou um passe, suponha que a compensação (em jardas) é

$$A = \begin{bmatrix} 2 & 8 \\ 6 & -6 \end{bmatrix} \begin{matrix} \text{defesa contra a corrida} \\ \text{defesa contra o passe.} \end{matrix}$$
$$\text{corrida} \quad \text{passe}$$

Quais são as estratégias ideais e o ganho médio em cada jogo?

11. Se X escolher um número primo e Y simultaneamente adivinhar se este número é ímpar ou par (com ganho ou perda de \$ 1,00), quem tem a vantagem?

12. Calcule

$$\min_{\substack{y_i \geq 0 \\ y_1+y_2=1}} \quad \max_{\substack{x_i \geq 0 \\ x_1+x_2=1}} \quad (x_1y_1 + x_2y_2).$$

13. Há provas de que nenhuma estratégia de xadrez sempre vence para o preto? Isto certamente é verdade quando os jogadores podem fazer duas jogadas por vez; se as peças negras tinham uma estratégia vencedora, as brancas poderiam passar um cavalo para fora e para trás e, então, seguir essa estratégia, o que levaria à conclusão impossível de que os dois ganhariam.

14. Explique cada uma das desigualdades na equação (5). Então, uma vez que o teorema minimax as tenha transformado em igualdades, obtenha (novamente de forma expressa) as equações do ponto de sela (4).

Apêndice

A Interseção, soma e produto dos espaços

1. Interseção de dois espaços vetoriais

Novas perguntas surgem da consideração de dois subespaços **V** e **W**, e não de apenas um. Primeiro, observamos os vetores que pertencem a *ambos* os subespaços. Essa "interseção" $\mathbf{V} \cap \mathbf{W}$ é um subespaço desses subespaços:

> Se **V** e **W** são subespaços de um espaço vetorial, da mesma forma são sua **interseção** $\mathbf{V} \cap \mathbf{W}$. **Os vetores pertencentes a V e W formam um subespaço.**

Suponha que x e y sejam vetores em **V** e também em **W**. Como **V** e **W** são espaços vetoriais por si só, $x + y$ e cx estão em **V** e **W**. ***Os resultados da soma e da multiplicação escalar permanecem na interseção.***

Dois planos através da origem (ou dois "hiperplanos" em $\mathbf{R}^n$) se encontram em um subespaço. A interseção de diversos subespaços, ou de infinitos, se torna novamente um subespaço.

Exemplo 1 A interseção de dois subespaços ortogonais **V** e **W** é o subespaço de um ponto $\mathbf{V} \cap \mathbf{W} = \{0\}$. Somente o vetor nulo é ortogonal a si mesmo.

Exemplo 2 Suponha que **V** e **W** sejam os espaços das matrizes triangulares superiores e inferiores n por n. A interseção $\mathbf{V} \cap \mathbf{W}$ é o conjunto de *matrizes diagonais* – pertencente a ambos os subespaços triangulares. A soma de matrizes diagonais ou a multiplicação por c fornece uma matriz diagonal.

Exemplo 3 Suponha que **V** seja o espaço nulo de A, e **W** o espaço nulo de B. Então $\mathbf{V} \cap \mathbf{W}$ é o menor espaço nulo da matriz aumentada C:

Interseção de espaços nulos $\quad N(A) \cap N(B)$ **é o espaço nulo de** $C = \begin{bmatrix} A \\ B \end{bmatrix}$.

$Cx = 0$ exige tanto $Ax = 0$ como $Bx = 0$. Portanto, x deve estar em ambos os espaços nulos.

2. Soma de dois espaços vetoriais

Normalmente, após discutir a interseção de dois conjuntos, é natural observar sua união. Com os espaços vetoriais isto não é natural. *A união* $\mathbf{V} \cup \mathbf{W}$ *de dois subespaços não será, em geral, um subespaço*. Se $\mathbf{V}$ e $\mathbf{W}$ forem o eixo de x e o eixo de y no plano, respectivamente, esses eixos unidos não serão um subespaço. A soma de (1, 0) e (0, 1) não está em nenhum dos eixos.

Queremos realmente combinar $\mathbf{V}$ e $\mathbf{W}$. Em vez de sua união, voltamo-nos para sua soma.

DEFINIÇÃO Se $\mathbf{V}$ e $\mathbf{W}$ são ambos os subespaços de um dado subespaço, sua soma também é. $\mathbf{V} + \mathbf{W}$ contém todas as combinações $v + w$, onde v está em $\mathbf{V}$ e w está em $\mathbf{W}$.

$\mathbf{V} + \mathbf{W}$ é o menor espaço que contém ambos $\mathbf{V}$ e $\mathbf{W}$. A soma do eixo x e do eixo y é todo o plano x-y. Então a soma de quaisquer duas retas (passando pela origem), perpendiculares ou não, também o é. Se $\mathbf{V}$ é o eixo x e $\mathbf{W}$ é a reta com 45° $y = x$, então todo vetor como (5, 3) pode ser decomposto como $v + w = (2, 0) + (3, 3)$. Portanto, $\mathbf{V} + \mathbf{W}$ é todo o $\mathbf{R}^2$.

Exemplo 4 Suponha que $\mathbf{V}$ e $\mathbf{W}$ sejam complementos ortogonais em $\mathbf{R}^n$. Então, sua soma é $\mathbf{V} + \mathbf{W} = \mathbf{R}^n$. Cada x é a soma de suas projeções em $\mathbf{V}$ e $\mathbf{W}$.

Exemplo 5 Se $\mathbf{V}$ for o espaço das matrizes triangulares superiores, e $\mathbf{W}$ o espaço das matrizes triangulares inferiores, então $\mathbf{V} + \mathbf{W}$ é o espaço de *todas* as matrizes. Cada matriz n por n pode ser escrita como a soma de uma matriz triangular superior e inferior – e de muitas maneiras, pois as diagonais não são determinadas de forma exclusiva.

Esses subespaços triangulares possuem dimensão $n(n + 1)/2$. O espaço $\mathbf{V} + \mathbf{W}$ de todas as matrizes tem dimensão n^2. O espaço $\mathbf{V} \cap \mathbf{W}$ das matrizes diagonais tem dimensão n. A fórmula (8), abaixo, torna-se $n^2 + n = n(n + 1)/2 + + n(n + 1)/2$.

Exemplo 6 Se $\mathbf{V}$ for o espaço-coluna de A, e $\mathbf{W}$ o espaço-coluna de B, então $\mathbf{V} + \mathbf{W}$ ***é o espaço-coluna da matriz aumentada*** $[A \quad B]$. A dimensão de $\mathbf{V} + \mathbf{W}$ pode ser menor que as dimensões combinadas de $\mathbf{V}$ e $\mathbf{W}$ (pois é possível que esses dois espaços se sobreponham):

$$\textbf{Soma dos espaços-coluna} \qquad \dim(\mathbf{V} + \mathbf{W}) = \text{posto de } [A \quad B]. \tag{6}$$

O *cálculo* de $\mathbf{V} \cap \mathbf{W}$ *é mais sutil*. Para a interseção dos espaços-coluna, um bom método é colocar bases para $\mathbf{V}$ e $\mathbf{W}$ nas colunas de A e B. Os espaços nulos de $[A \quad B]$ levam a $\mathbf{V} \cap \mathbf{W}$ (veja o Problema 9). *Esses espaços possuem a mesma dimensão* (a nulidade de $[A \quad B]$). Combinando com $\dim(\mathbf{V} + \mathbf{W})$, obtém-se

$$\dim(\mathbf{V} + \mathbf{W}) + \dim(\mathbf{V} \cap \mathbf{W}) = \text{posto de } [A \quad B] + \text{nulidade de } [A \quad B]. \tag{7}$$

Sabemos que o posto mais a nulidade (contando as colunas pivô mais as colunas livres) sempre se iguala ao número total de colunas. Quando $[A \quad B]$ possui colunas $k + \ell$, com $k = \dim \mathbf{V}$ e $\ell - \dim \mathbf{W}$, chegamos a uma conclusão nítida:

$$\textbf{Fórmula de dimensão} \quad \dim(\mathbf{V} + \mathbf{W}) + \dim(\mathbf{V} \cap \mathbf{W}) = \dim(\mathbf{V}) + \dim(\mathbf{W}). \tag{8}$$

Não é uma fórmula ruim. A sobreposição de $\mathbf{V}$ e $\mathbf{W}$ está em $\mathbf{V} \cap \mathbf{W}$.

3. Produto cartesiano de dois espaços vetoriais

Se **V** possui dimensão n e, **W** dimensão q, seu produto cartesiano $\mathbf{V} \times \mathbf{W}$ possui dimensão $n + q$.

DEFINIÇÃO $\mathbf{V} \times \mathbf{W}$ ***contém todos os pares de vetores*** $\mathbf{x} = (\mathbf{v}, \mathbf{w})$.

Somando (v, w) a (v^*, w^*) nesse espaço do produto obtém-se $(v + v^*, w + w^*)$. Multiplicando por c, obtém-se (cv, cw). Todas as operações em $\mathbf{V} \times \mathbf{W}$ resultam em um componente por vez.

Exemplo 7 O produto cartesiano de $\mathbf{R}^2$ e $\mathbf{R}^3$ é bastante parecido com $\mathbf{R}^5$. Um vetor típico x em $\mathbf{R}^2 \times \mathbf{R}^3$ é ((1, 2), (4, 6, 5)): um vetor de $\mathbf{R}^2$ e um de $\mathbf{R}^3$. Isto se assemelha a (1, 2, 4, 6, 5) em $\mathbf{R}^5$.

Os produtos cartesianos funcionam naturalmente com *matrizes de bloco*. De $\mathbf{R}^5$ a $\mathbf{R}^5$, temos matrizes 5 por 5 comuns. No espaço do produto $\mathbf{R}^2 \times \mathbf{R}^3$, a forma natural de uma matriz é uma matriz de bloco M 5 por 5.

$$M = \begin{bmatrix} \mathbf{R}^2 \text{ a } \mathbf{R}^2 & \mathbf{R}^3 \text{ a } \mathbf{R}^2 \\ \mathbf{R}^2 \text{ a } \mathbf{R}^3 & \mathbf{R}^3 \text{ a } \mathbf{R}^3 \end{bmatrix} = \begin{bmatrix} 2 \text{ por } 2 & 2 \text{ por } 3 \\ 3 \text{ por } 2 & 3 \text{ por } 3 \end{bmatrix} = \begin{bmatrix} A & B \\ C & D \end{bmatrix}.$$

A multiplicação de matriz por vetor produz $(Av + Bw, Cv + Dw)$. Não é muito surpreendente.

4. Produto tensorial de dois espaços vetoriais

De alguma forma, queremos um espaço produto cuja dimensão seja n vezes q. **Os vetores nesse "produto tensorial" (denotado $\otimes$) se assemelharão a matrizes n por q.** Para o produto tensorial $\mathbf{R}^2 \otimes \mathbf{R}^3$, os vetores se assemelharão a matrizes 2 por 3. A dimensão de $\mathbf{R}^2 \times \mathbf{R}^3$ é 5, porém a dimensão de $\mathbf{R}^2 \otimes \mathbf{R}^3$ será 6.

Comece com $v = (1, 2)$ e $w = (4, 6, 5)$ em $\mathbf{R}^2$ e $\mathbf{R}^3$. O produto cartesiano apenas os coloca próximos entre si, como (v, w). O produto tensorial combina v e w na **matriz vw^{T}** de **posto 1**:

Coluna multiplicada por linha $$v \otimes w = vw^{\mathrm{T}} = \begin{bmatrix} 1 \\ 2 \end{bmatrix} \begin{bmatrix} 4 & 6 & 5 \end{bmatrix} = \begin{bmatrix} 4 & 6 & 5 \\ 8 & 12 & 10 \end{bmatrix}.$$

Todas as matrizes especiais vw^{T} pertencem ao produto tensorial $\mathbf{R}^2 \otimes \mathbf{R}^3$. O espaço produto é *gerado* por esses vetores $v \otimes w$. Combinações de matrizes de posto 1 fornecem *todas* as matrizes 2 por 3, então a dimensão de $\mathbf{R}^2 \otimes \mathbf{R}^3$ é 6. De forma abstrata: o produto tensorial $\mathbf{V} \otimes \mathbf{W}$ é identificado com o espaço das transformações lineares de **V** a **W**.

Se **V** for apenas uma reta em $\mathbf{R}^2$, e **W** for apenas uma reta em $\mathbf{R}^3$, então $\mathbf{V} \otimes \mathbf{W}$ é somente uma "reta em um espaço matricial". As dimensões são agora 1 por 1 = 1. Todas as matrizes de posto 1 vw^{T} serão múltiplas de uma matriz.

Base do produto tensorial. Quando **V** é $\mathbf{R}^2$ e **W** é $\mathbf{R}^3$, temos uma base-padrão para todas as matrizes 2 por 3 (um espaço hexadimensional):

Base $$\begin{bmatrix} 1 & 0 & 0 \\ 0 & 0 & 0 \end{bmatrix} \begin{bmatrix} 0 & 1 & 0 \\ 0 & 0 & 0 \end{bmatrix} \begin{bmatrix} 0 & 0 & 1 \\ 0 & 0 & 0 \end{bmatrix} \begin{bmatrix} 0 & 0 & 0 \\ 1 & 0 & 0 \end{bmatrix} \begin{bmatrix} 0 & 0 & 0 \\ 0 & 1 & 0 \end{bmatrix} \begin{bmatrix} 0 & 0 & 0 \\ 0 & 0 & 1 \end{bmatrix}.$$

Essa base para $\mathbf{R}^2 \otimes \mathbf{R}^3$ foi construída de forma natural. Comecei com a base-padrão $v_1 = (1, 0)$ e $v_2 = (0, 1)$ para $\mathbf{R}^2$. Estas foram combinadas com os vetores de base $w_1 = (1, 0, 0)$, $w_2 = (0, 1, 0)$ e $w_3 = (0, 0, 1)$ em $\mathbf{R}^3$. Cada par $v_i \otimes w_j$ corresponde a um dos seis vetores de base (as matrizes 2 por 3 anteriores) no produto tensorial $\mathbf{V} \otimes \mathbf{W}$. Esta construção também se sucede para subespaços:

Base: suponha que $\mathbf{V}$ e $\mathbf{W}$ sejam subespaços de $\mathbf{R}^m$ e $\mathbf{R}^p$ com bases $v_1, \ldots, v_n$ e $w_1, \ldots, w_q$. Então, as matrizes nq de posto 1 $v_i w_j^{\mathrm{T}}$ são uma base para $\mathbf{V} \otimes \mathbf{W}$.

$\mathbf{V} \otimes \mathbf{W}$ é um subespaço nq-dimensional de matrizes m por p. Um algebrista iria combinar essa construção matricial com a definição abstrata de $\mathbf{V} \otimes \mathbf{W}$. Então, os produtos tensoriais podem ir além do caso específico de vetores-coluna.

5. Produto de Kronecker $A \otimes B$ de duas matrizes

Uma matriz A do tipo m por n transforma qualquer vetor v em $\mathbf{R}^n$ num vetor Av em $\mathbf{R}^m$. De maneira semelhante, uma matriz B do tipo p por q transforma w em Bw. As duas matrizes juntas transformam vw^{T} em $Avw^{\mathrm{T}}B^{\mathrm{T}}$. Esta é uma transformação linear (de produtos tensoriais) e deve se originar de uma matriz.

Qual é o tamanho de uma matriz $A \otimes B$? Ela leva o espaço nq-dimensional $\mathbf{R}^n \otimes \mathbf{R}^q$ ao espaço mp-dimensional $\mathbf{R}^m \otimes \mathbf{R}^p$. Portanto, a matriz tem forma mp por nq. Escreveremos esse produto de Kronecker (também chamado de produto tensorial) como uma matriz de bloco:

mp-linhas, nq-colunas do produto de Kronecker

$$A \otimes B = \begin{bmatrix} a_{11}B & a_{12}B & \cdots & a_{1n}B \\ a_{21}B & a_{22}B & \cdots & a_{2n}B \\ \cdot & \cdot & \cdots & \cdot \\ a_{m1}B & a_{m2}B & \cdots & a_{mn}B \end{bmatrix}. \tag{9}$$

Observe a estrutura especial desta matriz! Várias matrizes de bloco importantes possuem a forma de Kronecker. Elas frequentemente se originam de aplicações bidimensionais, em que A é uma "matriz na direção x" e B é uma matriz na direção y (ver exemplos abaixo). Se A e B são quadradas, portanto $m = n$ e $p = q$, então a grande matriz $A \otimes B$ também será quadrada.

Exemplo 8 **(Diferenças finitas nas direções de x e y)** a equação diferencial parcial de Laplace $\partial^2 u / \partial x^2 - \partial^2 u / \partial y^2 = 0$ é substituída por diferenças finitas, a fim de encontrar valores para u em uma grade bidimensional. Diferenças na direção de x somam-se às diferenças na direção de y, conectando-se a cinco valores adjacentes de u:

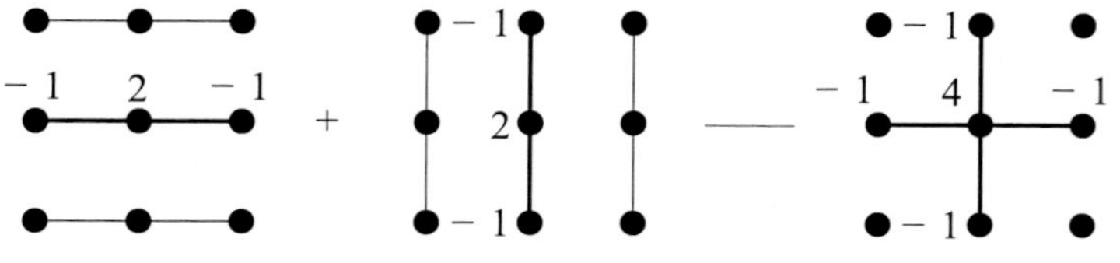

diferenças x diferenças y soma

$$\begin{aligned} -u_{i+1,j} + 2u_{i,j} - u_{i-1,j} \\ -u_{i,j+1} + 2u_{i,j} - u_{i,j-1} \\ = 0 \end{aligned}$$

Uma equação de 5 pontos está centrada em cada um dos nove pontos de malha. A matriz 9 por 9 (chamada de A_{2D}) é construída a partir da matriz "1D" 3 por 3 para diferenças ao longo de uma linha:

Matriz das diferenças em uma direção $A = \begin{bmatrix} 2 & -1 & 0 \\ -1 & 2 & -1 \\ 0 & -1 & 2 \end{bmatrix}$ **Identifique a matriz em outra direção** $I = \begin{bmatrix} 1 & 0 & 0 \\ 0 & 1 & 0 \\ 0 & 0 & 1 \end{bmatrix}$.

Os produtos de Kronecker produzem três diferenças 1D ao longo das três linhas, acima ou através:

Uma direção $$A \otimes I = \begin{bmatrix} 2I & -I & 0 \\ -I & 2I & -I \\ 0 & -I & 2I \end{bmatrix}.$$

Outra direção $$I \otimes A = \begin{bmatrix} A & 0 & 0 \\ 0 & A & 0 \\ 0 & 0 & A \end{bmatrix}.$$

Ambas as direções $$A_{2D} = (A \otimes I) + (I \otimes A) = \begin{bmatrix} A+2I & -I & 0 \\ -I & A+2I & -I \\ 0 & -I & A+2I \end{bmatrix}.$$

A soma $(A \otimes I) + (I \otimes A)$ é a matriz 9 por 9 para a equação das diferenças de cinco pontos de Laplace (a Seção 1.7 referiu-se à 1D e a Seção 7.4 mencionou a 2D). A linha intermediária dessa matriz 9 por 9 mostra as cinco equações diferentes de zero da molécula de cinco pontos:

Fora da fronteira Linha 5 de $A_{2D} = [0 \quad -1 \quad 0 \qquad -1 \quad 4 \quad -1 \qquad 0 \quad -1 \quad 0]$.

Exemplo 9 **(A matriz de Fourier em 2D)** A matriz de Fourier unidimensional F é a matriz complexa mais importante. A Transformada Rápida de Fourier, estudada na Seção 3.5, é uma forma rápida de multiplicar por essa matriz F. Portanto, a FFT transforma "domínio de tempo em domínio de frequência" para um sinal de áudio 1D. **Para imagens, precisamos da transformada 2D:**

Matriz de Fourier em 2D $F_{2D} = F \otimes F =$ **transformada ao longo de cada linha e, então, para baixo em cada coluna**

A imagem é uma seta bidimensional de valores de pixel. Ela é transformada por F_{2D} numa seta bidimensional de coeficientes Fourier. Essa seta pode ser comprimida, transmitida e armazenada. Então, a *transformada inversa* nos leva dos coeficientes de Fourier para os valores de pixel. Para os produtos de Kronecker, precisamos conhecer a regra inversa:

***A inversa da matriz* $\mathbf{A} \otimes \mathbf{B}$ *é a matriz* $\mathbf{A}^{-1} \otimes \mathbf{B}^{-1}$**

A FFT também torna mais rápida a transformada inversa 2D! Invertemos apenas em uma direção seguida pela outra direção. Estamos somando $\sum\sum c_{k\ell} e^{ikx} e^{i\ell y}$ sobre k e, então, ℓ.

A matriz das diferenças de Laplace $A_{2D} = (A \otimes I) + (I \otimes A)$ não possui nenhuma fórmula inversa simples. É por isso que a equação $A_{2D} u = b$ tem sido estudada de forma tão cuidadosa. Um dos métodos mais rápidos é diagonalizar A_{2D} utilizando sua matriz de autovetor (a matriz de

Fourier com senos $S \otimes S$, muito semelhante a F_{2D}). Os autovalores de A_{2D} vêm imediatamente dos autovalores de A_{1D}:

Os autovalores n^2 de $(A \otimes I) + (I \otimes B)$ são todas as somas $\lambda_i(A) + \lambda_j(B)$.
Os autovalores n^2 de $A \otimes B$ são todos os produtos $\lambda_i(A)\ \lambda_j(B)$

Se A e B são n por n, o determinante de $A \otimes B$ (o produto de seus autovalores) é $(\det A)^n\ (\det B)^n$. O traço de $A \otimes B$ é (traço A)(traço B). Este apêndice ilustra a "álgebra linear pura" e suas aplicações cruciais!

Conjunto de problemas A

1. Se $\mathbf{V} \cap \mathbf{W} = \{0\}$, então $\mathbf{V} + \mathbf{W}$ é chamado de a soma direta de $\mathbf{V}$ e $\mathbf{W}$, com a notação especial $\mathbf{V} \oplus \mathbf{W}$. Se $\mathbf{V}$ for gerado por (1, 1, 1) e (1, 0, 1), escolha um subespaço W de modo que $\mathbf{V} \oplus \mathbf{W} = \mathbf{R}^3$. Explique por que qualquer vetor x na soma direta $\mathbf{V} \oplus \mathbf{W}$ pode ser escrito de um, *e apenas único modo*, como $x = v + w$ (com v em $\mathbf{V}$ e w em $\mathbf{W}$).

2. Se $\mathbf{V} \cap \mathbf{W}$ contiver somente o vetor zero, então a equação (8) se torna $\dim(\mathbf{V} + \mathbf{W}) = \dim \mathbf{V} + \dim \mathbf{W}$. Verifique isso quando $\mathbf{V}$ for o espaço-linha de A, $\mathbf{W}$ o espaço nulo de A, e a matriz A for do tipo m por n de posto r. Quais são as dimensões?

3. Encontre a base para a soma $\mathbf{V} + \mathbf{W}$ do espaço $\mathbf{V}$ gerado por $v_1 = (1, 1, 0, 0)$, $v_2 = (1, 0, 1, 0)$ e o espaço $\mathbf{W}$ gerado por $w_1 = (0, 1, 0, 1)$, $w_2 = (0, 0, 1, 1)$. Encontre também a dimensão de $\mathbf{V} \cap \mathbf{W}$ e sua base.

4. Quais são as interseções dos seguintes pares de subespaços?

(a) O plano x-y e o plano y-z em $\mathbf{R}^3$.
(b) A reta através de (1, 1, 1) e o plano através de (1, 0, 0) e (0, 1, 1).
(c) O vetor nulo e todo o espaço $\mathbf{R}^3$.
(d) O plano S perpendicular a (1, 1, 0) e a (0, 1, 1) em $\mathbf{R}^3$.

Quais são as somas desses pares de subespaços?

5. Suponha que $\mathbf{S}$ e $\mathbf{T}$ sejam subespaços de $\mathbf{R}^{13}$, com $\dim \mathbf{S} = 7$ e $\dim \mathbf{T} = 8$.

(a) Qual é a maior dimensão possível de $\mathbf{S} \cap \mathbf{T}$?
(b) Qual é a menor dimensão possível de $\mathbf{S} \cap \mathbf{T}$?
(c) Qual é a menor dimensão possível de $\mathbf{S} + \mathbf{T}$?
(d) Qual é a maior dimensão possível de $\mathbf{S} + \mathbf{T}$?

6. Prove a partir da equação (8) que o posto $(A + B) \leq$ posto (A) + posto (B).

7. Dentro do espaço de todas as matrizes 4 por 4, seja $\mathbf{V}$ o subespaço das matrizes *tridimensionais* e $\mathbf{W}$ o subespaço das matrizes *triangulares superiores*. Descreva o subespaço $\mathbf{V} + \mathbf{W}$, cujos membros são as matrizes superiores de Hessenberg. Quem é o $\mathbf{V} \cap \mathbf{W}$? Verifique a fórmula (8).

8. Forneça um exemplo em $\mathbf{R}^3$ para o qual $\mathbf{V} \cap \mathbf{W}$ contenha apenas o vetor nulo, mas $\mathbf{V}$ não seja ortogonal a $\mathbf{W}$.

9. **A interseção $C(A) \cap C(B)$ é compatível com o espaço nulo de $[A \quad B]$.** Cada $y = Ax_1 = Bx_2$ nos espaços-coluna de A e B é compatível com $x = (x_1, -x_2)$ no espaço nulo, pois $[A \quad B]x = Ax_1 - Bx_2 = 0$. Verifique se $y = (6, 3, 6)$ é compatível com $x = (1, 1, -2, -3)$ e encontre a interseção $C(A) \cap C(B)$ para

$$A = \begin{bmatrix} 1 & 5 \\ 3 & 0 \\ 2 & 4 \end{bmatrix} \qquad B = \begin{bmatrix} 3 & 0 \\ 0 & 1 \\ 0 & 2 \end{bmatrix}.$$

10. Qual é a matriz de Fourier 4 por 4 $F_{2D} = F \otimes F$ para $F = \begin{bmatrix} 1 & 1 \\ 1 & -1 \end{bmatrix}$?

11. Suponha que $Ax = \lambda(A)x$ e $By = \lambda(B)y$. Forme um grande vetor-coluna z com n^2 componentes, $x_1 y$, então $x_2 y$ e, por fim, $x_n y$. Demonstre que z é um autovetor para $(A \otimes I)z = \lambda(A)$ z e $(A \otimes B)z = \lambda(A)\lambda(B)z$.

12. Qual seria a matriz de sete pontos de Laplace para $-u_{xx} - u_{yy} - u_{zz} = 0$? Essa matriz "tridimensional" é construída a partir dos produtos de Kronecker, utilizando-se I e A_{1D}.

13. Multiplique $A \otimes B$ por $A^{-1} \otimes B^{-1}$ para obter $AA^{-1} \otimes BB^{-1} = I \otimes I = I_{2D}$.

Apêndice

B A forma de Jordan

Dada uma matriz quadrada A, queremos escolher M de modo que $M^{-1}AM$ seja o mais próximo de uma diagonal quanto possível. No caso mais simples, A possui um conjunto completo de autovetores que se tornam as colunas de M – de outro modo conhecido como S. A forma de Jordan é $M^{-1}AM = \Lambda$; ela é construída inteiramente a partir de blocos 1 por 1 $J_i = \lambda_i$, e o objetivo de uma matriz diagonal é plenamente alcançado. No caso mais geral e mais difícil, faltam alguns autovetores e uma forma diagonal torna-se impossível. Nesse momento, este caso é a nossa principal preocupação.

Repetimos o teorema que deverá ser provado:

Se uma matriz A tem s autovetores linearmente independentes, então é similar a uma matriz J que está na ***forma de Jordan***, com s blocos quadrados na diagonal:

$$J = M^{-1}AM = \begin{bmatrix} J_1 & & \\ & \ddots & \\ & & J_s \end{bmatrix}.$$

Cada bloco possui um autovetor, um autovalor e números 1 bem acima da diagonal:

$$J_i = \begin{bmatrix} \lambda_i & 1 & & \\ & \cdot & \cdot & \\ & & \cdot & 1 \\ & & & \lambda_i \end{bmatrix}.$$

Um exemplo de uma matriz de Jordan como esta é

$$J = \begin{bmatrix} 8 & 1 & 0 & 0 & 0 \\ 0 & 8 & 0 & 0 & 0 \\ 0 & 0 & 0 & 1 & 0 \\ 0 & 0 & 0 & 0 & 0 \\ 0 & 0 & 0 & 0 & 0 \end{bmatrix} = \begin{bmatrix} \begin{bmatrix} 8 & 1 \\ 0 & 8 \end{bmatrix} & & \\ & \begin{bmatrix} 0 & 1 \\ 0 & 0 \end{bmatrix} & \\ & & [0] \end{bmatrix} = \begin{bmatrix} J_1 & & \\ & J_2 & \\ & & J_3 \end{bmatrix}.$$

O autovalor duplo $\lambda = 8$ apresenta apenas um único autovetor na primeira direção de coordenada $e_1 = (1, 0, 0, 0, 0)$; como resultado, $\lambda = 8$ aparece apenas em um único bloco J_1. O autovalor triplo $\lambda = 0$ possui dois autovetores, e_3 e e_5, que correspondem aos dois blocos de Jordan J_2 e J_3. Se A tivesse cinco autovetores, todos os blocos seriam 1 por 1 e J seria diagonal.

A pergunta-chave é a seguinte: *se* A *é mais uma matriz 5 por 5, sob que condições sua forma de Jordan será esse mesmo* J? *Quando existirá um* M *tal como* $M^{-1}AM = J$? Como primeiro requisito, qualquer matriz A similar deve compartilhar dos mesmos autovalores 8, 8, 0, 0, 0. Porém a matriz diagonal com esses autovalores não é similar a J – e nossa pergunta realmente diz respeito aos autovetores.

Para respondê-la, reescrevemos $M^{-1}AM = J$ na forma simplificada $AM = MJ$:

$$A\begin{bmatrix} & & & & \\ x_1 & x_2 & x_3 & x_4 & x_5 \\ & & & & \end{bmatrix} = \begin{bmatrix} & & & & \\ x_1 & x_2 & x_3 & x_4 & x_5 \\ & & & & \end{bmatrix}\begin{bmatrix} 8 & 1 & & & \\ 0 & 8 & & & \\ & & 0 & 1 & \\ & & 0 & 0 & \\ & & & & 0 \end{bmatrix}.$$

Resolvendo as multiplicações, uma coluna por vez,

$$Ax_1 = 8x_1 \quad \text{e} \quad Ax_2 = 8x_2 + x_1 \tag{10}$$

$$Ax_3 = 0x_3 \quad \text{e} \quad Ax_4 = 0x_4 + x_3 \quad \text{e} \quad Ax_5 = 0x_5 \tag{11}$$

Agora podemos reconhecer as condições em A. Deve haver três autovetores genuínos, assim como J tem. A que tiver $\lambda = 8$ é inserida na primeira coluna de M, exatamente como seria inserida na primeira coluna de S: $Ax_1 = 8x_1$. As outras duas, chamadas de x_3 e x_5, são inseridas na terceira e na quinta colunas de M: $Ax_3 = Ax_5 = 0$. Finalmente, deve haver dois outros vetores especiais, os *autovetores generalizados* x_2 e x_4. Consideramos x_2 pertencente a uma ***sequência de vetores*** guiada por x_1 e descrita pela equação (10). De fato, x_2 é o único vetor alternativo na sequência, e o bloco correspondente J_1 possui ordem 2. A equação (11) descreve *duas sequências diferentes*, uma na qual x_4 sucede x_3 e outra em que x_5 está isolado; os blocos J_2 e J_3 são do tipo 2 por 2 e 1 por 1.

A busca pela forma de Jordan de A *torna-se uma busca por essas sequências de vetores, cada uma guiada por um autovetor: para cada* i,

$$Ax_i = \lambda_i x_i \quad \text{ou} \quad Ax_i = \lambda_i x_i + x_{i-1}. \tag{12}$$

Os vetores x_i são inseridos nas colunas de M e cada sequência produz um bloco único em J. Essencialmente, precisamos demonstrar como essas sequências podem ser construídas para cada matriz A. Então, se as sequências forem compatíveis com as equações particulares (10) e (11), nosso J será a forma de Jordan de A.

Acredito que a ideia de Filippov torna a construção o mais simples e óbvia possível.* Ela funciona por meio de indução matemática, partindo do fato de que cada matriz do tipo 1 por 1 já está em sua forma de Jordan. Podemos deduzir que a construção é realizada para todas as matrizes de ordem inferior a n – esta é a "hipótese da indução" – e, então, explicar os passos para uma matriz de ordem n. Estes são os três passos e, após uma descrição geral, os aplicamos a um exemplo específico.

Passo 1 Se supusermos que A é singular, então seu espaço-coluna possui dimensão $r < n$. Observando apenas dentro do espaço menor, a hipótese de indução garante que uma forma de Jordan é possível – deve haver r vetores independentes w_i no espaço-coluna, de modo que

$$Aw_i = \lambda_i w_i \quad \text{ou} \quad Aw_i = \lambda_i w_i + w_{i-1}. \tag{13}$$

Passo 2 Suponha que o espaço nulo e o espaço-coluna de A tenham uma interseção de dimensão p. Obviamente, cada vetor no espaço nulo é um autovetor correspondente a $\lambda = 0$. Portanto, deve haver p sequências no passo 1 que partiram desse autovalor, e estamos interessados nos vetores w_i que aparecem no fim das sequências. Cada um desses

* A. F. Filippov, *A short proof of the reduction to Jordan form*, Moscow Univ. Math. Bull., vol. 26 (1971), p. 70-71.

vetores p está no espaço-coluna, então cada um é uma combinação das colunas de A: $w_i = Ay_i$ para algum y_i.

Passo 3 O espaço nulo sempre tem dimensão $n - r$. Portanto, independente de sua interseção p-dimensional com o espaço-coluna, deve conter $n - r - p$ vetores de base z_i adicionais *fora* dessa interseção.

Agora, junte esses passos para obter o teorema de Jordan:

> Os r vetores w_i, os p vetores y_i e os $n - r - p$ vetores z_i formam sequências de Jordan para a matriz A, e esses vetores são linearmente independentes. Eles são inseridos nas colunas de M e $J = M^{-1} AM$ na forma de Jordan.

Se quisermos renumerar esses vetores como $x_1, ..., x_n$ e equipará-los com a equação (12), então cada y_i deve ser inserido imediatamente após o w_i de onde se originou; isso completa uma sequência em que $\lambda_i = 0$. Os z's ficam bem no final, cada um isolado em sua própria sequência; novamente, o autovalor é zero, visto que os z's permanecem no espaço nulo. Os blocos com autovalores diferentes de zero já foram finalizados no passo 1, os blocos com autovalores zero são expandidos em uma linha e uma coluna no segundo passo e o terceiro passo contribui para qualquer bloco 1 por 1 $J_i = [0]$.

Agora mostraremos um exemplo e, para nos aproximarmos das páginas anteriores, assumiremos 8, 8, 0, 0, 0 como valores:

$$A = \begin{bmatrix} 8 & 0 & 0 & 8 & 8 \\ 0 & 0 & 0 & 8 & 8 \\ 0 & 0 & 0 & 0 & 0 \\ 0 & 0 & 0 & 0 & 0 \\ 0 & 0 & 0 & 0 & 8 \end{bmatrix}.$$

Passo 1 O espaço-coluna tem dimensão $r = 3$ e é gerado pelos vetores de coordenadas e_1, e_2, e_5. Para observar dentro deste espaço, ignoramos a terceira e a quarta linhas e coluna de A; o que resta apresenta autovalores 8, 8, 0 e sua forma de Jordan se origina dos vetores.

$$w_1 = \begin{bmatrix} 8 \\ 0 \\ 0 \\ 0 \\ 0 \end{bmatrix}, \qquad w_2 = \begin{bmatrix} 0 \\ 1 \\ 0 \\ 0 \\ 1 \end{bmatrix}, \qquad w_3 = \begin{bmatrix} 0 \\ 8 \\ 0 \\ 0 \\ 0 \end{bmatrix}.$$

Os valores de w_1 estão no espaço-coluna, eles completam a sequência para $\lambda = 8$ e iniciam a sequência para $\lambda = 0$:

$$Aw_1 = 8w_1, \qquad Aw_2 = 8w_2 + w_1, \qquad Aw_3 = 0w_3. \tag{14}$$

Passo 2 O espaço nulo de A contém e_2 e e_3, então sua interseção com o espaço-coluna é gerado por e_2. Portanto, $p = 1$ e, como esperado, há uma sequência na equação (14) correspondente a $\lambda = 0$. O vetor w_3 aparece no fim (e também no início) dessa sequência, e $w_3 = A\ (e_4 - e_1)$. Então, $y = e_4 - e_1$.

Passo 3 O exemplo tem $n - r - p = 5 - 3 - 1 = 1$, e $z = e_3$ está no espaço nulo, mas fora do espaço-coluna. Será este z que produz um bloco 1 por 1 em J.

Se juntarmos os cinco vetores, as sequências completas serão:

$$Aw_1 = 8w_1, \qquad Aw_2 + 8w_2 + w_1, \qquad Aw_3 = 0w_3, \qquad Ay = 0y + w_3, \qquad Az = 0z.$$

Comparando com as equações (10) e (11), temos uma combinação perfeita – a forma de Jordan de nosso exemplo será exatamente o J que escrevemos antes. Colocar os cinco vetores nas colunas de M deve fornecer $AM = MJ$ ou $M^{-1}AM = J$:

$$M = \begin{bmatrix} 8 & 0 & 0 & -1 & 0 \\ 0 & 1 & 8 & 0 & 0 \\ 0 & 0 & 0 & 0 & 1 \\ 0 & 0 & 0 & 1 & 0 \\ 0 & 1 & 0 & 0 & 0 \end{bmatrix}.$$

Confiamos o suficiente na matemática (ou somos preguiçosos o suficiente) para não multiplicar $M^{-1}AM$.

Na construção de Filippov, o único ponto técnico é verificar a independência de todo o conjunto w_i, y_i e z_i. Com isso, supomos que alguma combinação seja equivalente a zero:

$$\sum c_i w_i + \sum d_i y_i + \sum g_i z_i = 0. \tag{15}$$

Multiplicando por A, e utilizando as equações (13) para w_i, assim como $Az_i = 0$,

$$\sum c_i \begin{bmatrix} \lambda_i w_i \\ \text{ou} \\ \lambda_i w_i + w_{i-1} \end{bmatrix} + \sum d_i A y_i = 0. \tag{16}$$

Os valores Ay_i são os w_i especiais no fim das sequências correspondentes a $\lambda_i = 0$, de modo que não podem aparecer na primeira soma. (Eles são multiplicados por zero em $\lambda_i w_i$.) Visto que a equação (16) é uma combinação de w_i, que eram independentes pela hipótese da indução – eles atenderam à forma de Jordan dentro do espaço-coluna – concluímos que *cada* d_i *deve ser zero*. Voltando para a equação (15), disso se tira $\sum c_i w_i = -\sum g_i z_i$, e o lado esquerdo está no espaço-coluna. Como os z's eram independentes desse espaço, cada g_i deve ser zero. Finalmente, $\sum c_i w_i = 0$ e a independência de w_i produz $c_i = 0$.

Se o A original não tivesse sido singular, os três passos teriam sido aplicados em vez de $A' = A - cI$ (o c constante é escolhido para tornar A' singular e pode ser qualquer um dos autovalores de A). O algoritmo coloca o A' na forma de Jordan $M^{-1}A'M = J'$ produzindo sequências x_i a partir de w_i, y_i e z_i. Então, a forma de Jordan para A utiliza as mesmas sequências e o mesmo M:

$$M^{-1} A'M = M^{-1} A'M + M^{-1} cM = J' + cI = J.$$

Isto completa a demonstração de que cada A é similar a alguma matriz de Jordan J. Exceto para o reordenamento dos blocos, ***é similar a apenas uma dessas matrizes* J**; há uma única forma de Jordan para A. Portanto, o conjunto de todas as matrizes é dividido em números de famílias, com a seguinte propriedade: *todas as matrizes na mesma família possuem a mesma forma de Jordan e são todas similares entre si* (e a J), *mas nenhuma matriz em famílias diferentes é similar.* Em todas as famílias, a matriz J é a mais bonita – caso lhe agradem as matrizes quase diagonais. Com essa classificação em famílias, fazemos uma pausa.

Exemplo 1

$$A = \begin{bmatrix} 0 & 1 & 2 \\ 0 & 0 & 1 \\ 0 & 0 & 0 \end{bmatrix} \quad \text{com } \lambda = 0,\ 0,\ 0.$$

Essa matriz tem posto $r - 2$ e apenas um autovetor. Dentro do espaço-coluna, há uma única sequência $w_1 w_2$, que coincide com as duas últimas colunas:

$$A = \begin{bmatrix} 1 \\ 0 \\ 0 \end{bmatrix} = 0 \qquad \text{e} \qquad A \begin{bmatrix} 2 \\ 1 \\ 0 \end{bmatrix} = \begin{bmatrix} 1 \\ 0 \\ 0 \end{bmatrix}.$$

ou

$$Aw_1 = 0 \qquad \text{e} \qquad Aw_2 = 0w_2 + w_1.$$

O espaço nulo fica completamente dentro do espaço-coluna i e é gerado por w_1. Portanto, $p = 1$ no passo 2 e o vetor y originam-se da equação

$$Ay = w_2 = \begin{bmatrix} 2 \\ 1 \\ 0 \end{bmatrix}, \qquad \text{cuja solução é} \qquad y = \begin{bmatrix} 0 \\ 0 \\ 1 \end{bmatrix}.$$

Finalmente, a sequência $w_1 w_2$ vai dentro da matriz M:

$$M = \begin{bmatrix} 1 & 2 & 0 \\ 0 & 1 & 0 \\ 0 & 0 & 1 \end{bmatrix}, \qquad \text{e} \qquad M^{-1}AM = \begin{bmatrix} 0 & 1 & 0 \\ 0 & 0 & 1 \\ 0 & 0 & 0 \end{bmatrix} = J.$$

Aplicação para $du/dt = Au$

Como de costume, simplificamos o problema separando as incógnitas. A separação está terminada somente quando há um conjunto completo de autovetores e $u = Sv$; a melhor alteração de variáveis, neste caso, é $u = Mv$. Isso produz uma nova equação $M dv/dt = AMv$ ou $dv/dt = Jv$, que é tão simples quanto permitido pelas circunstâncias. O acoplamento somente ocorre por meio dos números 1 fora da diagonal dentro de cada bloco de Jordan. No exemplo anterior, que se tratava de um único bloco, $du/dt = Au$ torna-se

$$\frac{dv}{dt} = \begin{bmatrix} 0 & 1 & 0 \\ 0 & 0 & 1 \\ 0 & 0 & 0 \end{bmatrix} v \quad \text{ou} \quad \begin{matrix} da/dt = b \\ db/dt = c \\ dc/dt = 0 \end{matrix} \quad \text{ou} \quad \begin{matrix} a = a_0 + b_0 t + c_0 t^2/2 \\ b = \phantom{a_0 +{}} b_0 + c_0 t \\ c = \phantom{a_0 + b_0 t +{}} c_0. \end{matrix}$$

O sistema é solucionado quando se trabalha no sentido superior a partir da última equação e uma nova potência de t entra em cada passo (um bloco ℓ por ℓ tem potências máximas de $t^{\ell-1}$). As exponenciais de J, neste caso e no exemplo anterior de 5 por 5, são

$$e^{Jt} = \begin{bmatrix} 1 & t & t^2/2 \\ 0 & 1 & t \\ 0 & 0 & 1 \end{bmatrix} \qquad \text{e} \qquad \begin{bmatrix} e^{8t} & te^{8t} & 0 & 0 & 0 \\ 0 & e^{8t} & 0 & 0 & 0 \\ 0 & 0 & 1 & t & 0 \\ 0 & 0 & 0 & 1 & 0 \\ 0 & 0 & 0 & 0 & 1 \end{bmatrix}.$$

Pode-se notar como os coeficientes de a, b e c aparecem na primeira exponencial. E, no segundo exemplo, é possível identificar todas as cinco "soluções especiais" para $du/dt - Au$. Três delas são as exponenciais puras $u_1 = e^{8t}x_1$, $u_3 = e^{0t}x_3$ e $u_5 = e^{0t}x_5$, formadas, como de costume, a partir dos três autovetores de A. As outras duas envolvem os autovetores generalizados x_2 e x_4:

$$u_2 = e^{8t}(tx_1 + x_2) \qquad \text{e} \qquad u_4 = e^{0t}(tx_3 + x_4). \tag{17}$$

A solução mais geral para $du/dt = Au$ é a combinação $c_1u_1 + \cdots + c_5u_5$, e a combinação que equivale a u_0 no momento $t = 0$ é novamente

$$u_0 = c_1x_1 + \cdots + c_5x_5, \qquad \text{ou} \qquad u_0 = Mc, \qquad \text{ou} \qquad c = M^{-1}u_0.$$

Isto significa apenas que $u = Me^{Jt}M^{-1}u_0$ e o S e Λ na fórmula antiga $Se^{\Lambda t}S^{-1}u_0$ foram substituídos por M e J.

Conjunto de problemas B

1. Para a matriz B no problema 4, use $Me^{Jt}M^{-1}$ para calcular a exponencial e^{Bt} e compare-a com a série de potências $I + Bt - (Bt)^2/2!\cdots$.

2. Encontre "por inspeção", as formas de Jordan de:

$$A = \begin{bmatrix} 1 & 2 & 3 \\ 0 & 4 & 5 \\ 0 & 0 & 6 \end{bmatrix} \qquad \text{e} \qquad B = \begin{bmatrix} 1 & 1 \\ -1 & -1 \end{bmatrix}.$$

3. Demonstre que a solução especial u_2 na equação (17) satisfaz $du/dt = Au$ exatamente por causa da sequência $Ax_1 = 8x_1$, $Ax_2 = 8x_2 + x_1$.

4. Encontre as formas de Jordan (em três passos!) de

$$A = \begin{bmatrix} 1 & 1 \\ 1 & 1 \end{bmatrix} \qquad \text{e} \qquad B = \begin{bmatrix} 0 & 1 & 2 \\ 0 & 0 & 0 \\ 0 & 0 & 0 \end{bmatrix}.$$

5. Encontre a forma de Jordan J e a matriz M para A e B (B possui autovalores 1, 1, 1, −1). Qual é a solução para $du/tu = Au$ e qual o e^{At}?

$$A = \begin{bmatrix} 0 & 0 & 1 & 0 & 0 \\ 0 & 0 & 0 & 1 & 0 \\ 0 & 0 & 0 & 0 & 1 \\ 0 & 0 & 0 & 0 & 0 \\ 0 & 0 & 0 & 0 & 0 \end{bmatrix} \qquad \text{e} \qquad B = \begin{bmatrix} 1 & -1 & 0 & -1 \\ 0 & 2 & 0 & 1 \\ -2 & 1 & -1 & 1 \\ 2 & -1 & 2 & 0 \end{bmatrix}.$$

6. Demonstre que cada bloco de Jordan J_i é similar a sua transposta $J_i^T = P^{-1}J_iP$, utilizando a matriz de permutação P com os algarismos 1 ao longo da diagonal secundária (de baixo para cima, da esquerda para a direita). Deduza que cada matriz é similar a sua transposta.

7. Suponha que $A^2 = A$. Demonstre que a forma de Jordan $J = M^{-1}AM$ satisfaz $J^2 = J$. Como os blocos diagonais permanecem separados, isso significa que $J_i^2 = J_i$ para cada bloco; demonstre com um cálculo direto que J_i pode ser apenas um bloco 1 por 1, $J_i = [0]$ ou $J_i = [1]$. Com isso, A é similar a uma matriz diagonal de algarismos compostos de 0 e 1.

Observação Este é um caso típico de nosso teorema final. *A matriz* A *pode ser diagonalizada se, e somente se, o produto* $(A - \lambda_1 I)(A - \lambda_2 I) \cdots (A - \lambda_p I)$, *sem incluir qualquer repetição de* λ*s, for zero.* Um caso extremo é uma matriz com autovalores distintos; o teorema de Cayley--Hamilton afirma que com fatores n, $A - \lambda I$, sempre obtemos zero. O outro extremo é a matriz identidade, também diagonalizável ($p = 1$ e $A - I = 0$). A matriz não diagonalizável $A = \begin{bmatrix} 1 & 1 \\ 0 & 1 \end{bmatrix}$ não satisfaz $(A - I) = 0$, mas apenas $(A - I)^2 = 0$ – uma equação com raiz repetida.

Fatoração de matrizes

1. $A = LU = \begin{pmatrix} \text{números 1 da triangular} \\ \text{inferior } L \text{ na diagonal} \end{pmatrix} \begin{pmatrix} \text{pivôs da triangular} \\ \text{superior } U \text{ na diagonal} \end{pmatrix}.$

   Requisitos: sem troca de linhas, pois a eliminação de Gauss reduz A a U.

2. $A = LDU = \begin{pmatrix} \text{números 1 da triangular} \\ \text{inferior } L \text{ na diagonal} \end{pmatrix} \begin{pmatrix} \text{Matriz de pivôs} \\ D \text{ diagonal} \end{pmatrix} \begin{pmatrix} \text{números 1 da triangular} \\ \text{superior } U \text{ na diagonal} \end{pmatrix}.$

   Requisitos: sem troca de linhas. Os pivôs em D são divididos para deixar números 1 em U. Se A for simétrica, então U é L^T e $A = LDL^T$.

3. $PA = LU$ (matriz de permutação P para evitar zeros nas posições de pivô).

   Requisitos: A é invertível. Então, P, L e U são invertíveis. P executa a troca de linhas previamente. Alternativa: $A = L_1P_1U_1$.

4. $EA = R$ (E m por m invertível) (qualquer A) = rref (A).

   Requisitos: nenhum! A *forma escalonada reduzida por linhas* R tem r linhas pivô e colunas pivô. O único elemento diferente de zero em uma coluna pivô é o pivô unitário. As últimas linhas $m - r$ de E são uma base para o espaço nulo à esquerda de A, e as primeiras colunas r de E^{-1} são uma base para o espaço-coluna de A.

5. $A = CC^T$ = (matriz triangular inferior C) (a transposta é triangular superior).

   Requisitos: A é simétrica e positiva definida (todos os n pivôs em D são positivos). Essa *fatoração de Cholesky* tem $C = L\sqrt{D}$.

6. $A = QR$ = (colunas ortonormais em Q) (triangular superior R).

   Requisitos: A tem colunas independentes. Estas são *ortogonalizadas* em Q pelo processo de Gram-Schmidt. Se A for quadrada, então, $Q^{-1} = Q^T$.

7. $A = S\Lambda S^{-1}$ = (autovetores em S) (autovalores em Λ) (autovetores à esquerda em S^{-1}).

   Requisitos: A deve ter n autovetores linearmente independentes.

8. $A = Q\Lambda Q^T$ = (matriz ortogonal Q) (matriz de autovalores reais Λ) (Q^T é Q^{-1}).

   Requisitos: A é *simétrica*. Trata-se do teorema espectral.

9. $A = MJM^{-1}$ = (autovetores generalizados em M) (blocos de Jordan em J) (M^{-1}).

   Requisitos: A é qualquer matriz quadrada. A *forma de Jordan* J tem um bloco para cada autovetor independente de A. Cada bloco tem um autovalor.

10. $A = U\Sigma V^{\mathrm{T}} = \begin{pmatrix} U \text{ ortogonal} \\ m \text{ por } m \end{pmatrix} \begin{pmatrix} \text{matriz } \Sigma\ m \text{ por } n \\ \sigma_1,\ldots,\sigma_r \text{ na diagonal} \end{pmatrix} \begin{pmatrix} \text{ortogonal} \\ V\ n \text{ por } n \end{pmatrix}.$

Requisitos: Nenhum. Essa *decomposição de valor singular* (SVD) tem autovetores de AA^{T} em U e de $A^{\mathrm{T}}A$ em V; $\sigma_i = \sqrt{\lambda_i(A^{\mathrm{T}}A)} = \sqrt{\lambda_i(AA^{\mathrm{T}})}$.

11. $A^+ = V\Sigma^+ U^{\mathrm{T}} = \begin{pmatrix} \text{ortogonal} \\ n \text{ por } n \end{pmatrix} \begin{pmatrix} \text{diagonal } n \text{ por } m \\ 1/\sigma_1,\ldots,1/\sigma_r \end{pmatrix} \begin{pmatrix} \text{ortogonal} \\ m \text{ por } m \end{pmatrix}.$

Requisitos: Nenhum. A *pseudoinversa* tem A^+A = projeção no espaço-linha de A, e AA^+ = projeção no espaço-coluna. A solução de mínimos quadrados mais curta para $Ax = b$ é $\hat{x} = A^+b$. Isso resolve $A^{\mathrm{T}}A\hat{x} = A^{\mathrm{T}}b$.

12. $A = QH$ = (matriz ortogonal Q) (matriz simétrica positiva e definida H).

Requisitos: A é invertível. Essa *decomposição polar* tem $H^2 = A^{\mathrm{T}}A$. O fator H será semidefinido, se A for singular. A decomposição polar reversa $A = KQ$ tem $K^2 = AA^{\mathrm{T}}$. As duas têm $Q = UV^{\mathrm{T}}$ da SVD.

13. $A = U\Lambda U^{-1}$ = (U unitária) (matriz de autovalores Λ) $(U^{-1} = U^{\mathrm{H}} = \overline{U}^{\mathrm{T}})$.

Requisitos: A é *normal*: $A^{\mathrm{H}}A = AA^{\mathrm{H}}$. Seus autovetores ortonormais (e possivelmente complexos) são as colunas de U. λs complexos, a menos que $A = A^{\mathrm{H}}$.

14. $A = UTU^{-1}$ = (U unitária) (T triangular com λs na diagonal) $(U^{-1} = U^{\mathrm{H}})$.

Requisitos: *triangularização de Schur* de qualquer quadrada A. Existe uma matriz U com colunas ortonormais que torna $U^{-1}AU$ triangular.

15. $F_n = \begin{bmatrix} I & D \\ I & -D \end{bmatrix} \begin{bmatrix} F_{n/2} & \\ & F_{n/2} \end{bmatrix} \begin{bmatrix} \text{permutação} \\ \text{par-ímpar} \end{bmatrix} = \text{um passo de } \mathbf{FFT}.$

Requisitos: F_n = matriz de Fourier com elementos w^{jk}, em que $w^n = 1$, $w = e^{2\pi i/n}$. Então, $F_n\overline{F}_n = nI$. D tem $1, w, w^2, \ldots$ em sua diagonal. Para $n = 2^\ell$, a *Transformada Rápida de Fourier* tem $\frac{1}{2}n\ell$ multiplicações de ℓ estágios de D's.

Glossário: um dicionário de álgebra linear

Adição de vetores $v + w = (v_1 + w_1, ..., v_n + w_n)$ = diagonal de paralelogramo.

Associatividade $(AB)C = A(BC)$ Os parênteses podem ser retirados, deixando ABC.

Autovalor λ e autovetor x $Ax = \lambda x$ com $x \neq 0$, de modo que $\det(A - \lambda I) = 0$.

Base-padrão para $\mathbf{R}^n$ Colunas da matriz identidade n por n (escrito i, j, k em $\mathbf{R}^3$).

Base para V Os vetores independentes $v_1, ..., v_d$, cujas combinações lineares fornecem cada v em **V**. Um espaço vetorial possui várias bases!

Cofator C_{ij} Remova a linha i e a coluna j; multiplique o determinante por $(-1)^{i+j}$.

Colunas livres de A Colunas sem pivôs; combinações de colunas precedentes.

Colunas pivô de A Colunas que contêm pivôs depois da redução por linhas; não são combinações de colunas anteriores. As colunas de pivôs são a base para o espaço-coluna.

Combinação linear $cv + dw$ ou $\Sigma c_j v_j$ Adição de vetor e multiplicação escalar.

Complemento de Schur $S = D - CA^{-1}B$ Aparece em eliminação de bloco em $\begin{bmatrix} A & B \\ C & D \end{bmatrix}$.

Complexo conjugado $\bar{z} = a - ib$ para qualquer número complexo $z = a + ib$. Então, $z\bar{z} = |z|^2$.

Interpretação por colunas de $Ax = b$. O vetor b se torna uma combinação das colunas de A. O sistema é passível de resolução somente quando b estiver no espaço-coluna $C(A)$.

Interpretação por linhas de $Ax = b$ Cada equação fornece um plano em $\mathbf{R}^n$; os planos se interceptam em x.

Comprimento $||x||$ Raiz quadrada de $x^T x$ (Pitágoras em n dimensões).

Conjunto gerador $v_1, \ldots, v_m$ para V Todos os vetores em **V** são uma combinação de $v_1, \ldots, v_m$.

Decomposição de valor singular (SVD) $A = U\Sigma V^T$ = (U ortogonal) vezes (Σ diagonal) vezes (V^T ortogonal) Primeiras r colunas de U e V são bases ortonormais de $C(A)$ e $C(A^T)$, com $Av_i = \sigma_i u_i$ e valor singular $\sigma_i > 0$. As últimas colunas de U e V são bases ortonormais dos espaços nulos de A^T e A.

Decomposição polar $A = QH$ Q ortogonal, positiva (semi)definida H.

Desigualdade de Schwarz $|v \cdot w| \leq ||v||\ ||w||$. Então, $|v^T A w|^2 \leq (v^T Av)(w^T Aw)$ se $A = C^T C$.

Desigualdade de triângulo $\| u + v \| \leq \| u \| + \| v \|$ Para normas de matriz, $||A + B|| \leq ||A|| + ||B||$.

Desvio cíclico S Permutação com $s_{21} = 1$, $s_{32} = 1, ...,$ finalmente $s_{1n} = 1$. Seus autovalores são raízes n-ésimas $e^{2\pi ik/n}$ de 1; autovetores são colunas da matriz de Fourier F.

Determinante $|A| = \det(A)$ Definida por $\det I = 1$, sinal contrário para troca de linha e linearidade em cada linha. Então, $|A| = 0$, quando A for singular. Também, $|AB| = |A||B|$, $|A^{-1}| = 1/|A|$ e $|A^T| = |A|$. A grande fórmula para $\det(A)$ tem uma soma de $n!$ termos, a fórmula do cofator utiliza determinantes de dimensão $n - 1$, volume da caixa = $|\det(A)|$.

Diagonalização $\Lambda = S^{-1}AS$ Λ = matriz de autovalores, e S = matriz de autovetores. A deve ter n autovetores independentes para tornar S invertível. Todo $A^k = S\,\Lambda^k\,S^{-1}$.

Dimensão do espaço vetorial dim(**V**) = número de vetores em qualquer base de **V**.

Eigshow Autovalores gráficos 2 por 2 e valores singulares (MATLAB ou Java).

Eliminação Uma sequência de operações de linha que reduz A a uma triangular superior U ou a uma forma reduzida R = rref(A). Então, $A = LU$ com multiplicadores ℓ_{ij} em L, ou $PA = LU$ com trocas de linha em P, ou $EA = R$ com um E invertível.

Elipse (ou elipsoide) $x^TAx = 1$ A deve ser positiva definida; os eixos da elipse são autovetores de A, com comprimento $1/\sqrt{\lambda}$. (Para $\|x\| = 1$ os vetores $y = Ax$ estão na elipse $\|A^{-1}y\|^2 = y^T(AA^T)^{-1}y = 1$ exibida pelo eigshow; comprimentos de eixo σ_i.)

Encrespamento $w_{jk}(t)$ ou vetores w_{jk} Redimensionam e desviam o eixo do tempo para criar $w_{jk}(t) = w_{00}(2^j{}_t - k)$. Vetores de $w_{00} = (1, 1, -1, -1)$ seriam $(1, -1, 0, 0)$ e $(0, 0, 1, -1)$.

Equação característica det $(A - \lambda I) = 0$ As raízes n são os autovalores de A.

Equação normal $A^TA\hat{x} = A^Tb$ Fornece a solução de mínimos quadrados para $Ax = b$, se A possuir posto completo n. A equação diz que (colunas de A) $\cdot (b - A\hat{x}) = 0$.

Espaço-coluna $C(A)$ Espaço de todas as combinações das colunas de A.

Espaço-linha $C(A^T)$ Todas as combinações de linhas de A. Vetores coluna por convenção.

Espaço nulo $N(A)$ Soluções de $Ax = 0$. Dimensão $n - r$ = (nº de colunas) – posto.

Espaço nulo à esquerda $N(A^T)$ O espaço nulo de A^T = "espaço nulo à esquerda" de A, porque $y^TA = 0^T$.

Espaço vetorial V Conjunto de vetores tal que todas as combinações $cv + dw$ permanecem em **V**. As oito regras exigidas para $cv + dw$ são fornecidas na Seção 2.1.

Espectro de A O conjunto de autovalores $\{\lambda_1, \ldots, \lambda_n\}$.

Exponencial $e^{At} = I + At + (At)^2/2! + \ldots$ tem derivada Ae^{At}; $e^{At}u(0)$ resolve $u' = Au$.

Fatoração $A = LU$ Se a eliminação levar A até U *sem troca de linhas*, então a triangular inferior L com multiplicadores ℓ_{ij} (e $\ell_{ii} = 1$) trará U de volta para A.

Fatoração de Cholesky $A = CC_T = (L\sqrt{D})(L\sqrt{D})^T$ para A definida e positiva.

Fatorações simétricas $A = LDL^T$ e $A = Q\Lambda Q^T$ O número de pivôs positivos em D e de autovalores positivos em Λ é o mesmo.

Forma escalonada reduzida por linha R = rref(A) Pivôs = 1; zeros acima e abaixo dos pivôs; r linhas diferentes de zero de R fornecem uma base para o espaço-linha de A.

Forma de Jordan $J = M^{-1}AM$ Se A tem s autovetores independentes, sua matriz de autovetores "generalizados" M fornece $J = \text{diag}(J_1, \ldots, J_s)$. O bloco J_k é $\lambda_k I_k + N_k$, em que N_k tem números 1 na diagonal 1. Cada bloco possui um autovalor λ_k e um autovetor $(1, 0, \ldots, 0)$.

Grafo G Conjunto de n nós conectados aos pares por m arestas. Um **grafo completo** tem todas as $n(n - 1)/2$ arestas entre os nós. Uma **árvore** tem somente $n - 1$ arestas e não possui laços. Um **grafo direcionado** tem a seta de direção especificada em cada aresta.

Grande fórmula para determinantes n por n O det (A) é uma soma de $n!$ termos, um para cada permutação P das colunas. O termo é o produto $a_{1\alpha} \ldots a_{nw}$ ao longo da diagonal da matriz reordenada, multiplicado por det $(P) = \pm 1$.

Inversa à direita A^+ Se A tem posto completo m de linha, então, $A^+ = A^T(AA^T)^{-1}$ tem $AA^+ = I_m$.

Inversa à esquerda A^+ Se A tem um posto completo de coluna n, então $A^+ = (A^TA)^{-1}A^T$ tem $A^+A = I_n$.

Lei distributiva $A(B + C) = AB + AC$ Adicione e multiplique ou multiplique e adicione.

Leis de Kirchhoff *Lei das correntes*: a corrente líquida (o que entra menos aquilo que sai) é zero em cada nó. *Lei das tensões:* as diferenças de potencial (quedas de tensão) somam zero ao redor de cada laço.

Matriz aleatória rand(n) ou randn(n) O programa MATLAB cria uma matriz com elementos aleatórios, uniformemente distribuídos em [0 1] para rand e com distribuição padronizada normal para randn.

Matriz antissimétrica K A transposta é $-K$, uma vez que $K_{ij} = -K_{ji}$. Autovalores são imaginários puros, autovetores são ortogonais, e^{Kt} é uma matriz ortogonal.

Matriz aumentada $[A \;\; b]$ $Ax = b$ poderá ser resolvida quando b estiver no espaço-coluna de A; assim, $[A \;\; b]$ tem o mesmo posto que A. A eliminação em $[A \;\; b]$ mantém corretas as equações.

Matriz circulante C As diagonais constantes circulam em desvio cíclico S. Cada circulante é $c_0I + c_1S + \cdots + c_{n-1}S^{n-1}$. Cx = **convolução** $c * x$. Os autovetores em F.

Matriz companheira Coloque $c_1, \ldots, c_n$ na linha n e disponha $n - 1$ números 1 ao longo da diagonal 1. Então, det $(A - \lambda I) = \pm(c_1 + c_2\lambda + c_3\lambda^2 + \ldots)$.

Matriz de adjacência de um grafo Matriz quadrada com $a_{ij} = 1$, na qual existe uma aresta do nó i ao nó j; caso contrário, $a_{ij} = 0$. $A = A^T$ para um grafo não direcionado.

Matriz de bloco Uma matriz pode ser dividida em blocos matriciais por meio de cortes entre linhas e/ou colunas.

Matriz de covariância Σ Quando variáveis aleatórias x_i possuem mediana = valor médio = 0, suas covariâncias Σ_{ij} são as médias de $x_i x_j$. Com médias $\overline{x}_i$, a matriz Σ = a média de $(x - \overline{x})(x - \overline{x})^T$ é positiva (semi)definida; ela será diagonal se os x_i forem independentes.

Matriz de eliminação = matriz elementar *Eij* A matriz de identidade com um $-\ell_{ij}$ extra no elemento i, j $(i \neq j)$. Então, $E_{ij}A$ subtrai ℓ_{ij} vezes a linha j de A da linha i.

Matriz de espaço nulo *N* As colunas de N são as $n - r$ soluções especiais para $As = 0$.

Matriz de Fourier *F* Os elementos $F_{jk} = e^{2\pi ijk/n}$ fornecem colunas ortogonais $\overline{F}^T F = nI$. Então, $y = Fc$ é a Transformada Discreta de Fourier (inversa) $y_j = \Sigma c_k e^{2\pi ijk/n}$.

Matriz de Hankel *H* Constante ao longo de cada antidiagonal; h_{ij} depende de $i + j$.

Matriz de Hessenberg *H* Matriz triangular com uma diagonal extra adjacente diferente de zero.

Matriz de Hilbert hilb(*n*) Elementos $H_{ij} = 1/(i + j - 1) = \int_0^1 x^{i-1}\, x^{j-1}\, dx$. Positiva definida, mas extremamente pequena $\lambda_{\text{mín.}}$ e grande número de condição.

Matriz de hipercubos P_L^2 A linha $n + 1$ conta cantos, arestas, faces, ... de um cubo em $\mathbf{R}^n$.

Matriz de incidência de um grafo direcionado A matriz m por n de incidência aresta-nó tem uma linha para cada aresta (nó i até nó j), com elementos -1 e 1 nas colunas i e j.

Matriz de Markov *M* Todas as $m_{ij} \geq 0$ e cada soma de coluna é 1. O maior autovalor é $\lambda = 1$. Se $m_{ij} > 0$, as colunas de M^k aproximam o autovetor em estado estável $Ms = s > 0$.

Matriz de Pascal P_S = pascal(*n*) Matriz simétrica com elementos binomiais $\binom{i+j-2}{i-1}$. Todos os $P_S = P_L P_U$ contêm o triângulo de Pascal com det = 1 (para mais propriedades, veja índice).

Matriz de permutação *P* Existem $n!$ ordens de $1, \ldots, n$; os $n!$ P's têm as linhas de I nessas ordens. PA coloca as linhas de A na mesma ordem. P é produto de trocas de linha P_{ij}; P é *par* ou *ímpar* (det P = 1 ou -1) com base no número de trocas.

Matriz de posto 1 $A = uv^T \neq 0$ Espaço-linha e espaço-coluna = retas cu e cv.

Matriz de projeção *P* sobre o subespaço S Projeção $p = Pb$ é o ponto mais próximo a b em **S**, erro $e = b - Pb$ é perpendicular a **S**. $P^2 = P = P^T$, autovalores são 1 ou 0, autovetores estão em **S** ou $\mathbf{S}^\perp$. Se as colunas de A = base para **S**, então $P = A(A^T A)^{-1} A^T$.

Matriz de reflexão $Q = I - 2uu^T$ O vetor unitário u é refletido para $Qu = -u$. Todos os vetores x no plano $u^T x = 0$ permanecem inalterados, porque $Qx = x$. A "Matriz de Householder" tem $Q^T = Q^{-1} = Q$.

Matriz de rigidez *K* Se x fornecer os movimentos dos nós em uma estrutura discreta, Kx fornecerá as forças internas. Com frequência, $K = A^T C A$, em que C contém constantes elásticas da Lei de Hooke, e Ax = deslocamentos (tensões) dos movimentos x.

Matriz de rotação $R = \begin{bmatrix} \cos\theta & -\text{sen}\,\theta \\ \text{sen}\,\theta & \cos\theta \end{bmatrix}$ gira o plano em θ, e $R^{-1} = R^T$ gira o plano de volta em $-\theta$. Matriz ortogonal, autovalores $e^{i\theta}$ e $e^{-i\theta}$, autovetores $(1, \pm i)$.

Matriz de Toeplitz *T* Matriz com diagonal constante, de modo que t_{ij} depende somente de $j - i$. Em processamento de sinais, as matrizes de Toeplitz representam filtros lineares invariáveis.

Matriz de Vandermonde *V* $Vc = b$ fornece o polinômio $p(x) = c_0 + \cdots + c_{n-1}x^{n-1}$, com $p(x_i) = b_i$ em n pontos. $V_{ij} = (x_i)^{j-1}$, e det V = produto de $(x_k - x_i)$ para $k > i$.

Matriz diagonal *D* $d_{ij} = 0$, se $i \neq j$. **Diagonal de bloco:** zero fora de blocos quadrados D_{ii}.

Matriz diagonalizável *A* Deve ter n autovetores independentes (nas colunas de S; automática com n autovalores diferentes). Então, $S^{-1}AS = \Lambda$ = matriz de autovalores.

Matriz escalonada *U* O primeiro elemento diferente de zero (o pivô) em cada linha é posterior ao pivô da linha anterior. Todas as linhas nulas são as últimas.

Matriz hermitiana $A^H = \overline{A}^T = A$ Complexo análogo de uma matriz simétrica: $\overline{a_{ij}} = a_{ij}$.

Matriz identidade *I* (ou I_n) Elementos diagonais = 1, elementos fora da diagonal = 0.

Matriz indefinida Matriz simétrica com autovalores de ambos os sinais (+ e −).

Matriz inversa A^{-1} Matriz quadrada com $A^{-1}A = I$ e $AA^{-1} = I$. Sem inversão se det $A = 0$ e posto $(A) < n$, e $Ax = 0$ para um vetor x diferente de zero. Os inversos de AB e A^T são $B^{-1}A^{-1}$ e $(A^{-1})^T$. Fórmula de cofator $(A^{-1})_{ij} = C_{ji}/\det A$.

Matriz M de troca de base Os vetores de base antigos v_j são combinações $\Sigma m_{ij} w_i$ dos novos vetores de base. As coordenadas $c_1v_1 + \cdots + c_nv_n = d_1w_1 + \cdots + d_nw_n$ são relacionadas por $d = Mc$. (Para $n = 2$, defina $v_1 = m_{11}w_1 + m_{21}w_2$, $v_2 = m_{12}w_1 + m_{22}w_2$.)

Matriz normal N $NN^T = N^TN$, leva a autovetores ortonormais (complexos).

Matriz nilpotente N Alguma potência de N é a matriz zero, $N^k = 0$. O único autovalor é $\lambda = 0$ (repetido n vezes). Exemplos: matrizes triangulares com diagonal zero.

Matriz ortogonal Q Matriz quadrada com colunas ortonormais, de modo que $Q^TQ = I$ implica $Q^T = Q^{-1}$. Preserva comprimento e ângulos, $||Qx|| = ||x||$ e $(Qx)^T(Qy) = x^Ty$. Todos os $|\lambda| = 1$, com autovetores ortogonais. Exemplos: rotação, reflexão e permutação.

Matriz positiva definida A Matriz simétrica com autovalores positivos e pivôs positivos. Definição: $x^TAx > 0$, a menos que $x = 0$.

Matriz semidefinida A Semidefinida (positiva) significa simétrica com $x^TAx \geq 0$ para todos os vetores x. Então, todos os autovalores $\lambda \geq 0$; não há pivôs negativos.

Matriz simétrica A A transposta é $A^T = A$, e $a_{ij} = a_{ji}$. A^{-1} também é simétrica. Todas as matrizes da forma R^TR e LDL^T e $Q\Lambda Q^T$ são simétricas. Matrizes simétricas possuem autovalores reais em Λ e autovetores ortonormais em Q.

Matriz singular A Uma matriz quadrada que não tem inversa: $\det(A) = 0$.

Matriz transposta A^T Os elementos $A_{ij}^T = A_{ji}$. A^T é n por m, A^TA é quadrada, simétrica, positiva semidefinida. As transpostas de AB e A^{-1} são $B^T A^T$ e $(A^T)^{-1}$.

Matriz tridiagonal T $t_{ij} = 0$, se $|i - j| > 1$. T^{-1} tem posto 1 acima e abaixo da diagonal.

Matriz unitária $U^H = \bar{U}^T = U^{-1}$ Colunas ortonormais (análogo complexo de Q).

Matrizes de comutação $AB = BA$ Se forem diagonalizáveis, compartilharão n autovetores.

Matrizes similares A e B $B = M^{-1}AM$ tem os mesmos autovalores de A.

Método de Gauss-Jordan Inverta A por operações de linha em $[A \quad I]$ para alcançar $[I \quad A^{-1}]$.

Método de gradiente conjugado A sequência de passos para resolver a positiva definida $Ax = b$, minimizando $\frac{1}{2}x^TAx - x^Tb$ sobre subespaços crescentes de Krylov.

Método iterativo Uma sequência de passos que visa à aproximação da solução desejada.

Método simplex de programação linear O vetor de custo mínimo x^* é encontrado movendo-se do vértice para o vértice de custo menor ao longo das arestas do conjunto viável (em que as restrições $Ax = b$ e $x \geq 0$ são satisfeitas). Custo mínimo no vértice!

Multiplicação $Ax = x_1$ (coluna 1) $+ \cdots + x_n$ (coluna n) = combinação de colunas.

Multiplicação de blocos A multiplicação de AB é possível, se a forma dos blocos permitir (as colunas de A e as linhas de B devem estar em blocos correspondentes).

Multiplicação de matriz AB O elemento i, j de AB é (linha i de A) · (coluna j de B) $= \Sigma a_{ik}b_{kj}$. Por colunas: coluna j de $AB = A$ vezes coluna j de B. Por linhas: linha i de A multiplica B. Colunas vezes linhas: AB = soma de (coluna k) (linha k). Todas essas definições equivalentes resultam da regra de que AB vezes x é igual a A vezes Bx.

Multiplicador ℓ_{ij} A linha pivô j é multiplicada por ℓ_{ij} e subtraída da linha i para eliminar o elemento i, j: ℓ_{ij} = (elemento a eliminar)/(j-ésimo pivô).

Multiplicidades AM e GM A multiplicidade algébrica AM de um autovalor λ é o número de vezes em que λ aparece como raiz de $\det(A - \lambda I) = 0$. A multiplicidade geométrica GM é o número de autovetores independentes (= dimensão do autoespaço para λ).

Norma $||A||$ de uma matriz A "norma ℓ^2" é a razão máxima $||Ax||/||x|| = \sigma_{máx.}$. Então, $||Ax|| \leq ||A||\,||x||$, $||AB|| \leq ||A||\,||B||$, e $||A + B|| \leq ||A|| + ||B||$. **Norma de Frobenius** $||A||_F^2 = \Sigma\Sigma a_{ij}^2$; normas ℓ^1 e ℓ^∞ são as maiores somas de colunas e linhas de $|a_{ij}|$.

Número de condição cond(A) = $k(A)$ = $||A||\,||A^{-1}|| = \sigma_{máx.}/\sigma_{mín.}$ Em $Ax = b$, a troca relativa $||\delta x||/||x||$ é menor que cond(A) multiplicado pela troca relativa $||\delta b||/||b||$. Os números de condição medem a *sensibilidade* do resultado quanto a alterações na entrada.

Números de Fibonacci 0, 1, 1, 2, 3, 5, ..., satisfazem $F_n = F_{n-1} + F_{n-2} = (\lambda_1^n - \lambda_2^n)/(\lambda_1 - \lambda_2)$. Taxa de crescimento $\lambda_1 = (1 + \sqrt{5})/2$ é o maior autovalor da matriz de Fibonacci $\begin{bmatrix} 1 & 1 \\ 1 & 0 \end{bmatrix}$.

Números de Lucas $L_n = 2, 1, 3, 4, \ldots$, satisfaz $L_n = L_{n-1} + L_{n-2} = \lambda_1^n + \lambda_2^n$, com autovalores $\lambda_1, \lambda_2 = (1 \pm \sqrt{5})/2$ da matriz de Fibonacci $\begin{bmatrix} 1 & 1 \\ 1 & 0 \end{bmatrix}$. Compare $L_0 = 2$ com Fibonacci.

Ortogonalização de Gram-Schmidt $A = QR$ Colunas independentes em A, colunas ortonormais em Q. Cada coluna q_j de Q é uma combinação das primeiras colunas j de A (e, reciprocamente, R é triangular superior). Convenção: diag(R) > 0.

Pivô d O primeiro elemento diferente de zero quando uma linha é utilizada na eliminação.

Pivotamento parcial Na eliminação, o j-ésimo pivô é escolhido como o maior elemento disponível (em valor absoluto) na coluna j. Então, todos os multiplicadores possuem $|\ell_{ij}| \leq 1$. O erro de arredondamento é controlado (dependendo do *número de condição* de A).

Plano (ou hiperplano) em $\mathbf{R}^n$ Soluções para $a^Tx = 0$ fornecem o plano (dimensão $n - 1$) perpendicular a $a \neq 0$.

Polinômio mínimo de A O polinômio de grau mais baixo com $m(A)$ = matriz nula. As raízes de m são autovalores, e $m(\lambda)$ divide $\det(A - \lambda I)$.

Ponto de sela de $f(x_1, \ldots, x_n)$ Um ponto no qual as primeiras derivadas de f são zero, e a segunda matriz derivada ($\partial^2 f/\partial x_i \partial x_j$ = **matriz hessiana**) é indefinida.

Posto r (A) Número de pivôs = dimensão do espaço-coluna = dimensão do espaço-linha.

Posto coluna completo $r = n$ Colunas independentes, $N(A) = \{0\}$, sem variáveis livres.

Posto linha completo $r = m$ Linhas independentes, pelo menos uma solução para $Ax = b$, o espaço-coluna é todo de $\mathbf{R}^m$. *Posto completo* significa posto coluna completo ou posto linha completo.

Projeção $p = a(a^Tb/a^Ta)$ na reta por meio de a $P = aa^T/a^Ta$ tem posto 1.

Produto de Kronecker (produto tensorial) $A \otimes B$ Blocos $a_{ij}B$, autovalores $\lambda_p(A)\lambda_q(B)$.

Produto escalar $x^Ty = x_1y_1 + \cdots + x_ny_n$ O produto escalar complexo é $\bar{x}^Ty$. Vetores perpendiculares possuem produto escalar zero. $(AB)_{ij}$ = (linha i de A) · (coluna j de B).

Produto vetorial $u \times v$ em $\mathbf{R}^3$ O vetor perpendicular a u e v, extensão $||u||\ ||v||\ |\text{sen}\ \theta|$ = área do paralelogramo, computada como o "determinante" de $[i \quad j \quad k; u_1 \quad u_2 \quad u_3; v_1 \quad v_2 \quad v_3]$.

Produto vetorial uv^T Coluna multiplicada por linha = matriz de posto 1.

Pseudoinversa A^+ (inversa de Moore-Penrose) A matriz n por m que "inverte" A de espaço-coluna para espaço-linha novamente, com $N(A^+) = N(A^T)$. A^+A e AA^+ são as matrizes de projeção no espaço-linha e no espaço-coluna. Posto (A^+) = posto (A).

Quatro subespaços fundamentais de A $C(A)$, $N(A)$, $C(A^T)$, $N(A^T)$.

Quociente de Rayleigh $q(x) = x^TAx/x^Tx$ Para $A = A^T$, $\lambda_{\text{mín.}} \leq q(x) \leq \lambda_{\text{máx.}}$. Esses extremos são alcançados nos autovetores x para $\lambda_{\text{mín.}}(A)$ e $\lambda_{\text{máx.}}(A)$.

Raio espectral = $|\lambda_{\text{máx.}}|$.

Rede Um grafo direcionado com constantes $c_1, \ldots, c_m$ associadas com as arestas.

Regra de Cramer para $Ax = b$ B_j tem b substituindo a coluna j de A, e $x_j = |B_j|/|A|$.

Retrossubstituição Os sistemas triangulares superiores são resolvidos em ordem inversa x_n para x_1.

Sistema solúvel $Ax = b$ O lado direito b está no espaço-coluna de A.

Solução completa $x = x_p + x_n$ *para* $Ax = b$ (x_p particular) + (x_n no espaço nulo).

Solução $\hat{x}$ com mínimos quadrados O vetor x que minimiza o erro $\|e\|^2$ resolve $A^TA\hat{x} = A^Tb$. Então, $e = b - A\hat{x}$ é ortogonal a todas as colunas de A.

Solução particular x_p Qualquer solução para $Ax = b$; frequentemente, x_p tem variáveis livres = 0.

Soluções especiais para $As = 0$ Uma variável livre é $s_i = 1$, outras variáveis livres = 0.

Soma V + W de subespaços Espaço de todos (v em **V**) + (w em **W**). **Soma direta:** dim(**V** + **W**) = dim **V** + dim **W**, quando **V** e **W** compartilham somente o vetor zero.

Subespaço de Krylov $K_j(A, b)$ O subespaço gerado por $b, Ab, \ldots, A^{j-1}b$. Métodos numéricos aproximam $A^{-1}b$ por x_j com resíduo $b - Ax_j$ nesse subespaço. Uma boa base para K_j exige somente multiplicação por A em cada passo.

Subespaço S de V Qualquer espaço vetorial dentro de **V**, incluindo **V** e **Z** = {vetor nulo}.

Subespaços ortogonais Cada v em **V** é ortogonal a cada w em **W**.

Teorema de Cayley-Hamilton $p(\lambda) = \det(A - \lambda I)$ tem $p(A)$ = *matriz zero.*

Teorema espectral $A = Q\Lambda Q^T$ A simétrica real tem λ_i real e q_i ortonormal, com $Aq_i = \lambda_i q_i$. Em mecânica, o q_i fornece os *eixos principais.*

Teorema Fundamental O espaço nulo $N(A)$ e o espaço-linha $C(A^T)$ são complementos ortogonais (subespaços perpendiculares de $\mathbf{R}^n$ com dimensões r e $n - r$) de $Ax = 0$. Aplicado a A^T, o espaço-coluna $C(A)$ é o complemento ortogonal de $N(A^T)$.

Traço de A A soma dos elementos da diagonal = a soma de autovalores de A. Tr AB = Tr BA.

Transformação afim $T(v) = Av + v_0$ = transformação linear mais desvio.

Transformação linear T Cada vetor v no espaço domínio transforma-se em $T(v)$ no espaço imagem, e a linearidade exige $T(cv + dw) = cT(v) + dT(w)$. Exemplos: multiplicação de matrizes Av, diferenciação em espaços de função.

Transformada Rápida de Fourier (FFT) A fatoração da matriz de Fourier F_n em $\ell = \log_2 n$ matrizes S_i vezes uma permutação. Cada S_i precisa de somente $n/2$ multiplicações, de modo que $F_n x$ e $F_n^{-1} c$ podem ser calculadas com $n\ell/2$ multiplicações. Revolucionária.

$v_1, \ldots, v_n$ linearmente dependentes Combinação linear com quase todos $c_i = 0$, que resulta em $\Sigma c_i v_i = 0$.

Variável livre x_i A coluna i não tem pivô na eliminação. Podemos dar quaisquer valores às $n - r$ variáveis livres. Então, $Ax = b$ determina as r variáveis pivô (se solúvel!).

Vetor v em $\mathbf{R}^n$ Sequência de n números reais $v = (v_1, \ldots, v_n)$ = ponto em $\mathbf{R}^n$.

Vetores independentes $v_1, \ldots, v_k$ Sem combinação $c_1 v_1 + \cdots + c_k v_k$ = vetor zero, a menos que todo $c_i = 0$. Se os vs são as colunas de A, a única solução para $Ax = 0$ é $x = 0$.

Vetores ortonormais $q_1, \ldots, q_n$ Produtos escalares são $q_i^T q_j = 0$, se $i \neq j$ e $q_i^T q_i = 1$. A matriz Q com essas colunas ortonormais tem $Q^T Q = I$. Se $m = n$, então $Q^T = Q^{-1}$ e $q_1, \ldots, q_n$ é uma **base ortonormal** para $\mathbf{R}^n$: cada $v = \Sigma(v^T q_j) q_j$.

Volume da caixa As linhas (ou colunas) de A geram uma caixa com volume $|\det(A)|$.

Códigos do MATLAB

cofactor	Cálculo da matriz de cofatores n por n.
cramer	Solução do sistema $Ax = b$ de acordo com a regra de Cramer.
deter	Cálculo de determinante da matriz com base nos pivôs em $PA = LU$.
eigen2	Autovalores, autovetores e det $(A - \lambda I)$ de matrizes 2 por 2.
eigshow	Demonstração gráfica de autovalores e valores singulares.
eigval	Autovalores e sua multiplicidade como raízes do det $(A - \lambda I) = 0$.
eigvec	Cálculo do maior número possível de autovetores linearmente independentes.
elim	Redução de A para a forma escalonada de linhas R, por meio de uma E invertível.
findpiv	Determinação de um pivô para eliminação de Gauss (utilizada por **plu**).
fourbase	Criação de bases para todos os quatro subespaços fundamentais.
grams	Ortogonalização de Gram-Schmidt das colunas de A.
house	Matriz 2 por 12 que fornece as coordenadas de canto de uma casa.
inverse	Inversa da matriz (se existir) por meio da eliminação de Gauss-Jordan.
leftnull	Cálculo de uma base para o espaço nulo à esquerda.
linefit	Plotagem dos mínimos quadrados adequados a partir de m pontos em uma reta.
lsq	Solução de mínimos quadrados para $Ax = b$ de $A^TA\hat{x} = A^Tb$.
normal	Autovalores e autovetores ortonormais quando $A^TA = AA^T$.
nulbasis	Matriz de soluções especiais para $Ax = 0$ (base para espaço nulo).
orthcomp	Determinação de uma base para o complemento ortogonal de um subespaço.
partic	Solução particular de $Ax = b$, com todas as variáveis livres zero.
plot2d	Plotagem bidimensional para figuras de casa.
plu	Fatoração $PA = LU$ retangular com trocas de linha.
poly2str	Expressão de um polinômio como uma sequência.
project	Projeção de um vetor b sobre o espaço-coluna de A.
projmat	Estabelecimento da matriz de projeção sobre o espaço-coluna de A.
randperm	Estabelecimento de uma permutação aleatória.
rowbasis	Cálculo de uma base para o espaço-linha das linhas de pivôs de R.
samespan	Teste para verificar se duas matrizes têm o mesmo espaço-coluna.
signperm	Determinante da matriz de permutação com linhas organizadas por p.
slu	Fatoração LU de uma matriz quadrada, sem utilizar *nenhuma troca de linhas*.
slv	Aplicação de **slu** para solucionar o sistema $Ax = b$, sem permitir trocas de linhas.
splu	Fatoração $PA = LU$ quadrada, *com troca de linhas*.
splv	A solução para um sistema quadrado invertível $Ax = b$.
symmeig	Cálculo de autovalores e autovetores de uma matriz simétrica.
tridiag	Criação de uma matriz tridiagonal com diagonais constantes a, b e c.

Estes códigos podem ser encontrados no site Linear Algebra Home Page:
<http://web.mit.edu/18.06/www>.
Eles foram escritos em MATLAB e transformados para o Maple e o Mathematica.

Índice remissivo

$A = LDL^T$, 51, 60, 319–320, 325
$A = LDU$, 36, 51, 369
$A = LU$, 34–35
$A = MJM^{-1}$, 300, 429
$A = QR$, 175, 179, 181–182, 351, 363, 429, 435
$A = QS$, 333
AA^T, 49, 108, 162, 222–223, 306, 331–336, 357, 437
A^TA, 49, 108–109, 115, 161–168, 179, 182, 184, 306, 331–335, 342, 356–357, 363, 437
A^TCA, 120–124
$\mathbf{C}^n$, 248, 280, 282, 288, 292
e^{At}, 266–275
$PA = LU$, 38–39
$\mathbf{R}^n$, 69, 72–73, 288
RR^T e R^TR, 51–52
$S^{-1}AS$, 132, 245–248, 285, 293, 299, 301, 324, 431

A

$A = LU$, 34, 35
Abel, Niels Henrik, 239
Adição de vetores, 6
Álgebra booleana, 204
Algoritmo de Crout, 37
Algoritmo QR, 351, 361, 364–365
Análise de regressão, 153
Análise de sensibilidade, 396
Applied Mathematics and Scientific Computing, 122, 321, 349
Área, 137, 223-229
Aresta do conjunto viável, 382-391, 434
Arnoldi, 374
Árvore geradora mais curta, 407
Árvore geradora, 117
Árvore, 117, 123-124, 404, 407
Associatividade, 22, 30, 34, 46, 431
Autofunção, 346, 349, 350
Autovalores diferentes de zero, 425
Autovalores distintos, 245–247, 297–299, 303, 308, 428
Autovalores duplos, 246, 423
Autovalores e autovetores, 233–309
Autovalores repetidos, 245, 246
Autovetores generalizados, 268

B

Base, 95, 141
Base-padrão, 174
Bringing Down the House, 377, 412
Buniakowsky, 155
Busca em primeira largura, 406
Busca em primeira profundidade, 406

C

Cálculo de $A-1$, 47–48
Califórnia, 257–258, 381
Capacidade, 120, 401–406
Casos singulares, 2, 7, 8, 13
Cauchy-Buniakowsky-Schwarz, 155
Cayley-Hamilton, 253, 304, 345
$CD = -DC$, 27, 208, 231, 302
Círculo unitário, 190, 282, 298
Cisalhamento, 285
$\mathbf{C}^n$, 248, 280, 282, 288, 292
Cofatores, 213
Colunas vezes linhas, 30, 333, 434
Combinação de colunas, 4, 7, 8, 71-72, 93, 434
Combinação linear, 6-7
Compatibilidade completa, 402
Complemento, 145–152
Complemento de Schur, 31, 219, 431
Complete o quadrado, 316–317, 345
Complexos conjugados, 431
Composição, 131
Composição contínua, 254
Composição de colunas, 8
Comprimento da aresta, 119
Comprimento, 120, 405
Comutativa, 25, 69
Condição de Hall, 404
Condição limite, 60, 64, 347, 350
Condições de Kuhn-Tucker, 397
Condutividade, 120
Cone, 398–400
Congruência, 324, 326
Conjunto independente máximo, 98
Conjunto viável, 378, 382
Constantes arbitrárias, 59
Convergência, 368
Cooley, 194

Coordenada, 6, 69–70
Coordenadas polares, 282, 289, 333
Corte mínimo, 402
Cosseno, 102, 152–159, 182–184, 188–191, 198, 272, 274
Custo de eliminação, 13, 14
Custos reduzidos, 386, 388

D

Dantzig, George Bernard, 382
Decomposição de Cholesky, 320
Decomposição de valor singular (SVD), 331-337
Decomposição, 148, 298, 330-337
Defectiva, 290, 299
Definida negativa, 314
Degeneração, 385, 395
Dependente, 9–1, 92–111
Desigualdade de Schwarz, 154–155, 183, 431
Desigualdade de triângulo, 431
Desigualdades, 377–381
Determinante jacobiano, 201
Determinante zero, 45
Determinantes
  fórmulas, 202, 210-220
  propriedades, 203–210
  "razão de determinantes", 1, 202, 224
Diagonalização de matrizes, 297
  Forma de Jordan, 423–428
  Transformações de semelhança, 301
  simultânea, 326
Diagonalizável, 246, 251-253, 270, 290
Diagonalmente dominante, 373
Diferença finita, 62, 64, 346, 354, 418
Difusão, 268
Dilema do prisioneiro, 412
Dimensão, 81-96
  do espaço-coluna, 98
  do subespaço, 81
Distância, 152, 161
Distâncias verticais, 166
Dualidade fraca, 393

E

e^{At}, 266–280
Economia, 59, 153, 260–266
eigshow, 239–240
Einstein, Albert, 21
Eixos principais, 334
Eliminação, 1, 9
Eliminação de blocos, 120
Eliminação de Gauss, 1-68
  geometria das equações lineares, 3-11
  notação matricial, 19-32
  ortogonalidade, 161, 183
  casos singulares, 7–11, 13
Eliminação por triangularização, 32, 36
Elipses e elipsóides
  eigshow, 239
  espaço de Hilbert, 182
  método de Khachian, 389
  matrizes definidas positivas, 311
  teorema dos eixos principais, 285
Energia, 287, 334, 339–340, 347–350
Entrelaçamento, 344
Equação da onda, 275
Equação das diferenças, 60, 64, 254–270
Equação de Bellman, 406
Equação de Laplace, 418
Equação diferencial parcial, 269, 418
Equação do calor, 270
Equação homogênea, 73
Equações diferenciais
  alteração para equações matriciais, 59
  difusão, 268
  e e^{At}, 266–275
  Análise de Fourier, 193-194
  instabilidade, 271, 276
  Equação diferencial parcial de Laplace, 418
  equações de segunda ordem, 273-275
  transformações de semelhança, 293
  estabilidade, 270, 272
Equações normais, 162
Equilíbrio, 120, 122, 261, 344
Erros de arredondamento, 184, 355–357
Escalar, 6, 20, 435
Escolha de base, 132, 294
Espaço de Hilbert, 182-183
Espaço euclidiano, 183
Espaço nulo, 71-73, 107, 144
Espaço nulo à esquerda, 107
Espaço zero, 70
Espaço. *Veja* Espaço vetorial
Espaço-coluna, 71, 72, 104, 107
Espaço-linha, 103-111, 432
Espaços de função, 182
Espaços vetoriais, 69-140
  subespaços fundamentais, 103-114
  transformação linear, 125-137
  ortogonalidade, 141
  interseção, soma e produto, 415-421
  subespaços, 102-114
Esquema de cinco pontos, 371
Estabilidade neutra, 274
Estabilidade, 270, 274
Estado estável, 360, 433
Estatística, 153, 162, 172
Estratégia mista, 408
Existência, 62, 69, 410
Existência e unicidade, 69
Experimento, 67, 153, 165–167
Exponenciais, 266–280
Exponencial puro, 277

F
Falha, 7, 13, 16, 18
Falha da eliminação, 12
Fatoração, 36
  Matriz de Fourier, 433
  Gram–Schmidt, 363
  L e U, 3
  fator de sobrerrelaxação, 369
  polar, 333
  simétrica, 51
  triangular, 32–45
Fatoração LDL^T, 51–53, 60
Fatoração LDU, 37, 61
Fatoração LU, 37
Fatoração polar, 333
Fatoração QR. *Veja* processo de Gram-Schmidt
FFT. *Veja* Transformada Rápida de Fourier (FFT)
Filippov, A. F., 424
Filtragem, 189
Fix, George, 349
Folga complementar, 394, 409
Forma de Jordan, 299, 423–428
Forma escalonada U, 77–78
Forma reduzida em linha R, 77–79
Fórmula de determinantes, 201
Fórmula de Euler, 118, 190
Fórmulas
  determinantes, 201, 210–220
  de Euler, 119, 190
  produto de pivôs, 205
  de Pitágoras, 142
Fredholm, 149
Freund, Robert, 397
Frobenius, 261–262, 434
Futebol, 118–119, 124, 322

G
Galois, Évariste, 239
Gauss-Jordan, 47–49
Geometria dos planos, 2
Gershgorin, 373–374
Girassol, 255
Givens, 302
Golub, Gene Howard, 372
Grafos e redes, 114–122
Grupo, 58, 80, 351

H
Hiperplano separador, 398–399
Homogênea, 20, 92

I
IBM, 14
Imagem como espaço-coluna, 92
Inconsistente, 8
Indefinida, 312–314, 322–323, 433
Independência, 92-102, 143
Independência linear, 92-98
Inércia, lei da, 324
Infinitas dimensões,
Infinitas soluções, 3, 8, 10
Instabilidade
  equações das diferenças, 270
  autovalores e autovetores, 233
  equação de Fibonacci, 259
  erros de arredondamento, 62
Integração, 127
Interseção de espaços, 415-421
Introduction to Applied Mathematics, 122, 321, 349
Invariante, 324
Inversa, 45–48
  fórmula para A^{-1}, 53, 221
Inversa à direita, 338, 432
Inversa à esquerda, 46, 177

J
Jogo de soma zero, 407, 409
Jogo de soma zero para duas pessoas, 407
Juros compostos, 254, 259

L
Laço, 393, 432
Lanczos, 374–375
Largura de banda, 61, 371–372
Las Vegas, 377, 412
Lei da inércia, 324
Lei da inércia de Sylvester, 324
Lei das correntes, 107, 117, 120–122, 432
Lei das correntes de Kirchhoff, 107, 117, 120
Lei das tensões de Kirchhoff, 116, 146
Lei das tensões. *Veja* Kirchhoff
Lei de Newton, 273
Lei de Ohm, 118–122
Lei de Pitágoras, 186, 335
Lei distributiva, 432
Leontief, 260
Linearmente dependente, 92
Linha vezes coluna, 20
LU incompleto, 372
Lyapunov, Aleksandr, 272

M
Maldição da dimensionalidade, 371
Manteiga de amendoim, 380, 392–393
Mathematics for the Millions, 222
MATLAB, 210, 239, 285
Matriz
  adjacência, 124, 432
  banda, 59, 61
  tabuleiro de xadrez, 139, 242
  circulante, 189
  coeficiente, 3, 4, 19–22
  cofator, 213

companheira, 432
consumo, 260
covariância, 169-172
produto vetorial, 435
defectiva, 290, 299
diagonal, 36
diagonalizável, 246
escalonada, 78
elementar, 21, 32
exponencial, 234, 432
Fourier, 176, 182–184
Hermitiana, 280
Hessenberg, 361, 365
Hilbert, 184
identidade, 22
incidência, 401
indefinida, 327, 328, 433
inversa, 45
Jordan, 423
Markov, 257, 261
nilpotente, 308, 434
não diagonalizável, 297, 299
não negativa, 260
não singular, 9, 13
notação, 2-3, 9, 19
ortogonal, 175
pagamento, 408–413
permutação, 203
positiva, 261
positiva definida, 313
retangular, 109, 175
reflexão, 125
semidefinida, 434
singular, 41
anti-hermitiana, 288
antissimétrica, 410
raiz quadrada, 142, 223
simétrica, 50-59
de transição, 258
transposta, 49–50
triangular, 34–35
tridiagonal, 59
unitária, 286
Matriz antissimétrica, 410
Matriz bidiagonal, 61, 363
Matriz circulante, 197, 291–292, 432
Matriz companheira, 242, 432
Matriz da topologia, 115
Matriz de autovalores, 245, 431, 433
polinômio característico, 235
matrizes complexas, 280–293
diagonalização, 245-254
autovalores duplos, 246, 423
teste de autovalores, 320
Forma de Jordan, 299, 423
A^k, 254–266
matriz positiva definida, 434
Matriz de banda, 61
Matriz de cinco pontos, 372
Matriz de cofatores, 218, 221, 226, 437
Matriz de compensação, 408-409, 413
Matriz de conectividade, 115
Matriz de consumo, 260
Matriz de covariância, 169–172, 433
Matriz de diferenciação, 128-129
Matriz de eliminação, 3, 22
Matriz de Fourier, 188, 189, 433
Matriz de Hessenberg, 361, 365
Matriz de Hilbert, 184
Matriz de Householder, 361–365
Matriz de integração, 129
Matriz de Markov, 244, 257–259, 261, 273, 360, 433
Matriz de massa, 321–326, 350
Matriz de permutação, 203, 225, 429
Matriz de projeção, 125
Matriz de reflexão, 125
Matriz de rigidez, 348
Matriz de rotação, 45, 125, 229, 433
Matriz de transição, 258-259, 263-264
Matriz de Vandermonde, 110
Matriz defectiva, 290, 299
Matriz diagonal, 46, 205–207, 238
Matriz elementar, 21, 33, 49
Matriz esparsa, 59, 348
Matriz estável, 290
Matriz identidade, 22
Matriz inversa, 45–48
Matriz não singular, 38,49
Matriz nilpotente, 434
Matriz normal, 298, 303, 357, 434
Matriz positiva definida, 434
mínimos, 311-318
princípios mínimos, 339-344
semidefinida, 321
testes para a definição positiva, 317-331
Matriz positiva, 261
Matriz quadrada, 177
Matriz quadriculada, 139, 242
Matriz semelhante, 294, 296, 300, 306
Matriz simétrica, 50-59
LDL^T simétrico, 51
Matriz singular, 41, 205
Matriz transposta, 49–50, 434
Matriz triangular inferior, 33
Matriz triangular superior, 34, 181
Matriz unitária, 286, 299, 333
Matriz zero, 434
Matrizes anti-hermitianas, 288, 298
Matrizes complexas, 280–288
Matrizes de incidência de aresta-nó, 115
Matrizes de incidência, 114,115, 119, 433

Matrizes não diagonalizáveis, 297, 428
Maximização do mínimo, 410
Mecânica quântica, 249
Média aritmética, 157, 172
Média ponderada, 169
Média, 178, 179
Menores, 213
Método de Gauss-Seidel, 368-372
Método de Jacobi, 361, 368, 369, 371
Método de Karmarkar, 390
Método de Khachian, 389
Método de pontos interiores, 377
Método de potência inversa desviada, 360
Método de potência inversa, 360
Método dos elementos finitos, 321, 346
Método dos gradientes conjugados, 372, 390
Método iterativo, 367-372
Método simplex revisado, 389
Método simplex, 377, 379, 382-391
Mínimo global, 312
Mínimo local, 312
Mínimos quadrados não lineares, 168
Mínimos quadrados, 119, 153, 160-174, 177
MIT, 118–119
Modelo de Von Neumann, 262
Multiplicação de blocos, 224
Multiplicação de matrizes, 19, 130
Multiplicadores de Lagrange, 340, 395
Multiplicidade, 246, 301, 434

N

Não negatividade, 379, 381, 396
New York Times, 119
Norma de uma matriz, 352
Nós, 115-117
Notação com sigma, 21
Núcleo, 105, 135
Nulidade, 105–106, 127, 416
Número de condição, 332
Número de vetores-base, 96
Números complexos, 189
Números de Fibonacci, 238, 255, 256, 259

O

Operações aritméticas, 13
Ordem inversa de bits, 196
Ortogonal, 141–200
  base, 141
  complemento, 145–146
  matriz, 175
  vetores unitários, 141
  vetores e subespaços, 141-152
  Veja também processo Gram-Schmidt
Ortogonalização, 174, 182, 187, 331, 375, 435,437
Ortonormal, 141–143, 148, 174–188
Oscilação, 274-275

P

$PA = LU$, 38, 39
Padrãao em escada, 78
Panqueca, 152
Paralelogramo, 4
Parede frontal, 382
Parênteses, 6, 21-24, 431
Permutação, 37-45, 202-203
Permutação ímpar, 227
Permutação par, 230
Perpendicular. *Veja* Ortogonal
Perron–Frobenius, 261, 262
Perturbação, 353, 357
Pivôs, 311
  fórmulas do pivô, 202
  positivo, 318
  teste, 46–49
  variáveis, 80-81
Pivotamento completo, 63
Pivotamento parcial, 63, 352
Plano, 4–5
Planos paralelos, 7, 8
Polinômio, 435
Polinômio característico, 235
Polinômio de Legendre, 182, 185
Ponto de interseção, 4, 5
Ponto de sela, 314–317, 408
Ponto mínimo, 311
Pôquer, 377, 412-413
Positiva semidefinida, 434
Posto completo, 103, 109
Posto da matriz, 83, 98, 117
Posto linha = posto coluna, 146
Posto um, 87
Potencial, 339, 349, 432
Potências de matrizes, 255
Primeiro pivô, 12
Princípio da Incerteza de Heisenberg, 250
Princípio da incerteza, 250
Princípio de Rayleigh, 342
Princípio do maximin, 344, 344
Princípios mínimos, 339-346
Problema da dieta, 380
Problema de transporte, 406
Problema de valor de contorno para dois pontos, 59
Problema do caminho mais curto, 404
Problema do casamento, 401–405
Problema do valor inicial, 233
Processo de Gram-Schmidt, 179–181
Processo de Markov contínuo, 273
Processo de Markov, 257–259
Produto. *Veja* Multiplicação de matrizes
Produto cartesiano, 417
Produto de Kronecker, 418

Produto escalar de funções, 183
Produto escalar, 20, 143, 169
Programação dinâmica, 406
Programação linear, 377-414
  teoria dos jogos, 408–413
  desigualdades lineares, 377–381
  modelos de rede, 401–407
  método simplex, 382-391
  tableau, 386–388
Projeção, 322, 328, 338, 435
Projeção em retas, 152-160
Pseudoinversa, 109, 148, 161, 335
Químico, 158, 269
Raio espectral, 351
Raíz da unidade, 191
Razões de determinantes, 1, 202, 224
Rede, 114–118, 435
Regra da coluna, 21
Regra da convolução, 189
Regra de Cramer, 202, 221–222
Restrição, 82, 340-344
Restrições de igualdade, 383
Retrossubstituição, 12, 36
$\mathbf{R}^n$, 69, 72–73
Rotação de plano, 361, 365, 367
RR^T e R^TR, 51, 52

S

$S^{-1}AS$, 132, 245–248, 431
Sem solução, 2, 7, 8
Semidefinida, 321, 327, 434
Semiespaço, 377
Sequência de Krylov, 365
Série de Fourier, 182
Série de Taylor, 315
Série discreta de Fourier, 192
Sistema sobredeterminado, 153, 166
Sobredeterminado, 153, 166
Sobreposição, 237
Sobrerrelaxação (SOR), 368-372
Sobrerrelaxação sucessiva (SOR), 368, 369
Soluções especiais, 80, 81, 104
Soluções particulares, 82, 83
Soma, 7–8, 21, 70–73, 82
Soma de espaços, 415-421
Soma de quadrados, 318–323, 327
Somatório, 21
SOR (sobrerrelaxação sucessiva), 368, 369
Subespaço, 70
  fundamental, 106, 187
  ortogonal, 141–200
Subespaços fundamentais, 103-114
Submatriz, 44, 213
Submatriz principal, 321
SVD. *Veja* decomposição de valor singular

T

Tableau, 386–388
Teorema de fluxo máximo e do corte mínimo, 402
Teorema espectral, 285
Teorema Fundamental da Álgebra Linear, 107, 116-117, 141, 146-147
Teorema minimax, 393, 410, 411, 414
Teoria de Von Neumann, 411
Teoria dos jogos, 377–414
Teste de parada, 386, 388, 391
Testes para a definição positiva, 318-331
Tetraedro, 158, 346
Thorp, 412
Traço, 239-244, 250-254
Transformação de semelhança, 293
Transformação de semelhança, 293-306
Transformação linear, 125-137
Transformação, 126-129, 131-137
Transformada discreta de Fourier, 188, 189, 287
Transformada Rápida de Fourier (FFT), 188-200, 436
  identidade fundamental, 287
  ortogonalidade, 188–197
Transposta conjugada, 283
Troca de variáveis, 293
Trocas de linha, 32–45
Tukey, John, 194

U

Uma coluna por vez, 20, 26, 47, 129, 331, 424
Uma linha por vez, 372
Unicidade, 69

V

Valor do jogo, 408
Variâncias e mínimos quadrados ponderados, 168
Variável de entrada, 387
Variável de saída, 387
Variável livre, 80-85, 94, 387, 436
Vetor, 2–9
Vetor de custo, 382
Vetor de erro, 161–162, 165–167, 170
Vetor unitário, 174
Vetores ortogonais, 142
Vetores-coluna, 6–7
Volume, 201

W

Wilkinson, 355
Wronskiano, 268

Z

Zero na posição de pivô, 28, 37, 38

Álgebra linear em poucas palavras

$(A\ é\ n\ por\ n)$

Não singular	Singular
A é invertível.	A não é invertível.
As colunas são independentes.	As colunas são dependentes.
As linhas são independentes.	As linhas são dependentes.
O determinante não é nulo.	O determinante é nulo.
$Ax = 0$ possui uma solução $x = 0$.	$Ax = 0$ possui infinitas soluções.
$Ax = b$ possui uma solução $x = A^{-1}b$.	$Ax = b$ não possui solução ou possui infinitas soluções.
A possui n pivôs (não nulos).	A possui $r < n$ pivôs.
A possui posto $r = n$.	A possui posto $r < n$.
A forma escalonada reduzida por linha é $R = I$.	R possui pelo menos uma linha nula.
O espaço-coluna é todo o R^n.	O espaço-coluna possui dimensão $r < n$.
O espaço-linha é todo o R^n.	O espaço-linha possui dimensão $r < n$.
Todos os autovalores são não nulos.	Zero é um autovalor de A.
A^TA é simétrica definida positiva.	A^TA é apenas semidefinida.
A possui n valores singulares (positivos).	A possui $r < n$ valores singulares.

Toda linha de uma coluna singular pode ser transformada em quantitativa ao se utilizar r.

Impressão e acabamento
psi7 | book7
psi7.com.br book7.com.br